审计署计算机审计中级培训系列教材

数据库应用技术

（第3版）

车蕾 杨蕴毅 王晓波 卢益清 编著

清华大学出版社
北 京

内容简介

本书以当前主流的关系数据库为主线，全面地介绍了数据库技术的基本内容。本书共17章。第1章全面系统地概述数据库技术的基础理论知识，让读者在学习之前能对当前数据库理论与应用有初步了解，并具备数据库系统管理的基本思想。第2章至第12章是全书的核心内容，通篇以“银行贷款数据库”为数据库应用背景，以数据库系统的建立和管理过程为主线，以案例为驱动，相关数据库应用技术与知识点则根据数据库系统功能需求和章节设置逐步展开，深入浅出地向读者介绍在SQL Server环境下如何管理数据库、Transact-SQL语言、安全管理、数据导入导出等数据库中最实用的技术。第13章至第15章继续结合案例背景，介绍在Access环境下如何建立和管理数据库及其对象，重点是对表、查询和报表对象的管理和操作。第16章介绍Oracle数据库体系结构以及数据导入导出的关键技术。第17章介绍神通数据库的基本操作。各章后面均附有习题。

本书摒弃一般计算机书籍常见的以理论为主、示例为辅的方法，全书贯彻“理论和应用相结合”的宗旨，让理论知识指导实践，让实践深化理论知识。

本书既可用作审计人员或相近行业人员的中级培训教材、高等院校数据库课程的教材或教学参考书，又可供广大计算机爱好者阅读和参考。

图书在版编目(CIP)数据

数据库应用技术 / 车蕾等编著. —3版. —北京：清华大学出版社，2017（2023.7重印）
（审计署计算机审计中级培训系列教材）
ISBN 978-7-302-46077-0

Ⅰ. ①数…　Ⅱ. ①车…　Ⅲ. ①关系数据库系统－技术培训－教材　Ⅳ. ①TP311.138

中国版本图书馆CIP数据核字(2017)第002745号

责任编辑：王　青
封面设计：何凤霞
责任校对：宋玉莲
责任印制：曹婉颖

出版发行：清华大学出版社
网　　址：http://www.tup.com.cn，http://www.wqbook.com
地　　址：北京清华大学学研大厦A座　　**邮　　编**：100084
社 总 机：010-83470000　　**邮　　购**：010-62786544
投稿与读者服务：010-62776969，c-service@tup.tsinghua.edu.cn
质量反馈：010-62772015，zhiliang@tup.tsinghua.edu.cn

印 装 者：北京鑫海金澳胶印有限公司
经　　销：全国新华书店
开　　本：185mm×260mm　　**印　　张**：30.25　　**字　　数**：695千字
版　　次：2010年7月第1版　2017年1月第3版　　**印　　次**：2023年7月第8次印刷
定　　价：79.00元

产品编号：070201-02

前　言

“数据库应用技术”是计算机审计中级培训的核心基础课程，占整个培训学时的1/4有余。仅就审计行业而言，现代计算机审计所需的会计信息系统、计算机审计软件、现场审计AO等知识，均以数据库应用技术为重要理论及技术基础。应2010版《审计署计算机审计中级培训大纲》的要求，《数据库应用技术》第1版于2010年7月出版，第2版于2014年7月出版。本书是在前两版的基础上，参考近几年的教学反馈，经过修订编写而成的。

全书共17章，分为三大部分。第一部分（第1章）介绍数据库的基础理论知识，包括数据库系统概述、数据模型、关系数据理论和数据库系统结构。这部分内容为后续15章的学习奠定理论依据。第二部分（第2章至12章）以SQL Server 2008为数据库管理系统环境，介绍数据库管理系统的主要功能。其中第2章主要介绍如何安装、配置和使用SQL Server；第3、第5章介绍如何创建和管理数据库及关系表；第4、第6～9章介绍Transact-SQL语言，重点介绍如何通过Transact-SQL语言进行数据查询和数据操作，如何通过Transact-SQL语言创建和管理视图、存储过程和游标等数据库对象；第10～12章主要介绍数据库管理系统的安全管理和数据传输问题。第三部分（第13～17章）分别以Access、Oracle和神通数据库为数据库管理系统环境，介绍数据库管理系统的主要功能。其中第13章介绍Access数据库及表的基本操作；第14章介绍查询对象；第15章介绍如何创建和编辑报表；第16章介绍Oracle数据库以及数据导入导出的关键技术；第17章介绍神通数据库的基本操作。

贯穿全书的案例主要以“银行贷款数据库”为数据背景。“银行贷款”业务是较常见的业务审计对象，“银行贷款数据库”是依据数据库基础教学的目标，从“银行贷款”业务中概括、抽取出来的数据库。“银行贷款数据库”案例贯穿全书始终，使读者通过循序渐进的学习，能够比较容易地掌握数据库管理系统的主要功能。书中所有实例都已经在SQL Server环境下调试并运行过。每章新增的课后习题加强了学习者对知识点的掌握情况。

参与本书编写的老师，多年来一直从事计算机审计中级培训“数据库应用技术”课程和高校数据库相关课程的教学工作，积累了丰富的教学经验。车蕾参与第1～9章的编写，王晓波参与第10～17章的编写，卢益清参与第2、第3、第5、第12章的编写，全书由车蕾进行统稿,审计署计算机技术中心杨蕴毅主任对全书进行了审阅。

本书的编写得到了审计署计算机技术中心、北京信息科技大学信息管理学院各位领导及专家、神舟通用公司的大力支持和指导,审计署中级培训班的全体授课教师的宝贵建议,紫文涛、郭嘉敏等好友的帮助,在此一并表示衷心的感谢!

书中不当之处,恳请读者批评指正。

编　者

2016 年 9 月于北京

目　　录

第1章 数据库基础概述

当今社会是一个信息化的社会，信息已经成为各行各业的重要资源。数据是信息的载体，数据库是相互关联的数据集合。数据库能利用计算机保存和管理大量复杂的数据，快速而有效地为多个不同的用户和应用程序提供数据，帮助人们有效利用数据资源。目前，数据库应用已遍及生活中的各个角落，例如，学校的教学管理系统、图书馆的图书借阅系统、车站及航空公司的售票系统、电信局的计费系统、超市的售货系统、银行的业务系统、工厂的管理信息系统等。

数据库技术已经成为先进信息技术的重要组成部分，是现代计算机信息系统及计算机应用系统的基础和核心。因此，掌握数据库技术是全面认识计算机系统的重要环节，也是适应信息化时代的重要基础。

本章主要介绍数据库系统的基本概念、数据模型、数据库系统结构、关系数据理论和数据库系统体系结构。

1.1 数据库系统概述

在系统地介绍数据库的概念之前，这里首先介绍数据库最常用的一些基本概念。

1.1.1 数据管理技术的产生和发展

数据是现实世界中实体(或客体)在计算机中的符号表示。数据不仅可以是数字，还可以是文字、图表、图像、声音等。每个组织都保存了大量复杂的数据。例如，银行有关储蓄存款、贷款业务、信用卡管理、投资理财等方面的数据；医院有关病历、药品、医生、病房、财务等方面的数据；超市有关商品、销售情况、进货情况、员工等方面的信息。数据是一个组织的重要资源，有时甚至比其他资源更珍贵，因此必须对组织的各种数据实现有效管理。数据管理是指对数据的分类、组织、编码、存储、检索和维护等操作。数据库的核心任务就是数据管理。

数据库技术并不是最早的数据管理技术。在计算机诞生的初期，计算机主要用于科学计算，虽然当时同样存在数据管理的问题，但当时的数据管理是以人工的方式进行的，后来发展到文件系统，再后来才是数据库。也就是说，数据管理主要经历了人工管理阶段、文件系统阶段和数据库系统阶段。

1.1.1.1 人工管理阶段

人工管理阶段是指计算机诞生的初期(20世纪50年代中期以前)。这个时期的计算机技术，从硬件看还没有磁盘这种可直接存取的存储设备，从软件看还没有操作系统，更没有管理数据的软件。在人工管理阶段,程序与数据之间的对应关系如图 1-1 所示。

这个阶段数据管理的特点是:

(1) 数据不保存。因为计算机主要用于科学计算,通常不需要长期保存数据,只是在要完成某一个计算或课题时才输入数据,不仅原始数据不保存,计算结果也不保存。

(2) 应用程序管理数据。数据需要由应用程序自己管理,没有相应的软件系统负责数据的管理工作。应用程序中不仅要规定数据的逻辑结构,而且要设计物理结构,包括存储结构存取方法、输入方式等,因此程序员负担很重。

(3) 数据不共享。数据是面向应用的,一组数据只能对应一个程序。当多个应用程序涉及某些相同的数据时,由于必须各自定义,无法相互利用、相互参照,因此程序与程序之间有大量的冗余数据。

(4) 数据不具有独立性。数据的逻辑结构或物理结构发生变化后,必须对应用程序做相应的修改,这进一步加重了程序员的负担。

1.1.1.2 文件系统阶段

文件系统阶段是指 20 世纪 50 年代后期到 60 年代中期这一阶段。在这个阶段,计算机不仅大量用于科学计算,也开始大量用于信息管理。像磁盘这样直接存取的存储设备已经出现,在软件方面也有了操作系统和高级语言,有专门用于数据管理的软件——文件系统(或操作系统的文件管理部分)。在文件系统阶段,程序与数据之间的对应关系如图 1-2 所示。

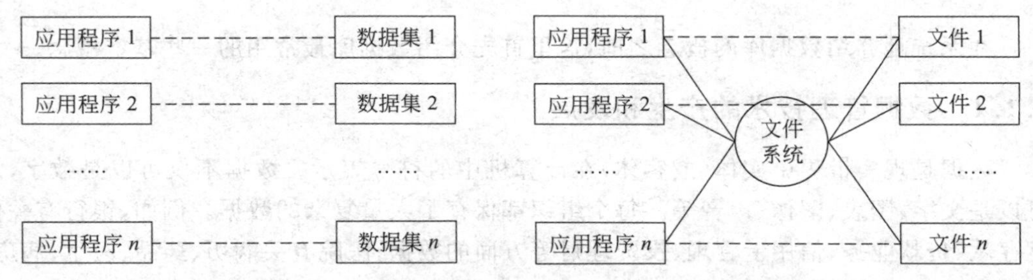

图 1-1 人工管理阶段程序与数据的对应关系　　图 1-2 文件系统阶段程序与数据之间的对应关系

这个阶段数据管理的特点是:

(1) 由于存储设备的出现,数据可以长期保存在磁盘上,也可以反复使用,即可以经常对文件进行查询、更新和删除等操作。

(2) 操作系统提供了文件管理功能和访问文件的存取方法,程序和数据之间有了数据存取的接口,程序开始通过文件名和数据打交道,可以不再关心数据的物理存放位置。因此,这时也有了数据的物理结构和逻辑结构的区别。程序和数据之间有了一定的独立性。

(3) 文件的形式多样化。由于有了磁盘这样的直接存取存储设备,文件也就不再局限于顺序文件,也有了索引文件、链表文件等。因此,对文件的访问可以是顺序访问,也可以是直接访问;但文件之间是独立的,它们之间的联系要通过程序去构造,文件的共享性也比较差。

(4) 数据的存取基本上以记录为单位。

尽管文件系统阶段较手工阶段已经有了长足进步,但仍然存在如下缺陷:

(1) 数据冗余度大。由于文件都是为特定的用途设计的,因此会造成同样的数据在多个文件中重复存储,导致数据冗余度大,容易造成数据的不一致。

(2) 数据独立性差。应用程序是根据文件结构编写的,文件结构一旦改变,应用程序也必须随之进行修改,程序和数据之间的独立性较差。

(3) 数据联系弱。文件与文件之间是独立的,文件之间的联系必须通过程序来构造。因此,文件是一个不具有弹性的、无结构的数据集合,不能反映现实世界事物之间的联系。

1.1.1.3　数据库系统阶段

数据库系统阶段是指20世纪60年代后期至今。在这个阶段,计算机主要用于大规模的管理,涉及的数据量急剧增长。这时硬件已有大容量磁盘,价格下降;软件则价格上升,为编制和维护系统软件及应用程序所需的成本相对增加;在处理方式上,联机实时处理要求更多,并开始提出和考虑分布处理。在这种背景下,以文件系统作为数据管理手段已经不能满足应用的需求,于是为解决多用户、多应用共享数据的需求,使数据为尽可能多的应用服务,数据库技术应运而生,出现了统一管理数据的专门软件系统——数据库管理系统。在数据库系统阶段,程序与数据之间的对应关系如图1-3所示。

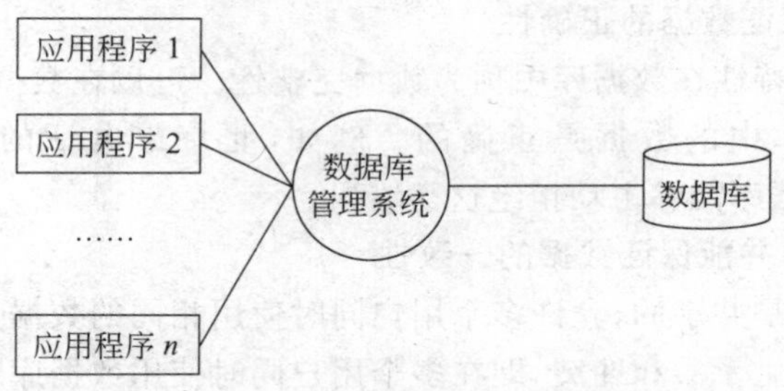

图1-3　数据库系统阶段程序与数据的对应关系

数据库是指长期存储在计算机存储设备上的相互关联的、可以被用户共享的数据集合。用数据库系统来管理数据比文件系统具有明显的优点,从文件系统到数据库系统,标志着数据管理技术的飞跃。

数据库系统主要有以下优点。

1. 数据库是相互关联的数据的集合

现实世界的数据信息是相互关联的,用数据库管理数据可以将数据之间的关联关系也体现出来。数据库中的数据不是孤立的,数据与数据之间是相互关联的。在数据库中不仅能反映数据本身,还能反映数据与数据之间的联系。例如,在银行贷款管理中,数据库中不仅要存放银行和法人两类数据,还要存放哪些法人在哪些银行进行贷款的信息,这就反映了银行数据与法人数据之间的联系。

2. 具有较小的数据冗余

在文件系统中,每个应用都拥有各自的文件,即同一数据可能存放在不同的文件中,这带来了大量的数据冗余。在数据库系统中,数据成为统一的逻辑结构,每一个数据项的值可以只存储一次,从而最大限度地控制了数据冗余。所谓控制数据冗余,是指数据库系统可以把数据冗余限制在最少,系统也可保留必要的数据冗余。事实上,由于应用业务或技术上的原因,如数据合法性检验、数据存取效率等方面的需要,同一数据可能在数据库中保持多个副本。但是在数据库系统中,冗余是受控的。系统知道冗余,保留必需的冗余也是系统预定的。

3. 具有较高的数据独立性

数据独立性是指数据的组织和存储方法与应用程序互不依赖、彼此独立的特性。在数据库技术之前,数据文件的组织方式和应用程序是密切相关的,当改变数据结构时,相应的应用程序也随之修改,从而极大地增加了应用程序的开发代价和维护代价。数据库技术可以使数据的组织和存储方法与应用程序互不依赖,从而大幅降低应用程序的开发代价和维护代价。

4. 具有安全控制机制,能够保证数据的安全、可靠

数据库技术要能够保证数据库中的数据是安全的、可靠的。数据库要有一套安全机制,以便有效地防止数据库中的数据被非法使用或非法修改;数据库还要有一套完整的备份和恢复机制,以便保证当数据遭到破坏时(软件或硬件故障引起的),能够立刻完全恢复数据,从而保证系统能够连续、可靠地运行。

5. 最大限度地保证数据的正确性

保证数据正确的特性在数据库中称为数据完整性。可以在数据库中通过建立一些约束条件来保证数据库中的数据是正确的。例如,北京市电话的区号是010,当输入027-56785436时,数据库能够主动拒绝这类错误。

6. 数据可以共享并能保证数据的一致性

数据库中的数据是共享的,允许多个用户同时使用相同的数据,并能保证各个用户之间对数据的操作不发生矛盾和冲突,即在多个用户同时使用数据库时,能够保证数据的一致性和正确性。

1.1.2 数据库系统的组成

数据库系统(DataBase System,DBS)是指在计算机系统中引入数据库后的系统,一般由数据库(DataBase,DB)、数据库管理系统(DataBase Management System,DBMS)及其开发工具、应用系统、数据库用户和管理员(DataBase Administrator,DBA)构成。其中,数据库是系统的核心,DBMS及其开发工具和数据库管理员是系统的基础,应用系统和用户是系统服务的对象。在不引起混淆的情况下,数据库系统常常简称为数据库。

数据库系统的组成如图1-4所示。数据库系统在整个计算机系统中的位置如图1-5所示。

数据库系统对硬件的要求除了一般计算机系统对硬件的要求外,还要求有足够大的内存,以便存放操作系统、DBMS的核心模块、数据缓冲区和应用程序;有容量足够大的磁盘等直接存取设备,以便存放数据和作数据备份;有较高的数据传输速率。

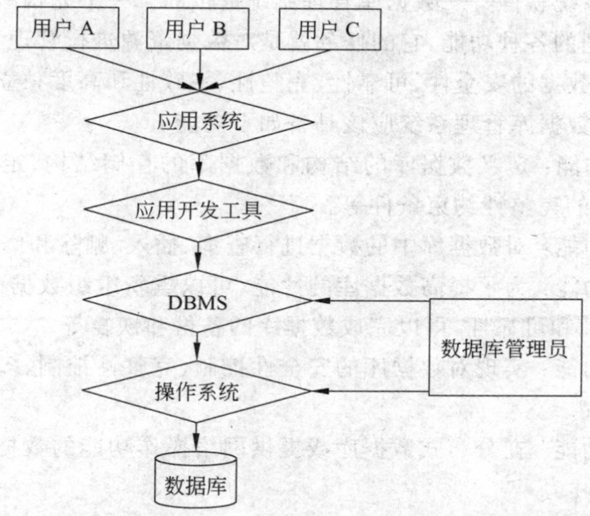

图 1-4　数据库系统的组成

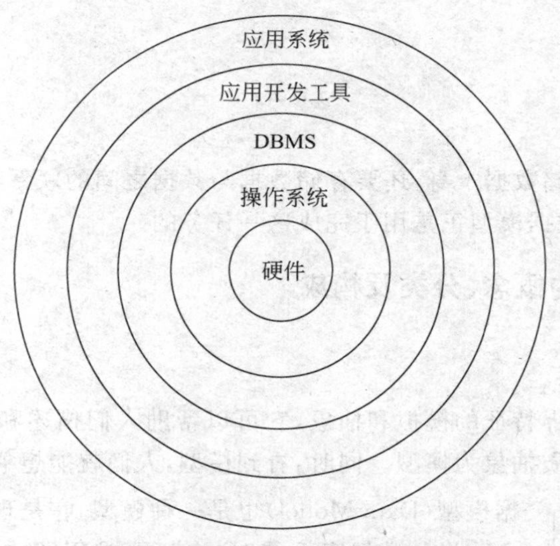

图 1-5　数据库系统在整个计算机系统中的位置

数据库系统的软件主要有 DBMS、支持 DBMS 运行的操作系统、具有与数据库接口的高级程序设计语言及其编译程序、以 DBMS 为核心的应用开发工具和为特定应用开发的数据库应用系统。

数据库用户和数据库管理员是数据库系统的重要组成部分,它们的作用是开发、管理和使用数据库系统。不同人员涉及不同的数据抽象级别,对应不同的数据视图。

1.1.3　数据库管理系统

1.1.1 节提到的数据库的各种功能和特性,并不是数据库中的数据固有的,而是靠管理或支持数据库的系统软件——数据库管理系统提供的。一个完备的数据库管理系统应该具备1.1.1节提到的各种功能,它的任务就是对数据资源进行管理,并且使之能为多个用户共享,同时保证数据的安全性、可靠性、完整性、一致性和高度独立性。

具体来说,一个数据库管理系统应该具备如下功能。

(1) 数据定义功能:定义数据库的结构和数据库的存储结构、定义数据库中数据之间的联系、定义数据的完整性约束条件等。

(2) 数据操纵功能:对数据库中的数据进行查询、插入、删除和修改操作。

(3) 数据维护功能:为了提高数据库的性能,可以重新组织数据库的存储结构,为了保证数据库的安全性和可靠性,可以完成数据库的备份和恢复等。

(4) 数据控制功能:实现对数据库的安全性控制、完整性控制、多用户环境下的并发控制等各方面的控制。

(5) 数据通信功能:在分布式数据库或提供网络操作功能的数据库中还必须提供数据的通信功能。

(6) 数据服务功能:数据库不是一个孤立的系统,通常可以被其他软件访问,可以与其他系统交换数据;数据库中的数据也不是简单的操纵和查询,还可以提供很多服务,如数据分析服务等。

1.2 数据模型

数据库中不仅存储数据本身,还要存储数据与数据之间的联系,这种数据及其联系是需要描述和定义的,数据模型正是用于完成这一任务的。

1.2.1 数据模型的概念、分类及构成

1.2.1.1 概念

模型是对现实世界特征的模拟和抽象,它可以帮助人们描述和了解现实世界。人们可以将现实世界的物质抽象为模型。同时,看到模型,人们就能想象现实世界的物质。数据模型(Data Model)也是一种模型,它是现实世界数据特征的抽象。设计数据库系统时,一般要求用图或表的形式抽象地反映数据彼此之间的关系,这被称为建立数据模型。现有的数据库系统都是基于某种数据模型的。

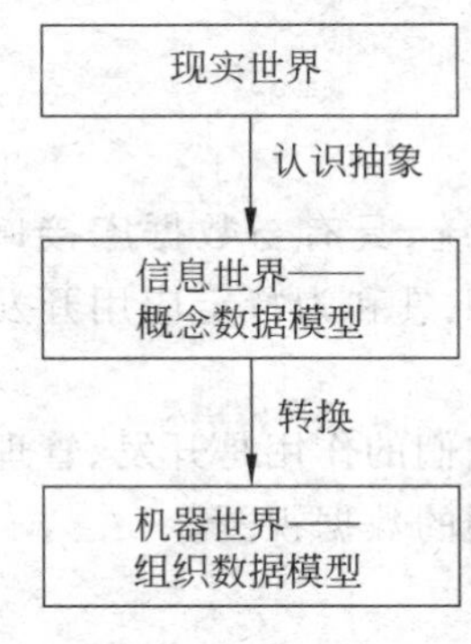

图1-6 对现实世界的抽象过程

数据模型应满足三方面要求:一是能比较真实地模拟现实世界;二是容易为人所理解;三是便于在计算机上实现。

计算机不能直接处理现实世界中的具体事物,所以人们必须把具体事物抽象并转换成计算机能够处理的数据。一般要经过两个阶段:首先将现实世界中的客观对象抽象为信息世界的概念数据模型;然后将信息世界的概念数据模型转换成机器世界的组织数据模型,如图1-6所示。

1.2.1.2　三个领域

为了能够很好地理解数据模型，下面先介绍现实世界、信息世界和机器世界这三个领域。

1. 现实世界

现实世界是存在于人们头脑外的客观世界。在现实世界中，事物之间不是相互孤立的，而是相互联系的。事物及其之间的联系正是建立数据库的原始数据。现实世界中的原始数据是错综复杂的，数据量是很大的。例如，银行贷款管理、企业人事管理、超市销售管理等。

2. 信息世界

信息世界是现实世界在人脑中的反映，它搜集、整理现实世界的原始数据，找出数据之间的联系和规律，并用形式化方法表示出来，实现人与人之间的信息交流。信息世界最主要的特征是可以反映数据之间的联系。

3. 机器世界

机器世界是数据库的处理对象。信息世界的信息经过加工、编码转换成机器世界的数据，这些数据必须具有自己特定的数据结构，能反映信息世界中数据之间的联系。计算机能对这些数据进行处理，并向用户展示经过处理的数据。

1.2.1.3　数据模型的分类

在数据库系统中，针对不同的使用对象和应用目的，往往采用不同的数据模型。根据数据模型的不同应用目的，可以将这些模型划分为两类，它们分属于两个不同的层次。

第一类模型是概念数据模型。它面向现实世界，从数据的语义视角来抽取模型，按用户的观点对数据和信息建模，强调语义表达能力，建模容易、方便，概念简单、清晰，便于用户理解，是现实世界到信息世界的第一层抽象，是用户和数据库设计人员之间进行交流的语言。概念数据模型主要用在数据库的设计阶段，与 DBMS 无关。常用的概念数据模型是实体联系模型。

第二类模型是组织数据模型，也称为数据模型。它是一种基于记录的模型，主要包括网状模型、层次模型、关系模型等。组织数据模型是面向机器世界的，它按照计算机系统的观点对数据建模，从数据的组织层次来描述数据，一般与实际数据库对应。例如，网状模型、层次模型、关系模型分别与网状数据库、层次数据库和关系数据库对应，可以在机器上实现。这类模型有更严格的形式化定义，常需要加上一些限制或规定。组织数据模型是数据库系统的核心和基础，各种机器上实现的 DBMS 软件都是基于某种组织数据模型的。

设计数据库系统时，通常利用第一类模型作初步设计，之后按一定方法转换为第二类模型，再进一步设计全系统的数据库结构，最终在计算机上实现。

1.2.1.4　数据模型的构成元素

数据模型包括三部分：数据结构、数据操作和数据的约束条件。

1. 数据结构

数据结构用于描述数据库系统的静态特性,包括数据库中数据的组成、特性及其相互间联系。在数据库系统中通常按数据结构的类型来命名数据模型,如网状结构、层次结构和关系结构的模型分别被命名为网状模型、层次模型和关系模型。

2. 数据操作

数据操作用于描述数据库系统的动态特性,是对数据库中各种对象的实例允许执行的操作的集合,包括操作及有关的操作规则。数据库的数据操作主要有查询、插入、删除和更新。数据模型要给出这些操作的确切定义、操作符号、操作规则及实现操作的语言。

3. 数据的约束条件

数据的约束条件也用于描述数据库系统的静态特性,是一组数据完整性规则的集合。它给定数据模型中数据及其联系所具有的制约依存规则,用于限定符合数据模型的数据库状态及其变化,以保证数据的完整性。

数据模型的这三方面内容完整描述了一个数据模型,而其中的数据结构是首要内容。

1.2.2 实体—联系模型

概念模型主要描述现实世界中实体以及实体和实体之间的联系。P. P. S. Chen 于1976年提出的实体—联系(Entity-Relationship,E-R)模型是支持概念模型的最常用方法。E-R 模型使用的工具称为 E-R 图,它描述的是现实世界的信息结构。

E-R 模型主要包含三个要素:实体、属性和联系。

1.2.2.1 实体

现实世界中所管理的对象称为实体(Entity)。实体的定义为:客观存在并可以相互区分的客观事物或抽象事件。例如,职工、学生、银行、桌子都是客观事物,球赛、上课都是抽象事件,它们都是现实世界管理的对象,都是实体。

在关系数据库中,一般一个实体被映射成一个关系表,表中的一行对应一个可区分的现实世界对象,称为实体实例(Entity Instance)。比如,"银行"实体中的每家银行都是"银行"实体的一个实例。这里所提到的实体在其他书中有用实体集或实体型表示的,这里所提到的实体实例在其他书中有用实体表示的。

在 E-R 图中用矩阵框表示实体,在框内写上实体,图 1-7 分别显示了银行、雇员和球赛三个实体的 E-R 图表示。

银行　雇员　球赛

图 1-7 实体示例

1.2.2.2 属性

实体所具有的某一特性称为属性(Attribute)。一个实体可以由若干个属性来刻画。例如,雇员可以由雇员号、雇员名、工资和经理号来刻画。人们可以根据实体的特性来区分实体。但并不是每个特性都可以用来区分实体,因此又把用于区分实体的实体特性称为标识属性。例如,雇员的雇员号是标识属性,用雇员号可以区分一个个雇员,而工资则不是标识属性。

在 E-R 图中用椭圆框或圆角矩形框表示实体的属性，框内写上属性名，并用连线连到对应实体。可以在标识属性下加下画线。图 1-8 显示了用 E-R 图表示的雇员实体及其属性。

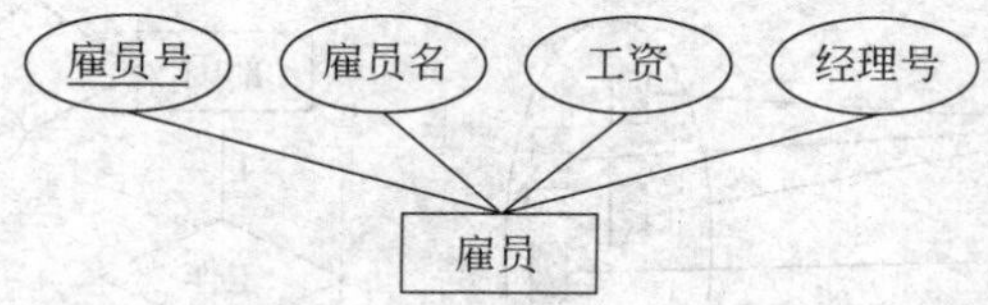

图 1-8 雇员实体及其属性

1.2.2.3 联系

在现实世界中，事物内部以及事物之间是有联系的，这些联系在信息世界反映为实体内部的联系和实体之间的联系。实体内部的联系通常是指组成实体的各属性之间的联系。例如，图 1-8 中雇员实体的属性"雇员号"与"经理号"之间就有关联关系，即经理号的取值受雇员号取值的约束（因为经理也是雇员，也有雇员号），这就是实体内部的联系。实体之间的联系通常是指不同实体之间的联系。例如，在银行贷款管理信息系统中，银行实体和法人实体之间就存在"贷款"联系。我们主要研究的是实体之间的联系。实体之间的联系用菱形框表示，框内写上联系名，然后用连线与相关的实体相连。实体之间的联系按联系方式可分为三类。

（1）一对一联系（1∶1）

如果实体 A 与实体 B 之间存在联系，并且对于实体 A 中的任一个实例，实体 B 中至多有一个（也可以没有）实例与之关联，反之亦然，则称实体 A 与实体 B 具有一对一联系，记作 1∶1。例如，飞机的乘客和座位之间、学校与校长之间都是 1∶1 联系，要注意的是 1∶1 联系不一定是一一对应，如图 1-9 所示。联系本身也有属性，图 1-9 中乘客与座位的联系——"乘坐"的属性为"乘坐时间"。

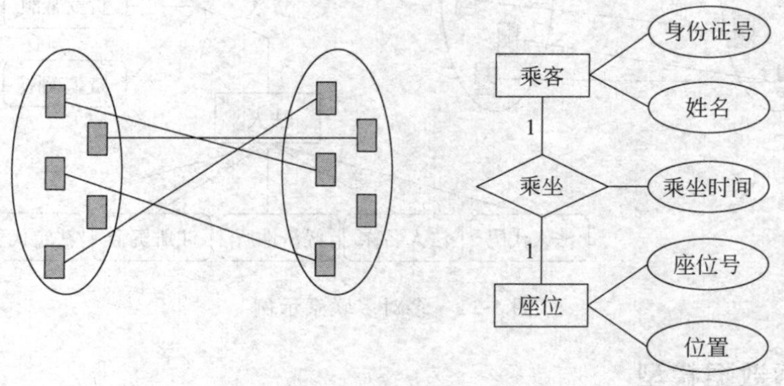

图 1-9 一对一联系示例

（2）一对多联系（1∶n）

如果实体 A 与实体 B 之间存在联系，并且对于实体 A 中的任一实例，实体 B 中有 n 个实例（$n \geqslant 0$）与之对应；而对于实体 B 中的任一个实例，实体 A 中至多有一个实例与之对应，则称实体 A 到实体 B 的联系是一对多的，记为 1∶n。例如，部门和职工之间、学校和学生之间都是 1∶n 联系，如图 1-10 所示。

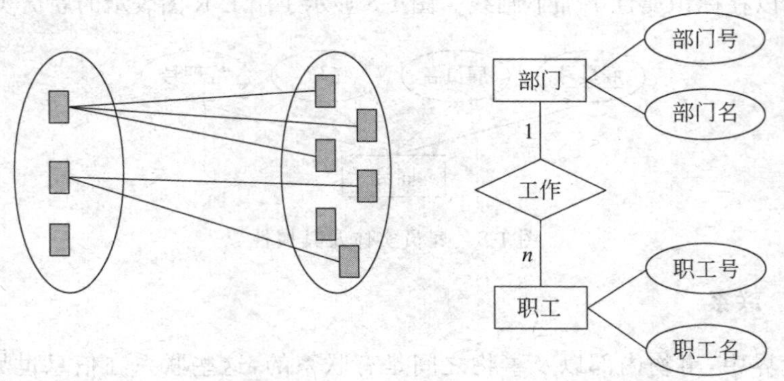

图 1-10　一对多联系示例

(3) 多对多联系(m∶n)

如果实体 A 与实体 B 之间存在联系，并且对于实体 A 中的任一实例，实体 B 中有 n 个实例($n \geqslant 0$)与之对应；而对实体 B 中的任一实例，实体 A 中有 m 个实例($m \geqslant 0$)与之对应，则称实体 A 到实体 B 的联系是多对多的，记为 m∶n。例如，银行和法人之间、商场和顾客之间都是 m∶n 联系，如图 1-11 所示。

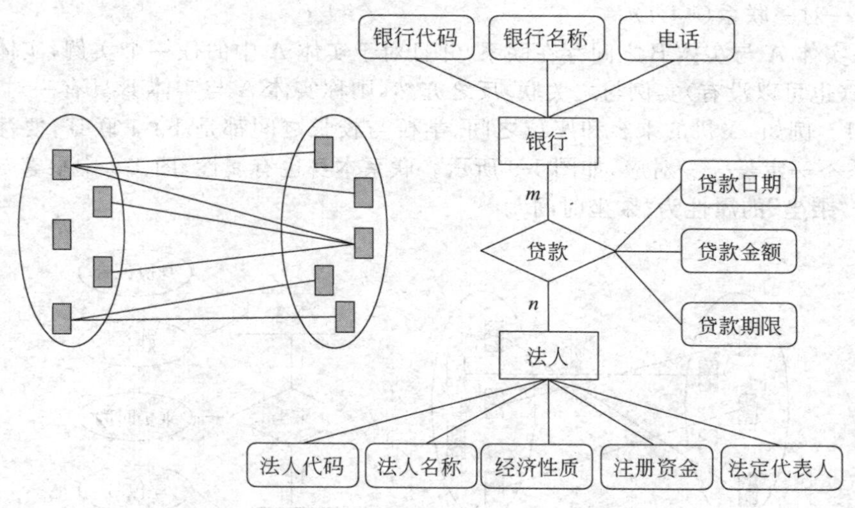

图 1-11　多对多联系示例

1.2.3　关系数据模型

关系数据模型就是用关系表示现实世界中实体以及实体之间联系的数据模型。关系数据模型包括关系数据结构、关系数据操作和关系完整性约束三个重要要素。

1.2.3.1　关系模型的数据结构

关系数据结构非常简单，在关系数据模型中，现实世界中的实体及实体之间的联系均用关系来表示。从逻辑或用户的观点来看，关系就是二维表。

关系系统要求让用户感觉数据库就是一张张表。在关系系统中，表是逻辑结构而不是物理结构。实际上，系统在物理层可以使用任何有效的存储结构来存储数据，比如，有序文件、索引、哈希表、指针等。因此，表是对物理存储数据的一种抽象表示——对很多存储细节的抽象（如存储记录的位置、记录的顺序、数据值的表示等）以及记录的访问结构（如索引等），对用户来说都是不可见的。

如图 1-12 所示的两个关系模型分别为银行关系和贷款关系。

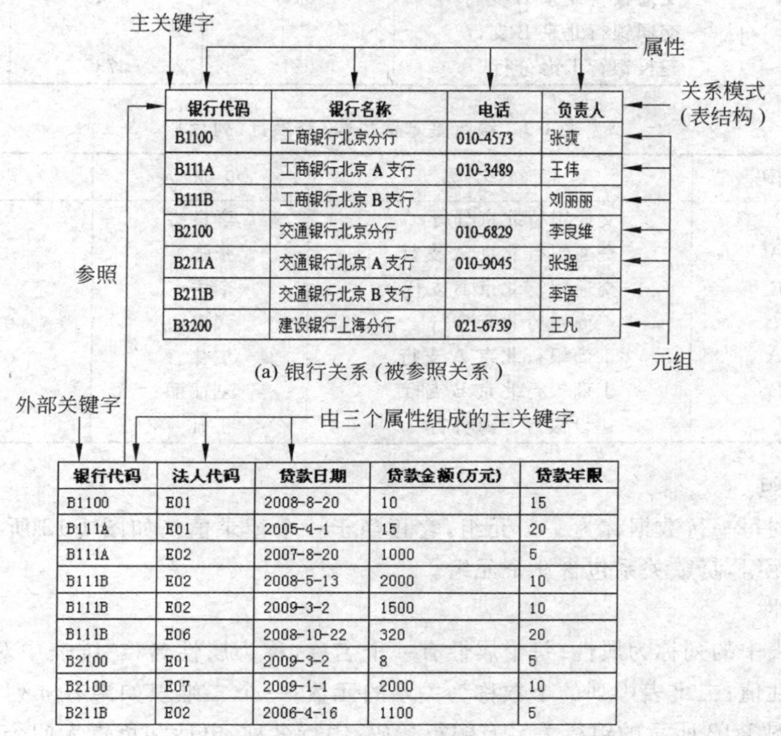

银行代码	银行名称	电话	负责人
B1100	工商银行北京分行	010-4573	张爽
B111A	工商银行北京 A 支行	010-3489	王伟
B111B	工商银行北京 B 支行		刘丽丽
B2100	交通银行北京分行	010-6829	李良维
B211A	交通银行北京 A 支行	010-9045	张强
B211B	交通银行北京 B 支行		李语
B3200	建设银行上海分行	021-6739	王凡

(a) 银行关系 (被参照关系)

银行代码	法人代码	贷款日期	贷款金额(万元)	贷款年限
B1100	E01	2008-8-20	10	15
B111A	E01	2005-4-1	15	20
B111A	E02	2007-8-20	1000	5
B111B	E02	2008-5-13	2000	10
B111B	E02	2009-3-2	1500	10
B111B	E06	2008-10-22	320	20
B2100	E01	2009-3-2	8	5
B2100	E07	2009-1-1	2000	10
B211B	E02	2006-4-16	1100	5

(b) 贷款关系 (参照关系)

图 1-12　关系模型的基本术语

用关系表示实体以及实体之间联系的模型称为关系数据模型。下面介绍一些关系数据模型的基本术语。

1. 关系

关系就是二维表，它满足如下条件。

- 关系表中的每一列都是不可再分的基本属性。如表 1-1 所示就不是关系表，因为“电话”列不是基本属性，它包含了子属性“区号”和“号码”。
- 表中各属性不能重名。
- 表中的行、列次序并不重要，即可交换列的前后顺序。例如，表 1-2 就是将图 1-12 银行关系中的“负责人”列和“电话”列交换顺序，以及部分行交换顺序后的结果，所以图 1-12(a)银行关系和表 1-2 是完全等价的。

表 1-1　银行基本信息表(包含复合属性的表)

银行代码	银行名称	电话		负责人
		区号	号码	
B1100	工商银行北京分行	010	4573	张爽
B111A	工商银行北京 A 支行	010	3489	王伟
B111B	工商银行北京 B 支行			刘丽丽
B2100	交通银行北京分行	010	6829	李良维
B211A	交通银行北京 A 支行	010	9045	张强
B211B	交通银行北京 B 支行			李语
B3200	建设银行上海分行	021	6739	王凡

表 1-2　银行基本信息表(交换行、列后)

银行代码	银行名称	负责人	电话
B2100	交通银行北京分行	李良维	010-6829
B211A	交通银行北京 A 支行	张强	010-9045
B211B	交通银行北京 B 支行	李语	
B1100	工商银行北京分行	张爽	010-4573
B111A	工商银行北京 A 支行	王伟	010-3489
B111B	工商银行北京 B 支行	刘丽丽	
B3200	建设银行上海分行	王凡	021-6739

2. 元组

表中的每一行数据称为一个元组,它相当于一个记录值。如图 1-12 所示,银行关系包含 7 个元组,贷款关系包含 9 个元组。

3. 属性

二维表中的列称为属性;每个属性有一个名称,称为属性名;二维表中对应某一列的值称为属性值;二维表中列的个数称为关系的元数;一个二维表如果有 n 列,则称为 n 元关系。如图 1-12 所示的银行关系有银行代码、银行名称、电话和负责人四个属性,它是一个 4 元关系;贷款关系有银行代码、法人代码、贷款日期、贷款金额和贷款年限五个属性,它是一个 5 元关系。

在数据库中,有两套标准术语:一套用的是表、列、行;另外一套用的则是关系(对应表)、元组(对应行)、属性(对应列)。

4. 关系模式

二维表的结构称为关系模式,或者说关系模式就是二维表的表框架或结构,它相当于文件结构或记录结构。设关系名为 REL,其属性为 $A_1,A_2,\cdots,A_n$,则关系模式可以表示为

$$REL(A_1,A_2,\cdots,A_n)$$

对于每个 $A_i(i=1,\cdots,n)$ 还包括属性到值域的映像,即属性的取值范围。可以用下画线标识主关键字。如图 1-12 所示的银行关系模式和贷款关系模式可以分别表示为

银行(<u>银行代码</u>,银行名称,电话,负责人)

贷款(银行代码,法人代码,贷款日期,贷款金额,贷款年限)

5. 候选关键字

如果一个属性集的值能唯一标识一个关系的元组而不含有多余的属性,则称该属性集为候选关键字。简言之,候选关键字是指能唯一标识一个关系的元组的最小属性集。候选关键字又称候选码或候选键。在一个关系上可以有多个候选关键字。

候选关键字可以由一个属性组成,也可以由多个属性共同组成。确定关系的候选关键字与其实际的应用语义有关,与表的设计者的意图有关。

例 1-1　已知关系模式:银行(银行代码,银行名称,负责人),请确定其候选关键字。

由于属性"银行代码"可以唯一标识银行关系中的元组,而此属性又是单属性,显然不包含多余的属性,所以银行关系的候选关键字有 1 个,即(银行代码)。

例 1-2　已知关系模式:银行(银行代码,银行名称,电话,负责人),假设每家银行的电话互不相同,请确定其候选关键字。

由于属性"银行代码"可以唯一标识银行关系中的元组,而此属性又是单属性,显然不包含多余的属性,所以"银行代码"是银行关系的候选关键字。

又由于每家银行的电话互不相同,所以属性"电话"也可以唯一标识银行关系中的元组,而此属性也是单属性,显然不包含多余的属性,所以"电话"也是银行关系的候选关键字。

因此,银行关系的候选关键字有 2 个,即(银行代码)和(电话)。

例 1-3　已知关系模式:贷款(银行代码,法人代码,贷款日期,贷款金额,贷款年限),请在下列语义环境中确定其候选关键字。

(1) 假设一个法人只能贷一次款,一家银行可以有多个法人贷款。

该语义环境下,贷款关系的候选关键字有 1 个,即(法人代码)。

(2) 假设一个法人可以在多家银行贷款,一家银行可以有多个法人贷款,但是一个法人只能在一家银行贷款一次。

该语义环境下,贷款关系的候选关键字有 1 个,它由 2 个属性构成,即(银行代码,法人代码)。

(3) 假设一个法人可以在多家银行贷款,一家银行可以有多个法人贷款,一个法人可以在同一家银行贷款多次,但是一个法人同一天只能在同一家银行贷款一次。

该语义环境下,贷款关系的候选关键字有 1 个,它由 3 个属性构成,即(银行代码,法人代码,贷款日期)。

6. 主关键字

有时一个关系中有多个候选关键字,这时可以选择其中一个作为主关键字,简称关键字。主关键字也称为主码或主键。每一个关系都有且仅有一个主关键字。

当一个关系中有一个候选关键字时,则此候选关键字也就是主关键字。例 1-3 中贷款关系的候选关键字只有 1 个,所以在不同语义下,贷款关系的主关键字和候选关键字都一样。图 1-12(b)中所标注的主关键字是与例 1-3 的第(3)种语义环境对应的。

当一个关系中有多个候选关键字时,选择哪一个作为主关键字与实际语义和系统需求相关。在例 1-2 的银行关系中,由于银行代码通常都会包含银行名称、银行所在地区等编码信息，所以选择候选关键字“银行代码”作为主关键字，而不会选择“电话”作为主关键字。再举一个例子，已知职员关系：职员(工作证号，姓名，年龄，身份证号)，此关系模式有2个候选关键字(工作证号和身份证号)。如果此关系模式应用在企业信息管理系统中，选择“工作证号”作为主关键字比较合理，如果此关系模式应用在户籍管理系统中，选择“身份证号”作为主关键字比较合理。

7. 主属性

包含在任一候选关键字中的属性称为主属性。例1-1的银行关系中的主属性有1个，为“银行代码”。例1-2的银行关系中的主属性有2个，为“银行代码”和“电话”。

8. 非主属性

不包含在任一候选关键字中的属性称为非主属性。例1-1的银行关系中的非主属性有2个，为“银行名称”和“负责人”。例1-2的银行关系中的非主属性有2个，为“银行名称”和“负责人”。

9. 外部关键字

如果一个属性集不是所在关系的关键字，但却是其他关系的关键字，则该属性集称为外部关键字。外部关键字也称为外码或外键。如图1-12所示，贷款关系中的“银行代码”不是贷款关系的主关键字，但却是银行关系的主关键字，则贷款关系中的“银行代码”就是贷款关系中的外部关键字。

外部关键字一般定义在联系中，用于表示两个或多个实体之间的关联关系。外部关键字实际上是表中的一个(或多个)属性，它参照某个其他表(特殊情况下，也可以是外部关键字所在的表)的主关键字，当然，也可以是候选关键字，但多数情况下是主关键字。

外部关键字并不一定要与所参照的主关键字同名。不过，在实际应用中，为了便于识别，当外部关键字与参照的主关键字属于不同关系时，往往给它们取相同的名字。

10. 参照关系和被参照关系

在关系数据库中可以通过外部关键字使两个关系关联，这种联系通常是一对多(1∶*n*)的，其中主(父)关系(1方)称为被参照关系，从(子)关系(*n*方)称为参照关系。图1-12说明了通过外部关键字关联的两个关系，其中贷款关系通过外部关键字“银行代码”参照了银行关系，所以银行关系为被参照关系，贷款关系为参照关系。

1.2.3.2 关系模型的数据操作

关系模型中的操作可以分为3类，它们是传统的集合运算、专门的关系运算和关系数据操作。实际上，传统的集合运算和专门的关系运算是传统数学意义上的关系运算，而关系数据操作是在关系模型的应用中扩展的一类运算或操作。

关系模型的操作对象是集合，而不是行，也就是操作的对象以及操作的结果都是完整的表(是包含行集的表，而不只是单行，当然，只包含一行数据的表是合法的，空表或不包含任何数据行的表也是合法的)。非关系型数据库系统中典型的操作则是一次一行或一次一个记录。因此集合处理能力是关系系统区别于其他系统的一个重要特征。

传统的集合运算包括并、交、差和广义笛卡儿积运算。专门的关系运算包括选择、投影、连接和除运算。关系数据操作主要包括查询、插入、删除和更新数据。在数据库应用中，查询表达能力是最重要的，它意味着数据库能否以便捷的方式为用户提供丰富的信息，而关系操作集恰恰提供了丰富的查询表达能力，读者可以在第6章（数据查询与数据操作）中进行体验。

现在关系数据库已经有了标准语言——SQL（Structured Query Language），它是一种介于关系代数和关系演算的语言。SQL尽管字面上是结构化查询语言，但是它不仅具有丰富的查询功能，而且具有数据操作、数据定义和数据控制等功能，是集查询语言、数据定义语言、数据操作语言和数据控制语言于一体的关系数据语言，充分体现了关系数据语言的特点和优点。

1.2.3.3　关系模型的数据完整性约束

关系模型的完整性规则是对关系的某种约束条件。关系模型中可以有三类完整性约束：实体完整性、参照完整性和用户定义的完整性。其中，实体完整性和参照完整性是关系模型必须满足的完整性约束条件，被称为关系的两个**不变性**，应该由关系系统自动支持。

1. 实体完整性规则

实体完整性的目的是保证关系中的每个元组都是可识别和唯一的。

实体完整性规则的具体内容是：若属性A是基本关系R的主属性，则属性A不能取空值。

所谓空值就是“不知道”或“没有确定”，它既不是数值0，也不是空字符串，而是一个未知的量。

实体完整性规则规定了关系的所有主属性都不可以取空值，而不仅是主关键字整体不能取空值。例如，例1-3(3)的贷款关系：贷款（银行代码，法人代码，贷款日期，贷款金额，贷款期限）中，（银行代码，法人代码，贷款日期）为主关键字，则实体完整性要求“银行代码”、“法人代码”和“贷款日期”三个属性都不能取空值。

关系数据库管理系统可以用主关键字实现实体完整性（非主关键字的属性也可以说明为唯一和非空值的）。说明了主关键字之后，关系系统可以自动支持关系的实体完整性。

2. 参照完整性规则

现实世界中的实体之间存在某种联系，而在关系模型中实体是用关系描述的，实体之间的联系也是用关系描述的，这样就自然存在关系和关系之间的参照或引用。先来看几个例子。

例1-4　银行实体和城市实体可以用下面的关系表示，其中主关键字用下画线标识：

银行（<u>银行代码</u>，银行名称，电话，城市代码）

城市（<u>城市代码</u>，城市名称）

在银行关系和城市关系之间，银行关系是参照关系，城市关系是被参照关系，银行关系中的“城市代码”是外部关键字。这两个关系之间存在属性的参照，即银行关系参照了城市关系的主关键字“城市代码”。显然，银行关系中的“城市代码”的取值必须是确实存在的城市的城市代码，即城市关系中有该城市的记录。也就是说，银行关系中的某个属性的取值需要参考城市关系的属性取值。

例 1-5 银行、法人、银行与法人之间的贷款联系(多对多联系)可以用如下三个关系表示,其中主关键字用下画线标识:

银行(<u>银行代码</u>,银行名称,电话)

法人(<u>法人代码</u>,法人名称,经济性质,注册资金)

贷款(<u>银行代码,法人代码</u>,贷款日期,贷款金额,贷款期限)

在这三个关系之间,银行关系和法人关系是被参照关系,贷款关系是参照关系,贷款关系中有两个外部关键字,分别是"银行代码"和"法人代码"。也就是说,贷款关系参照了银行关系的主关键字"银行代码",又参照了法人关系的主关键字"法人代码"。显然,贷款关系中的"银行代码"的取值必须是确实存在的银行的银行代码,即银行关系中有该银行的记录;贷款关系中的"法人代码"的取值必须是确实存在的法人的法人代码,即法人关系中有该法人的记录。也就是说,贷款关系中某些属性的取值需要参考银行关系和法人关系。

参照完整性规则定义了外部关键字与主关键字之间的参照规则。参照完整性规则的内容是:如果属性(或属性组)F是关系R的外部关键字,它与关系S的主关键字K相对应,则关系R中每个元组在属性(或属性组)F上的值必须为

- 或者取空值(F的每个属性均为空值);
- 或者等于S中某个元组的主关键字的值。

例1-4的银行和城市的关系之间的参照问题说明:如果银行关系中某个元组的城市编号为空值,则意味着该银行所在城市尚未确定;如果是非空值,则一定是城市关系中某一已经存在的元组的主关键字,说明该银行在此城市中。

思考:例1-5的贷款关系中的两个外部关键字"银行代码"和"法人代码"能否取空值?

在关系系统中通过说明外部关键字来实现参照完整性,而说明外部关键字是通过说明参照的主关键字实现的。说明了外部关键字之后,关系系统可以自动支持关系的参照完整性。

3. 用户定义的完整性规则

实体完整性和参照完整性是关系数据模型必须满足的,或者说是关系数据模型固有的特性。除此之外,还有其他与应用密切相关的数据完整性约束,例如,年龄的取值范围为0~150,身份证的取值必须唯一,北京市的电话号码前三位(区号)必须是010等。类似这些方面的约束不是关系数据模型本身所要求的,而是为了满足应用方面的语义要求而提出来的。这些完整性需求需要用户来定义,所以又称为用户定义完整性。数据库管理系统需提供定义这些数据完整性的功能和手段,以便统一进行处理和检查,而不是由应用程序实现这些功能。

1.2.4 实体联系模型向关系模型的转换

前面两节分别介绍了实体联系模型和关系模型,如何将实体联系模型转换成关系模式、如何确定这些关系模式的属性和主关键字,是本节要讨论的问题。

关系模型的逻辑结构是一组关系模式的集合。实体联系模型则由实体、实体的属性和实体之间的联系三个要素组成。因此，将实体联系模型转换为关系模型实际上就是要将实体、实体的属性和实体之间的联系转换为关系模式。这种转换一般遵循如下原则：

- E-R 图中的每个实体都应转换为一个关系模式。实体的属性就是关系模式的属性，实体的标识属性就是关系模式的主关键字。
- 对于 E-R 图中的联系则需要根据实体联系方式的不同，采取不同的手段加以实现。其中，表 1-3 列出了二元联系的常用处理方法。需要说明的是，在 1∶1 联系和1∶n 联系中，联系也可以单独转换成一个关系模式，但由于这种转换的结果会增加表的张数，导致查询效率降低，所以不推荐使用，这里就不再详细介绍这种转换方式。

表 1-3　二元联系的常用处理方法

二元联系	E-R 图	转换成的关系模式	联系的处理	主关键字	外部关键字
1∶1	A —1— A-B —1— B	关系模式 A 关系模式 B	把关系模式 B 的主关键字和联系的属性加入关系模式 A 中；或把关系模式 A 的主关键字和联系的属性加入关系模式 B 中。	实体 A 的标识属性是关系模式 A 的主关键字；实体 B 的标识属性是关系模式 B 的主关键字。	关系模式 B 的主关键字是关系模式 A 中参照关系模式 B 的外部关键字；或关系模式 A 的主关键字是关系模式 B 中参照关系模式 A 的外部关键字。
1∶n	A —1— A-B —n— B	关系模式 A 关系模式 B	把关系模式 A(1 端)的主关键字和联系的属性加入关系模式 B(n 端)中。	实体 A 的标识属性是关系模式 A 的主关键字；实体 B 的标识属性是关系模式 B 的主关键字。	关系模式 A 的主关键字是关系模式 B 中参照关系模式 A 中的外部关键字。
m∶n	A —m— A-B —n— B	关系模式 A 关系模式 B 关系模式 A-B	联系单独转换成一个关系模式 A-B，模式 A-B 的属性包括关系模式 A 的主关键字、关系模式 B 的主关键字和联系的属性。	实体 A 的标识属性是关系模式 A 的主关键字；实体 B 的标识属性是关系模式 B 的主关键字；关系模式 A-B 的主关键字包括实体 A 的标识属性和实体 B 的标识属性，根据实际语义，关系模式 A-B 的主关键字还可以包括联系的部分属性。	关系模式 A 的主关键字是关系模式 A-B 中参照关系模式 A 中的外部关键字；关系模式 B 的主关键字是关系模式 A-B 中参照关系模式 B 中的外部关键字。

对于其他情况，应遵循如下原则：

- 三个或三个以上实体间的一个多元联系可以转换为一个关系模式。与该多元联系相连的各实体的标识属性以及联系本身的属性均转换为关系模式的属性。而关系模式的主关键字为各实体的标识属性的组合,同时新关系模式中的各实体的标识属性为参照各实体对应关系模式的外部关键字。

- 合并具有相同关键字的关系模式。为了减少系统中的关系模式个数,如果两个关系模式具有相同的关键字,可以考虑将它们合并为一个关系模式。合并方法是将其中一个关系模式的全部属性加入另一个关系模式中,然后去掉其中的同义属性,并适当调整属性的次序。
- 同一实体集的实体间的联系,即自联系,也可按上述1∶1、1∶n和m∶n三种情况分别处理。

例 1-6 将如图1-13所示的实体联系模型转换成关系模式。

针对1∶1联系,联系的转换方式通常有两种。

方法1:将实体"行长"的主关键字和联系"负责"合并到实体"银行"对应的关系模式中,则转换后的结果为两个关系模式:

银行表(<u>银行代码</u>,银行名称,电话,行长代码)

行长表(<u>行长代码</u>,行长姓名)

其中,银行表的主关键字是"银行代码",外部关键字是"行长代码"(即"行长代码"是参照了关系模式行长表中的"行长代码"的外部关键字);行长表的主关键字是"行长代码",无外部关键字。

方法2:将实体"银行"的主关键字和联系"负责"合并到实体"行长"对应的关系模式中,则转换后的结果为两个关系模式:

银行表(<u>银行代码</u>,银行名称,电话)

行长表(<u>行长代码</u>,行长姓名,银行代码)

其中,银行表的主关键字是"银行代码",无外部关键字;行长表的主关键字是"行长代码",外部关键字是"银行代码"(即"银行代码"是参照了关系模式银行表中的"银行代码"的外部关键字)。

例 1-7 将如图1-14所示的实体联系模型转换成关系模式。

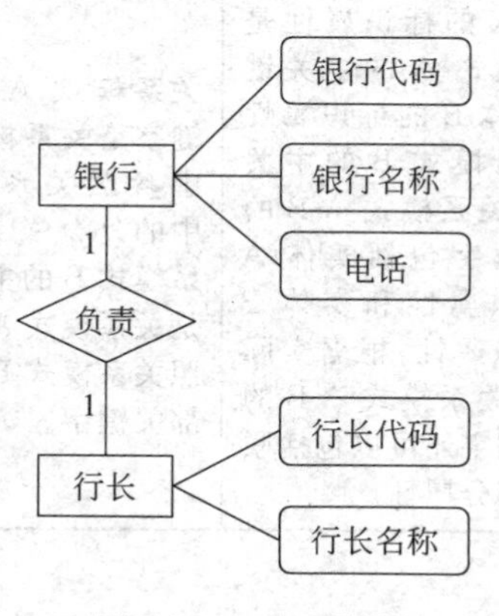

图1-13 1∶1联系

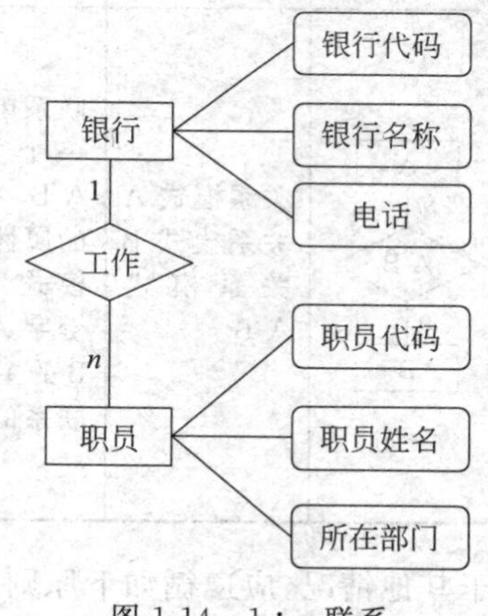

图1-14 1∶n联系

针对 1∶n 联系，需要将 1 端实体“银行”和联系“工作”合并到 n 端实体“职员”对应的关系模式中，转换后的结果为两个关系模式：

银行表(<u>银行代码</u>，银行名称，电话)

职员表(<u>职员代码</u>，职员姓名，所在部门，银行代码)

其中，银行表的主关键字是“银行代码”，无外部关键字；职员表的主关键字是“职员代码”，外部关键字是“银行代码”(即“银行代码”是参照了关系模式银行表中的“银行代码”的外部关键字)。

例 1-8　将如图 1-15 所示的实体联系模型转换成关系模式。已知：一个法人可以在多家银行贷款，一家银行可以有多个法人贷款，一个法人可以在同一家银行贷多次款，但一个法人一天在同一家银行只能贷一次款。

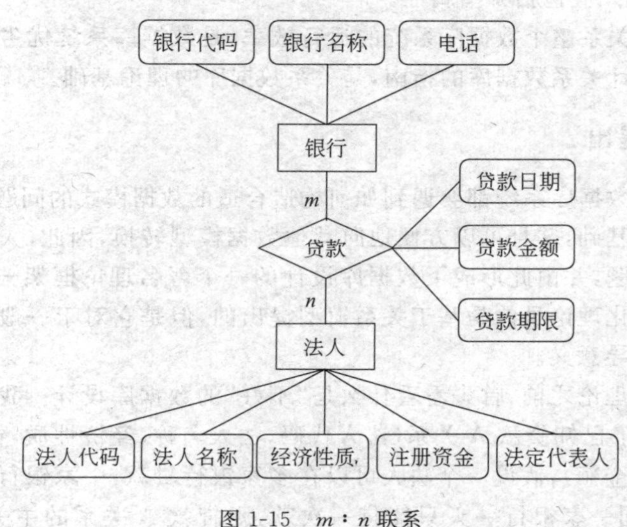

图 1-15　m∶n 联系

针对 m∶n 联系，需要将联系“贷款”转换为一张独立的关系模式。转换后的结果为三个关系模式：

银行表(<u>银行代码</u>，银行名称，电话)

法人表(<u>法人代码</u>，法人姓名，经济性质，注册资金，法定代表人)

贷款表(<u>银行代码，法人代码，贷款日期</u>，贷款金额，贷款期限)

其中，银行表的主关键字是“银行代码”，无外部关键字；法人表的主关键字是“法人代码”，无外部关键字。由于一个法人一天在同一家银行只能贷一次款，所以贷款表的主关键字不仅包括“银行”实体和“法人”实体的标识属性，还包括“贷款”联系的属性“贷款日期”，即贷款表的主关键字是(银行代码，法人代码，贷款日期)。贷款表的外部关键字有 2 个，分别是银行代码和法人代码(即“银行代码”是参照了关系模式银行表中的“银行代码”的外部关键字，“法人代码”是参照了法人表中“法人代码”的外部关键字)。

1.3 关系数据理论

关系数据库设计是数据库应用开发的关键步骤。一个设计不完善的关系模式会带来诸如数据冗余、更新异常等问题,需要对这样的关系模式进行规范化。

数据库设计是我们研究和应用数据库的重点。数据库设计的任务是在给定的具体环境下,解决以下问题:

- 如何构造适当的关系模型;
- 构造几个关系模式;
- 如何组织它们;
- 每个关系模式应包括哪些属性。

这些问题直接关系整个数据库系统的运行效率,是数据库系统优劣的关键。关系数据库设计理论是设计关系数据库的指南,是关系数据库的理论基础。

1.3.1 问题的提出

设计任何一种数据库系统都会遇到如何构造合适的数据模式的问题。由于关系模式有严格的数学理论基础,并且可以方便地向其他数据模型转换,因此,人们多以关系模型为背景讨论这个问题,并由此形成了数据库设计的一个著名理论框架——关系数据库的规范化理论。规范化理论虽然是基于关系模型提出的,但是它对于一般的数据库设计同样具有理论上的指导意义。

在讨论规范化理论之前,首先看看什么是"不好"的数据库设计。我们通过下面的例子来说明这个问题:已知贷款A关系(法人代码,法人名称,经济性质,银行代码,银行名称,贷款日期,贷款金额),假设一个法人可以在多家银行贷款,一家银行可以为多个法人贷款,同一法人在同一家银行一天只能贷一次款,则贷款A关系的主关键字为(法人代码,银行代码,贷款日期)。

下面通过表1-4中的数据分析这样的关系模式在实际应用中可能出现的问题。

表1-4 贷款A关系实例

法人代码	法人名称	经济性质	银行代码	贷款日期	贷款金额/万元
E01	塞纳网络有限公司	私营	B1100	2008-08-20	10
E01	塞纳网络有限公司	私营	B111A	2005-04-01	15
E01	塞纳网络有限公司	私营	B2100	2009-03-02	8
E02	华顺达水泥股份有限公司	国营	B111A	2007-08-20	1 000
E03	新意企业策划中心	私营	B3200	2008-06-04	30
E03	新意企业策划中心	私营	B321A	2009-03-02	20

(1) 数据冗余问题。在这个关系中,对应同一个法人代码,其法人名称和经济性质都是相同的。一个法人可以在多家银行进行多次贷款,每贷一次款,其法人信息(例如,法人名称和经济性质)就要存储一遍,很显然法人信息有重复存储。重复存储或数据冗余不仅会浪费存储空间,更重要的是可能会引起数据更新、数据插入、数据删除问题。

(2) 数据更新问题。数据更新问题分两种情况。当将第一条记录的经济性质由“私营”改为“三资”时，第一种可能出现的问题是：只修改了第一条记录的经济性质，第二条和第三条记录的经济性质没有修改，这样就导致同一个法人对应两种经济性质，从而使数据库中的数据不一致、不可信。第二种可能出现的问题是：当修改第一条记录的经济性质时，随之也修改了第二条和第三条记录的经济性质，E01 法人的贷款次数越多，修改的相应记录就越多，这样就会导致复杂化更新操作，大大降低操作效率。

(3) 数据插入问题。如果向此关系中新增加一个法人的信息，而此法人还没有贷款记录，则会导致数据插入失败。原因是本关系的主关键字为(法人代码，银行代码，贷款日期)，由实体完整性约束可知，当银行代码和贷款日期为空值时，无法将一条新记录插入此关系中。

(4) 数据删除问题。法人 E02 只有一条贷款记录，如果现在由于某些原因要删除其贷款记录，则法人 E02 的基本信息也一起被删除，这显然是不合理的。

这么一个简单的关系存在如此多的问题，那么这个关系还能用吗？为什么会产生这些问题？如何判断关系模式的“好”与“坏”？为了解决以上问题，我们提出了关系的规范化。

设计不好的模式为什么会发生插入异常和删除异常呢？这是因为模式中存在某些不好的性质，而这些不好的性质主要是由于不合适的函数依赖造成的。什么是函数依赖？如何改造一个不好的模式？这些是本节学习的内容。

解决上述种种问题的方法就是进行模式分解，即把一个关系模式分解成两个或多个关系模式，在分解的过程中消除那些“不良”的函数依赖，从而获得好的关系模式。

1.3.2　规范化

关系范式或关系规范化的理论首先是由 E. F. Codd 于 1971 年提出的，目的是要设计“好的”关系数据库模式。根据关系模式满足的不同性质和规范化的程度，把关系模式分为第一范式、第二范式、第三范式、BC 范式、第四范式和第五范式等。范式越高，规范化的程度就越高。大部分情况下第三范式的关系都能够满足应用需求，本节只介绍第一范式、第二范式和第三范式。

1.3.2.1　函数依赖及相关术语

在介绍范式之前首先介绍一下函数依赖及其相关术语。

1. 函数依赖

相信读者对函数的概念已经非常熟悉，对如下公式自然也不会陌生：

$$Y = f(X)$$

但是，大家熟悉的是 X 和 Y 之间数量上的对应关系，即给定一个 X 值，都会有一个 Y 值和它对应。也可以说，X 函数决定 Y，或 Y 函数依赖于 X。在关系数据库中讨论函数或函数依赖注重的是语义上的关系，例如，从贷款关系中可以得知：

$$\text{经济性质} = f(\text{法人代码})$$

这里,“法人代码”是函数的自变量,只要给出一个“法人代码”值,就会有一个“经济性质”值和它对应。例如,“E01”的经济性质为“私营”,因此可以说,“法人代码”函数决定“经济性质”,或者说“经济性质”函数依赖于“法人代码”。

在关系数据理论中,通常把 X 函数决定 Y 或 Y 函数依赖于 X 表示如下:

$$X \rightarrow Y$$

根据以上叙述可以有直观的函数依赖定义:如果有一个关系模式 $R(A_1,A_2,\cdots,A_n)$,X 和 Y 为 $\{A_1,A_2,\cdots,A_n\}$ 的子集,那么对于关系 R 中的任意一个 X 值,都只有一个 Y 值与之对应,则称 X 函数决定 Y,或 Y 函数依赖于 X。

例 1-9 已知关系模式:法人表(法人代码,法人名称,经济性质,注册资金,法定代表人)

存在如下函数依赖:

法人代码→法人名称(法人代码函数决定法人名称,或法人名称函数依赖于法人代码)

法人代码→经济性质(法人代码函数决定经济性质,或经济性质函数依赖于法人代码)

法人代码→注册资金(法人代码函数决定注册资金,或注册资金函数依赖于法人代码)

法人代码→法定代表人(法人代码函数决定法定代表人,或法定代表人函数依赖于法人代码)

例 1-10 已知关系模式:贷款表(法人代码,银行代码,贷款日期,贷款金额,贷款期限)

存在如下函数依赖:

(法人代码,银行代码,贷款日期)→贷款金额

(法人代码,银行代码,贷款日期)→贷款期限

2. 非平凡函数依赖与平凡函数依赖

$X \rightarrow Y$,但 Y 不包含于 X,则称 $X \rightarrow Y$ 是非平凡的函数依赖。若不特别声明,总是讨论非平凡的函数依赖。

例如,函数依赖:(法人代码,银行代码,贷款日期)→贷款金额为非平凡函数依赖。

3. 决定因素

若 $X \rightarrow Y$,则 X 称为决定因素。

例如,函数依赖:法人代码→法人名称,法人代码为决定因素。

函数依赖:(法人代码,银行代码,贷款日期)→贷款金额,(法人代码,银行代码,贷款日期)为决定因素。

4. 完全函数依赖与部分函数依赖

若 $X \rightarrow Y$,并且对于 X 的一个任意真子集 $X' \nrightarrow Y$,则称为 Y 完全函数依赖于 X,记作 $X \xrightarrow{f} Y$。

若 $X \rightarrow Y$,但 Y 不完全函数依赖于 X,则称 Y 对 X 部分函数依赖,记作 $X \xrightarrow{P} Y$。

例如,表 1-4 所示的贷款 A 关系(法人代码,法人名称,经济性质,银行代码,贷款日期,贷款金额)中存在的函数依赖关系有

$$\text{法人代码} \xrightarrow{f} \text{法人名称}$$

$$\text{法人代码} \xrightarrow{f} \text{经济性质}$$

$$(法人代码,银行代码,贷款日期)\xrightarrow{f}贷款金额$$

$$(法人代码,银行代码,贷款日期)\xrightarrow{P}法人名称$$

注意：一个函数依赖要么属于完全函数依赖，要么属于部分函数依赖，不可能出现既属于完全函数依赖又属于部分函数依赖的函数依赖。

5. 传递函数依赖

若 $X\rightarrow Y$，$Y\rightarrow Z$，则称 Z 传递函数依赖于 X，记作 $X\xrightarrow{t}Z$。

例如，法人 A 关系(法人代码，法人名称，经济性质代码，经济性质)中，由于法人代码→经济性质代码，经济性质代码→经济性质，所以法人代码$\xrightarrow{t}$经济性质。

1.3.2.2 1NF

如果关系 R 的所有属性都是不可再分的数据项，则称该关系属于第一范式，记作 $R\in$1NF。

满足第一范式关系中的属性不能是集合属性。如表 1-5 所示，由于属性“电话”是由“办公电话”和“住宅电话”组成的集合属性，所以该关系不属于第一范式；而表 1-6 中的每个属性都是原子属性，所以该关系属于第一范式。

非规范化表格转换成规范化关系非常简单，只需要将集合属性拆分成原子属性即可。如表 1-6 所示的关系就是表 1-5 转换成满足 1NF 关系的结果。

表 1-5 员工表(非第一范式表格)

员工代码	员工姓名	电话	
		办公电话	住宅电话
E01	刘硕	010-675×××××	010-452×××××
E02	王芳	010-675×××××	010-689×××××
E03	张政	010-675×××××	010-237×××××

表 1-6 员工表(第一范式表格)

员工代码	员工姓名	办公电话	住宅电话
E01	刘硕	010-675×××××	010-452×××××
E02	王芳	010-675×××××	010-689×××××
E03	张政	010-675×××××	010-237×××××

所有关系模式都必须满足第一范式的约束条件。在本书中，如果不特别声明，所有关系至少属于第一范式。

例 1-11 已知如表 1-7 所示的贷款 B 关系(法人代码，法人名称，经济性质代码，经济性质，银行代码，银行名称，贷款日期，贷款金额)，假设一个法人可以在多家银行贷款，一家银行可以为多个法人贷款，同一法人在同一家银行一天只能贷一次款。

表 1-7　贷款 B 关系

法人代码	法人名称	经济性质代码	经济性质	银行代码	银行名称	贷款日期	贷款金额/万元
E01	塞纳网络有限公司	N01	私营	B1100	工商银行北京分行	2008-08-20	10
E01	塞纳网络有限公司	N01	私营	B111A	工商银行北京 A 支行	2005-04-01	15
E01	塞纳网络有限公司	N01	私营	B2100	交通银行北京分行	2009-03-02	8
E02	华顺达水泥股份有限公司	N02	国营	B111A	工商银行北京 A 支行	2007-08-20	1 000
E03	新意企业策划中心	N01	私营	B3200	建设银行上海分行	2008-06-04	30
E03	新意企业策划中心	N01	私营	B321A	建设银行上海 A 支行	2009-03-02	20

根据此关系模式的语义可知：此关系的主关键字为：(法人代码，银行代码，贷款日期)，并且可得出如下函数依赖：(法人代码，银行代码，贷款日期)→法人名称，(法人代码，银行代码，贷款日期)→经济性质代码，(法人代码，银行代码，贷款日期)→经济性质，(法人代码，银行代码，贷款日期)→银行代码，(法人代码，银行代码，贷款日期)→银行名称，(法人代码，银行代码，贷款日期)→贷款日期，(法人代码，银行代码，贷款日期)→贷款金额，法人代码→法人名称，法人代码→经济性质代码，法人代码→经济性质，经济性质代码→经济性质，银行代码→银行名称。当然，可能还存在其他一些函数依赖关系。

其中：

(1) 由于(法人代码，银行代码，贷款日期)→法人名称，且法人代码→法人名称，所以根据部分函数依赖的定义可知

$$(法人代码，银行代码，贷款日期)\xrightarrow{P}法人名称。$$

同样，(法人代码，银行代码，贷款日期)$\xrightarrow{P}$经济性质代码，(法人代码，银行代码，贷款日期)$\xrightarrow{P}$经济性质，(法人代码，银行代码，贷款日期)$\xrightarrow{P}$银行名称。

(2) 由于贷款金额不函数依赖于主关键字的任何一个真子集，所以根据完全函数依赖定义可知：(法人代码，银行代码，贷款日期)$\xrightarrow{f}$贷款金额。

(3) 由于(法人代码，银行代码，贷款日期)→经济性质代码，且经济性质代码→经济性质，所以根据传递函数依赖定义可知

$$(法人代码，银行代码，贷款日期)\xrightarrow{t}经济性质。$$

从上面的讨论可知，如表 1-7 所示的贷款 B 关系中存在完全函数依赖、部分函数依赖和传递函数依赖。部分函数依赖和传递函数依赖的存在导致此关系模式在实际应用中可能会出现 1.3.1 节列出的各种操作异常。例如，每个法人贷一次款，法人姓名、经济性质代码等法人信息就要重复存储一次，则导致数据冗余。法人 E02 只有一条贷款记录，如果现在由于某些原因要删除其贷款记录，则法人 E02 的信息也一起被删除，从而导致删除异常。

解决这些问题必须设法消除关系中存在的部分函数依赖和传递函数依赖。

1.3.2.3　2NF

如果关系 $R\in 1NF$，并且 R 中的每个非主属性都完全函数依赖于主关键字，则

$R \in 2NF$。

从定义中可以看出，当关系 R 的主关键字由单属性构成时，R 一定属于 2NF；当 R 的主关键字由多个属性构成时，如果存在构成主关键字属性组的真子集决定非主属性，则 $R \notin 2NF$，否则 $R \in 2NF$。

分解关系模式使其满足 2NF 的约束条件，其实是在分解过程中消除了非主属性对主关键字的部分函数依赖。

对例 1-11 中的贷款 B 关系（如表 1-7 所示）进行分解，分解为法人 A 关系（如表 1-8 所示）、银行关系（如表 1-9 所示）和贷款关系（如表 1-10 所示），以消除非主属性对主关键字的部分函数依赖，使之满足 2NF。

表 1-8 法人 A 关系

法人代码	法人名称	经济性质代码	经济性质
E01	塞纳网络有限公司	N01	私营
E02	华顺达水泥股份有限公司	N02	国营
E03	新意企业策划中心	N01	私营

表 1-9 银行关系

银行代码	银行名称	银行代码	银行名称
B1100	工商银行北京分行	B3200	建设银行上海分行
B111A	工商银行北京 A 支行	B321A	建设银行上海 A 支行
B2100	交通银行北京分行		

表 1-10 贷款关系

法人代码	银行代码	贷款日期	贷款金额/万元
E01	B1100	2008-08-20	10
E01	B111A	2005-04-01	15
E01	B2100	2009-03-02	8
E02	B111A	2007-08-20	1 000
E03	B3200	2008-06-04	30
E03	B321A	2009-03-02	20

如表 1-8 所示，法人 A 关系模式的主关键字为：法人代码，并且可得出如下函数依赖：法人代码→法人名称，法人代码→经济性质代码，法人代码→经济性质，经济性质代码→经济性质。

由于法人代码→经济性质代码，经济性质代码→经济性质，根据传递函数依赖定义可知

$$\text{法人代码} \xrightarrow{t} \text{经济性质}$$

即银行 A 关系中存在传递函数依赖。传递函数依赖的存在导致此关系模式在实际应用中可能仍会出现 1.3.1 节列出的各种操作异常。例如，插入如下元组：

（E04，新都美百货公司，N02，三资）

就会使有的 N02 代表国营,有的 N02 代表三资,这样的结果显然是错误的,但是依现在的关系模式它不能主动拒绝这样的错误。再如,打算增加一组(经济性质代码,经济性质),如(N03,集体),但由于没有主关键字法人代码的值,这样的信息是无法存入数据库中的。

解决这些问题必须设法消除关系中存在的传递函数依赖,所以需要继续对法人 A 关系进行分解。

用上述方法再来分析银行关系和贷款关系,在这两个关系中都不存在非主属性对主关键字的部分函数依赖和传递函数依赖,所以不会出现 1.3.1 节列出的各种操作异常,即不需要继续对这两个关系进行分解。

例 1-12 请问以下各关系模式分别至少满足几范式?

(1) 已知关系模式 $R(\underline{A,B},C)$。

(2) 已知关系模式 $R(\underline{A,B},C)$中,不存在 A→C 且 B→C。

(3) 已知关系模式 $R(\underline{A},B,C)$。

答案:(1) 1NF (2) 2NF (3) 2NF

1.3.2.4 3NF

如果关系 $R\in$ 2NF,并且 R 中的所有非主属性都不传递函数依赖于主关键字,则$R\in$ 3NF。

从定义中可以看出,判断一个满足 2NF 的关系 R 是否满足 3NF 的本质是判断关系 R 中的非主属性之间是否存在函数依赖。如果存在,则 $R\notin$ 3NF,否则 $R\in$ 3NF。

从 3NF 的定义,我们还可以得出如下两个结论:

- 如果关系模式 $R\in$ 2NF,并且它最多只有一个非主属性,则 R 一定满足 3NF。
- 如果关系模式 $R\in$ 1NF,并且 R 中不存在非主属性,则 R 一定满足 3NF。

分解关系模式使其满足 3NF 的约束条件,其实是在分解过程中消除了非主属性对主关键字的传递函数依赖。

对法人 A 关系(如表 1-8 所示)进行分解,分解为法人 B 关系(如表 1-11 所示)和经济性质关系(如表 1-12 所示),以消除非主属性对主关键字的传递函数依赖,使之满足 3NF。

表 1-11 法人 B 关系

法人代码	法 人 名 称	经济性质代码
E01	塞纳网络有限公司	N01
E02	华顺达水泥股份有限公司	N02
E03	新意企业策划中心	N01

至此,已经将贷款 B 关系(如表 1-7 所示)分解为法人 B 关系(如表 1-11 所示)、经济性质关系(如表 1-12 所示)、银行关系(如表 1-9 所示)和贷款关系(如表 1-10 所示)。分解后的四个关系模式均满足第三范式的要求,以上的各种操作异常问题也都

表 1-12 经济性质关系

经济性质代码	经济性质
N01	私营
N02	国营

得到了解决。

例 1-13　请问以下各关系模式分别至少满足几范式？

(1) 已知关系模式 $R(\underline{A},B,C)$中，存在 B→C 或 C→B。

(2) 已知关系模式 $R(\underline{A},B,C)$中，既不存在 B→C，也不存在 C→B。

(3) 已知关系模式 $R(\underline{A,B,C})$。

答案：(1) 2NF　(2) 3NF　(3) 3NF

1.4　数据库系统结构

数据库系统结构是数据库系统的一个总框架，可以从多种角度考查数据库系统的结构。从数据库管理系统的角度看，数据库系统通常采用三级模式结构，这是数据库系统内部的体系结构：从数据库最终用户的角度看，数据库系统的结构分为集中式结构、文件服务器结构、客户/服务器结构、浏览器/服务器结构和分布式结构，这是数据库系统外部的体系结构。

1.4.1　数据库系统的内部体系结构

数据库系统的内部体系结构是指三级模式结构（外模式、模式、内模式），以及由三级模式之间形成的两级映像（外模式/模式映像、模式/内模式映像），如图 1-16 所示。

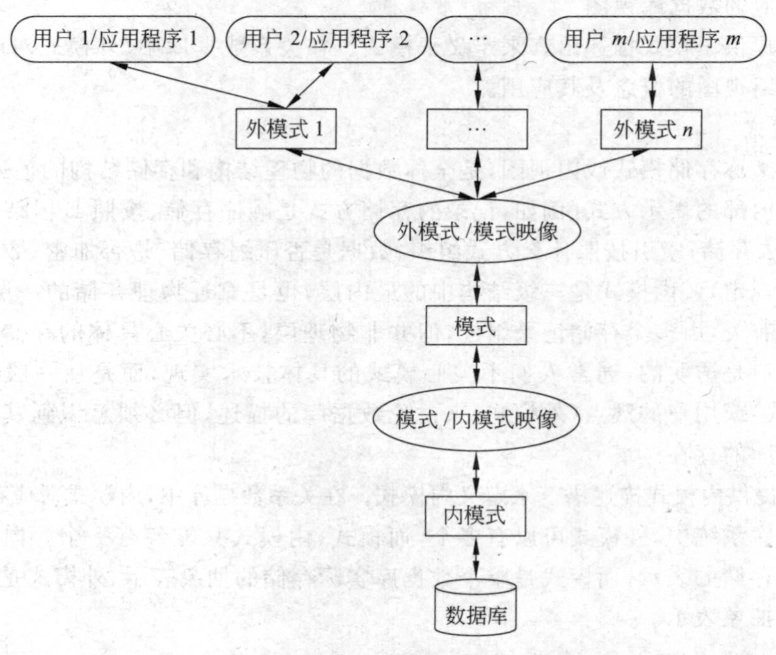

图 1-16　数据库系统的三级模式两级映像

1.4.1.1 三级模式结构

数据库系统的三级模式是对数据的三个抽象级别,使用户能逻辑地、抽象地处理数据,而不必关心数据在计算机内部的存储方式,把数据的具体组织交给 DBMS 管理。

1. 模式

模式(schema)又称概念模式或逻辑模式,是数据库中全体数据的逻辑结构和特征的描述。模式处于三级结构的中间层,它与应用程序和高级语言无关。模式以某一种数据模型为基础,定义数据的逻辑结构(例如,数据记录由哪些数据项构成,数据项的名字、类型、长度和取值范围等),定义与数据有关的安全性、完整性要求,定义这些数据之间的联系。模式是客观世界某一应用环境中所有数据的集合。

DBMS 提供模式描述语言来定义模式。在关系数据库中,模式对应表,第 5 章将详细介绍表的概念及管理。

2. 外模式

外模式也称子模式或用户模式,是数据库用户(包括应用程序员和最终用户)看见和使用的局部数据的逻辑结构和特征的描述。外模式是三级结构的最外层。外模式是模式的子集或变形,是与某一应用有关的数据的逻辑表示;从逻辑关系上看,外模式包含于模式。

不同用户需求不同,对数据库感兴趣的内容不同,看待数据的方式也可以不同,对数据保密的要求也可以不同,使用的程序设计语言也可以不同,因此不同用户对外模式的描述也各不相同。例如,在银行贷款管理系统中,各银行、各法人的需求不相同,可以为它们分别建立对应的数据库视图。

DBMS 提供子模式描述语言来定义子模式。在关系数据库中,外模式对应视图,第 7 章将详细介绍视图的概念及其应用。

3. 内模式

内模式又称存储模式或内视图,是全体数据的物理结构和存储结构的描述,是数据在数据库文件内部的表示方式(例如,记录的存储方式是顺序存储、按照 B 树结构存储还是按 Hash 方法存储;索引按照什么方式组织;数据是否压缩存储、是否加密;数据的存储记录结构有何规定)。内模式是三级结构中的最内层,也是靠近物理存储的一层,与实际存储数据方式有关,由多个存储记录组成,但并非物理层,不必关心具体的存储位置。内模式对一般用户是透明的,通常人们不关心模式的具体技术实现,而是从一般组织的观点(即概念模式)或用户的观点(外模式)来讨论数据库的描述,但必须意识到基本的内模式和存储数据库的存在。

DBMS 提供内模式描述语言来定义内模式。在关系数据库中,内模式对应存储文件。

在数据库系统中,外模式可以有多个,而模式、内模式只能各有一个。内模式是整个数据库实际存储的表示,而模式是整个数据库实际存储的抽象表示,外模式是概念模式的某一部分的抽象表示。

1.4.1.2 两级映像

数据库的三级模式之间可通过一定的对应规则进行相互转换,从而把这三级连接在一起成为一个整体，这种对应规则就是 DBMS 在三级模式之间提供的两级映像功能。

1. 模式/内模式映像

模式/内模式映像定义通常包含在模式描述中，确定了数据的全局逻辑结构与存储结构之间的对应关系(即模式与内模式之间的映像关系)。例如，说明逻辑记录和字段在内部是如何表示的。

数据库中只有一个模式，也只有一个内模式，所以模式/内模式是唯一的。

2. 外模式/模式映像

外模式/模式映像定义通常包含在各自外模式的描述中，确定了数据的局部逻辑结构与全局逻辑结构之间的对应关系(即外模式与模式之间的映像关系)。

数据库中的同一模式可以有任意多个外模式，对于每一个外模式，数据库系统都存在一个外模式/模式映像。

两级映像的定义和修改都是由数据库管理员完成的。

1.4.1.3 两种数据独立性

数据独立性是指应用程序及数据的组织方法和存储结构相互独立的特性。具体地说，就是在修改数据的组织方法和存储结构时，应用程序不用修改的特性。

由于数据库系统采用三级模式、两级映像结构，因此具有数据独立性的特点。数据独立性分为数据的物理独立性和数据的逻辑独立性。

1. 数据的物理独立性

当数据库的存储结构(即内模式)改变时，由数据库管理员对模式/内模式映像做相应修改，可以使模式保持不变。这样，我们称数据库达到了数据的物理独立性(简称物理独立性)。

当内模式发生改变时，可以确保模式不发生改变，以至于不影响外模式的改变，从而不会引起应用程序的改变。

2. 数据的逻辑独立性

当模式改变(例如，在原有的记录类型之间增加信息的联系，或在某些记录类型中增加新的数据项)时，由数据库管理员对各个外模式/模式的映像做相应修改，可以使外模式保持不变。这样，我们称数据库达到了数据的逻辑独立性(简称逻辑独立性)。

当模式发生改变时，可以确保外模式不发生改变，从而不会引起应用程序的改变。

1.4.2 数据库系统的外部体系结构

数据库系统的外部体系结构也称为数据库的应用结构，本节将介绍几种常见的数据库系统的外部体系结构：客户/服务器结构、浏览器/服务器结构和分布式结构。

1.4.2.1 客户/服务器结构

客户/服务器结构(Client/Server，简称 C/S 结构)是在客户端和服务器端都需要部署程序的一种应用架构，这种结构允许应用程序分布在客户端和服务器上执行，可以合理划分应用逻辑，充分发挥客户端和服务器两方面的性能，如图 1-17 所示。

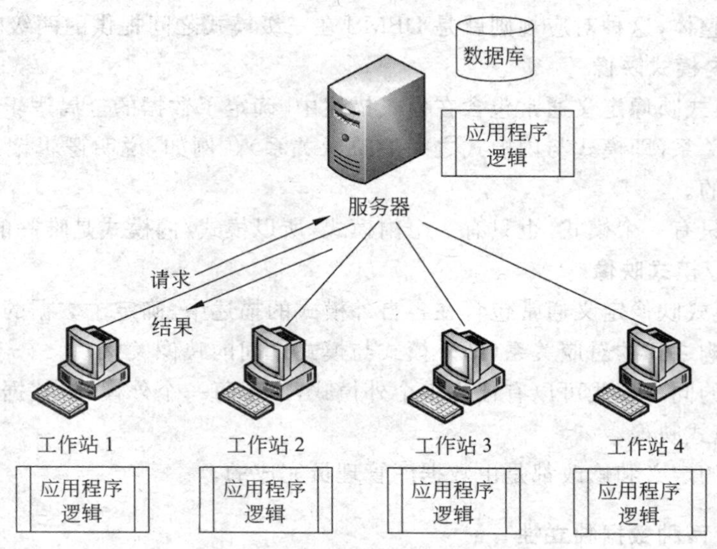

图 1-17　客户/服务器结构

在 C/S 结构中,我们常把客户端称作前台或前端客户,把服务器称作后台或后台服务器。客户端一般是普通的个人计算机,而服务器则采用高性能的计算机(专用服务器计算机,也可以是普通的个人计算机)。应用程序或应用逻辑可以根据需要划分在服务器和客户机中,客户端的应用程序主要处理提供用户界面、采集数据、输出结果及向后台服务器发出处理请求等;服务器端的程序则完成数据管理、数据处理、业务处理、向客户端发送处理结果等。

C/S 结构通过将应用程序合理分配到客户端和服务器端,可以充分利用两端硬件环境的优势,简化了应用程序的开发,优化了网络利用率,从而可以利用较低的费用实现较高的性能,使整个系统达到最高的效率。C/S 结构的主要缺点是:需要在客户端安装应用程序,部署和维护成本较高;代码复用困难。

客户/服务器系统适用于用户数较少、数据处理量较大、交互性较强、数据查询灵活和安全性要求较高的基于局域网的系统。目前,主流的数据库管理系统都支持 C/S 结构,如 SQL Server、Sybase 和 Oracle 等。

1.4.2.2　浏览器/服务器结构

随着应用系统规模的扩大,C/S 结构的某些缺陷表现得非常突出。例如,客户端软件的安装、升级、维护以及用户的培训等,都随着客户端规模的扩大而变得相当艰难。互联网的快速发展为这些问题的解决提供了有效的途径,这就是浏览器/服务器结构(Browser/Server,简称 B/S 结构),如图 1-18 所示。

B/S 结构实质上是客户—服务器结构在新的技术条件下的延伸。在传统的 C/S 结构中,服务器仅作为数据库服务器,进行数据的管理,大量的应用程序都在客户端进行,这样,每个客户都必须安装应用程序和工具,因而客户端很复杂,系统的灵活性、可扩展性都受到很大影响。在互联网结构下,C/S 结构自然延伸为三层或多层结构,形成 B/S 结构。

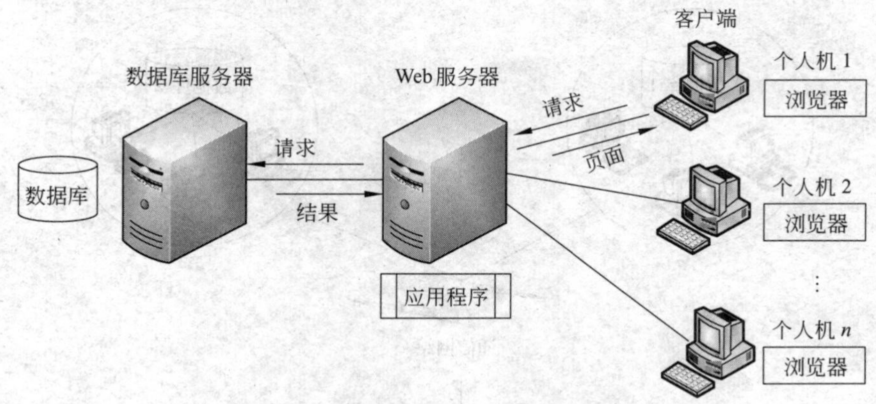

图 1-18　浏览器/服务器结构

这种方式下，Web 服务器既是浏览服务器，又是应用服务器，可以运行大量应用程序，从而使客户端变得很简单。

在 B/S 结构中，浏览器接受用户的请求，然后通过页面将请求提交 Web 服务器，Web 服务器将页面请求解析后向应用服务器提出处理请求，应用服务器访问数据库服务器并进行相应处理，最后再由 Web 服务器将处理结果格式化为页面形式呈现在客户端。

B/S 结构的主要特点是，在客户端的计算机上不需要安装专门的软件，只要有上网用的浏览器软件（如 Internet Explorer）即可，因此不需要专门对客户端进行安装、部署，只需要在服务器部署软件，整个系统的部署、维护成本较低，同时，代码的可重用性较高。B/S 结构的优势在于：无须开发客户端软件，维护和升级方便；可跨平台操作，任何一台计算机只要装有浏览器软件，均可作为客户机来访问系统；具有良好的开发性和可扩充性；具有良好的可重用性，提高了系统的开发效率。另外，通过互联网成熟的防火墙、代理服务、加密等技术，极大地提高了系统的安全性。

B/S 结构适用于用户多、数据处理量不大、地点灵活的基于广域网的系统。

1.4.2.3　分布式结构

分布式数据库系统是数据库技术与网络技术相结合的产物，其特点是分布式数据库由一组数据库组成。这组数据库物理上分布在网络中的不同计算机上，但它们在逻辑上是一个整体，好像是一个集中式数据库，如图 1-19 所示。

分布式数据库是一个物理上分布于计算机网络的不同地点而逻辑上又属于同一系统的数据集合。网络中每个地点的数据库都有自治能力，能够完成局部应用；同时每个地点的数据库又属于整个系统，通过网络也可以完成全局应用。

假设用户在节点 A 查询数据，如果数据在本地数据库存储，则由本地数据库系统（即节点 A 处的数据库系统）完成全部操作；如果数据位于异地数据库，如节点 C 的数据库，则调用节点 C 处的数据库系统返回相应数据，完成用户的操作。在完成异地存取时，系统可以设计为通过中央数据库或直接完成异地操作，这样可以根据具体情况而定。在分

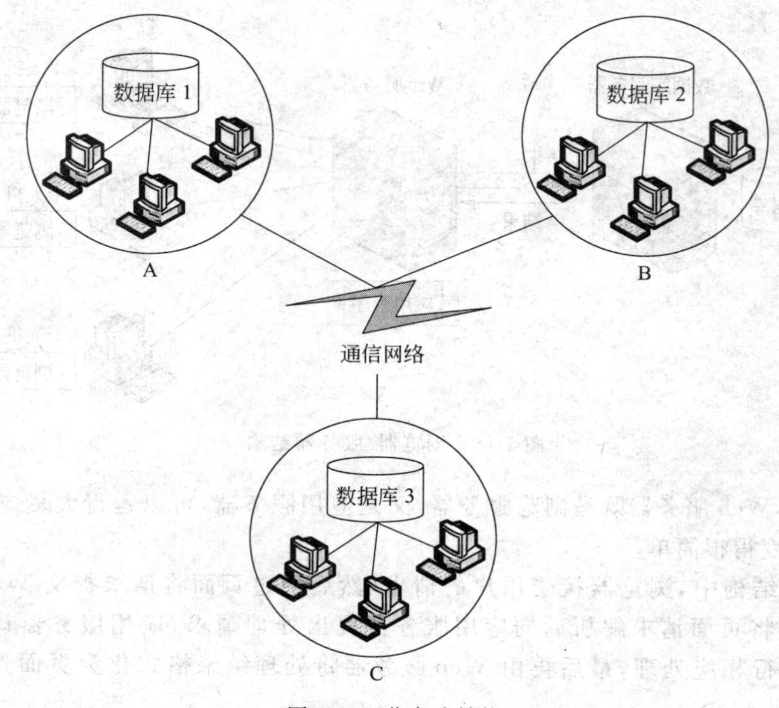

图 1-19 分布式结构

布式数据库系统中,用户使用的是一个整体数据库,他们不需要知道哪些数据存放在什么地方,只需要提出应用请求,至于数据库管理系统在哪里能取到所需要的数据,则完全是由分布式数据库系统决定和完成的。

分布式数据库系统体系结构适合那些地理上分散的公司、团体和组织的数据库应用的需求。

1.5 大数据概述

根据国际数据资讯(IDC)公司监测,全球数据量大约每两年翻一番,预计到 2020 年,全球将拥有 35ZB 的数据量(如图 1-20 所示),并且 85%以上的数据以非结构化或半结构化的形式存在。IT 专业人员预见数据处理面临的挑战,用"Big Data(大数据)"来形容这个问题。其实,"大数据"这个名词并不新鲜,早在 20 世纪 80 年代就由美国人提出。2008 年 9 月,《科学》杂志发表 *Big Data: Science in the Petabyte Era* 一文,"大数据"一词开始广泛传播。

1.5.1 大数据的定义

研究机构 Gartner 的定义:大数据是指需要新处理模式才能具有更强的决策力、洞察发现力和流程优化能力的海量、高增长率和多样化的信息资产。维基百科的定义:大数据指的是所涉及的资料量规模巨大到无法通过目前的主流软件工具在合理时间内达到撷

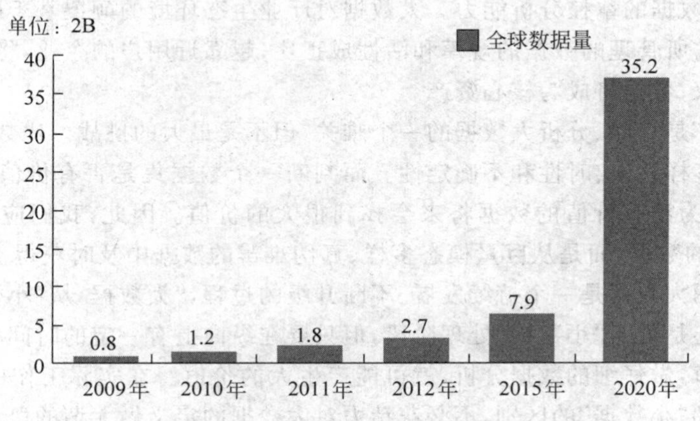

图 1-20　IDC 全球数据使用量预测

取、管理、处理并整理成为帮助企业经营决策目的的资讯。麦肯锡的定义：大数据是指大小超过常规的数据库工具获取、存储、管理和分析能力的数据集。其同时强调，并不是说一定要超过特定 TB 值的数据集才能算是大数据。

无论哪种定义，我们可以看出，大数据并不是一种新的产品也不是一种新的技术，就如同 21 世纪初提出的“海量数据”概念一样，大数据只是数字化时代出现的一种现象。那么海量数据与大数据的差别何在？从翻译的角度看，“大数据”和“海量数据”均来自英文，“big data”翻译为“大数据”，而“large-scale data”或者“vast data”则翻译为“海量数据”。从组成的角度看，海量数据包括结构化和半结构化的交易数据，大数据除此以外还包括非结构化数据和交互数据。Informatica 大中国区首席产品顾问但彬进一步指出，大数据意味着包括交易和交互数据集在内的所有数据集，其规模或复杂程度超出了常用技术，按照合理的成本和时限捕捉、管理及处理这些数据集的能力。可见，大数据由海量交易数据、海量交互数据和海量数据处理三大主要的技术趋势汇聚而成。

20 世纪 60 年代，数据一般存储在文件中，由应用程序直接管理；70 年代构建了关系数据模型，数据库技术为数据存储提供了新的手段；80 年代中期，数据库由于具有面向主题、集成性、时变性和非易失性等特点，成为数据分析和联机分析的重要平台；随着网络的普及和 Web 2.0 网站的兴起，基于 Web 的数据库和非关系型数据库等技术应运而生……目前，智能手机和社交网络的广泛使用，使得各种类型的数据呈指数增长，渐渐超出了传统关系型数据库的处理能力，数据中存在的关系和规则难以被发现，而大数据技术很好地解决了这个难题，它能够在成本可承受的条件下，在较短的时间内，将数据采集到数据仓库中，用分布式技术框架对非关系型数据进行异质性处理，通过数据挖掘与分析，从大量化、多类别的数据中提取价值，大数据技术将是 IT 领域新一代的技术与架构。

数据是与自然资源、人力资源一样重要的战略资源，掌控数据资源的能力是国家数字主权的体现。大数据研究和应用是现有产业升级与新产业崛起的重要推动力量，如果落后就意味着失守战略性新兴产业的制高点。大数据也正在引发科学思维与研究方法的一场革命。

大数据将颠覆过去的商业思维，未来企业核心竞争力主要不是资金，也不是现有市场规模,而是对大数据的掌控分析能力。大数据对产业生态环境的颠覆基于以下三大趋势:软件的价值同它所管理的数据的规模和活性成正比;越靠近用户的企业,将在产业链中拥有越大的发言权;数据将成为核心资产。

“数据量大”是存储、分析大数据的一个难关,但不是最大的挑战。比数据量大更难应对的是数据的多样性、实时性和不确定性。而判断一个数据集是否有价值也是很困难的事,也许今天认为没有价值的数据将来会找到很大的价值。因此,我们应关注的并不是PB级或EB级的数据,而是从巨量模态多样、真伪难辨的数据中及时获得价值的“能力”。

采集和利用大数据是一个持续发展、不断升级的过程,“大数据”从“小数据”开始。目前大多数单位还是处于“小数据”处理阶段,但只要在纵向上有一定的时间积累,横向上有丰富的记录细节,做仔细的数据分析,就可能产生大的价值。在实际工作中,我们不要太在意“大数据”和“小数据”的区别,不必花精力对大数据的定义做无谓的争论。不管是“大数据”还是“小数据”,能挖掘出价值就是好数据。

1.5.2 大数据的特征

1. 数据体量巨大(Volumn)

大数据通常指10TB(1TB=1024GB)规模以上的数据量。之所以产生如此巨大的数据量,一是由于各种仪器的使用,使我们能够感知到更多的事物,这些事物的部分甚至全部数据就可以被存储;二是由于通信工具的使用,使人们能够全时段进行联系,机器—机器(M2M)方式的出现,使得交流的数据量成倍增长;三是由于集成电路价格降低,使很多东西都有了智能的成分。

2. 数据种类繁多(Variety)

随着传感器种类的增多以及智能设备、社交网络等的流行,数据类型也变得更加复杂,不仅包括传统的关系数据类型,也包括以网页、视频、音频、e-mail、文档等形式存在的未加工的、半结构化的和非结构化的数据。

3. 流动速度快(Velocity)

我们通常理解的是数据的获取、存储以及挖掘有效信息的速度,但我们现在处理的数据是PB级代替了TB级,考虑到“超大规模数据”和“海量数据”也有规模大的特点,强调数据是快速动态变化的,形成流式数据是大数据的重要特征,数据流动的速度快到难以用传统的系统去处理。

4. 价值密度低(Value)

数据量呈指数增长的同时,隐藏在海量数据的有用信息却没有相应比例增长,反而使我们获取有用信息的难度加大。以视频为例,连续的监控过程,可能有用的数据仅有一两秒。大数据的“4V”特征表明其不仅仅是数据海量,对于大数据的分析将更加复杂、更追求速度、更注重实效。

1.5.3 大数据的来源

大数据集通常是PB或EB的大小。这些数据集有各种各样的来源:传感器、气候信息、公开的信息,如报纸杂志文章,还包括购买交易记录、网络日志、病历、军事监控、视频和图像档案及大型电子商务等。当前，根据来源不同，大数据大致分为如下几种类型。

(1) 来自人类活动：人们通过社会网络、互联网、健康、金融、经济、交通等活动过程所产生的各类数据，包括微博、病人医疗记录、文字、图形、视频等信息。

(2) 来自计算机：各类计算机信息系统产生的数据，以文件、数据库、多媒体等形式存在，也包括审计、日志等自动生成的信息。

(3) 来自物理世界：各类数字设备、科学实验与观察所采集的数据。如摄像头不断产生的数字信号，医疗物联网不断产生的人的各项特征值，气象业务系统采集设备所收集的海量数据等。

大数据时代，不仅改变了传统的数据采集、处理和应用技术与方法，还促使人们的思维方式发生改变。大数据的精髓在于促使人们在采集、处理和使用数据时转变思维，这些转变将改变人们理解和研究社会经济现象的技术和方法。

一是在大数据时代，不依赖抽样分析，而可以采集和处理事物整体的全部数据。19世纪以来，当面临大的样本量时，人们主要依靠抽样来分析总体。但是，抽样技术是在数据缺乏和取得数据受限制的条件下不得不采用的一种方法，这其实是一种人为的限制。过去，因为记录、储存和分析数据的工具不够科学，只能收集少量数据进行分析。如今，科学技术条件已经有了很大的提高，虽然人类可以处理的数据依然是有限的，但是可以处理的数据量已经大量增加，而且未来会越来越多。随着大数据分析取代抽样分析，社会科学不再单纯依赖于抽样调查和分析实证数据，现在可以收集过去无法收集到的数据，更重要的是，现在可以不再依赖抽样分析。

二是在大数据时代，不再热衷于追求数据的精确度，而是追求利用数据的效率。当测量事物的能力受限制时，关注的是获取最精确的结果。但是，在大数据时代，追求精确度已经既无必要又不可行，甚至变得不受欢迎。大数据纷繁多样，优劣掺杂，精准度已不再是分析事物总体的主要手段。拥有了大数据，不再需要对一个事物的现象进行深究，只要掌握事物的大致发展趋势即可，更重要的是追求数据的及时性和使用效率。与依赖小数据和精确性的时代相比较，大数据更注重数据的完整性和混杂性，帮助人们进一步认识事物的全貌和真相。

三是在大数据时代，人们难以寻求事物直接的因果关系，而是深入认识和利用事物的相关关系。长期以来，寻找因果关系是人类发展过程中形成的传统习惯。即使寻求因果关系很困难且用途不大，但人们仍无法摆脱认识的传统思维。在大数据时代，人们不必将主要精力放在事物之间因果关系的分析上，而是将主要精力放在寻找事物之间的相关关系上。事物之间的相关关系可能不会准确地告知事物发生的内在原因，但是它会提醒人们事物之间的相互联系。人们可以通过找到一个事物的良好相关关系，帮助其捕捉到事物的现在和预测未来。

1.5.4 传统数据库与大数据的比较

现有数据处理技术大多采用数据库管理技术，从数据库到大数据，看似一个简单的技术升级，但仔细考察不难发现两者存在一些本质上的区别。

传统数据库时代的数据管理可以看作“池塘捕鱼”而大数据时代管理类似于“大海捕

鱼","鱼"表示待处理的数据。"捕鱼"环境条件的变化导致"捕鱼"方式的根本性差异。具体差异归纳如表 1-13 所示。

表 1-13　传统数据与大数据的比较

项　　目	传统数据库	大　数　据
数据规模	以 MB 为基本单位	常以 GB,甚至 TB、PB 为基本处理单位
数据类型	数据种类单一,往往仅有一种或少数几种,且以结构化数据为主	种类繁多,数以千计,包括结构化、半结构化和非结构化数据
产生模式	先有模式,才会产生数据	难以预先确定模式,模式只有在数据出现之后才能确定,且模式随着数据量的增长不断演化
处理对象	数据仅作为处理对象	数据作为一种资源来辅助解决其他诸多领域问题
处理工具	一种或少数几种就可以应对	不可能存在一种工具处理大数据,需要多种不同处理工具应对

1.5.5　大数据分析的关键领域

根据数据的生成方式和结构特点不同,这里将数据分析划分为 6 个关键技术领域。

(1) 结构化数据。一直是传统数据分析的重要研究对象,目前主流的结构化数据管理工具,如关系型数据库等,都提供了数据分析功能。

(2) 文本。是常用的存储文字、传递信息的方式,也是最常见的非结构化数据。

(3) Web 数据。Web 技术的发展,极大地丰富了获取和交换数据的方式,Web 数据的高速增长,使其成为大数据的主要来源。

(4) 多媒体数据。随着通信技术的发展,图片、音频、视频等体积较大的数据也可以被快速地传播,由于缺少文字信息,其分析方法与其他数据相比,具有显著的特点。

(5) 社交网络数据。从一定程度上反映了人类社会活动的特征,具有重要的价值。

(6) 移动数据。与传统的互联网数据不同,具有明显的地理位置信息、用户个体特征等其他信息。

结构化数据分析、文本分析、Web 分析、多媒体分析、社交网络分析和移动分析这 6 个关键领域分类旨在强调数据的不同特性,其中的一些领域可能会利用类似的底层技术,或者存在交集,这样分类的目的在于理解和激发数据分析领域中的关键问题和技术。

1.5.6　大数据的典型应用

大数据应用是通过数据分析的方法从大数据中发掘潜在价值,具有重要的研究意义和实际价值。

1.5.6.1　企业内部大数据应用

目前,大数据的主要来源和应用都来自企业内部,商业智能(business intelligence,BI)和 OLAP 可以说是大数据应用的前辈。企业内部大数据的应用可以在多个方面提升企业的生产效率和竞争力。具体而言:市场方面,利用大数据关联分析,更准确地了解消费者的使用行为，挖掘新的商业模式；销售规划方面，通过大量数据的比较，优化商品价格；运营方面，提高运营效率和运营满意度，优化劳动力投入，准确预测人员配置要求，避免产能过剩，降低人员成本；供应链方面，利用大数据进行库存优化、物流优化、供应商协同等工作，可以缓和供需之间的矛盾，控制预算开支，提升服务。

在金融领域，企业内部大数据的应用得到了快速发展。例如，招商银行通过数据分析识别出招行信用卡价值客户经常出现在星巴克、DQ、麦当劳等场所后，通过“多倍积分累计”、“积分店面兑换”等活动吸引优质客户；通过构建客户流失预警模型，对流失率等级前 20%的客户发售高收益理财产品予以挽留，使得金卡和金葵花卡客户流失率分别降低了 15 个和 7 个百分点；通过对客户交易记录进行分析，有效识别出潜在的小微企业客户，并利用远程银行和云转介平台实施交叉销售，取得了良好成效。

当然最典型的应用还是在电子商务领域，每天有数以万计的交易在淘宝上进行，与此同时相应的交易时间、商品价格、购买数量会被记录，更重要的是，这些信息可以与买方和卖方的年龄、性别、地址，甚至兴趣爱好等个人特征信息相匹配。淘宝数据魔方是淘宝平台上的大数据应用方案，通过这一服务，商家可以了解淘宝平台上的行业宏观情况、自己品牌的市场状况、消费者行为情况等，并可以据此进行生产、库存决策，而与此同时，更多的消费者也能以更优惠的价格买到更心仪的宝贝。阿里信用贷款则是阿里巴巴通过掌握的企业交易数据，借助大数据技术自动分析判定是否给予企业贷款，全程不会出现人工干预。据透露，截至目前阿里巴巴已经放贷 300 多亿元，坏账率约 0.3%，大大低于商业银行。

1.5.6.2　物联网大数据应用

物联网不仅是大数据的重要来源，还是大数据应用的主要市场。在物联网中，现实世界中的每个物体都可以是数据的生产者和消费者，由于物体种类繁多，物联网的应用也层出不穷。

智慧城市是一个基于物联网大数据应用的热点研究项目，图 1-21 所示为基于物联网大数据的智能城市规划。美国佛罗里达州迈阿密戴德县就是一个智慧城市的样板。戴德县与 IBM 的智慧城市项目合作，将 35 种关键县政工作与迈阿密市紧密联系起来，帮助政府领导在治理水资源、减少交通拥堵和提升公共安全方面制定决策时获得更好的信息支撑。IBM 使用云计算环境中的深度分析向戴德县提供智能仪表盘应用，帮助县政府各个部门实现协作化和可视化管理。智慧城市应用为戴德县带来多方面的收益，例如戴德县的公园管理部门 2015 年因及时发现和修复跑冒滴漏的水管而节省了 100 万美元的水费。

1.5.6.3　面向在线社交网络大数据的应用

在线社交网络是一种在信息网络上由社会个体集合及个体之间的连接关系构成的社会性结构。在线社交网络大数据主要来自即时消息、在线社交、微博和共享空间 4 类应用。由于在线社交网络大数据代表了人的各类活动，因此对于此类数据的分析得到了更多关注。在线社交网络大数据分析是从网络结构、群体互动和信息传播 3 个维度，通过基于数学、信息学、社会学、管理学等多个学科的融合理论和方法，为理解人类社会中存在的

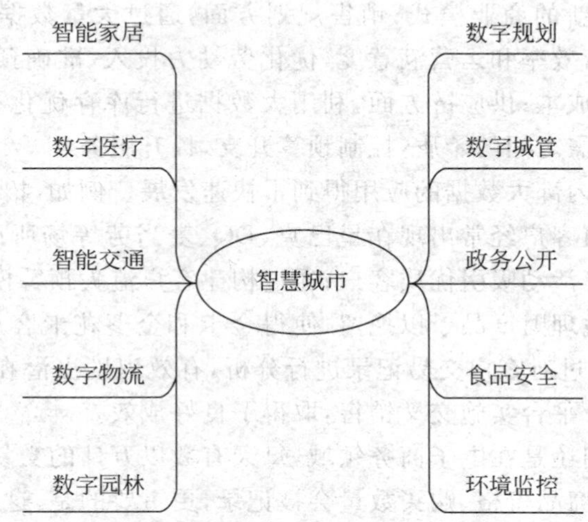

图 1-21　基于物联网的智能城市

各种关系提供的一种可计算的分析方法。目前,在线社交网络大数据的应用包括网络舆情分析、网络情报搜集与分析、社会化营销、政府决策支持、在线教育等。

1.5.6.4　医疗健康大数据应用

医疗健康数据是持续、高增长的复杂数据,蕴含的信息价值也是丰富多样。对其进行有效的存储、处理、查询和分析,可以开发出其潜在价值。对于医疗大数据的应用,将会深远地影响人类的健康。

微软的 HealthVault 是一个出色的医学大数据的应用,它是 2007 年发布的,目标是希望管理个人及家庭的医疗设备中的个人健康信息。现在已经可以通过移动智能设备录入上传健康信息,而且可以以第三方的机构导入个人病历记录,此外通过提供 SDK (Software Development Kit,软件开发工具包)以及开放的接口,支持与第三方应用的集成。

1.5.6.5　群智感知

随着技术的发展,智能手机和平板电脑等移动设备集成了越来越多的传感器,计算和感知能力也愈发强大。在移动设备被广泛使用的背景下,群智感知开始成为移动计算领域的应用热点。大量用户使用移动智能设备作为基本节点,通过蓝牙、无线网络和移动互联网等方式进行协作,分发感知任务分发,收集、利用感知数据,最终完成大规模的、复杂的社会感知任务。群智感知对参与者的要求很低,用户并不需要相关的专业知识或技能,而只需拥有一台移动智能设备。

众包(crowdsourcing)是一种极具代表性的群智感知模式,是一种新型的解决问题的方式。众包以用户为基础,以自由参与的方式分发任务。目前众包已经被运用于人力密集的应用,如语言翻译、语音识别、图像地理信息标记、定位与导航、城市道路交通感知、市场预测、意见挖掘等。众包的核心思想是将任务分而治之,通过参与者的协作来完成个体不可能或者说根本想不到要完成的任务。无须部署感知模块和雇用专业人员，众包就可以将感知范围扩展至城市规模甚至更大。

1.5.6.6　智能电网

智能电网是指将现代信息技术融入传统能源网络构成新的电网，通过用户的用电习惯等信息，优化电能的生产、供给和消耗，是大数据在电力系统上的应用。

习题

1. 对比数据管理发展各阶段的特点。

2. 文件系统用于数据管理存在哪些明显缺陷？

3. 简述如下概念：数据库、数据库管理系统、数据库系统、数据独立性、数据完整性。

4. 数据库系统由哪几部分组成？

5. 简述数据模型的三要素。

6. 概念数据模型和组织数据模型的作用是什么？

7. 对以下问题分析实体之间的联系，并分别画出 E-R 图。

(1) 国家和首都

(2) 公司和员工

(3) 学校和校长

(4) 银行和储户

(5) 教材和供应商

8. 多对多如何转换成一对多联系？举例说明。

9. 简述如下概念：主关键字、外部关键字、主属性、非主属性、函数依赖、部分函数依赖、完全函数依赖、传递函数依赖。

10. 试述外部关键字的概念和作用。外部关键字是否允许为空值？为什么？

11. 设有如下两个关系模式，试指出每个关系模式的主关键字、外部关键字，并说明外部关键字的参照关系。

药品(药品号，药品名称，药品价格，生产日期)，其中药品名称有重复。

销售(药品号，销售时间，销售数量)，假设可同时销售多种药品，但同一药品在同一时间只销售一次。

12. 关系模型的完整性规则都有哪些？

13. 说明第一范式、第二范式和第三范式的概念。

14. 已知关系模式：借书情况表(读者号，读者姓名，图书号，图书名，借书时间)，其中图书号代表唯一的一本书，允许读者在不同时间借阅同一本书。

(1) 指出此关系模式的主关键字。

(2) 判断此关系模式属于第几范式。

15. 一个关系有 4 个属性 A、B、C、D，这里 A 和 B 构成主关键字。满足下列函数依赖的关系是第几范式？

(1) A、B、C、D 都函数依赖于 AB,而 D 还函数依赖于 C。

(2) A、B、C、D 都函数依赖于 AB,而 D 还函数依赖于 B。

16. 试述关系数据库系统的三层模式结构。

17. 解释存储数据独立性和概念数据独立性的区别。

18. 试述客户/服务器结构、浏览器/服务器结构和分布式数据库系统体系结构的特点。

19. 如何利用大数据推动计算机审计发展?

第2章　SQL Server 概述

SQL Server 是广泛使用的关系数据库管理系统之一，也是微软公司在数据库领域非常重要的产品，具有性能良好、稳定性强、便于管理和易于开发等优势。本章将以 SQL Server 2008 为背景介绍 SQL Server 的概况、安装和卸载过程、常用管理工具等内容。

2.1　概述

SQL Server 诞生于 1988 年，第一个版本只能在 OS/2 上运行，在市场上是完全失败的。1993 年发布的 SQL Server 4.2 for Windows NT Advanced Server 3.1 在市场上取得了一些进展，但离企业级 RDBMS 的要求还相差甚远。1995 年微软公司发布了 SQL Server 6.0，1996 年发布了 SQL Server 6.5。SQL Server 6.5 具备了市场所需的速度快、功能强、易使用、价格低等特点。1998 年，微软公司推出了 SQL Server 7.0 版本，这是一次功能上的大改版，SQL Server 7.0 在数据存储和数据库引擎方面有了根本性的变化，进一步确立了 SQL Server 在数据库管理系统中的主导地位。2000 年，微软公司推出的 SQL Server 2000 在继承了 SQL Server 7.0 版本的优点的同时，又增加了许多更先进的功能，具有使用方便、可伸缩性好、与相关软件集成程度高等优点，并可跨越从运行 Microsoft Windows 98 的笔记本电脑到运行 Microsoft Windows 2000 的大型多处理器的服务器等多种平台使用。2005 年，微软公司发布了 SQL Server 2005。SQL Server 2005 是一个全面的数据库平台，使用集成的商业智能(BI)工具以提供企业级的数据管理。SQL Server 2005 数据库引擎为关系型数据和结构化数据提供了更安全可靠的存储功能，可以构建和管理用于业务的高可用、高性能的数据应用程序。2008 年，微软公司发布了 SQL Server 2008，这是一个重大的产品版本，具有许多新的特性和关键性的改进。2012 年，微软公司发布了 SQL Server 2012，该版本在高可用性、基于列的存储和查询等方面有了突破性进展。

本书的第 2～12 章都是以 SQL Server 2008 为介绍背景，在不特殊说明的情况下，SQL Server 指的是 SQL Server 2008。

SQL Server 2008 的主要特点有：

- 以原则为主(Policy-Based)的管理基础架构。
- 与 Windows Server 2008、Windows Vista 的数据收集(Data Collector)技术集成的性能数据收集器(Performance Data Collection)。
- 可以经由管理者设置以调整运行资源的资源调节器(Resource Governer)。
- 可预测的查询效能。
- 数据压缩能力。

- DDL(数据定义语言)审核能力。
- 透通式数据加密(Transparent Data Encryption)。
- 记录档数据流压缩(Log Stream Compression)。
- ADO. NET Object Services 的直接支持,这代表 SQL Server 2008 可支持 LINQ 和 ADO. NET Entity Framework。
- 本地的 DATE 和 TIME 分割的数据型别,并且支持时间位移的 DATETIMEOFFSET 和更精确的 DATETIME2 数据型别。
- FILESTREAM 数据型别：将大型二进制数据存到 NTFS 文件系统中(即不直接存在数据库中)。
- 稀疏字段(Sparse Column)的支持,可节省因为 NULL 值所占据的存储空间。
- 空间数据型别集,包含 Geometry[平面或(平面地球)数据]以及 Geography[椭圆体(圆形地球)数据],分别可存储平面和立面型的数据,有助于 GIS 型系统的开发。
- 变更数据收集与捕捉(Change Data Capture)。
- 宽数据表(Wide Table),最多可以容纳 30 000 个字段,但必须配合 Sparse 字段使用。
- Hierarchyid 数据类型,可以允许存储层次结构化的数据。
- MERGE 陈述式,可根据与来源数据表联结的结果,在目标数据表上运行插入、更新或删除作业,其功能与 ADO. NET 中的 DataSet. Merge()方法类似。
- Report Server 应用程序嵌入能力。
- Reporting Service 可支持窗体验证。
- 预测分析能力(SSAS)。
- 数据表型参数与变量,可以在变量或参数中使用 Table 的型别。

2.2 SQL Server 的安装

本节主要介绍 SQL Server 的版本体系、安装环境和安装过程等内容。

2.2.1 版本体系

为了满足用户在性能、运行时间以及价格等因素上的不同需求,SQL Server 2008 提供了不同版本的系列产品,如表 2-1 所示。

表 2-1　安装 SQL Server 2008 的产品系列

版　本	说　明
企业版(Enterprise Edition)	满足企业联机事务处理和数据仓库应用程序高标准要求的综合数据平台。提供企业级的可扩展性、高安全性,用于运行企业关键业务应用。该版本能够支持操作系统支持的最大 CPU 数。
标准版(Standard Edition)	完整的数据管理和商业智能平台,为部门级应用程序提供一流的易用性和易管理性支持。该版本最多支持 4 个 CPU。

续表

版　本	说　明
开发版(Developer Edition)	拥有所有企业版的特性,但只限于在开发、测试和演示中使用。基于这一版本开发的应用和数据库可以很容易地升级到企业版。
工作组版(Workgroup Edition)	可靠的数据管理和报表平台,为各分支应用程序提供安全、远程同步和管理等功能。
网络版(Web Edition)	为客户提供低成本、大规模、高度可用的 Web 应用程序或主机解决方案。
移动版(Compact)	可以免费下载,为所有 Windows 平台上的移动设备、桌面和 Web 客户端构建单机应用程序和偶尔连接的应用程序。
免费版(Express)	可以免费下载,适用于学习以及构建桌面和小型服务器应用程序。

2.2.2　安装 SQL Server 的软、硬件需求

在安装 SQL Server 2008 之前,首先应该考虑下列事项:

- 确保计算机硬件满足安装 SQL Server 2008 的要求。
- 确保计算机的操作系统满足安装 SQL Server 2008 的要求。
- 确保计算机上安装的软件满足安装 SQL Server 2008 的要求。
- 确保计算机的网络配置满足安装 SQL Server 2008 的要求。
- 检查所有 SQL Server 安装选项,并准备在运行安装程序时作适当的选择。
- 确定 SQL Server 的安装位置。

1. 操作系统要求

安装 SQL Server 2008 各种版本或组件对操作系统的要求如表 2-2 所示。表 2-2 中没有列出各个操作系统的具体小版本信息。

表 2-2　安装 SQL Server 2008 的操作系统要求

SQL Server 版本或组件	操作系统要求
32 位企业版	Windows Server 2003 SP2 及以上版本 Windows Server 2008 的各种版本
32 位标准版	Windows XP SP2 及以上版本 Windows Server 2003 SP2 及以上版本 Windows Vista 的各种版本 Windows Server 2008 的各种版本
32 位开发版	Windows XP SP2 及以上版本 Windows Server 2003 SP2 及以上版本 Windows Vista 的各种版本 Windows Server 2008 的各种版本
32 位工作组版	Windows XP SP2 及以上版本 Windows Server 2003 SP2 及以上版本 Windows Vista 的各种版本 Windows Server 2008 的各种版本

续表

SQL Server 版本或组件	操作系统要求
32位网络版	Windows XP SP2 及以上版本 Windows Server 2003 SP2 及以上版本 Windows Vista 的各种版本 Windows Server 2008 的各种版本
32位免费版	Windows XP SP2 及以上版本 Windows Server 2003 SP2 及以上版本 Windows Vista 的各种版本 Windows Server 2008 的各种版本
32位移动版	Windows XP SP2 及以上版本 Windows Server 2003 SP2 及以上版本 Windows Vista 的各种版本 Windows Server 2008 的各种版本 Pocket PC 和智能手机设备

2. 硬件要求

安装不同版本的 SQL Server 2008,其对服务器的硬件要求也不相同。安装 SQL Server 2008 企业版的硬件要求如表 2-3 所示。

表 2-3 安装 SQL Server 2008 的硬件要求

硬　件	最低要求
处理器	最低要求 Pentimu Ⅲ兼容或更高速度的处理器,处理器速度最低为 1.0GHz,建议使用 2.0GHz 或更快的处理器
内存(RAM)	至少需要 512MB,建议 2.0GB 或更大
定位设备	Microsoft 鼠标或兼容设备
监视器	SQL Server 2008 图形工具需要使用 VGA,分辨率至少为 1 024×768 像素
CD 或 DVD 驱动器	通过 CD 或 DVD 媒体进行安装时需要相应的 CD 或 DVD 驱动器

可以根据操作系统的要求添加额外的内存。通常情况下,内存越大,应用程序的性能越好。硬盘空间的实际要求则取决于系统配置以及选择安装的应用程序和功能的不同。

3. 网络配置要求

SQL Server 2008 是网络数据库产品,因此安装时对系统的网络环境有着特殊的要求。独立的命名实例和默认实例支持以下网络协议:

- Shared Memory
- Named Pipes
- TCP/IP
- VIA

在安装 SQL Server 2008 的同时都需要安装 Internet Explorer 6.0 SP1 或更高版本,因为 Microsoft 管理控制台(MMC)、SQL Server Management Studio、Business Intelligence Development Studio、Reporting Services 的报表设计器组件和 HTML 帮助都需要安装 Internet Explorer 6.0 SP1 或更高版本。

2.2.3　安装过程

本书以 SQL Server 2008 企业版为例，说明 SQL Server 2008 的安装过程。

(1) 将 SQL Server 2008 安装盘插入光盘驱动中。如果用户的 SQL Server 2008 安装盘是光盘，那么直接将光盘放入光驱即可；如果用户的 SQL Server 2008 安装盘是 iso 文件，可以用 Alcohol 120%或 Daemon tools 加载到虚拟光驱中。

(2) 安装进程运行后，SQL Server 2008 安装进程将会检测当前计算机上的. NET Framework 和 Windows Installer 的版本是否符合要求(. NET Framework 2.0 SP2 和 Windows Installer 4.5。在 Windows Vista 上，则需. NET Framework 3.5 SP1)。如果这两项的版本不符合要求，将打开【. NET Framework 和 Windows Installer 的版本】窗口。在该窗口中，单击【确认】按钮，即可开始安装所需的. NET Framework 和 Windows Installer 的版本。

(3) 在重新启动计算机后，再次运行 SQL Server 安装程序，则进入 SQL Server 安装中心。

(4) 安装中心将 SQL Server 2008 的计划、安装、维护、工具、资源、高级、选项等集成在一起。进入【安装】项目卡，可以看到全新 SQL Server 独立安装或向现有安装添加功能、从 SQL Server 2000 或 SQL Server 2005 升级等功能都集成在一个统一的页面，如图 2-1 所示。

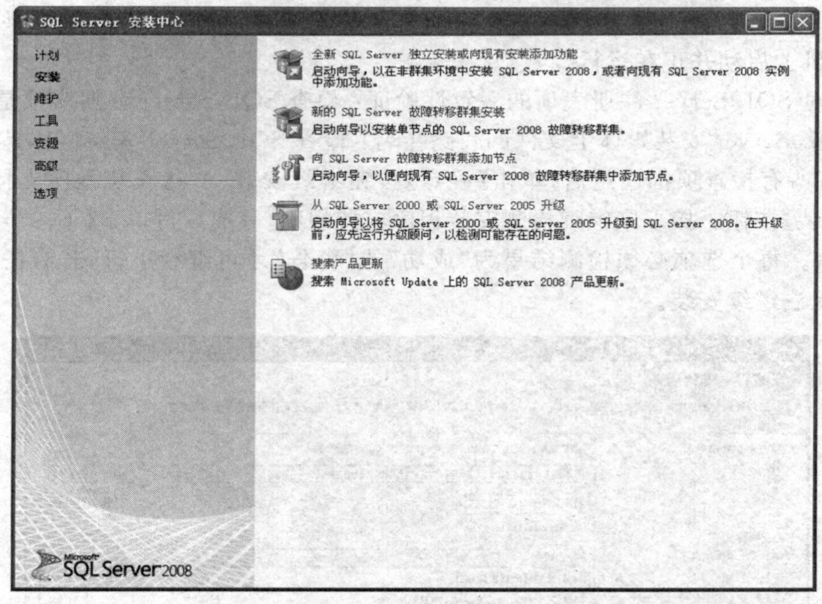

图 2-1　【SQL Server 安装中心】窗口

(5) 单击【全新 SQL Server 独立安装或向现有安装添加功能】，安装程序将检测安装程序支持规则，如图 2-2 所示。在此版本中，所做的检查包括如下几项。

- 最低操作系统版本：检查计算机是否满足最低操作系统版本要求。
- 安装程序管理员：检查运行 SQL Server 安装程序的账户是否具有计算机的管理员权限。
- 重新启动计算机：检查是否需要挂起计算机重新启动。挂起重新启动会导致安装程序失败。

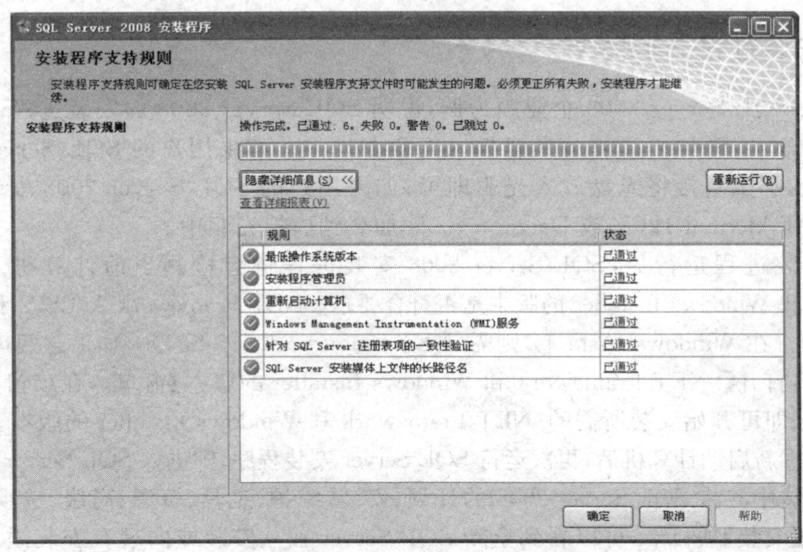

图 2-2 【安装程序支持规则】窗口(1)

- Windows Management Instrumentation(WMI)服务：检查 WMI 服务是否已在计算机上启动并正在运行。
- 针对 SQL Server 注册表项的一致性验证：检查 SQL Server 注册表项是否一致。
- SQL Server 安装媒体上文件的长路径名：检查 SQL Server 安装媒体是否太长。

(6) 待所有检查项都通过后，单击【确定】按钮继续安装。在【安装程序支持文件】界面单击【安装】按钮。接下来继续检测安装程序支持规则，完成后可单击【下一步】按钮，如图 2-3 所示。每个选项必须检测结果为“成功”或“警告”才可继续进行，若有任一项显示“失败”将无法继续安装。

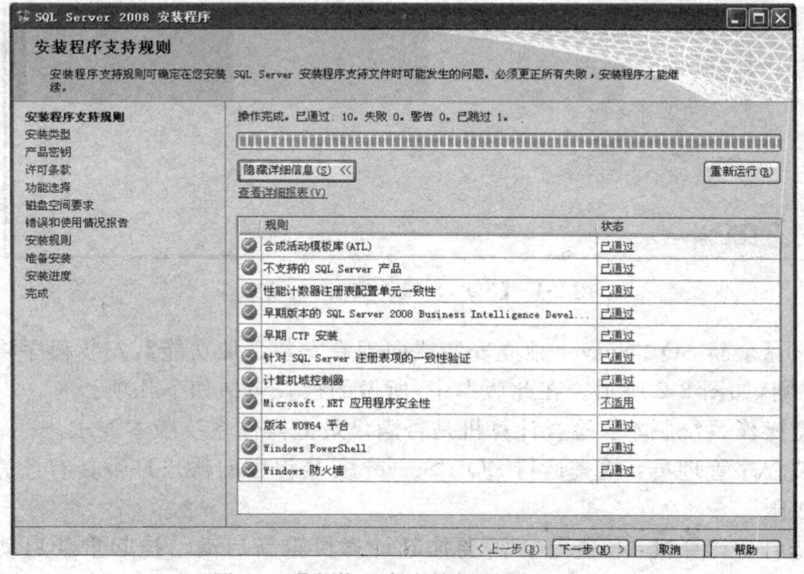

图 2-3 【安装程序支持规则】窗口(2)

(7) 输入产品密钥，单击【下一步】按钮。

(8) 在如图 2-4 所示的软件【许可条款】界面，选择【我接受许可条款】复选框，单击【下一步】按钮。

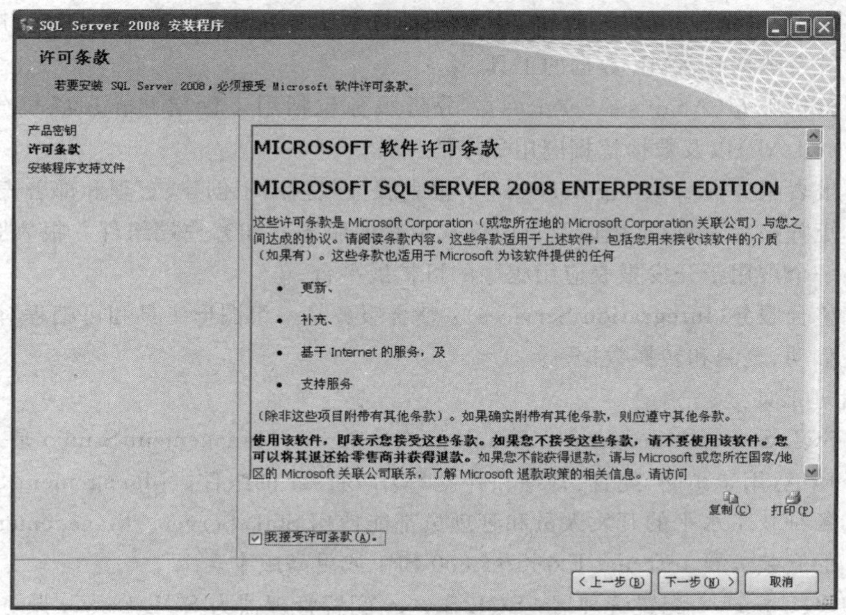

图 2-4　【许可条款】窗口

(9) 进入【功能选择】窗口（如图 2-5 所示），选择要安装的组件。在启用功能名称的复选框后，右侧窗格中会显示每个组件的说明。用户可以根据需要选择安装。

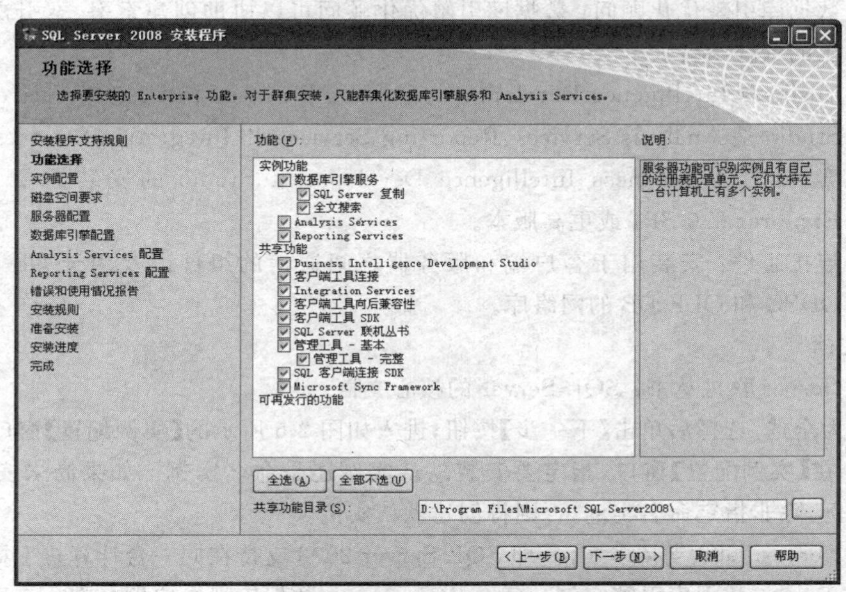

图 2-5　【功能选择】窗口

SQL Server 2008 的组件包括服务器组件、管理工具和文档三类。具体说明如下。

- 服务器组件
  - SQL Server 数据库引擎(Database Engine):SQL Server 数据库引擎包括数据库引擎(用于存储、处理和保护数据的核心服务)、复制、全文搜索以及用于管理关系数据和 XML 数据的工具。
  - 分析服务(Analysis Services):分析服务包括用于创建和管理联机分析处理(OLAP)以及数据挖掘应用程序的工具。
  - 报表服务(Reporting Services):报表服务包括用于创建、管理和部署表格报表、矩阵报表、图形报表以及自由格式报表的服务器和客户端组件。报表服务还是一个可用于开发报表应用程序的可扩展平台。
  - 整合服务(Integration Services):整合服务是一组图形工具和可编程对象,用于移动、复制和转换数据。
- 管理工具
  - SQL Server Management Studio:SQL Server Management Studio 是一个集成环境,用于访问、配置、管理和开发 SQL Server 的组件。Management Studio 使各种技术水平的开发人员和管理员都能使用 SQL Server。Management Studio 的安装需要 Internet Explorer 6.0 SP1 或更高版本。
  - SQL Server 配置管理器:SQL Server 配置管理器为 SQL Server 服务、服务器协议、客户端协议和客户端别名提供基本配置管理。
  - SQL Server Profiler:SQL Server Profiler 提供了一个图形用户界面,用于监视数据库引擎实例或 Analysis Services 实例。
  - 数据库引擎优化顾问:数据库引擎优化顾问可以协助创建索引、索引视图和分区的最佳组合。
  - Business Intelligence Development Studio:Business Intelligence Development Studio 是 Analysis Services、Reporting Services 和 Integration Services 解决方案的 IDE。Business Intelligence Development Studio 的安装需要 Internet Explorer 6.0 SP1 或更高版本。
  - 连接组件:安装用于客户端和服务器之间通信的组件以及用于 DB-Library、ODBC 和 OLE DB 的网络库。
- 文档

SQL Server 联机丛书:SQL Server 的核心文档。

这里为全选,选择后单击【下一步】按钮,进入如图 2-6 所示的【实例配置】窗口。

(10) 在【实例配置】窗口,指定要安装默认实例还是命名实例。如果尚未安装 SQL Server 实例,除非指定命名实例,否则将创建默认实例。

SQL Server 2008 支持多实例,即 SQL Server 2008 支持在同一台计算机上同时运行多个 SQL Server 数据库引擎实例。每个 SQL Server 数据库引擎实例各有一套不为其他实例共享的系统及用户数据库。实例分为默认实例和命名实例。

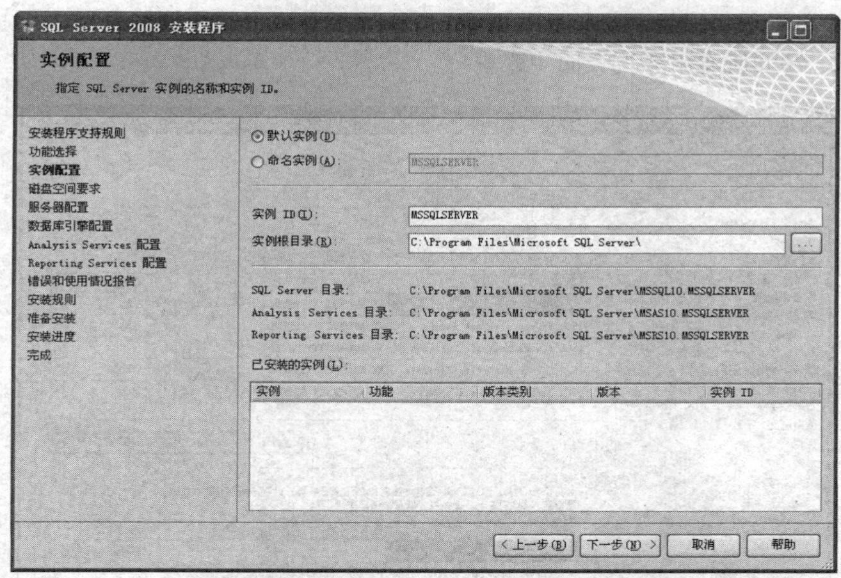

图 2-6　【实例配置】窗口

- **默认实例**

选择该选项可安装 SQL Server 的默认实例。一台计算机只能承载一个默认实例;所有其他实例必须是命名实例。默认实例由运行该实例的计算机的名称唯一标识,它没有单独的实例名。例如,计算机名称为 MYHOME,则默认实例名称就为 MYHOME。如果应用程序在请求连接 SQL Server 时只指定了计算机名,则 SQL Server 客户端组件将尝试连接这台计算机上的数据库引擎的默认实例。

- **命名实例**

命名实例在安装过程中由用户决定。除默认实例外,其他数据库引擎实例都由安装该实例过程中指定的实例名标识。当应用程序需要访问默认实例之外的数据库引擎时,必须提供计算机名和实例名,格式为:计算机名\实例名。例如,计算机名称为:MYHOME,如果选择命名实例,并且命名实例名为:SQL Server 2008,则安装成功后,请求连接该 SQL Server 时服务器名称应输入:MYHOME\SQL Server 2008。

决定安装 SQL Server 的默认实例还是命名实例时,应考虑以下信息:

- 如果计划在数据库服务器上安装单个 SQL Server 实例,则该实例应为默认实例。
- 如果计划在同一台计算机上安装多个实例,请使用命名实例。一台服务器只能承载一个默认实例。

这里选择【默认实例】单选按钮。单击【下一步】按钮,进入【磁盘空间要求】窗口。

(11) 在【磁盘空间要求】窗口中,显示了磁盘空间需求。单击【下一步】按钮。打开【服务器配置】窗口。

(12) 如图 2-7 所示,在【服务器配置】窗口中,【服务账户】选项卡中为每个 SQL Server服务单独配置账户名、密码及启动类型。其中对 SQL Server 服务的账户名必须指定。在【服务账户】选项卡中可以使用两种方式为 SQL Server 2008 服务设置账户:

一是分别为每项服务设置一个单独的账户;二是对所有服务使用同一个账户。这里将为SQL Server 2008所有服务设置同一账户。

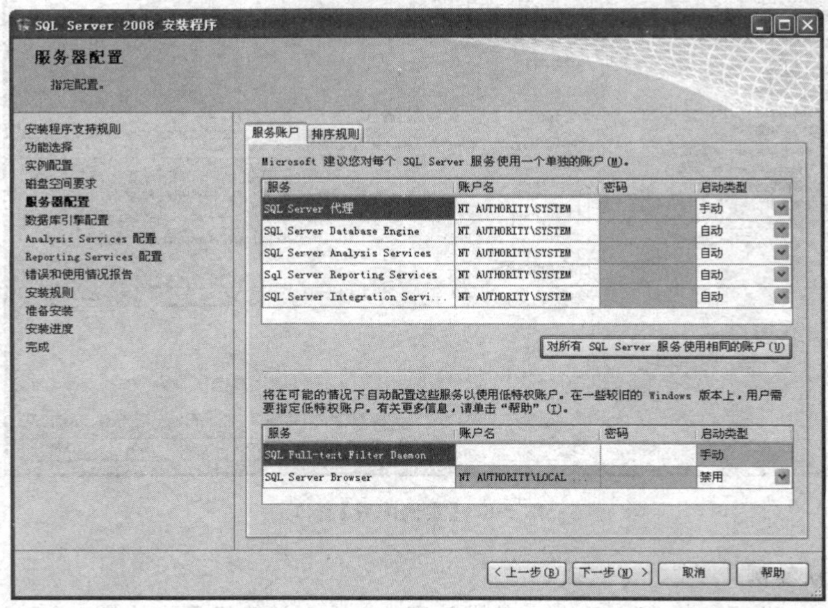

图 2-7 【服务器配置】窗口

【排序规则】选项卡为数据库引擎和 Analysis Services 指定排序规则,默认情况下为Chinese_PRC_CI_AS。指定后单击【下一步】按钮,打开【数据库引擎配置】窗口。

(13) 如图 2-8 所示,在【数据库引擎配置】窗口中,【账户设置】选项卡为数据库引擎

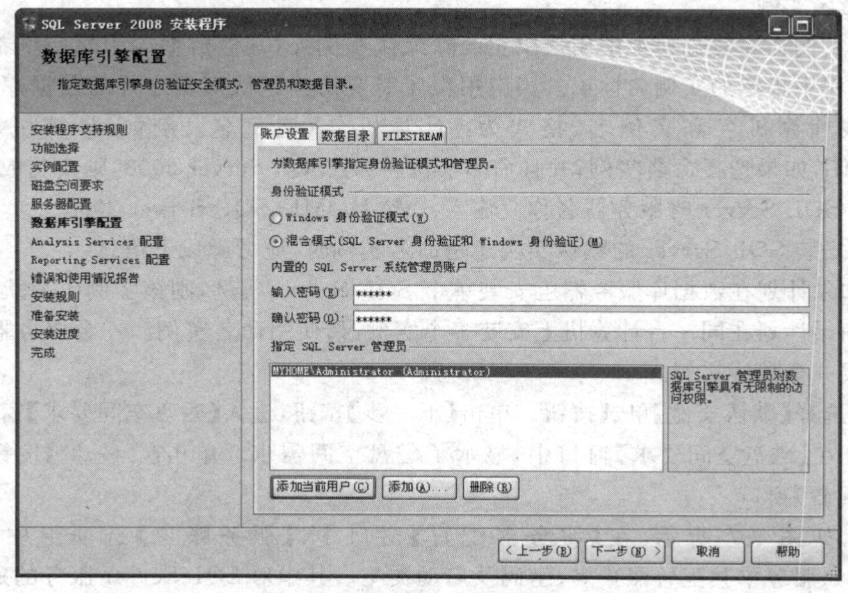

图 2-8 【数据库引擎配置】窗口

指定身份验证模式和管理员。【身份验证模式】可以选择 Windows 身份验证模式或混合模式：

- Windows 身份验证模式。如果选择这种身份验证模式，则 SQL Server 仅接受 Windows 的用户，而不接受非 Windows 的用户。用户通过 Windows 用户账户连接时，SQL Server 使用 Windows 操作系统中的信息验证用户名和密码。
- 混合模式。允许用户使用 Windows 操作系统的身份验证或 SQL Server 的身份验证进行连接。混合模式是为了与以前的版本兼容而保留下来的，安装程序推荐使用的是 Windows 身份验证模式。

关于身份验证模式的详细介绍请参见 10.2.2 节。这里选择“混合模式”。选择混合模式身份验证时，必须为内置 SQL Server 系统管理员账户 SA 提供一个强密码。

【指定 SQL Server 管理员】必须至少为 SQL Server 指定一个系统管理员，可以单击【添加当前用户】选择 Windows 当前用户或单击【添加】按钮选择其他用户。

【数据目录】选项卡设置数据库的安装和备份目录，这里使用默认目录。【FILESTREAM】选项卡可以启动针对 Transact-SQL 的 FILESTREAM 功能。FILESTREAM 是 SQL Server 2008 的新增概念，它使用 Windows NT 系统缓存来缓存文件数据。

配置完成后单击【下一步】按钮。

(14) 到这里，SQL Server 2008 的核心设置已经完成，接下来的步骤取决于前面选择组件的多少。由于前面选择了全部安装组件，下面首先需要对 Analysis Services 进行设置，如图 2-9 所示。

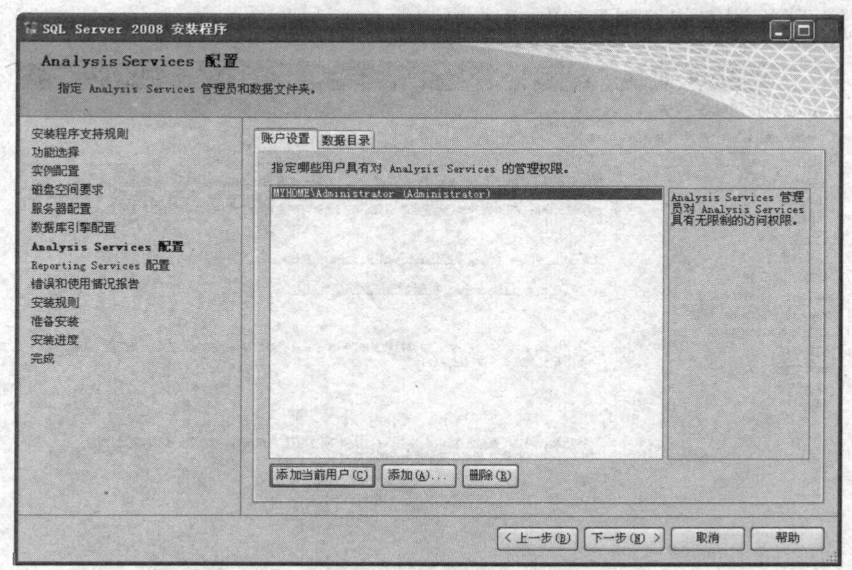

图 2-9 【Analysis Services 配置】窗口

【账户设置】选项卡同样必须指定一个用户，可以选择【添加当前用户】。【数据目录】选项卡为 SQL Server Analysis Services 指定数据目录、日志文件目录、Temp 目录和备份目录。完成后单击【下一步】按钮,进入【Reporting Services 配置】窗口。

(15) 在【Reporting Services 配置】窗口中,指定 Reporting Services 配置模式,这里使用默认值,如图 2-10 所示。单击【下一步】按钮,打开【错误和使用情况报告】窗口。

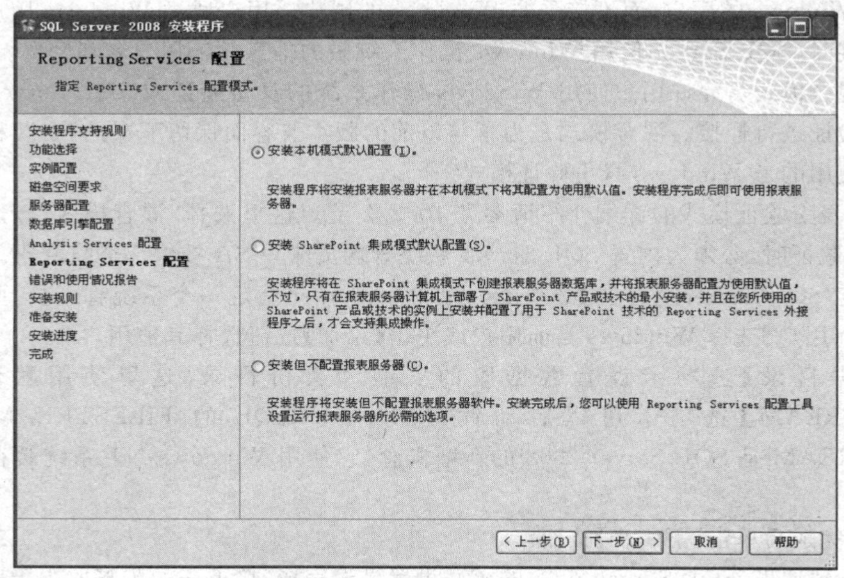

图 2-10 【Reporting Services 配置】窗口

(16) 如图 2-11 所示,在【错误和使用情况报告】窗口中,根据需要选择后单击【下一步】按钮,打开【检测安装规则】窗口。

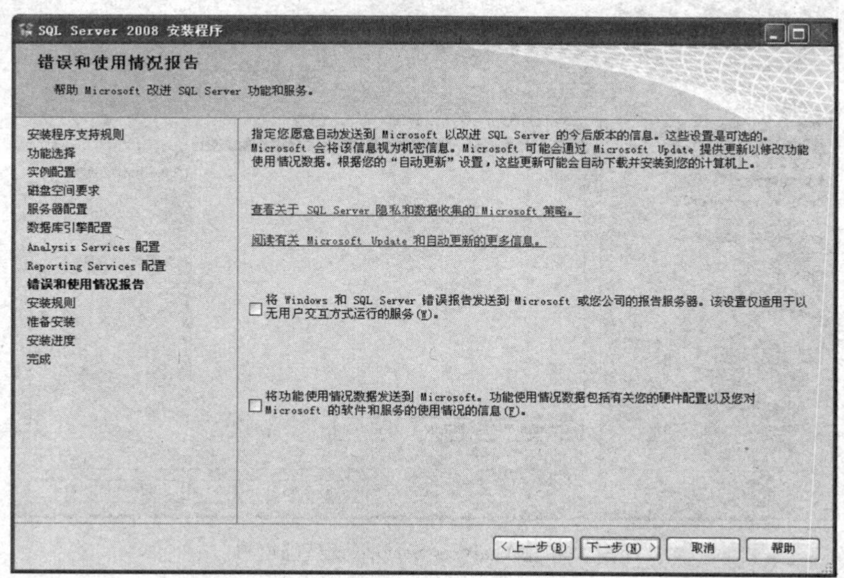

图 2-11 【错误和使用情况报告】窗口

(17) 在【检测安装规则】窗口中，显示了 SQL Server 2008 对规则的最后一次检验，如图 2-12 所示。当所有规则通过后，单击【下一步】按钮，打开【准备安装】窗口。

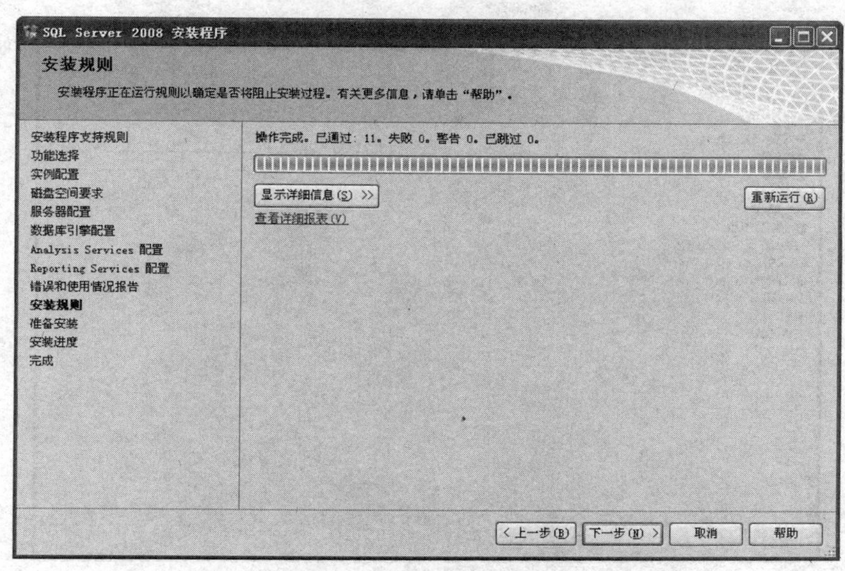

图 2-12　【检测安装规则】窗口

(18) 如图 2-13 所示，在【准备安装】窗口中，列出了所有要安装组件的详细信息，确认无误后单击【安装】按钮。

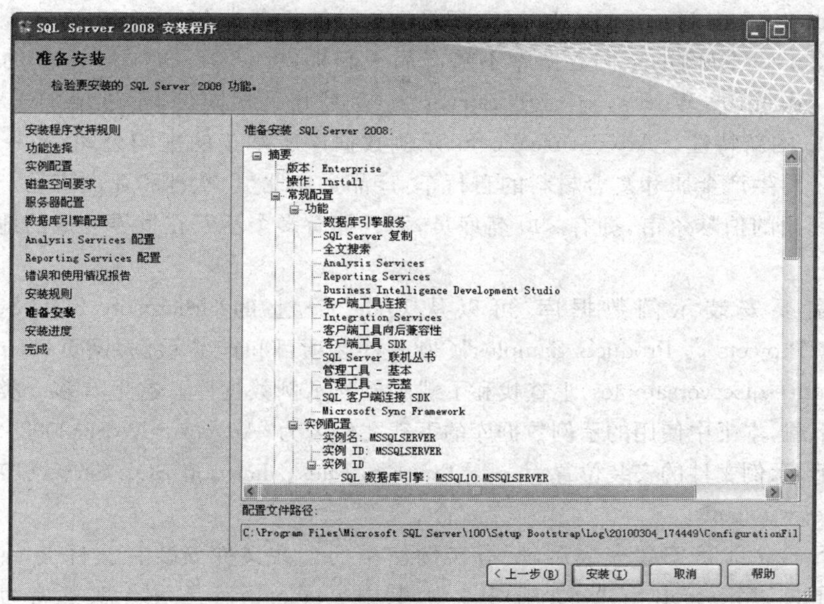

图 2-13　【准备安装】窗口

(19) 安装程序会根据用户对组件的选择复制相应的文件到计算机，并显示正在安装的功能名称、安装状态，并显示安装结果，如图 2-14 所示。完成后单击【下一步】按钮，打开【完成】窗口。

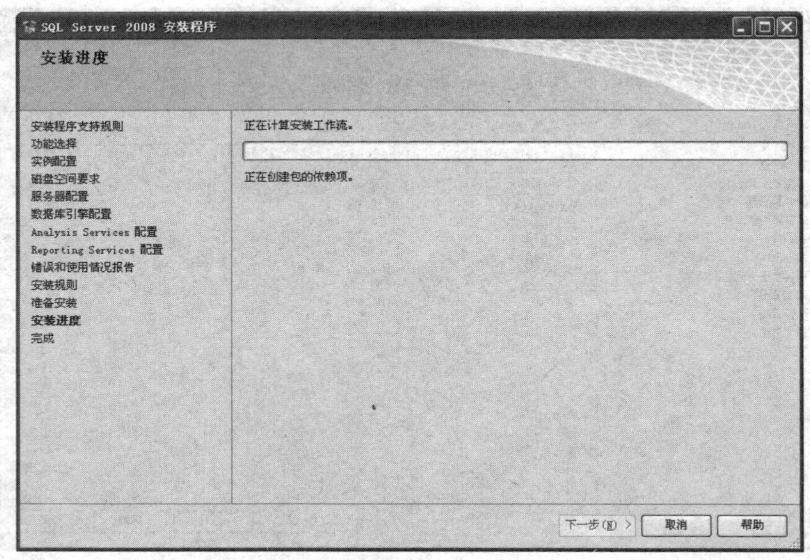

图 2-14 【安装进度】窗口

(20) 在【完成】窗口，将显示日志文件的位置以及一些补充信息。单击【关闭】按钮结束安装过程。此时，SQL Server 2008 安装程序已在用户的计算机上成功地部署了一个 SQL Server 2008 实例——MYHOME(假设本地计算机名为 MYHOME)。

SQL Server 2008 的示例数据库不随产品一起提供。SQL Server 2008 的示例数据库仍然是 AdventureWorks，与 SQL Server 2005 是几乎相同的，不过增加了一些 SQL Server 2008 的新特性。AdventureWorks 示例数据库所基于的虚构公司，是一家大型跨国公司。公司生产金属和复合材料的自行车，产品远销北美、欧洲和亚洲市场。公司总部设在华盛顿州的伯瑟尔市，拥有 290 名雇员，而且拥有多个活跃在世界各地的地区性销售团队。

如果需要安装示例数据库，可以从 CodePlex 上的“Microsoft SQL Server 2008 Community Projects & Products Samples”(2008 社区项目和产品示例)网页(http://www.codeplex.com/sqlserversamples)上查找和下载示例与示例数据库。这里有多个类别的示例数据库供下载，本书中使用的示例数据库的下载文件名为“AdventureWorks2008_SR4.exe”。默认情况下，示例文件的安装位置为：C:\Program Files\Microsoft SQL Server\100\Samples\<technology_name>。

SQL Server 2008 安装完成后，所有实例使用的公共文件安装在文件夹 systemdrive:\Program Files\Microsoft SQL Server\100 中，其中 systemdrive 是系统盘，通常为 C 盘。这里存放的 Binn、Data、Ftdata、HTML 等文件都是重要的系统文件，一般不要修改。每个实例还有单独一个文件夹，默认位置为 Program Files\Microsoft SQL Server\MSSQL.n，其中 n 是 SQL Server 实例的序号，如 1 或 2。此默认位置在安装时可以更改。

2.3 SQL Server 常用工具

安装完 SQL Server 2008 后，单击【开始】|【程序】|【Microsoft SQL Server 2008】命令，就可以看到 SQL Server 2008 程序的主体，如图 2-15 所示。

图 2-15　SQL Server 2008 安装后的菜单结构

下面介绍几种 SQL Server 2008 中的常用工具：SQL Server 配置管理器、SQL Server Management Studio 和联机丛书。

2.3.1　SQL Server 配置管理器

SQL Server 配置管理器用于管理与 SQL Server 相关联的服务、配置 SQL Server 使用的网络协议以及从 SQL Server 客户端计算机管理网络连接配置。SQL Server 配置管理器是一种可以通过【开始】菜单访问的 Microsoft 管理控制台管理单元，也可以将其添加到任何其他 Microsoft 管理控制台的显示界面中。Microsoft 管理控制台(mmc.exe)使用 Windows System 32 文件夹中的 SQL Server Manager 10.msc 文件打开 SQL Server 配置管理器。

SQL Server 配置管理器和 SQL Server Management Studio 使用 Windows Management Instrumentation(WMI)查看和更改某些服务器设置。WMI 提供了一种统一的方式，用于与管理 SQL Server 工具所请求注册表操作的 API 调用进行连接，并可对 SQL Server 配置管理器管理单元组件选定的 SQL 服务提供增强的控制和操作。

SQL Server 配置管理器功能分为三部分：SQL Server 服务、SQL Server 网络配置和本地客户端配置，如图 2-16 所示。

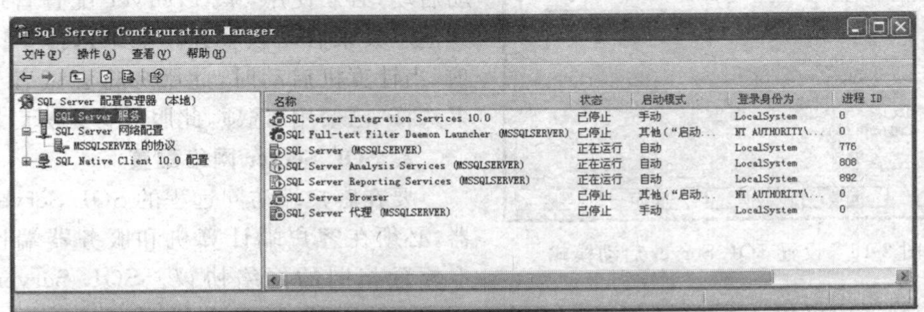

图 2-16　SQL Server 配置管理器

1. SQL Server 服务配置

在【SQL Server 配置管理器(本地)】窗口单击该选项，可以查看 SQL Server 相关的服务,也可以通过单击右键对服务项目进行操作。

要使用 SQL Server,必须先启动 SQL Server 服务。启动 SQL Server 服务的方法是:如图 2-17 所示,右击"SQL Server(MSSQLSERVER)"服务,在弹出的快捷菜单中选择【启动】命令。同理,需要停止、暂停、继续和重新启动服务,也可以单击相应的选项。服务处于"启动"、"暂停"或"停止"状态,可以从【SQL Server Configuration Manager】窗口的工具栏的状态中看到。如果"SQL Server(MSSQLSERVER)"服务启动成功,则表明 SQL Server 2008 安装成功。

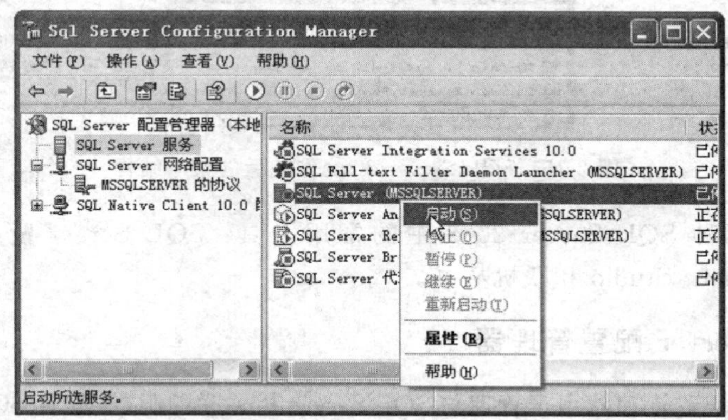

图 2-17 启动 SQL Server 服务

启动 SQL Server 服务的方式有两种:手工启动和自动启动。设置启动方式的方法如下:右击"SQL Server(MSSQLSERVER)"服务,在弹出的快捷菜单中选择【属性】命令,打开【SQL Server(MSSQLSERVER)属性】对话框。如图 2-18 所示,在【SQL Server(MSSQLSERVER)属性】对话框中,选择【服务】选项卡,【启动模式】下拉列表框中显示了"自动"、"手动"、"已禁用"三个选项。如果选择"手动"选项,当计算机启动时,此服务不自动启动,必须使用 SQL Server 配置管理器或其他工具来启动该服务。如果选择"自动"选项,当计算机启动时,此服务将尝试启动。如果选择"已禁用"选项,此服务将无法启动。

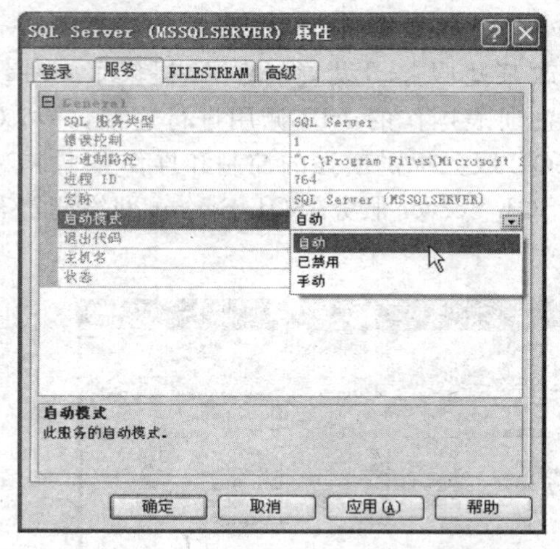

图 2-18 设置 SQL Server 启动模式

2. SQL Server 网络配置

要在客户端访问远程的 SQL Server 服务器,必须在客户端计算机和服务器端计算机上配置相同的网络协议。SQL Server 2008 支持的网络协议包括 Shared Memory、Named Pipes、TCP/IP 和 VIA 等。

在【Sql Server Configuration Manager】左框中选择【SQL Server 配置管理器(本地)】|【SQL Server 网络配置】|【MSSQLSERVER 的协议】,可以查看 SQL Server 2008 支持的网络协议及其使用情况,如图 2-19 所示。右击协议项,在弹出的快捷菜单中选择

【属性】命令，即打开相应协议的【属性】对话框，在此对话框中可以查看和设置协议的配置信息。例如，图 2-20 显示的就是 TCP/IP 协议的属性对话框。

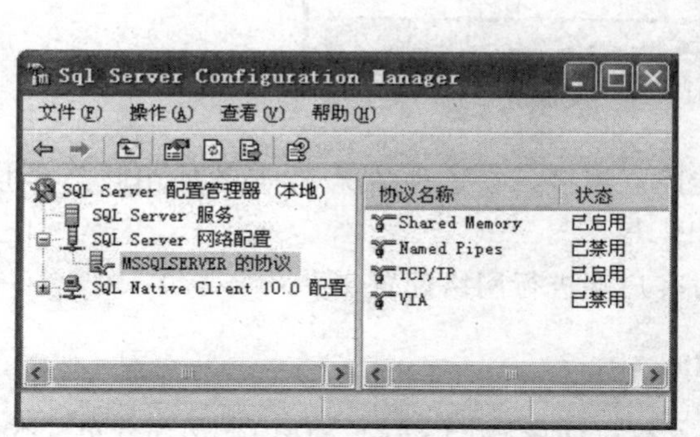

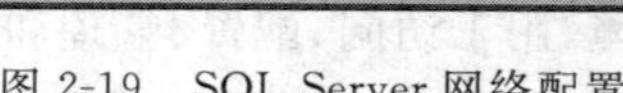

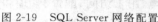

图 2-19　SQL Server 网络配置

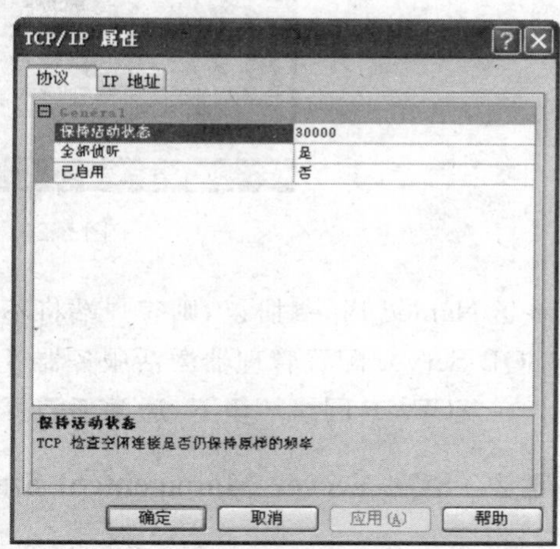

图 2-20　【TCP/IP 属性】对话框

SQL Server 各协议的含义如下。

- Shared Memory 是可供使用的最简单协议。由于使用该协议的客户端仅可以连接到同一台计算机上运行的 SQL Server 实例，因此它对于大多数数据库活动而言是无用的。Shared Memory 协议的配置信息很少，只有是否启用该协议的选项。
- Named Pipes 是为局域网而开发的协议。内存的一部分被某个进程用来向另一个进程传递信息，因此一个进程的输出就是另一个进程的输入。第二个进程可以是本地的，也可以是远程的。当启用该协议时，SQL Server 会使用 Named Pipes 网络库通过一个标准的网络地址作为通信。
- TCP/IP 是互联网上广泛使用的通用协议。它可以实现与互联网络中不同的硬件结构和操作系统的计算机进行通信。TCP/IP 是通过本地或者远程连接到 SQL Server 的首选协议。SQL Server 需要指定 TCP 端口以侦听请求，SQL Server 默认的 TCP 端口为 1433。如果默认端口被其他应用程序占用，可以在【TCP/IP 属性】对话框中修改 TCP 端口。
- VIA 协议即虚拟适配器，一般情况下，建议用户禁用该协议。

目前，大多数网络都是基于 TCP/IP 架构的，而 TCP/IP 在安装时被默认添加到 SQL Server 的企业协议中，在这种情况下不需要对网络协议做特殊设置。

3. 本地客户端配置

客户端要连接到远程的 SQL Server 服务器，同样需要安装并配置相同的网络协议。

在【Sql Server Configuration Manager】左框中选择【SQL Server 配置管理器(本地)】|【SQL Native Client 10.0 配置】|【客户端协议】，可以查看 SQL Sever 本地客户端已经配置的网络协议，如图 2-21 所示。

客户端为了能够连接到 SQL Server 服务器，必须使用与某一监听服务器的协议相匹配的协议。例如，如果客户端试图使用 TCP/IP 连接 SQL Server 服务器，而服务器上只

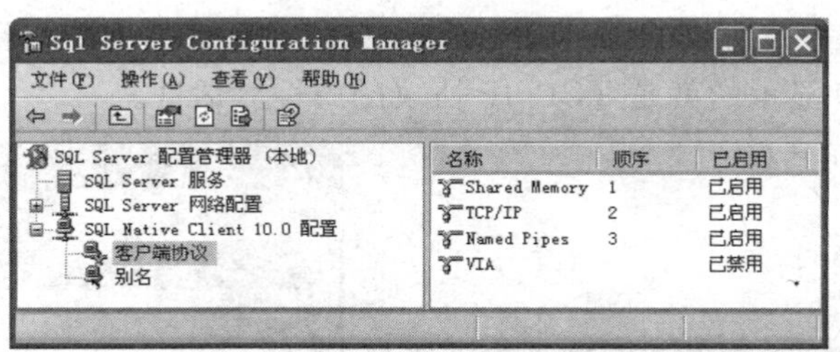

图 2-21　本地客户端配置

安装了 Named Pipes 协议，则客户端将不能建立连接。在这种情况下，必须使用服务器上的 SQL Server 配置管理器激活服务器 TCP/IP。

在 TCP/IP 网络环境下，通常不需要对客户端进行网络配置。

2.3.2　SQL Server Management Studio

SQL Server Management Studio 是一个集成环境，用于访问、配置、管理和开发 SQL Server 的所有组件。SQL Server Management Studio 组合了大量图形工具和丰富的脚本编辑器，使各种技术水平的开发人员和管理员都能访问 SQL Server。

SQL Server Management Studio 将早期版本的 SQL Server 中所包含的企业管理器、查询分析器和 Analysis Manager 功能整合到单一的环境中。此外，SQL Server Management Studio 还可以与 SQL Server 的所有组件协同工作，例如 Reporting Services、Integration Services 和 SQL Server Compact 3.5 SP1。

1. 启动 SQL Server Management Studio

单击【开始】|【程序】|【Microsoft SQL Server 2008】|【Microsoft SQL Server Management Studio】，弹出【连接服务器】对话框，【服务器类型】项选择“数据库引擎”。由于前面安装时采用的是默认实例，所以【服务器名称】项需要填写默认实例名：MYHOME(即计算机名)，如图 2-22 所示。由于安装时选择的身份验证模式是“混合模式”，所以【连接服务器】对话框中的【身份验证】项可以选择“SQL Server 身份验证”，也可

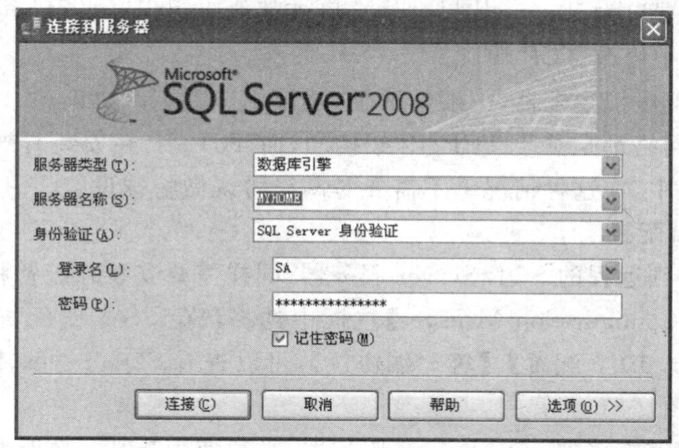

图 2-22　启动 SQL Server Management Studio

以选择“Windows 身份验证”。选择“SQL Server 身份验证”时，需要输入登录名及其密码。

单击【连接】按钮，进入 Microsoft SQL Server Management Studio 主界面，如图 2-23 所示。

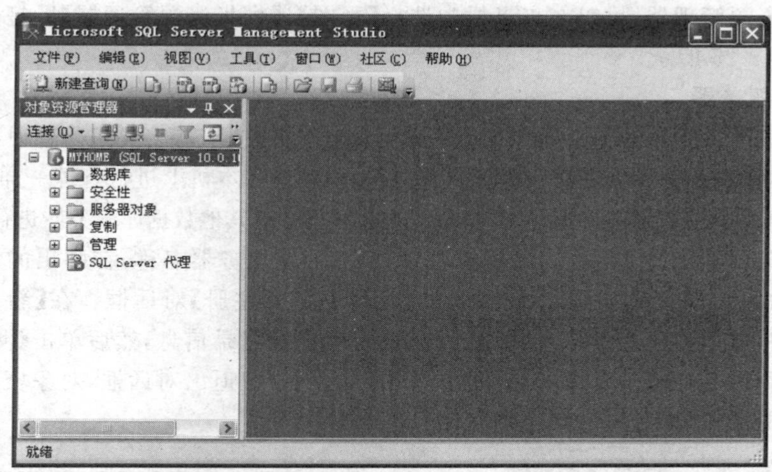

图 2-23　Microsoft SQL Server Management Studio 主界面

2. 对象资源管理器

对象资源管理器是服务器中所有数据库对象的树视图。该树视图可以包括数据库引擎、Analysis Services、Integration Services 和 SQL Server Compact 的数据库。对象资源管理器包括与其连接的所有服务器的信息，用于查找、修改、编写脚本或运行从属于 SQL Server 实例的对象。

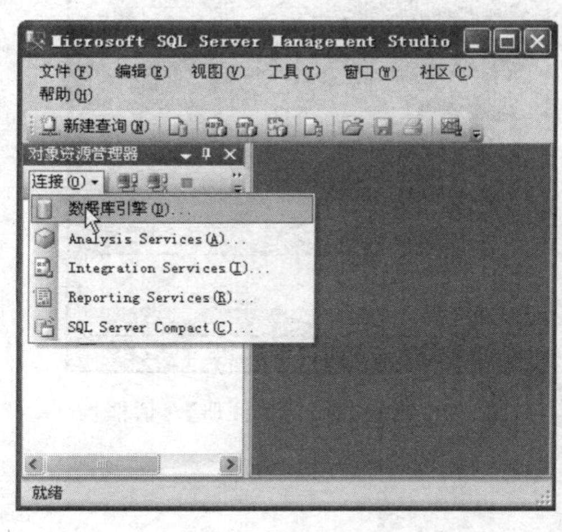

图 2-24　连接到服务器

对象资源管理器可以连接到数据库引擎、Analysis Services、Integration Services 和 SQL Server Compact。其连接选项如图 2-24 所示。下面介绍连接到数据库引擎的步骤：在对象资源管理器工具栏上，单击【连接】按钮 连接(O)▾，则显示可用连接类型下拉菜单，从中选择【数据库引擎】命令，系统将打开【连接服务器】对话框。输入相应信息后，单击【连接】按钮，连接到服务器。如果已经连接，则将直接返回到对象资源管理器，并将该服务器设置为焦点。

对象资源管理器使用树状结构将信息分组到文件夹中。单击加号(＋)或双击文件夹，展开文件夹以显示更多详细信息。右击文件夹或对象，以执行常见任务。双击对象以执行最常见的任务。

单击对象资源管理器工具栏上的【断开连接】按钮，可以断开连接。

3. 模板资源管理器

模板即包含SQL脚本的样板文件，可用来在数据库中创建对象，如数据库、表、视图、索引、存储过程、触发器、统计信息和函数等。如果SQL Server Management Studio中没有显示模板资源管理器，可以在工具栏中选择【视图】|【模板资源管理器】以打开模板资源管理器，如图2-25所示。

4. 注册服务器

使用SQL Server Management Studio不仅可以对本机数据库服务器进行管理，而且可以对其他机器上的数据库服务器进行管理，这个管理过程就像在本机上进行管理一样。在对其他机器上的数据库管理系统进行管理之前，必须先在本机上对其他数据库服务器进行注册。

注册服务器的步骤为：在对象资源管理器中，右击服务器名称，在弹出的快捷菜单中选择【注册】命令，即打开如图2-26所示的【新建服务器注册】对话框。在【新建服务器注册】对话框中，输入要连接的服务器的名称、身份验证及登录信息，然后单击【测试】按钮测试服务器能否成功连接。如果连接成功，单击【保存】按钮退出对话框，对象资源管理中就会出现新建的服务器。

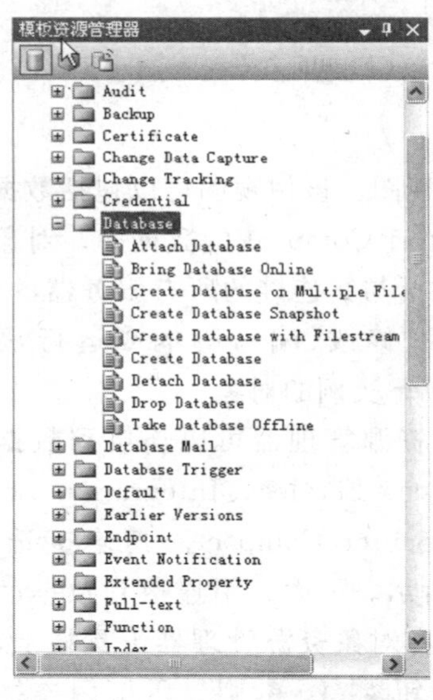

图2-25　模板资源管理器

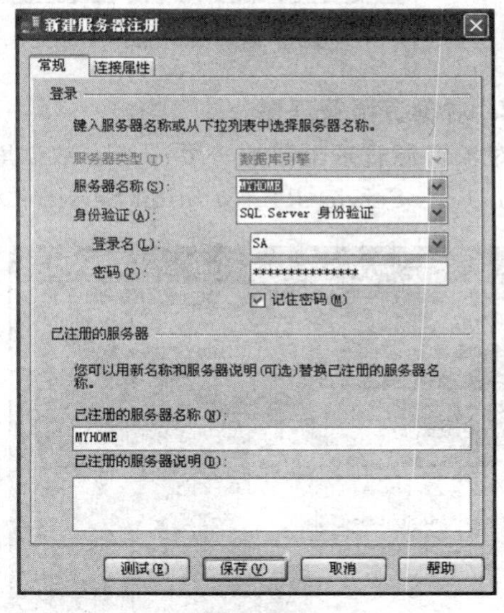

图2-26　【新建服务器注册】对话框

2.3.3　联机丛书

虽然用户可以通过各种书籍获得SQL Server的各种信息，但它们都不如SQL Server的联机丛书信息全面。联机丛书是最全面、最权威的SQL Server资料集，为数据库管理人员和开发人员提供了丰富、全面的帮助信息。

SQL Server 2008的联机丛书借鉴了MSDN(微软开发者网络)的界面和组织形式。启动联机丛书有多种方式：

• 单击【开始】|【所有程序】|【Microsoft SQL Server 2008】|【文档和教程】|【SQL Server 联机丛书】命令，即弹出【联机丛书】窗口，如图 2-27 所示。

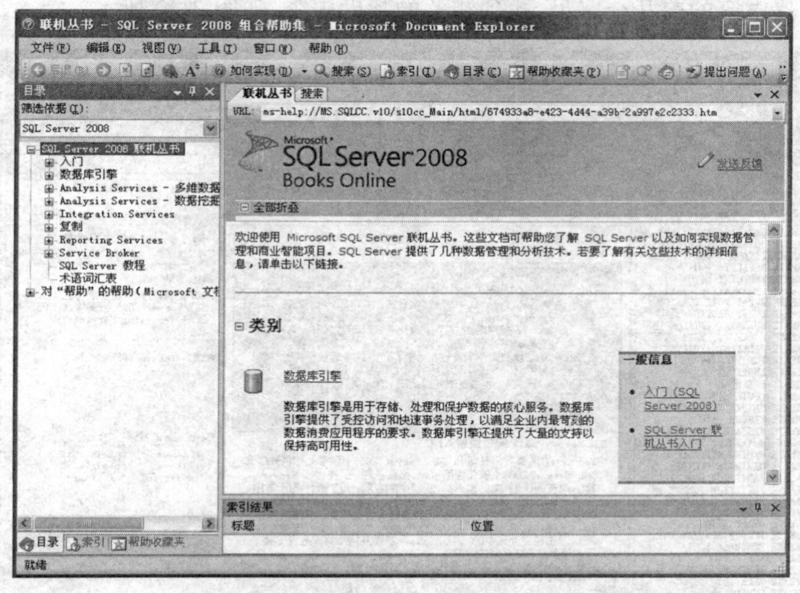

图 2-27　【联机丛书】窗口

• 在 SQL Server Management Studio 中选择【帮助】|【搜索】(或【目录】或【索引】)命令。

• 在运行 SQL Server 2008 任何组件的时候，按下 F1 键。

如果进入的是【目录】页面。在【内容】栏里单击目录条前面的"+"，可以找到需要的内容。如图 2-28 所示，找到"SQL Server 2008 的版本和组件"的内容。如果进入的是【搜

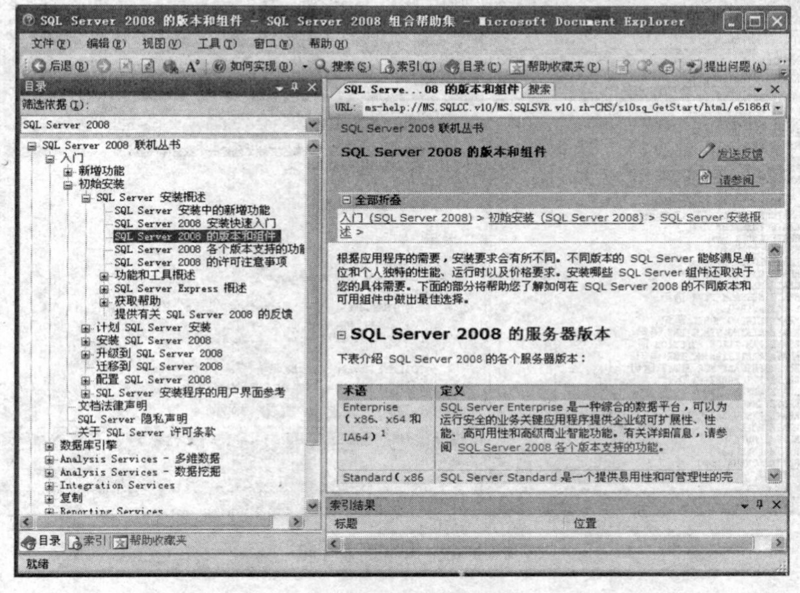

图 2-28　【目录】页面

索】页面,在"搜索"栏里输入关键词,单击【搜索】按钮,可以查找相关内容,如图 2-29 所示。如果进入的是【索引】页面。【索引】栏显示按字母排序的帮助条目。可以在【查找:】项中输入查找内容的前几个字母,找到相关的帮助内容,如图 2-30 所示。

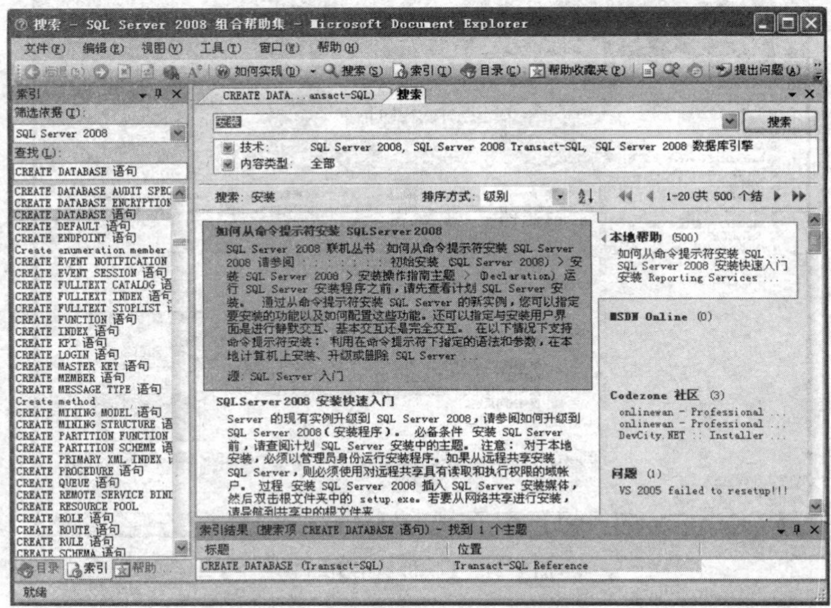

图 2-29 【搜索】页面

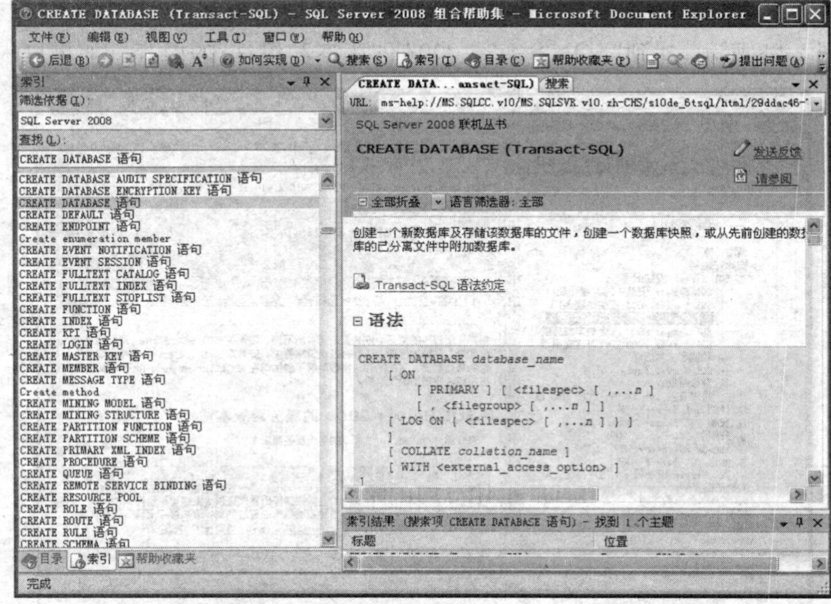

图 2-30 【索引】页面

2.4　SQL Server 实例的删除

如果 SQL Server 2008 实例的文件损坏到了不能修复的程度，或者用户不再需要某个 SQL Server 2008 实例，那么用户可以进行删除 SQL Server 2008 实例的操作。若要删除 SQL Server 2008 实例，用户必须是拥有“作为服务登录”权限的本地管理员。

删除 SQL Server 2008 实例的具体步骤如下：

(1) 删除 SQL Server 之前，关闭所有打开的 SQL Server 程序和工具；在 SQL Server 配置管理器中停止所有启动的 SQL Server 服务。

(2) 单击【开始】|【控制面板】|【添加或删除程序】，建议使用【控制面板】中的【添加或删除程序】删除 SQL Server。

(3) 选择要删除的 SQL Server 2008，然后单击【更改/删除】按钮，启动 SQL Server 安装向导，打开【安装程序支持规则】窗口。

(4) 在该窗口中，显示了规则检测结果，必须更正所有失败，安装程序才能继续。单击【确定】按钮，打开【选择实例】窗口。

(5) 在该窗口的下拉列表框中选择要删除的 SQL Server 2008 实例。单击【下一步】按钮，打开【选择功能】窗口。

(6) 在该窗口中，选择从指定的 SQL Server 实例中删除的功能。这里选择【全选】按钮，单击【下一步】按钮，打开【删除规则】窗口。

(7) 删除规则验证是否可以成功完成删除操作。【删除规则】窗口显示了检测结果。单击【下一步】按钮，打开【准备删除】窗口。

(8) 该窗口显示了要删除的组件和功能的列表。确认无误后，单击【删除】按钮，打开【删除进度】窗口。

(9) 该窗口将显示删除状态。在删除操作完成后，单击【下一步】按钮，打开【完成】窗口。

(10) 在该窗口中，单击【关闭】按钮。

(11) 删除磁盘上 SQL Server 2008 的安装目录，完成删除 SQL Server 2008 实例的操作。

习题

1. 请练习安装 SQL Server 2008，并安装示例数据库 AdventureWorks。
2. 启动 SQL Server Management Studio，熟悉操作界面。
3. SQL Server 2008 提供了哪些服务？每个服务的作用是什么？最核心的服务是哪个？在安装完成后，应至少先启动哪个服务？使用哪个工具来管理 SQL Server 2008 的服务？
4. 请描述实例、默认实例、命名实例的概念。
5. 在安装 SQL Server 2008 的过程中，若命名实例名为 Myhome，则应用程序在访问此数据库引擎时，使用的名称是什么？
6. 安装完毕后，如何测试是否能够正确地连接到 SQL Server 2008？
7. 如何使用 SQL Server 2008 的联机丛书？
8. 请描述卸载 SQL Server 2008 的主要步骤。

第3章 数据库的创建与管理

数据库是长期储存在计算机存储设备上、相互关联的、可以被用户共享的数据集合。本章介绍数据库的类型和数据库文件，并以 SQL Server 2008 数据库管理系统为例介绍用户数据库的创建、维护、删除、分离和附加。

3.1 数据库概述

数据库由包含数据的表集合和其他对象（如视图、索引、存储过程和触发器）组成，目的是为执行与数据相关的活动提供支持。存储在数据库中的数据通常与特定的主题或过程相关，如银行贷款信息、员工人事信息等。

SQL Server 支持在一台服务器上创建多个数据库。每个数据库可以存储与某个应用相关的数据。例如，一个数据库存储银行贷款数据，用于支持银行贷款管理系统；另一个数据库存储员工人事数据，用于支持人事管理系统。

3.1.1 数据库类型

从数据库应用和管理的角度看，SQL Server 数据库可以分为两大类：系统数据库和用户数据库。

在每台物理计算机上可以安装多个虚拟的 SQL Server 服务器，每个虚拟的 SQL Server 服务器称为一个 SQL Server 实例。每个 SQL Server 实例包括 5 个系统数据库和若干个用户数据库。

系统数据库是 SQL Server 数据库管理系统自动维护的，这些数据库用于存放维护系统正常运行的信息，如服务器上共建有多少个数据库，每个数据库的属性及其所包含的对象，每个数据库的用户以及用户的权限等。用户数据库存放的是与用户的业务有关的数据，其中的数据是靠用户来维护的。AdventureWorks 示例数据库就是用户数据库。我们通常所说的建立数据库都是指创建用户数据库，对数据库的维护也指对用户数据库的维护，一般用户对系统数据库没有操作权限。

默认情况下，SQL Server 2008 服务器将建立 5 个系统数据库，即 master、msdb、model、tempdb 和 mssqlsystemresource。

(1) master 数据库记录了 SQL Server 实例的所有系统级别的信息，包括所有登录名或用户 ID 所属的角色、所有系统配置设置、数据库的位置、SQL Server 如何初始化等信息。因此，如果 master 数据库变得不可用，那么 SQL Server 数据库引擎将无法启动。不过，在 SQL Server 中，系统对象并不是存储在 master 数据库中。

(2) msdb 数据库是 SQL Server 代理用来记录有关作业、警报和备份历史的信息。

(3) model 数据库用于创建所有用户数据库的模板。当用户创建一个数据库时，系统自动将 model 库中的全部内容复制到新建数据库中。如果希望所有的用户数据库都有某个数据库对象(如建立一张表或定义一个数据类型)，那么可以在 model 数据库中建立这个数据库对象，从而在此后创建的所有用户数据库均自动包含这个数据库对象。

(4) tempdb 是一个临时性的数据库，用于存储创建的临时用户对象(如全局临时表、临时存储过程、表变量)、SQL Server 2008 系统创建的内部对象(如用于存储中间结果的系统表)和由数据库修改事务提交的行记录。在每次启动 SQL Server 时，SQL Server 都会重新创建 tempdb。所以，在 SQL Server 启动后总是保持一个“干净”的 tempdb 数据库。在断开所有连接时，SQL Server 会自动删除临时信息。在 SQL Server 中，不允许用户对 tempdb 进行备份和还原操作。

(5) resource 是一个只读数据库，它包含了 SQL Server 2008 中的系统对象。SQL Server 2008 中的系统对象以两种形式存储：①为了方便各个数据库的使用，系统对象以系统视图的形式分布在每一个数据库的 sys 架构下；②为了便于系统对象的维护和开发，系统对象又统一地存储在 resource 数据库中。

图 3-1 系统数据库

在 SQL Server Management Studio【对象资源管理器】窗口中，可以查看到 master、msdb、model、tempdb 4 个系统数据库，如图 3-1 所示。而 resource 是唯一没有显示在其中的系统数据库，这是因为它在 sys 系统框架中。

用户数据库的创建和维护将在 3.2 节和 3.3 节介绍。

3.1.2 数据库文件组成

SQL Server 将数据库映射为一组操作系统文件。在 SQL Server 中，数据和日志信息不是像 Microsoft Office Access 那样混合地存储到同一文件(.mdb)中，而是将数据存入数据文件，将日志信息存入日志文件，且一个文件只能由一个数据库使用。

3.1.2.1 SQL Server 数据库文件

SQL Server 的数据库由数据文件和日志文件两类文件组成。

1. 数据文件

数据文件用于存放数据库数据。数据文件分为主要数据文件和次要数据文件。

- 主要数据文件：每个数据库都包含一个主要数据文件。主要数据文件内含数据库的启动信息，也可用于存储数据。主要数据文件的默认扩展名是.mdf。
- 次要数据文件：每个数据库包含零或多个次要数据文件。次要数据文件含有不能放入主要数据文件中的数据。如果主要数据文件足够大，能够容纳数据库中的所有数据,则可以不需要次要数据文件。有些数据库可能非常大,因此需要多个次要数据文件。这些次要数据文件可以放在不同的磁盘驱动器上,以便利用多个磁盘的存储空间,并降低数据存取的并发性。次要数据文件可以同主要数据文件存放在相同的位置,也可以存放在不同的位置。次要数据文件的默认扩展名是.ndf。

次要数据文件的使用和主要数据文件的使用对用户来说是没有区别的,而且对用户也是透明的,用户不需要关心自己的数据是存放在主要数据文件上,还是存放在次要数据文件上。系统会选用最高效的方法来使用这些数据文件。

2. 日志文件

每个数据库必须至少有一个日志文件,也可以有多个日志文件。日志文件记录页的分配和释放以及对数据库数据的修改操作,它包含用于恢复数据库的日志信息。日志文件的默认扩展名为.ldf。

数据库和日志文件的默认位置为 C:\Program Files\Microsoft SQL Server\MSQL10.<实例名>\MSSQL\。如果安装 SQL Server 时更改了默认目录,则此位置将会发生变化。

每个数据库文件都拥有两个名称:逻辑名称和物理名称。逻辑名称是在所有 T-SQL 语句中引用物理文件时所使用的名称。逻辑名称在数据库中是唯一的。物理名称是包括目录路径的物理文件名。一般情况下,如果有多个数据文件,为了获得更好的性能,建议将文件分散存放在多个磁盘上。

3.1.2.2 SQL Server 文件组

SQL Server 文件组类似于文件夹,用于管理数据库中的数据文件。日志文件没有文件组的概念,也就是说,日志文件不存在于某个文件组中。

SQL Server 文件组可以分为两种类型,即主要文件组和用户定义文件组。

- 默认的主要文件组的名称为 PRIMARY,在创建数据库时,由数据库引擎自动创建。主要数据文件和没有明确指定文件组的次要数据文件都被指派到 PRIMARY 文件组中。
- 用户定义文件组由用户创建。用户定义文件组不是必须创建的,用户可以根据需要创建。

例如,可以分别在三个磁盘驱动器上创建三个文件 Data1.ndf、Data2.ndf 和 Data3.ndf,然后将它们分配给文件组 fgroup1。然后,可以明确地在文件组 fgroup1 上创建一个表。对表中数据的查询将分散到三个磁盘上,从而提高了性能。通过在不同磁盘上创建文件组的方法提高查询效率,通常只在大型数据库应用系统中使用。

3.1.2.3 页和区

1. 页

在 SQL Server 2008 中,数据文件(.mdf 或.ndf)存储的基本单位是页(page)。一页是一块 8KB(8×1 024 字节)的连续磁盘空间,即 1MB 的数据文件中包含 128 页。在数据文件中，页按顺序编号，文件首页的页码是 0。对于普通用户而言，页是透明的，即用户感觉不到页的存在。

行不能跨页，但是行的部分可以移出行所在的页，因为行实际可能会非常大。页的单个行中的最大数据量和开销是 8 060 字节(8KB)。但是，这不包括用 Text/Image 页类型存储的数据。包含 varchar、nvarchar、varbinary 或 sql_variant 列的表不受此限制的约束。当表中的所有固定列和可变列的行的总大小超过限制的 8 060 字节时，SQL Server 将从最大长度的列开始动态地将一个或多个可变长度列移动到 ROW_OVERFLOW_DATA 分配单元中的页。每当插入或更新操作将行的总大小增大到超过限制的 8 060 字节时，将会执行此操作。将列移动到 ROW_OVERFLOW_DATA 分配单元中的页后，将在 IN_ROW_DATA 分配单元中的原始页上维护 24 字节的指针。如果后续操作减小了行的大小，SQL Server 会动态地将列移回原始数据页。

日志文件不包含页，它是由一系列日志记录组成的。

2. 区

区是 8 个物理上连续的页的集合，用来有效地管理页。所有页都存储在区中，即 1MB 的数据库文件包含 16 个区。

为了使空间分配更有效，SQL Server 不会将所有区分配给包含少量数据的表。如图 3-2 所示，SQL Server 有两种类型的区。

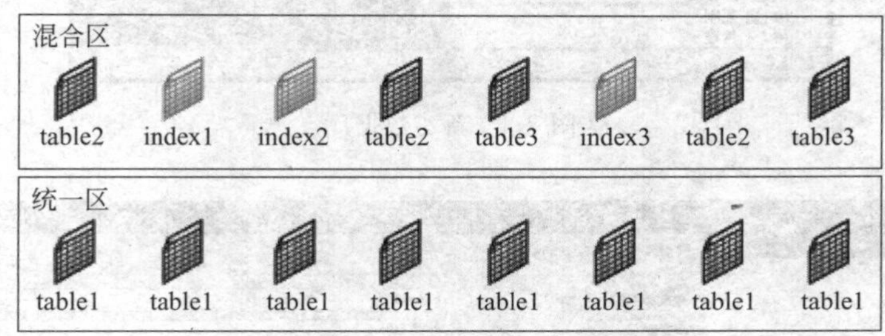

图 3-2　统一区与混合区

- 统一区，为单个对象所有。区中的所有 8 页只能由所属对象使用。
- 混合区，最多可由 8 个对象共享。区中 8 页的每页可由不同的对象所有。

通常从混合区向新表或索引分配页。当表或索引增长到 8 页时，将变成使用统一区进行后续分配。如果对现有表创建索引，并且该表包含的行足以在索引中生成 8 页，则对该索引的所有分配都使用统一区进行。

3.2　创建数据库

在 SQL Server 2008 中，创建数据库主要有三种方式：第一种是使用 SQL Server Management Studio 创建数据库；第二种是使用 T-SQL 语句创建数据库；第三种是使用模板创建数据库。本书只介绍使用 SQL Server Management Studio 创建数据库的方法。

3.2.1 使用 SQL Server Management Studio 创建数据库

LoanDB 数据库(银行贷款数据库)是贯穿本书的主要案例数据库,该数据库存放的是银行贷款信息。下面以 LoanDB 数据库为例介绍创建数据库的方法,具体步骤如下。

(1) 打开 Microsoft SQL Server Management Studio,在对象资源管理器中,连接到 SQL Server 2008 数据库引擎实例,再展开该实例节点。

(2) 如图 3-3 所示,右击【数据库】节点,在弹出的快捷菜单中选择【新建数据库】命令,即打开如图 3-4 所示的【新建数据库】对话框。

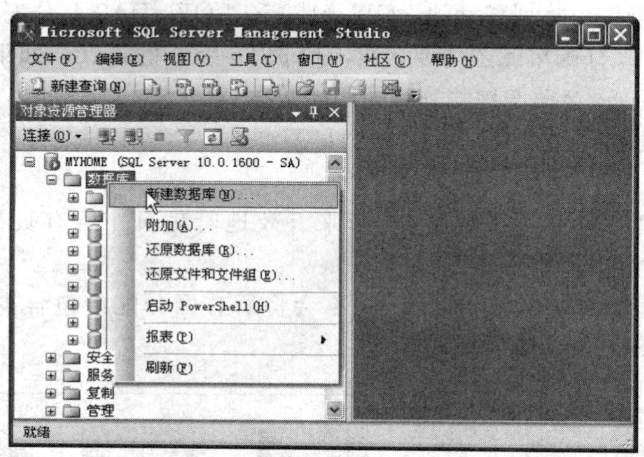

图 3-3 新建数据库

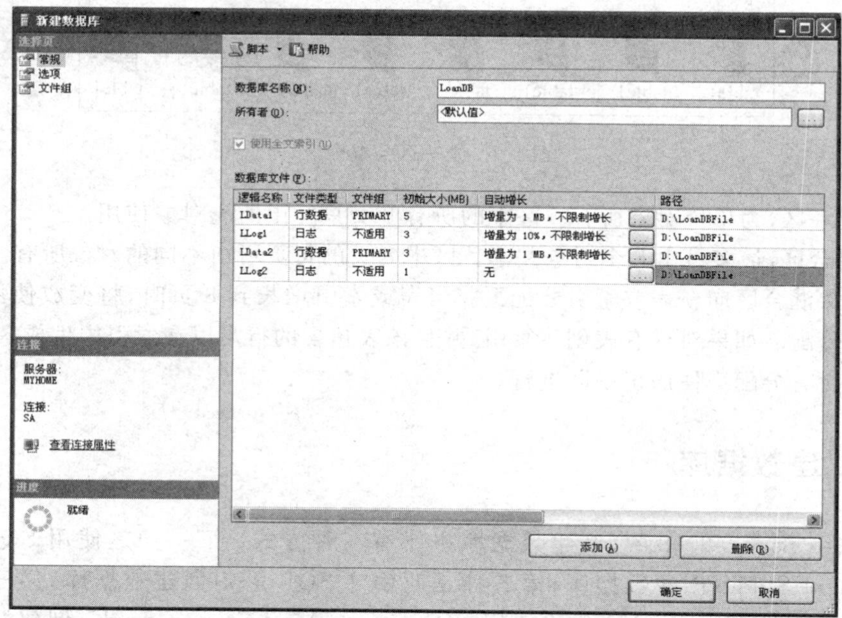

图 3-4 【新建数据库】对话框

(3) 在【新建数据库】对话框中设置数据库属性。

- 【数据库名称】项：输入数据库名称，如本书案例数据库“LoanDB”，此项不可以省略。
- 【所有者】项：通过从列表中进行选择来指定数据库的所有者。这里取默认值。

(4) 在【新建数据库】对话框中创建数据库文件并设置其属性。这里创建 4 个文件，包括一个主要数据文件、一个次要数据文件、两个日志文件。【数据库文件】窗格的第一行为主要数据文件，后面再建的数据文件就是次要数据文件。下面以主要数据文件为例介绍文件属性的设置。

- 【逻辑名称】项：输入“LData1”。
- 【文件类型】项：文件类型可以为“行数据”、“日志”或“Filestream 数据”。无法修改现有文件的文件类型。如果未启用 FILESTREAM，则不会出现 FILESTREAM 选项。可以通过服务器属性(“高级”页)对话框启用 FILESTREAM。由于 LData1 是数据文件，所以选择“行数据”类型。
- 【文件组】项：使用默认文件组 PRIMARY，主要数据文件在默认文件组中。后面再创建的次要数据库文件可以放在用户定义的文件组中，本例不再创建用户定义的文件组，所有数据文件都存放在默认文件组中。注意：日志文件不存放在文件组中。
- 【初始大小(MB)】项：文件的初始大小 (MB)。默认情况下，这是 model 数据库的值。该字段对于 FILESTREAM 文件无效。这里设置初始大小为 5MB。
- 【自动增长】项：指定文件的增长方式，在【自动增长】对应列中单击按钮[...]，打开如图 3-5 所示的【更改 LData1 的自动增长设置】对话框。在此对话框中包含是否启用自动增长方式、增长方式、最大文件大小限制等设置信息。选中【启用自动增长】复选框，指定文件就可以自动增长，否则不能自动增长。如果选中【启用自动增长】复选框，则可以设置文件的增长方式(按百分比增长或按兆字节增长)和最大文件大小的限制程度。设置完毕后，单击【确定】按钮，退出【更改 LData1 的自动增长设置】对话框。

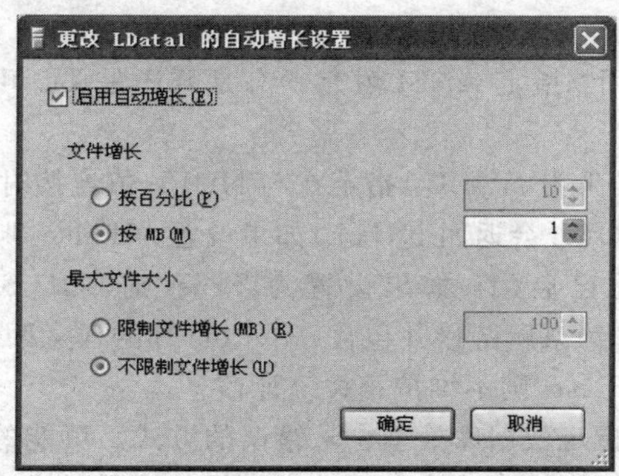

图 3-5　【更改 LData1 的自动增长设置】对话框

- 【路径】项：指定文件位置的物理路径。注意：必须指定已经存在的路径。

(5) 依次创建 2 个日志文件和 1 个次要数据文件，设置如图 3-4 所示。这里把 4 个数据库文件的物理路径都设置为 D:\LoanDBFile。

(6) 若要更改数据库选项,选择【选项】页,然后修改数据库选项。下面列出主要选项的含义。

- 排序规则:通过从列表中进行选择来指定数据库的排序规则。有关详细信息,请参阅使用排序规则。
- 恢复模式:指定下列模式之一来恢复数据库:“完整”、“大容量日志”或“简单”。有关恢复模式的详细信息,请参见 11.1.2.1 节。
- 兼容级别:指定数据库支持的最新 SQL Server 版本。可能的值有 SQL Server 2008、SQL Server 2005 和 SQL Server 2000。
- 默认游标:指定默认的游标行为。如果设置为 True,则 T-SQL 游标声明默认为 LOCAL;如果设置为 False,则 T-SQL 游标声明默认为 GLOBAL。
- 提交时关闭游标功能已启用:指定在提交了打开游标的事务之后是否关闭游标。可能的值包括 True 和 False。如果设置为 True,则会关闭在提交或回滚事务时打开的游标;如果设置为 False,则这些游标会在提交事务时保持打开状态,在回滚事务时会关闭所有游标(定义为 INSENSITIVE 或 STATIC 的游标除外)。
- ANSI NULL 默认值:指定等于(=)和不等于(<>)比较运算符在与 NULL 值一起使用时的默认行为。可能的值包括 True(开)和 False(关)。
- ANSI NULLS 已启用:指定等于(=)和不等于(<>)比较运算符在与 NULL 值一起使用时的行为。可能的值包括 True(开)和 False(关)。如果设置为 True,则所有与 NULL 值的比较求得的值均为 UNKNOWN;如果设置为 False,则非 Unicode 值与 NULL 值比较求得的值为 True(如果这两个值均为 NULL)。
- ANSI 警告已启用:对于几种错误条件指定 ISO 标准行为。如果设置为 True,则会在聚合函数(如 SUM、AVG、MAX、MIN、STDEV、STDEVP、VAR、VARP 或 COUNT)中出现 NULL 值时生成一条警告消息;如果设置为 False,则不会发出任何警告。
- ANSI 填充已启用:指定 ANSI 填充状态是开还是关。可能的值为 True(开)和 False(关)。
- 串联的 NULL 结果为 NULL:指定在与 NULL 值连接时的行为。如果属性值为 True,string+NULL 会返回 NULL;如果设置为 False,则结果为 string。
- 日期相关性优化已启用:如果设置为 True,则 SQL Server 维护数据库中由 FOREIGN KEY 约束所链接并包含 datetime 列的任意两个表之间的相关统计信息;如果设置为 False,则不维护相关统计信息。
- 数值舍入中止:指定数据库处理舍入错误的方式。可能的值包括 True 和 False。如果设置为 True,则当表达式出现精度降低的情况时生成错误消息;如果设置为 False,则在精度降低时不生成错误消息,并按存储结果的列或变量的精度对结果进行四舍五入。
- 算术中止已启用:指定是否启用数据库的算术中止选项。可能的值包括 True 和

False。如果设置为 True，则溢出错误或被零除错误会导致查询或批处理中止。如果错误发生在事务内，则回滚事务。如果设置为 False，则会显示一条警告消息，但是会继续执行查询、批处理或事务，就像没有出错一样。

- 允许带引号的标识符：指定 SQL Server 关键字在用引号引起来时是否可以用作标识符（对象名或变量名）。可能的值包括 True 和 False。
- 数据库为只读：指定数据库是否为只读。可能的值包括 True 和 False。如果设置为 True，则用户只能读取数据库中的数据。用户不能修改数据或数据库对象；不过，数据库本身可以通过使用 DROP DATABASE 语句自行删除。在为“数据库为只读”选项指定新值时，数据库不能处于使用状态。master 数据库是个例外，在设置该选项时，只有系统管理员才能使用 master 数据库。
- 数据库状态：查看数据库的当前状态。
- 限制访问：指定哪些用户可以访问该数据库。可能的值有：多个，生产数据库的正常状态，允许多个用户同时访问该数据库；单个，用于维护操作，一次只允许一个用户访问该数据库；限制，只有 db_owner、dbcreator 或 sysadmin 角色的成员才能使用该数据库。
- 已启用加密：为 True 时，会对此数据库启用数据库加密。加密时需要数据库加密密钥。
- 自动创建统计信息：指定数据库是否自动创建缺少的优化统计信息。可能的值包括 True 和 False。如果设置为 True，则将在优化过程中自动生成优化查询需要但缺少的所有统计信息。
- 自动更新统计信息：指定数据库是否自动更新过期的优化统计信息。可能的值包括 True 和 False。如果设置为 True，则将在优化过程中自动生成优化查询需要但已过期的所有统计信息。
- 自动关闭：指定在上一个用户退出后，数据库是否完全关闭并释放资源。可能的值包括 True 和 False。如果设置为 True，则在上一个用户注销之后，数据库会完全关闭并释放其资源。
- 自动收缩：指定数据库文件是否可定期收缩。可能的值包括 True 和 False。
- 自动异步更新统计信息：如果设置为 True，则启动过期统计信息的自动更新的查询在编译前不会等待统计信息被更新。后续查询将使用可用的已更新统计信息。如果设置为 False，则启动过期统计信息的自动更新的查询将等待，直到更新的统计信息可在查询优化计划中使用。将该选项设置为 True 不会产生任何影响，除非“自动更新统计信息”也设置为 True。

(7) 设置完毕后，单击【新建数据库】对话框的【确定】按钮，创建数据库 LoanDB。在【对象资源管理器】中的【数据库】节点下可以看到此数据库。

(8) 如图 3-6 所示，D:\LoanDBFile 下也产生了相应的 4 个物理文件。Ldata1. mdf、Ldata2. ndf、LLog1. ldf 和 LLog2. ldf 分别是 LoanDB 数据库的主要数据文件、次要数据文件、日志文件 1 和日志文件 2 的物理文件名。

图 3-6 LoanDB 数据库的物理文件

3.2.2 查看数据库属性

创建数据库后可以通过数据库的属性窗口查看所建数据库的属性。下面以查看 LoanDB 数据库属性为例来介绍其步骤。

(1) 在对象资源管理器中,连接到 SQL Server 2008 数据库引擎实例,再展开该实例。

(2) 单击【数据库】节点,右击【LoanDB】数据库,在弹出的快捷菜单中选择【属性】命令,打开如图 3-7 所示的【数据库属性】对话框。

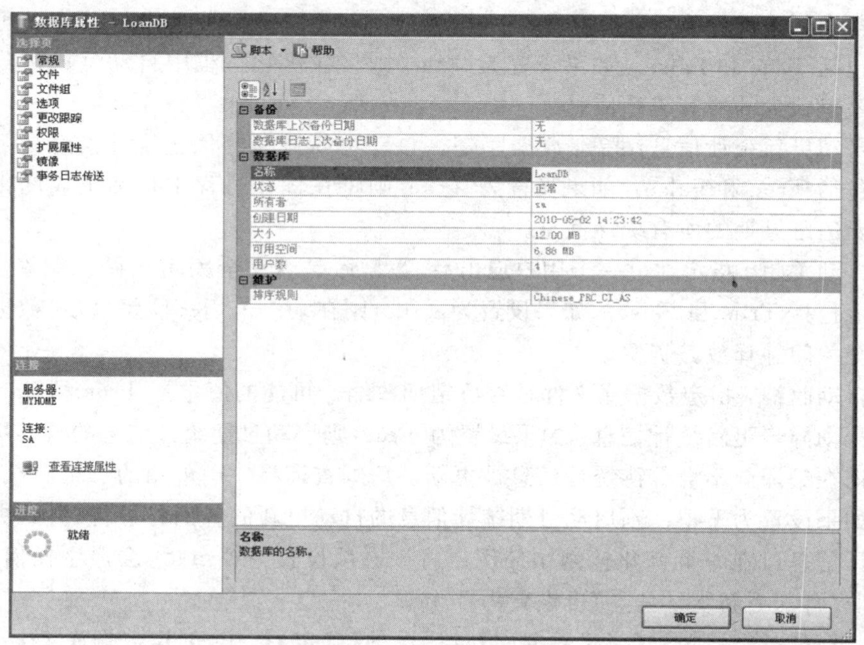

图 3-7 【数据库属性】对话框

- 在【数据库属性】对话框中,选择【文件】页,显示如图 3-8 所示的文件信息。

注意: 在文件的属性中,文件的逻辑名称、初始大小、自动增长方式是可以修改的;文件的文件类型、文件组、路径和物理文件名则不可以修改。

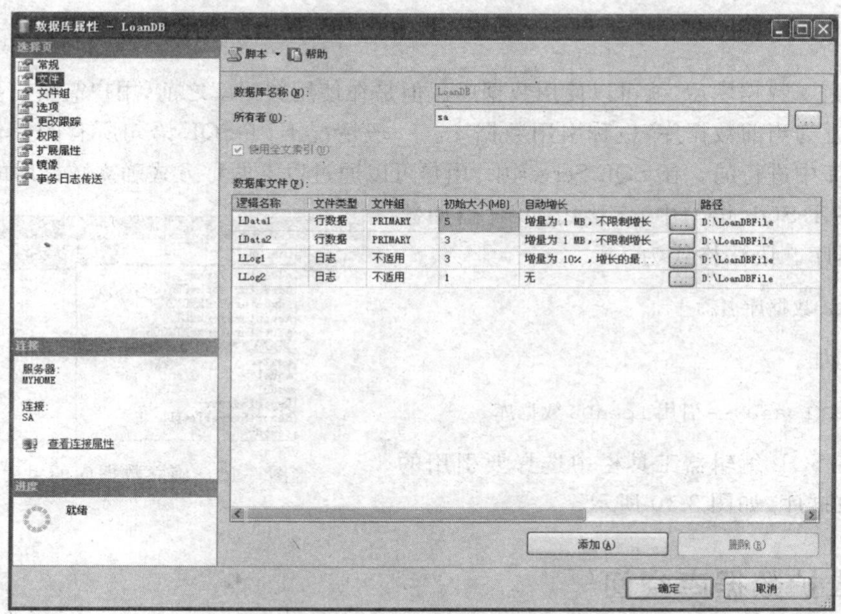

图 3-8　【数据库属性】对话框【文件】页

- 在【数据库属性】对话框中，单击【选项】页，显示如图 3-9 所示的选项信息。可以根据需要修改选项信息。

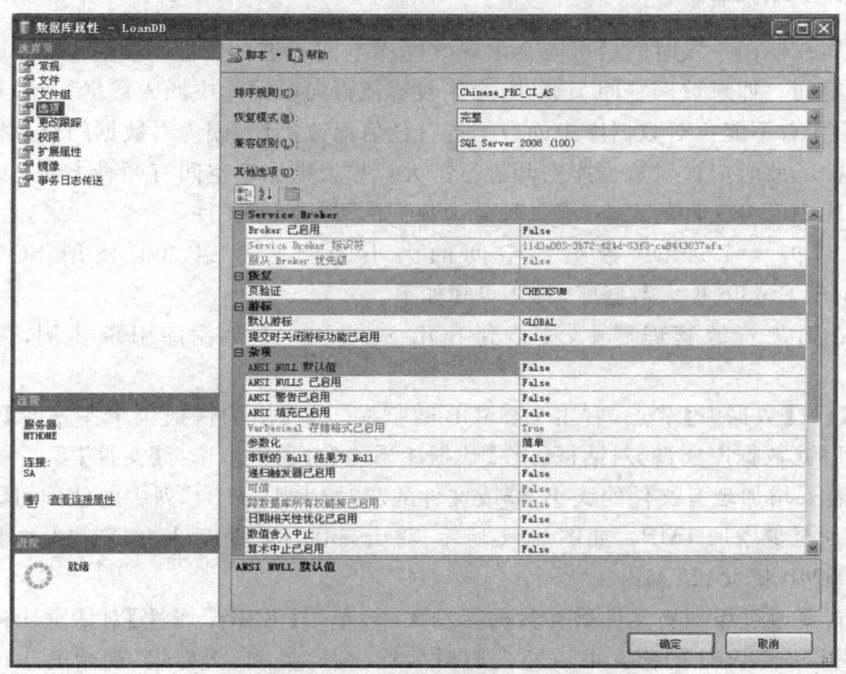

图 3-9　【数据库属性】对话框【选项】页

3.2.3 使用数据库

在创建了数据库后，就可以使用数据库。但是在使用数据库之前，用户需要将要使用的数据库设置为当前数据库，也称引用数据库。一般情况下，T-SQL 语句所有的操作都是在当前数据库中进行的。在 SQL Server 中，用户可以通过以下两种方式确立数据库的引用：

- 在 T-SQL 语句中，直接用 USE 引用数据库。语法格式为

```
USE 数据库名称
```

例如：

```
USE LoanDB--引用 LoanDB 数据库
```

- 在 SQL 编辑器工具栏中选择要引用的数据库，如图 3-10 所示。

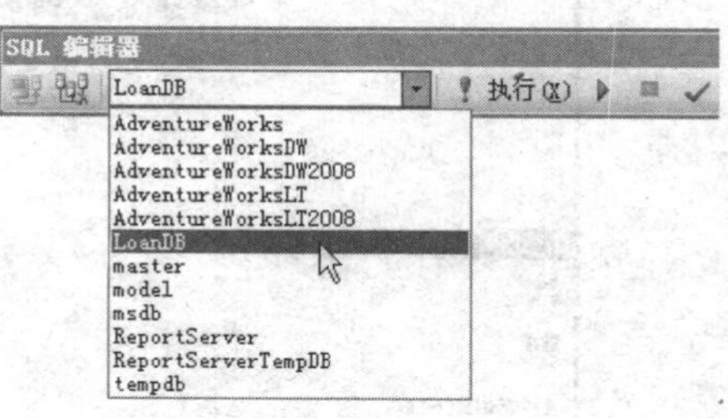

图 3-10　确立数据库的引用

3.3 维护数据库空间

维护数据库空间包括扩大数据库空间和缩小数据库空间。下面介绍在 SQL Server Management Studio 中维护数据库的方法。

3.3.1 扩大数据库

数据库在使用一段时间后可能会出现数据库空间不够的情况，这些空间包括数据空间和日志空间。如果数据空间不够，则意味着不能再向数据库中插入数据；如果日志空间不够，则意味着不能再对数据库中的数据进行任何修改操作，因为对数据的修改操作是要记入日志的。此时应该对数据库空间进行扩大。扩大数据库空间有两种方法：第一种是扩大数据库中已有文件的大小；第二种是为数据库添加新的文件。

下面以扩大 LoanDB 数据库空间的大小为例来介绍如何使用 SQL Server Management Studio 扩大数据库，具体步骤如下。

(1) 在对象资源管理器中，连接到 SQL Server 2008 数据库引擎实例，再展开该实例。

(2) 展开【数据库】节点，右击 LoanDB 数据库，在弹出的快捷菜单中选择【属性】命令，即打开的【数据库属性】对话框。在【数据库属性】对话框中选择【文件】页。

(3) 若要增加现有文件的大小，修改文件的“初始大小(MB)”列中的值即可。数据库的大小必须至少增加 1MB。如图 3-11 所示，将 LoanDB 数据库的主要数据文件 LData1 的大小由 5MB 扩大到 8MB。

(4) 若要通过添加新文件增加数据库的大小，单击【数据库属性】对话框中的【添加】按钮，然后输入新文件的值。可以输入逻辑名称、文件类型、文件组、初始大小(MB)、自动增长、路径、文件名等内容，与创建数据库时对文件的操作一样。如图 3-11 所示，新增一个数据文件 Ldata3，初始大小为 2MB。

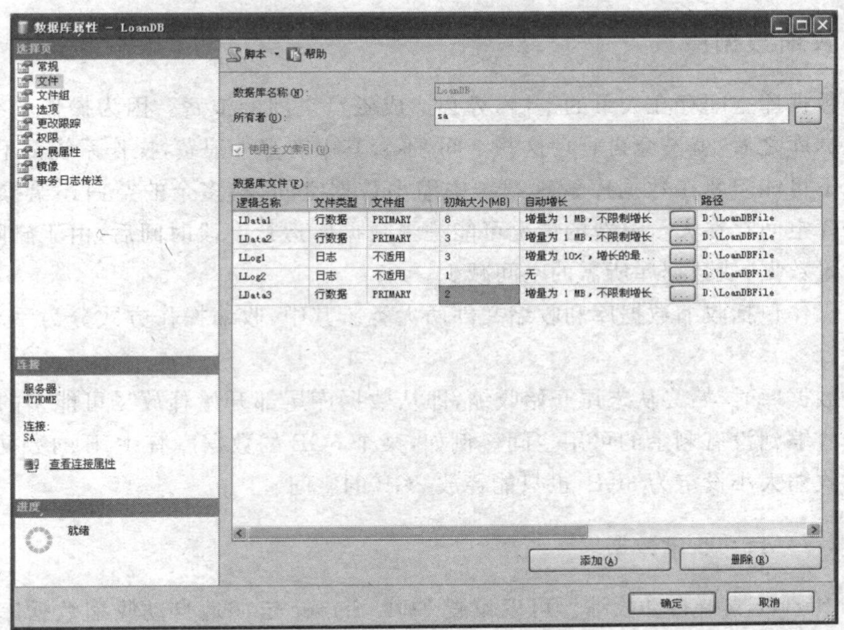

图 3-11　扩大数据库

(5) 修改完成后，单击【确定】按钮关闭对话框，保存所做的修改。

扩展完成后，可通过数据库属性窗口查看所做的修改。在图 3-12 中我们看到 LoanDB 数据库的大小已经变成了 17MB。

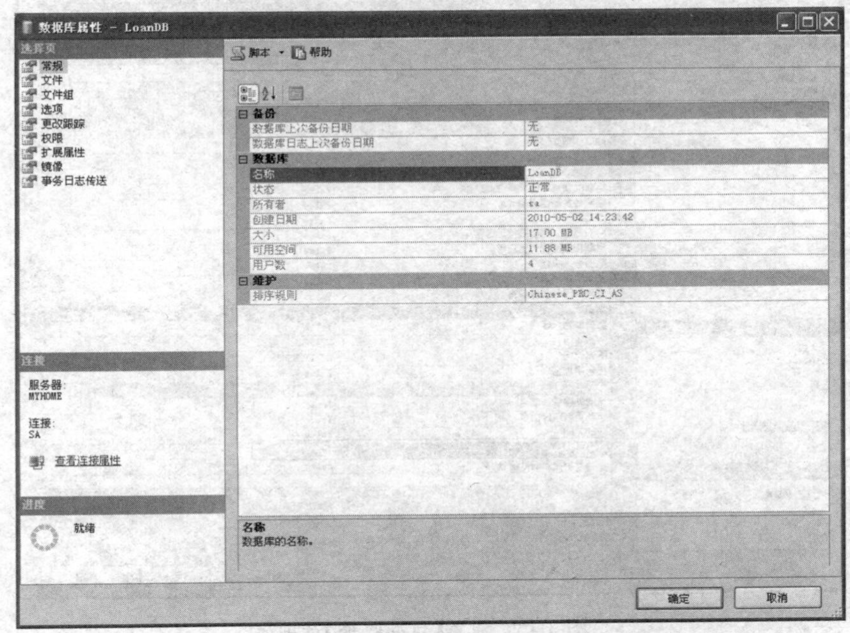

图 3-12　扩大后的数据库属性

3.3.2 收缩数据库

如果数据库空间存在大量的空白,势必造成磁盘空间的浪费。因为操作系统将空间分配给数据库之后,就不会再管理这些空间,不管其中有多少浪费,操作系统都不会收回。这种情况下可能需要在数据库管理系统中缩小数据空间,将多余的空白还给操作系统。造成数据库空间存在大量浪费的情况可能是当数据库运行一段时间后,由于删除了数据库中的大量数据,使数据库所需的空间减少。

收缩操作包括收缩数据库和收缩文件两大类。其中,收缩操作方式分为手动收缩和自动收缩。

收缩数据库时,始终从末尾开始收缩,即从数据库尾部开始释放尽可能多的空间,直至数据库收缩到没有剩余的可用空间。例如,某个6GB的数据库有4GB的数据,即使是将数据库收缩大小设定为3GB,也只能释放2GB的空间。

3.3.2.1 自动收缩数据库

SQL Server支持自动收缩。可以设置SQL Server定期地自动收缩数据库,防止在管理员不注意的情况下,数据库文件变得越来越大。在SQL Server Management Studio中设置自动收缩数据库的方法是:打开要设置为自动收缩的数据库的属性对话框,选择【选项】页,然后将【自动收缩】项的值设置为True,如图3-13所示。

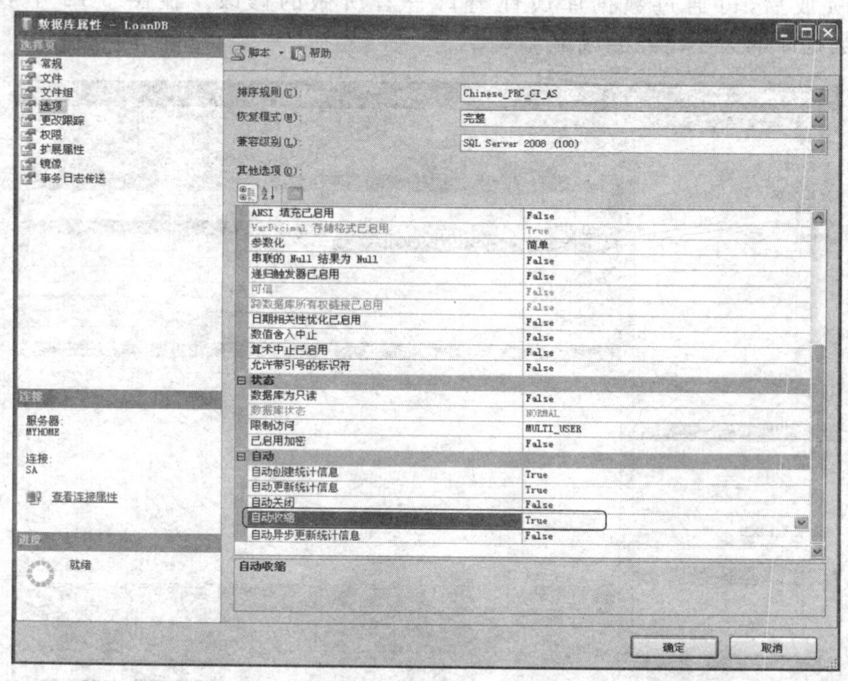

图3-13 设置【自动收缩】选项

3.3.2.2　手动收缩数据库中的文件

手动收缩数据库中的文件时，可以将各个数据库文件收缩得比其初始大小更小。必须对每个文件分别进行收缩，而不能尝试收缩整个数据库。主要数据文件不能收缩到小于 model 数据库中的主要数据文件的大小。

下面以收缩 LoanDB 中的主要数据文件 Ldatal1 为例介绍如何手动收缩数据库中的文件，具体步骤如下。

(1) 在对象资源管理器中，连接到 SQL Server 数据库引擎实例，然后展开该实例。

(2) 展开【数据库】节点，再右击要收缩的数据库(这里为 LoanDB)。

(3) 在弹出的快捷菜单中选择【任务】|【收缩】|【文件】，打开如图 3-14 所示的【收缩文件】对话框，各选项的含义与设置如下。

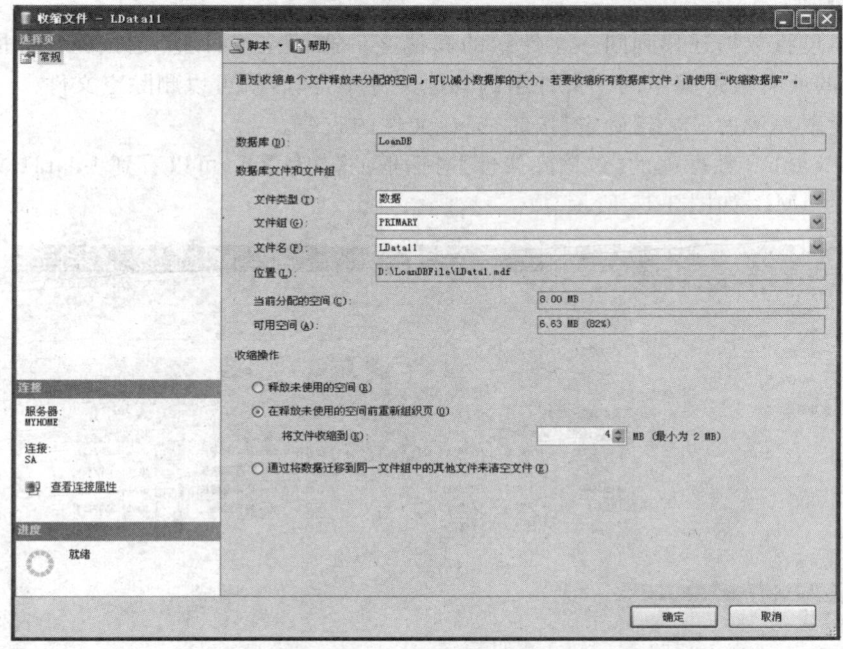

图 3-14　【收缩文件】对话框

- 【文件类型】项：选择文件的文件类型。可用的选项包括"数据"和"日志"文件。默认选项为"数据"。选择不同的文件组类型，其他字段中的选项会相应地发生更改。这里选择"数据"。
- 【文件组】项：在与以上所选的"文件类型"相关联的文件组列表中选择文件组。选择不同的文件组，其他字段中的选项会相应地发生更改。这里选择"PRIMARY"。
- 【文件名】项：要收缩的数据库文件的逻辑文件名。这里选择"LDatal"。
- 【位置】项：显示当前所选文件的完整路径。此路径无法编辑，但是可以复制到剪贴板。

- 【当前分配空间】项：显示当前分配的空间。
- 【可用空间】项：显示当前可用空间。
- 【释放未使用的空间】单选按钮：为操作系统释放文件中所有未使用的空间，并将文件收缩到上次分配的区。这将减小文件的大小，但不移动任何数据。
- 【在释放未使用的空间前重新组织文件】单选按钮：将为操作系统释放文件中所有未使用的空间，并尝试将行重新定位到未分配页。如果选中此选项，则必须指定【将文件收缩到】值。【将文件收缩到】是为收缩操作指定目标文件的大小。此大小值不得小于当前分配的空间或大于为文件分配的全部区的大小。如果输入的值超出最小值或最大值，那么一旦焦点改变或单击工具栏上的按钮，数值将恢复到最小值或最大值。

  这里选择【在释放未使用的空间前重新组织文件】单选按钮，并指定【将文件收缩到】值为4MB。
- 【通过将数据迁移到同一文件组的其他文件来清空文件】单选按钮：将指定文件中的所有数据移至同一文件组的其他文件中，然后就可以删除空文件。

(4) 设置完毕后，单击【确定】按钮，完成文件的收缩。

打开LoanDB数据库的【数据库属性】对话框的【文件】页，可以看到Ldata1文件的大小已经改为4MB，如图3-15所示。

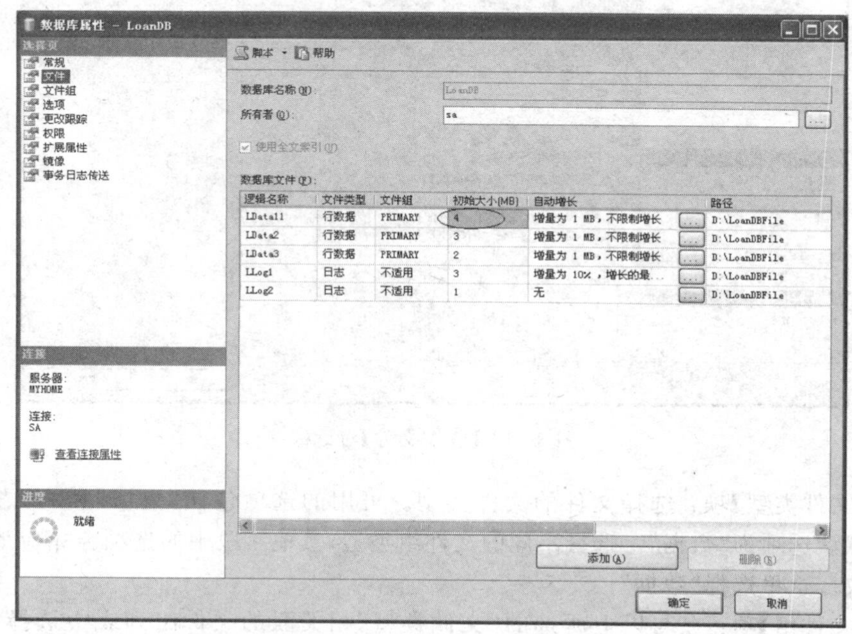

图 3-15　收缩后的情况

3.3.2.3　手动收缩数据库

手动收缩后的数据库文件大小不能小于数据库文件的最小值。最小值是在数据库最初创建时指定的大小(初始大小),或是上一次使用“手动收缩数据库中的文件”(即3.3.2.2节的方法)时设置的大小。例如,如果 LoanDB 数据库中的数据文件 LData1 最初创建时的大小为 5MB,后来扩展到 8MB,则使用“手动收缩数据库”后,数据文件 LData1 最小只能收缩到 5MB,即使已经删除数据库的所有数据也是如此。如果 LoanDB 数据库中的数据文件 LData1 最初创建时的大小为 5MB,后来扩展到 8MB,接着使用“手动收缩数据库中的文件”方法将该文件的大小收缩为 4MB,则使用“手动收缩数据库”后,数据文件 LData1 最小可以收缩到 4MB。

收缩数据库的具体步骤如下:

(1) 在对象资源管理器中,连接到 SQL Server 数据库引擎实例,然后展开该实例。

(2) 展开【数据库】节点,再右击要收缩的数据库。

(3) 在弹出的快捷菜单中选择【任务】|【收缩】|【数据库】,打开如图 3-16 所示的【收缩数据库】对话框。

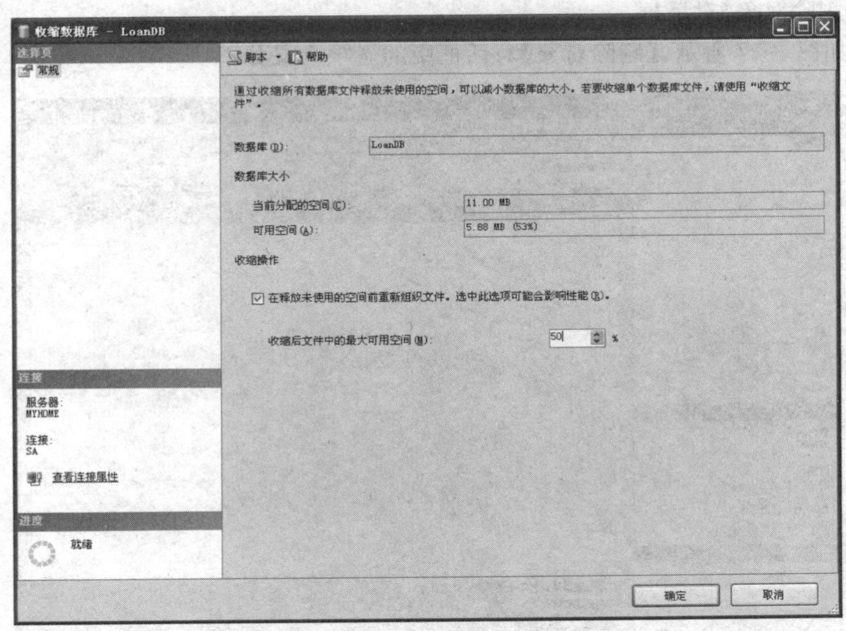

图 3-16　【收缩数据库】对话框

其中,【在释放未使用的空间前重新组织文件】复选框的含义是:将为操作系统释放文件中所有未使用的空间,并尝试将行重新定位到未分配页。如果选中此选项,必须为【收缩后文件中的最大可用空间】指定值,此值可以介于 0 和 99 之间。

(4) 设置完毕后,单击【确定】按钮,完成数据库的收缩。

注意:在备份数据库或事务日志的同时不能收缩数据库或事务日志。反过来,在尝试收缩数据库或事务日志时也不能创建数据库或事务日志备份。

3.4 删除数据库

当不再需要数据库时，为了节省空间，可以删除该数据库。数据库删除之后，文件及其数据都从服务器上的磁盘中删除。一旦删除数据库，它即被永久删除，并且不能进行检索，除非使用以前的备份。建议在数据库删除之后备份 master 数据库，因为删除数据库将更新 master 中的系统表。

删除数据库前要注意以下问题：

- 如果数据库涉及日志传送操作，请在删除数据库之前取消日志传送操作。
- 不能删除系统数据库。

使用 SQL Server Management Studio 删除数据库的方法如下。

(1) 在对象资源管理器中，连接到 SQL Server 数据库引擎实例，然后展开该实例。

(2) 展开【数据库】节点，右击要删除的数据库，在弹出的快捷菜单中选择【删除】命令，打开【删除对象】对话框。

(3) 如图 3-17 所示，【删除对象】对话框中的选项含义如下：

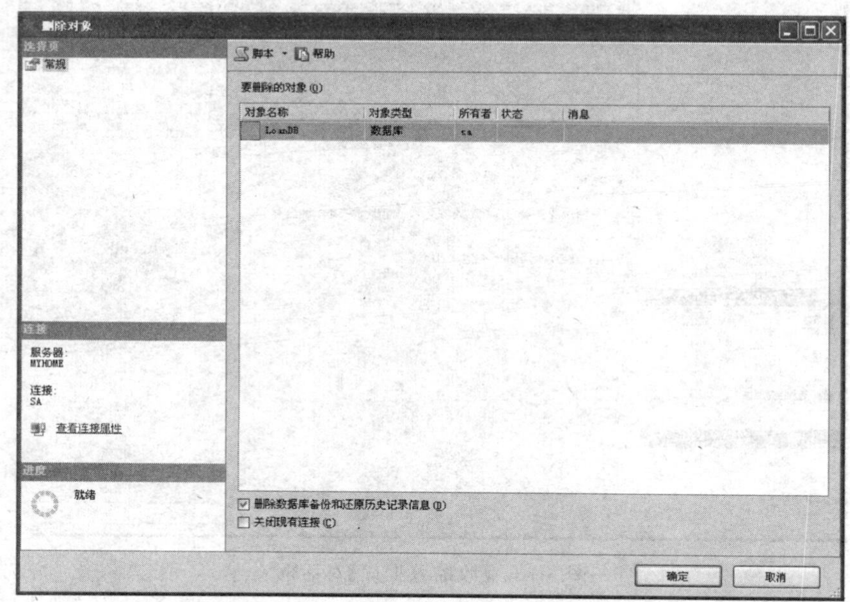

图 3-17　删除数据库

- 【删除数据库备份和还原历史记录信息】复选框：从 msdb 数据库中删除主题数据库的备份和还原历史记录。如果选择此复选框，则当数据库被删除后将不能予以恢复；如果取消此复选框，则当数据库被删除后还可以通过以前的备份信息予以恢复。
- 【关闭现有连接】复选框：终止与所要删除数据库的连接。

(4) 确认选择了正确的数据库后，再单击【删除对象】对话框中的【确定】按钮，完成删除操作。

3.5　分离和附加数据库

分离数据库是指将数据库从 SQL Server 实例中删除，但保留数据库的数据文件和日志文件。可以在需要的时候将这些文件附加到 SQL Server 数据库中。如果不需要对数据库进行管理，又希望保留其数据，则可以对其执行分离操作。这样，在 SQL Server Management Studio 中就看不到该数据库了。如果需要对已经分离的数据库进行管理，则可以附加数据库，也可以采用分离和附加数据库的方法将数据库移植到另一台服务器上，或改变数据库数据文件和日志文件的物理位置。

本节通过分离和附加操作将 LoanDB 数据库的物理文件从原位置(D:\LoanDBFile)移动到新位置(E:\LoanDBFile)。

3.5.1　分离数据库

分离数据库可以在 SQL Server Management Studio 中完成，也可以用系统提供的存储过程(sp_detach_db)完成。这里只介绍在 SQL Server Management Studio 中进行分离的方法。在 SQL Server Management Studio 中分离 LoanDB 数据库的具体步骤如下。

(1) 连接到 SQL Server 数据库引擎的实例上，再展开该实例。

(2) 展开【数据库】节点，并选择要分离的用户数据库的名称，如 LoanDB。

注意：分离数据库需要对数据库具有独占访问权限。如果数据库正在使用，则限制为只允许单个用户进行访问。

(3) 如图 3-18 所示，右击数据库 LoanDB，在弹出的快捷菜单中选择【任务】|【分离】命令，打开【分离数据库】对话框，如图 3-19 所示。

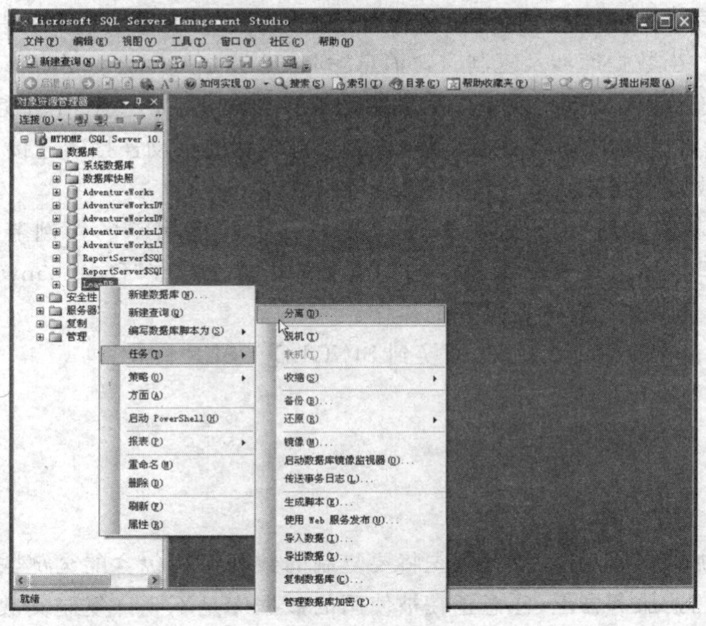

图 3-18　分离数据库

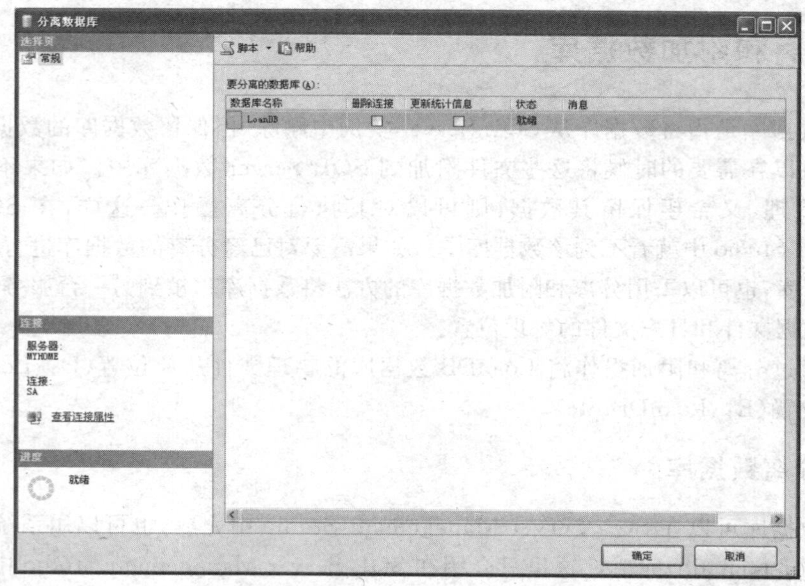

图 3-19 【分离数据库】对话框

(4) 在【数据库名称】列中显示所选数据库的名称,让用户再次确认要分离的数据库的名称。

默认情况下,分离操作将在分离数据库时保留过期的优化统计信息;若要更新现有的优化统计信息,则选中【更新统计信息】复选框。

【状态】列将显示当前数据库状态("就绪"或者"未就绪")。如图 3-19 所示,当前 LoanDB 数据库处于"就绪"状态。如果状态是"未就绪",则"消息"列将显示有关数据库的超链接信息。当数据库涉及复制时,"消息"列将显示 Database replicated。数据库有一个或多个活动连接时,"消息"列将显示＜活动连接数＞,例如,1 个活动连接。在可以分离数据库之前,必须选择"删除连接"复选框来断开与所有活动连接的连接。

(5) 分离数据库准备就绪后,单击【确定】按钮。

(6) 此时,在对象资源管理器中,SQL Server 数据库引擎的实例节点下将不显示 LoanDB 数据库,但是 LoanDB 数据库的物理文件仍然存放在"D:\LoanDBFile"目录下。

在下列情况下,无法执行分离数据库的操作:

- 数据库正在使用,而且无法切换到 SINGLE_USER 模式。
- 数据库处于可疑状态。
- 数据库为系统数据库。

3.5.2 附加数据库

在使用附加数据库功能之前,应先将要复制的数据库所包含的全部数据文件和日志文件复制到自己的服务器上(注意正在被使用的数据库是不允许复制其数据文件和日志文件的,除非已经被分离)。可通过数据库的属性窗口得到数据库中全部数据文件和日志文件的存放位置。

附加数据库可以在 SQL Server Management Studio 中完成，也可以用系统提供的存储过程(sp_attach_db)完成。这里以附加上节分离的 LoanDB 数据库为例来介绍用 SQL Server Management Studio 附加数据库的方法。在附加之前，先将 LoanDB 数据库的物理文件从原位置(D:\LoanDBFile)移动到新位置(E:\LoanDBFile)。附加数据库 LoanDB 的具体步骤如下。

(1) 在 SQL Server Management Studio 对象资源管理器中，连接到 Microsoft SQL Server 数据库引擎实例，然后展开该实例。

(2) 如图 3-20 所示，右击【数据库】节点，在弹出的快捷菜单中，选择【附加】命令，打开如图 3-21 所示的【附加数据库】对话框。

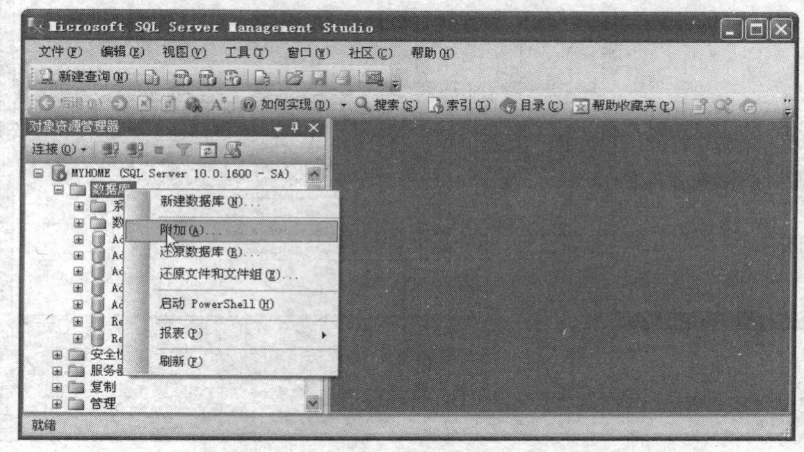

图 3-20　附加数据库

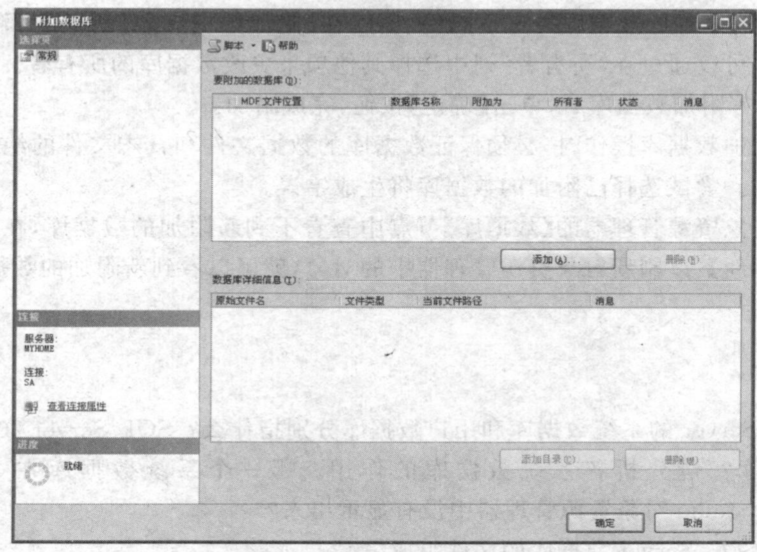

图 3-21　【附加数据库】对话框

(3) 在【附加数据库】对话框中，单击【添加】按钮，然后在【定位数据库文件】对话框中选择主要数据文件，即“E:\LoanDBFile\LData1. mdf”。次要数据文件和日志文件信息也会自动添加上去，添加后的情况如图 3-22 所示。在“数据库详细信息”网格中列出了 LoanDB 数据库的所有文件信息。若分离后改变了某些文件相对于主要数据文件的位置，则附加时，这些文件的“当前文件路径”信息需要手工修改。当路径错误时，“消息”列会提示“找不到”。

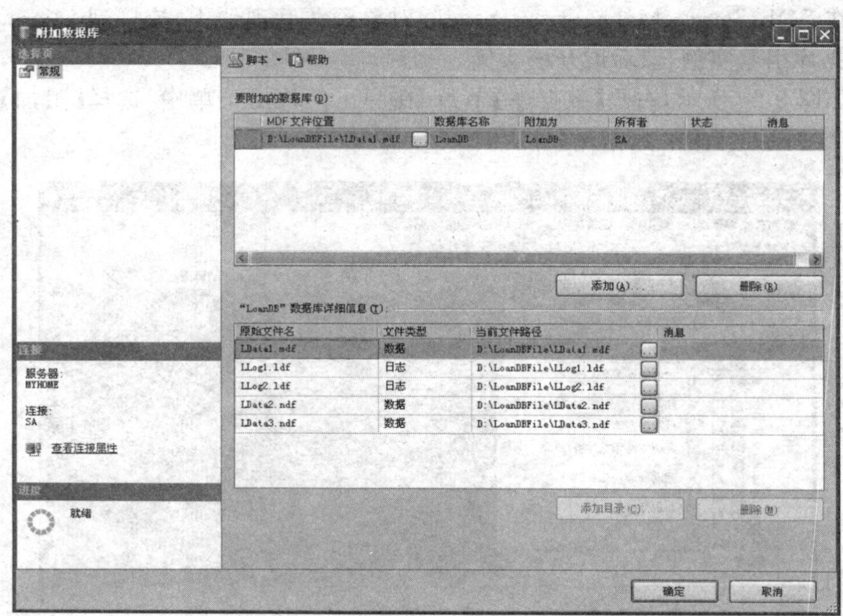

图 3-22 附加数据库

(4) 若要为附加的数据库指定不同的名称，在【附加数据库】对话框的“附加为”列中输入名称。还可以通过在“所有者”列中选择其他项来更改数据库的所有者。

(5) 准备好附加数据库后，单击【确定】按钮，完成附加。

在执行附加数据库操作时，必须保证数据库的数据文件和日志文件的绝对路径和文件名是正确的。尝试选择已附加的数据库将生成错误。

有时在对象资源管理器的【数据库】节点中查看不到新附加的数据库，在菜单栏中选择【视图】|【刷新】，以刷新对象资源管理器中的对象，就可以看到新附加的数据库了。

习题

1. SQL Server 的系统数据库和用户数据库分别指什么？SQL Server 2008 包括哪 5 个系统数据库？请分析各系统数据库的作用。哪一个系统数据库在 SQL Server Management Studio 对象资源管理器中没有显示出来？

2. 简述 SQL Server 数据库的文件组成情况。

3. SQL Server 数据库的文件都有哪些属性？哪些属性一旦定义了，就不能再对其进行修改?

4. 为一个新建的数据库估计空间。有一个数据表,大约有9 000行记录,每一行记录大约需要2 500字节空间,此数据表一共需要多少空间?

5. 如何引用SQL Server数据库?

6. 在SQL Server Management Studio中创建符合如下条件的数据库:

数据库名称为:TESTDB。

此数据库包含的主数据文件的逻辑文件名为DB_data,物理文件名为DB_data.mdf,存放在“D:\Test”目录下,初始大小为4MB,自动增长,每次增加2MB,最多增加到10MB。

日志文件的逻辑文件名为DB_log,物理文件名为DB_log.ldf,存放在“D:\Test”目录下,初始大小为3MB,自动增长,每次增加20%。

7. 在SQL Server Management Studio中查看在第6题中所建的数据库的选项。

8. 使用SQL Server Management Studio对第6题中所建的TESTDB数据库空间进行如下扩展:增加一个新的数据文件,文件的逻辑名为DB_dat2,物理文件名为DB2.ndf,存放在“D:\Test”目录下,文件的初始大小为2MB,不自动增长。

9. 将第8题新添加的DB_dat2的初始大小改为6MB。

10. 用SQL Server Management Studio对扩展后的TESTDB数据库进行如下缩小:

(1)将TESTDB数据库缩小到使数据库的空白空间为60%。

(2)将数据文件DB_dat2的初始大小缩小为3MB。

11. 再次用SQL Server Management Studio查看修改后的Sale数据库的选项的变化。

12. 尝试使用分离附加的方式改变TESTDB数据库的物理位置。

13. 删除数据库与分离数据库的区别是什么?

14. 能在同一版本的SQL Server之间使用分离附加的方式迁移数据库吗?如能,请实施。

第 4 章　T-SQL 语言基础

Transact-SQL(简称 T-SQL)语言是微软公司为 SQL Server 开发的一种标准化 SQL 语言的实现,也是 SQL Server 的核心。T-SQL 语言并非严格按照标准化 SQL 语言实现的,而是对标准化 SQL 语言进行了一定程度上的裁剪和拓展。本章主要介绍T-SQL语言的数据类型、基本语法、流程控制语句和常用内置函数等基础知识。

4.1　T-SQL 简介

SQL(Structured Query Language,结构化查询语言)已经成为关系数据库的标准语言,它的原名是 SEQUEL,是在 Boyce 等人于 1975 年提出的 SQUARE(Specifying Queries as Relational Expressions)语言的基础上发展起来的。后来 Boyce 等人不断对 SQUARE 语言的语法进行修改,形成了 SEQUEL 语言。SEQUEL 语言最早用于 IBM 的 San Jose 研究室(即现在的 Almaden 研究中心),是 20 世纪 70 年代初作为项目 System R 的一部分实施的。1976 年,Chamberlin D. D. 等人进一步对 SEQUEL 语言进行了改进,最后形成了 SQL 语言。由于 SQL 功能丰富、语言简洁,备受用户及计算机工业界欢迎,被众多计算机公司和软件公司所采用。经各公司的不断修改、扩充和完善,SQL 语言最终发展成为关系数据库的标准语言。1986 年 10 月美国国家标准协会 ANSI 的数据库委员会 X3H2 批准了 SQL 作为关系数据库语言的美国标准,同年发布了 SQL 标准文本(简称 SQL 86)。1987 年国际标准化组织 ISO 也通过了这一标准。此后 ANSI 不断修改和完善 SQL 标准,并于 1989 年公布了 SQL 89。在 SQL 89 的基础上,ISO 于 1992 年 11 月又公布了 SQL 的新标准,即 SQL 92 标准,也称为 SQL 2。SQL 92 标准将其内容分为三个级别,即基本级、标准级和完全级。1999 年 ISO 发布了 SQL 99,也称为 SQL 3,它又增加了对象数据、递归、触发器等的支持能力。随后,2003 年、2008 年、2011 年依次发布了 SQL 2003、SQL 2008 和 SQL 2011。现在的 SQL 标准不仅包含原来的数据定义、数据查询、数据操作等核心部分,还包括 SQL 调用接口、SQL 永久数据存储、SQL 对象功能等。随着数据库技术的发展,将来还会推出更新的标准。但是需要说明的是,公布的 SQL 标准只是一个建议标准,目前一些主流数据库产品也只达到了基本级的要求,并没有完全实现这些标准。

T-SQL 语言是微软公司在关系型数据库管理系统 SQL Server 中实现的一种计算机高级语言,是微软公司对 SQL 的扩展。T-SQL 语言具有 SQL 的主要特点,同时增加了变量、运算符、函数、流程控制和注释等语言元素,使得其功能更加强大。T-SQL 语言对 SQL Server 十分重要,SQL Server 中使用图形界面能够完成的所有功能,都可以用 T-SQL语言来实现。T-SQL 是使用 SQL Server 的核心。使用 T-SQL 语言操作时,与 SQL Server 通信的所有应用程序都通过向服务器发送 T-SQL 语句来进行,而与应用程序的界面无关。

4.1.1　T-SQL 的分类

T-SQL 语言中标准的 SQL 语句畅通无阻。T-SQL 也有类似于 SQL 语言的分类，不过做了许多扩充。T-SQL 语言的分类如下。

(1) 数据定义语言：用于创建数据库和数据库对象。主要命令包括 CREATE(创建)、DROP(删除)和 ALTER(修改)。

(2) 数据操纵语言：用于操纵表、视图中的数据。主要命令包括 INSERT(插入)、DELETE(删除)、UPDATE(更新)和 SELECT(查询)。

(3) 数据控制语言。用于执行有关安全管理的操作。主要命令包括 GRANT(授权)、REVOKE(收权)和 DENY(拒权)。

(4) 事务管理语言：用于管理事务。主要命令包括 BEGIN TRANSACTION(开始事务)、COMMIT TRANSACTION(提交事务)和 ROLLBACK TRANSACTION(撤销事务)。

(5) 其他附加语言元素。附加语言元素是 SQL Server 后台编程的语法基础。主要包括变量和常量、数据类型、运算符、表达式、函数、控制流语言、错误处理语言等。

4.1.2　SQL 的主要特点

SQL 语言的主要特点如下：

(1) 一体化。集数据定义语言、数据操纵语言、数据控制语言、事务管理语言和附加语言元素为一体。

(2) 两种使用方式。即交互使用方式和嵌入高级语言中的使用方式。

(3) 非过程化语言。只需要提出“干什么”，不需要指出“如何干”，语句的操作过程由系统自动完成。

(4) 简洁。类似人的思维习惯，容易理解和掌握。

4.2　T-SQL 数据类型

在 SQL Server 中，每个列、局部变量、表达式和参数都具有一个相关的数据类型。特别是列，数据类型是列(字段)最重要的属性之一，代表了数据的格式。数据类型的出现是为了规范地存储和使用数据。SQL Server 的数据类型可分为系统数据类型和用户定义数据类型两种。

4.2.1　系统数据类型

不同的数据库管理系统支持的数据类型略有差别，SQL Server 2008 提供的系统数据类型分为数字数据类型、货币数据类型、日期和时间数据类型、字符串数据类型、CLR 数据类型、空间数据类型及其他数据类型。本书只介绍几种较常用的数据类型。

4.2.1.1　数字数据类型

数字数据包括正数、负数、小数、分数和整数。在 SQL Server 2008 中，数字数据类型分为整型数字类型和非整型数字类型。非整型数字类型又分为精确数字类型和近似数字类型。数字数据类型说明如表 4-1 所示。

表 4-1　数字数据类型说明

数据类型			描述
整型数字	bigint		长度为 8 个字节的大整型数字。
	int		长度为 4 个字节的标准整型数字。
	smallint		长度为 2 个字节的小整型数字。
	tinyint		长度为 1 个字节的微整型数字。
非整型数字	精确数字	decimal[(*p*[,*s*])]	*p* 为精度,指定小数点左边和右边可以存储的十进制数字的最大个数。精度必须是从 1 到最大精度之间的值。最大精度为 38。*p* 的默认值为 18。*s* 为小数位数,指定小数点右边可以存储的十进制数字的最大个数。*s* 的默认值为 0。*p* 和 *s* 必须遵守规则:$0 \leqslant s \leqslant p$。 例如,decimal(6,2)表示小数点后有 2 位数字,小数点前有 4 位数字的定点小数。
		numeric[(*p*[,*s*])]	同 decimal。
	近似数字	float[(*n*)]	其中 *n* 为用于存储 float 数值尾数的位数(以科学记数法表示)。如果指定了 *n*,则它必须是介于 1 和 53 之间的某个值。*n* 的默认值为 53。不过,SQL Server 并不是直接将 *n* 用于确定 float 的存储长度,而是将 *n* 进行如下对应:如果 $1 \leqslant n \leqslant 24$,则将 *n* 视为 24,存储大小为 4 个字节。如果 $25 \leqslant n \leqslant 53$,则将 *n* 视为 53,存储大小为 8 个字节。
		real	长度为 4 个字节的浮点数字。

数字数据类型常量不需要用单引号括起来。例如,2456 为 int 型常量,1894.12 为 decimal(或 numeric)型常量,101.5E 和 50.5E-2 为 float(或 real)型常量。

4.2.1.2　货币数据类型

在 SQL Server 2008 中可以使用 money 和 smallmoney 两种数据类型存储货币数据或货币值,这些数据类型可以使用常用的货币符号,如美元符号($)、人民币符号(￥)等。货币数据存储的精度固定为 4 位小数,它实际上是带有 4 位小数的 decimal 类型的数据。货币数据类型说明如表 4-2 所示。

表 4-2　货币数据类型说明

数据类型	描述
money	长度为 8 个字节的定点小数,精确到货币单位的千分之十。
smallmoney	长度为 4 个字节的定点小数,精确到货币单位的千分之十。

货币类型常量可以包含小数点,但不能使用引号。例如,$12 和 $542023.14 都是 money 型常量。

4.2.1.3 日期和时间数据类型

SQL Server 2008 提供的日期和时间类型包括 datetime、datetime2、date、datetimeoffset、smalldatetime 和 time。常用的日期和时间类型的说明如表 4-3 所示。

表 4-3 日期和时间类型说明

数据类型	描述
datetime	占 8 个字节。定义了结合 24 小时制时间的日期，其格式为 YYYY-MM-DD hh:mm:ss[.nnn]。其中 YYYY 表示四位年份数字，MM 表示两位月份数字，DD 表示某一天的两位数字，hh 是表示小时的两位数字，mm 是表示分钟的两位数字，ss 是表示秒钟的两位数字，[.nnn]表示秒的小数部分。
smalldatetime	占 4 个字节。定义了范围和精度都相对较小的日期和时间类型，秒始终为零(:00)，并且不带秒的小数部分。但这足以满足一般的记录日期和时间的需要，而且它比 datetime 数据类型更节省空间。smalldatetime 数据类型的格式为 YYYY-MM-DD hh:mm:ss。秒数小于或等于 29.998 秒的值向下舍入为最接近的分钟数；大于或等于 29.999 秒的值向上舍入为最接近的分钟数。精确度为 1 分钟。
date	占 3 个字节。保存日期数据的数据类型，默认格式为 YYYY-MM-DD。
time[(*n*)]	占 5 个字节。保存时间数据的数据类型，它的精度可以达到 100 纳秒。它的格式为 hh:mm:ss[.nnnnnnn]。*n* 为秒的小数部分指定数字的位数，可以是从 0 到 7 的整数。默认的小数精度是 7(100ns)。

日期和时间数据类型常量用特定格式的字符日期值表示，并用单引号括起来。例如，'April 15 2000'，'04/15/2009'，'15 April 2009'，'2009-04-15 12:35:29'，'20090415'。

例 4-1 将带秒数的字符串文字转换为 smalldatetime。

```
SELECT CAST('2007-05-08 12:35:29'     AS smalldatetime),
       CAST('2007-05-08 12:35:30'     AS smalldatetime),
       CAST('2007-05-08 12:59:59.998'  AS smalldatetime)
```

执行结果如图 4-1 所示。

图 4-1 例 4-1 的执行结果

注意：T-SQL 语言中的所有标点符号必须使用西文的标点符号。

例 4-2 将一个字符串分别转换为各种日期和时间数据类型时所产生的结果。

```
SELECT CAST('2007-05-08 12:35:29.1234567' AS time(7)) AS time,
       CAST('2007-05-08 12:35:29.1234567' AS date)AS date,
       CAST('2007-05-08 12:35:29.123' AS smalldatetime)AS smalldatetime,
       CAST('2007-05-08 12:35:29.123' AS datetime)AS datetime
```

执行结果如图 4-2 所示。

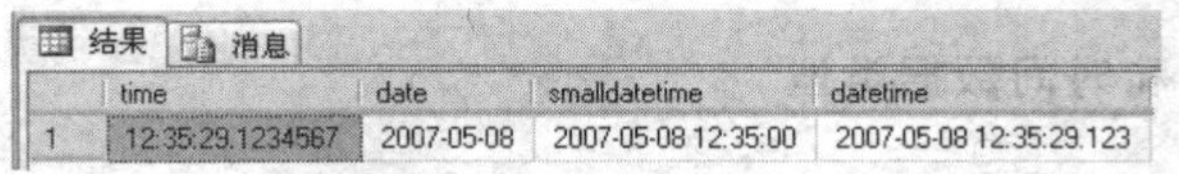

图 4-2　例 4-2 的执行结果

4.2.1.4　字符串数据类型

字符串数据由字母、符号和数字组成。在 SQL Server 中，字符的编码方式有两种：ASCII 码(也称为普通编码)和 Unicode 码(也称为统一编码)。ASCII 码指的是不同国家或地区的编码长度不一样，比如，英文字母的编码是 1 个字节(8 位)，中文汉字的编码是 2 个字节(16 位)。Unicode 码是指不管对哪个地区、哪种语言均采用双字节(16 位)编码。常用的字符串数据类型的说明如表 4-4 所示。

表 4-4　字符串数据类型说明

数据类型		描　述
ASCII 码(普通编码)	char[(*n*)]	长度为 *n* 个字节的固定长度的非 Unicode 字符串数据类型。*n* 的取值范围为 1～8 000，*n* 的默认值为 1。存储大小为 *n* 个字节。当输入字符所占的空间小于 *n* 个字节时，系统自动在后边为其补空格。
	varchar[(*n*|max)]	长度为 *n* 个字节的可变长度的非 Unicode 字符串数据类型。*n* 的取值范围为 1～8 000，*n* 的默认值为 1。max 指示最大存储大小是($2^{31}-1$)个字节。在 SQL Server 2008 中可以使用 varchar(max)代替早期版本中的 text 类型存储大型文本数据。存储大小为输入数据的字节的实际长度，而不是 *n* 个字节。所输入的数据字符长度可以为 0。
Unicode 码(统一编码)	nchar[(*n*)]	包含 *n* 个字符的固定长度的 Unicode 字符串数据类型。*n* 的取值范围为 1～4 000，*n* 的默认值为 1。存储大小为 2*n* 个字节。当输入字符所占的空间小于 2*n* 个字节时，系统自动在后边为其补空格。
	nvarchar[(*n*|max)]	包含 *n* 个字符的可变长度的 Unicode 字符串数据类型。*n* 的取值范围为 1～4 000，*n* 的默认值为 1。max 指示最大存储大小是($2^{31}-1$)个字节。在 SQL Server 2008 中可以使用 nvarchar(max)代替早期版本中的 ntext 类型存储大型文本数据。存储大小为输入字符个数的两倍(以字节为单位)。
二进制	binary[(*n*)]	*n* 个字节固定长度的二进制字符数据。*n* 的取值范围为 1～8 000。
	varbinary[(*n*|max)]	*n* 个字节可变长的二进制字符数据。*n* 的取值范围为 1～8 000。max 指示最大存储大小是($2^{31}-1$)个字节。
	image	可用来存储超过 8 000 个字节的可变长度的二进制字符数据，如 Microsoft Word 文档、Microsoft Excel 电子表格、包含位图的图像、GIF 文件和 JPEG 文件。

字符串数据类型常量要用单引号括起来，例如，'This is a database. '。如果字符串包含单引号，则使用两个单引号表示该字符串中的单引号，例如，字符串 I'm Tom 可以表示为'I''m Tom'。对于嵌入在双引号中的单引号则没有必要这样做。空字符串用中间没有

任何字符的两个单引号表示。

4.2.2　用户定义数据类型

除了系统提供的数据类型外，用户还可以根据需要定义数据类型。用户定义数据类型需要基于 SQL Server 的系统数据类型。当多个表的列中要存储同样类型的数据，而且想确保这些列具有完全相同的数据类型、长度和是否为 NULL 属性时，可使用自定义数据类型。本节依次介绍如何创建和删除用户定义数据类型。

4.2.2.1　创建用户定义数据类型

创建用户定义数据类型之前要明确三个参数：数据类型的名称、新数据类型所依据的系统数据类型、数据类型是否允许空值。下面基于 char 数据类型创建名为 Type_Tel 的用户定义数据类型，用于表示“电话号码”数据，具体步骤如下。

(1) 打开 SQL Server Management Studio，在对象资源管理器中展开【LoanDB】数据库，然后在该数据库下选择【可编程性】|【类型】|【用户定义数据类型】节点。

(2) 如图 4-3 所示，右击【用户定义数据类型】节点，在弹出的快捷菜单中选择【新建用户定义数据类型】命令，即打开【新建用户定义数据类型】对话框，如图 4-4 所示。

图 4-3　新建用户定义数据类型

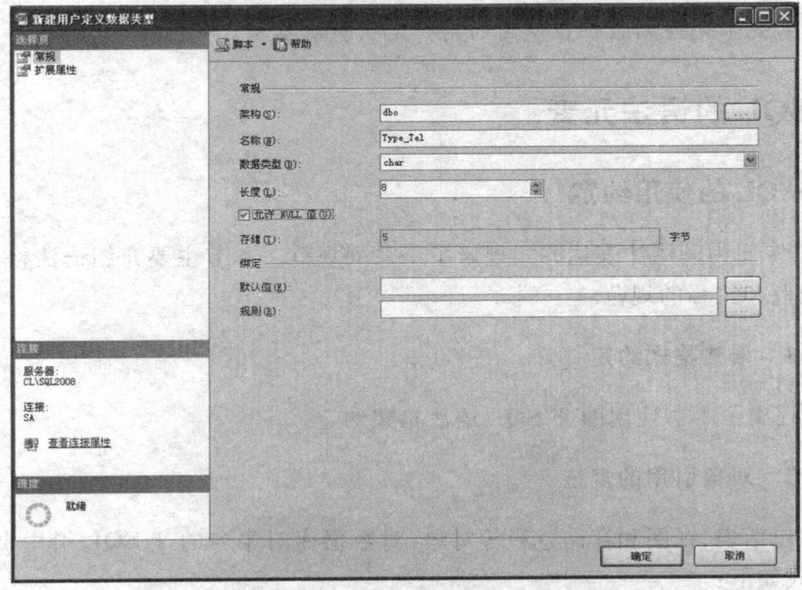

图 4-4　【新建用户定义数据类型】对话框

(3) 输入新建数据类型的名称：Type_Tel。在“数据类型”列表中选择系统数据类型 char,并设置其“长度”为 8。(说明：当系统数据类型为字符类型时,“长度”字段处于活动状态;当系统数据类型为定点小数类型时,“精度”和“小数位数”字段处于活动状态。)

(4) 若要允许此数据类型接受空值,则选择【允许 NULL 值】命令。假设 Type_Tel 数据类型允许空值。还可以设置规则和默认值。

(5) 单击【确定】按钮,完成设置。在【用户定义数据类型】节点下可以看到新建的数据类型,如图 4-5 所示。

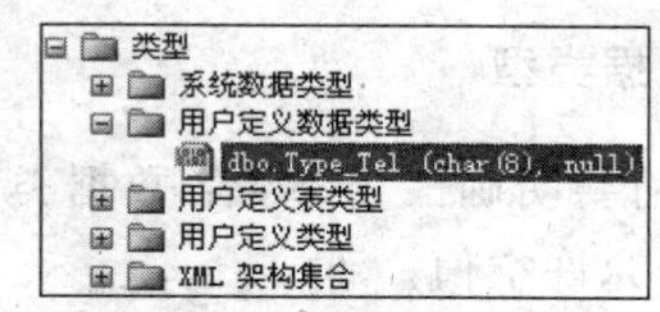

图 4-5　用户定义数据类型：Type_Tel

(6) 创建完毕后,右击 Type_Tel 数据类型对应的节点,在弹出的快捷菜单中选择【属性】命令,可以查看所创建的用户自定义数据类型 Type_Tel 的相关信息。

4.2.2.2　删除用户定义数据类型

下面仍以用户定义数据类型 Type_Tel 为例,介绍删除用户定义数据类型的过程,具体步骤如下：首先,打开 SQL Server Management Studio,在对象资源管理器中展开【LoanDB】数据库;然后在该数据库下选择【可编程性】|【类型】|【用户定义数据类型】;接着,右击【dbo. Type_Tel】节点(即要删除的用户定义数据类型),在弹出的快捷菜单中选择【删除】命令,最后在打开的【删除对象】对话框中单击【确定】按钮,完成删除。

注意： 系统不允许删除正在使用的用户定义数据类型。

4.3　T-SQL 的语法元素

4.3.1　T-SQL 的使用约定

T-SQL 专门为其用法表达方式规定了一系列规范。本节主要介绍语法格式约定、对象引用的规范和注释的规范。

4.3.1.1　语法格式约定

表 4-5 列出了本书使用的 T-SQL 语法格式约定。

4.3.1.2　对象引用的规范

数据库包括表、视图和存储过程等对象,对数据库对象名的 T-SQL 引用由四部分组成,具体格式如下：

表 4-5　T-SQL 语法格式约定

约　定	用　于
大写	T-SQL 关键字。
|(竖线)	分隔括号或大括号中的语法项。只能使用其中一项。
[](方括号)	可选语法项。不要键入方括号。
{ }(大括号)	必选语法项。不要键入大括号。
[,…,n]	指示前面的项可以重复 n 次。各项之间以逗号分隔。
[…n]	指示前面的项可以重复 n 次。每一项由空格分隔。
<label> ::=	语法块的名称。此约定用于对可在语句中的多个位置使用的过长语法段或语法单元进行分组和标记。

```
[
    服务器名称.[数据库名称].[架构名称].
    |数据库名称.[架构名称].
    |架构名称.
    ]
]
对象名
```

其中：

- 服务器名称指定链接服务器名称或远程服务器名称。
- 当对象驻留在 SQL Server 数据库中时，数据库名称指定该 SQL Server 数据库的名称。当对象在链接服务器中时则指定 OLE DB 目录。
- 架构是包含表、视图、存储过程等数据库对象的容器。关于架构的具体解释请参见 10.2.3 节。

引用某个特定对象时，如果能够确保找到对象，则不必总是指定服务器、数据库和架构，但是如果找不到对象，则会返回错误消息。若要省略中间级节点，也需要使用句点表示这些位置。表 4-6 列出了引用对象名的有效格式。

表 4-6　引用对象名的有效格式

引用对象名的格式	说　明
服务器名称.数据库名称.架构名称.对象名	4 个部分的名称
服务器名称.数据库名称..对象名	省略架构名称
服务器名称..架构名称.对象名	省略数据库名称
服务器名称...对象名	省略数据库和架构名称
数据库名称.架构名称.对象名	省略服务器名
数据库名称..对象名	省略服务器和架构名称
架构名称.对象名	省略服务器和数据库名称
对象名	省略服务器、数据库和架构名称

4.3.1.3 注释的规范

注释是程序代码中不执行的文本字符串(也称为备注)。注释可用于对代码进行说明或暂时禁用正在进行诊断的部分T-SQL语句和批。使用注释对代码进行说明,便于将来对程序代码进行维护。注释通常用于记录程序名、作者姓名和主要代码更改的日期。注释可用于描述复杂的计算或解释编程方法。

SQL Server支持两种类型的注释:单行注释和批注释。

- 单行注释:使用"--"作为注释符,从"--"开始到行尾的内容均为注释。注释字符可与要执行的代码处在同一行,也可另起一行。例如:

```
--查询法人表的所有信息
SELECT * FROM LegalEntityT
```

- 批注释:开始注释符为"/ * ",结束注释符为" * /"。开始注释符与结束注释符之间的所有内容均视为注释。注释字符可与要执行的代码处在同一行,也可另起一行,甚至可以在可执行代码内部。例如:

```
/ * 作者: MYHOME
日期: 2010/03/10
代码功能:查询法人表的所有信息
 * /
SELECT * FROM LegalEntityT
```

4.3.2 保留字

保留字是SQL Server本身使用的词。数据库中的对象名不能使用这些词。如果必须使用保留字,则必须在保留字中使用分隔标识符(参见4.3.3节)。例如,ORDER是SQL Server的保留字,如果必须使用ORDER作为某张表的属性,则在SQL语句中使用[ORDER]表示该属性。

4.3.3 标识符

标识符是诸如表、视图、列、数据库和服务器等对象的名称。对象标识符是在定义对象时创建的,标识符随后用于引用该对象。SQL Server的标识符分为常规标识符和分隔标识符两类。

1. 常规标识符

常规标识符是指符合标识符格式规则的标识符,在T-SQL语句中使用常规标识符时不需要将其分隔。例如:

```
SELECT * FROM BankT                --查询 BankT 表中的所有信息
```

其中,标识符BankT为常规标识符。

常规标识符格式规则取决于数据库兼容级别。当兼容级别为90时,适用下列规则。

(1) 第一个字符必须是下列字符之一:英文字母a～z和A～Z、来自其他语言的字母字符、下画线(_)、at 符号(@)或数字符号(#)。

(2) 后续字符可以包括：英文字母 a～z 和 A～Z、来自其他语言的字母字符、十进制数字、at 符号(@)、美元符号($)、数字符号(#)或下画线(_)。

(3) 标识符一定不能是 T-SQL 保留字。

(4) 不允许嵌入空格或其他特殊字符。

2. 分隔标识符

分隔标识符包含在双引号("")或方括号([])内。符合标识符格式规则的标识符可以分隔，也可以不分隔。但是，不符合标识符格式规则的标识符必须进行分隔。例如：

```
SELECT * FROM[My Table]WHERE[order]=10        --查询 My Table 表中 order 属性为 10 的所有信息
```

因为 My 和 Table 之间存在空格，不符合标识符格式规则，所以必须使用分隔标识符，否则系统会认为它们是两个标识符，从而报错。[order]也必须使用分隔标识符，因为 order 是 SQL Server 的保留字，用于 order by 子句，这将在第 6 章介绍。

4.3.4　变量

变量对应内存中的一个存储空间。变量的值在程序运行过程中可以随时改变。T-SQL 语言允许使用两种变量：一种是用户自己定义的局部变量(Local Variable)；另一种是系统提供的全局变量(Global Variable)。

4.3.4.1　局部变量

局部变量是用户在程序中定义的变量，变量名必须以"@"开头，它的作用范围仅在程序内部。局部变量可以用来保存从表中读取的数据，也可以作为临时变量保存计算的中间结果。在批处理和脚本中的局部变量通常有以下作用：

- 作为计数器计算循环执行的次数或控制循环执行的次数；
- 保存数据值以供控制流语句测试；
- 保存存储过程返回代码要返回的数据值或函数返回值。

局部变量的使用一般包括声明变量、为变量赋值和输出变量值三方面内容。

1. 声明变量

局部变量必须先声明后使用。声明变量的语句格式如下：

```
DECLARE @局部变量名 数据类型[,…,n]
```

其中：

- 数据类型可以是 SQL Server 支持的所有数据类型，也可以是用户自定义的数据类型。
- 将值设置为 NULL。
- 当数据类型为字符型时，要在数据类型中指明其最大长度；当数据类型为定点小数型时，要指明其精度和小数位数。例如：

```
DECLARE @name nchar(3)        --声明局部变量@name
```

```
DECLARE @grade numeric(3,1) --声明局部变量@grade
```

- 若要声明多个局部变量,可以使用多个 DECLARE 命令,也可以使用一个 DECLARE 命令。当使用一个 DECLARE 命令时,请在定义的第一个局部变量后使用一个逗号,然后指定下一个局部变量名称和数据类型。例如:

```
--声明三个局部变量,并将每个变量都初始化为 NULL
DECLARE @LastName nvarchar(30),@FirstName nvarchar(20),@StateProvince nchar(2)
```

2. 为变量赋值

第一次声明变量时,其值设置为 NULL。若要为变量赋值,则要使用 SET 或 SELECT 语句,为变量赋值的语句格式如下:

```
SET @局部变量名=变量值|表达式
--或
SELECT @局部变量名=变量值|表达式
```

例如:

```
DECLARE @name nchar(3)              --声明局部变量@name
DECLARE @grade numeric(3,1)         --声明局部变量@grade
SET @name='王华'                    --为变量@name 赋值
SET @grade=90.5                     --为变量@grade 赋值
```

3. 输出变量值

输出变量值的格式如下:

```
PRINT @局部变量名
--或
SELECT @局部变量名
```

例 4-3 声明 2 个变量,为其赋值后,输出变量值。

```
1 DECLARE @name nchar(3)              --声明局部变量@name
2 DECLARE @grade numeric(3,1)         --声明局部变量@grade
3 SET @name='王华'                    --为变量@name 赋值
4 SET @grade=90.5                     --为变量@grade 赋值
5 PRINT @name+'的成绩为:'             --输出变量值
6 PRINT @grade
```

执行结果如图 4-6 所示。

说明:上面第 5 行代码中的"+"号是字符串连接符。若希望输出的格式如图 4-7 所示,则需要使用 4.5.4 节讲述的类型转换函数的知识。

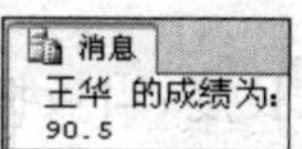

图 4-6 例 4-3 的执行结果(一)

图 4-7 例 4-3 的执行结果(二)

例 4-4　交换 a,b 两个字符型变量的值。

```
DECLARE @a char(3),@b char(3)               --声明@a,@b 两个变量
DECLARE @c char(3)                          --在交换过程中使用到的中间变量@c

SET @a='YES'                                --为变量@a 赋值
SET @b='NO'                                 --@b 为变量赋值
PRINT '交换前: @a='+@a+' @b='+@b

SET @c=@a                                   --交换@a 和@b 的值
SET @a=@b
SET @b=@c
PRINT '交换后: @a='+@a+' @b='+@b
```

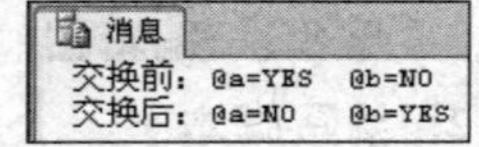

图 4-8　例 4-4 的执行结果

执行结果如图 4-8 所示。

4.3.4.2　全局变量

全局变量是 SQL Server 系统内部使用的变量,其作用范围并不局限于某一程序,而是任何程序均可随时调用。全局变量通常存储一些 SQL Server 的配置设置值和效能统计数据。用户可在程序中用全局变量来测试系统的设定值或者 T-SQL 命令执行后的状态值。引用全局变量时,全局变量名必须以"@@"开头。不能定义与全局变量同名的局部变量。从 SQL Server 7.0 开始,全局变量就以系统函数的形式使用。例如,通过全局变量@@ERROR 的值获取系统的错误信息,通过全局变量@@SERVERNAME的值获取本地服务器名称,通过全局变量@@VERSION 的值获取当前 SQL Server 的版本号。

4.3.5　语句批

批处理是包含一个或多个 T-SQL 语句的组,从应用程序一次性地发送到 SQL Server 予以执行。SQL Server 将批处理的语句编译为一个可执行单元,称为执行计划。执行计划中的语句每次执行一条。一个批以 GO 为结束标记。GO 不是 T-SQL 语句,它是可由 sqlcmd 和 osql 实用工具以及 SQL Server Management Studio 代码编辑器识别的命令。

例如:

```
SELECT * FROM BankT                 --查询 BankT 表中的所有信息
SELECT * FROM LegalEntityT          --查询 LegalEntityT 表中的所有信息
GO
```

4.3.6　脚本

脚本是存储在文件中的一系列 T-SQL 语句,该文件可以在 SQL Server Management Studio 的 SQL 编辑器中编写和运行。

1. 打开 SQL 编辑器

SQL Server 2008 的代码编辑器是一个集成开发环境,可用于编写 T-SQL、MDX(多维数据分析查询)、DMX(数据挖掘脚本)、XML 等命令。本书只介绍 SQL 编辑器的使用,使用 SQL 编辑器可以编辑现有的存储过程、函数、触发器和 SQL 脚本。打开 SQL 编辑器有很多方法,主要有以下几种。

- 在当前连接为数据库引擎的情况下,在 SQL Server Management Studio 的工具栏上,单击【新建查询】按钮[新建查询(N)],即可打开 SQL 编辑器。
- 在工具栏上,单击【数据库引擎查询】按钮,即可打开 SQL 编辑器。
- 在菜单栏上选择【文件】|【打开】|【文件】命令,选择一个 T-SQL 脚本文件,即可打开 SQL 编辑器。

2. 编写脚本

打开 SQL 编辑器后,就可以在其中编写脚本,如图 4-9 所示。

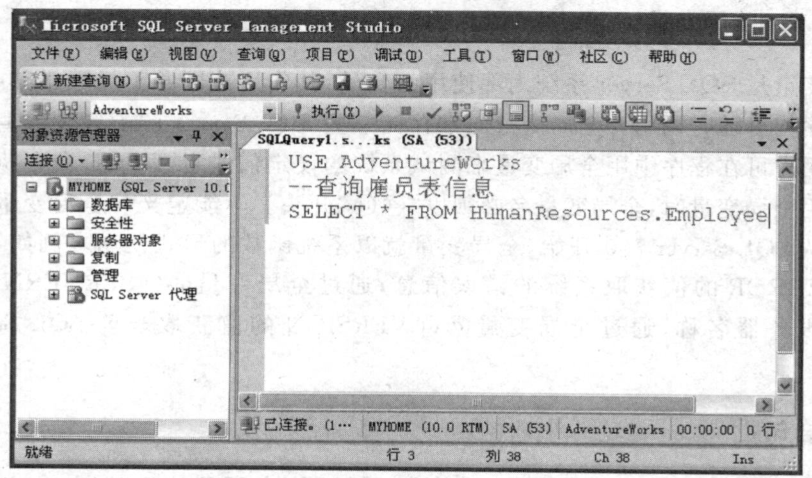

图 4-9　编写脚本

3. 保存脚本

脚本编写完毕后,首先,单击工具栏上的【保存】按钮或者选择【文件】|【保存】菜单命令,如果文件没有被保存过,则打开如图 4-10 所示的【另存文件为】对话框;然后选择相应的目标路径,并输入文件名(默认扩展名为.sql);最后单击【保存】按钮;如果文件保存过,则直接使用当前文件名,不出现对话框。

4. 使用工具栏执行脚本

在编辑器编写完脚本之后,即可执行或分析它。执行或分析脚本的方法有很多:使用工具栏、使用【查询】菜单、使用右键快捷菜单。这里以使用工具栏为例来介绍执行脚本的过程。不同的语言有不同的工具栏,图 4-11 所示的是数据库引擎的 SQL 查询工具栏,其他语言的工具栏与其大同小异。如果没有出现此工具栏,可以通过选择【视图】|【工具栏】|【SQL 编辑器】菜单命令来打开它。图 4-11 中标出了 SQL 编辑器工具栏中的常用按

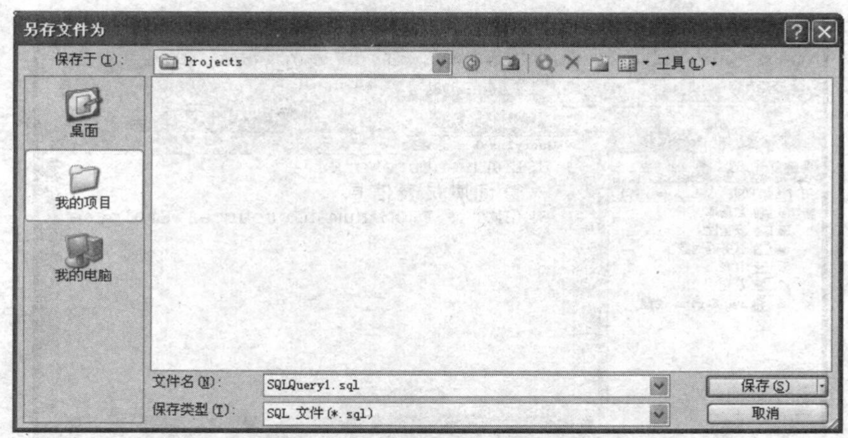

图 4-10 【另存文件为】对话框

钮。需要注意的是：数据库引擎默认打开的是 master 数据库，因此如果在 SQL 脚本中没有通过 USE 命令指定数据库（例如 USE AdventureWorks），则在“操作数据库名称”下拉列表框中选择要作用的数据库。

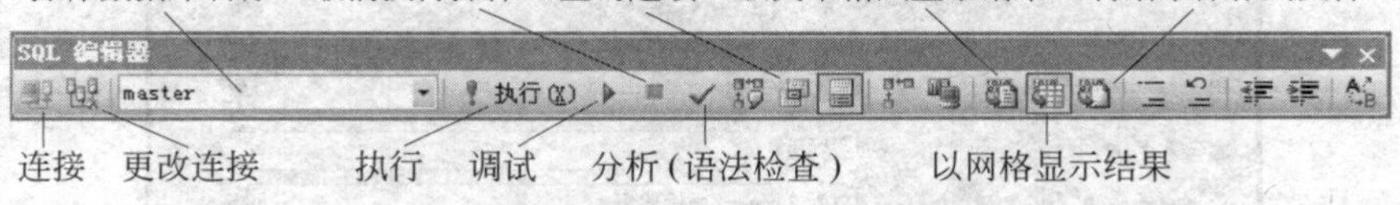

图 4-11 编辑器工具栏中的常见按钮

脚本写完后，可以先单击 SQL 编辑器工具栏上的【分析】按钮✓进行语法检查，再通过单击 SQL 编辑器工具栏上的【执行】按钮 执行(X) 进行脚本执行。

5. 脱机编写脚本和联机执行

当服务器不可用或要节省短缺的服务器或网络资源时，SQL Server Management Studio 允许在与服务器断开连接时编写脚本。也可以更改 SQL 编辑器与 SQL Server 新实例的连接，而不需打开新的 SQL 编辑器窗口或重新键入脚本。

脱机编写脚本的步骤：首先，在 SQL Server Management Studio 工具栏上单击【数据库引擎查询】按钮以打开 SQL 编辑器；其次，在【连接到数据库引擎】对话框中，单击【取消】按钮，系统就打开 SQL 编辑器窗口；此时，SQL 编辑器的标题栏将指示没有连接到 SQL Server 实例，即可以处于脱机状态编写脚本，如图 4-12 所示。

若要执行脱机状态下编写的脚本，只需进行涉及需要数据库的操作就可以，如“连接”、“执行”、“分析”等，系统都将连接到 SQL Server 实例。以“执行”操作为例，介绍具体步骤：首先，在工具栏上单击【执行】按钮 执行(X)，打开【连接到服务器】对话框，如图 4-13 所示；其次，在此对话框中选择或填写对应信息，如“服务器名称”、“身份验证”、“登录名”和“密码”等；最后，单击【连接】按钮，即可联机执行。

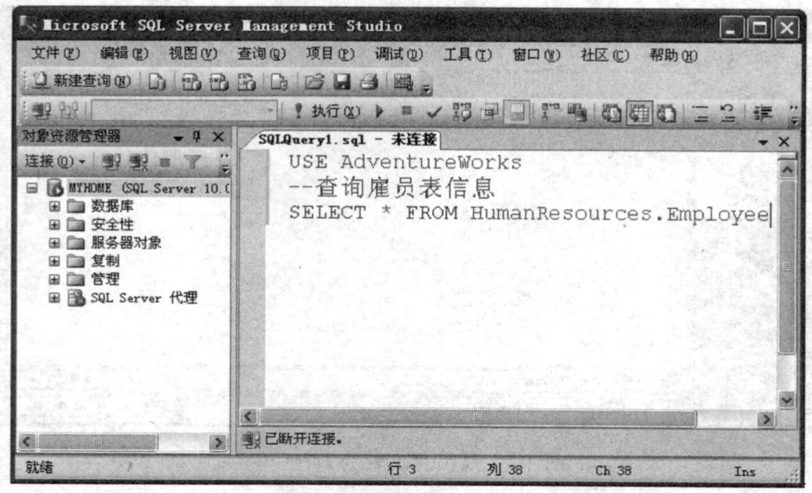

图 4-12 脱机编写脚本

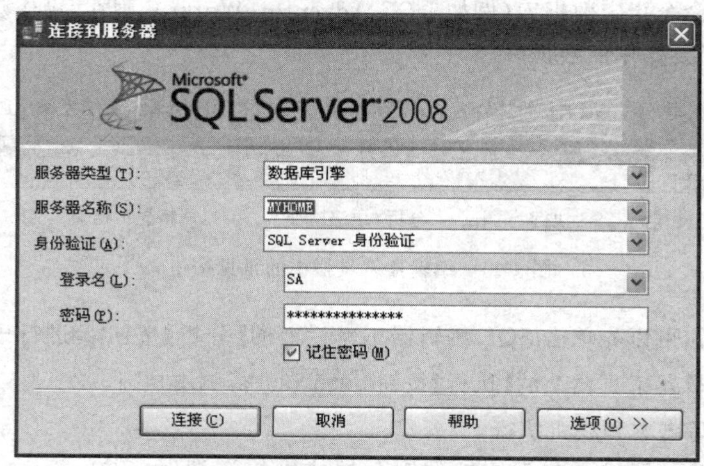

图 4-13 【连接到服务器】对话框

如果要更改连接,单击 SQL 查询工具栏上的【更改连接】按钮,打开【连接到服务器】对话框;然后在此对话框中选择 SQL Server 的另一个实例(如果有),并设置相关连接信息;最后单击对话框中的【连接】按钮,即可完成连接的更改。

4.4 流程控制语句

在使用 SQL 语句编程时,经常需要按照指定的条件进行控制转移或重复执行某些操作,这个过程可以通过流程控制语句来实现。流程控制语句使用与程序设计相似的构造使语句得以互相连接、关联和相互依存。如果不使用控制流语句,则各 T-SQL 语句按其出现的顺序依次执行。

流程控制语句用于控制程序的流程，一般分为三类：顺序、分支和循环。T-SQL 提供如表 4-7 所示的流程控制语句。本节只介绍 BEGIN...END、IF、CASE 和 WHILE 语句。

表 4-7 T-SQL 提供的流程控制语句

流程控制语句	功能说明	流程控制语句	功能说明
BEGIN...END	定义语句块	RETURN	无条件退出语句
IF	条件处理语句	WAITFOR	延迟语句
CASE	选择表达式	BREAK	跳出循环语句
WHILE	循环语句	CONTINUE	重新开始循环
GOTO	无条件跳转语句		

4.4.1 BEGIN...END 语句

在条件和循环等流程控制语句中，要将两个或两个以上的 T-SQL 语句作为一个单元执行时，需要使用 BEGIN...END 语句。也就是说，BEGIN...END 语句用于将多个 T-SQL 语句组合成一个语句块，将它们视为一个整体来处理。

BEGIN...END 语句的语法格式为：

```
BEGIN
    T-SQL语句序列
END
```

4.4.2 IF 语句

IF 语句是 T-SQL 语句中最常用的控制流语句，用于简单条件的判断。IF 语句将会根据条件的值，指定 T-SQL 语句的执行方向，从而完成各种条件环境下的操作。

IF 语句的语法格式为：

```
IF 布尔表达式
    语句块 1
[ELSE
    语句块 2]
```

其中，"布尔表达式"表示一个测试条件，其取值为 TRUE 或 FALSE。如果布尔表达式中包含一个 SELECT 语句，则必须使用圆括号把这个 SELECT 语句括起来。语句块 1 和语句块 2 可以是单个 T-SQL 语句，也可以是用语句 BEGIN...END 定义的语句块。

IF 语句的执行过程是：如果 IF 后面的布尔表达式返回 TRUE，则执行语句块 1，否则执行语句块 2，如图 4-14 所示。若无 ELSE，如果布尔表达式返回 TRUE，则执行语句块 1，否则执行 IF 语句后面的其他语句，如图 4-15 所示。

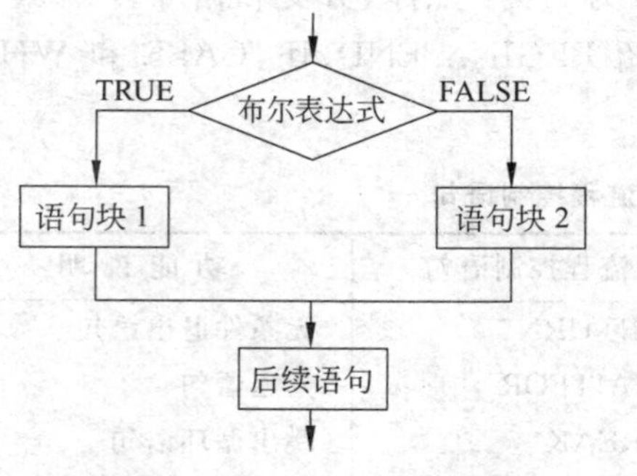

图 4-14 IF...ELSE 语句流程图

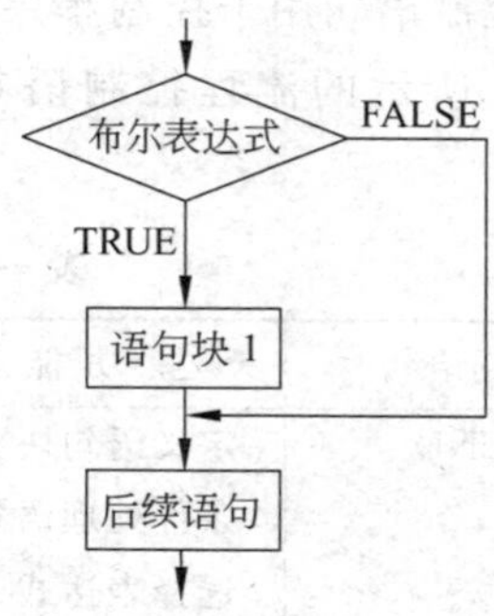

图 4-15 IF 语句流程图

例 4-5

```
IF MONTH(GETDATE())< 7
    PRINT('上半年')
ELSE
    PRINT('下半年')
```

GETDATE()是 SQL Server 函数,用于返回当前的系统日期;MONTH()函数返回日期中的月份数值。如果月份小于 7,则输出"上半年",否则输出"下半年"。

SQL 语句块是 BEGIN 和 END 构成的多个 SQL 语句集合。如果在 IF 语句中需要处理多条 SQL 语句,可以使用 BEGIN...END 语句。

例 4-6

```
IF MONTH(GETDATE())< 7
  BEGIN
    PRINT('上半年')
    PRINT(GETDATE())
  END
ELSE
  BEGIN
    PRINT('下半年')
    PRINT(GETDATE())
  END
```

4.4.3 CASE 表达式

CASE 表达式是特殊的 T-SQL 表达式,它允许按列值显示可选值,用于计算多个条件并为每个条件返回单个值。CASE 表达式有两种格式:搜索 CASE 表达式和简单 CASE 表达式。

可以在允许有效表达式的任何语句或子句中使用 CASE 表达式。例如,可以在 SELECT、UPDATE、DELETE 和 SET 等语句以及 select_list、IN、WHERE、ORDER BY

和 HAVING 等子句中使用 CASE 表达式。

CASE 表达式不能用来控制 T-SQL 语句、语句块、用户定义的函数和存储过程的执行流。

4.4.3.1　搜索 CASE 表达式

搜索 CASE 表达式计算一组布尔表达式以确定结果。

搜索 CASE 表达式的语法格式如下：

```
CASE
  WHEN 布尔表达式 1 THEN 结果表达式 1
  [WHEN 布尔表达式 2 THEN 结果表达式 2
  [...n]]
  [ELSE 结果表达式 n+1]
END
```

搜索 CASE 表达式必须以 CASE 开头并以 END 结束。

搜索 CASE 表达式的执行过程是：测试每个 WHEN 子句后的布尔表达式，如果结果为 TRUE，则返回相应的结果表达式，否则检查是否存在 ELSE 子句。如果存在 ELSE 子句，则返回 ELSE 子句后的结果表达式；否则返回一个 NULL 值。

在一个搜索 CASE 表达式中，一次只能返回一个 WHEN 子句指定的结果表达式。如果有多个布尔表达式为 TRUE，则只返回第一个为 TRUE 的 WHEN 子句指定的结果表达式。

例 4-7

```
DECLARE @x int,@ch varchar(20)
SET @x=10
SET @ch=
CASE
  WHEN @x=4 THEN 'a'
  WHEN @x=8 THEN 'b'
  WHEN @x=10 THEN 'c'
  WHEN @x=12 THEN 'd'
  ELSE 'o'
END
PRINT @ch
```

执行结果如图 4-16 所示。

图 4-16　例 4-7 的执行结果

例 4-8　根据贷款额度划分等级：如果贷款额度大于 3 000 万元，则等级为“高额贷款”；如果贷款额度在 500 万元和 3 000 万元之间，则等级为“一般贷款”；如果贷款额度小于500 万元，则等级为“低额贷款”。

```
declare @amount int,@Level nchar(4)        --@amount 为贷款额度,@level 为等级
set @amount=1500                           --假设贷款额度为 1500 万元
set @Level=
```

```
  case
    WHEN @amount>3000 THEN '高额贷款'
    WHEN @amount BETWEEN 500 AND 3000 THEN '一般贷款'
    WHEN @amount<500 THEN '低额贷款'
  END
PRINT @Level
```

执行结果如图 4-17 所示。

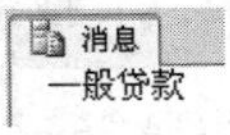

消息
一般贷款

图 4-17 例 4-8 的执行结果

4.4.3.2 简单 CASE 表达式

简单 CASE 表达式将某个表达式与一组简单表达式进行比较以确定结果。与搜索 CASE 表达式相比,CASE 关键字后面加了个测试表达式,各个 WHEN 子句后都是测试值,而不是布尔表达式。

简单 CASE 表达式的语法格式如下:

```
CASE 测试表达式
  WHEN 测试值 1 THEN 结果表达式 1
  [WHEN 测试值 2 THEN 结果表达式 2
  [...n]]
  [ELSE 结果表达式 n+1]
END
```

其中,测试表达式用于条件判断,测试值用于与测试表达式做比较,测试表达式必须与测试值的数据类型相同。

简单 CASE 表达式将一个表达式和一系列的测试值进行比较,并返回符合条件的结果表达式。

简单 CASE 表达式的执行过程是:用测试表达式的值依次与每一个 WHEN 子句的测试值做比较,直到找到第一个与测试表达式的值完全相同的测试值时,返回该 WHEN 子句指定的结果表达式。如果没有任何一个 WHEN 子句的测试值和测试表达式的值相同,SQL Server 将检查是否存在 ELSE 子句,如果存在 ELSE 子句,则返回 ELSE 子句后的结果表达式,否则返回一个 NULL 值。

在一个简单 CASE 表达式中,一次只能有一个 WHEN 子句指定的结果表达式返回。若同时有多个测试值与测试表达式的值相同,则只有第一个与测试表达式的值相同的 WHEN 子句指定的结果表达式返回。

所有的简单 CASE 表达式都可以转换成搜索 CASE 表达式;反之不成立。

例 4-9 例 4-7 可以用简单 CASE 表达式实现。

```
declare @x int,@ch varchar(20)
set @x=10
set @ch=
case @x
  when 4 then 'a'
  when 8 then 'b'
```

```
  when 10 then 'c'
  when 12 then 'd'
  else 'o'
end
print @ch
```

思考：例 4-8 是否可以用简单 CASE 表达式实现？

4.4.4 WHILE 语句

WHILE 语句是 T-SQL 中唯一的循环语句，用于重复执行语句或语句块。当执行 T-SQL 语句或语句块的条件为真时，就重复执行语句。WHILE 内的语句块称为循环体。

WHILE 语句的语法格式如下：

```
WHILE 布尔表达式
    循环体语句块
```

其中，布尔表达式返回 TRUE 或 FALSE。如果布尔表达式中含有 SELECT 语句，则必须用括号将 SELECT 语句括起来。

WHILE 语句的执行过程是：如果 WHILE 后面的布尔表达式返回 TRUE，则执行循环体；否则退出循环，执行 WHILE 循环的后续语句。每次执行完循环体后，程序都重新测试布尔条件表达式的值，如果为 TRUE，则执行循环体；否则退出循环，如图 4-18 所示。

例 4-10 打印 1～10 的数字。

```
DECLARE @i int
SET @i=1
WHILE @i<=10
  BEGIN
    PRINT @i
    SET @i=@i+1
  END
```

执行结果如图 4-19 所示。

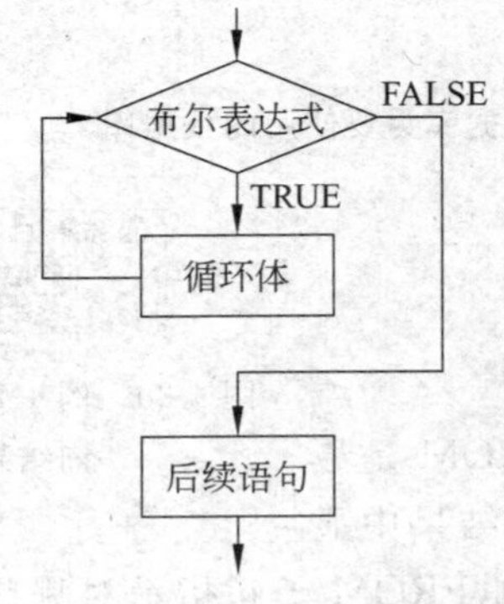

图 4-18 WHILE 语句流程图

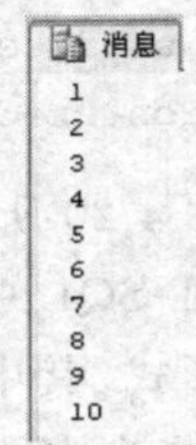

图 4-19 例 4-10 的执行结果

4.5 常用内置函数

SQL Server 2008 提供了许多内置函数,使用这些函数可以方便快捷地执行某些操作。这些函数通常用在查询语句中,用来计算查询结果或修改数据格式和查询条件。一般来说,允许使用变量、字段或表达式的地方都可以使用这些内置函数。本节主要介绍聚合函数、日期和时间函数、字符串函数和类型转换函数的使用方法。

4.5.1 聚合函数

聚合函数对一组值执行计算并返回单一的值。聚合函数经常与 SELECT 语句的 GROUP BY 子句一同使用。所有的聚合函数都为确定性函数。也就是说,只要使用一组特定输入值调用聚合函数,该函数总是返回相同的值。

聚合函数只能在以下位置作为表达式使用:

- SELECT 语句的选择列表(子查询或外部查询)。
- COMPUTE 或 COMPUTE BY 子句。
- HAVING 子句。

下面介绍几种常见的聚合函数。

1. AVG

(1) 功能:返回表达式的平均值(忽略任何空值)。

(2) 语法:AVG([ALL|DISTINCT]expression)

(3) 参数说明:

- ALL:对所有的值进行聚合函数运算。ALL 是默认值。
- DISTINCT:指定 AVG 只在每个值的唯一实例上执行,而不管该值出现了多少次。
- expression:是精确数值或近似数值数据类别(bit 数据类型除外)的表达式。不允许使用聚合函数和子查询。

(4) 返回值类型:由表达式的计算结果类型确定。

例 4-11 查询 AdventureWorks 数据库的 Production. Product 表中所有产品的平均销售价格(ListPrice)。

```
USE AdventureWorks          --指定 AdventureWorks 数据库为要使用的数据库
Go
SELECT AVG(ListPrice)       --查询命令
FROM Production.Product
```

图 4-20 例 4-11 的查询结果

查询结果如图 4-20 所示。

SELECT 为 T-SQL 中的查询命令,SELECT…FROM 是最简单的查询命令形式,其中,SELECT 子句指示在查询结果中显示的列(该列可以是表中的列,也可以是经过计算的列),FROM 子句指示对哪些表做查询。第 6 章将详细介绍 SELECT 命令。

例 4-11 中的查询语句的执行顺序是：首先从 Production. Product 表中获取全部数据，然后对 ListPrice 列的非空值求平均值，最后将平均值显示到结果集中。

2. COUNT

(1) 功能：返回组中的项数。

(2) 语法：COUNT({[[ALL|DISTINCT]expression]|*})

(3) 参数说明：

- ALL：对所有的值进行聚合函数运算。ALL 是默认值。
- DISTINCT：指定 COUNT 返回唯一非空值的数量。
- *：指定应该计算所有行以返回表中行的总数。COUNT(*)不需要表达式参数，因为根据定义，该函数不使用有关任何特定列的信息。COUNT(*)返回指定表中的行数而不删除副本。它对各行分别计数，包括包含空值的行。
- COUNT(ALL|DISTINCT expression)对组中的每一行都计算表达式并返回非空值的数量。

(4) 返回值类型：int。

例 4-12　查询 AdventureWorks 数据库的 HumanReSources. Employee 表的总行数。

```
USE AdventureWorks
Go
SELECT COUNT(*)
FROM HumanReSources.Employee
```

图 4-21　例 4-12 的查询结果

查询结果如图 4-21 所示。

其实本例的查询结果就是雇员的人数。由于 HumanReSources. Employee 表的主关键字是 EmployeeID，EmployeeID 列的值不会有重复，所以计算 EmployeeID 列值的个数与 HumanReSources. Employee 表的总行数是相同的。本例也可以用以下代码实现：

```
USE AdventureWorks
Go
SELECT COUNT(EmployeeID)
FROM HumanReSources.Employee
```

例 4-13　统计 AdventureWorks 数据库的 Production. Product 表中的产品总共有几种颜色(Color)。

```
USE AdventureWorks
Go
SELECT Count(DISTINCT Color)
FROM Production.Product
```

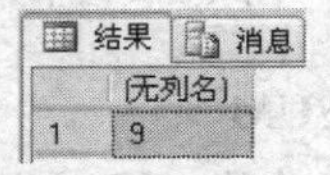

图 4-22　例 4-13 的查询结果

查询结果如图 4-22 所示。

Production. Product 表中存在相同颜色(Color)的产品，即 Color 列有重复值，所以需要使用 DISTINCT 关键字来去掉重复值。本例查询语句的执行顺序是：首先从 Production. Product 表中获取全部数据，然后去除 Color 列的空值和重复值后，计算 Color 列值的个数，最后将结果显示出来。

3. MAX

(1) 功能：返回表达式的最大值(忽略任何空值)。对于字符列，MAX 查找按排序序列排列的最大值。

(2) 语法：MAX([ALL|DISTINCT]expression)

(3) 参数说明：同函数 AVG 的参数说明。

(4) 返回值类型：与表达式类型相同。

例 4-14 查询 AdventureWorks 数据库的 Production. Product 表中所有产品的最高销售价格(ListPrice)。

```
USE AdventureWorks
Go
SELECT MAX(ListPrice)
FROM Production.Product
```

查询结果如图 4-23 所示。

4. MIN

(1) 功能：返回表达式的最小值(忽略任何空值)。对于字符列，MIN 查找按排序序列排列的最低值。

(2) 语法：MIN ([ALL|DISTINCT] expression)

(3) 参数说明：同函数 AVG 的参数说明。

(4) 返回值类型：与表达式类型相同。

例 4-15 查询 AdventureWorks 数据库的 Production. Product 表中所有产品的最低销售价格(ListPrice)。

```
USE AdventureWorks
Go
SELECT MIN(ListPrice)
FROM Production.Product
```

查询结果如图 4-24 所示。

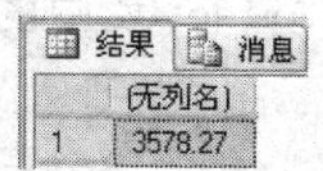

图 4-23 例 4-14 查询结果

图 4-24 例 4-15 的查询结果

5. SUM

(1) 功能：返回表达式中所有值的和或仅非重复值的和(忽略任何空值)。SUM 只能用于数字列。

(2) 语法：SUM([ALL|DISTINCT] expression)

（3）参数说明：同函数 AVG 的参数说明。

（4）返回值类型：以最精确的表达式数据类型返回所有表达式值的和。

例 4-16　查询 AdventureWorks 数据库的 Production. Product 表中所有产品的销售价格(ListPrice)总和。

```
USE AdventureWorks
Go
SELECT SUM(ListPrice)
FROM Production.Product
```

查询结果如图 4-25 所示。

4.5.2　日期和时间函数

日期和时间函数可用于日期和时间的值。下面分别介绍几种常用的日期和时间函数。

1. GETDATE

（1）功能：返回以 SQL Server 内部格式表示的当前日期和时间。

（2）语法：GETDATE()

（3）返回值类型：datetime。

例 4-17　查询当前的系统日期和时间。

```
SELECT GETDATE()
```

执行结果如图 4-26 所示。

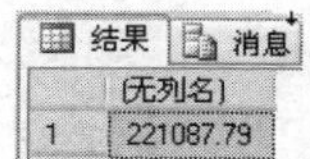

图 4-25　例 4-16 的查询结果

图 4-26　例 4-17 的执行结果

2. DATEADD

（1）功能：返回指定日期加上一个时间间隔后的新值。

（2）语法：DATEADD(datepart,number,date)

（3）参数说明：

- datepart：指定要返回新值的日期的组成部分。表 4-8 列出了 SQL Server 2008 可识别的日期部分及其缩写。

表 4-8　SQL Server 2008 可识别的日期部分及其缩写

日期部分	缩　写	说　明	日期部分	缩　写	说　明
year	yy，yyyy	年	weekday	dw，w	天(一周中的第 *n* 天)
quarter	qq，q	季度	week	wk，ww	周
month	mm，m	月	hour	hh	小时
dayofyear	dy，y	天(一年中的第 *n* 天)	minute	mi，n	分钟
day	dd，d	天(一月中的第 *n* 天)	second	ss，s	秒

- number：是用于与 datepart 相加的值。如果指定了非整数值，则将舍弃该值的小数部分，不进行舍入。
- date：用于返回 datetime 或 smalldatetime 值或日期格式的字符串。

(4) 返回值类型：返回数据类型为 date 参数的数据类型，字符串文字除外。字符串文字的返回数据类型为 datetime。

例 4-18 计算 2010 年 3 月 20 日加上 18 天后的日期。

```
SELECT DATEADD(day,18,'2010/3/20')
```

执行结果如图 4-27 所示。

图 4-27 例 4-18 的执行结果

3. DATEDIFF

(1) 功能：返回跨两个指定日期的日期边界数和时间边界数。

(2) 语法：DATEDIFF(datepart,startdate,enddate)

(3) 参数说明：

- datepart：指定要返回新值的日期的组成部分。取值如表 4-8 所示。
- startdate：计算的开始日期，是返回 datetime 或 smalldatetime 值或日期格式字符串的表达式。
- enddate：计算的结束日期，是返回 datetime 或 smalldatetime 值或日期格式字符串的表达式。

(4) 返回值类型：int。

例 4-19 计算 2010 年 3 月 20 日至 2010 年 10 月 1 日之间的天数。

```
SELECT DATEDIFF(day,'2010/3/20','2010/10/1')
```

执行结果如图 4-28 所示。

4. DATENAME

(1) 功能：返回表示指定日期的指定日期部分的字符串。

(2) 语法：DATENAME(datepart,date)

(3) 参数说明：

- datepart：指定要返回的日期部分，取值如表 4-8 所示。
- date：是返回 datetime 或 smalldatetime 值或日期格式字符串的表达式。

(4) 返回值类型：nvarchar。

例 4-20 查询当前系统日期中的年份。

```
SELECT DATENAME(year,GETDATE())
```

执行结果如图 4-29 所示。

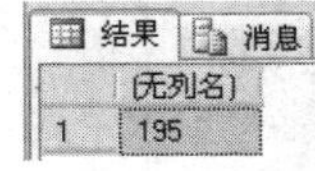

图 4-28 例 4-19 的执行结果

图 4-29 例 4-20 的执行结果

5. DATEPART

（1）功能：返回表示指定日期的指定日期部分的整数。

（2）语法：DATEPART(datepart,date)

（3）参数说明：

- datepart：指定要返回的日期部分，取值如表 4-8 所示。
- date：是返回 datetime 或 smalldatetime 值或日期格式字符串的表达式。

（4）返回值类型：int。

例 4-21 查询当前系统日期中的月份。

```
SELECT DATEPART(month,GETDATE())
```

图 4-30 例 4-21 的执行结果

执行结果如图 4-30 所示。

日期函数中还有 DAY(date)、MONTH(date)和 YEAR(date)函数，它们分别与 DATEPART(month,date)、DATEPART(year,date)和 DATEPART(day,date)函数等价。

例 4-21 还可以用如下代码实现：

```
SELECT MONTH(GETDATE())
```

4.5.3 字符串函数

字符串函数用于对字符和二进制字符串进行各种操作。大多数字符串函数只能用于 char、nchar、varchar 和 nvarchar 数据类型，或隐式转换为上述数据类型的数据类型。某些字符串函数还可用于 binary 和 varbinary 数据。下面介绍常用的字符串函数。

1. CHARINDEX

（1）功能：在字符串表达式 expression2 中搜索 expression1 出现时的字符位置并返回。如果在 expression2 内找不到 expression1，则返回 0。

（2）语法：CHARINDEX(expression1,expression2[,start_location])

（3）参数说明：

- expression1：包含要查找的序列的字符表达式。
- expression2：要搜索的字符表达式。
- start_location：表示搜索起始位置的整数或 bigint 表达式。如果未指定 start_location，或者 start_location 为负数或 0，则将从 expression2 的开头开始搜索。

（4）返回值类型：如果 expression2 的数据类型为 varchar(max)、nvarchar(max)或 varbinary(max)，则为 bigint，否则为 int。

例 4-22 查询字符串“ghe”在字符串“abieghed”中的起始位置。

```
SELECT CHARINDEX('ghe','abieghed')
```

执行结果如图 4-31 所示。

例 4-23 查询字符串“ghe”在字符串“aghebieghed”中的起始位置。

```
SELECT CHARINDEX('ghe','aghebieghed')
```

执行结果如图 4-32 所示。

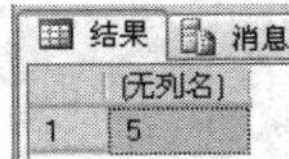

图 4-31　例 4-22 的执行结果

图 4-32　例 4-23 的执行结果

例 4-24　从字符串“aghebieghed”第 4 个位置开始查询字符串“ghe”的起始位置。

```
SELECT CHARINDEX('ghe','aghebieghed',4)
```

执行结果如图 4-33 所示。

例 4-25　从字符串“aghebieghed”第 9 个位置开始查询字符串“ghe”的起始位置。

```
SELECT CHARINDEX('ghe','aghebieghed',9)
```

执行结果如图 4-34 所示。

图 4-33　例 4-24 的执行结果

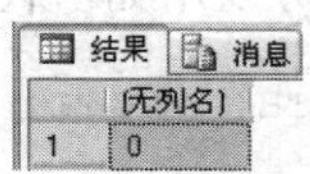

图 4-34　例 4-25 的执行结果

2. LEFT

(1) 功能：返回字符串中从左边开始指定个数的字符，字符串左边的空格也属于有效字符。

(2) 语法：LEFT(character_expression, integer_expression)

(3) 参数说明：

- character_expression：字符或二进制数据表达式。
- integer_expression：正整数，指定 character_expression 将返回的字符数。

(4) 返回值类型：当 character_expression 为非 Unicode 字符数据类型时，返回 varchar；当 character_expression 为 Unicode 字符数据类型时，返回 nvarchar。

例 4-26　使用 LEFT 函数返回姓名为“张海洋”的人的姓。

```
SELECT LEFT('张海洋',1)
```

执行结果如图 4-35 所示。

图 4-35　例 4-26 的执行结果

3. RIGHT

(1) 功能：返回字符串中从右边开始指定个数的字符，字符串右边的空格也属于有效字符。

(2) 语法：RIGHT(character_expression,integer_expression)

(3) 参数说明：

- character_expression：字符或二进制数据表达式。
- integer_expression：正整数，指定 character_expression 将返回的字符数。

(4) 返回值类型：当 character_expression 为非 Unicode 字符数据类型时，返回 varchar；当 character_expression 为 Unicode 字符数据类型时，返回 nvarchar。

例 4-27　返回字符串“中华人民共和国”的最后 3 个字符。

```
SELECT RIGHT('中华人民共和国',3)
```

执行结果如图 4-36 所示。

说明：如果字符串的末尾有一个空格，也属于有效字符。请看下面的代码：

```
SELECT RIGHT('中华人民共和国  ',3)
```

其执行结果如图 4-37 所示。

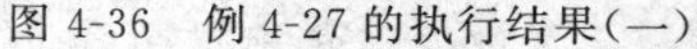

图 4-36　例 4-27 的执行结果(一)

图 4-37　例 4-27 的执行结果(二)

4. LEN

(1) 功能：返回指定字符串表达式的字符数，其中不包含尾随空格。

(2) 语法：LEN(string_expression)

(3) 参数说明：

- string_expression：要计算其字符数的字符串。

(4) 返回值类型：如果 expression 的数据类型为 varchar(max)、nvarchar(max)或 varbinary(max)，则为 bigint；否则为 int。

例 4-28　返回字符串“中华人民共和国”的字符数。

```
SELECT LEN('中华人民共和国')
```

执行结果如图 4-38 所示。

图 4-38　例 4-28 的执行结果

5. SUBSTRING

(1) 功能：返回字符、二进制字符串或文本字符串的一部分。

(2) 语法：SUBSTRING(value_expression,start_expression,length_expression)

(3) 参数说明：

- value_expression：字符或二进制字符串、列名称或包含列名称的字符串值表达式，不可使用包含聚合函数的表达式。
- start_expression：字符串的开始位置。
- length_expression：返回字符串的长度。

(4) 返回值类型：如果 expression 是受支持的字符数据类型，则返回字符数据。如果 expression 是支持的 binary 数据类型中的一种数据类型，则返回二进制数据。

例 4-29　返回字符串“北京信息科技大学”的从第 5 个字符开始长度为 2 的字符子串。

```
SELECT SUBSTRING('北京信息科技大学',5,2)
```

执行结果如图 4-39 所示。

例 4-30 假设银行代码的第 2 位代表银行名称(其中,1 表示工商银行,2 表示交通银行,3 表示建设银行),请使用函数 SUBSTRING 确定银行代码为"B1210"的银行名称。

```
SELECT CASE SUBSTRING('B1210',2,1)
        WHEN 1 THEN '工商银行'
        WHEN 2 THEN '交通银行'
        WHEN 3 THEN '建设银行'
    END
```

执行结果如图 4-40 所示。

图 4-39 例 4-29 的执行结果

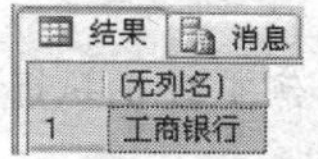

图 4-40 例 4-30 的执行结果

6. LTRIM

(1) 功能:返回删除了前导空格之后的字符表达式。

(2) 语法:LTRIM(character_expression)

(3) 参数说明:

• character_expression:字符数据或二进制数据的表达式。

(4) 返回值类型:varchar 或 nvarchar。

例 4-31 删除字符串的前导空格。

```
DECLARE @str varchar(60)
SET @str='     本字符串前面有五个空格。'
SELECT '删除前导空格的字符串:' +LTRIM(@str)
```

图 4-41 例 4-31 的执行结果

执行结果如图 4-41 所示。

7. RTRIM

(1) 功能:截断所有尾随空格后返回一个字符串。

(2) 语法:RTRIM(character_expression)

(3) 参数说明:

• character_expression:字符数据或二进制数据的表达式。

(4) 返回值类型:varchar 或 nvarchar。

例 4-32 删除字符串的尾随空格。

```
DECLARE @str varchar(60)
SET @str='本字符串后面有四个空格    '
SELECT @str+',未删除。'
SELECT RTRIM(@str)+',已经删除。'
```

执行结果如图 4-42 所示。

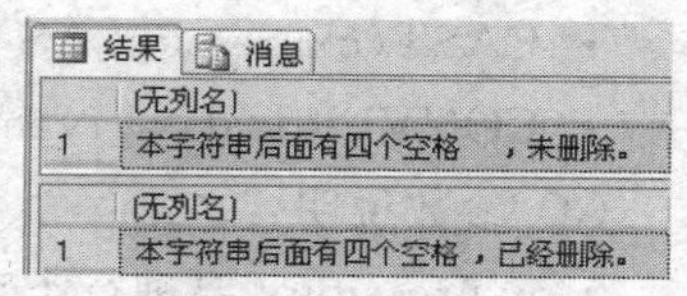
图 4-42　例 4-32 的执行结果

8. REPLACE

(1) 功能：用另一个字符串值替换出现的所有指定字符串值。

(2) 语法：REPLACE(string_expression1,string_expression2,string_expression3)

(3) 参数说明：

- string_expression1：要搜索的字符串表达式，string_expression1 可以是字符或二进制数据类型。
- string_expression2：要查找的字符串，即要被替换掉的字符串。string_expression2 可以是字符或二进制数据类型。
- string_expression3：用来做替换的字符串。string_expression3 可以是字符或二进制数据类型。

(4) 返回值类型：如果其中的一个输入参数数据类型为 nvarchar，则返回 nvarchar；否则 REPLACE 返回 varchar。

例 4-33　使用********替换"我的口令为：123456"中的字符串"123456"。

```
SELECT REPLACE('我的口令为：123456','123456','********')
```

执行结果如图 4-43 所示。

例 4-34　删除字符串中的所有空格。

```
SELECT REPLACE('adfd dfaf df dfd ',' ','')+'.'
```

执行结果如图 4-44 所示。

图 4-43　例 4-33 的执行结果

图 4-44　例 4-34 的执行结果

4.5.4　类型转换函数

在同时处理不同数据类型的值时，T-SQL Server 一般会自动进行隐式类型转换。这对于数据类型相近的数值(如 int 和 float)是有效的，但是对于其他数据类型(如整型和字符型数据)，隐式转换就无法实现了，此时必须使用显示转换。为了实现这种转换，T-SQL提供了两个显示转换的函数，分别是 CAST 函数和 CONVERT 函数。

CAST 和 CONVERT

(1) 功能：CAST 函数和 CONVERT 函数的功能相同，都是将一种数据类型的表达式转换为另一种数据类型的表达式。

(2) 语法：CAST 函数和 CONVERT 函数的语法格式不相同。

- CAST(expression AS data_type)
- CONVERT(data_type,expression)

(3) 参数说明:

- expression: 要进行类型转换的表达式。
- data_type: 要转换成的数据类型。

(4) 返回值类型: 由 data_type 决定。

例 4-35 计算两个整数之和。

```
DECLARE @a INT,@b INT,@c INT
SET @a=3
SET @b=5
SET @c=@a+@b
PRINT 'a+b='+CAST(@c AS char(1))
```

执行结果如图 4-45 所示。

说明: 上面第五行代码中的"+"是字符串连接符。第五行代码不可以写成:

```
PRINT 'a+b='+@C
```

否则,在执行时系统就会报错,如图 4-46 所示。

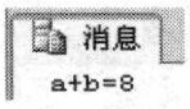

消息
a+b=8

图 4-45 例 4-35 的执行结果(一)

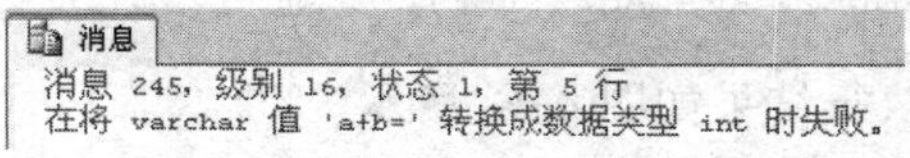

消息
消息 245, 级别 16, 状态 1, 第 5 行
在将 varchar 值 'a+b=' 转换成数据类型 int 时失败。

图 4-46 例 4-35 的执行结果(二)

这是因为在 T-SQL 语言中,系统不会自动把数值类型转换成字符串类型,所以必须通过 CAST 函数或 CONVERT 函数进行强制转换。

4.5.5 其他函数类型

以上列举的都是 SQL Server 最常用的函数,SQL Server 本身还包含很多函数,这里不再一一详解。下面将这些函数的类型列出,需要使用的时候可以参阅相关书籍和 SQL Server 2008 联机手册。

(1) 数学函数: 执行三角、几何和其他数字运算并返回运算结果,对系统提供的数字数据进行运算。

(2) 加密函数: 支持加密、解密、数字签名和数字签名验证。

(3) 游标函数: 返回有关游标状态的信息。

(4) 元数据函数: 返回数据库和数据库对象的属性信息。

(5) 排名函数: 是一种非确定性函数,可以返回分区中每一行的排名值。

(6) 行集函数: 在 T-SQL 语句中可以引用表的位置,使用行集函数可以起到一个表的作用。

(7) 安全函数: 返回有关用户和角色的信息。

(8) 系统函数：对系统级的各种选项和对象进行操作或报告。

(9) 系统统计函数：返回 SQL Server 性能的信息。

(10) 文本和图像函数：可更改 text 和 image 的信息。

习题

1. SQL 的全称是什么？SQL 语言的特点有哪些？

2. 数据类型 Numeric(10,4)中的 10 和 4 分别代表什么含义？

3. char(20)与 nchar(20)的区别是什么？它们各能存放多少个字符？占用多少空间？

4. varchar(20)与 nvarchar(20)的区别是什么？它们各能存放多少个字符？占用多少空间？

5. T-SQL 脚本中的语句批的结束标记是什么？

6. 分隔标识符的作用是什么？

7. 声明一个字符串型的局部变量，并对其赋初值"Hello"，然后显示出此值。

8. 下面语句正确的是________。

A.

```
IF @x>@y
    PRINT '@x>@y'
    SET @x=0
ELSE
    PRINT '@x<=@y
```

B.

```
IF @x>@y
  BEGIN
    PRINT '@x>@y'
    SET @x=0
  END
ELSE
    PRINT '@x<=@y'
```

C.

```
IF @x>@y THEN
  BEGIN
    PRINT '@x>@y'
    SET @x=0
  END
ELSE
    PRINT '@x<=@y'
```

D.

```
IF @x>@y THEN
  BEGIN
    PRINT '@x>@y'
    SET @x=0
  END
ELSE
    PRINT '@x<=@y'
END IF
```

9. 用 T-SQL 语句实现如下功能：声明两个整型的局部变量@x 和@y，对@x 赋初值 25，@y 的值为@x 除以 5，再依次显示@x 和@y 的结果值。

10. 用循环语句计算 1000-1-2-3-4-…-30 的结果。

11. 用 CASE 语句实现下述功能：

(1) 声明变量@i 为整型，@s 为统一字符编码定长字符型，长度为 2，为@i 赋初值 10，分情况给@s 赋值：

当@i=1 时，@s 为"红色"；

当@i=3，@s 为"黄色"；

当@i=5，@s 为"蓝色"；

其他：@s 为"未知"。

(2) 声明变量@Salary，类型为 int，为@Salary 赋值为 5 000，声明变量@Level，类型为普通字符编码定长字符型，长度为 1，分情况为@Level 赋值：

当@Salary 大于 10 000 时，@Level 为"高"；

当@Salary 在 5 000 到 10 000 之间时,@Level 为"中";

当@Salary 在 2 000 到 4 999 之间时,@Level 为"低";

否则,@Level 为"极低"。

12. 为什么需要创建用户自定义数据类型?请创建一个用户自定义数据类型:数据类型名为 my_type,类型为 nvarchar(8)。

13. 列举 AdventureWorks 数据库中用到的用户自定义数据类型。

14. 请使用内置函数完成如下查询要求:

(1) 显示当前日期;

(2) 计算当前日期 50 天以后的日期和当前日期 50 天以前的日期;

(3) 计算距离明年元旦的天数、月份数及年数;

(4) 用函数求"北京信息科技大学"字符串中从 5 开始,长度为 2 的子串;

(5) 计算字符串"北京信息工程学院"的长度,并写出用"科技大学"替换"工程学院"的函数;

(6) 用函数分别计算"北京信息科技大学"和"abieghed"字符串中字符的个数;

(7) 用函数分别得到字符串"北京信息科技大学"中左边 2 个和右边 4 个字符组成的字符串;

(8) 用函数找出"李有毅"的姓氏;

(9) 将数字 14634.53678 转换为整数部分 5 位,小数部分 2 位的定点小数类型。

15. CHARINDEX('BCD','ABCDEFGBCDH',4)函数的返回值是什么?

第 5 章　表的创建与管理

在 SQL Server 中，表是最重要的数据库对象。存储在数据库中的所有数据(包括系统数据)都存储在数据库的表中。尽管用户可以通过视图、函数或存储过程获取数据，但是那些对象都是基于表形成的。本章主要讲述表的创建与管理、数据完整性约束的概念及其实现方法，最后简单介绍索引的管理。

5.1　表概述

表即关系，是数据库中最基本、最重要的对象。

SQL Server 中的表分为三类：系统表、用户自定义表和临时表。

(1) 系统表是 SQL Server 数据库引擎使用的表。系统表中存储了定义服务器配置及其所有表的数据。系统表的格式取决于 SQL Server 内部体系结构的要求。系统表不允许用户进行修改，但会随着 SQL Server 版本的不同而不同。系统表的使用与普通表的使用类似。不过，由于 SQL Server 2008 是用只读视图实现的系统表，所以用户不能对其进行删除、添加等操作。除非通过专用的管理员连接(DAC)，否则无法直接查询或更新系统表。

(2) 用户自定义表是指用户创建的表，用户自定义表是 SQL Server 中最常见的表。通常，该类表中的字段包含了用户所需的数据格式，而表中记录的是用户的数据。用户可以根据所拥有的权限创建、修改和删除用户自定义表。用户自定义表的创建与管理是本章的介绍重点。

(3) 临时表存储在 tempdb 而不是用户的数据库中。与用户自定义表不同的是，临时表会在用户不再使用时，自动被 SQL Server 删除。在 SQL Server 2008 中，临时表有两种类型，即本地临时表和全局临时表。

- 本地临时表：在 SQL Server 中，创建本地临时表与创建普通表相同。不过本地临时表的名称以“#”开头。对于创建本地临时表的用户来说，本地临时表是可见的，而其他用户却不能访问和使用该本地临时表；当用户从 SQL Server 实例断开连接时，所创建的本地临时表也将被 SQL Server 删除。
- 全局临时表：在 SQL Server 中，创建全局临时表与创建普通表相同。不过全局临时表的名称以“##”开头。全局临时表对所有连接的用户都是可见的，而不像本地临时表那样仅对表的创建者可见；只有使用该全局临时表的所有用户都断开连接时，SQL Server 才能自动删除该全局临时表。可见，全局临时表与本地临时表的区别在于本地临时表只与创建该表的用户相关，而全局临时表却与使用该表的所有用户有关，这也是全局的意义所在。

5.2 创建表

创建完数据库之后,就可以开始创建表。关系数据库的表是二维表,包含行和列。创建表就是定义表中的结构,包括列的名称、数据类型和约束等。

列的名称是人们为列取的名字,SQL Server中支持中文和英文名。一般为了便于记忆,最好取有意义的名字,比如“银行代码”或者“BNO”。列的数据类型说明了列的可取值范围,这些数据类型可以是系统数据类型,也可以是用户自己定义的数据类型。列的约束进一步限制列的取值范围,这些约束包括:

- 主关键字约束:限制列的取值非空、不重复;
- 外部关键字约束:限制列的取值受其他列的取值范围约束;
- 取值范围约束:限制列的取值必须是有意义的,例如,性别只能是“男”或者“女”,年龄必须大于0而小于200等;
- 列取值是否允许为空;
- 列取值是否有默认值;
- 列取值是否唯一。

在SQL Server 2008中,创建表有三种方式:第一种是使用SQL Server Management Studio创建表;第二种是使用模板创建表;第三种是使用T-SQL语句创建表。

本章使用在第3章中创建的LoanDB数据库,并在此数据库中创建三张表:银行表(BankT)、法人表(LegalEntityT)和贷款表(LoanT)。这三张关系表是由如图1-15所示的实体联系模型转换过来的。银行表用于保存银行的基本信息,法人表用于保存法人的基本信息,贷款表用于保存法人在银行的贷款情况。表5-1、表5-2和表5-3分别列出了这三张表的基本结构说明。

表5-1 银行表(BankT)表结构

列 名	数 据 类 型	约 束	说 明
Bno	普通字符编码定长字符型,长度为5	主关键字	银行代码
Bname	统一字符编码可变长字符型,最大长度为10	非空	银行名称
Btel	普通字符编码定长字符型,长度为8		电话

表5-2 法人表(LegalEntityT)表结构

列 名	数 据 类 型	约 束	说 明
Eno	普通字符编码定长字符型,长度为3	主关键字	法人代码
Ename	统一字符编码可变长字符型,最大长度为15		法人名称
Enature	统一字符编码定长字符型,长度为2		经济性质
Ecapital	整型		注册资金,单位为万元
Erep	统一字符编码定长字符型,长度为4		法定代表人

表 5-3　贷款表(LoanT)表结构

列　名	数　据　类　型	约　束	说　明
Eno	普通字符编码定长字符型,长度为 3	主关键字	法人代码
Bno	普通字符编码定长字符型,长度为 5	主关键字	银行代码
Ldate	小日期时间类型	主关键字	贷款日期
Lamount	整型		贷款金额,单位为万元
Lterm	小整型		贷款期限,单位为年

5.2.1　使用 SQL Server Management Studio 创建表

在 SQL Server Management Studio 中创建表其实就是使用表设计器创建表。具体步骤如下：

(1) 启动 SQL Server Management Studio。如图 5-1 所示,在对象资源管理器中选择【LoanDB】数据库,右击【表】节点,在弹出的快捷菜单中选择【新建表】命令,即可打开如图 5-2 所示的表设计器窗格,这是创建表的主要环境。

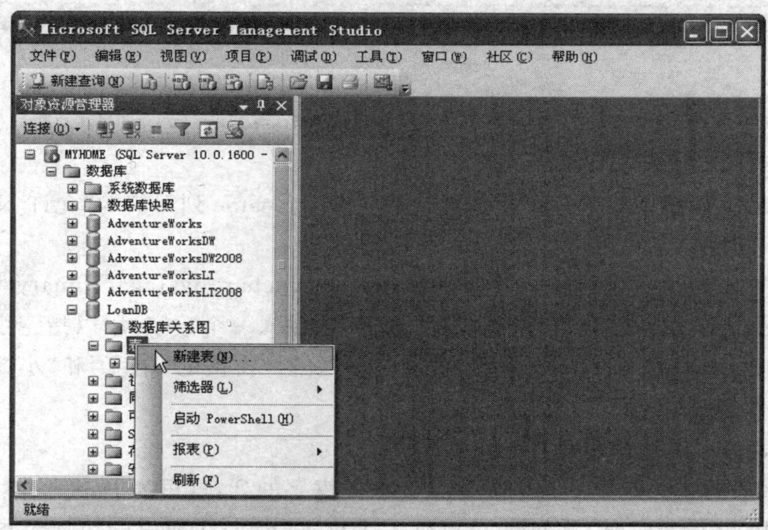

图 5-1　新建表

(2) 首先创建 BankT 表。在表设计器中定义表的结构,针对每个字段进行如下设置。

- 在“列名”中输入字段的名称。在同一个表中,字段名必须是唯一的。字段名中可以包含空格,系统会自动将包含空格的字段名加上分隔标识符。
- 在“数据类型”中选择字段的数据类型。可以选择系统提供的数据类型,也可以使用用户定义的数据类型。如果此数据库中有用户定义的数据类型,则这些数据类型会自动列在下拉列表框中。例如,4.2.2.1 节创建的用户定义数据类型 Type_Tel 就会出现在下拉列表框中。
- 指定字段是否允许为空。如果允许为空,就选中“允许 NULL 值”复选框,否则不选,默认是选中。

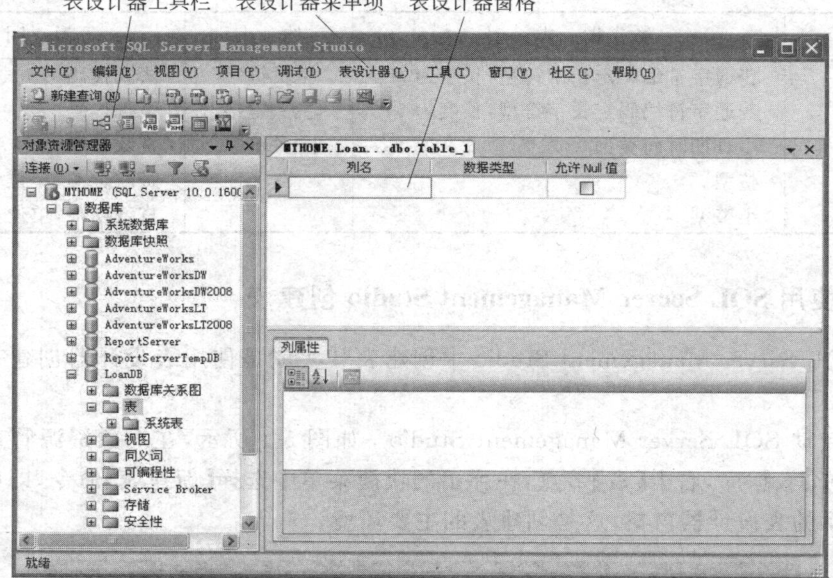

图 5-2　表设计器

注意：这里的空值(或 NULL 值)与零(0)或空白并不相同，NULL 表示没有输入内容。它的出现通常意味着相应的值未知或未定义。

由于 BankT 表的 Bname 列非空，所以不要选中 Bname 列对应的“允许 NULL 值”复选框。

- 指定字段的长度或精度。对于 char、varchar、nchar、nvarchar、binary 和 varbinary 等数据类型，要在“列属性”窗格的“长度”项输入一个数字，用以指定字段的长度；对于 decimal 和 numeric 类型，还应在“列属性”窗格的“精度”和“小数位数”项输入具体的值。

BankT 表各字段的初步设置结果如图 5-3 所示。

(3) 定义表的主关键字。选中要定义为主关键字的列，这里为 Bno 列，然后单击表设计器工具栏上的【设置主键】按钮。也可右击该列，然后在弹出的快捷菜单中选择【设置主键】命令，如图 5-4 所示。设置好主关键字之后，会在列名的左边出现一把钥匙标记，表示主关键字创建完成。注意：如果是定义由多个属性组成的主关键字，则按住 shift 或 ctrl 键不放依次单击主关键字中的所有属性，当这些属性被同时选中后再单击【设置主键】按钮即可。

(4) 单击工具栏上【保存】按钮，在如图 5-5 所示的【选择名称】对话框中输入表名称：BankT。然后，单击【确定】按钮保存表的定义。

(5) 用同样的方法依次创建“LegalEntityT”表和“LoanT”表。注意：由于 LoanT 表存在两个外部关键字 Bno 和 Eno，它们分别引用 BankT 表和 LegalEntityT 表，所以由参照完整性约束可知，LoanT 表必须在 BankT 表和 LegalEntityT 表都创建之后才能创建。当然，BankT 表和 LegalEntityT 表的创建顺序可以颠倒。

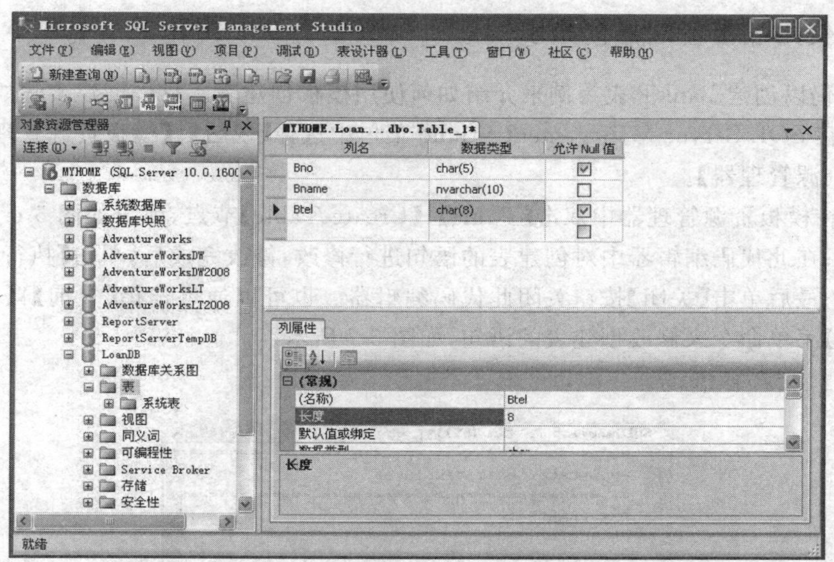

图 5-3　BankT 表各字段的初步设置

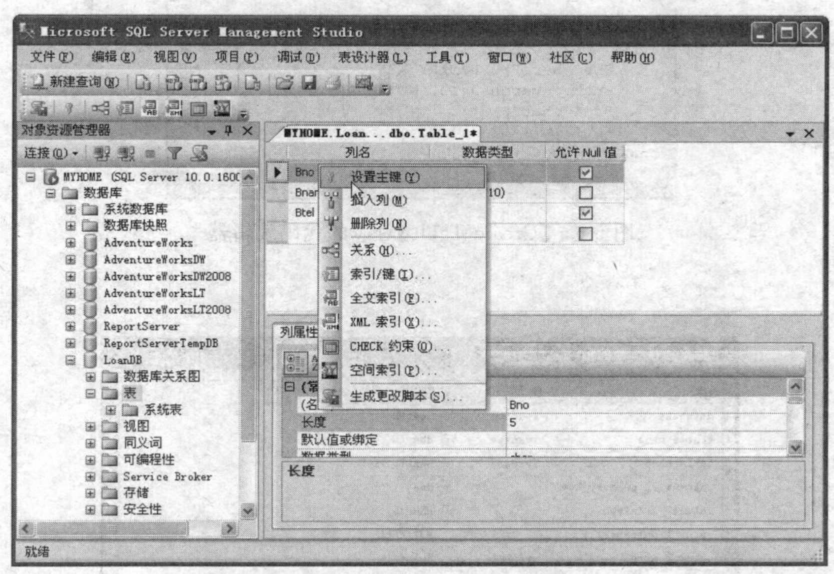

图 5-4　设置主键

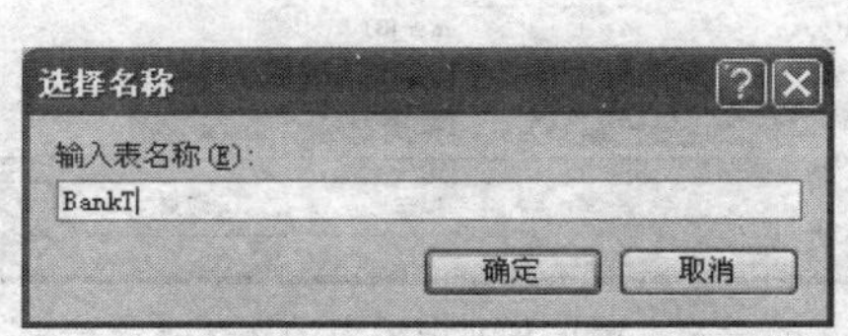

图 5-5　【选择名称】对话框

5.2.2　使用模板管理器创建表

下面仍以创建 BankT 表为例来介绍如何使用模板创建表。具体创建步骤如下：

(1) 在 SQL Server Management Studio 菜单中选择【视图】|【模板资源管理器】以打开【模板资源管理器】。

(2) 在模板资源管理器中双击【Table】|【Create Table】节点，弹出如图 5-6 所示的代码编辑器；在此代码编辑器中对创建表的语句进行修改，修改完成后，单击【执行】按钮，即可创建表；最后单击【关闭】按钮关闭此代码编辑器。也可以通过选择【查询】|【指定模板参数的值】菜单命令来修改创建表的语句，如图 5-7 所示。

```
SQLQuery1.s...  (SA (55))*
-- ==========================================
-- Create table template
-- ==========================================
USE LoanDB
GO

IF OBJECT_ID('dbo.BankT', 'U') IS NOT NULL
  DROP TABLE dbo.BankT
GO

CREATE TABLE dbo.BankT
(
  Bno char(5) PRIMARY KEY,
  Bname nvarchar(10) NOT NULL,
  Btel char(8)
 )
GO
```

图 5-6　【Create Table】对应的代码编辑器

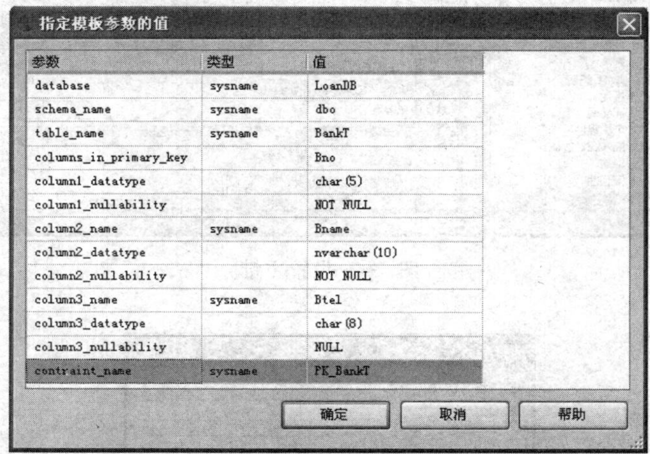

指定模板参数的值

参数	类型	值
database	sysname	LoanDB
schema_name	sysname	dbo
table_name	sysname	BankT
columns_in_primary_key		Bno
column1_datatype		char(5)
column1_nullability		NOT NULL
column2_name	sysname	Bname
column2_datatype		nvarchar(10)
column2_nullability		NOT NULL
column3_name	sysname	Btel
column3_datatype		char(8)
column3_nullability		NULL
contraint_name	sysname	PK_BankT

确定　取消　帮助

图 5-7　【指定模板参数的值】对话框

5.2.3　使用 T-SQL 语句创建表

创建表的 T-SQL 语句的一般格式是：

```
CREATE TABLE <表名>
(<列名><数据类型>[<列级完整性约束>]
[,<列名><数据类型>[<列级完整性约束>]] [,...n]
[ ,<表级完整性约束>][,...n])
```

其中：

- <表名>是指要创建的基本表的名称，最多可以包含 128 个字符。如果某个表名包含空格，则应运用分隔标识符将其括起来。
- <列名>必须遵循有关标识符的规则，而且在表中必须是唯一的。列名最多可包含 128 个字符。如果某个列名包含空格，则应运用分隔标识符将其括起来。
- <数据类型>为列指定数据类型及数据大小。数据类型可以是系统提供的数据类型，也可以是用户定义的数据类型。
- <列级完整性约束>是指定义在当前列之后的完整性约束。
- <表级完整性约束>是指定义在所有列之后的完整性约束。如果完整性约束条件涉及该表的多个属性列，则必须定义在表级上，否则既可以定义在列级也可以定义在表级。详见 5.4 节。

使用 T-SQL 语句创建 BankT(银行表)、LegalEntityT(法人表)和 LoanT(贷款表)的代码如下：

```
USE LoanDB                        --指定数据库
GO

--创建银行表
CREATE TABLE BankT(
Bno char(5) PRIMARY KEY,          --使用列级约束定义主关键字,也可以使用表级约束定义
Bname nvarchar(10) NOT NULL,      --非空
Btel char(8)
)
GO

--创建法人表
CREATE TABLE LegalEntityT(
Eno char(3),
Ename nvarchar(15),
Enature nchar(2),
Ecapital int,
Erep nchar(4),
PRIMARY KEY(Eno)                  --使用表级约束定义主关键字,也可以使用列级约束定义
)
GO

--创建贷款表
CREATE TABLE LoanT(
```

```
Eno char(3),
Bno char(5),
Ldate smalldatetime,
Lamount int,
Lterm smallint,
PRIMARY KEY(Eno,Bno,Ldate)    --对多列做主关键字的情况只能用表级约束定义
)
GO
```

本节我们只创建三张表的基本结构,在5.4节介绍完整性约束之后,再给出创建这三张表的完整语句。

创建表成功后,在SQL Server Management Studio里展开【LoanDB】数据库,单击【表】节点,可以看到新创建的三张表,如图5-8所示。如果没有,右击【表】节点,在弹出的快捷菜单中选择【刷新】命令,即可看到新创建的表。

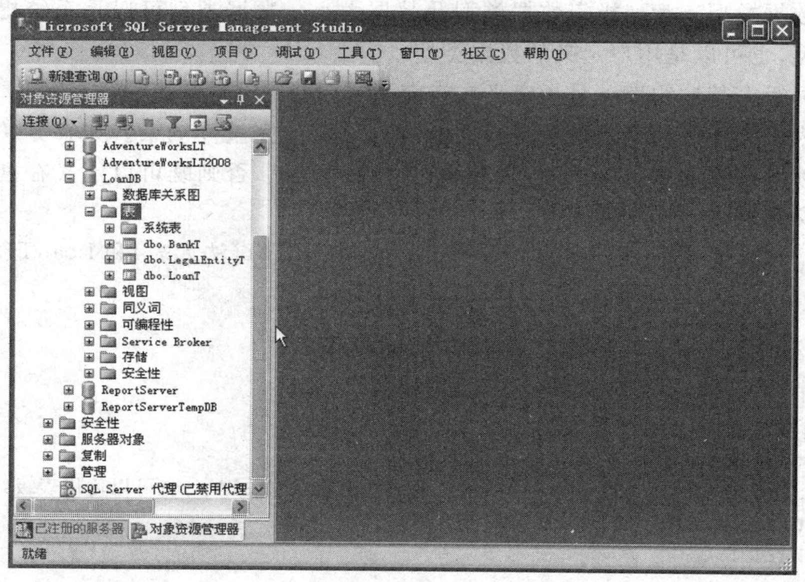

图5-8 查看已建立的表

5.3 管理表

管理表包括修改表结构、删除表和重命名表等。

5.3.1 修改表结构

创建完表之后,还可以对表的结构进行修改。例如,为表添加或删除列、修改列的定义、添加或删除完整性约束等。

修改表结构可以在SQL Server Management Studio中实现,也可以通过T-SQL语句实现。

5.3.1.1 使用 SQL Server Management Studio 修改表结构

在 SQL Server Management Studio 中修改表结构步骤如下。

(1) 在 SQL Server Management Studio 的对象资源管理器中,展开包含要修改表的数据库,在【表】节点上单击,然后右击要修改结构的表名,在弹出的快捷菜单中选择【设计】命令。这时弹出的窗口与定义表的窗口非常类似。

(2) 在此窗口中进行表结构的修改,包括:

- 添加新列:可在列定义的最后添加新列,也可以在列的中间插入新列;方法是在要插入新列的列上右击,然后在弹出的快捷菜单中选择【插入列】命令,这时会在此列前空出一列,用户可在此定义新插入的列。
- 删除已有列:选中要删除的列,然后右击该列,在弹出的快捷菜单中选择【删除列】命令,即可删除此列。
- 修改已有列的数据类型或长度:只需要在【数据类型】项上选中一个新的类型或者在【列属性】窗格的【长度】项输入一个新的长度。
- 添加约束:详见 5.4 节。

(3) 修改完毕后,单击表设计器工具栏上的【保存】按钮,保存对表的修改。

5.3.1.2 使用 T-SQL 语句修改表结构

修改表结构的 T-SQL 语句的一般格式为

```
ALTER TABLE<表名>
  ADD<列名><数据类型>[<列级完整性约束>] |                --添加新列
  ADD<表级完整性约束>|                                  --添加约束
  DROP COLUMN<列名>|                                    --删除列
  DROP<完整性约束名>|                                   --删除约束
  ALTER COLUMN<列名><数据类型>[<列级完整性约束>]         --修改列
```

其中:

- ADD:添加新列或表级完整性约束。
- DROP:删除指定的完整性约束或指定的列。
- ALTER COLUMN:修改已有列的定义,但是只能修改为兼容数据类型或重新定义是否为空值。

例 5-1 为银行表(BankT)添加"银行地址"列,此列的定义为 Badd nvarchar(50)。

```
ALTER TABLE BankT
  ADD Badd nvarchar (50)
```

例 5-2 将"银行地址"列(Badd)的数据类型改为 nvarchar(60)。

```
ALTER TABLE BankT
  ALTER COLUMN Badd nvarchar(60)
```

例 5-3 删除银行表(BankT)中的"银行地址"列(Badd)。

```
ALTER TABLE BankT
  DROP COLUMN Badd
```

5.3.2 删除表

当确信不再需要某个表时,可以将其删除,删除表时会将与表有关的所有对象一起删掉。删除表可以在 SQL Server Management Studio 中实现,也可以通过 T-SQL 语句实现。删除表时要注意有外部关键字参照关系的表的删除过程和顺序。删除表时必须先删除有外部关键字的参照表,然后再删除被参照表。例如,如果要删除 LoanDB 数据库中的三张表,首先必须删除 LoanT,然后再删除 BankT 和 LegalEntityT(BankT 和 LegalEntityT 的删除顺序可以颠倒)。

5.3.2.1 使用 SQL Server Management Studio 删除表

下面以删除 LoanT 表为例介绍使用 SQL Server Management Studio 删除表的方法。具体步骤如下:

(1) 在 SQL Server Management Studio 的对象资源管理器中选择要删除的表,这里选择 LoanT,如图 5-9 所示,右击该表,再从快捷菜单中选择【删除】命令,弹出如图 5-10 所示的【删除对象】对话框。

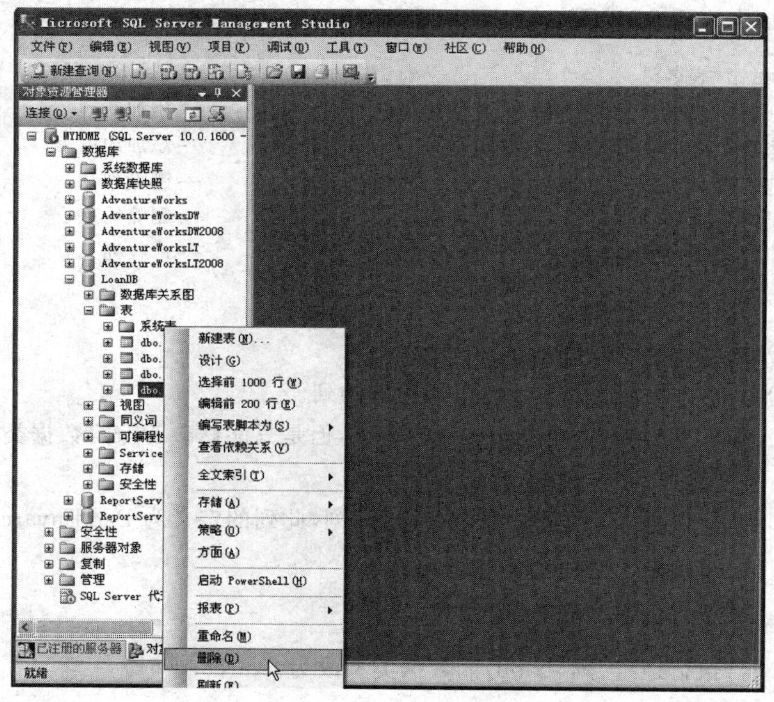

图 5-9 删除表

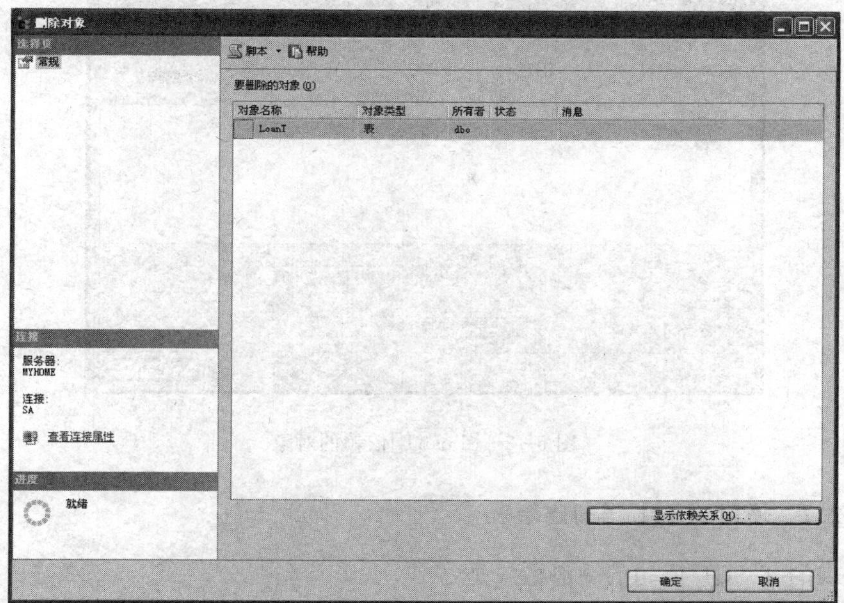

图 5-10　【删除对象】对话框

(2) 在【删除对象】对话框中单击【显示依赖关系】按钮，可查看依赖于 LoanT(如图 5-11 所示)的对象和 LoanT 所依赖的对象(如图 5-12 所示)。目前没有对象依赖于表 LoanT，如果在表中建立一些视图(详见第 8 章)或存储过程(详见第 9 章)，则这些对象将显示在图 5-11 中的【依赖关系】框中。

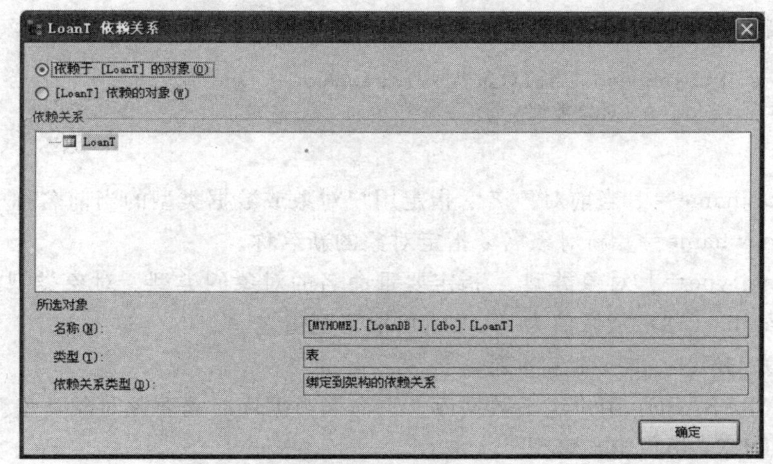

图 5-11　依赖于[LoanT]的对象

(3) 在【删除对象】对话框中确认要删除的表后，单击【确定】按钮，完成删除操作。

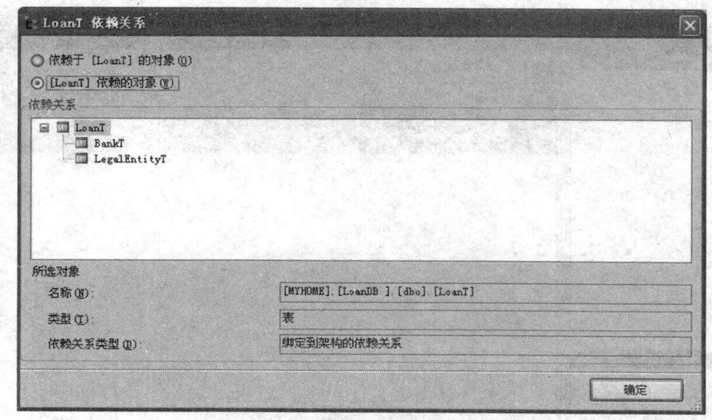

图 5-12 [LoanT]依赖的对象

5.3.2.2 使用 T-SQL 语句删除表

删除表的 T-SQL 语句的一般格式是:

```
DROP TABLE < 表名>
```

例 5-4 用 T-SQL 语句删除 t1 表。

```
DROP TABLE t1
```

5.3.3 重命名表

系统存储过程 sp_rename 的功能是更改当前数据库中用户创建对象(如表、列或用户定义数据类型)的名称,其一般语法格式如下:

```
sp_rename [@objname=] '当前对象名',[@newname=] '新对象名'
    [,[@objtype=] '对象类型']
```

其中:

- [@objname=] '当前对象名':指定用户对象或数据类型的当前名称。
- [@newname=] '新对象名':指定对象的新名称。
- [@objtype=] '对象类型':指定要重命名的对象的类型。对象类型的数据类型为 varchar(13),默认值为 NULL,可取下列值之一。
  - COLUMN:要重命名的列。
  - DATABASE:用户定义数据库。重命名数据库时需要此对象类型。
  - INDEX:用户定义索引。
  - OBJECT:在 sys.objects 中跟踪的类型的项目。例如,OBJECT 可用于重命名约束(CHECK、FOREIGN KEY、PRIMARY/UNIQUE KEY)、用户表和规则等对象。
  - USERDATATYPE:通过执行 CREATE TYPE 或 sp_addtype 添加别名数据类型或 CLR 用户定义类型。

只能更改当前数据库中的对象名称或数据类型名称。大多数系统数据类型和系统对象的名称都不能更改。

更改对象名的任一部分都可能破坏脚本和存储过程。因此，一般不推荐使用此语句来重命名对象；而是删除该对象，然后使用新名称重新创建该对象。

5.4　数据完整性约束的创建和管理

数据完整性是指保证数据正确的特性。1.2.3.3节详细介绍了数据完整性的基本概念，本节将结合表的创建与管理来讨论在SQL Server 2008中如何实现和管理数据完整性约束。

SQL Server 2008提供了多种数据完整性约束机制，详见表5-4。

表5-4　SQL Server 2008提供的数据完整性约束机制

约　束	说　明	应用举例
PRIMARY KEY	限制列的取值非空、不重复	银行表的主关键字为“银行代码”
FOREIGN KEY	限制列的取值受其他列的取值范围约束	贷款表中的“银行代码”是参照银行表中的“银行代码”的外部关键字
DEFAULT	设置列的默认取值	“贷款日期”的默认值为当前日期
CHECK	限制列的取值范围	“经济性质”只能取如下值：国营、私营、集体和三资
UNIQUE	限制列的取值是唯一的	“法人名称”取值不能重复
NOT NULL	限制列不能取空值	“银行名称”取值不能为空

根据约束的作用范围，约束分为两种：列级约束和表级约束。列级约束被指定为列定义的一部分，并且只应用于该列。表级约束的声明与列定义无关，可以应用于表中多个列。当一个约束中包含多个列时，必须使用表级约束。例如，贷款表的主关键字由银行代码、法人代码和贷款日期三个列组成，则在定义此约束时，必须使用表级约束。

约束定义的是关于列中允许值的规则，是强制实施完整性的标准机制。当在SQL Server中创建完数据完整性约束后，SQL Server数据库引擎会自动强制实施数据库完整性约束的检查及其相关处理。

5.4.1　实现数据完整性约束

数据完整性约束可以用T-SQL语句实现，也可以通过SQL Server Management Studio实现。其中，使用T-SQL语句实现数据完整性时，在创建表时定义约束的语法格式与在已经创建的表上添加约束的语法格式是不同的。

5.4.1.1　实体完整性约束

实体完整性的目的是要保证关系中的每个元组都是可识别的和唯一的。实体完整性是用PRIMARY KEY约束来实现的。

每个表只能有一个PRIMARY KEY约束。

用PRIMARY KEY约束的列的取值必须是不重复的。如果对多列定义了

PRIMARY KEY 约束,则一列中的值可能会重复,但来自 PRIMARY KEY 约束定义中所有列的任何值组合必须唯一。构成主关键字的每个列都不允许取空值。

1. 创建表时定义主关键字

列级约束的定义语法格式为

```
CREATE TABLE <表名>
(<列名><数据类型>[CONSTRAINT 约束名] PRIMARY KEY
...
)
```

表级约束的定义语法格式为

```
CREATE TABLE <表名>
(<列名><数据类型>,
...
[CONSTRAINT 约束名] PRIMARY KEY (<列名>[,...n])
)
```

当主关键字由一个列组成时,既可以使用列级约束的定义,也可以使用表级约束的定义;当主关键字由两个及两个以上列组成时,则必须用表级约束定义。请参见5.2.3节创建 BankT、LegalEntityT 和 LoanT 三张表的语句,由于 BankT 表和 LegalEntityT 表的主关键字都是由一个列组成的,所以主关键字可以用列级约束和表级约束两种方式定义,而 LoanT 表的主关键字是由三个列组成的,所以只能用表级约束定义。

约束名一般不用写,系统会自动为所定义的约束赋予一个约束名。

2. 修改表时添加主关键字

语法格式为

```
ALTER TABLE 表名
    ADD [CONSTRAINT 约束名] PRIMARY KEY(<列名>[,...n])
```

例 5-5 假设 LoanT 表在创建时没有定义主关键字(Eno,Bno,Ldate),请为其添加。

```
ALTER TABLE LoanT
    ADD PRIMARY KEY(Eno,Bno,Ldate)
```

3. 在 SQL Server Management Studio 中设置主关键字

此方法在5.2.1节已做详细介绍。

4. 系统对实体完整性约束的检查

在表中定义了实体完整性约束后,当对表执行插入和更新操作时,系统会检查实体完整性约束。

- 插入操作。当用户向表中插入一行或几行数据时,系统检查新插入的数据的主关键字值是否与已存在的主关键字值重复,或者新插入的数据的主关键字值是否为空。只有新插入的数据的主关键字值既不重复又不为空时,系统才允许插入操作,否则拒绝操作。

- 更新操作。当用户执行更新表中有主关键字约束的列时，系统检查更新后的主关键字值是否与表中的主关键字值重复，或者更新后的主关键字值是否为空。只有更新后的数据的主关键字值既不重复又不为空时，系统才允许更新操作，否则拒绝操作。

5.4.1.2　参照完整性约束

参照完整性的目的是要保证外部关键字的取值不超出所参照的主关键字的取值范围。参照完整性是用 FOREIGN KEY 约束实现的。

外部关键字列参照的列必须是有 PRIMARY KEY 约束或者 UNIQUE 约束的列。

1. 创建表时定义外部关键字

列级约束的定义语法格式为

```
CREATE TABLE <表名>
(…
<列名><数据类型>[CONSTRAINT 约束名] [FOREIGN KEY] REFERENCES 被参照表表名(<列名>)
                 [ON DELETE{NO ACTION|CASCADE|SET NULL|SET DEFAULT}]
                 [ON UPDATE{NO ACTION|CASCADE|SET NULL|SET DEFAULT}]
…
)
```

表级约束的定义语法格式为

```
CREATE TABLE <表名>
(<列名><数据类型>,
…
[CONSTRAINT 约束名] FOREIGN KEY(<列名>) REFERENCES 被参照表表名(<列名>)
[ON DELETE{NO ACTION|CASCADE|SET NULL|SET DEFAULT}]
[ON UPDATE{NO ACTION|CASCADE|SET NULL|SET DEFAULT}]
)
```

其中：[ON DELETE{NO ACTION|CASCADE|SET NULL|SET DEFAULT}]指当删除被参照表(父表)中已被参照表(子表)参照的行时，系统所允许的操作。[ON UPDATE{NO ACTION|CASCADE|SET NULL|SET DEFAULT}]是指当更新被参照表(父表)中已被参照表(子表)参照的行时，系统所允许的操作。各操作项的具体含义如下。

- NO ACTION：拒绝删除(或更新)操作。
- CASCADE：允许删除(或更新)操作，并采取级联删除(或更新)。也就是说，不仅删除(或更新)被参照表中的行，还删除(或更新)参照表中对应的行。
- SET NULL：允许删除(或更新)操作。如果被参照表中的行被删除(或更新)，则将参照表中的对应值设置为 NULL。若要执行此约束，外部关键字列必须可为空值。
- SET DEFAULT：允许删除(或更新)操作。如果被参照表中的行被删除(或更新)，则将参照表中的对应值设置为默认值。若要执行此约束，所有外部关键字列都必须有默认定义。如果某个列可为空值，并且未设置显式的默认值，则将使用

NULL 作为该列的隐式默认值。

例 5-6 创建 LoanT 表时定义外部关键字。其中 Bno 为参照 BankT 表的外部关键字,Eno 为参照 LegalEntityT 表的外部关键字。

```
CREATE TABLE LoanT(
Eno char(3),
Bno char(5),
Ldate smalldatetime,
Lamount int,
Lterm smallint,
PRIMARY KEY(Eno,Bno,Ldate),                    --只能用表级约束
FOREIGN KEY(Bno) REFERENCES BankT(Bno),         --表级约束,也可以放在列级
FOREIGN KEY(Eno) REFERENCES LegalEntityT(Eno)   --表级约束,也可以放在列级
)
```

2. 修改表时添加外部关键字

语法格式为

```
ALTER TABLE <表名>
  ADD [CONSTRAINT 约束名] FOREIGN KEY(<列名>) REFERENCES 被参照表表名(<列名>)
      [ON DELETE{NO ACTION|CASCADE|SET NULL|SET DEFAULT}]
      [ON UPDATE{NO ACTION|CASCADE|SET NULL|SET DEFAULT}]
```

例 5-7 假设创建 LoanT 表时未定义外部关键字(如 5.2.3 节),请为其添加。其中 Bno 为参照 BankT 表的外部关键字,Eno 为参照 LegalEntityT 表的外部关键字。

```
ALTER TABLE LoanT
  ADD FOREIGN KEY(Bno)REFERENCES BankT(Bno)

ALTER TABLE LoanT
  ADD FOREIGN KEY(Eno)REFERENCES LegalEntityT(Eno)
```

3. 在 SQL Server Management Studio 中设置外部关键字

假设创建 LoanT 表时未定义外部关键字(如 5.2.3 节),下面以为 LoanT 添加外部关键字为例来介绍如何在 SQL Server Management Studio 中设置外部关键字。具体步骤如下。

(1) 启动 SQL Server Management Studio。在对象资源管理器中,选择【数据库】|【LoanDB】|【表】节点,右击要添加外部关键字的表,如【dbo. LoanT】,在弹出的快捷菜单中选择【设计】命令,打开表设计器。下面首先定义外部关键字 Bno。

(2) 如图 5-13 所示,右击表设计器窗格,在弹出的快捷菜单中选择【关系】命令(或者单击表设计器工具栏中的【关系】按钮)。在打开的【外键关系】对话框中单击【添加】按钮,出现如图 5-14 所示的界面。【外键关系】对话框中各项的含义具体如下。

- 表和列规范:设置外部关键字及其参照关系。
- 在创建或重新启用时检查现有数据:根据约束对创建或重新启用约束前表中的

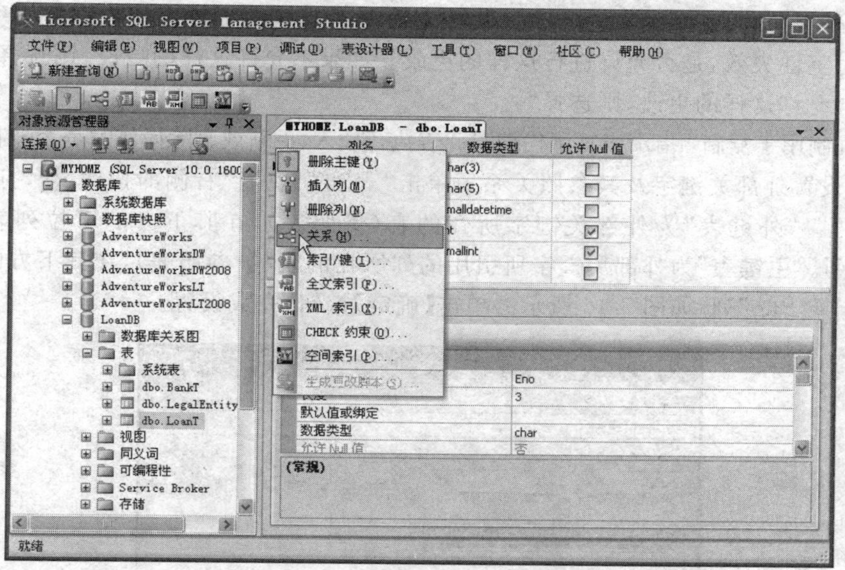

图 5-13　设置外部关键字

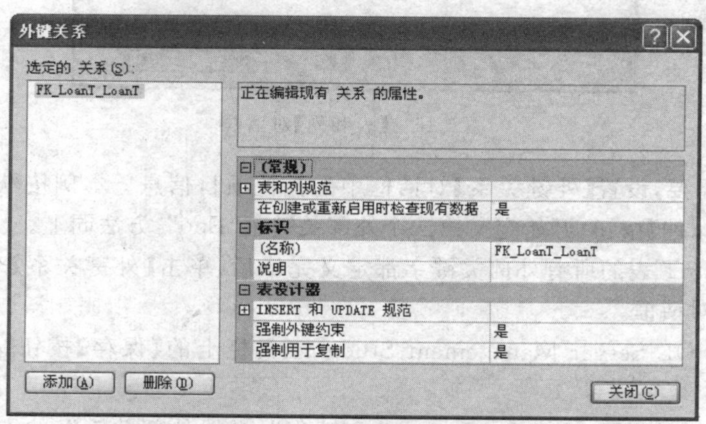

图 5-14　【外键关系】对话框

全部已有数据进行验证。

- (名称)：显示外部关键字关系的名称。在创建新外部关键字关系时，将基于表设计器的活动窗口中的表为其指定默认名称。该名称可以随时更改，一般用默认的名称。
- INSERT 和 UPDATE 规范：展开此项可显示关系的“删除规则”和“更新规则”的信息。删除(或更新)规则：指定当用户尝试删除(或更新)某一行而该行包含外部关键字关系涉及的数据时将发生的情况。其中包括：不执行任何操作(NO ACTION)、级联(CASCADE)、设置空(SET NULL)、设置默认值(SET DEFAULT)。本节在讲述“创建表时定义外部关键字”问题时已经对这些选项做过详细解释，这里不再重复。

- 强制外部关键字约束：指示如果对关系中列数据的更改会使外部关键字关系的完整性失效，是否允许进行这样的更改。如果不允许这样的更改，则选择“是”；如果允许这样的更改，则选择“否”。
- 强制用于复制：指示当复制代理对此表执行插入、更新或删除操作时是否强制约束。

(3) 设置外部关键字及其参照关系。单击“表和列规范”右侧的按钮 ...，打开【表和列】对话框。“外键表”为外部关键字所在的表(参照表)，在其下方的下拉列表框中选择“Bno”列。“主键表”为外部关键字所引用的列所在的表(被参照表)，在其下方的下拉列表框中选择“Bno”列，如图 5-15 所示。单击【确定】按钮，完成设置。

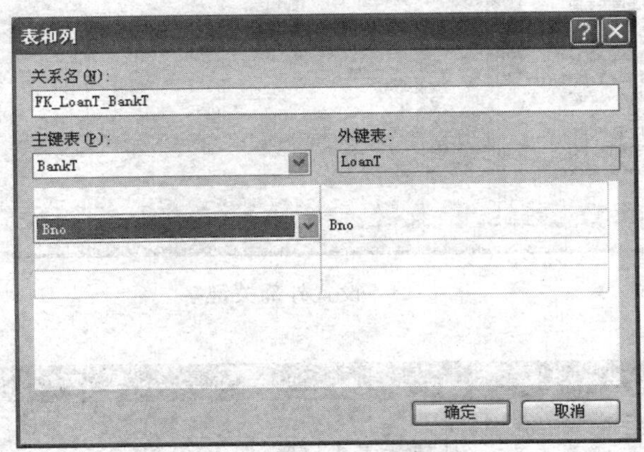

图 5-15 【表和列】对话框

(4) 根据需要，设置【外键关系】对话框中的其他项目信息。本例按默认设置。设置完毕后，单击【添加】按钮，开始定义第二个外部关键字“Eno”，方法同上。

(5) 当 LoanT 表的所有外部关键字都定义完毕后，单击【外键关系】对话框中的【关闭】按钮，退出对话框。

(6) 单击 SQL Server Management Studio 工具栏上的【保存】按钮，保存对表的修改。

在 SQL Server Management Studio 中创建表时设置外部关键字的方法和上述方法雷同，这里不再重复说明。

4. 系统对参照完整性约束的检查

在表中定义了参照完整性约束后，系统对参照完整性约束的检查，分下述几种情况。

(1) 对参照表的操作

- 向参照表插入数据时，检查新插入的数据的外部关键字值是否在被参照表的主关键字值范围内，若在主关键字值范围内，则允许插入操作，否则拒绝操作。
- 更新参照表中外部关键字值时，检查更新后的外部关键字值是否在被参照表的主关键字值范围内，若在主关键字值范围内，则允许插入操作，否则拒绝操作。

(2) 对被参照表的操作

- 删除被参照表中的数据时，检查被删除数据的主关键字值是否在参照表中有对它的引用。若无，则允许删除；若有，则根据“INSERT 和 UPDATE 规范”的设置情况(不执行任何操作、级联、设置空、设置默认值)决定如何操作。

- 更新被参照表中的主关键字值时,检查被更新的主关键字值是否在参照表中有对它的引用。若无,则允许更新;若有,则根据“INSERT 和 UPDATE 规范”的设置情况(不执行任何操作、级联、设置空、设置默认值)决定如何操作。

5.4.1.3　唯一值约束

唯一值约束的目的是保证在非主关键字的一列或多列组合中不输入重复的值,例如,希望每个法人的名称不能重复,每个人的手机号不能重复。唯一值约束是用 UNIQUE 约束实现的。

与 PRIMARY KEY 约束类似,UNIQUE 约束可以基于一列或多列定义。尽管 UNIQUE 约束和 PRIMARY KEY 约束都强制唯一性,但在强制下面的唯一性时应使用 UNIQUE 约束而不是 PRIMARY KEY 约束:强制一列或多列组合(不是主键)的唯一性;允许 NULL 值的列(注意:UNIQUE 约束列只允许有一个 NULL 值)。可以对一个表定义多个 UNIQUE 约束,但只能定义一个 PRIMARY KEY 约束。

1. 创建表时定义唯一值约束

列级约束的定义语法格式为

```
CREATE TABLE <表名>
(...
<列名><数据类型>[CONSTRAINT 约束名] UNIQUE
...
)
```

表级约束的定义语法格式为

```
CREATE TABLE <表名>
(<列名><数据类型>,
...
[CONSTRAINT 约束名]UNIQUE(<列名>[,...,n])
)
```

当 UNIQUE 约束由一个列组成时,既可以使用列级约束的定义,也可以使用表级约束的定义;当 UNIQUE 约束由两个及两个以上列组成时,则必须使用表级约束定义。

例 5-8　要求 LegalEntityT 表中的 Ename(法人名称)不能取重复值,请在创建 LegalEntityT 表时实现此约束。

```
CREATE TABLE LegalEntityT(
Eno char(3),
Ename nvarchar(15) UNIQUE,        --取值唯一
Enature nchar(2),
Ecapital int,
Erep nchar(4),
PRIMARY KEY(Eno)                  --使用表级约束定义主关键字
)
```

2. 修改表时定义唯一值约束

语法格式为

```
ALTER TABLE 表名
    ADD [CONSTRAINT 约束名] UNIQUE (<列名>[, ...,n])
```

例 5-9 要求 LegalEntityT 表中的 Ename(法人名称)不能取重复值,假设创建 LegalEntityT 表时未定义此约束(见 5.2.3 节),请为其添加。

```
ALTER TABLE LegalEntityT
  ADD UNIQUE(Ename)
```

3. 在 SQL Server Management Studio 中设置唯一值约束

假设创建 LegalEntityT 表时未设置 UNIQUE 约束(见 5.2.3 节),下面以为 LegalEntityT 表的 Ename 列设置 UNIQUE 约束为例来介绍如何在 SQL Server Management Studio 中设置 UNIQUE 约束。具体步骤如下。

(1) 启动 SQL Server Management Studio。在对象资源管理器中,选择【数据库】|【LoanDB】|【表】节点,右击要添加唯一值约束的表,如【dbo. LegalEntityT】,在弹出的快捷菜单中选择【设计】命令,打开表设计器。

(2) 如图 5-16 所示,右击表设计器窗格,在弹出的快捷菜单中选择【索引/键】命令(或者单击表设计器工具栏中的【管理索引和键】按钮)。在打开的【索引/键】对话框中单击【添加】按钮,即出现如图 5-17 所示的界面。单击“类型”项,再从属性右侧的下拉列表框中选择“唯一键”;在“列”项选择要创建唯一值的列(这里选“Ename”)。单击【关闭】按钮,退出对话框。

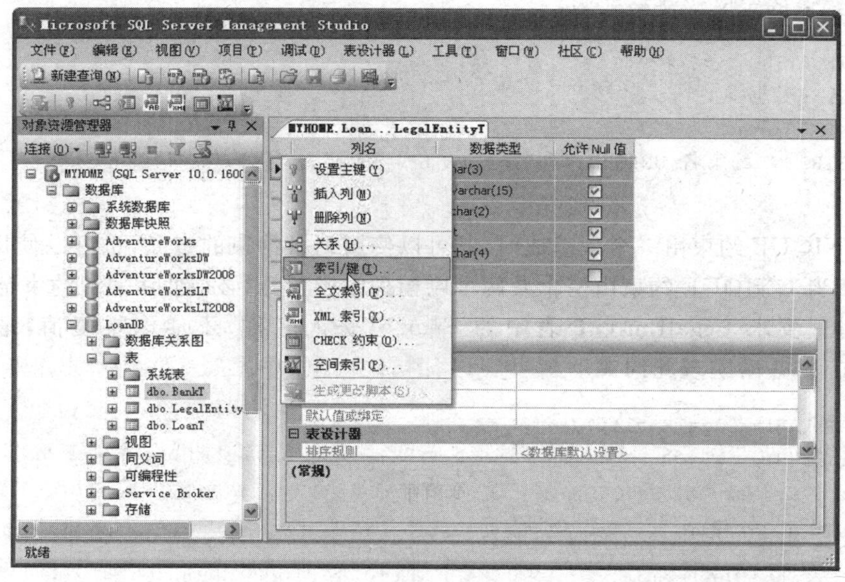

图 5-16 设置 UNIQUE 约束

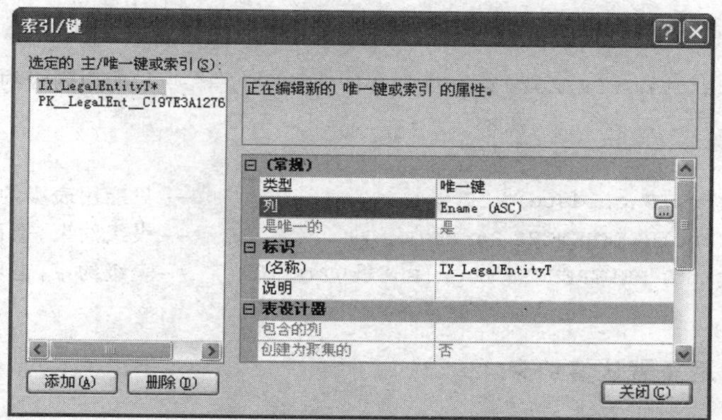

图 5-17　【索引/键】对话框

(3) 单击 SQL Server Management Studio 工具栏上的【保存】按钮，保存对表的修改。

在 SQL Server Management Studio 中创建表时设置 UNIQUE 约束的方法与上述方法雷同，这里不再重复说明。

4. 系统对唯一值约束的检查

对唯一值约束的检查同实体完整性约束很类似，只是在检查有唯一值约束的列时，系统只需检查新插入数据或者更新后的有唯一值约束的列的值是否与表中已有数据重复(包括空值的重复)。

5.4.1.4　默认值约束

默认值约束的目的是为列提供默认值。如果插入行时没有为列指定值，则系统自动使用默认值。默认值约束是用 DEFAULT 约束实现的。

默认值可以是计算结果为常量的任何值，例如，常量、内置函数或数学表达式。每个列只能有一个 DEFAULT 约束。DEFAULT 约束不能与 IDENTITY 属性一起使用。

1. 创建表时定义默认值约束

由于每个 DEFAULT 约束都只能对应一列，所以该约束只有列级约束定义方式，其定义语法格式为

```
CREATE TABLE <表名>
(...
<列名><数据类型>[CONSTRAINT 约束名] DEFAULT 默认值
...
)
```

例 5-10　要求 LoanT 表中的 Ldate(贷款日期)的默认值为当前日期，请在创建 LoanT 表时实现此约束。

```
CREATE TABLE LoanT(
```

```
Eno char(3),
Bno char(5),
Ldate smalldatetime DEFAULT GETDATE(),            --只能用列级约束
Lamount int,
Lterm smallint,
PRIMARY KEY(Eno,Bno,Ldate),                       --只能用表级约束
FOREIGN KEY(Bno)REFERENCES BankT(Bno),            --表级约束,也可以放在列级
FOREIGN KEY(Eno) REFERENCES LegalEntityT(Eno)     --表级约束,也可以放在列级
)
```

2. 修改表时定义默认值约束

语法格式为

```
ALTER TABLE 表名
    ADD [CONSTRAINT 约束名] DEFAULT 默认值 FOR 列名
```

例 5-11 要求 LoanT 表中的 Ldate(贷款日期)的默认值为当前日期,假设创建 LoanT 表时未定义此约束,请为其添加。

```
ALTER TABLE LoanT
    ADD DEFAULT GETDATE() FOR Ldate
```

说明:这里使用系统函数的结果作为默认值。

3. 在 SQL Server Management Studio 中设置默认值约束

假设创建 LegalEntityT 表时未设置 DEFAULT 约束(见 5.2.3 节),下面以 LoanT 表的 Ldate 列设置默认值(默认值为当前日期)约束为例介绍如何在 SQL Server Management Studio 中设置 DEFAULT 约束。具体步骤如下。

(1) 启动 SQL Server Management Studio。在对象资源管理器中,选择【数据库】|【LoanDB】|【表】节点,右击要添加默认值约束的表,如【dbo. LoanT】,在弹出的快捷菜单中选择【设计】命令,打开表设计器。

(2) 选中要设置 DEFAULT 约束的列,本例为"Ldate"列,然后在"列属性"窗格的"默认值或绑定"项输入 GETDATE(),如图 5-18 所示。

(3) 单击 SQL Server Management Studio 工具栏上的【保存】按钮,保存对表的修改。

在 SQL Server Management Studio 中创建表时设置 DEFAULT 约束的方法与上述方法雷同,这里不再重复说明。

4. 系统对默认值约束的检查

在表中定义了默认值约束后,当用户对数据进行插入操作并且没有为某个列提供值时,系统检查省略值的列是否有默认值约束,若有则插入默认值,若无,则系统检查此列是否允许为空,若允许,则插入空值,否则拒绝插入。

5.4.1.5 检查约束

检查约束的目的是限制列的取值范围,例如,人的性别只能是"男"或"女",规定法人

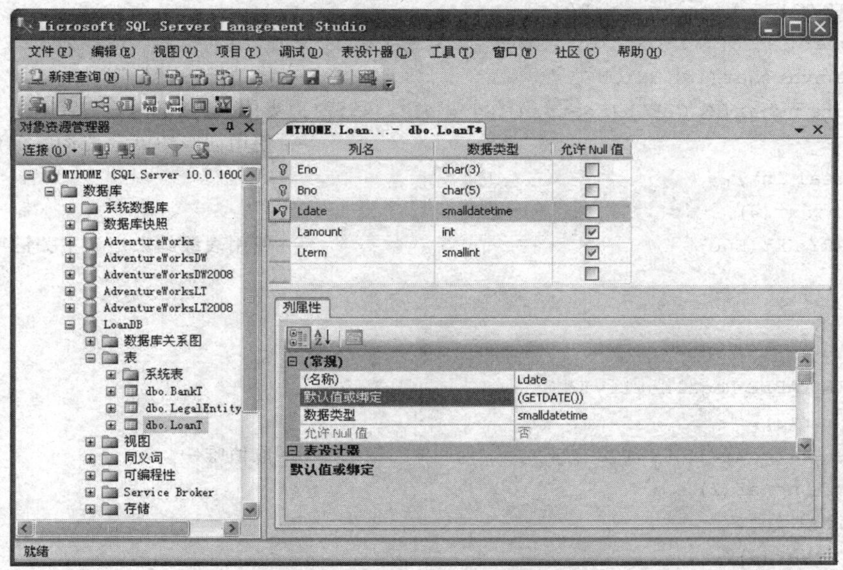

图 5-18　设置默认值约束

的经济性质只能取国营、私营、集体和三资这几个值。检查约束是用 CHECK 约束实现的。

CHECK 约束可以限制一个列的取值范围，也可以限制同一个表中多个列之间的取值约束关系。CHECK 约束只能限制一个表中列的取值约束关系，不可以限制多个表中的多个列之间的取值约束关系。

1. 创建表时定义检查约束

列级约束的定义语法格式为

```
CREATE TABLE <表名>
(...
    <列名><数据类型>[CONSTRAINT 约束名] CHECK(逻辑表达式)
...
)
```

表级约束的定义语法格式为

```
CREATE TABLE <表名>
(<列名><数据类型>,
...
[CONSTRAINT 约束名] CHECK(逻辑表达式)
)
```

当 CHECK 约束由一个列组成时，既可以使用列级约束的定义，也可以使用表级约束的定义；当 CHECK 约束由两个及两个以上列组成时，则必须用表级约束定义。

例 5-12　要求 LegalEntityT 表中的 Enature(经济性质)列的取值范围为{国营，私营，集体，三资}，请在创建 LegalEntityT 表时实现此约束。

```
CREATE TABLE LegalEntityT(
Eno char(3),
Ename nvarchar(15) UNIQUE,                            --取值唯一
Enature nchar(2) CHECK(Enature IN('国营','私营','集体','三资')),
                                                      --使用列级约束定义 CHECK 约束
Ecapital int,
Erep nchar(4),
PRIMARY KEY(Eno)                                      --使用表级约束定义主关键字
)
```

或者

```
CREATE TABLE LegalEntityT(
Eno char(3),
Ename nvarchar(15) UNIQUE,                            --取值唯一
Enature nchar(2),
Ecapital int,
Erep nchar(4),
PRIMARY KEY(Eno),                                     --使用表级约束定义主关键字
CHECK(Enature IN('国营','私营','集体','三资'))         --使用表级约束定义 CHECK 约束
)
```

说明:CHECK 后面的括号里是一个逻辑表达式,IN 是逻辑表达式中的谓词,表示 Enature 必须取 IN 后面括号里的值之一。关于条件表达式的谓词及其用法详见 6.1.1.2 节。

例 5-13 已知关系模式:工作(工作证号,最高工资,最低工资),限制最低工资必须小于等于最高工资,请按要求创建对应的工作表。

```
CREATE TABLE 工作表
(
    工作证号 char(4)PRIMARY KEY,
    最低工资 int,
    最高工资 int,
    CHECK(最低工资<=最高工资)      --多列之间的约束只能使用表级约束定义
)
```

2. 修改表时定义检查约束

语法格式为

```
ALTER TABLE 表名
    ADD [CONSTRAINT 约束名] CHECK(逻辑表达式)
```

例 5-14 要求 LegalEntityT 表中的 Enature(经济性质)列的取值范围为{国营,私营,集体,三资},假设创建 LegalEntityT 表时未定义此约束,请为其添加。

```
ALTER TABLE LegalEntityT
    ADD CHECK(Enature IN('国营','私营','集体','三资'))
```

3. 在 SQL Server Management Studio 中设置检查约束

假设创建 LegalEntityT 表时设置 CHECK 约束，下面以为 LegalEntityT 的 Enature 列添加 CHECK 约束(Enature 列的取值范围为{国营，私营，集体，三资})为例来介绍如何在 SQL Server Management Studio 中设置 CHECK 约束。具体步骤如下。

(1) 启动 SQL Server Management Studio。在对象资源管理器中，选择【数据库】|【LoanDB】|【表】节点，右击要添加检查约束的表，如【dbo. LegalEntity】，在弹出的快捷菜单中选择【设计】命令，打开表设计器。

(2) 如图 5-19 所示，右击表设计器窗格，在弹出的快捷菜单中选择【CHECK 约束】命令(或者单击表设计器工具栏中的【管理 CHECK 约束】按钮)。在打开的【CHECK 约束】对话框中单击【添加】按钮，即出现如图 5-20 所示的界面。【CHECK 约束】对话框中各项的含义具体如下。

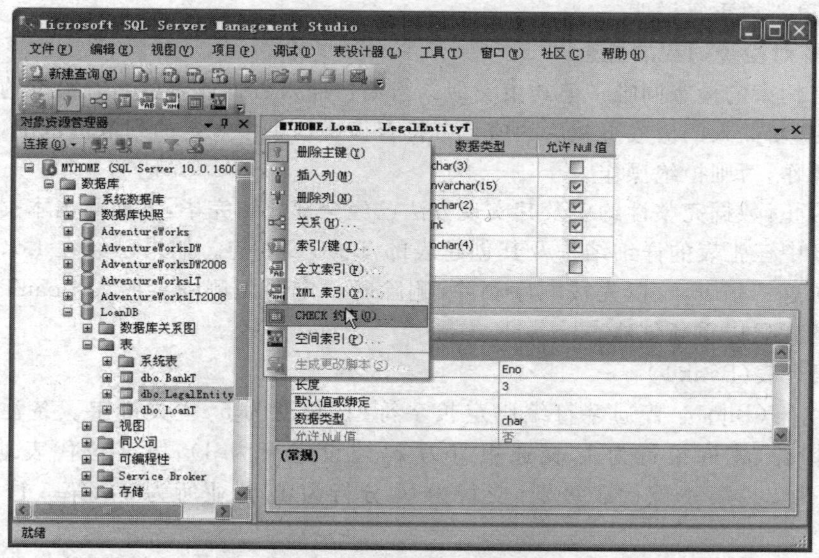

图 5-19　设置 CHECK 约束

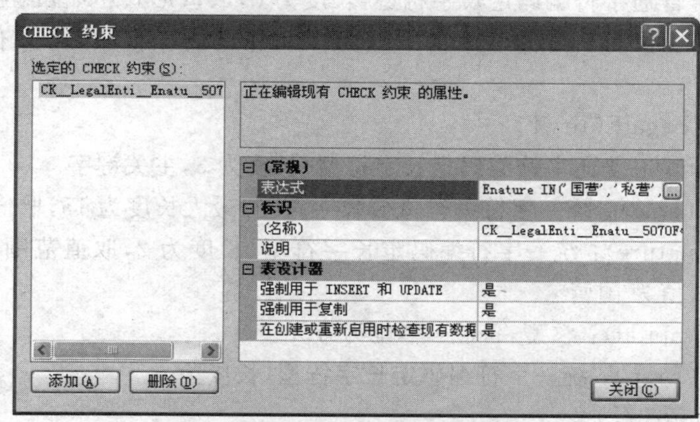

图 5-20　【CHECK 约束】对话框

- 表达式：CHECK 约束中的逻辑表达式。
- (名称)：CHECK 约束的名称。若要更改此约束的名称，请直接在属性字段键入文本。
- 在创建或重新启用时检查现有数据：指定是否根据约束验证所有预先存在的数据(创建约束前存在于表中的数据)。
- 强制用于 INSERT 和 UPDATE：指定在表中插入或更新数据时是否强制约束。
- 强制用于复制：指定当复制代理对此表执行插入或更新操作时是否强制约束。

(3) 在表达式项输入逻辑表达式：Enature IN('国营','私营','集体','三资')。其他项设置按默认。单击【关闭】按钮，退出对话框。

(4) 单击 SQL Server Management Studio 工具栏上的【保存】按钮，保存对表的修改。

在 SQL Server Management Studio 中创建表时设置 CHECK 约束的方法与上述方法雷同，这里不再重复说明。

4. 系统对检查约束的检查

对检查约束的检查同唯一值约束类似。当用户插入数据或者更新有检查约束的数据时，系统检查新插入的值或更新后的值是否符合检查约束中规定的列取值范围，若符合则允许执行操作，否则拒绝操作。

迄今为止，数据完整性约束及其实现方法已经全部介绍完毕，下面给出本书案例数据库 LoanDB 中三张表的详细结构及其创建表的 T-SQL 语句。如果已经在 LoanDB 数据库中创建了这三张表，可以先按顺序删除(删除时一定要先删除参照表 LoanT)，然后再执行下面的代码以重新创建。

(1) 银行表(BankT)

银行代码(Bno)：普通字符编码定长字符型，长度为5，主关键字。备注：第2位代表不同银行(工商银行为1，交通银行为2，建设银行为3)；第3位代表地区(北京为1，上海为2)；第4位代表级别(支行为0，分行为1，营业所为2)；第5位代表支行编号。

银行名称(Bname)：统一字符编码可变长字符型，最大长度为10，非空。

电话(Btel)：普通字符编码定长字符型，长度为8，取值形式：3位区号-4位电话号码，其中区号的第1位为0，第2位和第5位为1～9的数字，第3、6、7、8位为0～9的数字，第4位为减号。

(2) 法人表(LegalEntityT)

法人代码(Eno)：普通字符编码定长字符型，长度为3，主关键字。

法人名称(Ename)：统一字符编码可变长字符型，最大长度为15，取值唯一。

经济性质(Enature)：统一字符编码定长字符型，长度为2，取值范围：{国营，私营，集体，三资}，默认值为'国营'。

注册资金(Ecapital)：整型，备注：单位为万元。

法定代表人(Erep)：统一字符编码定长字符型，长度为4。

(3) 贷款表(LoanT)

法人代码(Eno)：普通字符编码定长字符型，长度为3。

银行代码(Bno)：普通字符编码定长字符型，长度为5。

贷款日期(Ldate)：小日期时间类型，默认日期为当前日期。

贷款金额(Lamount)：整型，备注：单位为万元。

贷款期限(Lterm)：小整型，备注：单位为年。

其中：主关键字为(银行代码，法人代码，贷款日期)

“银行代码”为参照银行表的“银行代码”的外部关键字

“法人代码”为参照法人表的“法人代码”的外部关键字

```
--创建银行表
CREATE TABLE BankT(
Bno char(5)PRIMARY KEY,
Bname nvarchar(10) NOT NULL,
Btel char(8)CHECK(Btel like '0[1-9][0-9]-[1-9][0-9][0-9][0-9]')
)
GO
--创建法人表
CREATE TABLE LegalEntityT(
Eno char(3) PRIMARY KEY,
Ename nvarchar(15) UNIQUE,
Enature nchar(2) CHECK(Enature in('国营','私营','集体','三资')) DEFAULT '国营',
Ecapital int,
Erep nchar(4)
)
GO
--创建贷款表
CREATE TABLE LoanT(
Eno char(3),
Bno char(5),
Ldate smalldatetime DEFAULT GETDATE(),
Lamount int,
Lterm smallint,
PRIMARY KEY(Eno,Bno,Ldate),
FOREIGN KEY(Bno)REFERENCES BankT(Bno),
FOREIGN KEY(Eno)REFERENCES LegalEntityT(Eno)
)
GO
```

5.4.2 管理数据完整性约束

1. 查看已定义的约束

在 SQL Server Management Studio 里查看约束的方法如下。

在对象资源管理器中，连接到 SQL Server 2008 数据库引擎实例，再展开该实例。展开【数据库】,选择目标数据库,展开【表】,选择要查看的表,展开【键】和【约束】,可以查看定义在此表上的约束,如图 5-21 所示。

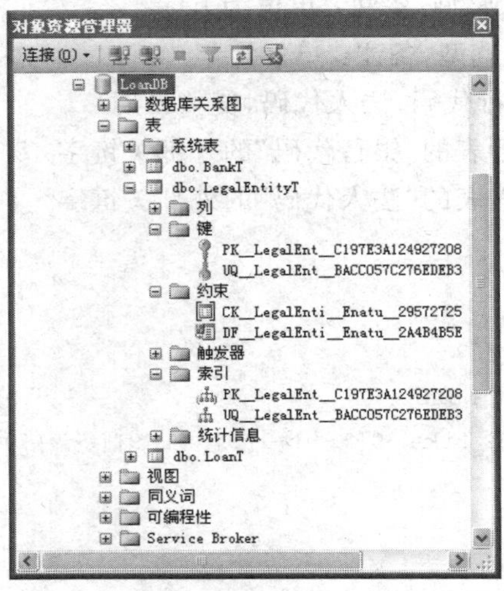

图 5-21　查看约束

2. 删除约束

当确信不再需要某个约束时,可以将其删除。可以在 SQL Server Management Studio 里删除,也可以用 T-SQL 语句删除。

在 SQL Server Management Studio 里删除约束的方法如下:

在对象资源管理器中,连接到 SQL Server 2008 数据库引擎实例,再展开该实例。展开【数据库】,选择目标数据库,展开【表】,选择要查看的表,展开【键】和【约束】,右击要删除的约束,选择【删除】,如图 5-22 所示。在弹出的窗口中单击【确定】。

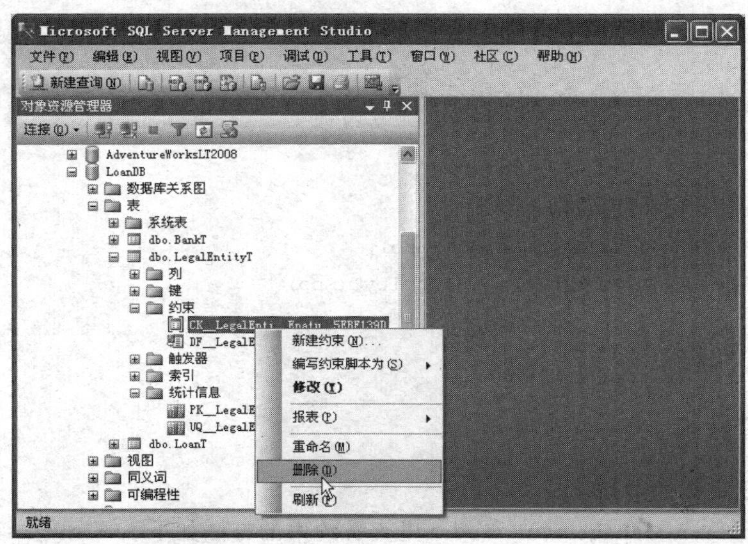

图 5-22　删除约束

使用 ALTER TABLE 语句来删除约束的语法为

```
ALTER TABLE 表名
    DROP [CONSTRAINT]约束名
```

5.5　索引

数据库中的索引的功能与书籍中的目录类似，利用数据库中的索引可以快速找到表或索引视图中的特定信息。索引包含从表或视图中一个或多个列生成的键，以及映射到指定数据的存储位置的指针。通过创建设计良好的索引以支持查询，可以显著提高数据库查询和应用程序的性能。索引可以减少为返回查询结果集而必须读取的数据量。索引还可以强制表中的行具有唯一性，从而确保表数据的数据完整性。

5.5.1　索引的概念和分类

索引是与表或视图关联的磁盘上结构，可以加快从表或视图中检索行的速度。索引包含由表或视图中的一列或多列生成的键。这些键存储在一个结构(B 树)中，使 SQL Server 可以快速而有效地查找与键值关联的行。

表或视图可以包含以下类型的索引。

- 聚集索引：聚集索引指表中数据行的物理存储顺序与索引顺序完全相同。索引定义中包含聚集索引列。每个表只能有一个聚集索引，因为数据行本身只能按一个顺序排序。聚集索引一般创建在表中经常搜索的列或按顺序访问的列上。在默认情况下，SQL Server 为主关键字约束自动创建聚集索引(如图 5-21 所示)。
- 非聚集索引：非聚集索引具有独立于数据行的结构。非聚集索引包含非聚集索引键值，并且每个键值项都有指向包含该键值的数据行的指针。

聚集索引和非聚集索引都可以是唯一的。这意味着任何两行都不能有相同的索引键值。另外，索引也可以不是唯一的，即多行可以共享同一键值。

每当修改了表数据后，都会自动维护表或视图的索引。

5.5.2　创建索引

对表列定义了 PRIMARY KEY 约束和 UNIQUE 约束时，系统会自动创建索引，并给定与约束名称相同的索引名称。例如，图 5-21 中的两个索引就分别对应表 LegalEntityT 的 PRIMARY KEY 约束和 UNIQUE 约束。使用 CREATE TABLE 或 ALTER TABLE 对列定义 PRIMARY KEY 或 UNIQUE 约束。SQL Server 2008 数据库引擎会自动创建唯一索引来强制 PRIMARY KEY 或 UNIQUE 约束的唯一性要求。

也可以使用 CREATE INDEX 语句或 SQL Server Management Studio 对象资源管理器中的【新建索引】对话框创建独立于约束的索引。必须指定索引的名称、表以及应用该索引的列。还可以指定索引选项和索引位置、文件组或分区方案。默认情况下，如果未指定聚集或唯一选项，将创建非聚集的非唯一索引。

我们以对“BankT”的“Bname”列创建非聚集索引为例介绍使用 SQL Server Management Studio 创建索引的方法。创建索引后，可以提高对“Bname”列的查询效率。

(1) 在对象资源管理器中，连接到 SQL Server 数据库引擎实例，然后展开该实例。

(2) 展开【数据库】，展开包含具有指定索引的表的数据库，再展开【表】。展开要为其创建索引的表。右击【索引】，在弹出的快捷菜单中选择【新建索引】命令。例如，我们对“BankT”表新建索引，如图 5-23 所示。

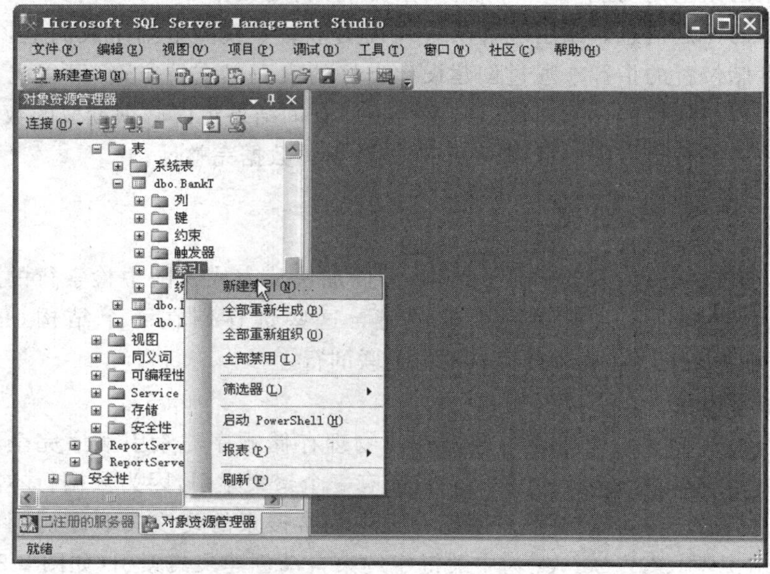

图 5-23 新建索引

(3) 在【索引名称】字段中，输入索引的名称。我们输入 Bname_idx。

(4) 在【索引类型】下拉列表中，选择“非聚集”。

(5) 指定想为其创建索引的列，单击【添加】按钮。

(6) 在【从<表名>中选择列】对话框中，单击对应的复选框选择要建立索引的列。完成后，单击【确定】。

(7) 这时可以在“索引键列”网格中看到刚才选择的列。可以修改“排序顺序”为“升序”或“降序”，默认为“升序”，如图 5-24 所示。

(8) 单击【确定】按钮。

5.5.3 删除索引

索引一经建立，将由数据库管理系统自动使用和维护。建立索引是为了提高查询数据的速度，如果在某一时期数据的插入、删除、更新操作非常频繁，使系统维护索引的代价大大增加，可以删除某个索引。

在 SQL Server Management Studio 中删除索引的方法如下：

(1) 在对象资源管理器中，连接到 SQL Server 实例，再展开该实例。

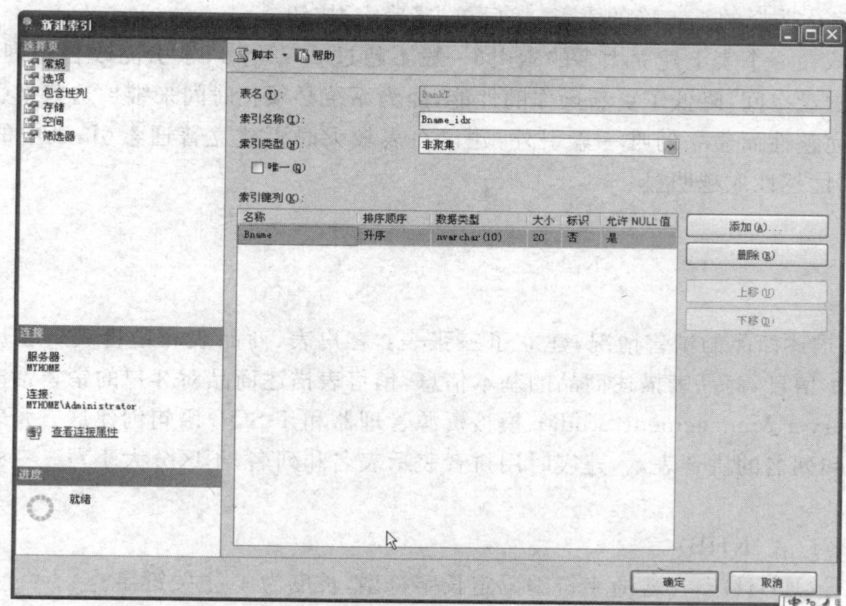

图 5-24 【新建索引】对话框

(2) 展开【数据库】,展开该表所属的数据库,再展开【表】。

(3) 展开该索引所属的表,再展开【索引】。

(4) 右击要删除的索引,然后在弹出的快捷菜单中选择【删除】命令,如图 5-25 所示。

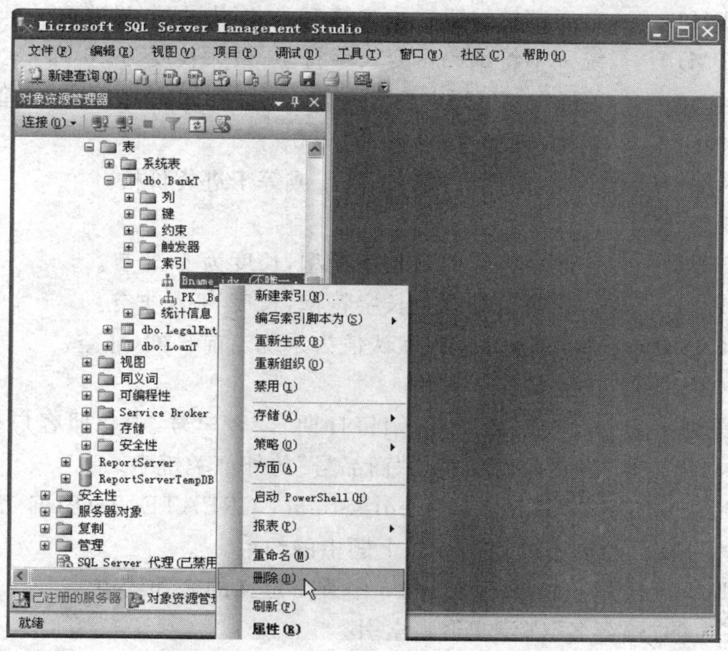

图 5-25 删除索引

(5) 确认选择的是正确的索引,然后单击【确定】按钮。

不应该在一个表上建立太多的索引(一般不超过2～3个),索引能改善查询效果,但也耗费了磁盘空间,降低了更新操作的性能,因为系统必须花时间来维护这些索引。除了为数据的完整性而建立的唯一索引外,建议在表较大时再建立普通索引,表中的数据越多,索引的优越性才越明显。

习题

1. 为描述商品的销售情况,建立了三张表:客户表、商品表和销售表。客户表描述客户的基本信息,商品表描述商品的基本信息,销售表描述商品对客户的销售情况。分别用SQL Server Management Studio、模板资源管理器和T-SQL语句创建这三张表。括号中为表名和列名的拼音表示,建表时用拼音表示表名和列名,不区分大小写。三张表的结构如下:

(1) 客户表(KHB)

客户号(KHH)　普通字符编码定长字符型,长度为4,主关键字。

客户名(KHM)　普通字符编码可变长字符型,最大长度为12,非空。

电话(DH)　统一字符编码定长字符型,长度为12,限制顾客表电话号码的形式为:3位区号－8位电话号码,且每一位均为数字。

积分(JF)　整型,默认值为0。

(2) 商品表(SPB)

商品号(SPH)　普通字符编码定长字符型,长度为4,主关键字。

商品名(SPM)　统一字符编码可变长字符型,最大长度为20,唯一。

类别(LB)　普通字符编码定长字符型,长度为6,取值范围为{冰箱,电视,电脑}

进货价格(JHJG)　整型,进货价格必须大于0。

销售价格(XSJG)　整型,销售价格必须高于或等于进货价格。

(3) 销售表(XSB)

客户号(KHH)　普通字符编码定长字符型,长度为4,非空。

商品号(SPH)　普通字符编码定长字符型,长度为4,非空。

销售日期(XSRQ)　小日期时间型,默认值为系统当前日期,非空。

销售数量(XSSL)　小整型。

其中:主关键字为(客户号,商品号,销售日期),"客户号"为参照客户表的"客户号"的外部关键字,"商品号"为参照商品表的"商品号"的外部关键字。

2. 分别用SQL Server Management Studio、CREATE TABLE语句、ALTER TABLE语句练习在已经创建的表上添加上题中的约束。

3. 在SQL Server Management Studio中查看定义的表和约束。

4. 为顾客表的"顾客名"创建非聚集索引。

第 6 章　数据查询与数据操作

数据存入数据库之后，用户就可以对数据库中的数据进行数据查询和数据操作了。数据操作包括插入数据、删除数据和更新数据。本章主要介绍如何使用 T-SQL 语言进行数据查询和数据操作。

6.1　数据查询

数据查询是数据库的核心操作。SQL 语言提供了 SELECT 语句进行数据库的查询，该语句具有灵活的使用方式和丰富的功能。其一般格式为

```
SELECT [ALL|DISTINCT]<目标列表达式>[,…n]        /*需要哪些列*/
INTO <新表>                                     /*把查询结果保存到哪个新表*/
[FROM <数据源>]                                 /*来自哪些表*/
[WHERE <检索条件表达式>]                        /*根据什么条件筛选元组*/
[GROUP BY <分组依据列>]                         /*按什么分组*/
[HAVING <分组提取条件>]                         /*根据什么条件筛选分组*/
[ORDER BY <排序依据列>[排序方式]]               /*查询结果按什么排序*/
```

其中：

- SELECT 子句说明要查询的数据列，ALL 说明不去掉重复元组，DISTINCT 说明要去掉重复元组，默认为 ALL；
- INTO 子句说明把查询结果保存到哪个新表，这个新表是查询语句在执行过程中创建的；
- FROM 子句说明要查询的数据来自哪个(些)表，可以基于单张表或多张表进行查询；
- WHERE 子句说明查询的条件，即选择元组的条件；
- GROUP BY 子句用于对查询结果进行分组，可以利用它进行分组汇总；
- HAVING 子句用于限定分组必须满足的条件，必须跟随 GROUP BY 子句使用；
- ORDER BY 子句用于对查询结果进行排序。

SELECT 语句既可以完成简单的单表查询，也可以完成复杂的连接查询和嵌套查询。本节我们将以第 3 章和第 5 章创建的“银行贷款数据库”为例说明 SELECT 语句的各种用法。为了方便，我们在图 6-1 中给出了该数据库中 3 张表的实例。向“银行贷款数据库”中添加这些数据的步骤为：

(1) 在“Mircrosoft SQL Server Management Studio”的【对象资源管理器】中选择

【MYHOME】|【数据库】|【LoanDB】|【表】。

(2) 右击【dbo. BankT】,在弹出的快捷菜单中单击【编辑前200行】命令,此时在打开的BankT表中还没有数据;接着在BankT表中录入如图6-1(a)所示的数据,当录入完毕后将光标停留在下一行。

(3) 单击工具栏中的【执行】按钮 ! 执行(X),将所录入的数据存入数据库中,关闭此窗口。

(4) 按照步骤(2)~(3)依次录入LegalEntityT、LoanT表中的数据。

由前面介绍的参照完整性知识可知,在向这些表中录入数据时,必须先录入被参照表中的数据(BankT和LegalEntityT),再录入参照表中的数据(LoanT),否则会因为违反了参照完整性约束而导致录入数据失败。另外,在录入数据时,还要注意遵循实体完整性约束和用户自定义完整性约束。

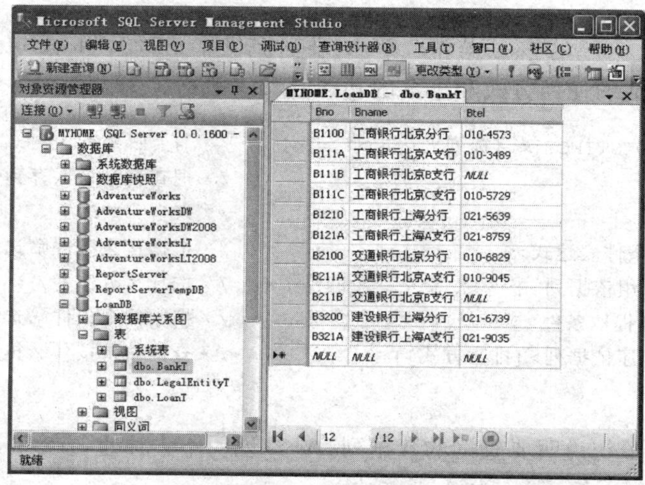

(a) BankT表实例

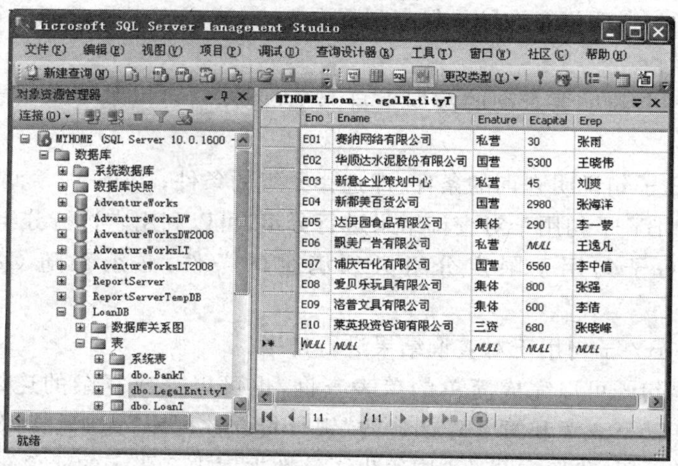

(b) LegalEntityT表实例

图6-1 银行贷款数据库实例

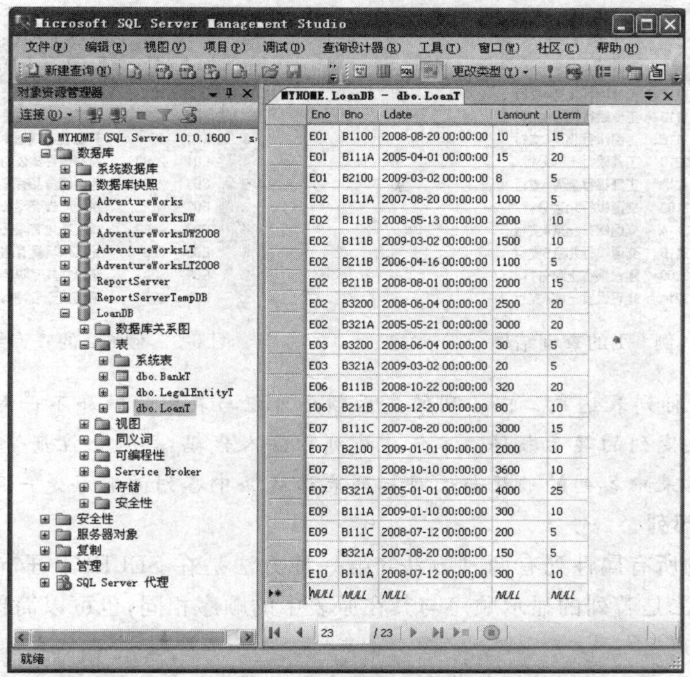

Eno	Bno	Ldate	Lamount	Lterm
E01	B1100	2008-08-20 00:00:00	10	15
E01	B111A	2005-04-01 00:00:00	15	20
E01	B2100	2009-03-02 00:00:00	8	5
E02	B111A	2007-08-20 00:00:00	1000	5
E02	B111B	2008-05-13 00:00:00	2000	10
E02	B111B	2009-03-02 00:00:00	1500	10
E02	B211B	2006-04-16 00:00:00	1100	5
E02	B211B	2008-08-01 00:00:00	2000	15
E02	B3200	2008-06-04 00:00:00	2500	20
E02	B321A	2005-05-21 00:00:00	3000	20
E03	B3200	2008-06-04 00:00:00	30	5
E03	B321A	2009-03-02 00:00:00	20	5
E06	B111B	2008-10-22 00:00:00	320	20
E06	B211B	2008-12-20 00:00:00	80	10
E07	B111C	2007-08-20 00:00:00	3000	15
E07	B2100	2009-01-01 00:00:00	2000	10
E07	B211B	2008-10-10 00:00:00	3600	10
E07	B321A	2005-01-01 00:00:00	4000	25
E09	B111A	2009-01-10 00:00:00	300	10
E09	B111C	2008-07-12 00:00:00	200	5
E09	B321A	2007-08-20 00:00:00	150	5
E10	B111A	2008-07-12 00:00:00	300	10
NULL	NULL	NULL	NULL	NULL

(c) LoanT 表实例

图 6-1 （续）

6.1.1 单表查询

单表查询是指仅涉及一张表的查询。

6.1.1.1 选择表中若干列

1. 查询指定列

在很多情况下，用户只对表中的一部分属性列感兴趣，这时可以通过在 SELECT 子句的<目标列表达式>中指定要查询的属性。

例 6-1 查询所有银行的银行代码和银行名称。

```
SELECT Bno,Bname
FROM BankT
```

查询结果如图 6-2 所示。

例 6-2 查询所有法人的法人代码、注册资金和法人名称。

```
SELECT Eno,Ecapital,Ename
FROM LegalEntityT
```

查询结果如图 6-3 所示。

	Bno	Bname
1	B1100	工商银行北京分行
2	B111A	工商银行北京A支行
3	B111B	工商银行北京B支行
4	B111C	工商银行北京C支行
5	B1210	工商银行上海分行
6	B121A	工商银行上海A支行
7	B2100	交通银行北京分行
8	B211A	交通银行北京A支行
9	B211B	交通银行北京B支行
10	B3200	建设银行上海分行
11	B321A	建设银行上海A支行

图 6-2　例 6-1 的查询结果

	Eno	Ecapital	Ename
1	E01	30	赛纳网络有限公司
2	E02	5300	华顺达水泥股份有限公司
3	E03	45	新意企业策划中心
4	E04	2980	新都美百货公司
5	E05	290	达伊园食品有限公司
6	E06	NULL	飘美广告有限公司
7	E07	6560	浦庆石化有限公司
8	E08	800	爱贝乐玩具有限公司
9	E09	600	洛普文具有限公司
10	E10	680	莱英投资咨询有限公司

图 6-3　例 6-2 的查询结果

说明：＜目标列表达式＞中各列的先后顺序可以与表中的顺序不一致。用户可以根据应用的需要改变列的显示顺序。本例中先列出法人代码，再列出注册资金，最后列出法人名称。查询结果中各列的顺序与＜目标列表达式＞中各列的顺序是一致的。

2. 查询全部列

查询表中的所有属性列有两种方法：第一种方法是在 SELECT 子句后面列出所有列名；第二种方法是若列的显示顺序与其在原表中的顺序相同，也可以简单地将＜目标列表达式＞指定为"＊"。

例 6-3　查询所有银行的银行代码、银行名称和银行电话。

```
SELECT Bno,Bname,Btel
FROM BankT
```

等价于：

```
SELECT *
FROM BankT
```

	Bno	Bname	Btel
1	B1100	工商银行北京分行	010-4573
2	B111A	工商银行北京A支行	010-3489
3	B111B	工商银行北京B支行	NULL
4	B111C	工商银行北京C支行	010-5729
5	B1210	工商银行上海分行	021-5639
6	B121A	工商银行上海A支行	021-8759
7	B2100	交通银行北京分行	010-6829
8	B211A	交通银行北京A支行	010-9045
9	B211B	交通银行北京B支行	NULL
10	B3200	建设银行上海分行	021-6739
11	B321A	建设银行上海A支行	021-9035

图 6-4　例 6-3 的查询结果

查询结果如图 6-4 所示。

3. 查询经过计算的列

SELECT 子句的＜目标列表达式＞不仅可以是表中的属性列，也可以是算术表达式、字符串常量、函数等。

例 6-4　从贷款表中查询法人代码、银行代码和贷款年份。

```
SELECT Eno,Bno,'Year of Ldate:',YEAR(Ldate)
FROM LoanT
```

查询结果如图 6-5 所示。

经过计算的列、函数产生的列和常量列在显示结果中都没有列标题，通过定义列别名可以改变查询结果的列标题，这对于含算术表达式、常量、函数名的目标列尤为有用。定义列别名的语法格式为

```
列名|表达式 [AS] 列别名
```

或：

列别名=列名|表达式

例 6-5　可以定义如下列别名。

```
SELECT Eno 法人代码,Bno 银行代码,'Year of Ldate:'贷款年份,YEAR(Ldate) 年份
FROM LoanT
```

查询结果如图 6-6 所示。

结果　消息

	Eno	Bno	(无列名)	(无列名)
1	E01	B1100	Year of Ldate:	2008
2	E01	B111A	Year of Ldate:	2005
3	E01	B2100	Year of Ldate:	2009
4	E02	B111A	Year of Ldate:	2007
5	E02	B111B	Year of Ldate:	2008
6	E02	B111B	Year of Ldate:	2009
7	E02	B211B	Year of Ldate:	2006
8	E02	B211B	Year of Ldate:	2008
9	E02	B3200	Year of Ldate:	2008
10	E02	B321A	Year of Ldate:	2005
11	E03	B3200	Year of Ldate:	2008
12	E03	B321A	Year of Ldate:	2009
13	E06	B111B	Year of Ldate:	2008
14	E06	B211B	Year of Ldate:	2008
15	E07	B111C	Year of Ldate:	2007
16	E07	B2100	Year of Ldate:	2009
17	E07	B211B	Year of Ldate:	2008
18	E07	B321A	Year of Ldate:	2005
19	E09	B111A	Year of Ldate:	2009
20	E09	B111C	Year of Ldate:	2008
21	E09	B321A	Year of Ldate:	2007
22	E10	B111A	Year of Ldate:	2008

图 6-5　例 6-4 的查询结果

结果　消息

	法人代码	银行代码	贷款年份	年份
1	E01	B1100	Year of Ldate:	2008
2	E01	B111A	Year of Ldate:	2005
3	E01	B2100	Year of Ldate:	2009
4	E02	B111A	Year of Ldate:	2007
5	E02	B111B	Year of Ldate:	2008
6	E02	B111B	Year of Ldate:	2009
7	E02	B211B	Year of Ldate:	2006
8	E02	B211B	Year of Ldate:	2008
9	E02	B3200	Year of Ldate:	2008
10	E02	B321A	Year of Ldate:	2005
11	E03	B3200	Year of Ldate:	2008
12	E03	B321A	Year of Ldate:	2009
13	E06	B111B	Year of Ldate:	2008
14	E06	B211B	Year of Ldate:	2008
15	E07	B111C	Year of Ldate:	2007
16	E07	B2100	Year of Ldate:	2009
17	E07	B211B	Year of Ldate:	2008
18	E07	B321A	Year of Ldate:	2005
19	E09	B111A	Year of Ldate:	2009
20	E09	B111C	Year of Ldate:	2008
21	E09	B321A	Year of Ldate:	2007
22	E10	B111A	Year of Ldate:	2008

图 6-6　例 6-5 的查询结果

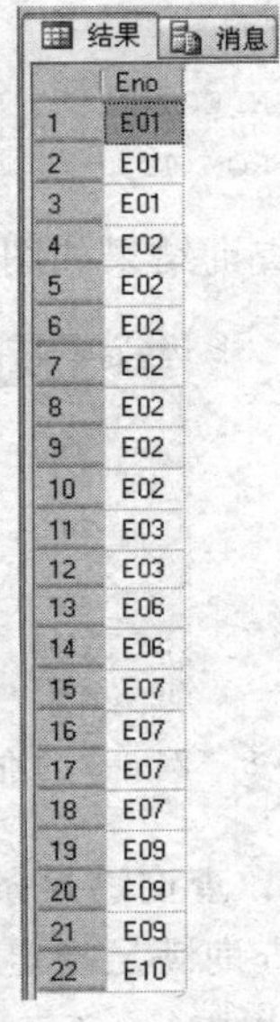

结果　消息

	Eno
1	E01
2	E01
3	E01
4	E02
5	E02
6	E02
7	E02
8	E02
9	E02
10	E02
11	E03
12	E03
13	E06
14	E06
15	E07
16	E07
17	E07
18	E07
19	E09
20	E09
21	E09
22	E10

图 6-7　例 6-6 的查询结果(一)

6.1.1.2　选择表中的若干元组

1. 消除取值相同的行

例 6-6　查询向银行贷过款的法人代码。

```
SELECT Eno
FROM LoanT
```

查询结果如图 6-7 所示。

说明：从本例可以看出，多个本来并不完全相同的元组，投影到指定的某些列上后，可能变成相同的行了。例如，本例的结果集中出现了 3 行“E01”、7 行“E02”、2 行“E03”等。本例要查询的是向银行贷过款的法人代码，取值相同的行在结果中是没有意义的，因此应消除掉。使用 DISTINCT 关键字可以解决这个问题，它的作用是去掉结果集中的重复行。注意，DISTINCT 关键字必须紧跟在 SELECT 关键字后面书写。因此本例应该用如下代码实现：

```
SELECT DISTINCT Eno
FROM LoanT
```

查询结果如图 6-8 所示。

由于上例的查询结果集中只有一列，所以很容易误认为，DISTINCT 关键字是消除 DISTINCT 关键字后面的列的重复值，这种认识是错误的。DISTINCT 关键字是消除查询结果集中的重复行。

例 6-7 查询 TT 表中 Col1 和 Col2 两列，要求去掉重复行，TT 表实例如图 6-9 所示。

```
SELECT DISTINCT Col1,Col2
FROM TT
```

查询结果如图 6-10 所示。

结果 消息

	Eno
1	E01
2	E02
3	E03
4	E06
5	E07
6	E09
7	E10

图 6-8 例 6-6 的查询结果(二)

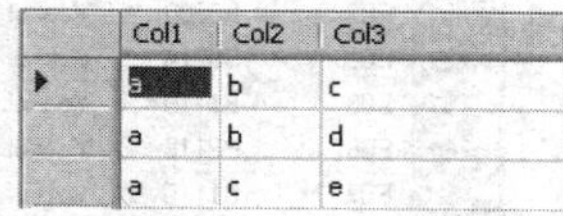

Col1	Col2	Col3
a	b	c
a	b	d
a	c	e

图 6-9 TT 表实例

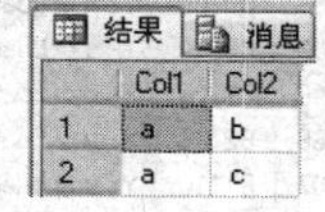

结果 消息

	Col1	Col2
1	a	b
2	a	c

图 6-10 例 6-7 的查询结果

2. 查询满足条件的元组

查询满足指定条件的元组可以通过 WHERE 子句实现。WHERE 子句常用的查询条件如表 6-1 所示。

表 6-1 常用的查询条件

查询条件	谓　词
比较	＝，＞，＜，＞＝，＜＝，！＝，＜＞，！＞，！＜；NOT＋上述比较运算符
确定范围	BETWEEN AND，NOT BETWEEN AND
确定集合	IN，NOT IN
字符匹配	LIKE，NOT LIKE
空值	IS NULL，IS NOT NULL
逻辑查询	AND，OR，NOT

(1) 比较大小

用于比较大小的运算符一般包括：＝(等于)，＞(大于)，＜(小于)，＞＝(大于等于)，＜＝(小于等于)，！＝或＜＞(不等于)。有些产品还包括：！＞(不大于)，！＜(不小于)。逻辑运算符 NOT 可与比较运算符同用，对条件求非。

例 6-8 查询经济性质为“国营”的所有法人的名称。

```
SELECT Ename
```

```
FROM LegalEntityT
WHERE Enature='国营'
```

查询结果如图 6-11 所示。

例 6-9　查询注册资金大于 10 万元的法人代码、法人名称和注册资金。

```
SELECT Eno,Ename,Ecapital
FROM LegalEntityT
WHERE Ecapital>10
```

查询结果如图 6-12 所示。

例 6-10　查询 2009 年 1 月 1 日之前贷过款的法人代码。

```
SELECT DISTINCT Eno
FROM LoanT
WHERE Ldate<'2009-1-1'
```

查询结果如图 6-13 所示。

结果　消息

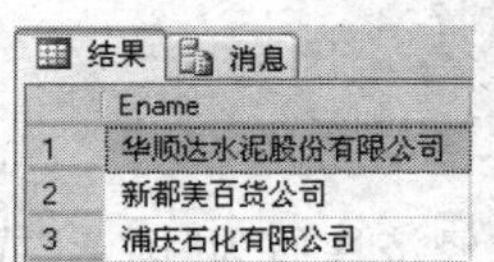

	Ename
1	华顺达水泥股份有限公司
2	新都美百货公司
3	浦庆石化有限公司

图 6-11　例 6-8 的查询结果

结果　消息

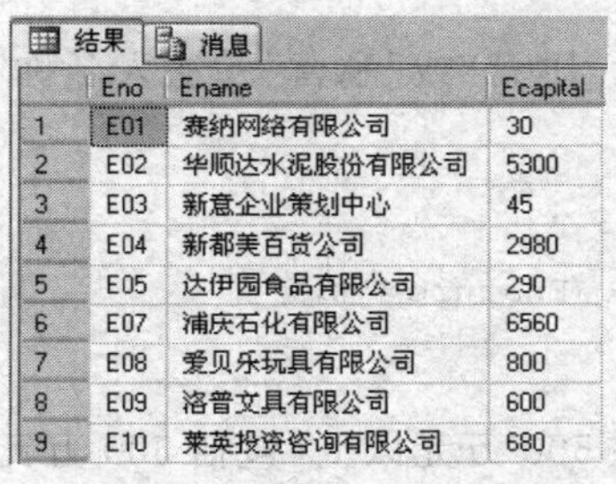

	Eno	Ename	Ecapital
1	E01	赛纳网络有限公司	30
2	E02	华顺达水泥股份有限公司	5300
3	E03	新意企业策划中心	45
4	E04	新都美百货公司	2980
5	E05	达伊园食品有限公司	290
6	E07	浦庆石化有限公司	6560
7	E08	爱贝乐玩具有限公司	800
8	E09	洛普文具有限公司	600
9	E10	莱英投资咨询有限公司	680

图 6-12　例 6-9 的查询结果

结果　消息

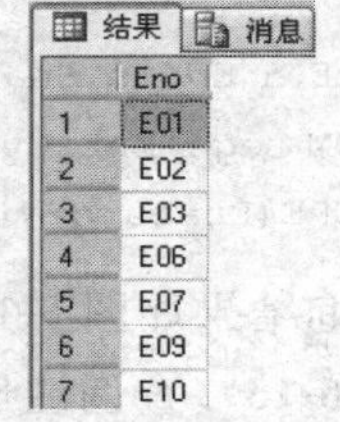

	Eno
1	E01
2	E02
3	E03
4	E06
5	E07
6	E09
7	E10

图 6-13　例 6-10 的查询结果

说明：日期时间型的常量必须加单引号。由于一个法人可能在 2009 年 1 月 1 日之前有多次贷款记录，所以在查询语句中应该通过使用 DISTINCT 关键字来消除重复的记录行，即消除重复的法人代码。

(2) 逻辑查询

逻辑查询是由逻辑运算符 AND、OR、NOT 及其组合作为条件的查询。AND 和 OR 用于连接 WHERE 子句中的多个查询条件(布尔表达式)。NOT 用于反转查询条件的结果。当一个语句中使用了多个逻辑运算符时，计算顺序依次为 NOT、AND 和 OR。一般建议用户使用括号改变优先级，这样可以提高查询的可读性，并减少出现细微错误的可能性。使用括号不会造成重大的性能损失。

使用逻辑运算符 AND 的一般格式为

```
布尔表达式 1 AND 布尔表达式 2 AND…AND 布尔表达式 n
```

用 AND 连接的条件表示只有当全部的布尔表达式均为 True 时，整个表达式的结果才为 True；只要有一个布尔表达式的结果为 False，则整个表达式的结果即为 False。

使用逻辑运算符 OR 的一般格式为

```
布尔表达式 1 OR 布尔表达式 2 OR…OR 布尔表达式 n
```

用 OR 连接的条件表示只要其中一个布尔表达式为 True，则整个表达式的结果即为 True；只有当全部布尔表达式的结果均为 False 时，整个表达式结果才为 False。

使用逻辑运算符 NOT 的一般格式为

```
NOT 布尔表达式
```

当布尔表达式的结果为 True 时，整个表达式的结果为 False；当布尔表达式的结果为 False 时，整个表达式的结果为 True。

例 6-11 查询经济性质为"国营"且注册资金小于 5 000 万元的法人名称。

```
SELECT Ename
FROM LegalEntityT
WHERE (Enature='国营') AND (Ecapital<5000)
```

查询结果如图 6-14 所示。

例 6-12 查询经济性质为"国营"或"私营"的法人名称和经济性质。

```
SELECT Ename,Enature
FROM LegalEntityT
WHERE(Enature='国营') OR (Enature='私营')
```

查询结果如图 6-15 所示。

例 6-13 查询注册资金在 500 万元以上(包括 500 万元)，且经济性质为"国营"或"集体"的法人名称和经济性质。

```
SELECT Ename,Enature
FROM LegalEntityT
WHERE (Ecapital>=500) AND ((Enature='国营') OR (Enature='集体'))
```

查询结果如图 6-16 所示。

	Ename
1	新都美百货公司

图 6-14 例 6-11 的查询结果

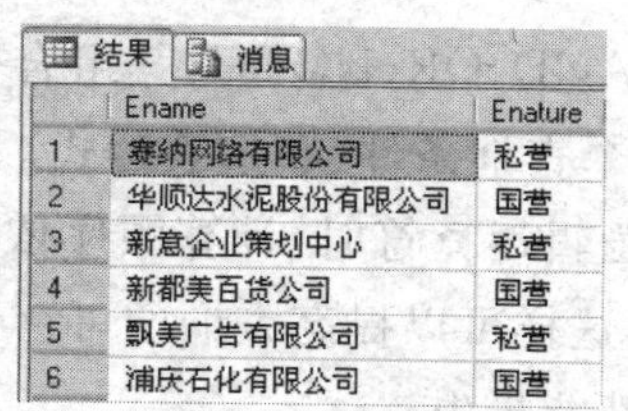

	Ename	Enature
1	赛纳网络有限公司	私营
2	华顺达水泥股份有限公司	国营
3	新意企业策划中心	私营
4	新都美百货公司	国营
5	飘美广告有限公司	私营
6	浦庆石化有限公司	国营

图 6-15 6-12 的查询结果

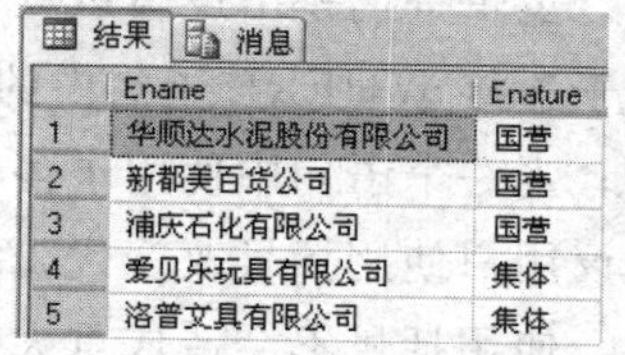

	Ename	Enature
1	华顺达水泥股份有限公司	国营
2	新都美百货公司	国营
3	浦庆石化有限公司	国营
4	爱贝乐玩具有限公司	集体
5	洛普文具有限公司	集体

图 6-16 例 6-13 的查询结果

(3) 确定范围

谓词 BETWEEN…AND…和 NOT BETWEEN…AND…可以用来查找属性值在(或不在)指定范围内的元组，其中 BETWEEN 后面是范围的下限(即低值)，AND 后面是范围的上限(即高值)。

使用 BETWEEN…AND…的一般格式为

```
列名|表达式 BETWEEN 下限值 AND 上限值
```

使用 BETWEEN…AND…的条件表达式的结果等价于下面条件表达式的结果：

```
(列名|表达式>=下限值) AND (列名|表达式<=上限值)
```

使用 NOT BETWEEN…AND…的一般格式为

```
列名|表达式 NOT BETWEEN 下限值 AND 上限值
```

使用 NOT BETWEEN…AND…的条件表达式的结果等价于下面条件表达式的结果：

```
(列名|表达式<下限值) OR (列名|表达式>上限值)
```

BETWEEN…AND…和 NOT BETWEEN…AND…一般用于对数值型数据和日期型数据进行比较。列名或表达式的类型要与下限值或上限值的类型相同。

例 6-14 查询注册资金在 300 万元至 600 万元(包括 300 万元和 600 万元)的法人的名称、经济性质和注册资金。

```
SELECT Ename,Enature,Ecapital
FROM LegalEntityT
WHERE Ecapital BETWEEN 300 AND 600
```

等价于：

```
SELECT Ename,Enature,Ecapital
FROM LegalEntityT
WHERE (Ecapital>=300) AND (Ecapital<=600)
```

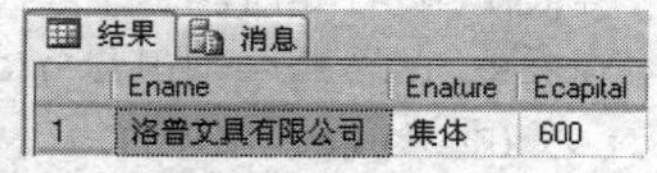

结果 消息

	Ename	Enature	Ecapital
1	洛普文具有限公司	集体	600

图 6-17 例 6-14 的查询结果

查询结果如图 6-17 所示。

例 6-15 查询注册资金不在 300 万元至 600 万元的法人的名称、经济性质和注册资金。

```
SELECT Ename,Enature,Ecapital
FROM LegalEntityT
WHERE Ecapital NOT BETWEEN 300 AND 600
```

等价于：

```
SELECT Ename,Enature,Ecapital
FROM LegalEntityT
WHERE (Ecapital<300) OR (Ecapital>600)
```

结果 消息

	Ename	Enature	Ecapital
1	赛纳网络有限公司	私营	30
2	华顺达水泥股份有限公司	国营	5300
3	新意企业策划中心	私营	45
4	新都美百货公司	国营	2980
5	达伊园食品有限公司	集体	290
6	浦庆石化有限公司	国营	6560
7	爱贝乐玩具有限公司	集体	800
8	莱英投资咨询有限公司	三资	680

图 6-18 例 6-15 的查询结果

查询结果如图 6-18 所示。

(4) 确定集合

谓词 IN 可以用来查找属性值指定集合的元组。

使用 IN 的一般格式为

```
列名|表达式 IN(常量 1,常量 2,...,常量 n)
```

当列值(或表达式值)与IN集合中的某个常量值相等时,则结果为True;当列值(或表达式值)与IN集合中的任何一个常量值都不相等时,则结果为False。使用IN的条件表达式的结果等价于下面条件表达式的结果:

```
(列名|表达式=常量 1) OR (列名|表达式=常量 2) OR ... OR (列名|表达式=常量 n)
```

使用NOT IN的一般格式为

```
列名|表达式 NOT IN (常量 1,常量 2,...,常量 n)
```

当列值(或表达式值)与IN集合中的任何一个常量值都不相等时,则结果为True;当列值(或表达式值)与IN集合中的某个常量值相等时,则结果为False。使用NOT IN的条件表达式的结果等价于下面条件表达式的结果:

```
(列名|表达式<>常量 1) AND (列名|表达式<>常量 2 ) AND ... AND (列名|表达式<>常量 n)
```

例 6-16 查询经济性质为"国营""私营"或"集体"的法人名称和经济性质。

```
SELECT Ename,Enature
FROM LegalEntityT
WHERE Enature IN('国营','私营','集体')
```

等价于:

```
SELECT Ename,Enature
FROM LegalEntityT
WHERE (Enature='国营') OR (Enature='私营')
OR (Enature='集体')
```

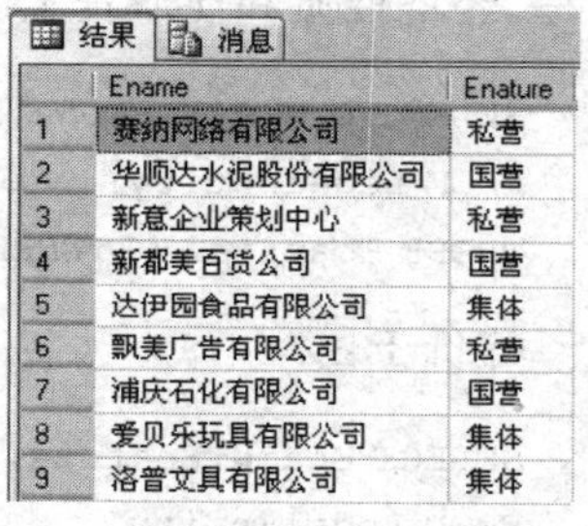

结果 消息

	Ename	Enature
1	赛纳网络有限公司	私营
2	华顺达水泥股份有限公司	国营
3	新意企业策划中心	私营
4	新都美百货公司	国营
5	达伊园食品有限公司	集体
6	凯美广告有限公司	私营
7	浦庆石化有限公司	国营
8	爱贝乐玩具有限公司	集体
9	洛普文具有限公司	集体

图 6-19 例 6-16 的查询结果

查询结果如图 6-19 所示。

例 6-17 查询经济性质不为"国营""私营"或"集体"的法人名称和经济性质。

```
SELECT Ename,Enature
FROM LegalEntityT
WHERE Enature NOT IN('国营','私营','集体')
```

等价于:

```
SELECT Ename,Enature
FROM LegalEntityT
WHERE (Enature<>'国营') AND (Enature<>'私营') AND (Enature< > '集体')
```

查询结果如图 6-20 所示。

结果 消息

	Ename	Enature
1	莱英投资咨询有限公司	三资

图 6-20 例 6-17 的查询结果

(5) 字符匹配

谓词 LIKE 确定特定字符串是否与指定匹配串相匹配。匹配串可以包含常规字符和通配符。匹配过程中,常规字符必须与字符串中指定的字符完全匹配。但是,通配符可以与字符串的任意部分相匹配。与使用=和!=字符串比较运算符相比,使用通配符可使 LIKE 运算符更加灵活。其一般语法格式如下:

```
列名|字符串表达式 [NOT] LIKE '<匹配串>'
```

其含义是查找指定的列值与＜匹配串＞相匹配(或不匹配)的元组。＜匹配串＞可以是一个完整的字符串,也可以含有通配符。

表 6-2　常用通配符及其含义

通 配 符	含　义
_	匹配任何单个字符
%	匹配包含零个或多个字符串的任意字符串
[ ]	匹配[ ]中的任何单个字符。如果[ ]中的字符是有序的,则可以使用连字符。例如,[012345]等价于[0−5],[bcdef]等价于[b−f]
[^]	不匹配[ ]中的任何单个字符。如果[ ]中的字符是有序的,则可以使用连字符

例 6-18　查询法人表中法定代表人姓"王"的法人信息。

```
SELECT *
FROM LegalEntityT
WHERE Erep LIKE '王%'
```

查询结果如图 6-21 所示。

结果　消息

	Eno	Ename	Enature	Ecapital	Erep
1	E02	华顺达水泥股份有限公司	国营	5300	王晓伟
2	E06	飘美广告有限公司	私营	NULL	王逸凡

图 6-21　例 6-18 的查询结果

例 6-19　查询法人表中法定代表人姓"王"、姓"李"和姓"刘"的法人信息。

```
SELECT *
FROM LegalEntityT
WHERE Erep LIKE '[王李刘]%'
```

等价于:

```
SELECT *
FROM LegalEntityT
WHERE (Erep LIKE '王%') OR (Erep LIKE '李%') OR (Erep LIKE '刘%')
```

查询结果如图 6-22 所示。

说明:[]中的字符不要用逗号分隔,如果将本例代码写成

```
SELECT *
FROM LegalEntityT
WHERE Erep LIKE '[王,李,刘]%'
```

则表示查询法人表中法定代表人姓“王”、姓“李”、姓“刘”和姓“,”的法人信息,所以这样的写法是错误的。

	Eno	Ename	Enature	Ecapital	Erep
1	E02	华顺达水泥股份有限公司	国营	5300	王晓伟
2	E03	新意企业策划中心	私营	45	刘爽
3	E05	达伊园食品有限公司	集体	290	李一蒙
4	E06	飘美广告有限公司	私营	NULL	王逸凡
5	E07	浦庆石化有限公司	国营	6560	李中信
6	E09	洛普文具有限公司	集体	600	李倩

图 6-22 例 6-19 的查询结果

	Bno	Bname	Btel
1	B2100	交通银行北京分行	010-6829
2	B211A	交通银行北京A支行	010-9045
3	B211B	交通银行北京B支行	NULL

图 6-23 例 6-20 的查询结果

例 6-20 查询交通银行的基本信息。

```
SELECT *
FROM BankT
WHERE Bname LIKE '交通银行%'
```

查询结果如图 6-23 所示。

例 6-21 查询法人表中全部公司的信息。

```
SELECT *
FROM LegalEntityT
WHERE Ename LIKE '%公司'
```

查询结果如图 6-24 所示。

例 6-22 查询除交通银行外的其他银行的基本信息。

```
SELECT *
FROM BANKT
WHERE Bname NOT LIKE '交通银行%'
```

查询结果如图 6-25 所示。

	Eno	Ename	Enature	Ecapital	Erep
1	E01	赛纳网络有限公司	私营	30	张雨
2	E02	华顺达水泥股份有限公司	国营	5300	王晓伟
3	E04	新都美百货公司	国营	2980	张海洋
4	E05	达伊园食品有限公司	集体	290	李一蒙
5	E06	飘美广告有限公司	私营	NULL	王逸凡
6	E07	浦庆石化有限公司	国营	6560	李中信
7	E08	爱贝乐玩具有限公司	集体	800	张强
8	E09	洛普文具有限公司	集体	600	李倩
9	E10	莱英投资咨询有限公司	三资	680	张晓峰

图 6-24 例 6-21 的查询结果

	Bno	Bname	Btel
1	B1100	工商银行北京分行	010-4573
2	B111A	工商银行北京A支行	010-3489
3	B111B	工商银行北京B支行	NULL
4	B111C	工商银行北京C支行	010-5729
5	B1210	工商银行上海分行	021-5639
6	B121A	工商银行上海A支行	021-8759
7	B3200	建设银行上海分行	021-6739
8	B321A	建设银行上海A支行	021-9035

图 6-25 例 6-22 的查询结果

例 6-23　查询在上海的银行的基本信息。

```
SELECT *
FROM BankT
WHERE Bname LIKE '%上海%'
```

查询结果如图 6-26 所示。

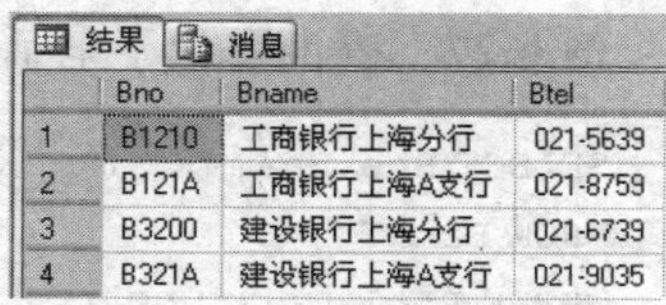

	Bno	Bname	Btel
1	B1210	工商银行上海分行	021-5639
2	B121A	工商银行上海A支行	021-8759
3	B3200	建设银行上海分行	021-6739
4	B321A	建设银行上海A支行	021-9035

图 6-26　例 6-23 的查询结果

例 6-24　查询法定代表人姓名第 2 个字为“晓”或“一”的法定代表人。

```
SELECT Erep
FROM LegalEntityT
WHERE Erep LIKE '_[晓一]%'
```

查询结果如图 6-27 所示。

例 6-25　从银行表中查询银行电话最后 1 位不在 3～6 范围内的银行代码、银行名称和银行电话。

```
SELECT Bno,Bname,Btel
FROM BankT
WHERE Btel like '%[^3-6]'
```

查询结果如图 6-28 所示。

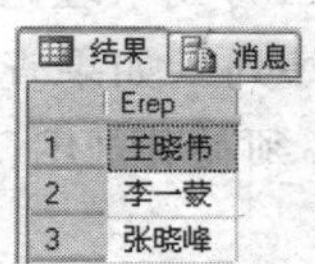

	Erep
1	王晓伟
2	李一蒙
3	张晓峰

图 6-27　例 6-24 的查询结果

	Bno	Bname	Btel
1	B111A	工商银行北京A支行	010-3489
2	B111C	工商银行北京C支行	010-5729
3	B1210	工商银行上海分行	021-5639
4	B121A	工商银行上海A支行	021-8759
5	B2100	交通银行北京分行	010-6829
6	B3200	建设银行上海分行	021-6739

图 6-28　例 6-25 的查询结果

(6) 空值

空值表示值未知。空值不同于空白或零值。没有两个相等的空值。比较两个空值或将空值与任何其他值相比均返回未知，这是因为每个空值均为未知。空值一般表示数据未知、不适用或将在以后添加数据。

在 SQL Server Management Studio 代码编辑器中查看查询结果时，空值在结果集中显示为 NULL。若要在查询中测试空值，请在 WHERE 子句中使用 IS NULL 或 IS NOT NULL。具体格式如下：

```
列名|表达式 IS [NOT] NULL
```

不能使用普通的比较运算符(=、!=等)来判断某个列或表达式是否为 NULL 值。

例 6-26　查询没有登记电话的银行代码和银行名称。

```
SELECT Bno,Bname
FROM BankT
```

```
WHERE Btel IS NULL
```

查询结果如图 6-29 所示。

例 6-27 查询登记了电话的银行代码和银行名称。

```
SELECT Bno,Bname
FROM BankT
WHERE Btel IS NOT NULL
```

查询结果如图 6-30 所示。

	Bno	Bname
1	B111B	工商银行北京B支行
2	B211B	交通银行北京B支行

图 6-29 例 6-26 的查询结果

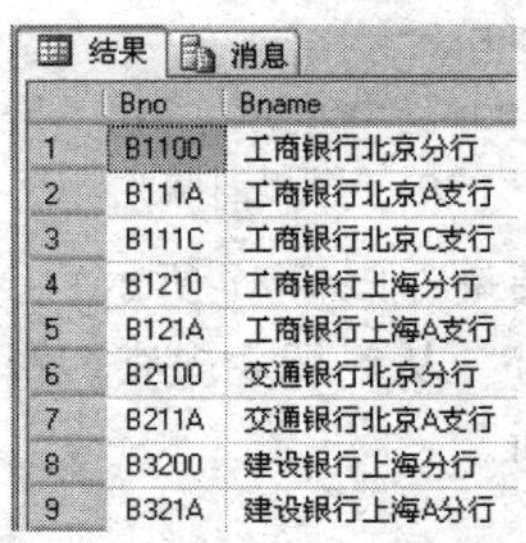
	Bno	Bname
1	B1100	工商银行北京分行
2	B111A	工商银行北京A支行
3	B111C	工商银行北京C支行
4	B1210	工商银行上海分行
5	B121A	工商银行上海A支行
6	B2100	交通银行北京分行
7	B211A	交通银行北京A支行
8	B3200	建设银行上海分行
9	B321A	建设银行上海A分行

图 6-30 例 6-27 的查询结果

6.1.1.3 对查询结果进行排序

用户可以用 ORDER BY 子句对查询结果按照一个或多个属性列的升序(ASC)或降序(DESC)排序,省略值为升序。ORDER BY 之所以重要,是因为关系理论规定除非已经指定 ORDER BY,否则不能假设查询结果集中的行带有任何序列。如果查询结果集中行的顺序对 SELECT 语句很重要,那么在 SELECT 语句中就必须使用 ORDER BY 子句。ORDER BY 子句的一般格式为

```
ORDER BY <列名> [ASC|DESC] [,…,n]
```

空值被视为最低的可能值。对 ORDER BY 子句中的项目数没有限制。但是,排序操作所需的中间工作表的行大小限制为 8 060 个字节。这限制了在 ORDER BY 子句中指定的列的总大小。

例 6-28 指定一列作为排序依据列。查询法人代码、法人名称、经济性质和注册资金,要求查询结果按注册资金的升序排列。

```
SELECT Eno,Ename,Enature,Ecapital
FROM LegalEntityT
ORDER BY Ecapital ASC
```

查询结果如图 6-31 所示。

说明:“ORDER BY Ecapital ASC”中的 ASC 是可以省略的。

例 6-29 指定一列作为排序依据列。查询法人代码、法人名称、经济性质和注册资金,要求查询结果按注册资金的降序排列。

```
SELECT Eno,Ename,Enature,Ecapital
FROM LegalEntityT
ORDER BY Ecapital DESC
```

查询结果如图 6-32 所示。

	Eno	Ename	Enature	Ecapital
1	E06	飘美广告有限公司	私营	NULL
2	E01	赛纳网络有限公司	私营	30
3	E03	新意企业策划中心	私营	45
4	E05	达伊园食品有限公司	集体	290
5	E09	洛普文具有限公司	集体	600
6	E10	莱英投资咨询有限公司	三资	680
7	E08	爱贝乐玩具有限公司	集体	800
8	E04	新都美百货公司	国营	2980
9	E02	华顺达水泥股份有限公司	国营	5300
10	E07	浦庆石化有限公司	国营	6560

图 6-31　例 6-28 的查询结果

	Eno	Ename	Enature	Ecapital
1	E07	浦庆石化有限公司	国营	6560
2	E02	华顺达水泥股份有限公司	国营	5300
3	E04	新都美百货公司	国营	2980
4	E08	爱贝乐玩具有限公司	集体	800
5	E10	莱英投资咨询有限公司	三资	680
6	E09	洛普文具有限公司	集体	600
7	E05	达伊园食品有限公司	集体	290
8	E03	新意企业策划中心	私营	45
9	E01	赛纳网络有限公司	私营	30
10	E06	飘美广告有限公司	私营	NULL

图 6-32　例 6-29 的查询结果

例 6-30　指定多列作为排序依据列。查询贷款表的所有信息，要求查询结果首先按贷款日期的降序排列，同一贷款日期的再按贷款金额的升序排列。

```
SELECT *
FROM LoanT
ORDER BY Ldate DESC,Lamount ASC
```

查询结果如图 6-33 所示。

	Eno	Bno	Ldate	Lamount	Lterm
1	E01	B2100	2009-03-02 00:00:00	8	5
2	E03	B321A	2009-03-02 00:00:00	20	5
3	E02	B111B	2009-03-02 00:00:00	1500	10
4	E09	B111A	2009-01-10 00:00:00	300	10
5	E07	B2100	2009-01-01 00:00:00	2000	10
6	E06	B211B	2008-12-20 00:00:00	80	10
7	E06	B111B	2008-10-22 00:00:00	320	20
8	E07	B211B	2008-10-10 00:00:00	3600	10
9	E01	B1100	2008-08-20 00:00:00	10	15
10	E02	B211B	2008-08-01 00:00:00	2000	15
11	E09	B111C	2008-07-12 00:00:00	200	5
12	E10	B111A	2008-07-12 00:00:00	300	10
13	E03	B3200	2008-06-04 00:00:00	30	5
14	E02	B3200	2008-06-04 00:00:00	2500	20
15	E02	B111B	2008-05-13 00:00:00	2000	10
16	E09	B321A	2007-08-20 00:00:00	150	5
17	E02	B111A	2007-08-20 00:00:00	1000	5
18	E07	B111C	2007-08-20 00:00:00	3000	15
19	E02	B211B	2006-04-16 00:00:00	1100	5
20	E02	B321A	2005-05-21 00:00:00	3000	20
21	E01	B111A	2005-04-01 00:00:00	15	20
22	E07	B321A	2005-01-01 00:00:00	4000	25

图 6-33　例 6-30 的查询结果

6.1.1.4　使用 TOP 限制结果集

在使用 SELECT 语句进行查询时，有时我们只希望列出结果集中的前几个结果，而不是全部结果。例如，查询贷款金额最高的前五名贷款记录，这时就可以使用 TOP 关键字来限制输出的结果。其语法格式如下：

```
TOP (表达式) [PERCENT][WITH TIES]
```

其中：

- n 为非负整数。
- TOP (n)：表示取查询结果的前 n 行。
- TOP (n) PERCENT：表示取查询结果的前 n%行。
- WITH TIES：表示包括并列的结果。只能在 SELECT 语句中且只有在指定 ORDER BY 子句之后，才能使用“WITH TIES”。
- TOP 关键字写在 SELECT 单词的后边(如果有 DISTINCT 的话，则 TOP 是写在 DISTINCT 的后边)，查询列表的前边。
- 如果查询包含 ORDER BY 子句，则将返回按 ORDER BY 子句排序的前 n 行或

n%的行。如果查询没有 ORDER BY 子句,则行的顺序是随意的,此时获得的结果对于我们来说可能是没有意义的。

例 6-31 查询贷款金额最高的前三名贷款记录。

```
SELECT TOP (3) *
FROM LoanT
ORDER BY Lamount DESC
```

查询结果如图 6-34 所示。

若要包含贷款金额并列的前三名贷款记录,则查询语句写为

```
SELECT TOP (3) WITH TIES *
FROM LoanT
ORDER BY Lamount DESC
```

查询结果如图 6-35 所示。

	Eno	Bno	Ldate	Lamount	Lterm
1	E07	B321A	2005-01-01 00:00:00	4000	25
2	E07	B211B	2008-10-10 00:00:00	3600	10
3	E02	B321A	2005-05-21 00:00:00	3000	20

图 6-34 例 6-31 的查询结果(一)

	Eno	Bno	Ldate	Lamount	Lterm
1	E07	B321A	2005-01-01 00:00:00	4000	25
2	E07	B211B	2008-10-10 00:00:00	3600	10
3	E07	B111C	2007-08-20 00:00:00	3000	15
4	E02	B321A	2005-05-21 00:00:00	3000	20

图 6-35 例 6-31 的查询结果(二)

例 6-32 查询注册资金最低的前三名法人代码、法人名称和注册资金,不包括并列的情况。

```
SELECT TOP (3) Eno,Ename,Ecapital
FROM LegalEntityT
ORDER BY Ecapital ASC
```

查询结果如图 6-36 所示。

说明:由于 E06 法人的注册资金未填写,所以未知。为了能够查询有效数据,可以通过 WHERE 子句将注册资金为 NULL 的记录筛掉。则查询语句改写为

```
SELECT TOP (3) Eno,Ename,Ecapital
FROM LegalEntityT
WHERE Ecapital IS NOT NULL
ORDER BY Ecapital ASC
```

查询结果如图 6-37 所示。

	Eno	Ename	Ecapital
1	E06	飘美广告有限公司	NULL
2	E01	赛纳网络有限公司	30
3	E03	新意企业策划中心	45

图 6-36 例 6-32 的查询结果(一)

	Eno	Ename	Ecapital
1	E01	赛纳网络有限公司	30
2	E03	新意企业策划中心	45
3	E05	达伊园食品有限公司	290

图 6-37 例 6-32 的查询结果(二)

TOP 中也可以使用变量。

例 6-33　查询 AdventureWorks 数据库的 dbo. Employee 表中列出的前 10 个雇员的信息(EmployeeID、NationalIDNumber、ContactID、ManagerID 和 Title)。

```
USE AdventureWorks;
GO
DECLARE @p AS int;
SELECT @p=10
SELECT TOP(@p) EmployeeID,NationalIDNumber,ContactID,ManagerID,Title
FROM HumanResources.Employee
```

查询结果如图 6-38 所示。

结果　消息

	EmployeeID	NationalIDNumber	ContactID	ManagerID	Title
1	1	14417807	1209	16	Production Technician - WC60
2	2	253022876	1030	6	Marketing Assistant
3	3	509647174	1002	12	Engineering Manager
4	4	112457891	1290	3	Senior Tool Designer
5	5	480168528	1009	263	Tool Designer
6	6	24756624	1028	109	Marketing Manager
7	7	309738752	1070	21	Production Supervisor - WC60
8	8	690627818	1071	185	Production Technician - WC10
9	9	695256908	1005	3	Design Engineer
10	10	912265825	1076	185	Production Technician - WC10

图 6-38　例 6-33 的查询结果

6.1.1.5　分组与汇总查询

SQL SELECT 查询可以直接对查询结果进行汇总计算,也可以对查询结果进行分组计算。在查询中完成汇总计算的函数称为聚合函数,实现分组查询的子句为 GROUP BY 子句。

1. 聚合函数与汇总查询

聚合函数对一组值执行计算,并返回单个值。常用的聚合函数如表 6-3 所示。

表 6-3　常用的聚合函数

<table>
<tr><th>聚 合 函 数</th><th>含　　义</th></tr>
<tr><td>COUNT(*)</td><td>统计元组的个数</td></tr>
<tr><td>COUNT([DISTINCT|ALL]<列名|表达式>)</td><td>统计一列中值的个数</td></tr>
<tr><td>SUM([DISTINCT|ALL]<列名|表达式>)</td><td>计算一列值的总和(此列必须是数值型)</td></tr>
<tr><td>AVG([DISTINCT|ALL]<列名|表达式>)</td><td>计算一列值的平均值(此列必须是数值型)</td></tr>
<tr><td>MAX([DISTINCT|ALL]<列名|表达式>)</td><td>求一列值中的最大值</td></tr>
<tr><td>MIN([DISTINCT|ALL]<列名|表达式>)</td><td>求一列值中的最小值</td></tr>
</table>

说明:如果指定 DISTINCT 关键字,则表示在统计时要取消指定列的重复值。如果不指定 DISTINCT 关键字或指定 ALL 关键字(默认选项),则表示不取消重复值。

除了 COUNT(＊)以外,聚合函数都会忽略空值。

关于这些聚合函数的详细解释,请参见 4.5.1 节。

例 6-34 查询银行的总数。

```
SELECT COUNT(*)
FROM BankT
```

查询结果如图 6-39 所示。

例 6-35 查询有过贷款记录的法人总数。

```
SELECT COUNT(DISTINCT Eno)
FROM LoanT
```

查询结果如图 6-40 所示。

例 6-36 查询"E01"法人的总贷款金额和平均贷款金额。

```
SELECT SUM(Lamount),AVG(Lamount)
FROM LoanT
WHERE Eno='E01'
```

查询结果如图 6-41 所示。

图 6-39 例 6-34 的查询结果

图 6-40 例 6-35 的查询结果

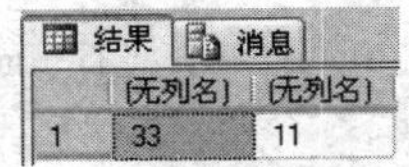

图 6-41 例 6-36 的查询结果

例 6-37 查询"B111A"银行的最高贷款金额和最低贷款金额。

```
SELECT MAX(Lamount),Min(Lamount)
FROM LoanT
WHERE Bno= 'B111A'
```

	(无列名)	(无列名)
1	1000	15

图 6-42 例 6-37 的查询结果

查询结果如图 6-42 所示。

思考:下列查询语句的执行结果是什么?

```
SELECT COUNT(*),COUNT(Ecapital),SUM(Ecapital),AVG(Ecapital),MAX(Ecapital),
MIN(Ecapital)
FROM LegalEntityT
WHERE Ecapital IS NULL
```

2. GROUP BY 分组查询与计算

聚合函数经常与 SELECT 语句的分组子句一起使用。在 SQL 标准中分组子句是 GROUP BY。GROUP BY 分组查询的一般语法格式如下:

```
SELECT <分组依据列>[,...n],<聚合函数>[,...n]
FROM <数据源>
[WHERE <检索条件表达式>]
GROUP BY <分组依据列>[,...n]
[HAVING <分组提取条件>]
```

其中：

- SELECT 子句和 GROUP BY 子句中的＜分组依据列＞[,...,n]是相对应的，它们说明按什么进行分组。分组依据列可以只有一列，也可以有多列。分组依据列不能是 text、ntext、image 和 bit 类型的列。
- WHERE 子句中的＜检索条件表达式＞是与分组无关的，用来筛选 FROM 子句中指定的数据源所产生的行。执行查询时，先从数据源中筛选出满足＜检索条件表达式＞的元组，然后再对满足条件的元组进行分组。
- GROUP BY 子句用来分组 WHERE 子句的输出。
- HAVING 子句用来从分组的结果中筛选行。所以该子句中的＜分组提取条件＞是分组后的元组应该满足的条件。通常，HAVING 与 GROUP BY 子句一起使用，但也可以单独使用。HAVING 子句可以使用 WHERE 子句中使用的条件谓词，具体请参见表 6-1。
- 有分组时，查询列表中的列只能为分组依据列和聚合函数。

例 6-38　统计每家银行的贷款法人总数。

```
SELECT Bno,COUNT(DISTINCT Eno)C_Eno
FROM LoanT
GROUP BY Bno
```

查询结果如图 6-43 所示。

如果在查询语句中没有 GROUP BY 子句，则聚合函数是对整个数据源中满足条件的所有元组进行统计计算的。如果查询语句中包含了 GROUP BY 子句，则聚合函数是对分组之后的每组元组进行统计计算的。

为了帮助理解，下面分析系统执行这个查询语句的步骤。

(1) 通过 FROM 子句获得要查询的数据源，如图 6-44 所示。

	Bno	C_Eno
1	B1100	1
2	B111A	4
3	B111B	2
4	B111C	2
5	B2100	2
6	B211B	3
7	B3200	2
8	B321A	4

图 6-43　例 6-38 的查询结果

	Eno	Bno	Ldate	Lamount	Lterm
1	E01	B1100	2008-08-20 00:00:00	10	15
2	E01	B111A	2005-04-01 00:00:00	15	20
3	E01	B2100	2009-03-02 00:00:00	8	5
4	E02	B111A	2007-08-20 00:00:00	1000	5
5	E02	B111B	2008-05-13 00:00:00	2000	10
6	E02	B111B	2009-03-02 00:00:00	1500	10
7	E02	B211B	2006-04-16 00:00:00	1100	5
8	E02	B211B	2008-08-01 00:00:00	2000	15
9	E02	B3200	2008-06-04 00:00:00	2500	20
10	E02	B321A	2005-05-21 00:00:00	3000	20
11	E03	B3200	2008-06-04 00:00:00	30	5
12	E03	B321A	2009-03-02 00:00:00	20	5
13	E06	B111B	2008-10-22 00:00:00	320	20
14	E06	B211B	2008-12-20 00:00:00	80	10
15	E07	B111C	2007-08-20 00:00:00	3000	15
16	E07	B2100	2009-01-01 00:00:00	2000	10
17	E07	B211B	2008-10-10 00:00:00	3600	10
18	E07	B321A	2005-01-01 00:00:00	4000	25
19	E09	B111A	2009-01-10 00:00:00	300	10
20	E09	B111C	2008-07-12 00:00:00	200	5
21	E09	B321A	2007-08-20 00:00:00	150	5
22	E10	B111A	2008-07-12 00:00:00	300	10

图 6-44　数据源

(2) 根据 GROUP BY 子句中的分组依据列进行分组,即按 Bno 相同为一组对数据源进行分组,如图 6-45 所示,为了便于读者理解,组与组之间用空白行隔开;分完组后,再根据 SELECT 子句的聚合函数 COUNT(DISTINCT Eno)对每组数据进行统计计算;最后,得到如图 6-43 所示的查询结果。

	Eno	Bno	Ldate	Lamount	Lterm	
1	E01	B1100	2008-08-20 00:00:00	10	15	计算 Bno,COUNT(DISTINCT Eno)
2	E01	B111A	2005-04-01 00:00:00	15	20	计算 Bno,COUNT(DISTINCT Eno)
3	E02	B111A	2007-08-20 00:00:00	1000	5	
4	E09	B111A	2009-01-10 00:00:00	300	10	
5	E10	B111A	2008-07-12 00:00:00	300	10	
6	E06	B111B	2008-10-22 00:00:00	320	20	计算 Bno,COUNT(DISTINCT Eno)
7	E02	B111B	2008-05-13 00:00:00	2000	10	
8	E02	B111B	2009-03-02 00:00:00	1500	10	
9	E09	B111C	2008-07-12 00:00:00	200	5	计算 Bno,COUNT(DISTINCT Eno)
10	E07	B111C	2007-08-20 00:00:00	3000	15	
11	E07	B2100	2009-01-01 00:00:00	2000	10	计算 Bno,COUNT(DISTINCT Eno)
12	E01	B2100	2009-03-02 00:00:00	8	5	
13	E02	B211B	2006-04-16 00:00:00	1100	5	计算 Bno,COUNT(DISTINCT Eno)
14	E02	B211B	2008-08-01 00:00:00	2000	15	
15	E07	B211B	2008-10-10 00:00:00	3600	10	
16	E06	B211B	2008-12-20 00:00:00	80	10	
17	E02	B3200	2008-06-04 00:00:00	2500	20	计算 Bno,COUNT(DISTINCT Eno)
18	E03	B3200	2008-06-04 00:00:00	30	5	
19	E03	B321A	2009-03-02 00:00:00	20	5	计算 Bno,COUNT(DISTINCT Eno)
20	E02	B321A	2005-05-21 00:00:00	3000	20	
21	E09	B321A	2007-08-20 00:00:00	150	5	
22	E07	B321A	2005-01-01 00:00:00	4000	25	

图 6-45　分组进行统计计算

如果现在需要对分组汇总后的信息进行进一步的筛选,例如筛选出贷款法人总数超过 3 的银行号,则需要用到 HAVING 子句。

例 6-39　统计贷款法人总数超过 3 的银行号和贷款法人总数。

```
SELECT Bno,COUNT(DISTINCT Eno)C_Eno
FROM LoanT
GROUP BY Bno
HAVING COUNT(DISTINCT Eno)>3
```

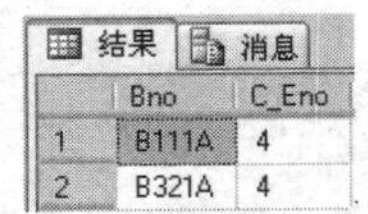

结果 | 消息

	Bno	C_Eno
1	B111A	4
2	B321A	4

图 6-46　例 6-39 的查询结果

查询结果如图 6-46 所示。

说明:在例 6-39 中,查询的执行顺序是:先从 LoanT 表中获取源数据;然后按 Bno 相同为一组对源数据进行分组;再利用 COUNT(DISTINCT Eno)对每组数据进行统计,以得到每家银行的贷款法人总数;接着,从每组的统计结果中筛选统计结果大于 3 的分组,即贷款法人总数超过 3 的银行号;最后,显示筛选结果。如图 6-46 所示的查询结果其实是对图 6-43 所示的查询结果进行筛选后得到的,即查询如图 6-43 所示的查询结果中满足条件“C_Eno>3”的数据行。

如果分组列包含一个空值,那么该行将成为结果中的一个组。如果分组列包含多个空值,那么这些空值将放入一个组中。

例 6-40　统计 AdventureWorks 数据库中的产品表（Production. Product）中每种颜色（Color）产品的平均销售价格（ListPrice），其中 Color 列包含一些空值。

```
USE AdventureWorks
GO
SELECT Color,AVG(ListPrice)AS 'average list price'
FROM Production.Product
GROUP BY Color
```

查询结果如图 6-47 所示。

若要去掉分组中的空值，可以通过 WHERE 子句实现。例如，下面的 SELECT 语句通过添加一个 WHERE 子句，可以去掉分组中的空值。

```
USE AdventureWorks
GO
SELECT Color,AVG(ListPrice)AS 'average list price'
FROM Production.Product
WHERE Color IS NOT NULL
GROUP BY Color
```

查询结果如图 6-48 所示。

	Color	average list price
1	NULL	16.8641
2	Black	725.121
3	Blue	923.6792
4	Grey	125.00
5	Multi	59.865
6	Red	1401.95
7	Silver	850.3053
8	Silver/Black	64.0185
9	White	9.245
10	Yellow	959.0913

图 6-47　例 6-40 的查询结果（一）

	Color	average list price
1	Black	725.121
2	Blue	923.6792
3	Grey	125.00
4	Multi	59.865
5	Red	1401.95
6	Silver	850.3053
7	Silver/Black	64.0185
8	White	9.245
9	Yellow	959.0913

图 6-48　例 6-40 的查询结果（二）

可以在包含 GROUP BY 子句的查询中使用 WHERE 子句。在进行任何分组之前，将消除不符合 WHERE 子句条件的行。

例 6-41　统计 AdventureWorks 数据库中销售价格（ListPrice）高于 1 000 美元的每种型号（ProductModelID）产品的平均销售价格。

```
USE AdventureWorks;
GO
SELECT ProductModelID,AVG(ListPrice) AS 'Average List Price'
FROM Production.Product
WHERE ListPrice>$1000
GROUP BY ProductModelID
```

	ProductModelID	Average List Price
1	5	1357.05
2	6	1431.50
3	7	1003.91
4	19	3387.49
5	20	2307.49
6	21	1079.99
7	25	3578.27
8	26	2443.35
9	27	1700.99
10	28	1457.99
11	29	1120.49
12	34	2384.07
13	35	1214.85

图 6-49　例 6-41 的查询结果

查询结果如图 6-49 所示。

3. WHERE 与 HAVING

WHERE 子句与 HAVING 子句的区别在于作用对象不同。WHERE 子句作用于基本表或视图,从中选择满足条件的元组。HAVING 子句作用于组,从中选择满足条件的组。WHERE 子句搜索条件在进行分组操作之前应用,而 HAVING 搜索条件在进行分组操作之后应用。HAVING 语法与 WHERE 语法类似,但 HAVING 可以包含聚合函数。HAVING 子句可以引用选择列表中出现的任意项。

对于那些在分组操作之前应用的检索条件,应当在 WHERE 子句中指定它们;对于既可以在分组操作之前应用也可以在分组之后应用的检索条件,在 WHERE 子句中指定它们更有效,这样可以减少必须分组的行数。对于那些必须在执行分组操作之后应用的搜索条件,应当在 HAVING 子句中指定它们。

例 6-42　统计“B111A”和“B111C”银行的贷款法人总数,列出银行号和贷款法人总数。

方法一:

```
SELECT Bno,COUNT(DISTINCT Eno)
FROM LoanT
WHERE Bno IN('B111A','B111C')
GROUP BY Bno
```

方法二:

```
SELECT Bno,COUNT(DISTINCT Eno)
FROM LoanT
GROUP BY Bno
HAVING Bno IN('B111A','B111C')
```

	Bno	(无列名)
1	B111A	4
2	B111C	2

图 6-50　例 6-42 的查询结果

查询结果如图 6-50 所示。

说明:从例 6-42 可以看出,方法一的执行效率要高于方法二的执行效率。方法一是先通过 WHERE 子句从 LoanT 表中筛选出符合条件的记录(共 6 条记录),然后再对这些记录进行分组统计。方法二是先对全表进行分组统计(共 22 条记录),然后再通过 HAVING 子句筛出符合条件的信息。显然方法一处理的记录数要小于方法二处理的记录数。如果要统计贷款法人总数超过 3 的银行号和贷款法人总数,则只能使用 HAVING 子句来实现,参见例 6-39。

例 6-43　统计 2005 年 1 月 1 日之后(包括 2005 年 1 月 1 日)贷款法人总数超过 3 的银行号和贷款法人总数。

```
SELECT Bno,COUNT(DISTINCT Eno)
FROM LoanT
```

```
WHERE Ldate>='2005/1/1'
GROUP BY Bno
HAVING COUNT(DISTINCT Eno)>3
```

查询结果如图 6-51 所示。

说明：该例同时使用了 WHERE 子句和 HAVING 子句，检索条件“Ldate＞＝'2005/1/1'”是在分组之前应用的，所以要用 WHERE 来解决；而检索条件“COUNT(DISTINCT Eno)＞3”是在分组汇总后应用的，所以要用 HAVING 来解决。

6.1.1.6　使用 CASE 子句对查询结果进行分析

第 4 章介绍的 CASE 表达式用于对变量或表达式进行分情况处理，这个表达式也可以用在查询语句的选择列表中，用于对列或表达式的值进行分情况处理。

例 6-44　查询“B111A”银行的贷款情况，列出法人代码和贷款金额，同时对贷款金额做如下处理：当金额大于 3 000 万元时，在结果中显示“高额贷款”；当金额在 500 万元到3 000 万元之间时，在结果中显示“一般贷款”；当金额小于 500 万元时，在结果中显示“低额贷款”。

```
SELECT Eno,
  Case
    WHEN Lamount> 3000 THEN '高额贷款'
    WHEN Lamount BETWEEN 500 AND 3000 THEN '一般贷款'
    WHEN Lamount< 500 THEN '低额贷款'
  END
FROM LoanT
WHERE Bno= 'B111A'
```

查询结果如图 6-52 所示。

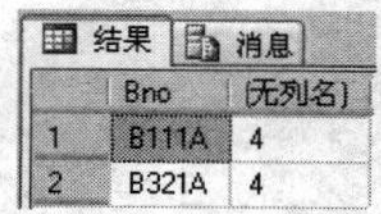

结果　消息

	Bno	(无列名)
1	B111A	4
2	B321A	4

图 6-51　例 6-43 的查询结果

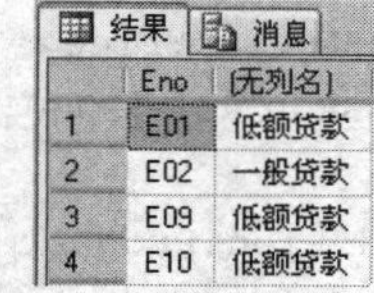

结果　消息

	Eno	(无列名)
1	E01	低额贷款
2	E02	一般贷款
3	E09	低额贷款
4	E10	低额贷款

图 6-52　例 6-44 的查询结果

例 6-45　在 AdventureWorks 数据库的 Production. Product 表中，使用 CASE 表达式更改产品系列类别的显示，以使这些类别更易理解。

```
USE AdventureWorks
GO
SELECT ProductNumber,Category=
    CASE ProductLine
        WHEN 'R' THEN 'Road'
        WHEN 'M' THEN 'Mountain'
        WHEN 'T' THEN 'Touring'
        WHEN 'S' THEN 'Other sale items'
        ELSE 'Not for sale'
    END,
```

```
  Name
FROM Production.Product
ORDER BY ProductNumber
```

由于查询结果数据量较大,图 6-53 显示了部分查询结果。

	ProductNumber	Category	Name
1	AR-5381	Not for sale	Adjustable Race
2	BA-8327	Not for sale	Bearing Ball
3	BB-7421	Not for sale	LL Bottom Bracket
4	BB-8107	Not for sale	ML Bottom Bracket
5	BB-9108	Not for sale	HL Bottom Bracket
6	BC-M005	Mountain	Mountain Bottle Cage
7	BC-R205	Road	Road Bottle Cage
8	BE-2349	Not for sale	BB Ball Bearing
9	BE-2908	Not for sale	Headset Ball Bearings
10	BK-M18B-40	Mountain	Mountain-500 Black, 40
11	BK-M18B-42	Mountain	Mountain-500 Black, 42
12	BK-M18B-44	Mountain	Mountain-500 Black, 44

图 6-53　例 6-45 的部分查询结果

	ProductNumber	Name	Price Range
1	AR-5381	Adjustable Race	Mfg item - not for resale
2	BA-8327	Bearing Ball	Mfg item - not for resale
3	BB-7421	LL Bottom Bracket	Under $250
4	BB-8107	ML Bottom Bracket	Under $250
5	BB-9108	HL Bottom Bracket	Under $250
6	BC-M005	Mountain Bottle Cage	Under $50
7	BC-R205	Road Bottle Cage	Under $50
8	BE-2349	BB Ball Bearing	Mfg item - not for resale
9	BE-2908	Headset Ball Bearings	Mfg item - not for resale
10	BK-M18B-40	Mountain-500 Black, 40	Under $1000
11	BK-M18B-42	Mountain-500 Black, 42	Under $1000

图 6-54　例 6-46 的部分查询结果

例 6-46　在 AdventureWorks 数据库的 Production. Product 表中,根据产品的价格范围将标价显示为相应的文本注释。

```
USE AdventureWorks
GO
SELECT ProductNumber,Name,'Price Range'=
    CASE
        WHEN ListPrice=0 THEN 'Mfg item-not for resale'
        WHEN ListPrice<50 THEN 'Under $50'
        WHEN ListPrice>=50 and ListPrice<250 THEN 'Under $250'
        WHEN ListPrice>=250 and ListPrice<1000 THEN 'Under $1000'
        ELSE 'Over $1000'
    END
FROM Production.Product
ORDER BY ProductNumber
```

由于查询结果数据量较大,图 6-54 显示了部分查询结果。

6.1.1.7　合并查询

合并查询是将两个或更多查询的结果组合为单个结果集,该结果集包含联合查询中的所有查询的全部行。UNION 运算不同于使用连接合并两个表中的列的运算。使用 UNION 运算符组合的结果集都必须具有相同的结构,而且它们的列数必须相同,相应的结果集列的数据类型也必须完全兼容。使用 UNION 的格式为

```
SELECT 语句 1
UNION [ALL]
SELECT 语句 2
UNION [ALL]
…
```

```
SELECT 语句 n
```

默认情况下，UNION 运算符将从结果集中删除重复的行。如果使用 ALL 关键字，那么结果中将包含所有行而不删除重复的行。

例 6-47　查询在“B111A”或“B111C”银行贷过款的法人代码。

分析：本例即查询在“B111A”银行贷过款的法人代码集合与在“B111C”银行贷过款的法人代码集合的并集。

```
SELECT Eno
FROM LoanT
WHERE Bno='B111A'
UNION
SELECT Eno
FROM LoanT
WHERE Bno='B111C'
```

查询结果如图 6-55 所示。

使用 UNION 将多个查询结果合并起来时，系统会自动去掉重复元组。本例也可以用前面学过的知识来实现：

```
SELECT DISTINCT Eno
FROM LoanT
WHERE Bno IN('B111A','B111C')
```

但是，在这种实现方法中，SELECT 后面必须跟 DISTINCT 以去掉重复元组。

合并结果集后，结果集中的列别名采用第一个查询语句的列别名。例如：

```
SELECT Eno 法人代码
FROM LoanT
WHERE Bno='B111A'
UNION
SELECT Eno
FROM LoanT
WHERE Bno='B111C'
```

查询结果如图 6-56 所示。

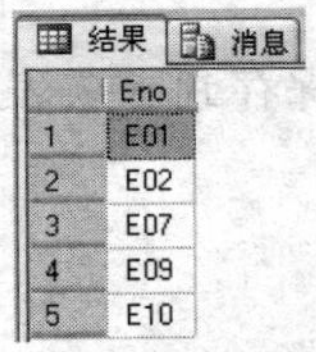

	Eno
1	E01
2	E02
3	E07
4	E09
5	E10

图 6-55　例 6-47 的查询结果(一)

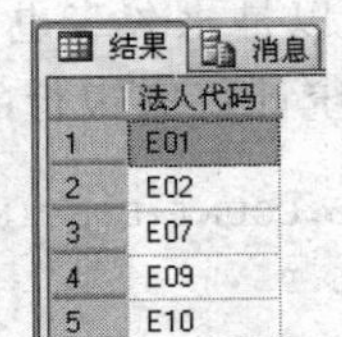

	法人代码
1	E01
2	E02
3	E07
4	E09
5	E10

图 6-56　例 6-47 的查询结果(二)

如果要对合并后的结果集排序，由于只有当查询结果集生成后才能对结果集进行排序，所以 ORDER BY 子句要放在最后一个查询语句的后面。

例 6-48 查询在“B111A”或“B111C”银行贷过款的法人代码，查询结果按法人代码降序排列。

```
SELECT Eno
FROM LoanT
WHERE Bno='B111A'
UNION
SELECT Eno
FROM LoanT
WHERE Bno='B111C'
ORDER BY Eno DESC
```

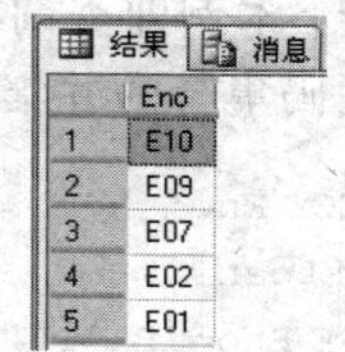

图 6-57 例 6-48 的查询结果

查询结果如图 6-57 所示。

6.1.1.8 保存查询结果到新表

有时可能需要将查询结果保存到一个新表中，以便日后查看。使用 INTO 子句可以创建一个新表，并用 SELECT 的结果集填充该表。如果执行带 INTO 子句的 SELECT 语句，必须在目标数据库中具有 CREATE TABLE 权限。

使用 INTO 子句的一般语法如下：

```
SELECT 子句
INTO <新表>
FROM <数据源>
...
```

其中：

- 新表的格式通过对选择列表中的表达式进行取值来确定。新表中的列按选择列表指定的顺序创建。新表中的每列与选择列表中的相应表达式具有相同的名称、数据类型和值。
- 当选择列表中包括计算列时，新表中的相应列不是计算列。新列中的值是在执行 SELECT...INTO 时计算出的。
- 此语句包含两个功能：第一是根据查询语句创建一个新表；第二是执行查询语句并将查询的结果保存到所建新表中。
- 新表可以是永久表也可以是临时表。

例 6-49 统计每家银行的贷款法人总数，并将查询结果保存到永久表 C_Eno_T 中。

```
SELECT Bno,COUNT(DISTINCT Eno) C_Eno
INTO C_Eno_T
FROM LoanT
GROUP BY Bno
```

说明：这里必须为 SELECT 子句中的函数列指定列别名，否则会因为没有为表的第二列指定列名而导致创建表失败。执行上面的代码后，就可以对新建表 C_Eno_T 进行查询了，例如：

```
SELECT * FROM C_Eno_T
```

查询结果如图 6-58 所示。

例 6-50　查询 AdentureWorks 数据库的 Production. Product 表中的产品编号(ProductID)、产品名称(Name)、销售价格(ListPrice)。将销售价格大于 2 000 元的显示为"很贵";销售价格在 1 501 元和 2 000 元之间的显示为"较贵";销售价格在 1 001 元和 1 500 元之间的显示为"适中";销售价格在 501 元和 1 000 元之间的显示为"较便宜";销售价格小于等于 500 元的显示为"很便宜"。要求将查询结果保存到本地临时表 # P 中。

```
USE AdventureWorks
GO
SELECT ProductID,Name,ListPrice,
    CASE
        WHEN ListPrice>2000 THEN '很贵'
        WHEN ListPrice BETWEEN 1501 AND 2000 THEN '较贵'
        WHEN ListPrice BETWEEN 1001 AND 1500 THEN '适中'
        WHEN ListPrice BETWEEN 501 AND 1000 THEN '较便宜'
        WHEN ListPrice<=500 THEN '很便宜'
    END PriceLevel
INTO #P
FROM Production.Product
```

执行完上面的代码后,就可以在对象资源管理器中的 tempdb 数据库下看到新建的本地临时表 # P,如图 6-59 所示。

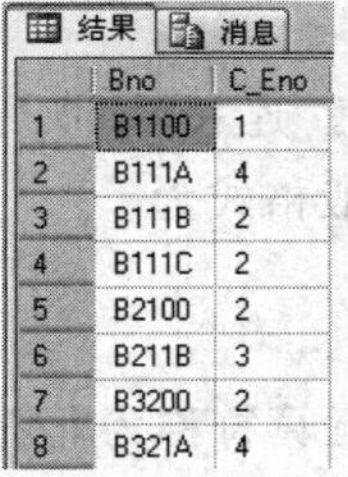

	Bno	C_Eno
1	B1100	1
2	B111A	4
3	B111B	2
4	B111C	2
5	B2100	2
6	B211B	3
7	B3200	2
8	B321A	4

图 6-58　例 6-49 的查询结果

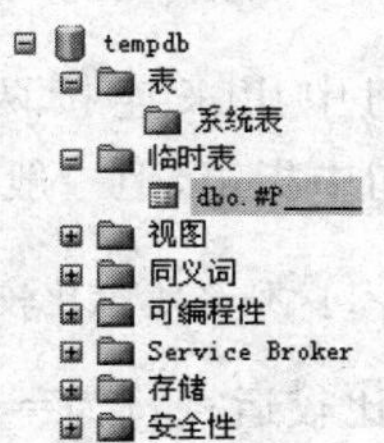

图 6-59　本地临时表

执行如下查询语句,即可看到 # P 表中的数据了。

```
SELECT * FROM #P
```

说明:查询结果的数据量比较大,这里就不再显示了。另外,对临时表的查询与当前所使用的数据库无关。

6.1.2　连接查询

前面介绍的查询都是针对一张表进行的,当查询涉及多张表,特别是当查询结果的数据涉及多张表时需要使用连接查询。连接查询是关系数据库中最主要的查询,主要包括内连接、外连接和交叉连接等。由于交叉连接的查询结果在实际中意义不大,因此我们只介绍内连接和外连接。

6.1.2.1 表别名

SQL 允许在 FROM 子句中为表名定义表别名。就像列别名(或列标题)是给列的另一个名字一样,表别名是给表的另一个名字。表别名的作用主要体现在两个方面:一是可以简化表名的书写,特别是当表名比较长或是中文时;二是在自连接(将在 6.1.2.2 节中介绍)中要求必须为表名指定表别名。其格式为

```
<表名>[AS]<表别名>
```

- 表别名最多可以有 30 个字符,但短一些更好。
- 如果在 FROM 子句中表别名被用于指定的表,那么在整个 SELECT 语句中都要使用表别名。
- 表别名应该是有意义的。
- 表别名只对当前的 SELECT 语句有效。

6.1.2.2 内连接

内连接是一种最常用的连接类型。使用内连接时,如果两张表的相关字段满足连接条件,则可以从这两张表中提取数据并组合成新的记录,即内连接指定返回所有匹配的行对,放弃两张表中不匹配的行。

常用的内连接语法格式为

```
FROM 表 1 [ INNER ] JOIN 表 2 ON <连接条件>
```

连接查询中用来连接两张表的条件称为连接条件。连接条件可在 FROM 或 WHERE 子句中指定,但一般指定在 FROM 子句中。其一般格式为

```
[<表名 1>.]<列名 1><比较运算符>[<表名 2>.]<列名 2>
```

其中,当比较运算符为=时,称为等值连接。使用其他运算符称为非等值连接。连接条件中的列名称为连接字段。连接条件中的各连接字段类型必须是可以比较的,但不必是相同的。

从概念上讲,DBMS 执行连接操作的过程是:首先在表 1 中找到第 1 个元组,然后从头开始扫描表 2,逐一查找满足连接条件的元组,找到后就将表 1 中的第 1 个元组与该元组拼接起来,形成结果表中的一个元组。表 2 全部查找完成,再找表 1 中的第 2 个元组,然后再从头开始扫描表 2,逐一查找满足连接条件的元组,找到后就将表 1 中的第 2 个元组与该元组拼接起来,形成结果表中的一个元组。重复上述操作,直到表 1 中的全部元组都处理完毕。

内连接包括一般内连接和自连接。当内连接语法格式中的表 1 和表 2 不相同时,即连接不相同的两张表时,称为表的一般内连接。当表 1 和表 2 相同时,即一张表与其自己进行连接,称为表的自连接。

1. 一般内连接

例 6-51　两张表连接查询。查询法人及其贷款情况。

分析：法人的基本情况存放在 LegalEntityT 表中，法人贷款情况存放在 LoanT 表中，所以本查询实际上涉及 LegalEntityT 与 LoanT 两张表。这两张表之间的联系是通过公共属性 Eno 实现的。

```
SELECT *
FROM LegalEntityT JOIN LoanT ON LegalEntityT.Eno=LoanT.Eno
```

查询结果如图 6-60 所示。

结果 | 消息

	Eno	Ename	Enature	Ecapital	Erep	Eno	Bno	Ldate	Lamount	Lterm
1	E01	赛纳网络有限公司	私营	30	张雨	E01	B1100	2008-08-20 00:00:00	10	15
2	E01	赛纳网络有限公司	私营	30	张雨	E01	B111A	2005-04-01 00:00:00	15	20
3	E01	赛纳网络有限公司	私营	30	张雨	E01	B2100	2009-03-02 00:00:00	8	5
4	E02	华顺达水泥股份有限公司	国营	5300	王晓伟	E02	B111A	2007-08-20 00:00:00	1000	5
5	E02	华顺达水泥股份有限公司	国营	5300	王晓伟	E02	B111B	2008-05-13 00:00:00	2000	10
6	E02	华顺达水泥股份有限公司	国营	5300	王晓伟	E02	B111B	2009-03-02 00:00:00	1500	10
7	E02	华顺达水泥股份有限公司	国营	5300	王晓伟	E02	B211B	2006-04-16 00:00:00	1100	5
8	E02	华顺达水泥股份有限公司	国营	5300	王晓伟	E02	B211B	2008-08-01 00:00:00	2000	15
9	E02	华顺达水泥股份有限公司	国营	5300	王晓伟	E02	B3200	2008-06-04 00:00:00	2500	20
10	E02	华顺达水泥股份有限公司	国营	5300	王晓伟	E02	B321A	2005-05-21 00:00:00	3000	20
11	E03	新意企业策划中心	私营	45	刘爽	E03	B3200	2008-06-04 00:00:00	30	5
12	E03	新意企业策划中心	私营	45	刘爽	E03	B321A	2009-03-02 00:00:00	20	5
13	E06	飘美广告有限公司	私营	NULL	王逸凡	E06	B111B	2008-10-22 00:00:00	320	20
14	E06	飘美广告有限公司	私营	NULL	王逸凡	E06	B211B	2008-12-20 00:00:00	80	10
15	E07	浦庆石化有限公司	国营	6560	李中信	E07	B111C	2007-08-20 00:00:00	3000	15
16	E07	浦庆石化有限公司	国营	6560	李中信	E07	B2100	2009-01-01 00:00:00	2000	10
17	E07	浦庆石化有限公司	国营	6560	李中信	E07	B211B	2008-10-10 00:00:00	3600	10
18	E07	浦庆石化有限公司	国营	6560	李中信	E07	B321A	2005-01-01 00:00:00	4000	25
19	E09	洛普文具有限公司	集体	600	李倩	E09	B111A	2009-01-10 00:00:00	300	10
20	E09	洛普文具有限公司	集体	600	李倩	E09	B111C	2008-07-12 00:00:00	200	5
21	E09	洛普文具有限公司	集体	600	李倩	E09	B321A	2007-08-20 00:00:00	150	5
22	E10	莱英投资咨询有限公司	三资	680	张晓峰	E10	B111A	2008-07-12 00:00:00	300	10

图 6-60　例 6-51 的查询结果(一)

说明：从如图 6-60 所示的查询结果可以看出，两张表的连接结果中包含了两张表的全部列。Eno 列有两个：一个来自 LegalEntityT 表；另一个来自 LoanT 表(不同表中的列可以重名)。这两个列的值是完全相同的(因为连接条件为：LegalEntityT. Eno＝LoanT. Eno)。因此，在写多表连接查询的语句时应当将这些重复的列去掉，方法是在 SELECT 子句中直接写所需要的列，而不是写 *。为去掉重复列，查询语句改写如下：

```
SELECT LegalEntityT.Eno,Ename,Enature,Ecapital,Erep,Bno,Ldate,Lamount,Lterm
FROM LegalEntityT JOIN LoanT ON LegalEntityT.Eno=LoanT.Eno
```

查询结果如图 6-61 所示。

本例中，由于 LegalEntityT 表和 LoanT 表中都有 Eno 列，为了避免混淆，SELECT 子句中 Eno 列前和 FROM 子句的 Eno 列前都加了表名前缀限制，以表明告诉 SQL SERVER 在哪张表找到 Eno 列。当然 SELECT 子句中 Eno 列的表名前缀也可以换成 LoanT，因为此例的连接条件是 LegalEntityT. Eno 和 LoanT. Eno 等值连接。除了 SELECT 子句和 WHERE 子句，ORDER BY 子句中也可以在可能引起混淆的列前加表前缀。在列名前添加表名前缀的格式为

	Eno	Ename	Enature	Ecapital	Erep	Bno	Ldate	Lamount	Lterm
1	E01	赛纳网络有限公司	私营	30	张雨	B1100	2008-08-20 00:00:00	10	15
2	E01	赛纳网络有限公司	私营	30	张雨	B111A	2005-04-01 00:00:00	15	20
3	E01	赛纳网络有限公司	私营	30	张雨	B2100	2009-03-02 00:00:00	8	5
4	E02	华顺达水泥股份有限公司	国营	5300	王晓伟	B111A	2007-08-20 00:00:00	1000	5
5	E02	华顺达水泥股份有限公司	国营	5300	王晓伟	B111B	2008-05-13 00:00:00	2000	10
6	E02	华顺达水泥股份有限公司	国营	5300	王晓伟	B111B	2009-03-02 00:00:00	1500	10
7	E02	华顺达水泥股份有限公司	国营	5300	王晓伟	B211B	2006-04-16 00:00:00	1100	5
8	E02	华顺达水泥股份有限公司	国营	5300	王晓伟	B211B	2008-08-01 00:00:00	2000	15
9	E02	华顺达水泥股份有限公司	国营	5300	王晓伟	B3200	2008-06-04 00:00:00	2500	20
10	E02	华顺达水泥股份有限公司	国营	5300	王晓伟	B321A	2005-05-21 00:00:00	3000	20
11	E03	新意企业策划中心	私营	45	刘爽	B3200	2008-06-04 00:00:00	30	5
12	E03	新意企业策划中心	私营	45	刘爽	B321A	2009-03-02 00:00:00	20	5
13	E06	飘美广告有限公司	私营	NULL	王逸凡	B111B	2008-10-22 00:00:00	320	20
14	E06	飘美广告有限公司	私营	NULL	王逸凡	B211B	2008-12-20 00:00:00	80	10
15	E07	浦庆石化有限公司	国营	6560	李中信	B111C	2007-08-20 00:00:00	3000	15
16	E07	浦庆石化有限公司	国营	6560	李中信	B2100	2009-01-01 00:00:00	2000	10
17	E07	浦庆石化有限公司	国营	6560	李中信	B211B	2008-10-10 00:00:00	3600	10
18	E07	浦庆石化有限公司	国营	6560	李中信	B321A	2005-01-01 00:00:00	4000	25
19	E09	洛普文具有限公司	集体	600	李倩	B111A	2009-01-10 00:00:00	300	10
20	E09	洛普文具有限公司	集体	600	李倩	B111C	2008-07-12 00:00:00	200	5
21	E09	洛普文具有限公司	集体	600	李倩	B321A	2007-08-20 00:00:00	150	5
22	E10	莱英投资咨询有限公司	三资	680	张晓峰	B111A	2008-07-12 00:00:00	300	10

图 6-61　例 6-51 的查询结果(二)

表名.列名

例 6-50 也可以使用 6.1.2.1 节介绍的表别名，以简化表名的书写，但一定要注意：一旦为表指定了别名，则在查询语句中的其他地方，所有用到表名的地方都要使用表别名，而不能再使用原表名。例 6-51 的查询语句改写如下：

```
SELECT LE.Eno,Ename,Enature,Ecapital,Erep,Bno,Ldate,Lamount,Lterm
FROM LegalEntityT LE JOIN LoanT L ON LE.Eno=L.Eno
```

例 6-52　非等值连接查询。已知 Employee 表(如图 6-62 所示)中的工资(Salary)必须在 Job_Grade 表(如图 6-63 所示)中的最低工资(Lowest_Salary)和最高工资(Highest_Salary)之间。查询所有雇员的姓名(Ename)、工资(Salary)和其工资等级(Grade)。

Eno	Ename	Salary	Wno	Manager
E01	张立	24000	W01	NULL
E02	何舜	17000	W04	E07
E03	王玉	2000	W01	E01
E04	刘春	9000	NULL	NULL
E05	何一萱	6000	W01	E01
E06	李晓强	4200	W02	NULL
E07	孙洁	3000	W04	NULL
E08	李霞	50000	W01	E03

图 6-62　Employee 表实例

Grade	Lowest_Salary	Highest_Salary
A	1000	2999
B	3000	5999
C	6000	9999
D	10000	14999
E	15000	24999
F	25000	40000

图 6-63　Job_Grade 表实例

```
SELECT Ename,Salary,Grade
FROM Employee JOIN Job_Grade ON Salary Between Lowest_Salary AND Highest_Salary
```

等价于：

```
SELECT Ename,Salary,Grade
FROM Employee JOIN Job_Grade ON (Salary>=Lowest_Salary) AND (Salary<=Highest_
```

```
Salary)
```

查询结果如图 6-64 所示。

说明：本例是通过创建一个非等值连接来求每个雇员的薪水级别。薪水必须在任何一对最低薪水和最高薪水范围内。

	Ename	Salary	Grade
1	王五	2000	A
2	李晓强	4200	B
3	孙洁	3000	B
4	刘春	9000	C
5	何一萋	6000	C
6	张立	24000	E
7	何舜	17000	E

图 6-64　例 6-52 的查询结果

例 6-53　三张表连接查询。查询"工商银行北京 A 支行"的贷款情况，要求列出法人名称、贷款日期和贷款金额。

分析：由于属性 Ename 只出现在 LegalEntityT 表中，属性 Bname 只出现在 BankT 表中，而属性 Ldate 和 Lamount 只出现在 LoanT 表中，即本例所涉及的属性分别在三张表中，所以此查询涉及三张表。又由于 BankT 表与 LoanT 表通过属性 Bno 相关联，LegalEntityT 表与 LoanT 表通过属性 Eno 相关联，所以此查询需要将这三张表按照它们的关联进行连接，即三表连接。

```
SELECT Ename,Ldate,Lamount
FROM BankT B JOIN LoanT L ON B.Bno=L.Bno
    JOIN LegalEntityT LE ON LE.Eno=L.Eno
WHERE Bname='工商银行北京 A 支行'
```

查询结果如图 6-65 所示。

	Ename	Ldate	Lamount
1	赛纳网络有限公司	2005-04-01 00:00:00	15
2	华顺达水泥股份有限公司	2007-08-20 00:00:00	1000
3	洛普文具有限公司	2009-01-10 00:00:00	300
4	莱英投资咨询有限公司	2008-07-12 00:00:00	300

图 6-65　例 6-53 的查询结果

	Eno	Ename
1	E01	赛纳网络有限公司
2	E02	华顺达水泥股份有限公司
3	E09	洛普文具有限公司
4	E10	莱英投资咨询有限公司

图 6-66　例 6-54 的查询结果

例 6-54　查询在"工商银行北京 A 支行"贷过款的法人代码和法人名称。

分析：这个查询所涉及的属性 Eno，Ename 和 Bname 均与 LoanT 表无关，但是由于 BankT 表与 LegalEntityT 表之间没有直接的关联，因此，这两张表的连接必须借助第三张表：LoanT 表，即此查询仍为三张表的连接查询。

```
SELECT L.Eno,Ename
FROM BankT B JOIN LoanT L ON B.Bno=L.Bno
    JOIN LegalEntityT LE ON LE.Eno=L.Eno
WHERE Bname='工商银行北京 A 支行'
```

查询结果如图 6-66 所示。

例 6-55　统计 2009 年 1 月 1 日之后(包括 2009 年 1 月 1 日)每种经济性质的法人的贷款总额。

```
SELECT Enature,SUM(Lamount) Sum_Lamount
FROM LoanT L JOIN LegalEntityT LE ON L.Eno=LE.Eno
WHERE Ldate>='2009/1/1'
```

```
GROUP BY Enature
```

查询结果如图 6-67 所示。

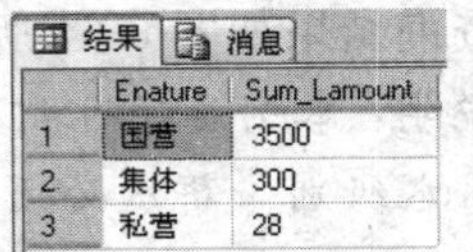

	Enature	Sum_Lamount
1	国营	3500
2	集体	300
3	私营	28

图 6-67　例 6-55 的查询结果

2. 自连接

连接操作不仅可以是两张不同的表进行连接,也可以是一张表与其自身进行连接,后者称为表的自连接。自连接也可以理解为一张表的两个副本之间的连接。使用自连接时必须为表指定两个别名,使之在逻辑上成为两张表。

例 6-56　查询与法人“华顺达水泥股份有限公司”的经济性质相同的法人名称和经济性质。

```
SELECT E2.Ename,E2.Enature
FROM LegalEntityT E1 JOIN LegalEntityT E2 ON E1.Enature=E2.Enature
WHERE E1.Ename='华顺达水泥股份有限公司' AND E2.Ename!='华顺达水泥股份有限公司'
```

查询结果如图 6-68 所示。

例 6-57　在如图 6-62 所示的雇员表中,雇员编号(Eno)和经理(Manager)两个属性出自同一个值域、同一元组的这两个属性值是“上下级”关系。一个雇员只能对应一个经理,一个经理可以对应多个雇员。请根据雇员关系查询上一级经理及其职员(被其领导)的清单。

```
SELECT E1.Ename,'领导',E2.Ename
FROM Employee E1 JOIN Employee E2 ON E1.Eno=E2.Manager
```

查询结果如图 6-69 所示。

	Ename	Enature
1	新都美百货公司	国营
2	浦庆石化有限公司	国营

图 6-68　例 6-56 的查询结果

	Ename	(无列名)	Ename
1	孙浩	领导	何舜
2	张立	领导	王玉
3	张立	领导	何一萘
4	王玉	领导	李露

图 6-69　例 6-57 的查询结果

	ProductID	VendorID
1	317	50
2	317	84
3	318	50
4	318	84
5	319	40
6	319	50
7	319	84
8	320	13
9	320	47
10	320	62
11	321	13

图 6-70　例 6-58 的查询结果

例 6-58　从 AdventureWorks 数据库的 Purchasing。ProductVendor 表中查询由多个供应商提供的产品及其供应商。

```
USE AdventureWorks;
GO
SELECT DISTINCT pv1.ProductID,pv1.VendorID
FROM Purchasing.ProductVendor pv1 JOIN Purchasing.ProductVendor pv2
     ON (pv1.ProductID=pv2.ProductID)AND(pv1.VendorID<>pv2.VendorID)
ORDER BY pv1.ProductID
```

查询结果共有 347 行，由于数据量太大，下面只列出了前 10 行的查询结果(如图 6-70 所示)。

6.1.2.3 外连接

在内连接操作中，只有满足连接条件的元组才能作为结果输出。例如，例 6-50 的结果表中没有“E04”“E05”和“E08”三个法人的信息，原因是他们没有贷款，在 LoanT 表中没有相应的元组。但有时我们想以法人表为主体列出每个法人的基本情况及其贷款情况，若某个法人没有贷款，只输出其基本情况信息，其贷款信息为空值即可，这时就需要使用外连接。

外连接的语法格式为

```
FROM 表 1 LEFT|RIGHT|FULL[OUTER] JOIN 表 2 ON <连接条件>
```

从语法格式可以看出外连接又分为左(外)连接(LEFT)、右(外)连接(RIGHT)和全(外)连接(FULL)三种，其中 OUTER 可以省略。

外连接与前面介绍的内连接不同。内连接是只有满足连接条件，相应的结果才会出现在结果表中；而外连接可以使不满足连接条件的元组也出现在结果表中。其中：

- 左连接的含义是不管表 1 中的元组是否满足连接条件，均输出表 1 的元组；如果是在连接条件上匹配的元组，则表 2 返回相应值，否则表 2 返回空值。
- 右连接的含义是不管表 2 中的元组是否满足连接条件，均输出表 2 的元组；如果是在连接条件上匹配的元组，则表 1 返回相应值，否则表 1 返回空值。
- 全连接的含义是不管表 1 和表 2 的元组是否满足连接条件，均输出表 1 和表 2 的内容；如果是在连接条件上匹配的元组，则另一个表返回相应值，否则另一个表返回空值。
- 外连接操作一般只在两张表上进行。

例 6-59 左连接或右连接实现。查询法人及其贷款情况，包括贷款的法人和没有贷款的法人，列出法人代码、法人名称、经济性质、银行代码、贷款日期和贷款金额。

```
SELECT LE.Eno,Ename,Enature,Bno,Ldate,Lamount
FROM LegalEntityT LE LEFT JOIN LoanT L ON LE.Eno=L.Eno
```

查询结果如图 6-71 所示。

说明：该查询是用左连接实现的。请看查询结果，在法人代码为“E04”“E05”和“E08”的三行数据中，Bno，Ldate 和 Lamount 列的值均为 NULL，表明这三个法人没有贷款，即他们不满足表连接条件，因此在相应列上用空值替代。

该查询也可以用右连接实现，代码如下：

```
SELECT LE.Eno,Ename,Enature,Bno,Ldate,Lamount
FROM LoanT L RIGHT JOIN LegalEntityT LE ON LE.Eno=L.Eno
```

注意：左连接实现和右连接实现时 JOIN 关键字两边表的位置是不能随意交换的。而在例 6-50 中，用内连接实现两张表连接时，JOIN 关键字两边表的位置是可以交换的。

	Eno	Ename	Enature	Bno	Ldate	Lamount
1	E01	赛纳网络有限公司	私营	B1100	2008-08-20 00:00:00	10
2	E01	赛纳网络有限公司	私营	B111A	2005-04-01 00:00:00	15
3	E01	赛纳网络有限公司	私营	B2100	2009-03-02 00:00:00	8
4	E02	华顺达水泥股份有限公司	国营	B111A	2007-08-20 00:00:00	1000
5	E02	华顺达水泥股份有限公司	国营	B111B	2008-05-13 00:00:00	2000
6	E02	华顺达水泥股份有限公司	国营	B111B	2009-03-02 00:00:00	1500
7	E02	华顺达水泥股份有限公司	国营	B211B	2006-04-16 00:00:00	1100
8	E02	华顺达水泥股份有限公司	国营	B211B	2008-08-01 00:00:00	2000
9	E02	华顺达水泥股份有限公司	国营	B3200	2008-06-04 00:00:00	2500
10	E02	华顺达水泥股份有限公司	国营	B321A	2005-05-21 00:00:00	3000
11	E03	新意企业策划中心	私营	B3200	2008-06-04 00:00:00	30
12	E03	新意企业策划中心	私营	B321A	2009-03-02 00:00:00	20
13	E04	新都美百货公司	国营	NULL	NULL	NULL
14	E05	达伊园食品有限公司	集体	NULL	NULL	NULL
15	E06	飘美广告有限公司	私营	B111B	2008-10-22 00:00:00	320
16	E06	飘美广告有限公司	私营	B211B	2008-12-20 00:00:00	80
17	E07	浦庆石化有限公司	国营	B111C	2007-08-20 00:00:00	3000
18	E07	浦庆石化有限公司	国营	B2100	2009-01-01 00:00:00	2000
19	E07	浦庆石化有限公司	国营	B211B	2008-10-10 00:00:00	3600
20	E07	浦庆石化有限公司	国营	B321A	2005-01-01 00:00:00	4000
21	E08	爱贝乐玩具有限公司	集体	NULL	NULL	NULL
22	E09	洛普文具有限公司	集体	B111A	2009-01-10 00:00:00	300
23	E09	洛普文具有限公司	集体	B111C	2008-07-12 00:00:00	200
24	E09	洛普文具有限公司	集体	B321A	2007-08-20 00:00:00	150
25	E10	莱英投资咨询有限公司	三资	B111A	2008-07-12 00:00:00	300

图 6-71　例 6-59 的查询结果

例 6-60　左连接或右连接实现。查询没有贷过款的法人代码、法人名称及其经济性质。

```
SELECT LE.Eno,Ename,Enature
FROM LegalEntityT LE LEFT JOIN LoanT L ON LE.Eno=L.Eno
Where L.Eno IS NULL
```

	Eno	Ename	Enature
1	E04	新都美百货公司	国营
2	E05	达伊园食品有限公司	集体
3	E08	爱贝乐玩具有限公司	集体

图 6-72　例 6-60 的查询结果

查询结果如图 6-72 所示。

说明：从例 6-59 的查询结果可以看出，来自 LegalEntityT 表的 LE.Eno、Ename 和 Enature 三列上有数据，但是来自 LoanT 表的 Bno、Ldate 和 Lamount 三列都为空值的元组对应的法人一定是没有贷过款的法人。因此，我们在查询时只要在连接后的结果中选出 LoanT 表中的某个主属性或定义为非空的属性为空值时，就能筛选出没有贷过款的法人所在的元组。由于 LoanT 表中的 Eno、Bno 和 Ldate 都是主属性，所以该例的查询语句也可以写为

```
SELECT LE.Eno,Ename,Enature
FROM LegalEntityT LE LEFT JOIN LoanT L ON LE.Eno=L.Eno
Where Bno IS NULL
```

或

```
SELECT LE.Eno,Ename,Enature
FROM LegalEntityT LE LEFT JOIN LoanT L ON LE.Eno=L.Eno
Where Ldate IS NULL
```

例 6-61　全连接实现。已知雇员(Employee)与仓库(Warehouse)之间是一对多的联

系。从图 6-62 和图 6-73 可以看出，某些雇员还未分配到任何仓库中工作，某些仓库还未雇用任何雇员。请查询雇员分配到仓库的情况，要求包括未分配到任何仓库工作的雇员和未雇用任何雇员的仓库。

```
SELECT *
FROM Employee E FULL JOIN Warehouse W ON E.Wno=W.Wno
```

查询结果如图 6-74 所示。

Wno	City	Area
W01	北京	370
W02	上海	500
W03	广州	200
W04	武汉	400

图 6-73　Warehouse 表实例

	Eno	Ename	Salary	Wno	Manager	Wno	City	Area
1	E01	张立	24000	W01	NULL	W01	北京	370
2	E02	何舜	17000	W04	E07	W04	武汉	400
3	E03	王玉	2000	W01	E01	W01	北京	370
4	E04	刘春	9000	NULL	NULL	NULL	NULL	NULL
5	E05	何一蒙	6000	W01	E01	W01	北京	370
6	E06	李晓强	4200	W02	NULL	W02	上海	500
7	E07	孙洁	3000	W04	NULL	W04	武汉	400
8	E08	李露	50000	W01	E03	W01	北京	370
9	NULL	NULL	NULL	NULL	NULL	W03	广州	200

图 6-74　例 6-61 的查询结果

说明：从查询结果可以看出，“E04”雇员还没未被分配到任何仓库工作，“W03”仓库尚未雇用任何雇员。

6.1.3　子查询

子查询是一个嵌套在 SELECT、INSERT、UPDATE 或 DELETE 语句或其他子查询中的查询。子查询也称为内部查询或内部选择，而包含子查询的语句也称为外部查询或外部选择。

嵌套在外部 SELECT 语句中的子查询包括以下组件：

- 包含常规选择列表组件的常规 SELECT 查询。
- 包含一个或多个表或视图名称的常规 FROM 子句。
- 可选的 WHERE 子句。
- 可选的 GROUP BY 子句。
- 可选的 HAVING 子句。

子查询的 SELECT 查询总是使用圆括号括起来。子查询可以嵌套在外部 SELECT、INSERT、UPDATE 或 DELETE 语句的 WHERE 或 HAVING 子句内，也可以嵌套在其他子查询内。尽管根据可用内存和查询中其他表达式的复杂程度的不同，嵌套限制也有所不同，但嵌套到 32 层是可能的。个别查询可能不支持 32 层嵌套。任何可以使用表达式的地方都可以使用子查询，只要它返回的是单个值。

如果某个表只出现在子查询中，而没有出现在外部查询中，那么该表中的列就无法包含在输出（外部查询的选择列表）中。

包含子查询的语句通常采用以下格式中的一种：

- WHERE/HAVING 表达式 [NOT] IN(子查询)

- WHERE/HAVING 表达式 比较运算符[ANY|ALL](子查询)
- WHERE/HAVING [NOT] EXISTS(子查询)

这里介绍常见的两种类型：使用IN运算符的子查询和使用比较运算符的子查询。

6.1.3.1 使用IN运算符的子查询

使用IN运算符的子查询的语法格式为

```
WHERE 表达式 [NOT] IN (子查询)
```

子查询一定要在IN运算符后面。使用IN运算符的子查询的执行顺序是：先执行子查询，然后在子查询的结果基础上再执行外层查询。

子查询返回的结果是仅包含单个列的集合，外层查询就是在这个集合上使用IN运算符进行比较，所以子查询中的SELECT子句里只能有一个目标列表达式，并且外层查询中使用IN运算符的列要与该目标列表达式的数据类型相同、语义相同。

例6-62 查询与法人"华顺达水泥股份有限公司"的经济性质相同的法人名称和经济性质。

分析：先分步骤来完成此查询，然后再构造子查询。

(1) 查询法人"华顺达水泥股份有限公司"的经济性质。

```
SELECT Enature
FROM LegalEntityT
WHERE Ename='华顺达水泥股份有限公司'
```

(2) 查询经济性质为第(1)步查询结果的法人名称和经济性质，并去掉"华顺达水泥股份有限公司"。

```
SELECT Ename,Enature
FROM LegalEntityT
WHERE Enature IN(1)          --用1代表第1步的查询结果,此查询仅用于分析,不能执行。
    AND Ename!='华顺达水泥股份有限公司'
```

将第(1)步查询嵌入第(2)步查询的条件中，构造子查询，T-SQL语句如下：

```
SELECT Ename,Enature
FROM LegalEntityT
WHERE Enature IN
    (SELECT Enature
      FROM LegalEntityT
      WHERE Ename='华顺达水泥股份有限公司')
    AND Ename!='华顺达水泥股份有限公司'
```

查询结果如图6-75所示。

说明：本例的查询也可以用自连接实现，具体见例6-56。

例6-63 查询在"工商银行北京A支行"贷过款的法人名称。

```
SELECT Ename                --(3)查询法人号为第(2)步查询结果的法人的法人名称
FROM LegalEntityT
WHERE Eno IN
   (SELECT Eno              --(2)查询在银行号为第(1)步查询结果的银行中贷款的法人代码
    FROM LoanT
    WHERE Bno IN
       (SELECT Bno          --(1)查询'工商银行北京 A 支行'的银行号
        FROM BankT
        WHERE Bname='工商银行北京 A 支行')
   )
```

查询结果如图 6-76 所示。

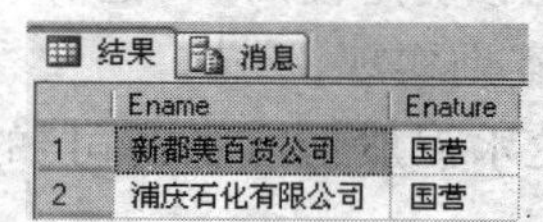

	Ename	Enature
1	新都美百货公司	国营
2	浦庆石化有限公司	国营

图 6-75　例 6-62 的查询结果

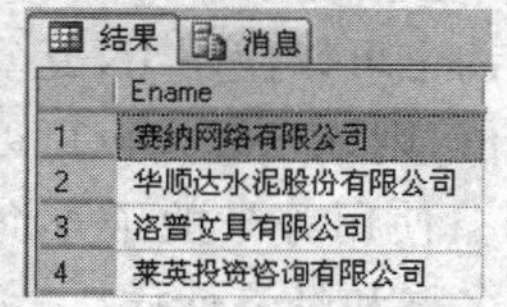

	Ename
1	赛纳网络有限公司
2	华顺达水泥股份有限公司
3	洛普文具有限公司
4	莱英投资咨询有限公司

图 6-76　例 6-63 的查询结果

说明：本例的查询也可以用一般内连接实现，具体见例 6-53。

例 6-64　查询没有贷过款的法人代码、法人名称及其经济性质。

```
SELECT Eno,Ename,Enature
FROM LegalEntityT
WHERE Eno NOT IN
     (SELECT Eno
      FROM LoanT)
```

查询结果如图 6-77 所示。

	Eno	Ename	Enature
1	E04	新都美百货公司	国营
2	E05	达伊园食品有限公司	集体
3	E08	爱贝乐玩具有限公司	集体

图 6-77　例 6-64 的查询结果

	Eno	Ename	Enature
1	E01	赛纳网络有限公司	私营
2	E03	新意企业策划中心	私营
3	E04	新都美百货公司	国营
4	E05	达伊园食品有限公司	集体
5	E07	浦庆石化有限公司	国营
6	E08	爱贝乐玩具有限公司	集体
7	E09	洛普文具有限公司	集体
8	E10	莱英投资咨询有限公司	三资

图 6-78　例 6-65 的查询结果

说明：此查询还可以使用外连接来实现，详见例 6-60。

例 6-65　查询没有在“B111B”银行贷过款的法人代码、法人名称及其经济性质。

```
SELECT Eno,Ename,Enature
FROM LegalEntityT
WHERE Eno NOT IN
     ( SELECT Eno
       FROM LoanT
       WHERE Bno= 'B111B')
```

查询结果如图 6-78 所示。

思考：此例是否能使用外连接来实现？

6.1.3.2 使用比较运算符的子查询

使用比较运算符的子查询的语法格式为

```
WHERE 表达式 比较运算符 (子查询)
```

比较运算符可以是：=、<、>、<=、>=等。子查询一定要在比较运算符后面。使用比较运算符的子查询的执行顺序是：先执行子查询，然后再基于子查询的结果执行外层查询。

与使用IN运算符的子查询不同的是：使用比较运算符的子查询必须返回的是单个列的单个值而不是集合，如果这样的子查询返回多个值，则属于错误的查询。使用“=”运算符的子查询也可以使用IN运算符的子查询实现；若能够确定使用IN运算符的子查询结果为一个值，则该子查询也可以使用“=”运算符的子查询实现。

例6-66 使用等号的子查询。查询与法人“华顺达水泥股份有限公司”的经济性质相同的法人名称和经济性质。

```
SELECT Ename,Enature
FROM LegalEntityT
WHERE Enature=
    (SELECT Enature
     FROM LegalEntityT
     WHERE Ename='华顺达水泥股份有限公司')
     AND Ename!='华顺达水泥股份有限公司'
```

查询结果如图6-79所示。

说明：由于法人“华顺达水泥股份有限公司”的经济性质是唯一的，所以该查询既可以使用“=”运算符的子查询实现，也可以使用IN运算符的子查询实现(详见例6-62)。另外，该查询还可以用自连接实现(详见例6-56)。

例6-67 使用等号的子查询。查询在银行“B111B”贷款金额最高的法人的名称、经济性质和注册资金。

```
SELECT Ename,Enature,Ecapital
                          --(2)查询在银行"B111B"贷款金额等于第1步查询结果的信息
FROM LoanT L JOIN LegalEntityT LE ON L.Eno=LE.Eno
WHERE Bno='B111B' AND Lamount=
    (SELECT Max(Lamount)                  --(1)查询银行"B111B"的最高贷款金额
     FROM LoanT
     WHERE Bno='B111B')
```

查询结果如图6-80所示。

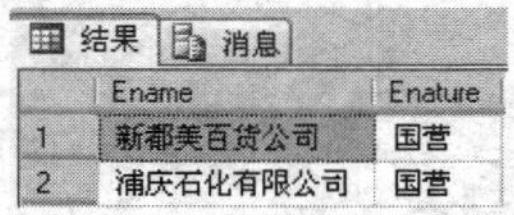

结果 | 消息

	Ename	Enature
1	新都美百货公司	国营
2	浦庆石化有限公司	国营

图6-79 例6-66的查询结果

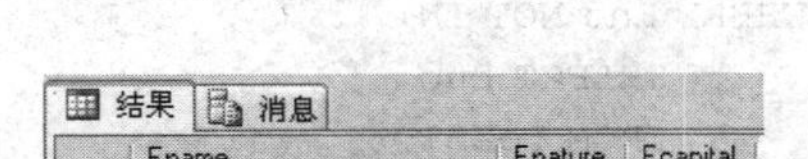

结果 | 消息

	Ename	Enature	Ecapital
1	华顺达水泥股份有限公司	国营	5300

图6-80 例6-67的查询结果

该查询等价于使用 IN 运算符的子查询，T-SQL 语句如下：

```
SELECT Ename,Enature,Ecapital
FROM LoanT L JOIN LegalEntityT LE ON L.Eno=LE.Eno
WHERE Bno='B111B' AND Lamount IN
        (SELECT Max(Lamount)
         FROM LoanT
         WHERE Bno='B111B')
```

例 6-68 使用不等号的子查询。查询在银行"B111B"贷款且贷款金额高于此银行的平均贷款金额的法人代码、贷款日期和贷款金额。

```
SELECT Eno,Ldate,Lamount
                          --(2)查询在银行"B111B"贷款且贷款金额高于第(1)步查询结果的信息
FROM LoanT
 WHERE Bno='B111B' AND Lamount>
        (SELECT AVG(Lamount)
                    --(1)查询银行"B111B"的平均贷款金额
         FROM LoanT
         WHERE Bno='B111B')
```

	Eno	Ldate	Lamount
1	E02	2008-05-13 00:00:00	2000
2	E02	2009-03-02 00:00:00	1500

图 6-81 例 6-68 的查询结果

查询结果如图 6-81 所示。

6.2 数据操作

SQL 中的数据操作是指对表中数据的修改性操作，它包括插入操作、删除操作和更新操作三条语句。这些操作不返回查询结果，只改变数据库的状态。插入操作是指向表中插入一个或多个元组(记录)的操作；删除操作是指从表中删除一个或多个元组(记录)的操作；更新操作是指更改表中某些元组的某些属性值的操作。

6.2.1 插入数据

SQL 的插入语句是 INSERT，一般有两种格式：第一种格式是直接向表中插入一个元组，即单行记录的插入；第二种格式是向表中插入一个查询结果，即多行记录的插入。

6.2.1.1 插入一个元组

插入一个元组的 INSERT 语句的格式是：

```
INSERT [INTO]<表名>[(<列名>[,...n])]
VALUES(<表达式>[,...n])
```

表达式要与列名一一对应，数据类型必须一致。当插入一个完整的元组时通常可以不指定"列名"，但表达式的顺序必须与该表定义时属性列的顺序完全一致，且表达式的个数必须与该表定义时属性列的个数完全相同；如果插入时只指定了部分属性的值，其他值取空值或默认值，则必须指定"列名"，并且"表达式"和"列名"要一一对应。在表定义时说明了 NOT NULL 的属性列不能赋空值。

例 6-69 将一个银行记录(银行代码：B321B;银行名称：建设银行上海 B 支行;电话：021-7845)插入 BankT 表中。

```
INSERT INTO BankT(Bno,Bname,Btel)
VALUES('B321B','建设银行上海 B 支行','021-7845')
```

说明：VALUES 中的表达式要与 BankT 后面的列的含义和类型一一对应，即将"B321B"作为新记录属性列 Bno 的值，将"建设银行上海 B 支行"作为新记录属性列 Bname 的值，将"021-7845"作为新记录属性列 Btel 的值。不可以写成：

```
INSERT INTO BankT(Bno,Btel,Bname)                    --错误语句
VALUES('B321B','建设银行上海 B 支行','021-7845')
```

"021-7845"与 Btel 不对应，"建设银行上海 B 支行"与 Bname 不对应。如果列名的顺序调整了，VALUES 中表达式的顺序也要随之调整。即可以这样写：

```
INSERT INTO BankT(Bno,Btel,Bname)                    --正确语句
VALUES('B321B','021-7845','建设银行上海 B 支行')
```

由于本例的插入操作是对表中的新记录的每一个属性列都赋了值，所以列名可以省略，本例的实现语句还可以这样写：

```
INSERT INTO BankT                                    --正确语句
VALUES('B321B','建设银行上海 B 支行','021-7845')
```

说明：此时 VALUES 中的表达式的顺序必须与 BankT 表定义时列的属性完全一致。

例 6-70 将一个贷款记录(法人代码：E10;银行代码：B111B;贷款日期：2009 年 2 月 11 日;贷款金额：350 万元)插入 LoanT 表中。

```
INSERT INTO LoanT(Eno,Bno,Ldate,Lamount)
Values('E10','B111B', '2009/2/11',350)
```

执行后，LoanT 表中就会增加一条记录(法人代码：E10;银行代码：B111B;贷款日期：2009 年 2 月 11 日;贷款金额：350 万元;贷款期限：NULL)。如果希望在插入语句中省略全部列名，则需要给每一列赋值，即对应贷款期限的 NULL 值也要写到 Values 的表达式列表中，语句如下：

```
INSERT INTO LoanT
Values('E10','B111A','2009/2/11',350,NULL)
```

例 6-71 将一个贷款记录(法人代码：E10;银行代码：B111C;贷款日期：取默认值；贷款金额：100 万元)插入 LoanT 表中。

```
INSERT INTO LoanT(Eno,Bno,Lamount)
Values('E10','B111B',100)
```

思考：本例的插入语句中是否能省略全部列名？

6.2.1.2　插入一个查询结果

在 SQL 中还允许从一个关系表中选择一些元组插入另外一个已经创建好的关系表中（当然相应属性要出自同一个值域）。插入一个查询结果的 INSERT 语句的格式是

```
INSERT [INTO] <表名>[(列名)[,...,n])]
<SELECT 查询>
```

例 6-72　查询每个银行的总贷款金额，并把结果存入数据库。

首先在数据库中建立一个新表，其中一列存放银行号，另一列存放相应的总贷款金额。

```
CREATE TABLE BankLoanAmount(
  Bno char(5),
  S_amount int)
```

然后对 LoanT 表按银行号分组求总贷款金额，再把银行号和总贷款金额存入新表中。

```
INSERT INTO BankLoanAmount
  SELECT Bno,SUM(Lamount)
  FROM LoanT
  GROUP BY Bno
```

说明：该例也可以用 6.2.1.2 节介绍的 SELECT...INTO 语句实现。唯一的区别是：INSERT INTO...SELECT 语句需要把查询数据插入一个已经创建好的表中；而 SELECT...INTO 语句不需要，它本身就具有创建表的功能。使用 SELECT...INTO 语句实现如下：

```
SELECT Bno,SUM(Lamount) S_amount
INTO NewBankLoanAmount
FROM LoanT
GROUP BY Bno
```

6.2.2　删除数据

SQL 的删除语句是 DELETE，格式是

```
DELETE [FROM] <表名>
[[FROM<表名>] WHERE<条件表达式>]
```

其中：

- DELETE 命令是从指定的表中删除满足“条件表达式”的所有元组；
- 如果没有指定删除条件，则删除表中的全部元组，所以在使用该命令时要格外小心；
- 删除的条件可以与其他的表相关（使用可选的 FROM 指定）；

• DELETE 命令只删除元组,不删除表或表结构。

删除语句可以分为无条件删除、基于本表条件的删除和基于其他表条件的删除。

6.2.2.1 无条件删除

无条件删除是指没有指定删除条件的删除,即删除表中全部数据,但保留表结构。

例 6-73 删除所有的银行记录。

```
DELETE FROM BankT
```

6.2.2.2 基于本表条件的删除

基于本表条件的删除是指删除条件涉及属性列所在的表与要删除的表为同一张表。

例 6-74 删除电话号码为"010-6829"的银行记录。

```
DELETE FROM BankT
WHERE Btel='010-6829'
```

例 6-75 删除"E01"法人的所有贷款信息。

```
DELETE FROM LoanT
WHERE Eno= 'E01'
```

6.2.2.3 基于其他表条件的删除

基于其他表条件的删除是指删除条件涉及的部分属性列所在的表与要删除的表不为同一张表。在写删除语句时一定要明确删除的是哪张表的记录,执行一条删除语句一次只能删除一张表中的一条或多条记录。另外,基于其他表条件的删除可以使用多表连接实现,也可以使用子查询实现。

例 6-76 删除电话号码为"010-6829"的银行的贷款信息。

(1) 方法一:用多表连接实现

```
DELETE FROM LoanT
FROM BankT B JOIN LoanT L ON B.Bno=L.Bno
WHERE Btel='010-6829'
```

说明:第一个"FROM"后指定的是要删除的记录所在的表,第二个"FROM"是为了完成多表连接的。

(2) 方法二:用子查询实现

```
DELETE FROM LoanT
WHERE Bno IN(
          SELECT Bno
          FROM BankT
          WHERE Btel='010-6829')
```

例 6-77 删除"新创意企业策划中心"在"工商银行北京 A 支行"的所有贷款记录。

（1）方法一：用多表连接实现

```
DELETE FROM LoanT
FROM BankT B JOIN LoanT L ON B.Bno=L.Bno
    JOIN LegalEntityT LE ON LE.Eno=L.Eno
WHERE(Ename='新创意企业策划中心')AND (Bname='工商银行北京 A 支行')
```

（2）方法二：用子查询实现

```
DELETE FROM LoanT
WHERE Eno IN(
        SELECT Eno
        FROM LegalEntityT
        WHERE Ename='新创意企业策划中心')
      AND Bno IN(
        SELECT Bno
        FROM BankT
        WHERE Bname='工商银行北京 A 支行')
```

6.2.3　更新数据

SQL 的更新语句是 UPDATE，格式是

```
UPDATE<表名>SET<列名>=<表达式>[,...,n]
[[FROM <表名>]WHERE<条件表达式>]
```

其中：

- UPDATE 更新满足“条件表达式”的所有记录的指定属性值；
- 一次可以更新多个属性的值；
- 更新的条件可以与其他的表相关（使用 FROM 指定）；
- 如果没有指定更新条件，则更新表中的全部记录。

更新语句可以分为无条件更新、基于本表条件的更新和基于其他表条件的更新。

6.2.3.1　无条件更新

无条件更新是指没有指定更新条件的更新，即更新表中所有记录的指定属性列。

例 6-78　将所有法人的注册资金都增加 10 万元。

```
UPDATE LegalEntityT SET Ecapital=Ecapital+10
```

6.2.3.2　基于本表条件的更新

基于本表条件的更新是指更新条件涉及属性列所在的表与要更新的表为同一张表。

例 6-79　将法人“丽都百货公司”的注册资金增加 100 万元。

```
UPDATE LegalEntityT SET Ecapital=Ecapital+10
WHERE Ename='丽都百货公司'
```

6.2.3.3 基于其他表条件的更新

基于其他表条件的更新是指更新条件涉及的部分属性列所在的表与要更新的表不为同一张表。在写更新语句时一定要明确更新的是哪张表的记录，执行一条更新语句一次只能更新一张表。另外，基于其他表条件的更新可以使用多表连接实现，也可以使用子查询实现。

例 6-80 将“新创意企业策划中心”在“工商银行北京 A 支行”的贷款金额增加 10 万元。

(1) 方法一：用多表连接实现

```
UPDATE LoanT SET Lamount=Lamount+10
FROM BankT B JOIN LoanT L ON B.Bno=L.Bno
    JOIN LegalEntityT LE ON LE.Eno=L.Eno
WHERE(Ename='新创意企业策划中心') AND (Bname='工商银行北京 A 支行')
```

(2) 方法二：用子查询实现

```
UPDATE LoanT SET Lamount=Lamount+10
WHERE Eno IN(
        SELECT Eno
        FROM LegalEntityT
        WHERE Ename='新创意企业策划中心')
    AND Bno IN(
        SELECT Bno
        FROM BankT
        WHERE Bname='工商银行北京 A 支行')
```

对表执行插入操作、删除操作和更新数据操作之前，系统首先检查这些操作是否符合数据的完整性约束条件，如果符合则进行操作，否则拒绝操作。对表进行插入操作和更新操作时，需要对实体完整性约束、参照完整性约束和用户定义完整性约束进行检查；对表进行删除操作时，只需要对参照完整性约束进行检查。

习题

默认在银行贷款数据库中完成下面的习题。

1. 查询所有法人的法人代码、法人名称、经济性质和注册资金。

2. 通过 AdventureWorks 数据库中 HumanResources. Employee 表的出生日期(BirthDate)查询每位雇员的年龄，显示雇员编号(EmployeeID)、年龄和出生日期。

3. 查询“B1100”银行的银行名称和电话。

4. 查询贷款金额为 2 000 万～4 000 万元的法人代码、银行代码、贷款日期和贷款金额。

5. 查询 2009 年 1 月 1 日以后贷款且贷款期限是 10 年的法人代码。

6. 查询 AdentureWorks 数据库中 Person. Address 表的 City 列以 E,F,G,H 开始且第 4 个字符为“a”的 AddressID、City、StateProvinceID 和 PostalCode。要求查询结果按 City 的降序排列。

7. 查询 AdentureWorks 数据库中 Person. Address 表的 City 不以 E,F,G,H 开始且第 4 个字符为“a”的 AddressID、City、StateProvinceID 和 PostalCode。要求查询结果按 City 的降序排列。

8. 查询贷款期限为 5 年、10 年或 15 年的贷款信息。

9. 查询经济性质为“私营”的所有法人的最高注册资金、最低注册资金和平均注册资金。

10. 查询每种经济性质的法人的经济性质、最高注册资金、最低注册资金和平均注册资金。

11. 统计每个法人的法人代码和贷款总次数,要求查询结果按贷款总次数的升序排列。

12. 查询贷款次数超过 3 次的法人的平均贷款金额和贷款次数。

13. 查询 AdentureWorks 数据库的 Production. Product 表中每种规格(SIZE)产品的平均销售价格(ListPrice)超过 1 000 元的产品规格、平均价格和最高价格,要求只列出有确定规格的信息。

14. 查询 AdentureWorks 数据库的 Production. Product 表中产品颜色(Color)为“Blue”的每种规格(SIZE)产品的平均销售价格(ListPrice)超过 1 000 元的产品规格、平均价格和最高价格,要求只列出有确定规格的信息。

15. 统计每种经济性质贷款的法人的总数及其平均贷款金额,列出平均贷款金额前三名的经济性质、法人总数和平均贷款金额。

16. 查询贷款期限为 5 年、10 年或 15 年的法人名称、银行名称、贷款日期、贷款金额和贷款期限。

17. 查询经济性质为“国营”的法人在“上海”的银行贷款的信息,列出法人名称、银行名称和贷款日期。

18. 查询与“B1100”银行在同一城市(假设银行名称的第 5 和第 6 个字符为城市名称)的其他银行的名称。

19. 查询哪些银行没有贷过款,列出银行号和银行名称。分别用多表连接和子查询两种方式实现。

20. 查询贷过款的所有法人的名称、贷款银行名称、贷款日期、贷款金额,要求将查询结果放在一张新的永久表 New_LoanT 中,新表中的列名分别为法人名称、银行名称、贷款日期和贷款金额。

21. 分别查询经济性质“国营”和“私营”的法人名称、贷款银行名称、贷款日期、贷款金额,要求将这两个查询结果合并成一个结果集,并以法人名称、银行名称、贷款日期和贷款金额作为显示列名,结果按贷款日期的升序和贷款金额的降序显示。

22. 查询 AdentureWorks 数据库的 Production. Product 表中产品颜色(Color)为“Red”或“Blue”或“Black”或“Yellow”的产品编号(ProductID)、产品名称(Name)、销售价

格(ListPrice)。将销售价格大于 2 000 元的显示为“很贵”;销售价格在 1 501 元和 2 000 元之间的显示为“较贵”;销售价格在 1 001 元和 1 500 元之间的显示为“适中”;销售价格在 501 元和 1 000 元之间的显示为“较便宜”;销售价格小于等于 500 元的显示为“很便宜”。

23. 查询经济性质为“国营”的法人在上海的银行贷款的信息,列出法人代码、银行代码和贷款日期,分别用多表连接和子查询两种方式实现。

24. 查询在“建设银行上海分行”贷过款的法人名称,分别用多表连接和子查询两种方式实现。

25. 查询在“工商银行北京 A 支行”贷款金额前三名(包括并列的情况)的法人的法人代码、法人名称和经济性质,分别用多表连接和子查询两种方式实现。

26. 查询在“工商银行北京 B 支行”贷过款且贷款金额高于此银行的平均贷款金额的法人的法人代码、贷款日期和贷款金额。

27. 在银行表中插入如下数据:银行代码号为 B321B,银行名称为建设银行上海 B 支行,电话为空值。

28. 在法人表中插入如下数据:法人代码号为 E11,法人名称为新法人,注册资金为 2 350 万元,经济性质使用默认值。

29. 删除银行编号为“B321B”的银行信息。

30. 删除 2000 年之前一次贷款金额最小的贷款记录。

31. 删除从贷款日期到当前日期天数超过 10 年的贷款记录。

32. 删除法人名称为“爱贝乐玩具有限公司”且贷款金额小于 10 万元的贷款记录,分别用子查询和多表连接两种方式实现。

33. 将经济性质为“私营”的法人在“工商银行上海分行”贷款的所有贷款金额加 5 万元,分别用子查询和多表连接两种方式实现。

第 7 章 视 图

视图是数据库中的一种对象，它是数据库系统提供给用户以多种角度观察数据库中的数据的一种重要机制。本章主要介绍视图的概念、管理及其在数据查询中的应用。

7.1 视图概述

视图通常用来集中、简化和自定义每个用户对数据库的不同认识。视图也可用作安全机制，可以通过视图访问数据，而不授予用户直接访问视图基本表的权限。从 SQL Server 复制数据时也可以使用视图来提高性能并分区数据。

视图是从一个或几个基本表(或视图)导出的表，它与基本表不同，是一个虚表。数据库只存放视图的定义，而不存放视图对应的数据，这些数据仍存放在原来的基本表中。所以基本表中的数据发生变化，从视图中查询出的数据也就随之改变了。从这个意义上讲，视图就像一个窗口，透过它可以看到数据库中自己感兴趣的数据及其变化。举个简单的例子：假设一个房间里有很多东西，这些东西类似于表。用户可以直接进入房间内去看这些东西，这就是直接操作表；也可以在房间外通过墙壁上的小孔看房间内的东西，这个小孔就类似于视图。随着小孔的位置和大小的不同，看到房间内的东西也不同。当房间内的东西改变时，通过小孔看到的内容也会随之更新。

视图可以包括：

- 基本表的行和列的子集。
- 两个或多个基本表的联合。
- 两个或多个基本表的连接。
- 基本表的统计汇总。
- 另外一个视图的子集。
- 视图和基本表的混合。

视图还可以在不同数据库的不同表中建立。一个视图最多可以引用 1 024 个字段。通过视图检索数据时，SQL Server 将进行检查，以确保语句在任何地方所引用的所有数据库对象都存在。视图的名字放在 sysobjects 表中。

视图具有可简化查询、隐藏数据库复杂性、为用户提取数据、简化数据库用户管理等优点，具体阐述如下。

1. 隐藏数据库的复杂性

视图隐藏了数据库设计的复杂性，这让开发者可以在不影响用户使用数据库的情况下改变数据库内容，即使在基本表发生更改或重新组合的情况下，用户仍能够通过视图获得一致和非变化的数据。如第 1 章所述，视图对应数据库管理系统三层模式的外模式，它能够在一定程度上提供数据的逻辑独立性。

2. 控制用户提取数据

通过将某些不需要的、敏感的或是不适当的数据控制在视图之外,可以为用户定制其个人所使用的表。实际上这也是一种安全机制。用户可以访问某些数据,进行查询和修改,但是表或数据库的其余部分是不可见的,也不能进行访问。此外,视图还可以隐蔽复杂的查询,包括对异构数据的复杂查询。

3. 简化数据库用户管理

通过建立视图,还可以起到保护数据库基本表的作用。如通过使用 GRANT(授权)和 DENY(拒权)命令授予各种用户在视图上的操作权限,同时拒绝其在数据表上的操作权限,这样,用户就只能查询和修改他们所能见到的数据,从而实现对底层基本表设计结构的保护。也就是说,通过定义不同的视图及有选择性地授予视图上的权限,可以将用户、组或角色限制在不同的数据子集中。关于权限控制问题详见第 10 章。

4. 改进性能

通过在视图中存储复杂查询的运算结果并为其他查询提供这些摘要性的结果,使数据库的性能得到提高。视图还具备分割数据的功能,可以把分割后独立的数据放置在不同的计算机上。

在 SQL Server 中,视图的类型分为标准视图、索引视图和分区视图。

- 标准视图也就是普通视图,存储的是 SELECT 查询语句。这类视图主要是组合一个或多个表中的数据,重点是简化数据操作。
- 索引视图是一种特殊的视图。在第一次使用索引视图时,SQL Server 将会把索引视图的结果存储在数据库中。索引视图可以显著地提高某些查询的性能。通常,索引视图适用于查询,不太适用于经常变更的基本表。
- 分区视图是一种特殊的视图。所谓分区视图,就是利用分区的概念,将分布在服务器间的分区数据进行连接而组成视图。在分区视图中,数据看起来好像来自同一个表。当然,如果这些分区数据都在一个服务器上,那么视图就退化为一个本地分区视图。

7.2 创建视图

在 SQL Server 2008 中,创建视图有三种方式:第一种是使用 T-SQL 语句创建视图;第二种是使用 SQL Server Management Studio 创建视图;第三种是使用模板创建视图。

7.2.1 使用 T-SQL 语句创建视图

创建视图的 T-SQL 语句的一般格式是

```
CREATE VIEW<视图名>[(<列名>[,...,n])]
[WITH ENCRYPTION]
AS
    <子查询>
```

```
[WITH CHECK OPTION]
```

其中：

- 子查询可以是任意复杂的 SELECT 语句。注意：AS 后面只能有一条 SELECT 语句。子查询中通常不包含 ORDER BY 子句(除非在子查询的选择列表中有 TOP 子句)和 DISTINCT 短语、INTO 关键字，不能引用临时表或表变量。
- WITH ENCRYPTION：对 sys. syscomments 表中包含 CREATE VIEW 语句文本的条目进行加密。使用 WITH ENCRYPTION 可防止在 SQL Server 复制过程中发布视图。
- WITH CHECK OPTION：强制针对视图执行的所有数据修改语句都必须符合在子查询中设置的条件。通过视图修改行时，WITH CHECK OPTION 可确保提交修改后，仍可通过视图看到数据。如果在子查询中的任何位置使用 TOP，则不能指定 WITH CHECK OPTION。
- 组成视图的属性列名或者全部省略或者全部指定，不能指定一部分列名。如果省略了视图的各个属性列名，则隐含该视图由子查询中 SELECT 子句后面的目标序列组成。
- 在遇到以下情况时，要么明确指定组成视图的所有属性列名，要么为 SELECT 子句中的列指定列别名：
  - 某个目标列不是基本表中的列，而是由基本表中的列计算得来的，包括聚合函数和算术表达式。
  - 多表连接时选出了几个同名列作为视图的字段。
  - 需要在视图中为某个列启用新的名字。

例 7-1　创建基于一张基本表的视图。创建经济性质为“国营”的法人的视图。

```
CREATE VIEW V_LE
AS
  SELECT Eno,Ename,Ecapital,Erep
  FROM LegalEntityT
  WHERE Enature='国营'
```

本例中的视图 V_LE 省略了列名，隐含由 SELECT 语句中的四个列名组成。

DBMS 执行 CREATE VIEW 语句的结果只是保存了视图的定义，并没有执行其中的 SELECT 语句。只是在对视图进行查询时，才按视图的定义从基本表中将数据查出。

视图是一张虚拟表，视图定义后，用户就可以像对基本表一样对视图进行查询了。

查询视图举例：利用视图 V_LE 查询经济性质为“国营”且注册资金大于等于 5 000 万元的法人信息。

```
SELECT *
FROM V_LE
WHERE Ecapital>=5000
```

查询结果如图 7-1 所示。

例 7-2 创建使用 WITH CHECK OPTION 选项的视图。创建工商银行的视图，并要求进行修改和插入操作时仍需保证该视图只有工商银行的信息。

```
CREATE VIEW V_Bank
AS
    SELECT *
    FROM BankT
    WHERE Bname LIKE '工商银行%'
    WITH CHECK OPTION
```

查询视图举例：利用 V_Bank 查询工商银行的信息。

```
SELECT * FROM V_Bank
```

查询结果如图 7-2 所示。

结果 | 消息

	Eno	Ename	Ecapital	Erep
1	E02	华顺达水泥股份有限公司	5300	王晓伟
2	E07	浦庆石化有限公司	6560	李中信

图 7-1 例 7-1 的视图查询结果

结果 | 消息

	Bno	Bname	Btel
1	B1100	工商银行北京分行	010-4573
2	B111A	工商银行北京A支行	010-3489
3	B111B	工商银行北京B支行	NULL
4	B111C	工商银行北京C支行	010-5729
5	B1210	工商银行上海分行	021-5639
6	B121A	工商银行上海A支行	021-8759

图 7-2 例 7-2 的视图查询结果

由于在定义 V_Bank 视图时加上了 WITH CHECK OPTION 子句，以后对该视图进行插入、更新和删除操作时，DBMS 会自动加上 Bname LIKE '工商银行%'的条件。例如通过此视图将“B111C”银行的名称更新为“建设银行北京 C 支行”，执行下述语句：

```
UPDATE V_Bank SET Bname='建设银行北京 C 支行' WHERE Bno='B111C'
```

由于通过此视图将银行的名称更新为“建设银行北京 C 支行”时，不符合定义视图时的 SELECT 语句中的条件，所以更新失败。系统错误消息提示如图 7-3 所示。

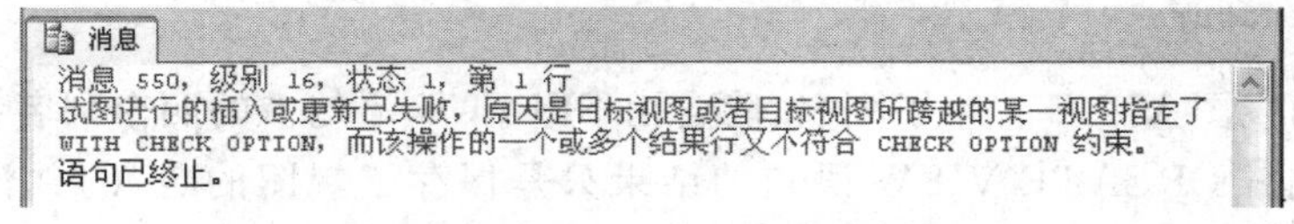

消息
消息 550，级别 16，状态 1，第 1 行
试图进行的插入或更新已失败，原因是目标视图或者目标视图所跨越的某一视图指定了 WITH CHECK OPTION，而该操作的一个或多个结果行又不符合 CHECK OPTION 约束。
语句已终止。

图 7-3 更新视图 V_Bank 时的错误消息提示

例 7-3 创建基于多张基本表的视图。创建查询法人名称、银行名称、贷款日期和贷款金额的视图。

```
CREATE VIEW V_Loan(法人名称,银行名称,贷款日期,贷款金额)
AS
    SELECT Ename,Bname,Ldate,Lamount
    FROM BankT B JOIN LoanT L ON B.Bno=L.Bno
        JOIN LegalEntityT LE ON LE.Eno=L.Eno
```

当希望为视图指定新的列名时,可以在创建视图时指定视图自己的列名,也可以在 SELECT 子句的列名后面加上列别名,效果是等价的。上面创建视图的代码也可以写成:

```
CREATE VIEW V_Loan
AS
    SELECT Ename 法人名称,Bname 银行名称,Ldate 贷款日期,Lamount 贷款金额
    FROM BankT B JOIN LoanT L ON B.Bno=L.Bno
        JOIN LegalEntityT LE ON LE.Eno=L.Eno
```

查询视图举例:利用视图 V_Loan 查询"华顺达水泥股份有限公司"在"工商银行北京 B 支行"的贷款情况。

```
SELECT *
FROM V_Loan
WHERE 法人名称='华顺达水泥股份有限公司'AND 银行名称='工商银行北京 B 支行'
```

查询结果如图 7-4 所示。

	法人名称	银行名称	贷款日期	贷款金额
1	华顺达水泥股份有限公司	工商银行北京B支行	2008-05-13 00:00:00	2000
2	华顺达水泥股份有限公司	工商银行北京B支行	2009-03-02 00:00:00	1500

图 7-4　例 7-3 的视图查询结果

例 7-4　创建基于视图的视图。基于视图 V_Loan(详见例 7-3)创建查询在"建设银行上海分行"贷款的法人名称、贷款日期和贷款金额的视图。

```
CREATE VIEW V_BankLoan
AS
  SELECT 法人名称,贷款日期,贷款金额
  FROM V_Loan
  WHERE 银行名称='建设银行上海分行'
```

查询视图举例:利用视图 V_BankLoan 查询"新意企业策划中心"在"建设银行上海分行"的贷款情况。

```
SELECT *
FROM V_BankLoan
WHERE 法人名称= '新意企业策划中心'
```

查询结果如图 7-5 所示。

	法人名称	贷款日期	贷款金额
1	新意企业策划中心	2008-06-04 00:00:00	30

图 7-5　例 7-4 的视图查询结果

例 7-5 创建带虚列的视图。创建查询法人代码、银行代码和贷款年份的视图。

```
CREATE VIEW V_LoanYear(Eno,Bno,LYear)
AS
  SELECT Eno,Bno,YEAR(Ldate)
  FROM LoanT
```

等价于：

```
CREATE VIEW V_LoanYear
AS
  SELECT Eno,Bno,YEAR(Ldate) LYear
  FROM LoanT
```

定义基本表时，为了减少数据库中的冗余数据，表中只存放基本数据，由基本数据经过各种计算派生出的数据一般是不存储的。但由于视图中的数据并不实际存储，所以定义视图时可以根据应用的需求，在 SELECT 语句中包含算术表达式或函数，这些表达式或函数与视图的其他列一样对待。由于它们是计算得来的，并不存储在基本表内，所以称为虚列。本例中的 LYear 就是虚列，它是由贷款日期计算得到的。

例 7-6 创建分组视图。创建查询每家银行的平均贷款金额的视图。

```
CREATE VIEW V_AvgLoan(Bno,Avg_Lamount)
AS
  SELECT Bno,AVG(Lamount)
  FROM LoanT
  GROUP BY Bno
```

等价于：

```
CREATE VIEW
AS
  SELECT Bno,AVG(Lamount)Avg_Lamount
  FROM LoanT
  GROUP BY Bno
```

由于 SELECT 语句中含有聚合函数，所以要么给出该视图的所有属性列，要么给出 SELECT 子句中的聚合函数对应的列的列别名。

查询视图举例：利用视图 V_AvgLoan 查询平均贷款金额超过 1 500 万元的银行名称。

```
SELECT Bname
FROM BankT B JOIN V_AvgLoan V ON B.Bno=V.Bno
WHERE Avg_Lamount>1500
```

查询结果如图 7-6 所示。

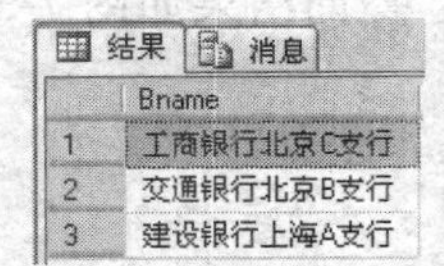

	Bname
1	工商银行北京C支行
2	交通银行北京B支行
3	建设银行上海A支行

图 7-6 例 7-6 的视图查询结果

要查询“平均贷款金额超过 1 500 万元的银行名称”，也可以直接基于基本表进行查询，代码如下：

```
SELECT Bname
  FROM BankT
  WHERE Bno IN(
    SELECT Bno
    FROM LoanT
    GROUP BY Bno
    HAVING AVG(Lamount)>1500)
```

但如果经常需要查询这方面的统计信息，显然基于视图 V_AvgLoan 查询大大简化了查询人员的工作量，提高了编程效率。

思考：基于基本表的查询和基于视图的查询，哪种查询执行效率高？为什么？

例 7-7　创建使用 WITH ENCRYPTION 选项的视图。创建查询每家银行的贷款情况的视图，显示银行代码、贷款法人数和贷款情况。当贷款法人数大于 6 时，贷款情况为"多"；当贷款法人数介于 4 和 6 之间时，贷款情况为"一般"；当贷款法人数介于 1 和 3 之间时，贷款情况为"少"；当贷款法人数为 0 时，贷款情况为"无法人贷款"。

```
CREATE VIEW V_LE_Loan(银行代码,贷款法人数,贷款情况)
WITH ENCRYPTION
AS
  SELECT B.Bno,COUNT(DISTINCT Eno),
    CASE
      WHEN COUNT(DISTINCT Eno)>6 THEN'多'
      WHEN COUNT(DISTINCT Eno)BETWEEN 4 AND 6 THEN'一般'
      WHEN COUNT(DISTINCT Eno)BETWEEN 1 and 3 THEN'少'
      WHEN COUNT(DISTINCT Eno)=0 THEN'无法人贷款'
    END
    FROM BankT B LEFT JOIN LoanT L ON B.Bno=L.Bno
    GROUP BY B.Bno
```

此例的视图在定义时通过使用"WITH ENCRYPTION"来加密定义语句。通过下面的操作可以体会到"WITH ENCRYPTION"选项的作用。

在对象资源管理器中选择【LoanDB】|【视图】，会看到与其他视图不同的是，视图 V_LE_Loan 的图标前加了一把锁（如图 7-7 所示）。右击【dbo. V_LE_Loan】，在弹出的快捷菜单中的【设计】命令显示为不可操作。右击【dbo. V_LE_Loan】，在弹出的快捷菜单中选择【编写视图脚本为】|【CREATE 到】或选择【编写视图为】|【ALTER 到】或选择【编写视图脚本为】|【DROP 和 CREATE 到】，系统都将提示无访问权限，也就是说经过加密后的视图，用户无法查看和修改其原始定义。

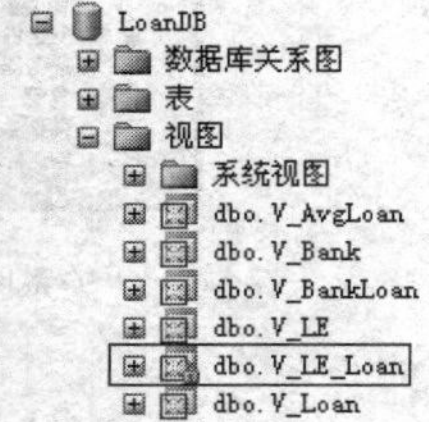

图 7-7　加密后的视图 V_LE_Loan

7.2.2　使用 SQL Server Management Studio 创建视图

使用 SQL Server Management Studio 创建视图其实就是使用视图设计器创建视图。

下面以创建视图 V_Loandate 为例来介绍如何使用视图设计器设计视图。视图 V_Loandate的功能是查询 2009 年 1 月 1 日以后(包括 2009 年 1 月 1 日)的贷款信息,具体创建步骤如下。

(1) 在对象资源管理器中选择【LoanDB】,右击【视图】节点,在弹出的快捷菜单中选择【新建视图】命令,打开如图 7-8 所示的【添加表】对话框。

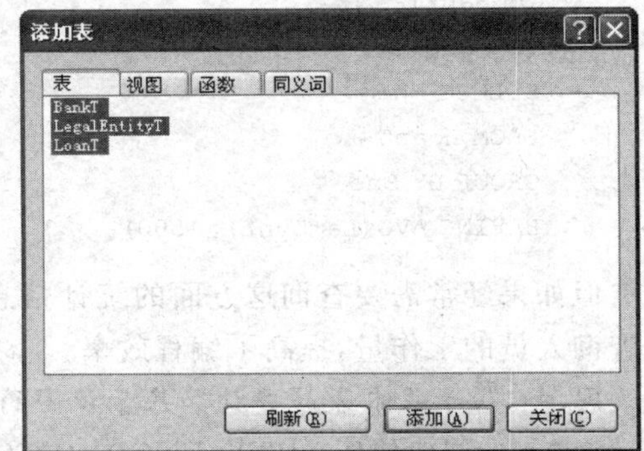

图 7-8 【添加表】对话框

(2) 从【添加表】对话框中选择定义视图所需的三张表 BankT、LegalEntityT 和 LoanT 后,单击【添加】按钮,视图设计器的"关系图"窗格中就出现了所选的三张表及其联系,如图 7-9 所示。在"SQL"窗格中也自动出现了相应的三张表连接的查询语句。单击【添加表】对话框中的【关闭】按钮以关闭此对话框。

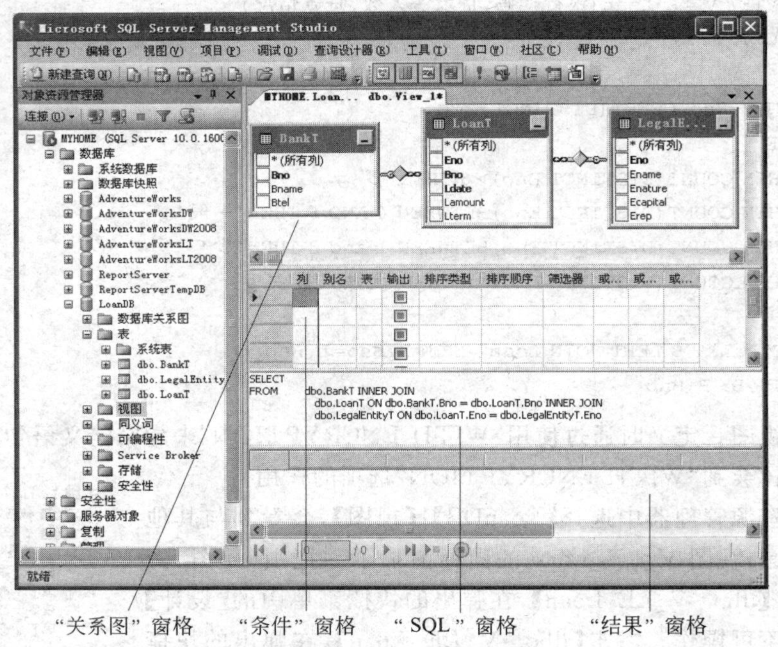

图 7-9 添加视图引用表后的视图设计器

(3) 如图 7-10 所示,在视图设计器的"关系图"窗格中选择定义视图所需的列。选择完毕后,"条件"窗格中会出现所选择的列。接着,在"条件"窗格的对应"Ldate"列的筛选器中填写筛选条件:>='2009/1/1'。此时,"SQL"窗格中已经自动生成了定义视图的查询语句。

(4) 单击 Microsoft SQL Server Management Studio 工具栏中的【执行】按钮 ! 执行(X)。在视图设计器的"结果"窗格中就会出现视图的执行结果,如图 7-11 所示。

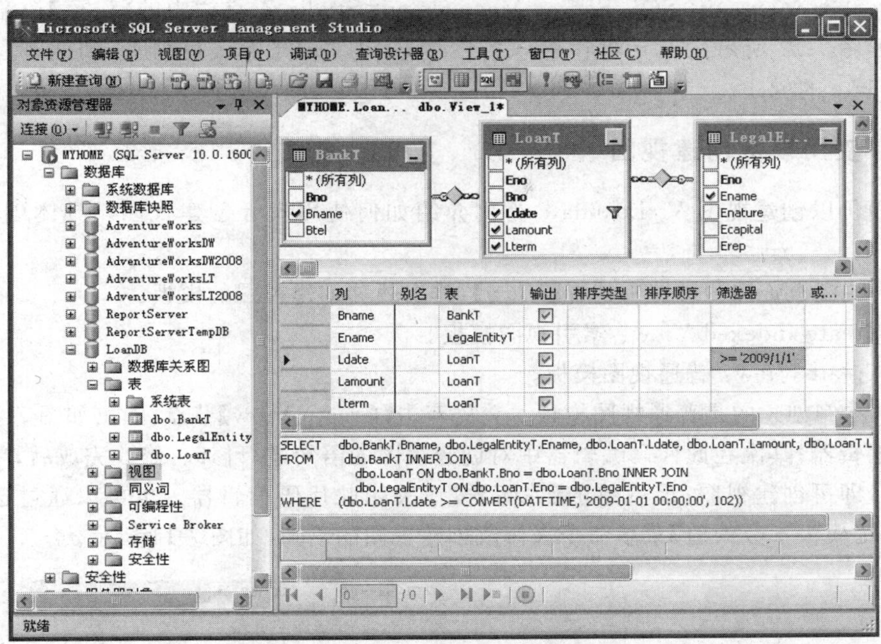

图 7-10　设计定义视图的查询语句

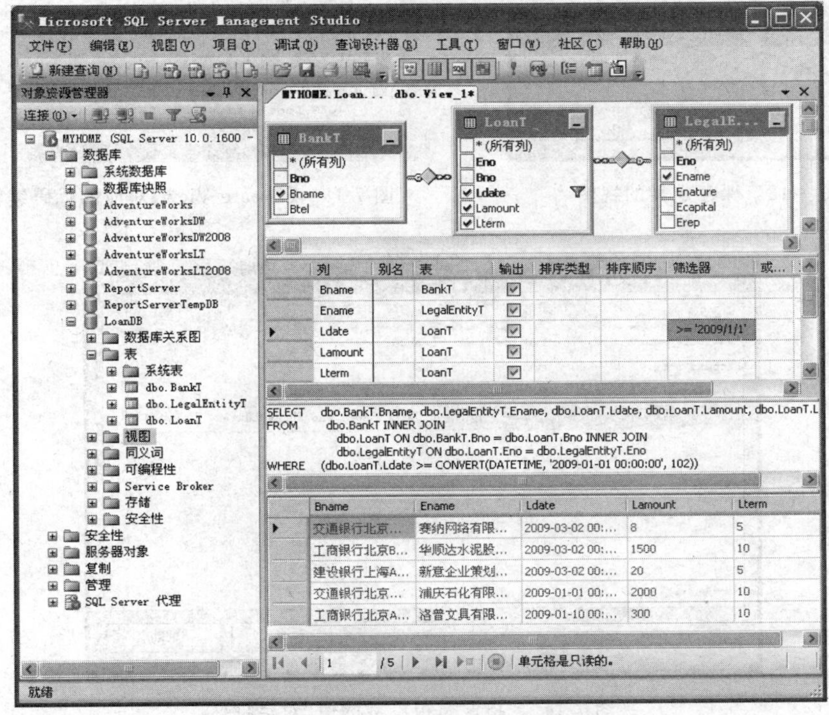

图 7-11　执行定义视图的查询语句

(5) 单击 Microsoft SQL Server Management Studio 工具栏中的【保存】按钮，在弹出的如图 7-12 所示的对话框中输入视图的名称，单击【确认】按钮。到此，完成视图 V_Loandate 的创建。

7.2.3 使用模板创建视图

下面仍以创建视图 V_Loandate 为例介绍如何使用模板创建视图。具体创建步骤如下。

(1) 在模板资源管理器中选择【View】，弹出两种创建视图的模板：

- Create Indexed View：索引视图模板。
- Create View：普通视图模板。

(2) 本例创建的是普通视图模板。首先双击【Create View】节点，弹出如图 7-13 所示的代码编辑器；其次在此代码编辑器中对创建视图的语句进行修改，修改完成后，单击【执行】按钮，即可创建视图；最后单击【关闭】按钮关闭此代码编辑器。也可以通过选择【查询】|【指定模板参数的值】菜单命令来修改创建视图的语句，如图 7-14 所示。

图 7-12 保存定义的视图

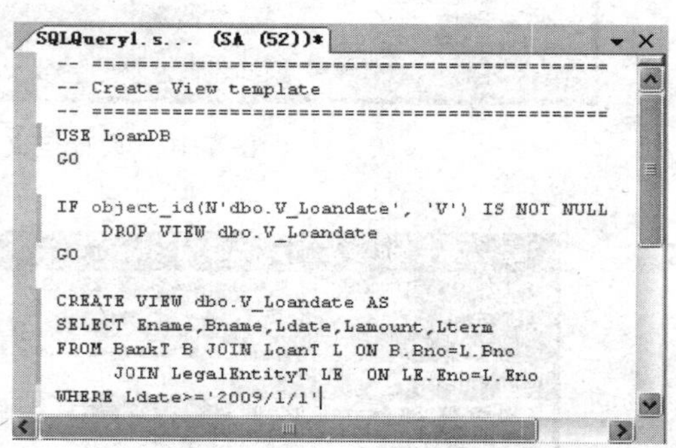

图 7-13 【Create View】对应的代码编辑器

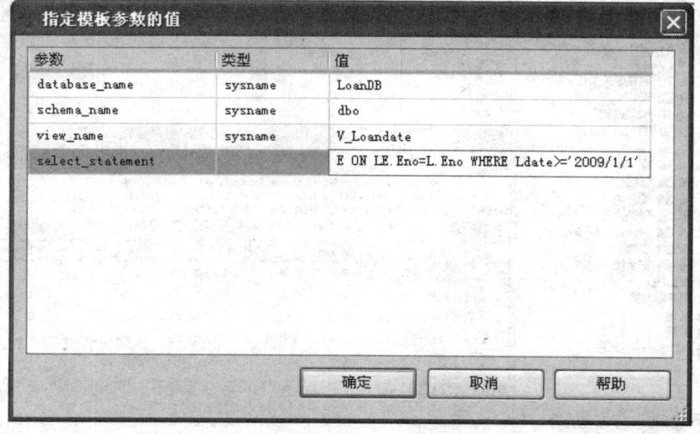

图 7-14 “指定模板参数的值”对话框

要创建一个复杂的视图，建议采用下面 4 个步骤：

(1) 编写 SELECT 语句。

(2) 测试 SELECT 语句。执行编写的 SELECT 语句,确认语法是否正确、执行结果是否符合要求。

(3) 如果 SELECT 语句的测试通过,则按照相应的语法创建视图。

(4) 通过该视图进行一些查询,以验证其正确性。

7.3 管理视图

管理视图的操作包括修改视图、删除视图和重命名视图等。

7.3.1 修改视图

这里介绍在 SQL Server 2008 中修改视图的两种方法:第一种是使用 ALTER VIEW 语句修改视图;第二种是使用 SQL Server Management Studio 修改视图。

修改视图的 ALTER VIEW 语句的一般格式是

```
ALTER VIEW<视图名>[(<列名>[,...,n])]
AS
    <子查询>
```

从命令格式中可以看出,该语句只是将创建视图的命令动词 CREATE 换成了 ALTER,其他语法格式是完全一样的。它实际上相当于先删除旧视图,然后再创建一个新视图。

例 7-8 修改例 7-6 定义的视图 V_AvgLoan,修改后的视图为查询在北京的每家银行的平均贷款金额的视图。

```
ALTER VIEW V_AvgLoan(Bno,Avg_Lamount)
AS
  SELECT B.Bno,AVG(Lamount)
  FROM LoanT L JOIN BankT B ON L.Bno=B.Bno
  WHERE Bname LIKE '%北京%'
  GROUP BY B.Bno
```

下面以例 7-6 定义的视图 V_AvgLoan 为例介绍使用 SQL Server Management Studio 修改视图的方法,步骤如下。

(1) 首先,在对象资源管理器中展开 LoanDB 数据库,选择【视图】节点;

(2) 然后右击该节点下的视图 V_AvgLoan,在弹出的快捷菜单中选择【编写视图脚本为】|【ALTER 到】|【新查询编辑器窗口】,即打开如图 7-15 所示的代码编辑器;

(3) 在代码编辑器中对视图定义语句进行修改,修改完成后,单击【执行】按钮,即可修改视图 V_AvgLoan;

(4) 最后单击【关闭】按钮关闭此代码编辑器。

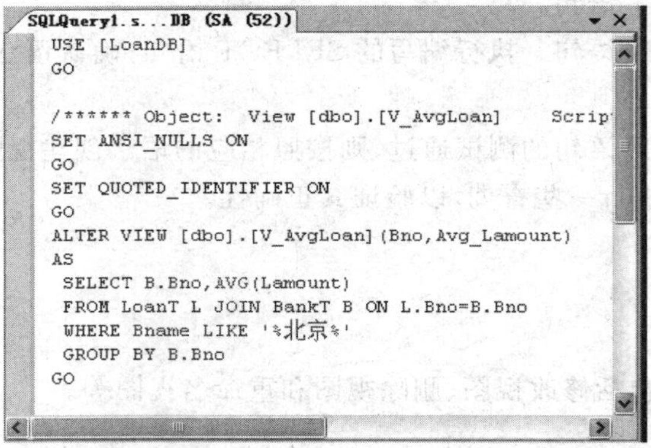

```
SQLQuery1.s...DB (SA (52))
USE [LoanDB]
GO

/****** Object:  View [dbo].[V_AvgLoan]    Scrip
SET ANSI_NULLS ON
GO
SET QUOTED_IDENTIFIER ON
GO
ALTER VIEW [dbo].[V_AvgLoan](Bno,Avg_Lamount)
AS
 SELECT B.Bno,AVG(Lamount)
 FROM LoanT L JOIN BankT B ON L.Bno=B.Bno
 WHERE Bname LIKE '%北京%'
 GROUP BY B.Bno
GO
```

图 7-15　修改视图 V_AvgLoan 的代码编辑器

7.3.2　删除视图

这里介绍两种在 SQL Server 2008 中删除视图的方法：第一种是使用 DROP VIEW 语句删除视图；第二种是使用 SQL Server Management Studio 删除视图。

删除视图的 DROP VIEW 语句的一般格式是：

```
DROP VIEW <视图名>
```

例 7-9　删除视图 V_AvgLoan。

```
DROP VIEW V_AvgLoan
```

使用 SQL Server Management Studio 删除视图的步骤如下：首先，在对象资源管理器中展开要删除的视图所在的数据库，选择【视图】节点；其次，右击该节点下要删除的视图；接着在弹出的快捷菜单中选择【删除】命令；最后，在打开的【删除对象】对话框中单击【确定】按钮，即可删除视图。

7.3.3　重命名视图

这里介绍两种在 SQL Server 2008 中重命名视图的方法：第一种是使用系统存储过程 sp_rename 重命名视图（系统存储过程 sp_rename 的语法格式在 5.3.3 节做过详细介绍）；第二种是使用 SQL Server Management Studio 重命名视图。

例 7-10　使用系统存储过程 sp_rename 将视图“V1”重命名为“V2”。

```
EXEC sp_rename'V1','V2'
```

使用 SQL Server Management Studio 重命名视图的步骤如下：首先，在对象资源管理器中展开要重命名的视图所在的数据库，选择【视图】节点；然后右击该节点下要重命名的视图；在弹出的快捷菜单中选择【重命名】命令；最后直接在光标所在的位置修改为新的视图名称。

7.4 使用视图修改基本表的数据

通过视图不仅可以进行数据查询，还可以进行数据修改。视图的主要用途就是数据查询，使用视图查询表的信息与普通表的查询是相同的，没有限制。通过视图还可以对数据进行插入、更新和删除操作，但是通过视图进行的这些数据操作是受一定限制的，下面通过实例来说明这些限制。

1. 如果视图是基于几张表创建的，那么通过视图修改其基本表时，只能修改其中一张表

例 7-11　失败案例。通过视图 V_Loan(详见例 7-3)更新法人名称列和贷款日期列。

```
UPDATE V_Loan SET 法人名称='亚特赛网络有限公司',贷款日期='2009/1/1'
WHERE 法人名称='赛纳网络有限公司'
```

执行结果如图 7-16 所示。更新操作失败的原因是 UPDATE 语句一次更新了两张基本表中的列。

例 7-12　成功案例。通过视图 V_Loan(详见例 7-3)更新贷款日期列和贷款金额列。

```
UPDATE V_Loan SET 贷款日期='2009/1/1',贷款金额=贷款金额+50
WHERE 法人名称='赛纳网络有限公司'
```

执行结果如图 7-17 所示。由于此例只更新了参与视图定义的一张基本表中的数据，所以更新操作是成功的。

```
消息
消息 4405，级别 16，状态 1，第 2 行
视图或函数 'V_Loan' 不可更新，因为修改会影响多个基表。
```

图 7-16　使用视图同时更新两张基本表的数据的执行结果

```
消息
(3 行受影响)
```

图 7-17　使用视图更新一张基本表的数据的执行结果

2. 通过视图只能修改参与视图定义的表和列

如果通过例 7-3 创建的视图 V_Loan 来更新列，只能更新法人表中的法人名称列、银行表中的银行名称列、贷款表中的贷款日期和贷款金额列。如下操作就是失败的：

```
UPDATE V_Loan SET 贷款日期='2009/1/1',贷款金额=贷款金额+50,Lterm=Lterm+5
WHERE 法人名称='赛纳网络有限公司'
```

因为 Lterm 列虽然是贷款表中的列，但它并没有参与视图 V_Loan 的定义。

3. 在视图中修改的列必须是直接参与视图定义的表的列的基础数据，不能是通过其他方式派生的列

例 7-13　失败案例。通过视图 V_AvgLoan(详见例 7-6)更新银行“B1100”的平均贷款金额。

```
UPDATE V_AvgLoan SET Avg_Lamount=80
WHERE Bno='B1100'
```

执行结果如图 7-18 所示。执行失败的原因是此例欲通过视图更新派生列“平均贷款

金额”,而对此列值的更新是无法对应到基本表上的。

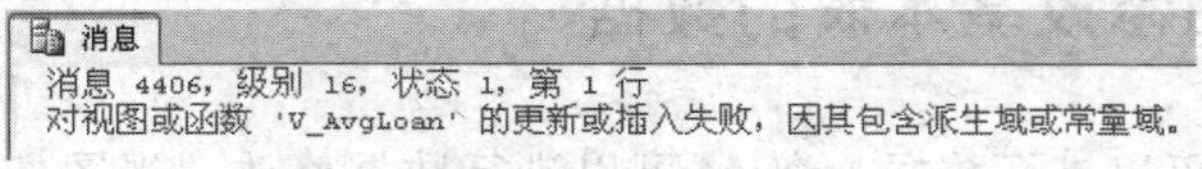

消息
消息 4406,级别 16,状态 1,第 1 行
对视图或函数 'V_AvgLoan' 的更新或插入失败,因其包含派生域或常量域。

图 7-18 通过视图修改派生列的执行结果

4. 通过视图修改的列不能出现在 SELECT 语句的 GROUP BY、HAVING 或 DISTINCT 子句中

7.5 使用视图解决复杂查询问题

视图在解决复杂的查询问题时也起着很重要的作用。有时用一条查询语句可能无法实现用户要求的查询内容,借助视图有助于查询工作的顺利完成。

例 7-14 查询每家银行“国营”法人贷款的总金额占本银行贷款总金额的比例,要求保留到小数点后 2 位。

分析:本例并未要求必须创建视图,但是用一条查询语句无法实现题目要求的查询内容,所以这里的解决方法是借助视图来分步骤完成此题。首先,创建视图 V1 统计每家银行“国营”法人贷款的总金额;其次,创建视图 V2 统计每家银行所有法人贷款的总金额;最后,借助创建的两个视图获得查询结果。

```
CREATE VIEW V1
AS
  SELECT Bno,SUM(Lamount)Sum1
  FROM LegalEntityT LE JOIN LoanT L ON LE.Eno=L.Eno
  WHERE Enature='国营'
  GROUP BY Bno

CREATE VIEW V2
AS
  SELECT Bno,SUM(Lamount)Sum2
  FROM LoanT
  GROUP BY Bno

SELECT V1.Bno,CAST(Sum1 * 1.0/Sum2 AS decimal(3,2))
FROM V1 JOIN V2 ON V1.Bno=V2.Bno
```

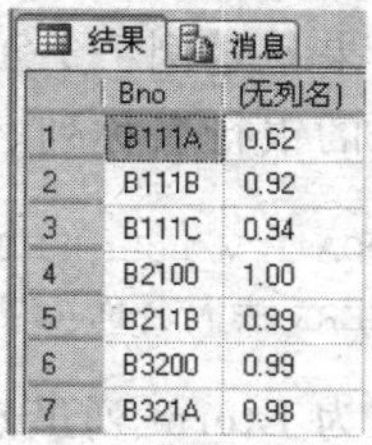

结果 消息

	Bno	(无列名)
1	B111A	0.62
2	B111B	0.92
3	B111C	0.94
4	B2100	1.00
5	B211B	0.99
6	B3200	0.99
7	B321A	0.98

图 7-19 例 7-14 的查询结果

查询结果如图 7-19 所示。

例 7-15 统计每个法人在每家银行的还款总金额。其中还款年利率的值如下。如果贷款银行是工商银行,则其年利率为:贷款年限 1~5 年的,年利率为 2%;贷款年限 6~10 年的,年利率为 3%;贷款年限大于 10 年的,年利率为 4%。如果贷款银行是其他银行,则其年利率为:贷款年限 1~5 年的,年利率为 3%;贷款年限 6~10 年的,年利率为 4%;贷款年限大于 10 年的,年利率为 5%。

分析：本例的解决方案是首先创建视图 V_Interest，统计每个法人在每家银行的每笔贷款的应还金额；然后通过查询视图 V_Interest 获得每个法人在每家银行的还款总金额。

```
CREATE VIEW V_Interest
AS
  SELECT Eno,B.Bno,Repayment=Lamount+Lamount * Lterm *
    CASE
      WHEN(Bname LIKE'工商银行%')AND(Lterm BETWEEN 1 AND 5)THEN 0.02
      WHEN(Bname LIKE '工商银行%')AND(Lterm BETWEEN 6 AND 10)THEN 0.03
      WHEN(Bname LIKE '工商银行%')AND(Lterm>10)THEN 0.04
      WHEN(Bname NOT LIKE '工商银行%')AND(Lterm BETWEEN 1 AND 5)THEN 0.03
      WHEN(Bname NOT LIKE '工商银行%')AND(Lterm BETWEEN 6 AND 10)THEN 0.04
      WHEN(Bname NOT LIKE '工商银行%')AND(Lterm>10)THEN 0.05
    END
  FROM LoanT L JOIN BankT B ON L.Bno=B.Bno

SELECT Eno,Bno,SUM(Repayment)
FROM V_Interest
GROUP BY Eno,Bno
```

查询结果如图 7-20 所示。

结果 | 消息

	Eno	Bno	(无列名)
1	E01	B1100	16.00
2	E01	B111A	27.00
3	E01	B2100	9.20
4	E02	B111A	1100.00
5	E02	B111B	4550.00
6	E02	B211B	4765.00
7	E02	B3200	5000.00
8	E02	B321A	6000.00
9	E03	B3200	34.50
10	E03	B321A	23.00
11	E06	B111B	576.00
12	E06	B211B	112.00
13	E07	B111C	4800.00
14	E07	B2100	2800.00
15	E07	B211B	5040.00
16	E07	B321A	9000.00
17	E09	B111A	390.00
18	E09	B111C	220.00
19	E09	B321A	172.50
20	E10	B111A	390.00

图 7-20　例 7-15 的查询结果

习题

1. 什么是视图？视图的优点和缺点是什么？
2. 在遇到什么情况时，需要明确指定组成视图的所有属性列名，或者为 SELECT 子句中的列指定列别名?

3. 简述使用视图修改基本表的数据会有哪些限制,请举例说明。

4. 为什么通过视图插入的记录有可能无法通过视图查询到?请举例说明。

5. 创建查询法人代码、法人名称、银行代码、银行名称、贷款日期、贷款金额和贷款期限的视图。

6. 创建查询既在北京的银行贷过款又在上海的银行贷过款的法人的全部信息的视图。

7. 创建查询经济性质为"集体"且注册资金大于200万元的法人的全部信息的视图,要求对视图执行的所有数据修改语句都必须符合在子查询中设置的条件。

8. 创建查询每家银行平均贷款期限的视图,要求列出银行代码和平均贷款期限。

9. 通过使用视图解决如下查询问题:查询每个法人的总贷款金额,列出法人名称和总贷款金额。

10. 通过使用视图解决如下查询问题:查询每类银行中"北京"地区的贷款总金额占本类银行贷款总金额的比例,要求比例保留到小数点后2位,列出银行类型和比例。说明:银行代码的第2位代表不同类银行(1代表工商银行,2代表交通银行,3代表建设银行)。

第8章 存储过程

存储过程是SQL语句和控制流语句的预编译集合，它以一个名称存储并作为一个单元处理，应用程序可以通过调用的方法执行存储过程。存储过程使得对数据库的管理更加容易。本章主要介绍存储过程的概念及其管理。

8.1 存储过程概述

存储过程是T-SQL语句的预编译集合，可以将多条T-SQL语句封装到一个存储过程里面。这样一来，用户在编写T-SQL脚本时，就可以使用存储过程代替相应的多条T-SQL语句。因为存储过程封装了多条T-SQL语句，所以在编写T-SQL脚本时，将会显得T-SQL脚本内容清晰、结构简单且易于理解。

存储过程是独立于表之外的数据库对象，可以接受参数并且返回状态值和参数值。存储过程只需编译一次，以后即可多次执行，因此执行存储过程可以提高性能。

存储过程由参数、编程语句和返回值组成。可以通过输入参数向存储过程中传递参数值，也可以通过输出参数向存储过程的调用者传递多个输出值；存储过程中的编程语句可以是T-SQL的控制语句、表达式、访问数据库的语句，也可以调用其他的存储过程；存储过程只能有一个返回值，通常用于表示调用存储过程的结果是成功还是失败。

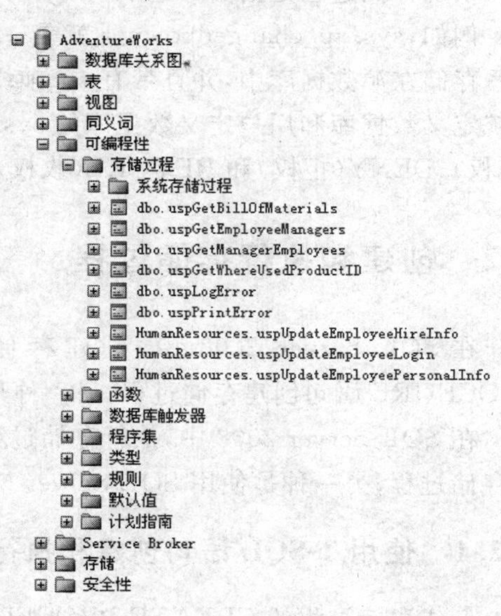

图8-1 AdventureWorks数据库的存储过程

图8-1显示了AdventureWorks数据库中定义的存储过程。

存储过程具有如下优点：

(1) 存储过程已在服务器注册。

(2) 存储过程具有安全特性(例如，权限)和所有权链接，以及可以附加到它们的证书。用户可以被授权来执行存储过程，而不必直接对存储过程中引用的对象具有权限。

(3) 存储过程可以强制应用程序的安全性。参数化存储过程有助于保护应用程序不受SQL注入攻击。

(4) 存储过程允许模块化程序设计。存储过程一旦创建，以后即可在程序中调用任意多次。这可以提高应用程序的可维护性，并允许应用程序统一访问数据。

(5) 存储过程是命名代码,允许延迟绑定。这提供了一个用于简单代码演变的间接级别。

(6) 存储过程可以减少网络通信流量。一个需要数百行 T-SQL 代码的操作可以通过一条执行过程代码的语句来执行,而不需要在网络中发送数百行代码。

在 SQL Server 2008 中,根据实现存储过程的方式和内容的不同,存储过程分为用户自定义的存储过程、扩展存储过程和系统存储过程。

(1) 用户自定义的存储过程

用户自定义的存储过程是指由用户根据实际工作的需要创建的存储过程。用户自定义的存储过程包括两种类型:T-SQL 存储过程或 CLR 存储过程。其中,T-SQL 存储过程是指由 T-SQL 语句编写的存储过程;CLR 存储过程是指在编写存储过程中,使用 Mircrosoft .NET Framework CLR(公共语言运行时)中的对象或方法。

(2) 扩展存储过程

扩展存储过程是指 Microsoft SQL Server 的实例可以动态加载和运行的 DLL。扩展存储过程允许用户使用编程语言(例如 C)创建自己的外部例程。扩展存储过程直接在 SQL Server 的实例的地址空间中运行,可以使用 SQL Server 扩展存储过程 API 完成编程。

(3) 系统存储过程

系统存储过程是指由 SQL Server 2008 定义的,用于 SQL Server 管理操作的存储过程。例如,sys. sp_changedbowner 就是一个系统存储过程。从物理意义上讲,系统存储过程存储在源数据库中,并且带有 sp_前缀。从逻辑意义上讲,系统存储过程出现在每个系统定义数据库和用户定义数据库的 sys 构架中。在 SQL Server 2008 中,可将 GRANT(授权)、DENY(拒权)和 REVOKE(收权)权限应用于系统存储过程。

8.2 创建和执行存储过程

在 SQL Server 2008 中,创建存储过程有两种方式:一种是使用 CREATE PROCEURE 语句创建存储过程;另一种是使用模板创建存储过程。

在 SQL Server 2008 中,执行存储过程有两种方式:一种是使用 EXECUTE 语句执行存储过程;另一种是使用 SQL Server Management Studio 执行存储过程。

8.2.1 使用 T-SQL 语句创建和执行存储过程

创建存储过程的 CREATE PROCEDURE 语句的一般格式是

```
CREATE PROC[EDURE] 存储过程名
    [@参数名 数据类型[=default][OUTPUT]]
    [,…,n]
    [WITH ENCRYPTION]
AS
    SQL 语句
```

其中：

- default：为参数指定的默认值，它必须是一个常量。在创建存储过程时，如果给出了默认值，那么在执行该存储过程时，如果没有向具有默认值的参数传递参数值，则具有默认值的参数就可以使用它们的默认值。默认值中可以包含通配符（%、_、[ ]、和[^]）。
- OUTPUT：指示参数是输出参数。此选项的值可以返回给调用 EXECUTE 的语句。使用 OUTPUT 参数将值返回给过程的调用方。
- WITH ENCRYPTION：指示 SQL Server 将 CREATE PROCEDURE 语句的原始文本转换为模糊格式。模糊代码的输出在 SQL Server 的任何目录视图中都不能直接显示。对系统表或数据库文件没有访问权限的用户不能检索模糊文本。

例 8-1　创建简单的存储过程：查询"工商银行北京 A 支行"的贷款情况，要求列出法人名称、贷款日期和贷款金额。

```
CREATE PROC P_Loan
AS
  SELECT Ename,Ldate,Lamount
  FROM BankT B JOIN LoanT L ON B.Bno=L.Bno
        JOIN LegalEntityT LE ON LE.Eno=L.Eno
  WHERE Bname='工商银行北京 A 支行'
```

执行存储过程的 EXECUTE 语句的一般格式是

```
[EXEC[UTE]] 存储过程名
  [[@参数名=]参数值 | @变量名[OUTPUT] | [ DEFAULT ]
  [,…,n]]
```

其中：

- @参数名：是存储过程的参数名，与存储过程中定义的相同。参数名称前必须加上符号（@）。在与"@参数名＝参数值"格式一起使用时，参数名和常量不必按它们在模块中定义的顺序提供。但是，如果对任何参数使用了"@参数名＝参数值"格式，则对所有后续参数都必须使用此格式。默认情况下，参数名可为空值。
- 参数值：传递给存储过程的参数值。如果参数名没有指定，参数值必须与存储过程中定义的顺序一致。如果存储过程中定义了默认值，用户执行该存储过程时可以不必指定参数值。
- @变量名：用来存储参数或返回参数的变量。
- OUTPUT：指定存储过程返回一个参数。该存储过程中的匹配参数也必须已使用关键字 OUTPUT 创建。
- DEFAULT：使用存储过程定义时提供的参数默认值。如果存储过程需要的输入参数值没有定义默认值，并且在执行该存储过程时缺少参数或指定了 DEFAULT 关键字，系统会报错。

例 8-2　执行在例 8-1 中创建的存储过程 P_Loan。

```
EXEC P_Loan
```

执行结果如图 8-2 所示。

例 8-3 创建带输入参数的存储过程：查询某家指定银行的贷款情况，要求列出法人名称、贷款日期和贷款金额。

```
CREATE PROC P_In_Loan
  @BankName nvarchar(10) --输入参数，指定银行名称
AS
  SELECT Ename,Ldate,Lamount
  FROM BankT B JOIN LoanT L ON B.Bno=L.Bno
      JOIN LegalEntityT LE ON LE.Eno=L.Eno
  WHERE Bname=@BankName
```

如果查询“工商银行北京 B 支行”的贷款情况，则执行存储过程 P_In_Loan 的代码如下：

```
EXEC P_In_Loan @BankName='工商银行北京 B 支行'
```

等价于(参数名是可以省略的)：

```
EXEC P_In_Loan '工商银行北京 B 支行'
```

执行结果如图 8-3 所示。

	Ename	Ldate	Lamount
1	赛纳网络有限公司	2005-04-01 00:00:00	15
2	华顺达水泥股份有限公司	2007-08-20 00:00:00	1000
3	洛普文具有限公司	2009-01-10 00:00:00	300
4	莱英投资咨询有限公司	2008-07-12 00:00:00	300

图 8-2 例 8-2 的执行结果

	Ename	Ldate	Lamount
1	华顺达水泥股份有限公司	2008-05-13 00:00:00	2000
2	华顺达水泥股份有限公司	2009-03-02 00:00:00	1500
3	飘美广告有限公司	2008-10-22 00:00:00	320

图 8-3 例 8-3 的存储过程执行结果

例 8-4 创建带输入参数和默认值的存储过程：查询某家指定银行(银行名称的默认值为“工商银行北京分行”)的贷款情况，要求列出法人名称、贷款日期和贷款金额。

```
CREATE PROC P_InDe_Loan
  @BankName nvarchar(10)='工商银行北京分行'
                         /*输入参数，指定银行名称，默认值为"工商银行北京分行"*/
AS
  SELECT Ename,Ldate,Lamount
  FROM BankT B JOIN LoanT L ON B.Bno=L.Bno
      JOIN LegalEntityT LE ON LE.Eno=L.Eno
  WHERE Bname=@BankName
```

如果查询“工商银行北京 B 支行”的贷款情况，则执行存储过程 P_InDe_Loan 的代码与例 8-3 是类似的，只是把存储过程名称改一下。如果希望使用输入参数的默认值，即查询“工商银行北京分行”的贷款情况，则执行该存储过程时，需要使用关键字 DEFAULT 或省略参数值(不是所有情况都能省略参数值)。使用关键字 DEFAULT 的代码如下页：

```
EXEC P_InDe_Loan DEFAULT
```

等价于(省略参数值):

```
EXEC P_InDe_Loan
```

执行结果如图 8-4 所示。

	Ename	Ldate	Lamount
1	赛纳网络有限公司	2008-08-20 00:00:00	10

图 8-4　例 8-4 的存储过程执行结果

例 8-5　创建带多个输入参数的存储过程:查询某个指定法人在某家指定银行的贷款情况,要求列出法人名称、银行名称、贷款日期和贷款金额。

```
CREATE PROC P_MulIn_Loan1
  @LEName nvarchar(15),                --输入参数,指定法人名称
  @BankName nvarchar(10)               --输入参数,指定银行名称
AS
  SELECT Ename,Bname,Ldate,Lamount
  FROM BankT B JOIN LoanT L ON B.Bno=L.Bno
      JOIN LegalEntityT LE ON LE.Eno=L.Eno
  WHERE(Ename=@LEName)AND(Bname=@BankName)
```

如果查询"浦庆石化有限公司"在"建设银行上海 A 支行"的贷款情况,则执行存储过程 P_MulIn_Loan1 的代码如下:

```
EXEC P_MulIn_Loan1 @LEName='浦庆石化有限公司',@BankName='建设银行上海 A 支行'
```

当执行存储过程的代码中带有@参数名时,"@参数名=参数值"的顺序不一定要和存储过程中定义的输入参数的顺序一致。所以执行存储过程 P_MulIn_Loan1 的代码也可以写成如下形式:

```
EXEC P_MulIn_Loan1 @BankName='建设银行上海 A 支行',@LEName='浦庆石化有限公司'
```

当执行带多个参数的存储过程时,参数名也是可以省略的,但要注意此时参数值的顺序必须与存储过程中定义的输入参数的顺序一致。省略参数名的代码如下:

```
EXEC P_MulIn_Loan1 '浦庆石化有限公司','建设银行上海 A 支行'
```

执行结果如图 8-5 所示。

	Ename	Bname	Ldate	Lamount
1	浦庆石化有限公司	建设银行上海A支行	2005-01-01 00:00:00	4000

图 8-5　例 8-5 的存储过程执行结果(一)

下面对存储过程 P_MulIn_Loan1 的定义做一些改进:假如执行存储过程时所提供的"法人名称"或"银行名称"不存在,系统可以自动给出提示信息。改进后的存储过程的定义如下:

```
CREATE PROC P_MulIn_Loan2
  @LEName nvarchar(15),                --输入参数,指定法人名称
  @BankName nvarchar(10)               --输入参数,指定银行名称
```

```
AS
  IF @LEName NOT IN(SELECT Ename FROM LegalEntityT)          --判断指定法人是否存在
    PRINT '该法人不存在!'
  ELSE IF @BankName NOT IN(SELECT Bname FROM BankT)          --判断指定银行是否存在
    PRINT '该银行不存在'
  ELSE                                      --当指定法人和银行都存在时,执行下列查询
    SELECT Ename,Bname,Ldate,Lamount
    FROM BankT B JOIN LoanT L ON B.Bno=L.Bno
        JOIN LegalEntityT LE ON LE.Eno=L.Eno
    WHERE(Ename=@LEName)AND (Bname=@BankName)
```

如果查询“浦庆石化有限公司”在“建设银行上海 A 支行”的贷款情况,则执行存储过程 P_MulIn_Loan2 的代码与执行存储过程 P_MulIn_Loan2 的代码只是存储过程名称的区别,但是执行结果是完全一样的。如果查询“浦庆石化有限公司”在“建设银行上海 D 分行”的贷款情况,则执行存储过程 P_MulIn_Loan2 的代码为

```
EXEC P_MulIn_Loan2 '浦庆石化有限公司','建设银行上海 D 分行'
```

消息
该银行不存在

图 8-6　例 8-5 的存储过程执行结果(二)

由于“建设银行上海 D 分行”不存在,所以执行结果如图 8-6 所示。

例 8-6　创建带输入参数和输出参数的存储过程:统计指定城市的银行在指定日期以后的总贷款金额和平均贷款金额,将统计结果作为输出参数。

```
CREATE PROC P_InOut_Loan
  @city nchar(4),                          --输入参数,指定银行所在城市
  @date smalldatetime,                     --输入参数,指定贷款日期
  @sum_amount int OUTPUT,                  --输出参数,总贷款金额
  @avg_amount int OUTPUT                   --输出参数,平均贷款金额
AS
  SELECT @sum_amount=SUM(Lamount),@avg_amount=AVG(Lamount)
  FROM BankT B JOIN LoanT L ON B.Bno=L.Bno
  WHERE(Bname Like '%'+RTRIM(@city)+'%')AND(Ldate>@date)
```

如果查询上海的银行在 2005 年 12 月 31 日之后的贷款情况,则执行存储过程 P_InOut_Loan 的代码如下:

```
DECLARE @s int,@a int
EXEC P_InOut_Loan '上海','2005/12/31',@s OUTPUT,@a OUTPUT
PRINT '上海的银行 2005 年 12 月 31 日之后的总贷款金额为:'+CAST(@s AS char(6))+'万元,
平均贷款金额为:'+CAST(@a AS char(6))+'万元。'
```

执行结果见图 8-7。

例 8-7　创建带输入参数、输出参数和默认值的存储过程:统计 $m+(m+1)+(m+2)+\ldots+n$ 的和,其中 m 和 n 都为整数,且 $m<n$,m 的默认值为 1,n 的默认值为 100。

上海的银行2005年12月31日之后的总贷款金额为：2700　万元，平均贷款金额为：675　万元。

图 8-7　例 8-6 的存储过程执行结果

```
CREATE PROC P_Sum
  @m int=1,                          --输入参数,默认值为 1
  @n int=100,                        --输入参数,默认值为 100
  @sum int output                    --输出参数
AS
  DECLARE @i int,@x int
  --如果@m 的值比@n 大,则交换两变量的值
  IF @m>@n
    BEGIN
      SET @x=@m
      SET @m=@n
      SET @n=@x
    END

  SET @sum=@m
  SET @i=1
  WHILE (@m+@i<=@n)
    BEGIN
      SET @sum=@sum+(@m+@i)
      set @i=@i+1
    END
```

如果求 2+3+4+5+6+7+8 的值,则执行存储过程 P_Sum 的代码如下:

```
DECLARE @s int
EXEC P_sum 2,8,@s OUTPUT
PRINT @s
```

执行结果如图 8-8 所示。

如果求 1+2+...+100 的值,则执行存储过程 P_Sum 的代码如下:

```
DECLARE @s int
EXEC P_sum 1,100,@s OUTPUT
PRINT @s
```

由于使用的是输入参数的默认值,所以等价于:

```
DECLARE @s int
EXEC P_sum DEFAULT,DEFAULT,@s OUTPUT
PRINT @s
```

执行结果如图 8-9 所示。

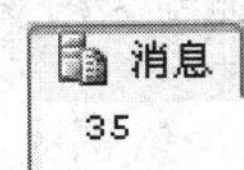

图 8-8　例 8-7 的存储过程执行结果(一)

图 8-9　例 8-7 的存储过程执行结果(二)

思考:如果求 1+2+…+100 的值,则执行存储过程 P_Sum 的代码能否写成如下形式,即省略参数值?

```
DECLARE @s int
EXEC P_sum @s OUTPUT
PRINT @s
```

例 8-8　创建使用 WITH ENCRYPTION 选项的存储过程:统计指定银行贷款且贷款金额高于此银行的平均贷款金额的法人名称、贷款日期和贷款金额。

```
CREATE PROC P_E_Loan
  @Bname nvarchar(10)            --输入参数
  WITH ENCRYPTION                --加密存储过程的定义语句
AS
  SELECT Ename,Ldate,Lamount
  FROM BankT B JOIN LoanT L ON B.Bno=L.Bno
      JOIN LegalEntityT LE ON LE.Eno=L.Eno
  WHERE Bname=@Bname AND Lamount>
             (SELECT AVG(Lamount)
              FROM LoanT L JOIN BankT B ON L.Bno=B.Bno
              WHERE Bname=@Bname)
```

如果指定银行为“工商银行北京 B 支行”,则执行存储过程 P_E_Loan 的代码如下:

```
EXEC P_E_Loan '工商银行北京 B 支行'
```

执行结果如图 8-10 所示。

结果　消息

	Ename	Ldate	Lamount
1	华顺达水泥股份有限公司	2008-05-13 00:00:00	2000
2	华顺达水泥股份有限公司	2009-03-02 00:00:00	1500

图 8-10　例 8-8 的存储过程执行结果

此例的存储过程在定义时通过使用“WITH ENCRYPTION”来加密定义语句,将定义语句的原始文本转换成了模糊格式。通过下面的一些操作可以体会到“WITH ENCRYPTION”选项的作用。

(1) 在对象资源管理器中选择【LoanDB】|【可编程性】|【存储过程】,会看到与其他存

储过程不同的是，存储过程 P_E_Loan 的图标前加了一把锁(如图 8-11 所示)。右击【dbo. P_E_Loan】，在弹出的快捷菜单中的【编辑】命令显示为不可操作。右击【dbo. P_E_Loan】，在弹出的快捷菜单中选择【编写存储过程脚本为】|【CREATE 到】或选择【编写存储过程脚本为】|【ALTER 到】或选择【编写存储过程脚本为】|【DROP 和 CREATE 到】，系统都将提示无访问权限，也就是说经过加密后的存储过程，用户无法查看和修改其原始定义。

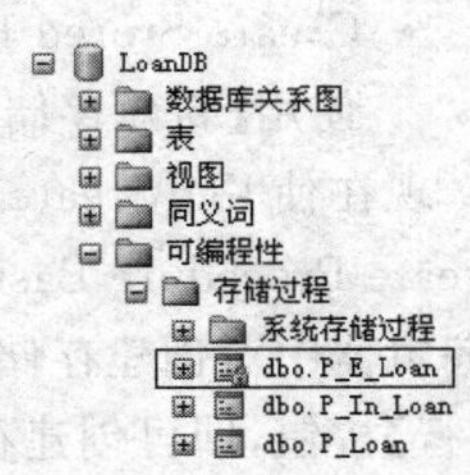

图 8-11　加密后的存储过程 P_E_Loan

(2) “WITH ENCRYPTION”选项可阻止返回存储过程的定义。系统存储过程 sp_helptext 的功能是返回用户自定义的未加密的存储过程的定义。当执行下面的代码时：

```
EXEC sp_helptext P_E_Loan
```

执行结果如图 8-12 所示。

(3) 查询 sys.sql_modules 目录视图，也无法查询到通过“WITH ENCRYPTION”选项加密的存储过程。

```
SELECT definition FROM sys.sql_modules
WHERE object_id=OBJECT_ID('P_E_Loan');
```

执行结果如图 8-13 所示。

消息
对象 'P_E_Loan' 的文本已加密。

图 8-12　存储过程 sp_helptext 的执行结果

图 8-13　目录视图查询结果

8.2.2　使用模板创建存储过程

在 SQL Server 2008 中不存在可视化创建存储过程的方法，但是系统提供了创建存储过程的模板，以简化创建存储过程的途径。访问创建存储过程模板的方法有两种。

第一种访问方法是：在对象资源管理器中展开要创建存储过程的数据库，选择【可编程性】节点，右击【存储过程】节点，接着在弹出的快捷菜单中选择【新建存储过程】命令，这时会弹出如图 8-14 所示的代码编辑器。然后在代码编辑器中对创建存储过程的语句进行修改，修改完成后，单击【执行】按钮，即可创建相应存储过程；最后单击【关闭】按钮关闭此代码编辑器。

第二种访问方法是：在模板资源管理器中选择【Stored Procedure】节点，可以看到四种关于创建存储过程的模板：

- Create Procedure Basic Template：基本存储过程模板。
- Create Procedure with CURSOR OUTPUT Parameter：使用游标输出参数的模板。

- Create Procedure With OUTPUT Parameter：使用输出参数的模板。
- Create Stored Procedure(New Menu)：从【新建】菜单中创建的模板，相当于直接使用【新建存储过程】命令。

现在使用【Create Procedure Basic Template】来创建一个存储过程。首先双击【Create Procedure Basic Template】命令，弹出如图 8-15 所示的代码编辑器；然后在此代码编辑器中对创建存储过程的语句和执行存储过程的语句进行修改，修改完成后，单击【执行】按钮，即可创建存储过程并执行该存储过程；最后单击【关闭】按钮关闭此代码编辑器。也可以通过选择【查询】|【指定模板参数的值】菜单命令来修改创建存储过程的语句和执行存储过程的语句。

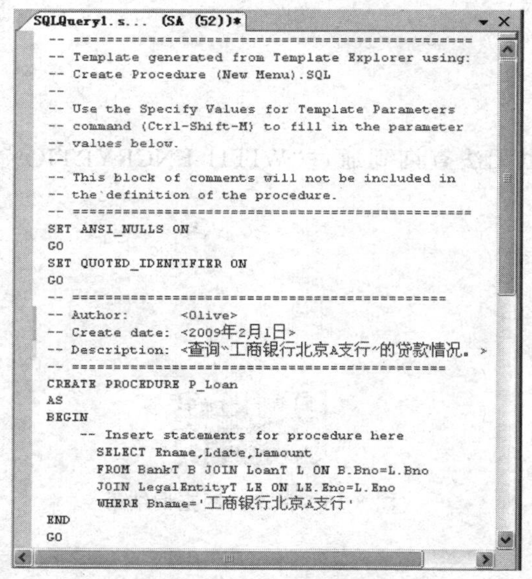

图 8-14 【新建存储过程】模板对应的代码编辑器

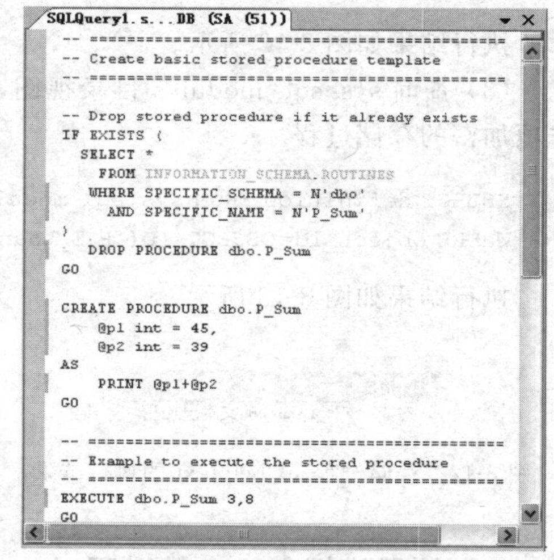

图 8-15 【Create Procedure Basic Template】对应的代码编辑器

创建一个复杂的存储过程，建议按照下面 4 个步骤进行：

(1) 编写 T_SQL 语句。

如例 8-1 中的 T-SQL 语句：

```
SELECT Ename,Ldate,Lamount
FROM BankT B JOIN LoanT L ON B.Bno=L.Bno
    JOIN LegalEntityT LE ON LE.Eno=L.Eno
  WHERE Bname='工商银行北京 A 支行'
```

(2) 测试 T_SQL 语句。执行编写的 T_SQL 语句，确认语法是否正确、执行结果是否符合要求。如果 T_SQL 语句中含有输入参数，测试时先用具体数据替代。

(3) 如果 T_SQL 语句的测试通过，则按照相应的语法来创建存储过程。

(4) 执行所创建的存储过程以验证其正确性。

8.2.3　使用 SQL Server Management Studio 执行存储过程

这里以执行在例 8-7 中创建的存储过程 P_Sum 为例，介绍如何通过 SQL Server Management Studio 执行存储过程。在对象资源管理器中展开要创建存储过程的数据库，选择【可编程性】|【存储过程】节点；然后右击该节点下用户自定义的存储过程"P_Sum"，在弹出的快捷菜单下选择【执行存储过程】命令，则打开如图 8-16 所示的对话框；接着在对话框中分别填写对应输入参数@n 和@m 的值，单击【确定】按钮；如图 8-17 所示，在代码编辑器中自动生成相应的执行存储过程 P_Sum 的代码，在结果框中也显示了执行该存储过程的结果。

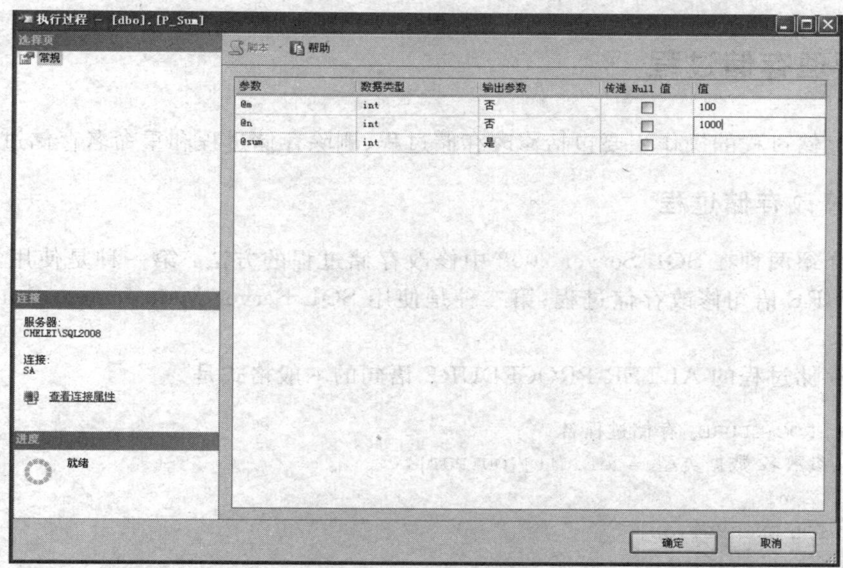

图 8-16　执行存储过程 P_Sum 的对话框

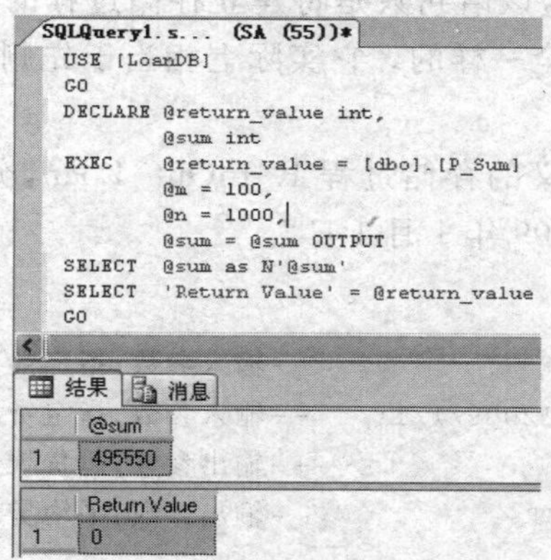

图 8-17　执行存储过程 P_Sum 的代码及结果

8.2.4 获得存储过程的信息

存储过程作为独立的数据库对象存储在系统表中,如果需要,用户可以查询到相应的存储过程定义,以便了解和维护存储过程的功能。存储过程的定义可以通过当前数据库的 sys.sql_modules 和 sys.objects 系统视图查询得到。

例 8-9 查询当前数据库的全部用户定义存储过程的定义。

```
SELECT definition
FROM sys.sql_modules m JOIN sys.objects o ON m.object_id=o.object_id
WHERE type='P'
```

8.3 管理存储过程

管理存储过程的操作主要包括修改存储过程、删除存储过程和重命名存储过程。

8.3.1 修改存储过程

这里介绍两种在 SQL Server 2008 中修改存储过程的方法:第一种是使用 ALTER PROCEDURE 语句修改存储过程;第二种是使用 SQL Server Management Studio 修改存储过程。

修改存储过程的 ALTER PROCEDURE 语句的一般格式是

```
ALTER PROC[EDURE] 存储过程名
    [@参数名 数据类型[=default][OUTPUT]]
    [,…,n]
    [WITH ENCRYPTION]
AS
    SQL 语句
```

从命令格式中可以看出,该语句只是将建立存储过程的命令动词 CREATE 换成了 ALTER,其他语法格式是完全一样的。它实际上相当于先删除旧存储过程,然后再建立一个新存储过程。

例 8-10 修改例 8-6 定义的存储过程 P_InOut_Loan,分别给输入参数@city 和@date 赋默认值:“北京”和“2009 年 1 月 1 日”。

```
ALTER PROC P_InOut_Loan
  @city nchar(4)='北京',             --输入参数,指定银行所在城市
  @date smalldatetime='2009/1/1',    --输入参数,指定贷款日期
  @sum_amount int OUTPUT,            --输出参数,总贷款金额
  @avg_amount int OUTPUT             --输出参数,平均贷款金额
AS
  SELECT @sum_amount=SUM(Lamount),@avg_amount=AVG(Lamount)
  FROM BankT B JOIN LoanT L ON B.Bno= L.Bno
  WHERE(Bname Like '%'+RTRIM(@city)+'%')AND(Ldate>@date)
```

下面以例 8-6 定义的存储过程 P_InOut_Loan 为例，介绍使用 SQL Server Management Studio 修改存储过程的方法，步骤如下。

(1) 在对象资源管理器中展开 LoanDB 数据库，选择【可编程性】|【存储过程】节点。

(2) 右击该节点下的存储过程 P_InOut_Loan，在弹出的快捷菜单中选择【修改】命令，即打开如图 8-18 所示的代码编辑器(也可以通过如下方法打开此代码编辑器：在弹出的快捷菜单中选择【编写存储过程脚本为】|【ALTER 到】|【新查询编辑器窗口】命令)。

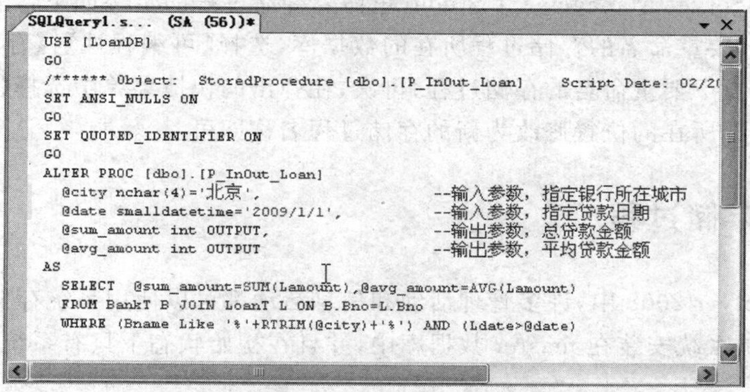

SQLQuery1.s... (SA (56))*

```
USE [LoanDB]
GO
/****** Object:  StoredProcedure [dbo].[P_InOut_Loan]    Script Date: 02/2(
SET ANSI_NULLS ON
GO
SET QUOTED_IDENTIFIER ON
GO
ALTER PROC [dbo].[P_InOut_Loan]
  @city nchar(4)='北京',                      --输入参数，指定银行所在城市
  @date smalldatetime='2009/1/1',             --输入参数，指定贷款日期
  @sum_amount int OUTPUT,                     --输出参数，总贷款金额
  @avg_amount int OUTPUT                      --输出参数，平均贷款金额
AS
  SELECT  @sum_amount=SUM(Lamount),@avg_amount=AVG(Lamount)
  FROM BankT B JOIN LoanT L ON B.Bno=L.Bno
  WHERE (Bname Like '%'+RTRIM(@city)+'%') AND (Ldate>@date)
```

图 8-18　修改存储过程 P_InOut_Loan 的代码编辑器

(3) 在代码编辑器中对存储过程定义语句进行修改，修改完成后，单击【执行】按钮，即可修改存储过程 P_InOut_Loan。

(4) 单击【关闭】按钮关闭此代码编辑器。

8.3.2　删除存储过程

这里介绍两种在 SQL Server 2008 中删除存储过程的方法：第一种是使用 DROP PROCEDURE 语句删除存储过程；第二种是使用 SQL Server Management Studio 删除存储过程。

删除存储过程的 DROP PROCEDURE 语句的一般格式是

```
DROP PROC[EDURE] 存储过程名
```

例 8-11　删除存储过程 P_Loan。

```
DROP PROC P_Loan
```

使用 SQL Server Management Studio 删除存储过程的步骤如下：首先，在对象资源管理器中展开要删除的存储过程所在的数据库，选择【可编程性】|【存储过程】节点；其次，右击该节点下要删除的存储过程；再次，在弹出的快捷菜单中选择【删除】命令；最后，在打开的【删除对象】对话框中单击【确定】按钮，即可删除存储过程。

8.3.3　重命名存储过程

这里介绍两种在 SQL Server 2008 中重命名存储过程的方法：第一种是使用系

统存储过程 sp_rename 重命名存储过程(系统存储过程 sp_rename 的语法格式在 5.3.3 节做过详细介绍);第二种是使用 SQL Server Management Studio 重命名存储过程。

例 8-12 使用系统存储过程 sp_rename 将存储过程"P1"重命名为"P6"。

```
EXEC sp_rename 'P1','P6'
```

使用 SQL Server Management Studio 重命名存储过程的步骤如下:首先,在对象资源管理器中展开要重命名的存储过程所在的数据库,选择【可编程性】|【存储过程】节点;其次,右击该节点下要重命名的存储过程;再次,在弹出的快捷菜单中选择【重命名】命令;最后,直接在光标所在的位置修改为新的存储过程名称即可。

8.4 系统存储过程

在 SQL Server 2008 中,许多管理活动和信息活动都可以使用系统存储过程来进行。系统存储过程被系统安装在 master 数据库中,并且在初始状态下只有系统管理员拥有使用权。

在需要使用以 sp_开头的系统存储过程时,SQL Server 首先在当前数据库中寻找,如果没有找到,则再到 master 数据库中查找并执行。虽然存储在 master 数据库中,但是绝大多数系统存储过程可以在任何数据库中执行,而且在使用时不用在名称前加数据库名。

8.4.1 查看系统存储过程

每一个数据库都带有系统存储过程,以 LoanDB 数据库为例来查看其下的系统存储过程。首先在对象资源管理器中展开 LoanDB 数据库,然后选择【可编程性】|【存储过程】|【系统存储过程】节点,即可看到 LoanDB 数据库中的系统存储过程,如图 8-19 所示。

在每一个系统存储过程下面都把该存储过程的参数和返回值详细地列了出来,单击要查看的存储过程前的【+】按钮可以看到相关信息,如图 8-20 所示。右击一个系统存储过程,在弹出的快捷方式中选择【修改】命令,即可在打开的代码编辑器中查看该系统存储过程的定义,如图 8-21 所示。

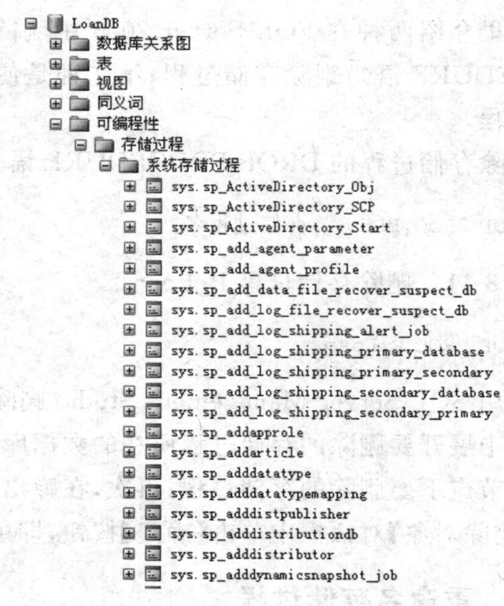

图 8-19 LoanDB 数据库下的部分系统存储过程

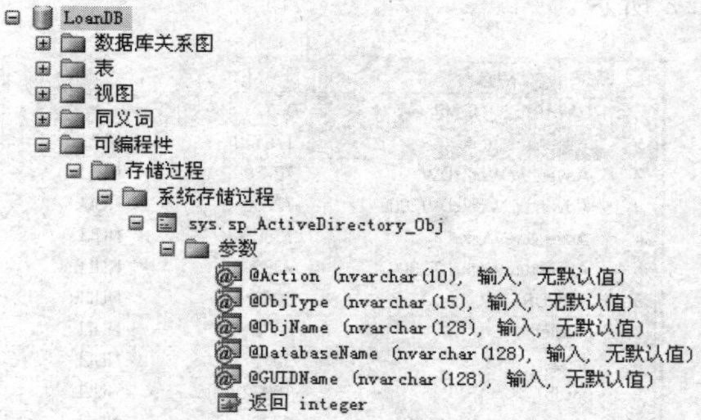

```
LoanDB
  数据库关系图
  表
  视图
  同义词
  可编程性
    存储过程
      系统存储过程
        sys.sp_ActiveDirectory_Obj
          参数
            @Action (nvarchar(10), 输入, 无默认值)
            @ObjType (nvarchar(15), 输入, 无默认值)
            @ObjName (nvarchar(128), 输入, 无默认值)
            @DatabaseName (nvarchar(128), 输入, 无默认值)
            @GUIDName (nvarchar(128), 输入, 无默认值)
            返回 integer
```

图 8-20　查看系统存储过程的参数和返回值

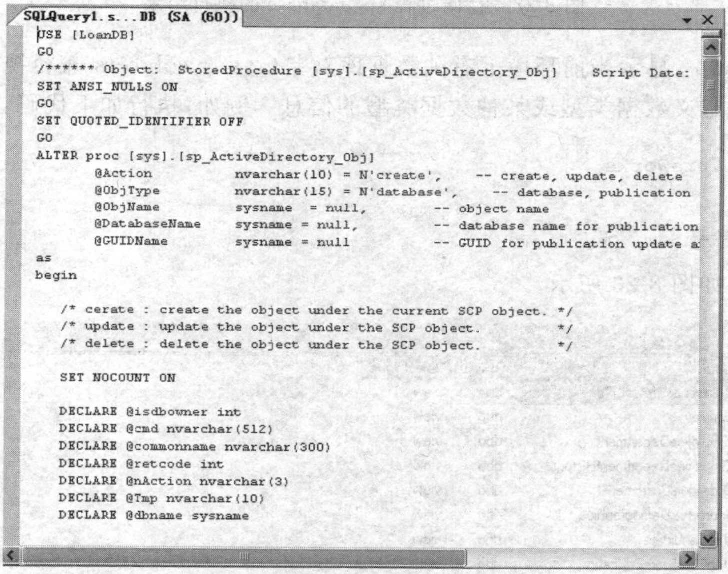

```
SQLQuery1.s...DB (SA (60))
USE [LoanDB]
GO
/****** Object:  StoredProcedure [sys].[sp_ActiveDirectory_Obj]    Script Date:
SET ANSI_NULLS ON
GO
SET QUOTED_IDENTIFIER OFF
GO
ALTER proc [sys].[sp_ActiveDirectory_Obj]
       @Action          nvarchar(10) = N'create',     -- create, update, delete
       @ObjType         nvarchar(15) = N'database',     -- database, publication
       @ObjName         sysname  = null,         -- object name
       @DatabaseName    sysname = null,          -- database name for publication
       @GUIDName        sysname = null           -- GUID for publication update a
as
begin

   /* cerate : create the object under the current SCP object. */
   /* update : update the object under the SCP object.         */
   /* delete : delete the object under the SCP object.         */

   SET NOCOUNT ON

   DECLARE @isdbowner int
   DECLARE @cmd nvarchar(512)
   DECLARE @commonname nvarchar(300)
   DECLARE @retcode int
   DECLARE @nAction nvarchar(3)
   DECLARE @Tmp nvarchar(10)
   DECLARE @dbname sysname
```

图 8-21　查看系统存储过程的代码

8.4.2　使用系统存储过程

系统存储过程的功能十分强大。对于 SQL Server 2008 来说，按照其作用的对象可以分为 Active Directory 存储过程、目录存储过程、游标存储过程、数据库引擎存储过程、数据库邮件和 SQL Mail 存储过程以及 XML 存储过程等。

对这些存储过程可以通过查看其信息的方法来了解其使用方法。下面列举几个存储过程的使用方法来窥其一斑。

(1) sp_database：显示驻留在 SQL Server 数据库引擎实例中的数据库或可以通过数据库网关访问的数据库的基本情况。例如，执行如下代码：

```
EXEC sp_databases
```

执行结果如图 8-22 所示。

	DATABASE_NAME	DATABASE_SIZE	REMARKS
1	AdventureWorks	176128	NULL
2	AdventureWorksDW	70720	NULL
3	AdventureWorksDW2008	72768	NULL
4	AdventureWorksLT	7360	NULL
5	AdventureWorksLT2008	7360	NULL
6	LoanDB	2880	NULL
7	master	5376	NULL
8	model	3072	NULL
9	msdb	15872	NULL
10	ReportServer$SQL2008	9728	NULL
11	ReportServer$SQL2008TempDB	3136	NULL
12	tempdb	8704	NULL

图 8-22　存储过程 sp_database 的执行结果

(2) sp_help：显示当前环境下有关数据库对象(sys. sysobjects 兼容视图中列出的所有对象)、用户定义数据类型或某种数据类型的信息。例如，执行如下代码：

```
USE AdventureWorks
Go
EXEC sp_help
```

执行结果如图 8-23 所示。

	Name	Owner	Object_type
1	vAdditionalContactInfo	dbo	view
2	vEmployee	dbo	view
3	vEmployeeDepartment	dbo	view
4	vEmployeeDepartmentHistory	dbo	view
5	vIndividualCustomer	dbo	view
6	vIndividualDemographics	dbo	view
7	vJobCandidate	dbo	view
8	vJobCandidateEducation	dbo	view

	User_type	Storage_type	Length	Prec	Scale	Nullable	Default_name	Rule_name	Collation
1	AccountNumber	nvarchar	30	15	NULL	yes	none	none	Chinese_PRC_CI_AS
2	Flag	bit	1	1	NULL	no	none	none	NULL
3	Name	nvarchar	100	50	NULL	yes	none	none	Chinese_PRC_CI_AS
4	NameStyle	bit	1	1	NULL	no	none	none	NULL
5	OrderNumber	nvarchar	50	25	NULL	yes	none	none	Chinese_PRC_CI_AS

图 8-23　存储过程 sp_help 的执行结果

(3) sp_helptext：显示当前环境下用户定义规则的定义、默认值、未加密的 T-SQL 存储过程、用户定义 T-SQL 函数、触发器、计算列、CHECK 约束、视图或系统对象(如系统存储过程)。例如，查询 LoanDB 数据库中存储过程 P_Loan 的定义，代码如下：

```
USE LoanDB
Go
EXEC sp_helptext P_Loan
```

执行结果如图 8-24 所示。

(4) sp_tables：列出当前环境下可查询的所有对象列表。例如，执行如下代码：

```
USE LoanDB
Go
EXEC sp_tables
```

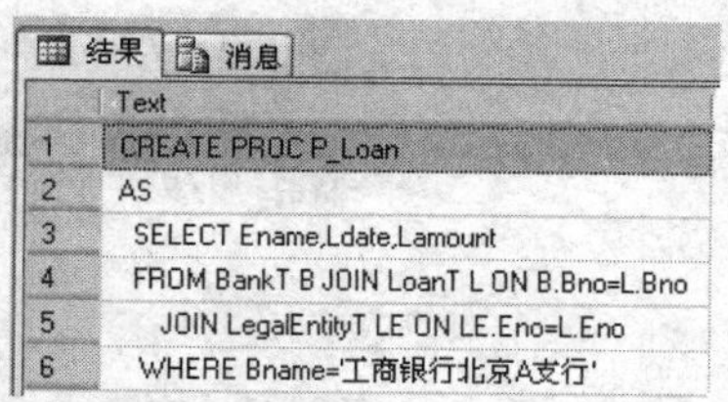

	Text
1	CREATE PROC P_Loan
2	AS
3	SELECT Ename,Ldate,Lamount
4	FROM BankT B JOIN LoanT L ON B.Bno=L.Bno
5	JOIN LegalEntityT LE ON LE.Eno=L.Eno
6	WHERE Bname='工商银行北京A支行'

图 8-24　存储过程 sp_helptext 的执行结果

由于执行结果较多，图 8-25 只显示了部分执行结果。

	TABLE_QUALIFIER	TABLE_OWNER	TABLE_NAME	TABLE_TYPE	REMARKS
1	LoanDB	dbo	BankT	TABLE	NULL
2	LoanDB	dbo	LegalEntityT	TABLE	NULL
3	LoanDB	dbo	LoanT	TABLE	NULL
4	LoanDB	dbo	V_AvgLoan	VIEW	NULL
5	LoanDB	dbo	V_Bank	VIEW	NULL
6	LoanDB	dbo	V_BankLoan	VIEW	NULL
7	LoanDB	dbo	V_LE	VIEW	NULL
8	LoanDB	dbo	V_LE_Loan	VIEW	NULL
9	LoanDB	dbo	V_Loan	VIEW	NULL

图 8-25　存储过程 sp_tables 的部分执行结果

返回结果中包括系统(SYSTEM TABLE)、用户表(TABLE)和视图(VIEW)。可以在 sp_tables 命令后面指定查询条件。例如，查询当前环境下的所有用户表，代码如下：

```
USE LoanDB
Go
EXEC sp_tables @table_type="'TABLE'"
```

执行结果如图 8-26 所示。

	TABLE_QUALIFIER	TABLE_OWNER	TABLE_NAME	TABLE_TYPE	REMARKS
1	LoanDB	dbo	BankT	TABLE	NULL
2	LoanDB	dbo	LegalEntityT	TABLE	NULL
3	LoanDB	dbo	LoanT	TABLE	NULL

图 8-26　存储过程 sp_tables 的执行结果

(5) xp_logininfo：显示当前账户的基本信息，包括账户类型、账户特权级别、账户的映射登录名和账户访问 SQL Server 的权限路径等信息。例如，执行如下代码：

```
EXEC XP_logininfo
```

执行结果如图 8-27 所示。

(6) xp_msver：显示当前 SQL Server 的版本信息，除了服务器的内部版本号外，还包括多种环境信息。例如，执行如下代码：

```
EXEC xp_msver
```

执行结果如图 8-28 所示。

	account name	type	privilege	mapped login name	permission path
1	MYHOME\Administrator	user	admin	MYHOME\Administrator	NULL
2	NT AUTHORITY\SYSTEM	user	admin	NT AUTHORITY\SYSTEM	NULL

图 8-27 存储过程 xp_logininfo 的执行结果

	Index	Name	Internal_Value	Character_Value
1	1	ProductName	NULL	Microsoft SQL Server
2	2	ProductVersion	655360	10.0.1600.22
3	3	Language	2052	中文(中国)
4	4	Platform	NULL	NT INTEL X86
5	5	Comments	NULL	SQL
6	6	CompanyName	NULL	Microsoft Corporation
7	7	FileDescription	NULL	SQL Server Windows NT
8	8	FileVersion	NULL	2007.0100.1600.022 ((SQL_PreRelease).080709-1414)
9	9	InternalName	NULL	SQLSERVR
10	10	LegalCopyright	NULL	Microsoft Corp. All rights reserved.
11	11	LegalTrademarks	NULL	Microsoft SQL Server is a registered trademark of Micr...
12	12	OriginalFilename	NULL	SQLSERVR.EXE
13	13	PrivateBuild	NULL	NULL
14	14	SpecialBuild	104857622	NULL
15	15	WindowsVersion	170393861	5.1 (2600)
16	16	ProcessorCount	2	2
17	17	ProcessorActiv...	3	00000003
18	18	ProcessorType	586	PROCESSOR_INTEL_PENTIUM
19	19	PhysicalMemory	2006	2006 (2103676928)
20	20	Product ID	NULL	NULL

图 8-28 存储过程 xp_msver 的执行结果

习题

1. 什么是存储过程？为什么要使用存储过程？

2. 存储过程主要包含哪几类？

3. 创建并执行满足下列要求的存储过程。

(1) 查询经济性质为私营的每个法人银行贷款的总金额和平均金额。

(2) 查询只在指定银行贷过款的法人的名称。要求银行名称为输入参数，默认值为“工商银行北京 A 支行”，如果指定的银行不存在，则显示“指定的银行不存在”。

(3) 删除指定法人在指定日期前的贷款记录。要求法人名称和日期为输入参数，并加密此存储过程的定义。

(4) 查询在指定银行贷过款且贷款金额高于此银行的平均贷款金额的法人的名称、贷款日期和贷款金额。要求银行名称为输入参数，如果指定的银行不存在，则显示“指定的银行不存在”。

(5) 查询指定法人的总贷款金额。要求法人名称为输入参数，总贷款金额为输出参数，法人名称的默认值为“赛纳网络有限公司”。

4. 在 SQL Server Management Studio 中查看 LoanDB 数据库中的系统存储过程，并从中任意选择 4 个系统存储过程，根据提供的信息尝试使用这些系统存储过程。

第 9 章　游　　标

游标通常是在存储过程中使用的。在存储过程中使用 SELECT 语句查询数据库时，查询返回的数据存放在结果集中。用户在得到结果集后，需要逐行逐列地获取其中存储的数据，从而在应用程序中使用这些值。游标就是一种定位并控制结果集的机制。本章主要介绍游标的概念及其在数据操作中的应用。

9.1　游标概述

关系数据库中的操作会对整个行集起作用。由 SELECT 语句返回的行集包括所有满足该语句的 WHERE 子句中条件的行，关系数据库中的操作会对整个行集产生影响。由 SELECT 语句所返回的这一完整的行集称为结果集。应用程序，特别是交互式联机应用程序，并不是总能将整个结果集作为一个单元来有效地处理。这些应用程序需要一种机制，以便每次处理一行或一部分行。游标就是用来提供这种机制的结果集扩展。

事实上，如果没有游标，T-SQL 语句也可以完成从后台数据库查询多条记录的复杂操作，但使用游标所具有的系统资源占有少、操作灵活、可根据需要定义变量类型（如全局、实例或局部类型）和访问类型（私有或公共）等功能和特点，为数据库的开发带来了极大的方便。

9.1.1　游标的类型

Microsoft SQL Server 2008 支持三种游标实现。

1. T-SQL 游标

基于 DECLARE CURSOR 语法，主要用于 T-SQL 脚本、存储过程和触发器。T-SQL 游标在服务器上实现并由从客户端发送到服务器的 T-SQL 语句管理。它们还可能包含在批处理、存储过程或触发器中。

2. 应用程序编程接口（API）服务器游标

支持 OLE DB、ODBC 和 DB-Library 中的 API 游标函数。API 服务器游标在服务器上实现。每次客户端应用程序调用 API 游标函数时，SQL Server OLE DB 提供程序、ODBC 驱动程序或 DB-Library 动态链接库（DLL）就把请求传输到服务器，以便对 API 服务器游标进行操作。

3. 客户端游标

由 SQL Server OLE DB 提供程序、ODBC 驱动程序或 DB-Library DLL 和实现 ADO API 的 DLL 在内部实现。客户端游标通过在客户端高速缓存所有结果集行来实现。每次客户端应用程序调用 API 游标函数时，SQL Server OLE DB 提供程序、ODBC 驱动程序或 DB-Library DLL 就对客户端上高速缓存的结果集行执行游标操作。

9.1.2 请求游标

Microsoft SQL Server 2008 支持两种请求游标的方法。

1. T-SQL

T-SQL 语言支持在 ISO 游标语法之后制定的用于使用游标的语法。

2. 数据库应用程序编程接口(API)游标函数

SQL Server 支持以下数据库 API 的游标功能:

(1) ADO(ActiveX Data Objects)

(2) OLE DB(Object Linking and Embedding Data Base)

(3) ODBC(Open Data Base Connectivity)

应用程序不能混合使用这两种请求游标的方法。已经使用 API 指定游标行为的应用程序不能再执行 DECLARE CURSOR 语句请求一个 T-SQL 游标。应用程序只有在将所有的 API 游标特性设置回默认值后,才可以执行 DECLARE CURSOR。

如果既未请求 T-SQL 游标,也未请求 API 游标,则默认情况下 SQL Server 将向应用程序返回一个完整的结果集,这个结果集称为默认结果集。

9.2 游标的基本操作

9.2.1 基本操作步骤

使用游标有 5 个基本的步骤:声明游标、打开游标、提取数据、关闭游标和释放游标。游标基本操作步骤如图 9-1 所示。在声明游标之前,还需要声明一些变量,用来存储通过游标提取到的数据。

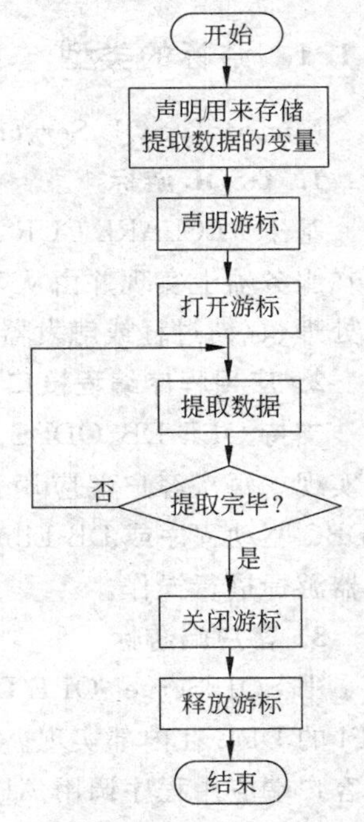

图 9-1 使用游标的基本步骤

1. 声明游标

像使用其他类型的变量一样,在使用一个游标之前,应当先声明它。游标的声明包括两个部分:游标名和整个游标所用到的 T-SQL 语句。声明游标的语句是 DECLARE CURSOR,语法格式是

```
DECLARE 游标名 [INSENSITIVE][SCROLL] CURSOR
FOR<SELECT-查询块>
[FOR{READ ONLY|UPDATE[OF <列名>[,...,n]]}]
```

其中:

- 游标名:为声明的游标所取的名字。声明游标名时必须遵循 T-SQL 对标识符的命名规则。
- INSENSITIVE:使用 INSENSITIVE 定义的游标,把提取出来的数据存入一个在 tempdb 数据库中创建的临时表。任何通过这个游标进行的操作,都在这个临时表里进行。所有对基本表的改动都不会在

用游标进行的操作中体现出来。若不用 INSENSITIVE 关键字，则用户对基本表所进行的任何操作都将在游标中得到体现。

- SCROLL：指定所有的提取选项(FIRST、LAST、PRIOR、NEXT、RELATIVE、ABSOLUTE)均可用，允许删除和更新(假定没有使用 INSENSITIVE 选项)。
- FOR READ ONLY：游标为只读。不允许通过只读游标进行数据的更新。
- FOR UPDATE [OF ＜列名＞[,…,n]]：游标是可修改的。定义在这个游标里可以更新的列。如果定义了[OF ＜列名＞[,…,n]]，则只有其中的列可以被修改；如果没有定义[OF ＜列名＞[,…,n]]，则游标里的所有列都可以被修改。

该语句用＜SELECT-查询块＞定义一个游标，它的内容是＜ SELECT-查询块＞的查询结果(多个记录组成的临时表)。

2. 打开游标

声明了游标后，在正式操作之前，必须打开它。打开游标的语句是 OPEN，语法格式是

```
OPEN <游标名>
```

该语句的功能是打开指定的游标，该游标是用 DECLARE CURSOR 语句已经定义好的。执行该语句意味着执行在 DECLARE CURSOR 语句中定义的 SELECT 查询，并使游标指针指向查询结果的第一条记录。只能打开已经声明但还没有打开的游标。

由于打开游标是对数据库进行的一些 SELECT 操作，它将耗费一段时间，时间长短主要取决于使用的系统的性能和这条语句的复杂程度。

3. 提取数据

在用 OPEN 语句打开游标并在数据库中执行了查询后，并不能立即使用查询结果集中的数据，必须用 FETCH 语句来提取数据。FETCH 语句是游标使用的核心。一条 FETCH 语句一次可以将一条记录放入指定的变量中。具体格式是

```
FETCH[[NEXT|PRIOR|FIRST|LAST|ABSOLUTE n|RELATIVE n] FROM]
  <游标名>
  [INTO @变量名[,…,n]]
```

其中：

- NEXT 说明如果是在 OPEN 后第一次执行 FETCH 命令，则返回结果集的第一行，否则使游标的指针指向结果集的下一行；NEXT 是默认的选项，也是常用的一种方法。
- PRIOR、FIRST、LAST、ABSOLUTE n、RELATIVE n 等各项，只有在定义游标时使用了 SCROLL 选项才可以使用；PRIOR 是返回结果集当前行的前一行；FIRST 是返回结果集的第一行；LAST 是返回结果集的最后一行；ABSOLUTE n 是返回结果集的第 n 行，如果 n 是负数，则返回倒数第 n 行；RELATIVE n 是返回当前行后的第 n 行，如果 n 是负数，则返回从当前行开始倒数的第 n 行。

该语句的功能是提取游标当前记录中的数据并送入变量，同时使游标指针指向下一

条记录(NEXT,或根据选项指向某条记录)。这里的游标必须是已经定义并打开了的,INTO后的主变量要与在DECLARE CURSOR中SELECT的字段相对应。

在默认情况下,"FETCH FROM 游标名"表示取下一个记录,即相当于:

```
FETCH NEXT FROM 游标名
```

从语法上讲,上面所述的就是一条合法的提取数据的语句,但是在使用游标时通常会把提取的结果存入相应变量。游标只能一次从后台数据库中取一条记录。在多数情况下,是从结果集中的第一条记录开始提取,一直到结果集末尾,所以一般要将使用游标提取数据的语句放在一个循环体(一般是WHILE循环)内,直到将结果集中的全部数据提取完后,跳出循环体。通过检测全局变量@@Fetch_Status的值,可以得知FETCH语句是否提取到最后一条记录。当@@Fetch_Status的值为0时,表示提取正常;-1表示已经取到了结果集的末尾,而其他值均表明操作出了问题。

例 9-1 创建一个SCROLL游标,演示LAST、PRIOR、RELATIVE和ABSOLUTE选项的使用。

```
--声明存储从游标中提取的数据的变量,变量@Bno、@Bname、@Btel依次存放当前游标所指记录
的 Bno、Bname 和 Btel。
DECLARE @Bno CHAR(5),@Bname NVARCHAR(10),@Btel CHAR(8)
--声明游标
DECLARE Bank_Scr_cursor SCROLL CURSOR FOR
SELECT Bno,Bname,Btel FROM BankT
--①打开游标
OPEN Bank_Scr_cursor
--②提取游标中的最后一行
FETCH LAST FROM Bank_Scr_cursor INTO @Bno,@Bname,@Btel
Print @Bno+' '+@Bname+' '+@Btel
--③提取游标现有行的前一行
FETCH PRIOR FROM Bank_Scr_cursor INTO @Bno,@Bname,@Btel
Print @Bno+' '+@Bname+' '+@Btel
--④提取游标数据中的第二行
FETCH ABSOLUTE 2 FROM Bank_Scr_cursor INTO @Bno,@Bname,@Btel
Print @Bno+' '+@Bname+' '+@Btel
--⑤提取现有游标后面的第二行
FETCH RELATIVE 2 FROM Bank_Scr_cursor INTO @Bno,@Bname,@Btel
Print @Bno+' '+@Bname+' '+@Btel
--⑥提取现有游标前面的第二行
FETCH RELATIVE -2 FROM Bank_Scr_cursor INTO @Bno,@Bname,@Btel
Print @Bno+' '+@Bname+' '+@Btel
--关闭游标
CLOSE Bank_Scr_cursor
--释放游标
DEALLOCATE Bank_Scr_cursor
```

执行结果如图 9-2 所示。

例 9-1 中游标的移动过程是这样的：当执行“打开游标”时，游标指向 SELECT 结果集的第一条记录；当执行②③④⑤⑥时，依次指向如图 9-3 所示的记录行。

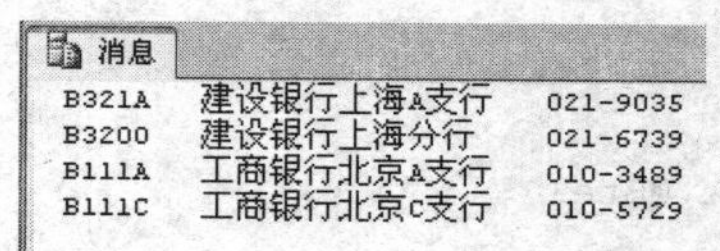

图 9-2　例 9-1 的执行结果

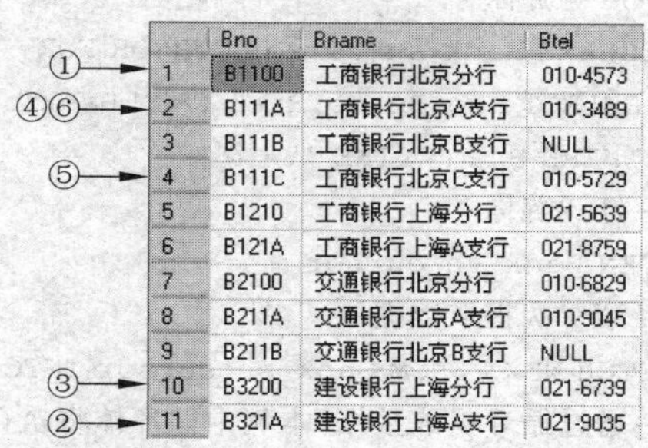

指向		Bno	Bname	Btel
①	1	B1100	工商银行北京分行	010-4573
④⑥	2	B111A	工商银行北京A支行	010-3489
	3	B111B	工商银行北京B支行	NULL
⑤	4	B111C	工商银行北京C支行	010-5729
	5	B1210	工商银行上海分行	021-5639
	6	B121A	工商银行上海A支行	021-8759
	7	B2100	交通银行北京分行	010-6829
	8	B211A	交通银行北京A支行	010-9045
	9	B211B	交通银行北京B支行	NULL
③	10	B3200	建设银行上海分行	021-6739
②	11	B321A	建设银行上海A支行	021-9035

图 9-3　SCROLL 游标的移动

4. 关闭游标

在打开游标后，SQL Server 服务器会专门为游标开辟一定的内存空间存放游标操作的数据结果集，同时使用游标时也会根据具体情况对某些数据进行封锁。所以，在不使用游标的时候，一定要关闭游标，以通知服务器释放游标所占的资源。关闭游标将完成以下工作：

- 释放当前结果集；
- 解除定位游标行上的游标锁定。

关闭游标的语句是 CLOSE，具体格式是：

```
CLOSE <游标名>
```

关闭游标以后，可以再次打开游标。在一个批处理中，也可以多次打开和关闭游标。关闭游标并不意味着释放它的所有资源，所以在关闭游标后，不能创建同名的游标。

5. 释放游标

游标结构本身也会占用一定的计算机资源，所以在使用完游标后，为了回收被游标占用的资源，应该将游标释放。释放游标的语句是 DEALLOCATE，语法格式是

```
DEALLOCATE <游标名>
```

该命令的功能是删除由 DECLARE 说明的游标。该命令不同于 CLOSE 命令，CLOSE 命令只是关闭游标，需要时还可以重新打开；而 DEALLOCATE 命令则要释放和删除与游标有关的数据结构和定义。释放完游标后，如果要重新使用游标，必须重新执行声明游标的语句。

9.2.2　游标应用举例

例 9-2　定义一个查询上海的银行的游标，使用 FETCH NEXT 逐个提取每行数据，并按下列形式输出：“银行代码：B1100　银行名称：工商银行北京分行　电话 010-4573”。

```
--声明存储从游标中提取的数据的变量,变量@Bno、@Bname、@Btel 依次存放当前游标所指记录
的 Bno、Bname 和 Btel。
DECLARE @Bno CHAR(5),@Bname NVARCHAR(10),@Btel CHAR(8)
--声明游标
DECLARE Bank_sh_cursor CURSOR FOR
  SELECT Bno,Bname,Btel FROM BankT
  WHERE Bname LIKE '%上海%'
--打开游标
OPEN Bank_sh_cursor
--第 1 次提取数据
FETCH NEXT FROM Bank_sh_cursor INTO @Bno,@Bname,@Btel
--通过循环提取数据,本例中循环体将执行 3 次。
WHILE @@FETCH_STATUS= 0
BEGIN
  PRINT '银行代码: '+@Bno+' 银行名称: '+@Bname+' 电话'+@Btel
  FETCH NEXT FROM Bank_sh_cursor INTO @Bno,@Bname,@Btel
END
--关闭游标
CLOSE Bank_sh_cursor
--释放游标
DEALLOCATE Bank_sh_cursor
```

执行结果如图 9-4 所示。

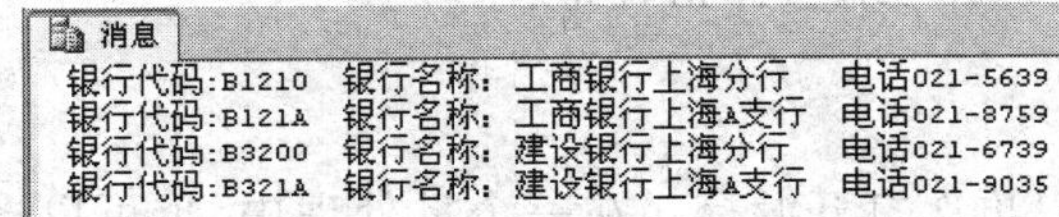
消息
银行代码:B1210 银行名称: 工商银行上海分行 电话021-5639
银行代码:B121A 银行名称: 工商银行上海A支行 电话021-8759
银行代码:B3200 银行名称: 建设银行上海分行 电话021-6739
银行代码:B321A 银行名称: 建设银行上海A支行 电话021-9035

图 9-4　例 9-2 的执行结果

例 9-3　定义一个查询所有银行的游标,使用 FETCH NEXT 逐个提取每行数据,并按下列形式输出:"银行代码: B1100　银行名称: 工商银行北京分行　电话 010-4573"。

```
--声明存储从游标中提取的数据的变量,变量@Bno、@Bname、@Btel 依次存放当前游标所指记录
的 Bno、Bname 和 Btel。
DECLARE @Bno CHAR(5),@Bname NVARCHAR(10),@Btel CHAR(8)
--声明游标
DECLARE Bank_cursor CURSOR FOR
  SELECT Bno,Bname,Btel FROM BankT
--打开游标
OPEN Bank_cursor
--第 1 次提取数据
FETCH NEXT FROM Bank_cursor INTO @Bno,@Bname,@Btel
--通过循环提取数据
WHILE @@FETCH_STATUS=0
BEGIN
```

```
  PRINT '银行代码：'+@Bno+'银行名称：'+@Bname+'电话'+@Btel
  FETCH NEXT FROM Bank_cursor INTO @Bno,@Bname,@Btel
END
--关闭游标
CLOSE Bank_cursor
--释放游标
DEALLOCATE Bank_cursor
```

执行结果如图 9-5 所示。

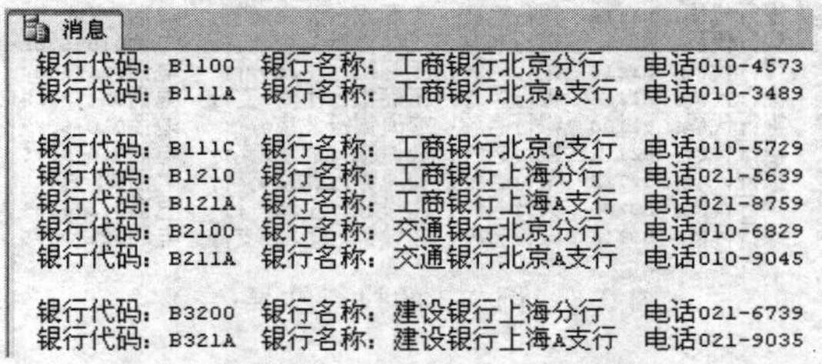

```
消息
银行代码：B1100  银行名称：工商银行北京分行   电话010-4573
银行代码：B111A  银行名称：工商银行北京A支行  电话010-3489

银行代码：B111C  银行名称：工商银行北京C支行  电话010-5729
银行代码：B1210  银行名称：工商银行上海分行   电话021-5639
银行代码：B121A  银行名称：工商银行上海A支行  电话021-8759
银行代码：B2100  银行名称：交通银行北京分行   电话010-6829
银行代码：B211A  银行名称：交通银行北京A支行  电话010-9045

银行代码：B3200  银行名称：建设银行上海分行   电话021-6739
银行代码：B321A  银行名称：建设银行上海A支行  电话021-9035
```

图 9-5　例 9-3 的执行结果(一)

说明：例 9-2 和例 9-3 很类似，唯一的区别是：例 9-2 只查询上海的银行，例 9-3 查询所有银行。但是例 9-3 的执行结果中出现了 2 行空行，原因是“B111B”和“B211B”两家银行的电话号码没有登记，即为空值。由于空值与任何数值的运算都为空值，所以表达式“'银行代码：'＋@Bno＋'银行名称：'＋@Bname＋'电话'＋@Btel”的运算结果就为空值，即在屏幕上显示了空行。为了避免空行的出现，可以将例 9-3 的代码改为：

```
--声明存储从游标中提取的数据的变量，变量@Bno、@Bname、@Btel 依次存放当前游标所指记录的 Bno、Bname 和 Btel。
DECLARE @Bno CHAR(5),@Bname NVARCHAR(10),@Btel CHAR(8)
--声明游标
DECLARE Bank_cursor CURSOR FOR
  SELECT Bno,Bname,Btel
  FROM BankT
--打开游标
OPEN Bank_cursor
--第 1 次提取数据
FETCH NEXT FROM Bank_cursor INTO @Bno,@Bname,@Btel
--通过循环提取数据
WHILE @@FETCH_STATUS=0
BEGIN
  IF @Btel IS NULL
    PRINT '银行代码：'+@Bno+'银行名称：'+@Bname+'电话:未填'
  ELSE
    PRINT '银行代码：'+@Bno+'银行名称：'+@Bname+'电话'+@Btel
  FETCH NEXT FROM Bank_cursor INTO @Bno,@Bname,@Btel
```

```
END
--关闭游标
CLOSE Bank_cursor
--释放游标
DEALLOCATE Bank_cursor
```

代码中加了方框的地方即为修改的地方。执行结果如图 9-6 所示。

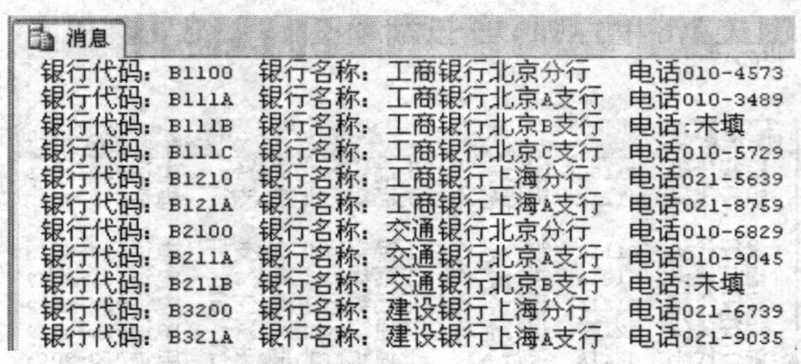

图 9-6 例 9-3 的执行结果(二)

例 9-4 利用存储过程和游标实现查询指定所在城市的银行信息,并按下列形式输出:“银行代码:B1100 银行名称:工商银行北京分行 电话 010-4573”。

```
CREATE PROC P_City_BankT
  @City nchar(6) --存储过程的输入参数
AS
  --声明存储从游标中提取的数据的变量
  DECLARE @Bno CHAR(5),@Bname NVARCHAR(10),@Btel CHAR(8)
  --声明游标
  DECLARE Bank_City_cursor CURSOR FOR
    SELECT Bno,Bname,Btel
    FROM BankT
    WHERE Bname LIKE '%'+RTRIM(@City)+'%
  --打开游标
  OPEN Bank_City_cursor
  --第 1 次提取数据
  FETCH NEXT FROM Bank_City_cursor INTO @Bno,@Bname,@Btel
  --通过循环提取数据
  WHILE @@FETCH_STATUS=0
  BEGIN
    IF @Btel IS NULL
      PRINT '银行代码:'+@Bno+'银行名称:'+@Bname+'电话:未填'
    ELSE
      PRINT '银行代码:'+@Bno+'银行名称:'+@Bname+'电话'+@Btel
    FETCH NEXT FROM Bank_City_cursor INTO @Bno,@Bname,@Btel
  END
  --关闭游标
  CLOSE Bank_City_cursor
```

```
--释放游标
DEALLOCATE Bank_City_cursor
```

调用存储过程 P_City_BankT,查询在"上海"的银行信息:

```
EXEC P_City_BankT '上海'
```

执行结果如图 9-7 所示。

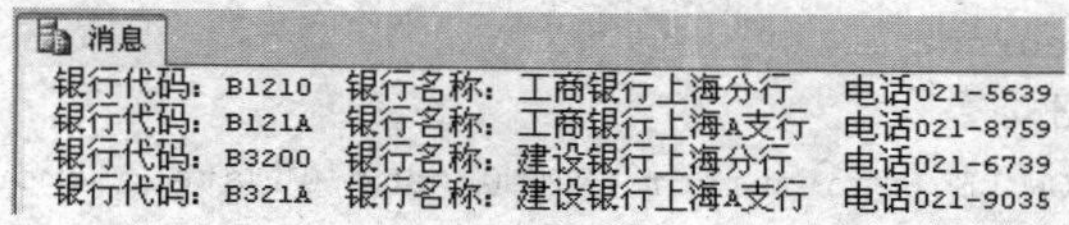

图 9-7 例 9-4 的执行结果

例 9-5 用游标实现按如下报表形式显示结果的 T-SQL 语句。该报表统计每个法人的贷款情况,只考虑有贷款记录的法人,每个法人的贷款记录需要先按银行名称的升序排列,再按贷款日期的升序排列。报表形式大致如图 9-8 所示。

```
消息
赛纳网络有限公司的贷款情况如下:
银行名称          贷款日期      贷款金额 (万元)   贷款期限 (年)
工商银行北京A支行  04  1 2005      15              20
工商银行北京分行   08 20 2008      10              15
交通银行北京分行   03  2 2009      8               5

华顺达水泥股份有限公司的贷款情况如下:
银行名称          贷款日期      贷款金额 (万元)   贷款期限 (年)
工商银行北京A支行  08 20 2007      1000            5
工商银行北京B支行  05 13 2008      2000            10
工商银行北京B支行  03  2 2009      1500            10
建设银行上海A支行  05 21 2005      3000            20
建设银行上海分行   06  4 2008      2500            20
交通银行北京B支行  04 16 2006      1100            5
交通银行北京B支行  08  1 2008      2000            15
```

图 9-8 报表形式

```
--声明存储从游标中提取的数据的变量
DECLARE @Eno char(3),@Ename nvarchar(15)
DECLARE @Bname nvarchar(10),@Ldate smalldatetime,@Lamount int,
@Lterm smallint
--声明游标 LE_cursor
DECLARE LE_cursor CURSOR FOR
  SELECT DISTINCT LE.Eno,Ename
  FROM LegalEntityT LE JOIN LoanT L ON LE.Eno=L.Eno
--打开游标 LE_cursor
OPEN LE_cursor
--提取数据
FETCH NEXT FROM LE_cursor INTO @Eno,@Ename
WHILE @@FETCH_STATUS=0
  BEGIN
    PRINT @Ename+'的贷款情况如下:'
    PRINT '银行名称 贷款日期 贷款金额(万元) 贷款期限(年)'
    --游标 LE_Loan_cursor 的作用区域*******************************************
    --声明游标 LE_Loan_cursor
```

```
12      DECLARE LE_Loan_cursor CURSOR FOR
13          SELECT Bname,Ldate,Lamount,Lterm
14          FROM BankT B JOIN LoanT L ON B.Bno=L.Bno
15          WHERE Eno=@Eno
16          ORDER BY Bname,Ldate
        --打开游标 LE_Loan_cursor
17  OPEN LE_Loan_cursor
        --提取数据
18  FETCH NEXT FROM LE_Loan_cursor INTO @Bname,@Ldate,@Lamount,@Lterm
19  WHILE @@FETCH_STATUS=0
20      BEGIN
21          PRINT @Bname+' '+CAST(@Ldate AS CHAR(10))+' '+CAST(@Lamount AS char
            (6))+' '+CAST(@Lterm AS char(3))
22          FETCH NEXT FROM LE_Loan_cursor INTO @Bname,@Ldate,@Lamount,@Lterm
23      END
      --关闭游标 LE_Loan_cursor
24    CLOSE LE_Loan_cursor
      --释放游标 LE_Loan_cursor
25    DEALLOCATE LE_Loan_cursor
      --**************************************************************************
      --空行
26    PRINT''
27    FETCH NEXT FROM LE_cursor INTO @Eno,@Ename
28  END
    --关闭游标 LE_cursor
29  CLOSE LE_cursor
    --释放游标 LE_cursor
30  DEALLOCATE LE_cursor
```

此例有几点需要注意：

(1) 第 3 行至第 5 行代码说明：由于题目中要求只考虑有贷款记录的法人，所以在声明的游标 LE_cursor 的 SELECT 中需要通过多表连接或子查询确定有贷款记录的法人，本例实现用的是多表连接，注意 SELECT 后面的 DISTINCT 关键字不能省略。这三行代码也可以写成：

```
DECLARE LE_cursor CURSOR FOR
  SELECT Eno,Ename
  FROM LegalEntityT
  WHERE Eno IN(
      SELECT Eno FROM LoanT)
```

(2) 同一个执行单元里，可以使用多个游标，本例就使用了两个游标 LE_cursor 和 LE_Loan_cursor。请注意每个游标的作用区域。其中，游标 LE_cursor 的作用区域是从第 3 行代码到第 30 行代码，游标 LE_Loan_cursor 的作用区域是从第 12 行代码到第 25 行代码。

（3）在第 21 行代码中要注意通过函数 CAST 进行相应的类型转换。由于在 T-SQL 中，系统不会自动将数值类型、日期和时间类型转换成字符串型，所以需要通过使用函数 CAST 来进行强制类型转换。

例 9-6　查询每家银行总贷款金额最多的前两名（包括并列的情况）法人的贷款信息。列出银行名称、法人名称和总贷款金额，如图 9-9 所示。

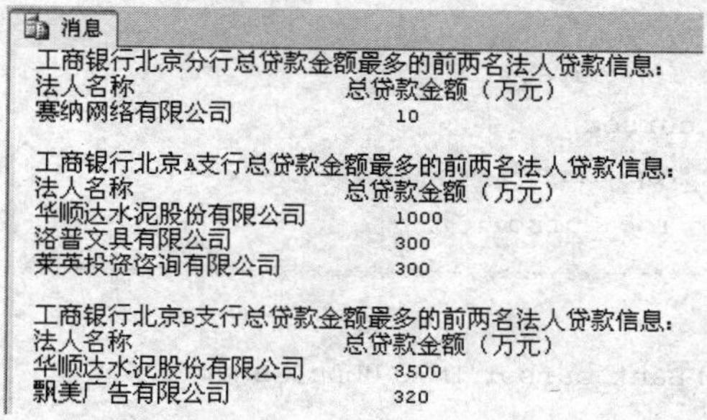

```
消息
工商银行北京分行总贷款金额最多的前两名法人贷款信息:
法人名称                      总贷款金额（万元）
赛纳网络有限公司                  10

工商银行北京A支行总贷款金额最多的前两名法人贷款信息:
法人名称                      总贷款金额（万元）
华顺达水泥股份有限公司            1000
洛普文具有限公司                  300
莱英投资咨询有限公司              300

工商银行北京B支行总贷款金额最多的前两名法人贷款信息:
法人名称                      总贷款金额（万元）
华顺达水泥股份有限公司            3500
飘美广告有限公司                  320
```

图 9-9　报表形式

```
--声明存储从游标中提取的数据的变量
DECLARE @Bno CHAR(5),@Bname NVARCHAR(10)
DECLARE @Eno char(3),@Ename nvarchar(15),@Sum_Lamount int
--声明游标 Bank_cursor
DECLARE Bank_cursor CURSOR FOR
  SELECT Bno,Bname
  FROM BankT
  --打开游标 Bank_cursor
OPEN Bank_cursor
--提取数据
FETCH NEXT FROM Bank_cursor INTO @Bno,@Bname
WHILE @@FETCH_STATUS=0
BEGIN
    PRINT @Bname+'总贷款金额最多的前两名法人贷款信息：'
    PRINT '法人名称 总贷款金额(万元)'
    --****************************************************************
    --声明游标 Bank_Top_cursor
    DECLARE Bank_Top_cursor CURSOR FOR
        SELECT Top 2 With Ties Eno,SUM(Lamount)
        FROM LoanT
        WHERE Bno=@Bno
        GROUP BY Eno
        ORDER BY SUM(Lamount) DESC
    --打开游标 Bank_Top_cursor
    OPEN Bank_Top_cursor
    --提取数据
    FETCH NEXT FROM Bank_Top_cursor INTO @Eno,@Sum_Lamount
```

```
        WHILE @@FETCH_STATUS=0
          BEGIN
            --获取对应的法人名称
            SELECT @Ename=Ename FROM LegalEntityT Where Eno=@Eno
            PRINT @Ename+' '+CAST(@Sum_Lamount AS char(6))
            FETCH NEXT FROM Bank_Top_cursor INTO @Eno,@Sum_Lamount
          END
        --关闭游标 Bank_Top_cursor
        CLOSE Bank_Top_cursor
        --释放游标 Bank_Top_cursor
        DEALLOCATE Bank_Top_cursor
        --***************************************************************
        PRINT ''
        FETCH NEXT FROM Bank_cursor INTO @Bno,@Bname
    END
    --关闭游标 Bank_cursor
    CLOSE Bank_cursor
    --释放游标 Bank_cursor
    DEALLOCATE Bank_cursor
```

9.3 使用游标进行更新和删除操作

在 T-SQL 中,CURSOR 不仅可以用来浏览查询结果,还可以用 UPDATE 语句更新 CURSOR 对应的当前行或用 DELETE 命令删除对应的当前行。要使用游标进行数据的修改,其前提条件是该游标必须被声明为可修改的游标。在声明游标时,没有带 READ ONLY 关键字的游标都是可修改的游标。

9.3.1 更新操作

使用游标进行更新操作的命令格式是

```
UPDATE<表名>SET <列名>=<表达式>[,…,n]
WHERE CURRENT OF <游标名>
```

例 9-7 使用游标来修改表 BankT 中银行代码为"B1100"的银行记录,将其电话改为"010-8077"。

```
--声明游标
DECLARE Upd_Cursor CURSOR FOR
  SELECT * FROM BankT WHERE Bno='B1100'
--打开游标
OPEN Upd_Cursor
--获取数据
FETCH NEXT FROM Upd_Cursor
```

```
--修改当前游标指向的记录
UPDATE BankT SET Btel='010-8077'
WHERE CURRENT OF Upd_Cursor
--关闭游标
CLOSE Upd_Cursor
--释放游标
DEALLOCATE Upd_Cursor
```

说明：执行此代码后，在 SQL Server Management Studio 中查询表 BankT，会发现“B1100”银行的电话确实被修改为“010-8077”。

9.3.2　删除操作

使用游标进行删除操作的命令格式是：

```
DELETE FROM<表名>
WHERE CURRENT OF<游标名>
```

利用 WHERE CURRENT OF＜游标名＞进行的修改或删除只影响表的当前行。

例 9-8　使用游标来删除表 BankT 中银行代码为“B211A”的银行记录。

```
--声明游标
DECLARE DEL_Cursor CURSOR FOR
  SELECT * FROM BankT WHERE Bno='B211A'
--打开游标
OPEN DEL_Cursor
--获取数据
FETCH NEXT FROM DEL_Cursor
--修改当前游标指向的记录
DELETE BankT WHERE CURRENT OF DEL_Cursor
--关闭游标
CLOSE DEL_Cursor
--释放游标
DEALLOCATE DEL_Cursor
```

说明：执行此代码后，在 SQL Server Management Studio 中查询表 BankT，会发现“B211A”银行记录确实被删除。

习题

1. 贷款数据库中 BankT 表的数据如图 6-1(a)所示。阅读下列代码，请写出执行结果。

```
USE LoanDB
GO
DECLARE @Bno CHAR(5),@Bname NVARCHAR(10),@Btel CHAR(8)
DECLARE Bank_Scr_cursor SCROLL CURSOR FOR
```

```
SELECT *
FROM BankT
OPEN Bank_Scr_cursor
FETCH NEXT FROM Bank_Scr_cursor INTO @Bno,@Bname,@Btel
Print @Bno+'  '+@Bname+'  '+@Btel
FETCH PRIOR FROM Bank_Scr_cursor INTO @Bno,@Bname,@Btel
Print @Bno+'  '+@Bname+'  '+@Btel
FETCH ABSOLUTE 2 FROM Bank_Scr_cursor INTO @Bno,@Bname,@Btel
Print @Bno+'  '+@Bname+'  '+@Btel
FETCH RELATIVE 2 FROM Bank_Scr_cursor INTO @Bno,@Bname,@Btel
Print @Bno+'  '+@Bname+'  '+@Btel
FETCH RELATIVE -2 FROM Bank_Scr_cursor INTO @Bno,@Bname,@Btel
Print @Bno+'  '+@Bname+'  '+@Btel
FETCH LAST FROM Bank_Scr_cursor INTO @Bno,@Bname,@Btel
Print @Bno+'  '+@Bname+'  '+@Btel
CLOSE Bank_Scr_cursor
DEALLOCATE Bank_Scr_cursor
```

2. 对数据库 AdventureWorks 中的表 Person.Contact,定义一个查询姓氏(LastName)以字母“B”开头的游标,并使用 FETCH NEXT 逐个提取每行数据,并按下列形式输出:“Contact: Phillip M. Bacalzo”。

3. 对银行贷款数据库,用游标实现按如下报表形式显示结果的 T-SQL 语句。该报表统计每家银行的贷款情况,只考虑有贷款记录的银行,每家银行的贷款记录需要先按法人名称的升序排列,再按贷款日期的升序排列。报表形式大致如图 9-10 所示。

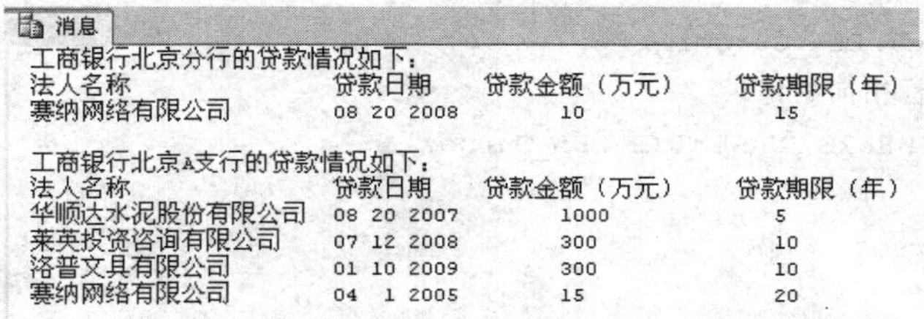

```
消息
工商银行北京分行的贷款情况如下:
法人名称            贷款日期     贷款金额(万元)     贷款期限(年)
赛纳网络有限公司    08 20 2008    10                  15

工商银行北京A支行的贷款情况如下:
法人名称            贷款日期     贷款金额(万元)     贷款期限(年)
华顺达水泥股份有限公司 08 20 2007  1000             5
莱英投资咨询有限公司  07 12 2008   300                10
洛普文具有限公司    01 10 2009    300                 10
赛纳网络有限公司    04  1 2005    15                  20
```

图 9-10　报表形式

4. 用游标实现按如下报表形式显示结果的 T-SQL 语句。该报表统计每个法人的贷款情况,只考虑有贷款记录的法人,每个法人的贷款记录需要先按银行名称的升序排列,再按贷款日期的升序排列。报表形式大致如图 9-11 所示。

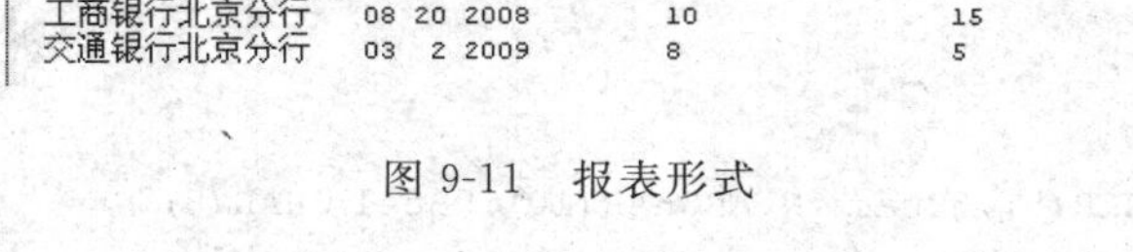

```
消息
赛纳网络有限公司的总贷款金额为33万元,具体贷款情况如下:
银行名称          贷款日期     贷款金额(万元)     贷款期限(年)
工商银行北京A支行  04  1 2005   15                  20
工商银行北京分行   08 20 2008   10                  15
交通银行北京分行   03  2 2009   8                   5
```

图 9-11　报表形式

第 10 章 安全管理

安全控制对于任何一个数据库管理系统来说都是非常重要的。数据库中存储了大量的数据，这些数据可能包含个人信息、企业的核心商业机密等。如果有人未经授权非法侵入了数据库，并查看和修改了数据，将会造成极大的损失和危害。本章首先介绍数据库安全控制的一般方法，然后讲述 SQL Server 2008 系统的安全管理，包括用户身份识别和权限管理等。

10.1 安全控制

数据库的安全性是指保护数据库以防止不合法的使用所造成的数据泄露、更改或破坏。

数据库的安全控制在数据库应用系统的不同层次提供对有意和无意损害行为的安全防范。在数据库中，通过用户身份验证、权限管理来防范有意的非法操作；对数据库中的数据进行加密存取来防止有意的非法行为；采用数据备份和提高系统可靠性等方法来控制无意的损坏。

安全性控制是数据库管理员（或系统管理员）的一个重要任务，他要充分利用数据库管理系统的安全功能，保证数据库和数据库中数据的安全。

10.1.1 数据库安全控制的一般方法

通常，数据库安全是在多个层次上采取措施。图 10-1 显示了数据库安全控制的一般方法，它说明了用户在数据库应用系统中，从使用应用程序开始一直到访问数据库数据需要经历的安全认证过程。

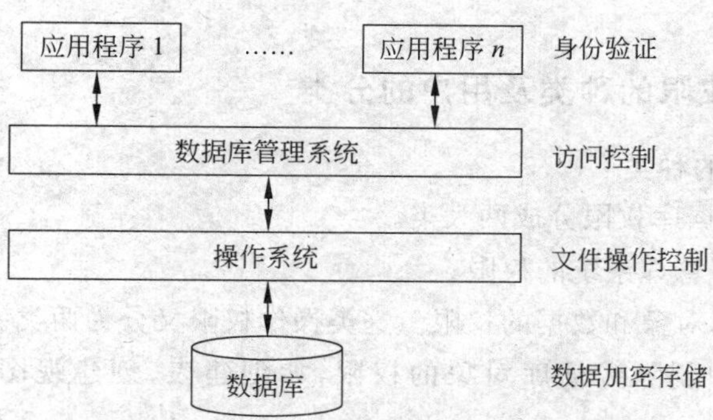

图 10-1 数据库安全控制的一般方法

用户访问数据库中的数据一般都是通过数据库应用程序实现的。用户在使用数据库应用程序时,首先要出示身份,只有通过验证,合法的用户才可以登录应用系统。如果是合法的用户,当其提出操作请求时,DBMS进行权限检查,查看此用户是否具有相应的操作权限,如果有则允许操作,否则将拒绝用户的操作。在操作系统级的安全控制中,主要侧重于文件权限保护、系统资源使用限制等。在数据库存储这一级,目前大多采用加密技术,对数据进行加密,即使数据被人窃取,由于不知道密钥,窃取的人也无法获知数据的具体内容。

1. 身份验证

用户身份验证是系统提供的最外层安全保护措施。用户身份验证的方法有很多,最常用的方法是设置用户名和口令。此外,还可以利用用户的个人特征来验证用户,比如指纹、视网膜纹、数字签名等。

2. 访问控制

访问控制是最重要的安全策略之一,目的是防止非法用户进入系统以及合法用户对系统资源的非法使用。

数据库访问控制是对用户访问数据库各种对象(包括表、视图等)的权限(如查询、添加、删除、更新、执行等)的控制,可以通过用户分类和数据分类实现。访问控制主要包括系统授权、确定访问权限和实施权限三个部分,是数据库管理系统最有效的安全手段。

3. 文件操作控制

操作系统是数据库系统的运行平台,为数据库系统提供一定程度的安全保护。由于数据库系统在操作系统下都是以文件形式进行管理的,操作系统的用户可以直接利用操作系统工具来伪造、篡改数据库文件内容,所以应加强操作系统的安全管理。对操作系统用户管理和权限进行合理分配,防止操作系统用户非法进入数据库系统,合理地设置数据库文件的访问权限,防止文件被未授权修改,对于数据库的安全非常重要。

4. 数据加密存储

数据加密存储要求将明文数据加密成密文数据,数据库中存储密文数据,查询时将密文数据取出解密得到明文信息。这样即便硬件存储失窃也不会泄露数据,可大大提高数据库系统的安全性。

10.1.2 数据库权限的种类及用户的分类

1. 数据库权限的种类

通常情况下,数据库权限分成两大类。

(1) 维护数据库管理系统的权限;

(2) 操作数据库对象和数据的权限。这类操作权限又分为两类。

- 创建、修改和删除数据库对象的权限,如创建表、创建视图和创建存储过程的权限。
- 对数据库数据的操作权限,如对表或视图数据的插入、更新、删除和查询操作,对存储过程的执行权等。

2. 用户的分类

数据库中的用户按照其操作权限的大小可以分成三类，依次是数据库系统管理员、数据库对象拥有者和一般用户。

- 数据库系统管理员负责整个系统的管理，具有数据库系统的全部权限。一般数据库管理系统在安装时都有一个默认的数据库系统管理员用户（SQL Server 中为 SA）。
- 数据库对象拥有者是可以在数据库中建立数据库对象的用户，负责对自己所建立对象的管理。数据库对象拥有者一般由数据库系统管理员授权。
- 一般用户只具有添加、更新、删除和查询数据库数据的权限，这些操作数据的权限需要由数据库系统管理员或数据库对象拥有者授权。

10.2　SQL Server 的安全管理

SQL Server 2008 安全管理的内容有很多，包括身份验证、权限管理、数据加密及密钥管理、用户与架构、基于策略的管理和审核等其他安全措施。本章只介绍 SQL Server 常规的身份验证、架构及各类用户管理和权限管理。

10.2.1　SQL Server 的三个认证过程及用户来源

1. 三个认证过程

由于在一个运行的 SQL Server 数据库实例下可以建立和管理多个数据库，所以当用户要访问 SQL Server 数据库中的数据时，他必须经过三个认证过程，即系统登录、数据库访问和数据操作，如图 10-2 所示。具体解释如下。

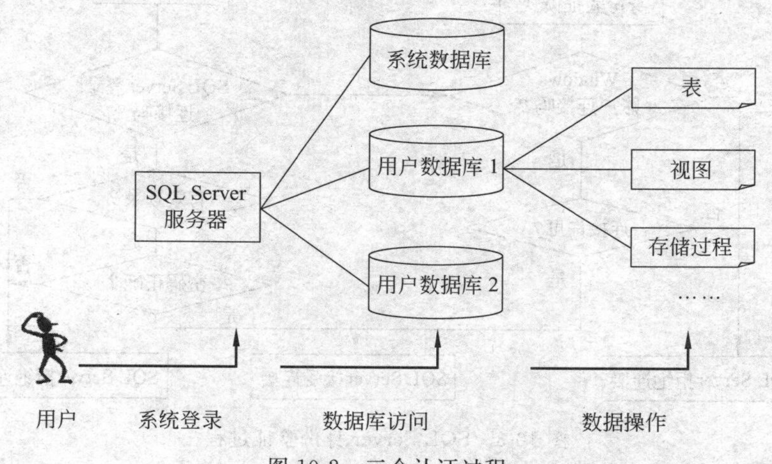

图 10-2　三个认证过程

（1）一个用户要访问某个数据库，首先要登录 SQL Server，并且被认为是合法的。每个合法用户均具有一个服务器的登录账户（包括登录名和密码）。用户登录服务器时提供其登录账户的信息，SQL Server 或者 Windows 将验证用户是否具有连接到数据库服务器的“连接权”。如果有,用户就可以连接到 SQL Server 实例上,否则服务器将拒绝用户登录,从而保证系统安全。

(2) 登录成功后,当用户访问某个数据库时,他必须具有对该数据库的“访问权”,即验证用户是不是数据库的合法用户。为此,需要将合法的登录账户映射到数据库中,使用户成为合法的数据库用户。除非授权,否则数据库用户在数据库中基本不具备权限。

(3) 一个数据库用户操作数据库中的数据或对象时,必须具有相应的“操作权”,即验证用户是否具有操作权限(数据操作权、创建对象权等)。通常情况下,一个具体用户对具体的数据库对象都安排有具体的操作权,用户访问数据库数据严格限制在权限内操作。

2. SQL Server 用户来源

SQL Server 的用户有两种类型。

- Windows 授权用户:来源于 Windows 的用户或组。
- SQL 授权用户:来源于非 Windows 的用户,这种用户也称为 SQL 用户。

10.2.2 SQL Server 的安全认证模式

SQL Server 2008 提供了两种连接和访问数据库资源的验证和认证模式:Windows 身份验证模式和混合模式(SQL Server 身份验证和 Windows 身份验证)。连接 SQL Server 的具体验证过程如图 10-3 所示。

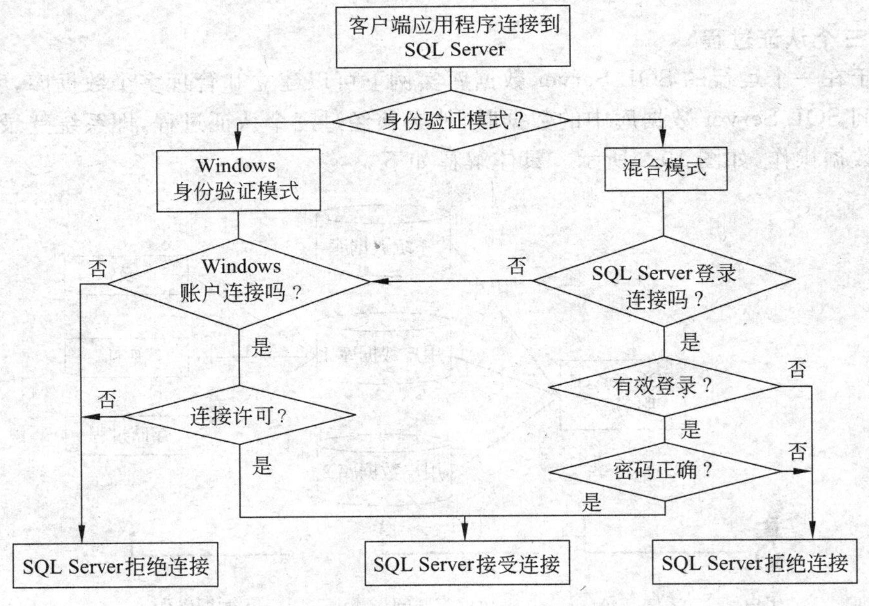

图 10-3 SQL Server 身份验证过程

1. Windows 身份验证模式

Windows 身份验证模式是默认的认证模式,也是推荐使用的认证模式。这种认证模式巧妙地利用了活动目录(Active Directory)用户账户或用户组来设置 SQL Server 的访问权限。在这个模式下,数据库系统管理员能够设置域或本地服务器用户访问数据库服务器的权限，而不需要创建和管理一个独立的 SQL Server 账户。用户身份由 Windows 进行确认，SQL Server 不要求提供密码。Windows 身份验证使用 Kerberos 安全协议，通过强密码复杂性验证提供密码策略强制、账户锁定、支持密码过期等。

2. 混合模式

在混合模式中，允许用户既可以采用 Windows 身份验证，也可以采用 SQL Server 身份验证进行连接。当使用 SQL Server 身份验证时，在 SQL Server 中创建的登录名不基于 Windows 用户账户。登录名和密码均由 SQL Server 创建并存储在 SQL Server 中。采用 SQL Server 身份验证时，用户每次连接都必须提供登录名和密码。

SQL Server 2008 在使用 SQL Server 认证时为 SQL Server 登录账户引入了一种方法可以加强密码和锁定策略。这些 SQL Server 策略能够通过复杂密码设置、密码失效和用户锁定等予以实施，而 SQL Server 2000 并不具备这一安全设置功能。

3. 设置身份验证模式

用户在使用 SQL Server 时，可以根据需要设置身份验证模式。在 SQL Server Management Studio 中设置 SQL Server 身份验证模式的方法如下。

(1) 进入 SQL Server Management Studio，在要设置验证模式的服务器名上右击，然后在弹出的快捷菜单中选择【属性】命令（如图 10-4 所示），弹出【服务器属性】对话框。

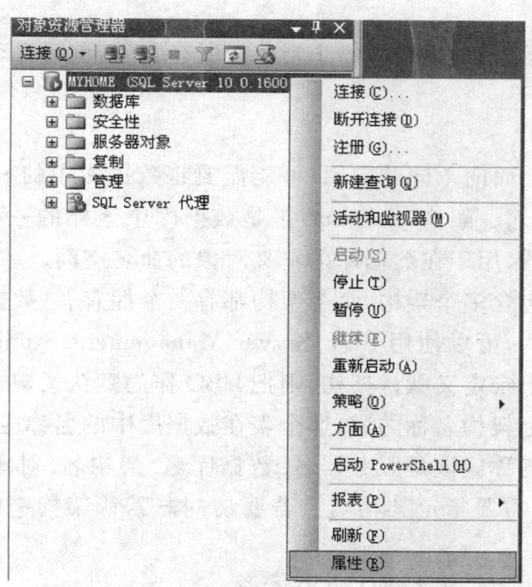

图 10-4　快捷菜单中选择【属性】命令

(2) 在【服务器属性】对话框中选择【安全性】页，如图 10-5 所示。

(3) 在【服务器身份验证】区域处选择要设置的验证模式，其中【SQL Server 和 Windows 身份验证模式】选项代表混合模式。

(4) 选定一个验证模式后，单击【确定】按钮。如果修改了验证模式，系统会弹出一个提示窗口，告诉用户需要重新启动 SQL Server 服务，这个设置才会生效。

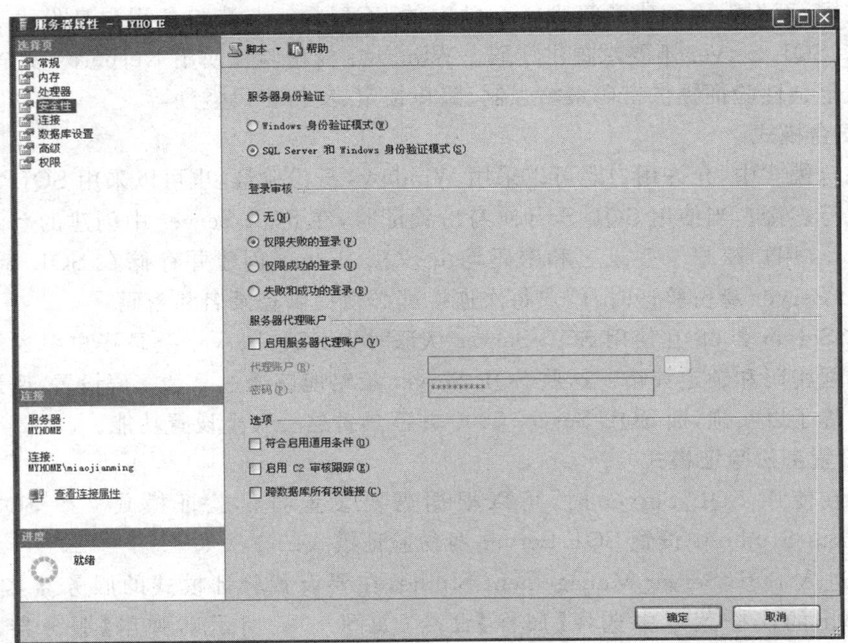

图 10-5 【服务器属性】对话框的【安全性】页

如果希望新的设置生效,必须先停止当前的所有服务,重新启动 SQL Server。

10.2.3 架构

一个数据库通常会面向不同的应用,可能需要将数据库中的一组不同对象(如表、视图等)逻辑地组织在一起。架构(Schema)正是数据库中这样的一种逻辑结构,它是一个存放数据库对象的容器,用于在数据库内定义对象的命名空间。

一个数据库可以包含多个架构,每个架构都有一个拥有者(数据库用户或角色),每个用户都有一个默认架构,可以使用 SQL Server Management Studio 或 T-SQL 语句设置和更改默认架构。如果未定义默认架构,则把 DBO 作为默认架构,也就是说,如果在数据库中创建一个没有加上架构名称的表,这个表在数据库中的名称应该是 dbo. 表名。

一个完整的对象名称应该是服务器名. 数据库名. 架构名. 对象名。当引用的对象包含在默认架构中时,不需要指定架构名。若要访问非默认架构中的对象,则需要指定架构名。

使用架构的优点主要表现在如下几个方面。

(1) 多个用户可以通过角色或组成员关系拥有同一个架构。在 SQL Server 2008 中,每个数据库中的固定数据库角色都有一个属于自己的架构。如果我们创建一个表,给它指定的架构名称为 db_ddladmin,那么任何一个属于 db_ddladmin 中的用户都可以查询、修改和删除属于这个架构中的表,除一些拥有特殊权限的组成员(如 db_owner)以外,其他不属于这个组的用户不能对这个架构中的表进行操作。

(2) 由于架构与用户是分离的,所以删除数据库用户变得极为简单。在 SQL Server

2000 中，用户和架构存在隐含关联，即每个用户拥有与其同名的架构。因此，要删除一个用户，必须先删除或修改该用户所拥有的所有数据库对象，这样很不方便。在 SQL Server 2008 中不再存在这样的问题，删除用户的时候，对数据库对象是没有任何影响的。

(3) 可以在架构和架构所包含的对象上设置权限，这样在权限方面具有更高的可管理性。

(4) 可以根据不同的业务处理需要，将数据库对象分类到不同架构中。例如，可以把公共的对象设置到 Pub 架构中，把客户和员工相关的对象设置到 Person 架构中，这样管理和访问起来更容易。

1. 创建架构

在对象资源管理器窗口中创建架构的步骤如下。

(1) 展开【数据库】节点，展开需要设置的数据库(如 LoanDB)下面的【安全性】节点，鼠标右键单击【架构】，在弹出的快捷菜单中选择【新建架构】命令，打开【架构—新建】对话框，如图 10-6 所示。

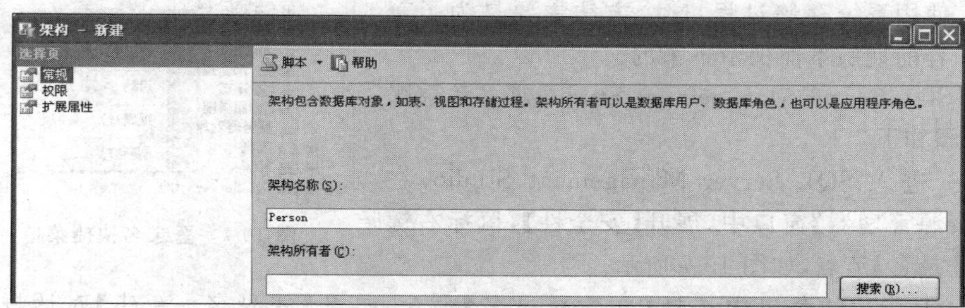

图 10-6　【架构—新建】对话框

(2) 在【架构名称】文本框中输入架构名(如 Person)。在【架构所有者】文本框中输入拥有该架构的数据库用户名或角色，可以单击【搜索】按钮，在打开的【搜索角色和用户】窗口中选择用户或角色。如果没有指定，则默认为 DBO。

(3) 选择【权限】页，可以进行权限管理。有关权限管理的内容，请参见 10.5 节。

(4) 单击【确定】按钮，完成对架构的创建。

2. 删除架构

当架构中不包含任何对象时才可以删除架构。

当架构为空时，可以在对象资源管理器窗口完成架构的删除。具体方法是：展开【数据库】|架构所在的数据库(如 LoanDB)|【安全性】|【架构】节点，系统显示该数据库所有的架构。鼠标右键单击要删除的架构，在弹出的快捷菜单中选择【删除】命令即可删除该架构。

10.3　管理登录账户

登录账户就是控制访问 SQL Server 服务器的账户。如果不先指定一个有效的登录账户，用户就不能连接到 SQL Server。

在 SQL Server 2008 中有两类登录账户：一类是 SQL Server 负责身份验证的登录账

户;另一类是登录到 SQL Server 的 Windows 账户。在安装完 SQL Server 2008 之后,系统会自动创建一些登录账户,这些账户称为系统内置的登录账户。数据库系统管理员也可以根据需要创建登录账户。

需要注意的是,SA 是一个内置的登录账户,拥有操作 SQL Server 系统的所有权限。该登录账户不能被删除。当采用混合模式安装 SQL Server 系统时,需要给 SA 指定一个密码(详见 2.2.3 节)。

10.3.1 建立登录账户

在对 SQL Server 进行维护和管理的过程中,通常需要建立用户自己的登录账户。有了登录账户后,用户就可以连接到 SQL Server。建立登录账户的方法主要有 4 种。

- 使用 CREATE LOGIN 语句;
- 使用 SQL Server Management Studio;
- 使用 SQL 管理对象(SMO);
- 使用系统存储过程,这个方法主要是为了兼容前期版本而保留下来的。

用 SQL Server Management Studio 建立登录账户的步骤如下。

(1) 进入 SQL Server Management Studio,在【对象资源管理器】窗口中,展开【安全性】,鼠标右键单击【登录名】节点,如图 10-7 所示。

图 10-7 登录名快捷菜单

(2) 从弹出的菜单中选择【新建登录名】命令,打开【登录名—新建】对话框。如图 10-8 所示。该对话框中的【常规】页用来创建登录账户,另外的选择页可以完成其他设

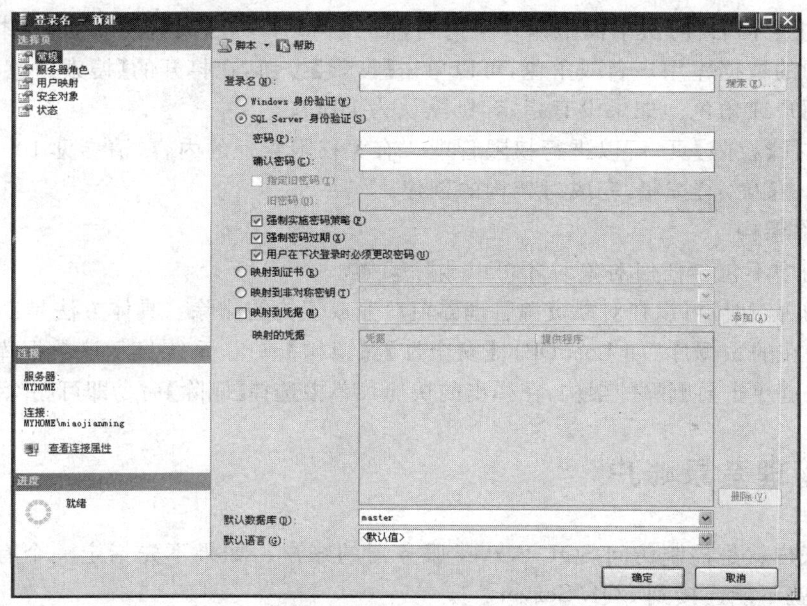

图 10-8 【登录名—新建】对话框

置或者映射。

(3) 在身份验证选项栏中选择新建的登录账户是 Windows 身份验证模式还是 SQL Server 身份验证模式。

- 选择 Windows 身份验证模式。在【登录名】文本框中输入 Windows 系统中的用户名作为 SQL Server 的登录名;或者单击【登录名】右边的【搜索】按钮,在弹出的窗口中单击【高级】按钮,再在弹出的窗口中单击【立即查找】按钮,然后从其对话框中选择用户。两次单击【确定】按钮,返回【登录名—新建】对话框。注意,选择此模式时输入的登录名必须是 Windows 中已有的用户名或组名。
- 选择 SQL Server 身份验证模式。在【登录名】文本框中输入任何登录账户名,在【密码】和【确认密码】文本框中两次输入密码。

(4) 在【默认数据库】下拉列表框中选择某个数据库,例如"LoanDB",表示该登录账户默认登录到 LoanDB 数据库。

(5) 选择【服务器角色】页,如图 10-9 所示。在服务器角色前面的复选框中打钩表示该登录账户是相应的服务器角色成员。有关服务器角色的详细内容请参见 10.6.1 节。

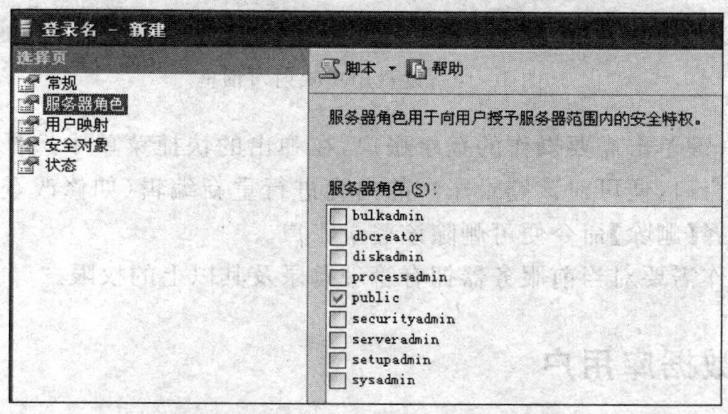

图 10-9 设置服务器角色对话框

(6) 选择【用户映射】页,如图 10-10 所示。界面上半部分的【映射到此登录名的用户】列表框中列出了当前服务器中的所有数据库,在数据库前面的复选框中打钩,表示该登录账户可以访问此数据库以及该账户在数据库中对应的用户名。下面的【数据库角色成员身份】列表框中列出了固定的数据库角色,从中可以指定该账户所属的数据库角色。

(7) 选择【安全对象】页,可以对不同类型的安全对象进行权限管理。

(8) 选择【状态】页,可以设置该账户是否允许连接到数据库引擎、是否允许登录等。

(9) 单击【确定】按钮,完成对登录账户的创建。

10.3.2 修改和删除登录账户

在对象资源管理器窗口中,展开【安全性】|【登录名】节点,在出现的显示登录账户的

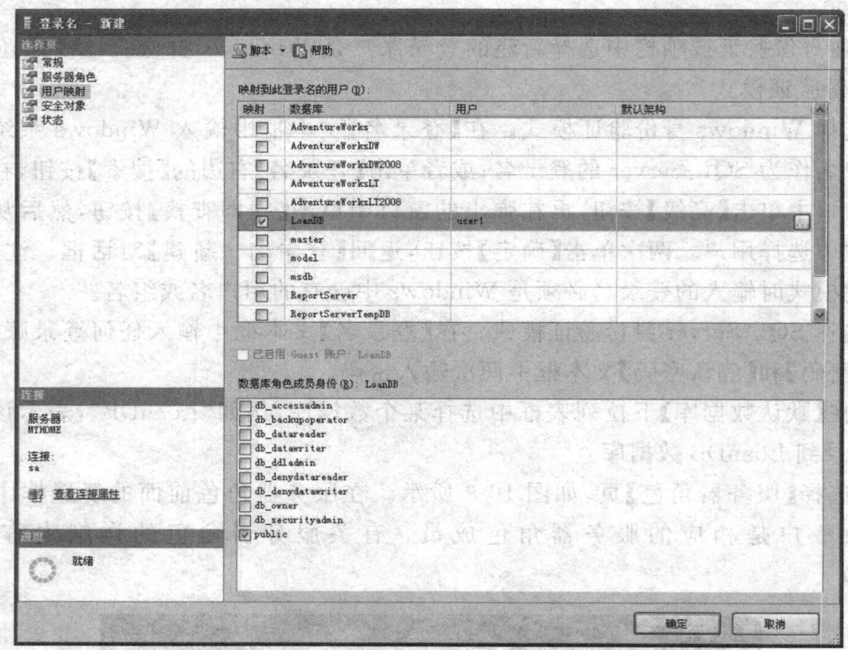

图 10-10　设置用户映射对话框

窗口中，用鼠标右键单击需要操作的登录账户，在弹出的快捷菜单中选择【属性】命令，打开【登录名属性】窗口，便可对该登录账户的内容进行重新编辑(如修改登录密码、设置默认数据库等)；选择【删除】命令便可删除该登录账户。

进行上述操作需要对当前服务器拥有管理登录及其以上的权限。

10.4　管理数据库用户

用户拥有了登录账户后，如果要访问某个数据库，必须在该数据库下建立与登录账户相对应的数据库用户。

使用 SQL Server Management Studio 可以创建、查看和管理数据库用户。

10.4.1　建立数据库用户

使用 SQL Server Management Studio 创建数据库用户有两种方法。

一种方法是在创建登录账户时，指定他作为数据库用户的身份。例如，在如图 10-8 所示的新建登录对话框中，输入登录名(如 user1)，单击【用户映射】选项页，在【映射到此登录名的用户】列表框中指定要访问的数据库(如 LoanDB)，如图 10-10 所示，登录用户 user1(指使用登录名 user1 登录 SQL Server 服务器的用户)同时也成为数据库 LoanDB 的用户。默认情况下，登录名和数据库用户名相同。例如，这里都为 user1。

另一种方法是单独创建数据库用户，这种方法适用于在创建登录账户时没有创建数据库用户的情况。具体操作步骤如下。

(1) 展开【数据库】节点,展开需要设置的数据库(如 LoanDB)下面的【安全性】节点,鼠标右键单击【用户】,如图 10-11 所示。

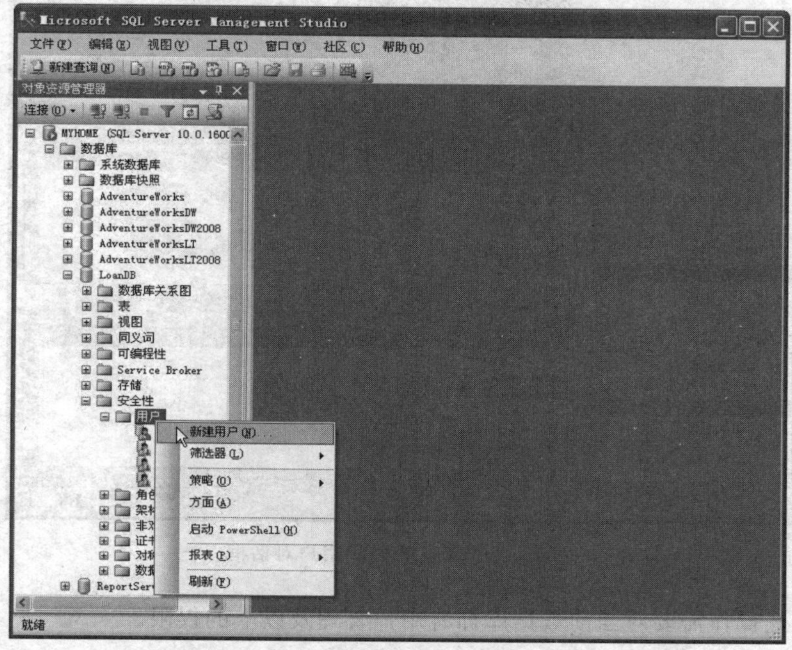

图 10-11　数据库用户快捷菜单

(2) 从弹出的快捷菜单中选择【新建用户】命令,打开【数据库用户—新建】对话框,如图 10-12 所示。

(3) 在【用户名】文本框中输入数据库用户的用户名(如 LoanDB_user),单击【登录名】文本框右侧的[...]按钮,选择登录名(如 user1),或者直接输入登录名作为需要授权访问数据库的账户。

(4) 在【此用户拥有的架构】列表框中选择拥有的架构。在【数据库角色成员身份】列表框中设置新建用户应该属于的数据库成员角色。

(5) 选择【安全对象】页,可以对不同类型的安全对象进行权限管理。

(6) 单击【确定】按钮,完成对数据库用户的创建。

需要注意以下几点:

- 数据库用户要在特定的数据库内创建,并关联一个登录账户。
- 可以为一个登录账户在多个用户数据库下建立对应的数据库用户。
- 一个登录账户在一个用户数据库下只能对应一个数据库用户。

10.4.2　删除数据库用户

在 SQL Server Management Studio 中,展开需要操作的数据库,展开【安全性】下的【用户】节点,在出现的显示数据库用户的窗口中,用鼠标右键单击需要操作的数据库用户,在弹出的快捷菜单中选择【删除】命令便可删除该数据库用户。

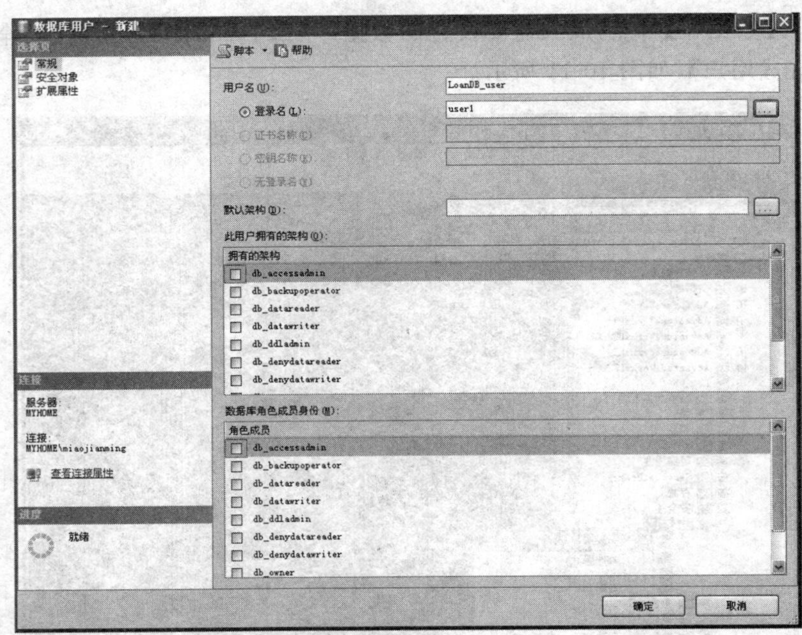

图 10-12　新建数据库用户对话框

进行上述操作需要对当前数据库拥有用户管理及以上的权限。

10.5　管理权限

用户成为数据库的合法用户并不表示他就能访问该数据库中的所有资源。他只有获得操作数据库对象的权限之后才能进行相应的操作。对权限的管理包括授权、收权和拒权。

10.5.1　权限的种类

用户访问数据库的操作权限可以分为三种类型：对象权限、语句权限和隐含权限。

1. 对象权限

对象权限是用于控制用户对数据库对象(如表、视图和存储过程)执行哪些操作的权限，表 10-1 列出了常用的对象权限。如果用户想要对某一对象进行操作，其必须具有相应的操作的权限。例如，当用户要删除表中数据时，其前提条件是他已经获得表的 DELETE 权限。

表 10-1　常用的对象权限

对象权限	权限说明	对象权限	权限说明
SELECT	查询数据库中数据的权限，包括查询列的权限	DELETE	删除数据库中数据的权限
UPDATE	更新数据库中数据的权限，包括更新列的权限	EXECUTE	执行存储过程的权限
INSERT	向数据库中插入数据的权限		

对象权限是针对数据库对象设置的，它可以由系统管理员、数据库对象所有者授予、收回或拒绝。

2. 语句权限

语句权限用于控制用户是否具有权限来执行某一语句，这些语句通常是一些具有管理性的操作，如创建数据库、表和视图等。表 10-2 列出了常用的语句权限。这种语句虽然仍包含操作的对象，但这些对象在执行该语句之前并不存在于数据库中。因此，语句权限主要针对 DDL 语句，而不是数据库中已经创建的特定的数据库对象。

表 10-2　常用的语句权限

语句权限	权限说明
CREATE DATABASE	创建数据库的权限
CREATE DEFAULT	创建缺省的权限
CREATE PROCEDURE	创建存储过程的权限
CREATE RULE	创建规则的权限
CREATE TABLE	创建表的权限
CREATE VIEW	创建视图的权限
BACKUP DATABASE	备份数据库的权限
BACKUP LOG	备份日志文件的权限

语句权限一般由系统管理员授予、收回或拒绝。

3. 隐含权限

隐含权限是指系统预定义而不需要授权的权限，包括固定服务器角色成员、固定数据库角色成员、数据库所有者和数据库对象所有者所拥有的权限。

例如，sysadmin 固定服务器角色成员可以在服务器范围内做任何操作，数据库对象所有者可以对其拥有的数据库对象做任何操作，而不需要明确的赋予权限。

10.5.2　用户权限的管理

在 SQL Server 中，通过使用授权（GRANT）、收权（REVOKE）和拒权（DENY）来管理权限。可以在 SQL Server Management Studio 中使用对象资源管理器或 T-SQL 语句来授予、收回或拒绝权限。

- 授予权限（GRANT）：把权限授予某一用户，以允许该用户执行针对特定对象的操作（如 SELECT、INSERT、UPDATE、DELETE）或允许其运行某些语句（如 CREATE TABLE、CREATE DATABASE）。
- 收回权限（REVOKE）：取消用户对某个对象或语句的权限，这些权限是经过 GRANT 语句授予的。
- 拒绝权限（DENY）：拒绝用户对某个对象或语句的权限。禁止其对某个对象执行如 SELECT、INSERT、UPDATE 和 DELETE 操作或执行如 CREATE TABLE、CREATE DATABASE 等命令。

下面介绍在 SQL Server Management Studio 中如何设置对象权限和语句权限。其中设置对象权限有两种方法：面向单一用户的权限设置和面向数据库对象的权限设置。

1. 面向单一用户的对象权限的设置

在 SQL Server Management Studio 中,面向单一用户的权限设置的操作步骤如下。

(1) 展开【数据库】节点,展开需要设置的数据库(如 LoanDB)下面的【安全性】节点,再展开【用户】节点。在数据库用户列表中,鼠标右键单击要进行权限设置的数据库用户(如 user1),从弹出的快捷菜单中选择【属性】命令,弹出【数据库用户】对话框,在【选择页】中选择【安全对象】,出现如图 10-13 所示的对话框。

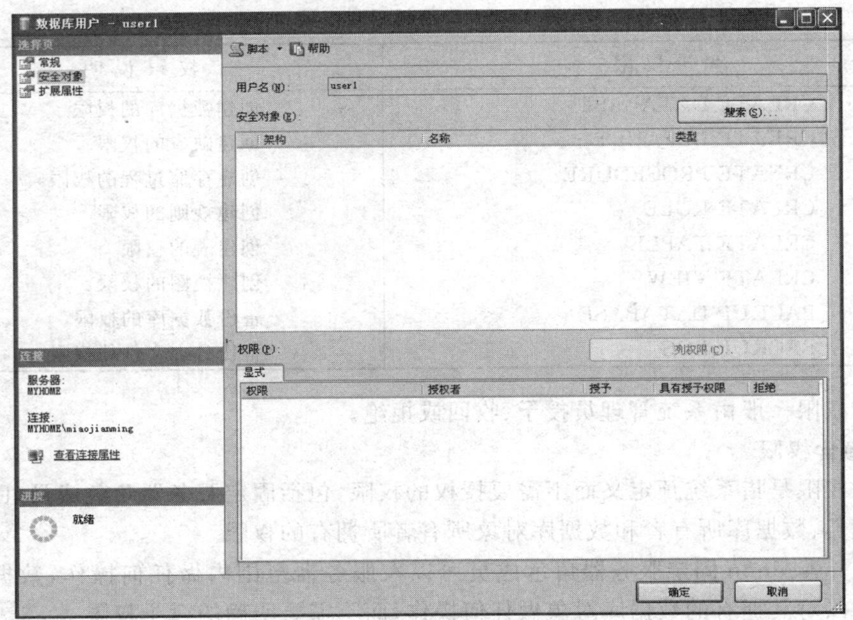

图 10-13 【数据库用户】对话框的【安全对象】页

(2) 在如图 10-13 所示的对话框里,单击【搜索】按钮,弹出【添加对象】对话框,如图 10-14 所示。选择【特定对象】单选按钮后,单击【确定】按钮,出现【选择对象】对话框,如图 10-15 所示。

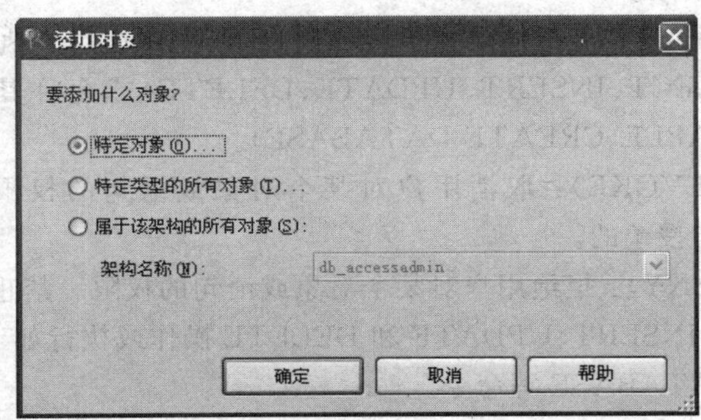

图 10-14 【添加对象】对话框

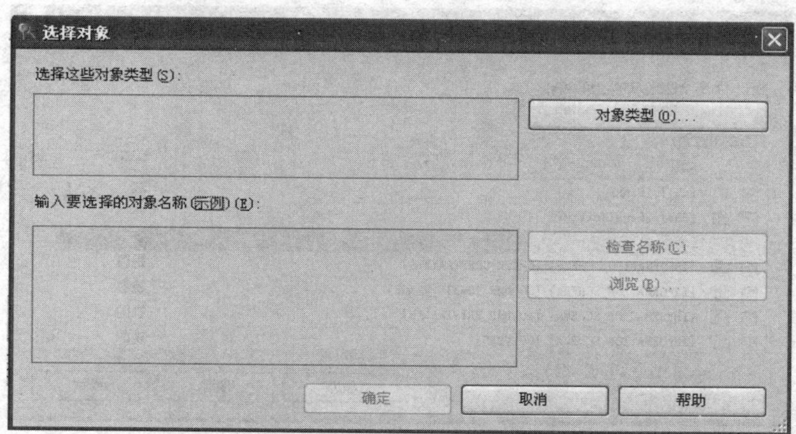

图 10-15　【选择对象】对话框

(3) 在如图 10-15 所示的对话框里，单击【对象类型】按钮，打开【选择对象类型】对话框，如图 10-16 所示。选择要查找的对象类型，如选择数据库、存储过程、表和视图等。单击【确定】按钮，关闭【选择对象类型】对话框。

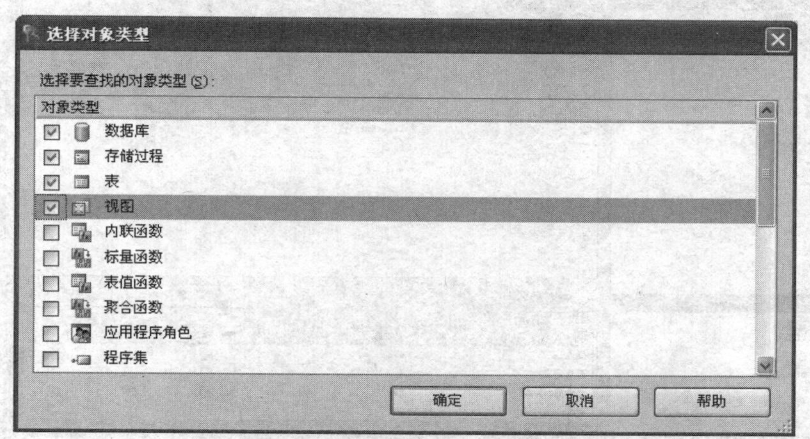

图 10-16　【选择对象类型】对话框

(4) 在如图 10-15 所示的对话框里，单击【浏览】按钮，出现【查找对象】对话框，如图 10-17 所示。

(5) 在如图 10-17 所示的对话框里，选择匹配对象，如 BankT 表、LegalEntityT 表和 LoanT 表。单击【确定】按钮，关闭【查找对象】对话框。

(6) 单击【确定】按钮，关闭【选择对象】对话框。在如图 10-13 所示的窗口中就会显示所选择的安全对象并可进行对象权限的设置。

(7) 在【安全对象】列表框中选中某一对象(如 BankT 表)，在该界面的下半部分可进行相应权限的设置。在【授予】列打钩表示授予该用户相应的操作权限；在【具有授予权限】列打钩表示该用户在获得相应操作权限的同时还能将此权限授给别的用户；【拒绝】列

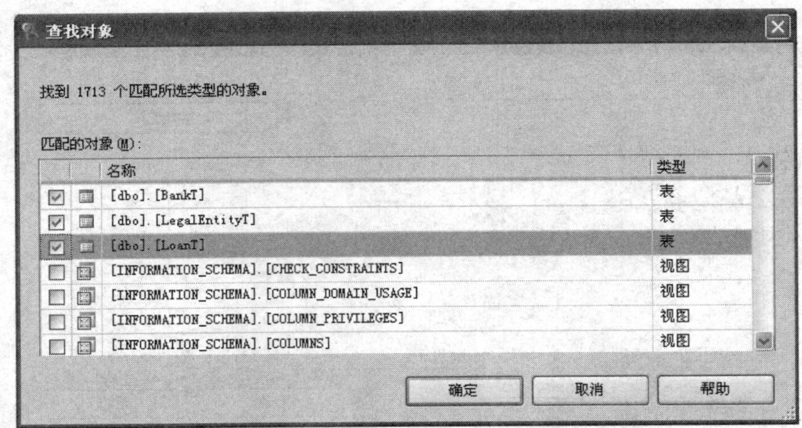

图 10-17 【查找对象】对话框

打钩表示禁止该用户有相应的操作权限。在图 10-18 的窗口中,表示授予 user1 对 BankT 表有插入、更新的权限,禁止对 BankT 表进行删除。

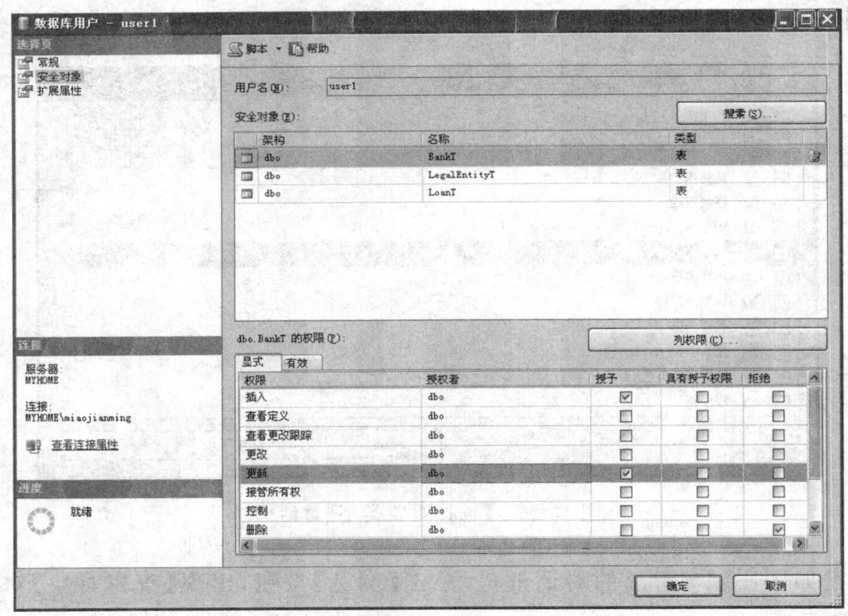

图 10-18 设置用户 user1 对 BankT 表的权限

(8) 单击【列权限】按钮,出现如图 10-19 所示的对话框,在该对话框中可以选择用户对哪些列具有哪些权限。

(9) 最后单击【确定】按钮,完成用户的权限设置。

2. 面向数据库对象的对象权限的设置

在 SQL Server Management Studio 中,面向数据库对象的权限设置的操作步骤如下。

(1) 展开【数据库】节点,展开需要设置的数据库(如 LoanDB),选择要设置的数据库

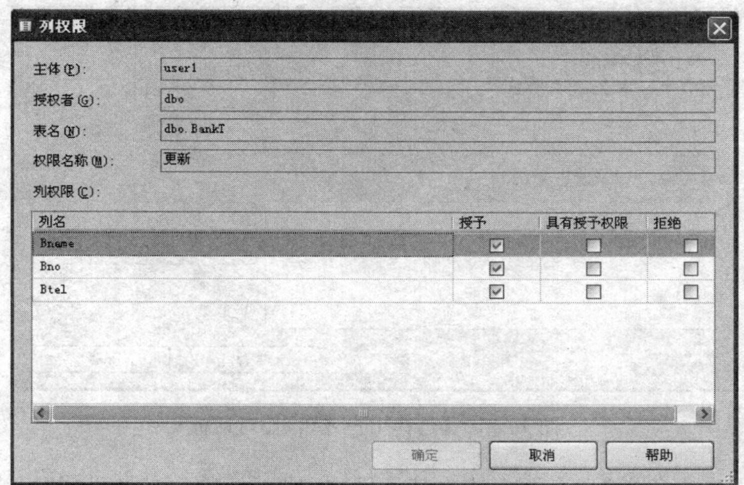

图 10-19　设置列权限

对象(如表、视图和存储过程等),鼠标右键单击该对象(如 LoanT 表),从弹出的快捷菜单中选择【属性】命令,打开【表属性】对话框,在【选择页】中选择【权限】,出现如图 10-20 所示的对话框。

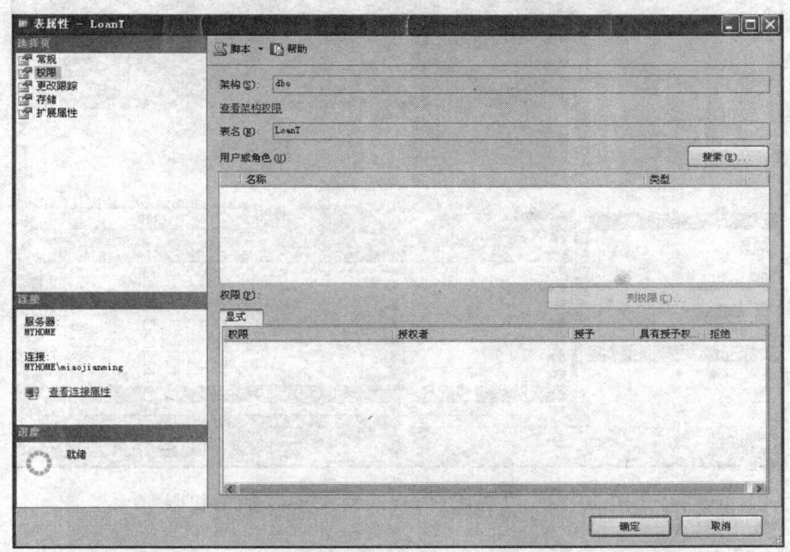

图 10-20　【表属性】对话框

(2) 单击【搜索】按钮,打开【选择用户或角色】对话框,如图 10-21 所示。单击【浏览】按钮,在打开的【查找对象】窗口中选择需要设置的用户或角色(如 user1),单击【确定】按钮,关闭【查找对象】窗口。

(3) 单击【确定】按钮,关闭【选择用户或角色】对话框,返回如图 10-20 所示的窗口。该窗口显示所选择的用户或角色,并可对这些用户或角色进行权限设置。

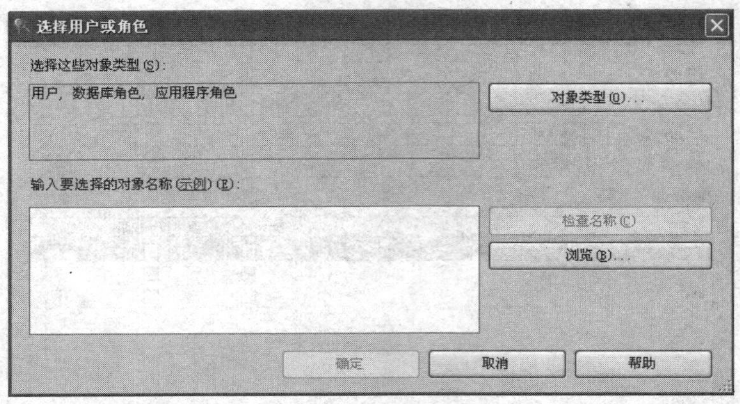

图 10-21 【选择用户或角色】对话框

(4) 在【用户或角色】列表框中选中某一用户(如 user1),在该窗口的下半部分可进行相应权限的设置。在如图 10-22 所示的窗口中,表示授予用户 user1 对 LoanT 表具有删除和查询权限,禁止对 LoanT 表进行更新。

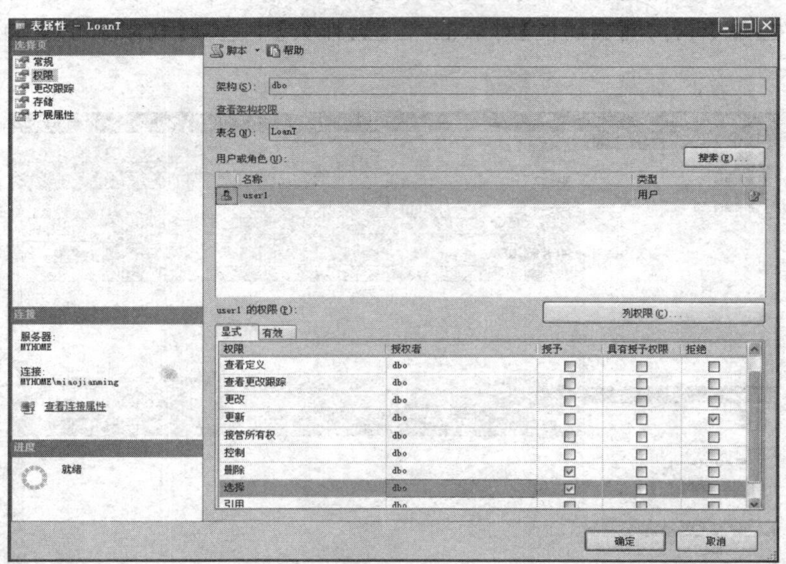

图 10-22 设置用户 user1 对 LoanT 表的权限

(5) 单击【列权限】按钮,可进行列的权限设置。

(6) 最后单击【确定】按钮,完成权限设置。

3. 语句权限的设置

在 SQL Server Management Studio 中,进行语句权限设置的操作步骤如下。

(1) 展开【数据库】节点,鼠标右键单击需要设置的数据库(如 LoanDB),从弹出的快捷菜单中选择【属性】命令,弹出【数据库属性】对话框,在【选择页】中选择【权限】,出现如图 10-23 所示的对话框。

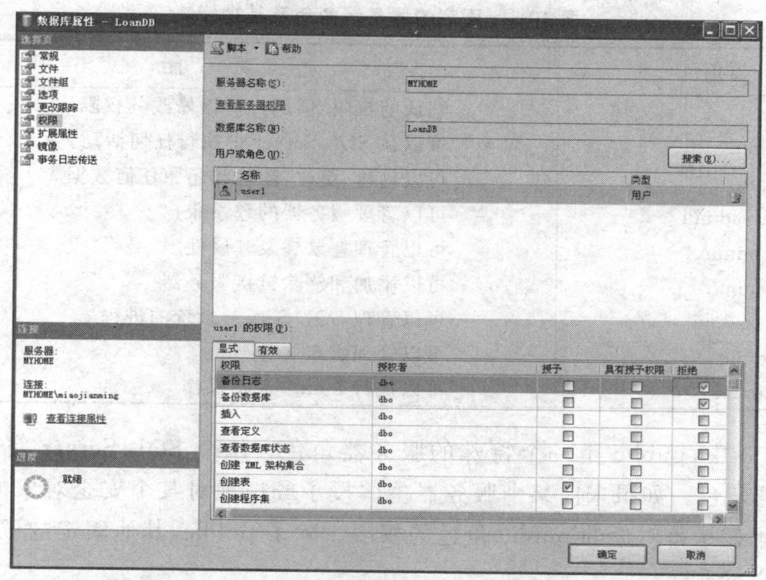

图 10-23　【数据库属性】对话框

(2) 单击【搜索】按钮，选择用户或角色。如图 10-23 所示的对话框的下半部分用来设置某个用户或角色可以执行或禁止执行哪些语句。例如，在如图 10-23 所示的对话框中所进行的设置表示允许用户 user1 创建表，不允许备份数据库和日志文件。

(3) 设置完成后单击【确定】按钮。

10.6　角色

角色是一组具有相同或相似权限的用户所构成的组。在 SQL Server 中可以把某些用户设置成一个角色，这些用户称为该角色的成员。在对该角色进行权限设置时，其成员自动继承该角色的权限。这样，只要对角色进行权限管理就可以实现对属于该角色的所有成员的权限管理，从而大大减少了系统管理员进行安全管理的工作量。

在 SQL Server 中除了系统提供的角色以外，用户还可以自定义角色。系统提供的角色分为固定的服务器角色和固定的数据库角色。

10.6.1　固定的服务器角色

1. 固定的服务器角色及其功能

固定的服务器角色用于进行服务器一级的管理，登录账户是其管理对象。它是指授予登录账户在当前服务器范围内的权限。对某一登录账户设置好服务器角色以后，其便拥有该服务器角色所拥有的权限。SQL Server 系统内建的服务器角色不能更改或新增，它存在于数据库外，在服务器级别上被定义，具体名称及其功能描述如表 10-3 所示。

表 10-3 固定的服务器角色及其功能

服务器角色	功　能
public	默认的权限,但用户可以修改其权限
sysadmin	可以在 SQL Server 中执行任何活动
dbcreator	可以创建、更改、删除和还原任何数据库
securityadmin	可以管理服务器的登录账户
serveradmin	可以管理登录名及其属性
setupadmin	可以添加和删除链接服务器
processadmin	可以管理 SQL Server 系统的进程
diskadmin	可以管理磁盘文件
bulkadmin	可以执行 bulk insert 操作

在表 10-3 中,public 是一个特殊的服务器角色。每个 SQL Server 登录名都属于 public 服务器角色。如果未向某个服务器主体授予或拒绝对某个安全对象的特定权限,该用户将继承授予该对象的 public 角色的权限。除了 public,其他固定的服务器角色的权限都不可以修改。

要浏览固定的服务器角色,可在对象资源管理器中展开【服务器】|【安全性】|【服务器角色】节点,这时可以看到 9 个服务器角色。

2. 为登录账户添加或取消固定的服务器角色

为登录账户添加或取消固定的服务器角色的操作步骤如下。

(1) 展开【服务器】|【安全性】|【登录名】节点,显示所有的登录账户。

(2) 鼠标右键单击需要设置的登录账户(如 user1),在弹出的快捷菜单中选择【属性】命令,弹出【登录属性】对话框,在【选择页】中选择【服务器角色】,出现如图 10-24 所示的对话框。

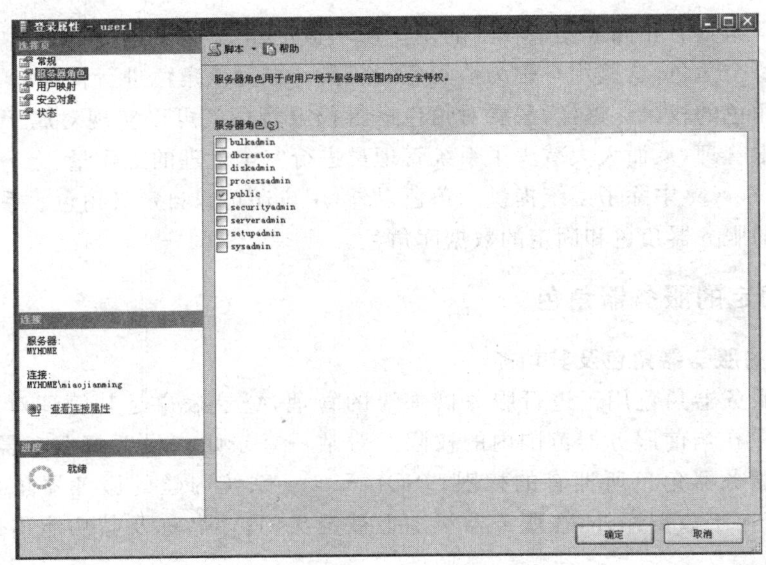

图 10-24 为登录账户添加或取消固定的服务器角色

(3) 在如图 10-24 所示的对话框中,在服务器角色前面的复选框中打钩,表示授予该登录账户这个服务器角色的成员,也就具有相应的权限。去掉打钩,表示该登录账户不再是这个服务器角色的成员。

(4) 单击【确定】按钮,完成设置,退出登录属性窗口。

10.6.2 固定的数据库角色

与登录账户类似,数据库用户也可以分组,称为数据库角色。数据库角色在数据库级别定义,存在于数据库中。数据库角色分为固定的数据库角色和用户自定义的角色。

1. 固定的数据库角色及其功能

在创建用户数据库时,系统默认创建 10 个固定的数据库角色,如表 10-4 所示。

表 10-4 固定的数据库角色及功能

数据库角色	功 能
public	默认不具有任何权限,但用户可对其授权
db_ owner	可以执行数据库的所有配置和维护活动,还可以删除数据库
db_accessadmin	可以添加或删除数据库用户、角色
db_ddladmin	可以管理数据库对象
db_securityadmin	可以执行语句和对象权限管理
db_backupoperator	可以备份和恢复数据库
db_datareader	可以查询数据库中所有用户表中的数据
db_datawriter	可以插入、更新和删除数据库中所有用户表中的数据
db_denydatareader	不可以查询数据库中所有用户表中的数据
db_denydatawriter	不可以插入、更新和删除数据库中所有用户表中的数据

在表 10-4 中,public 角色是一个特殊的数据库角色,每个数据库用户可以不属于其他 9 个固定的数据库角色,但都必须属于 public 角色。如果未向某个用户授予或拒绝对安全对象的特定权限,该用户将继承授予该对象的 public 角色的权限。如果想让数据库中的全部用户都具有某个特定权限,则可以将该权限授予 public 角色。

要浏览固定的数据库角色,可在对象资源管理器中,展开【服务器】|【数据库】|所需要查看的数据库(如 LoanDB)|【安全性】|【角色】|【数据库角色】节点,这时可以看到 10 个默认的数据库角色。

2. 为数据库用户添加或取消固定的数据库角色

为数据库用户添加或取消固定的数据库角色的操作步骤如下。

(1) 展开【服务器】|【数据库】|所需要设置的数据库(如 LoanDB)|【安全性】|【用户】节点,显示所有的数据库用户。

(2) 鼠标右键单击需要设置的数据库用户(如 LoanDB_user),在弹出的快捷菜单中选择【属性】命令,弹出【数据库用户属性】对话框,如图 10-12 所示。

(3) 在【数据库角色成员身份】列表框中选择角色成员。在角色前面的复选框中打钩,表示授予该数据库用户这个数据库角色的成员,也就具有相应的权限。去掉打钩,表示该数据库用户不再是这个数据库角色的成员。

(4) 单击【确定】按钮,完成设置,退出数据库用户属性窗口。

10.6.3 用户自定义的角色

在许多情况下,固定数据库角色不能满足要求,需要用户自定义新的数据库角色。用户自定义的角色类型有两种:数据库角色和应用程序角色。数据库角色用于正常的用户管理,它可以包括成员。而应用程序角色是一种特殊角色,需要指定密码,用来控制应用程序存取数据库,避免应用程序的操作者自行登录 SQL Server。

1. 创建用户自定义的数据库角色

在 SQL Server Management Studio 中创建自定义的数据库角色的操作步骤如下。

(1) 展开【服务器】|【数据库】|所需要设置的数据库(如 LoanDB)|【安全性】|【角色】|【数据库角色】节点,显示所有的数据库角色。

(2) 鼠标右键单击【数据库角色】节点,在弹出的快捷菜单中选择【新建数据库角色】命令,打开【数据库角色—新建】对话框,如图 10-25 所示。

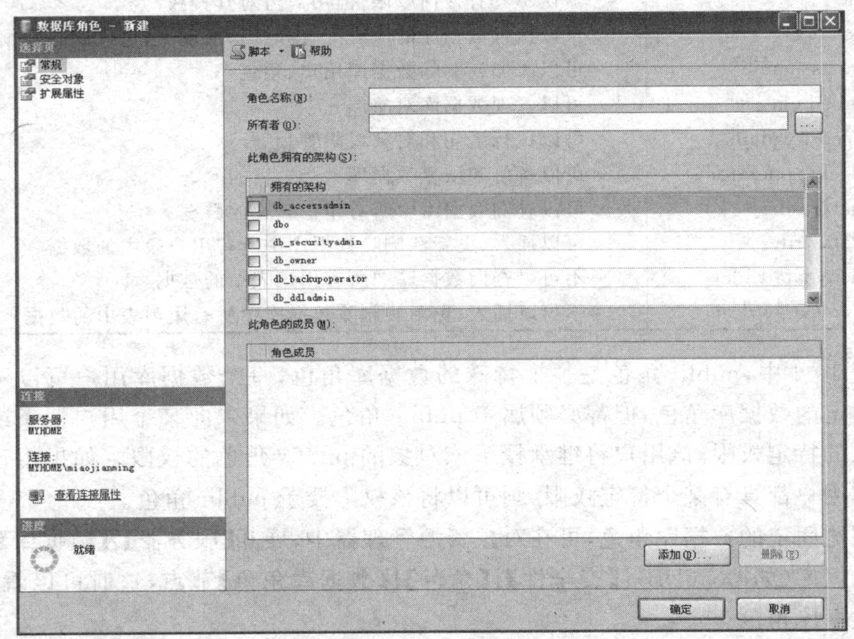

图 10-25 【数据库角色—新建】对话框

(3) 在【角色名称】文本框中输入角色名(如 manager)。

(4) 在【所有者】文本框中输入角色类型,或单击[...]按钮,在打开的【选择数据库用户或角色】窗口中选择角色的成员身份。

(5) 单击【添加】按钮,可以向所创建的自定义角色添加成员。单击【删除】按钮,可以从【角色成员】列表中删除所选用户。

(6) 在【数据库角色—新建】对话框的选项页中选择【安全对象】页,可以设置自定义数据库角色的权限等;选择【扩展属性】页,可以设置自定义数据库角色的属性。

(7) 最后单击【确定】按钮，完成创建，关闭【数据库角色—新建】对话框。

2. 为用户定义的数据库角色授权

在 SQL Server Management Studio 中为用户定义的数据库角色授权的操作步骤如下。

(1) 展开【服务器】|【数据库】|所需要设置的数据库(如 LoanDB)|【安全性】|【角色】|【数据库角色】节点，显示所有的数据库角色。

(2) 鼠标右键单击要设置的数据库角色(如 manager)，在弹出的快捷菜单中选择【属性】命令，打开【数据库角色属性】对话框。在选项页中选择【安全对象】页，显示如图 10-26 所示的窗口。

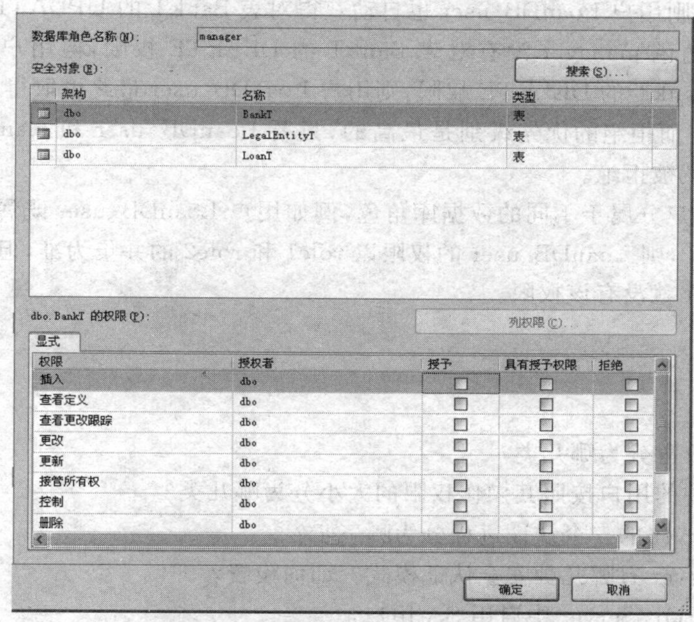

图 10-26　设置自定义数据库角色的权限

(3) 单击【搜索】按钮，打开【添加对象】对话框，选择安全对象类型和具体的安全对象(这里选择了 BankT、LegalEntityT 和 LoanT 三个表)。

(4) 在图 10-26 的窗口下半部分，显示所选安全对象的权限列表，可以根据需要进行授权、具有授予权限和拒绝的权限设置。

(5) 用户角色的权限设置完成后，单击【确定】按钮。

3. 添加或删除用户自定义角色的成员

添加和删除用户自定义角色的成员的操作步骤如下。

(1) 展开【服务器】|【数据库】|所需要设置的数据库(如 LoanDB)|【安全性】|【角色】|【数据库角色】节点，显示所有的数据库角色。

(2) 鼠标右键单击要设置的数据库角色(如 manager)，在弹出的快捷菜单中选择【属性】命令，打开【数据库角色属性】对话框。

(3) 在窗口的下半部分单击【添加】按钮，打开【选择数据库用户或角色】窗口，选择需要添加的数据库用户或角色(这里选择用户 LoanDB_user)。

(4) 选中某个角色成员,单击【删除】按钮,可以从【角色成员】列表中删除所选用户或角色。

(5) 最后单击【确定】按钮,完成添加或删除用户自定义角色的成员。

4. 用户与角色的权限问题

用户对数据库的访问权限除了要看其权限设置情况以外,还要受其所属角色的权限的影响。某个用户的所有权限集合包含其直接授予获得的权限,加上其所属角色所继承的权限,再去掉被拒绝的权限。

例如,用户 LoanDB_user 属于角色 manager,角色 manager 具有对表 BankT 的 UPDATE 权限,则用户 LoanDB_user 也自动获得对表 BankT 的 UPDATE 权限(继承角色权限)。如果角色 manager 没有对表 BankT 的 DELETE 权限,但用户 LoanDB_user 直接获得对表 BankT 的 DELETE 权限,则用户 LoanDB_user 最终也取得对表 BankT 的 DELETE 权限。而拒绝的优先级别是最高的,只要 LoanDB_user 和 manager 中的一个拒绝,则该权限就被拒绝。

如果一个用户分属于不同的数据库角色,例如用户 LoanDB_user 既属于角色 role1,又属于角色 role2,则 LoanDB_user 的权限以 role1 和 role2 的并集为准,但只要有一个拒绝,LoanDB_user 就没有该权限。

习题

1. 数据库权限分为哪几类?
2. 数据库中的用户按照其操作权限的大小分为哪几类?
3. SQL Server 的安全认证过程分为哪三步?
4. SQL Server 有哪几种安全认证模式?如何设置?
5. 如何在 SQL Server 中启用 SA 用户?
6. 什么是架构?架构的优点是什么?
7. 固定的数据库角色 public 的作用是什么?
8. 试述 SQL Server 的系统预定义角色为安全管理提供了哪些便利。
9. 现有一台 SQL Server 2008 服务器,该服务器上有一个“图书管理”数据库,在该数据库中有一个 book 表,单位新来一位名叫 wangli 的员工,其工作职责是负责新书入库(需要往 book 表里添加记录),请描述正确的授权过程。
10. 假设 user1 是自定义角色 role1 下的成员。系统管理员授予 role1 如下权限:查询表 t1、表 t2,向表 t8、表 t9 插入数据。系统管理员授予 user1 如下权限:更新(update)表 t2、表 t3,查询表 t10。系统管理员拒绝 user1 拥有如下权限:向表 t8、表 t9 表插入数据。请问 user1 最终具有哪些权限?
11. 按照下列要求进行操作:

(1) 在 SQL Server Management Studio 中创建三个登录账户:log1、log2、log3。

(2) 利用第 3 章建立的 LoanDB 数据库,用 log1 登录,能否操作 LoanDB 数据库?为什么？

（3）将 log1、log2、log3 映射为 LoanDB 数据库中的用户。

（4）用 log1 登录，能否操作 LoanDB 数据库？为什么？

（5）授予 log1、log2、log3 具有对 BankT、LegalEntityT、LoanT 三张表的查询权，但是 log3 只能查询 LoanT 表中的 Bno、Eno、Ldate 三列。

（6）分别用 log1、log2、log3 登录，能否查询三张表？为什么？

（7）授予 log1 具有对 BankT 表的插入、删除权限。

（8）用 log2 登录，对 BankT 表插入一行记录，会出现什么情况？

（9）用 log1 登录，对 BankT 表插入一行记录，会出现什么情况？

（10）在 LoanDB 数据库中建立用户角色 role1，并将 log1、log2 添加到此角色中。

（11）如果希望 log1 具有创建数据库的权限，应将它加到哪个角色中？

（12）如果希望 log3 拥有对数据库 LoanDB 的所有权限，应如何实现？

（13）如果希望 log2 在 LoanDB 数据库中具有建表权，应如何实现？

（14）如果希望 log2 具有 LoanDB 数据库中的全部数据的查询权，比较好的实现方法是什么？

（15）如果拒绝 role1 查询 BankT 表，则 log1、log2、log3 是否有权查询 BankT 表？为什么？

（16）想让 LoanDB 上的所有用户都拥有某个权限，比较好的实现方法是什么？

第 11 章　备份和恢复数据库

数据库的破坏是难以预测的，因此必须采取一些措施使得数据库即使出现异常或遭到破坏，也能恢复到正常状态，从而把损失降到最低。备份和恢复是最有效的解决方法，也是从事数据管理工作的人必须掌握的知识和技术。本章主要介绍数据库备份、恢复的技术和机制，以及在 SQL Server 数据库中完成备份和恢复的一般方法。

11.1　备份数据库

SQL Server 提供了安全控制和数据保护，但这种安全管理主要是为了防止非法登录用户或没有授权的用户对数据造成的破坏。对于某些情况，这种安全管理机制是无能为力的，如计算机软件系统瘫痪、人为误操作、存储数据的磁盘被破坏以及地震、火灾、战争、盗窃等灾难。当这些情况发生时，很有可能造成数据的丢失和破坏。为了保证数据库系统正常、可靠地运行，必须对数据库进行备份，以便在需要的时候能够及时恢复数据。

11.1.1　备份概述

数据库备份是指定期或不定期地将数据库部分或全部地复制到某个介质(光盘、磁盘或磁带等)上保存起来的过程。当数据库遭到破坏时，可以利用这些备份副本修复数据库。

备份是一项重要的系统管理工作，在进行备份前，涉及如下几方面的事项。

1. 备份内容

从大的方向上讲，应该备份两方面的内容：一方面是备份记录了系统信息的系统数据库；另一方面是备份记录了用户数据的用户数据库。

(1) 系统数据库

系统数据库记录了 SQL Server 系统的配置信息、数据库信息和用户信息等，需要备份的系统数据库主要是指 master、msdb 和 model 数据库。master 系统数据库记录了有关 SQL Server 系统和全部用户数据库的信息，如登录账户、系统运行情况等。msdb 系统数据库记录了有关 SQL Server Agent 服务的信息，如作业定义、警报信息、操作员信息等。model 系统数据库为创建新的用户数据库提供了模板。

(2) 用户数据库

用户数据库主要用来存储用户数据，用户所有重要的数据都存储在用户数据库中，因此保证用户数据库的安全是备份的主要工作，用户数据库中的信息是不能丢失的。备份用户数据库是一项很重要、需要经常进行的工作。

2. 执行备份所需要的权限

要执行备份操作必须先拥有对数据库备份的权限。SQL Server 只允许系统管理员(sysadmin)、数据库拥有者(db_owner)和数据库备份执行者(db_backupoperator)备份数据库。

3. 备份时间

不同类型的数据库对备份的要求是不同的。对于系统数据库来说，适宜在执行了涉及修改数据库的某些操作之后立即做备份。例如，新建一个用户数据库或新建登录账户之后，应该备份 master 数据库。对用户数据库则不能采用立即备份的方式，因为系统数据库中的数据不是经常改变的，而用户数据库中的数据（特别是联机事务处理型的数据库应用系统）却经常变化。因此，对用户数据库可采用周期性备份方式。通常根据数据的变化频率和用户能够允许数据丢失的程度来决定备份的频率，如果数据不经常变化或用户可以接受数据丢失时间比较长，则可以使备份间隔的时间长一些，否则应该让备份间隔的时间短一些。下列情况下，建议立即备份用户数据库：

- 新建数据库之后，这是所有备份和恢复的基础；
- 数据库日志被清空之后；
- 执行了不记入日志的数据操作之后。

尽管 SQL Server 备份数据库是动态的，即在进行数据库备份时，SQL Server 允许其他用户继续使用数据库，但备份仍应选择在数据库操作少的时间段进行（比如夜间），这样可以减少对系统性能的影响。

11.1.2　数据库的恢复模式

【恢复模式】是 SQL Server 2008 数据库的一个重要属性。它决定了事务日志记录的方式，主要用于控制数据库备份和恢复操作的基本行为。

11.1.2.1　恢复模式的类型

SQL Server 2008 提供了 3 种恢复模式：

- 完整恢复模式
- 大容量日志恢复模式
- 简单恢复模式

（1）完整恢复模式

完整恢复模式是日志写得最详细的一种恢复模式，它完整地记录了所有数据操作（包含那些大容量数据操作和创建索引的操作），并将事务日志记录保留到对其备份完毕为止。

由于在完整恢复模式中，事务日志记载了所有数据变化的过程，所以可以使用事务日志将数据库恢复到任意的时间点。但这种恢复模式会占用大量的磁盘空间，影响系统性能。该恢复模式适用于不能容忍数据丢失的生产系统。

（2）大容量日志恢复模式

大容量日志恢复模式记录了大多数大容量操作，某些大规模大容量操作（如 CREATE INDEX、BULK INSERT、BCP、SELECT INTO）将不记录在事务日志中，这样可以提高性能并减少事务日志文件的空间使用量。但是它仍需要进行日志备份，与完整恢复模式相同，大容量日志恢复模式也将事务日志记录保留到对其备份完毕为止。大容量日志恢复模式不支持任意时间点的恢复。

（3）简单恢复模式

简单恢复模式可以最大限度地减少事务日志的管理开销，因为它不备份事务日志，只简略地记录大多数事务,所记录的信息只是为了确保在系统崩溃或恢复数据库时能保持数据的一致性。因此,在该恢复模式下,事务日志所耗费的磁盘空间是最少的。

如果数据库损坏,则简单恢复模式将面临数据丢失的风险。因为数据只能恢复到最近一次的完整数据库备份或差异备份操作的那个时刻点。因此,在简单恢复模式下,备份间隔应尽可能短,以防止丢失大量数据。但是,间隔的长度应该足以避免备份开销影响生产系统的正常运行。

在简单恢复模式下,只能进行完整数据库备份和差异备份。

简单恢复模式适用于测试和开发的数据库,或者是那些规模比较小的数据库和数据不经常改变的数据库。

11.1.2.2 设置数据库的恢复模式

创建用户数据库时,它拥有与 model 系统数据库一样的恢复模式。每一个数据库都有自己的恢复模式,并且独立于其他数据库的配置。用户可以通过 SQL Server Management Studio 工具或 ALTER DATABASE 语句来更改数据库的恢复模式。这里主要介绍第一种方法。

使用 SQL Server Management Studio 工具来查看或更改数据库的恢复模式的操作步骤如下。

(1) 启动 SQL Server Management Studio,并连接到需要访问的数据库引擎服务器。

(2) 在【对象资源管理器】窗口中,展开【数据库】节点。

(3) 在要查看的数据库上右击,在弹出的快捷菜单中选择【属性】命令,然后在弹出的【数据库属性】对话框中选择【选项】页,如图 11-1 所示。

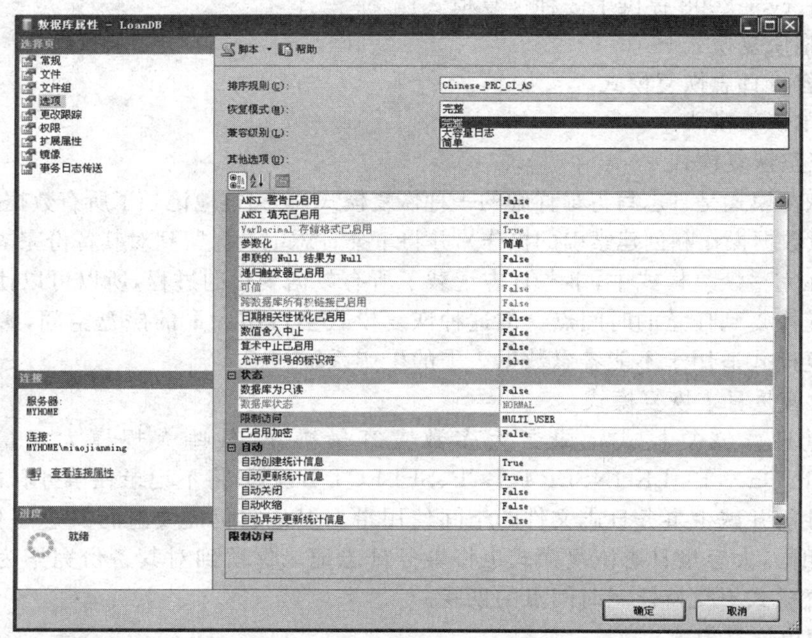

图 11-1 查看或修改数据库的恢复模式

(4) 在如图 11-1 所示的对话框中,【恢复模式】下拉列表框显示了当前数据库的恢复模式的设置情况。单击【恢复模式】下拉列表框,选择所需要的选项就可以修改当前数据库的恢复模式。

(5) 单击【确定】按钮,完成查看或更改数据库的恢复模式的操作。

11.1.3　备份类型

SQL Server 2008 提供了多种备份类型,其中常用的备份类型包括完整备份、差异备份(增量备份)、事务日志备份以及文件和文件组备份。用户可以通过 SQL Server Management Studio 工具或 BACKUP 语句来完成备份操作。

1. 完整备份

完整备份将备份数据库的全部信息,包括所有数据文件、日志文件、备份文件的存储位置信息以及数据库中的全部对象。

完整备份应该是数据库的第一次备份,这种备份为其他备份方法提供了一个基线。在进行完整备份时,SQL Server 将备份发生在备份过程中的所有活动以及事务日志中的所有内容,包括未提交的事务。

由于在进行数据库的完整备份后,数据库的所有内容都包含在备份文件中,所以在恢复数据库时,只需要通过简单的操作就可以完成数据库的恢复。恢复过程将重写现有数据库,如果现有数据库不存在则新建一个。恢复后的数据库与备份完成时的数据库状态一致,但不包括任何未提交的事务。

2. 差异备份

由于完整备份要备份数据库中的所有内容,所以当数据库的容量非常大时,不仅备份时间会很长,而且会占用大量的空间,这将影响数据库的正常使用。采用差异备份正好能解决这个问题,因为差异备份仅备份最近一次完整备份后更改过的数据文件、日志文件以及数据库中其他被更改了的对象,是一种增量备份。因此,它比数据库完整备份小,备份时间也更短,可以简化频繁的备份操作,减少备份数据库时所占用的系统资源。

需要注意的是:差异备份基于最近一次的完整备份,而不是基于上一次的差异备份。因此,在恢复的时候,只需要指定差异备份文件和最近一次的完整备份,即可进行恢复了。

3. 事务日志备份

使用完整备份、差异备份只能将数据库恢复到备份完成时的那一点,若要恢复到某个特定的时间点或故障发生点,必须使用事务日志备份。

事务日志备份将备份最后一个备份之后的日志记录,包括从上次进行完整备份、差异备份和事务日志备份之后,所有已经完成的事务。默认情况下,事务日志备份完成后要截断日志。在进行事务日志备份之前,至少应有一次完整的数据库备份。在恢复数据库时,必须先恢复最近的完整备份,再恢复最近的差异备份(如果有的话),然后按照事务日志备份的先后顺序,依次恢复各个日志备份的内容。

由于事务日志备份仅对数据库的日志进行备份,所以其需要的磁盘空间和备份时间都是最少的,对 SQL Server 服务性能的影响最小,适宜于经常备份。

4. 文件和文件组备份

对于海量数据库而言,由于数据非常庞大,为了提高备份和恢复的效率,可以采用文件和文件组备份的方法。

文件和文件组备份是指在进行数据库备份时,只备份单独的一个或多个数据文件或文件组(一个文件组可以包含一个或多个数据文件),其不像完整数据库备份那样同时对日志进行备份。使用该备份方法可以提高大型数据库的备份和恢复速度,但管理起来比较复杂,需要进行详细计划,以便可以同时备份(恢复)相关的数据和索引。

在使用文件和文件组进行恢复时,仍要求有一个自上次备份以来的事务日志备份来保证数据库的一致性,所以在进行文件和文件组备份后要再进行事务日志备份,否则备份在文件和文件组备份中的所有数据库变化将无效。

需要注意的是:如果要进行事务日志备份或文件和文件组备份,必须在数据库属性对话框的【选项】选项卡(如图11-1所示)的恢复模式中选择"完整"或"大容量日志"。

11.1.4 永久性的备份文件与临时性的备份文件

在执行备份操作之前,应该创建数据库的备份文件。备份文件既可以是永久性的,也可以是临时性的。

1. 永久性的备份文件

在进行备份之前,首先创建将要包含备份内容的备份文件。这些在备份之前创建的备份文件称为永久性的备份文件,也称为备份设备。

备份设备的类型可以是磁带,也可以是磁盘。备份设备在磁盘中以文件的形式存在,与普通的操作系统文件一样。可以将数据库备份到本地磁盘上,也可以备份到网络服务器上定义的磁盘备份设备。如果要将数据库备份到远程服务器的磁盘上,则要求使用符合命名规则的名称,以"\\服务器名称\共享名\路径\文件名"格式指定文件的位置。

SQL Server使用逻辑设备名称和物理设备名称来标识备份设备。物理设备名称实际上就是备份设备在操作系统中的存放位置和文件名,如D:\Backup\DataBK.bak。逻辑设备名称是用来标识物理设备的别名(如Data_BK),这个名称被保存在SQL Server系统表中。逻辑设备名称一般都比较简单,这样就可以使用逻辑设备名称来代替物理设备名称。

SQL Server 2008提供了两种创建备份设备的方法:第一种是使用SQL Server Management Studio工具;第二种是使用sp_addumpdevice系统存储过程。下面介绍第一种方法。

使用SQL Server Management Studio工具创建备份设备的操作步骤如下。

(1) 启动SQL Server Management Studio,在【对象资源管理器】窗口中展开指定的服务器。

(2) 展开【服务器对象】节点,右击【备份设备】节点,在弹出的快捷菜单中执行【新建备份设备】命令,出现【备份设备】对话框,如图11-2所示。

(3) 在【备份名称】文本框中输入备份设备的逻辑名称。备份设备的物理名称在【文件】单选按钮右端的文本框中输入,也可以单击该文本框右边的按钮来指定物理位置

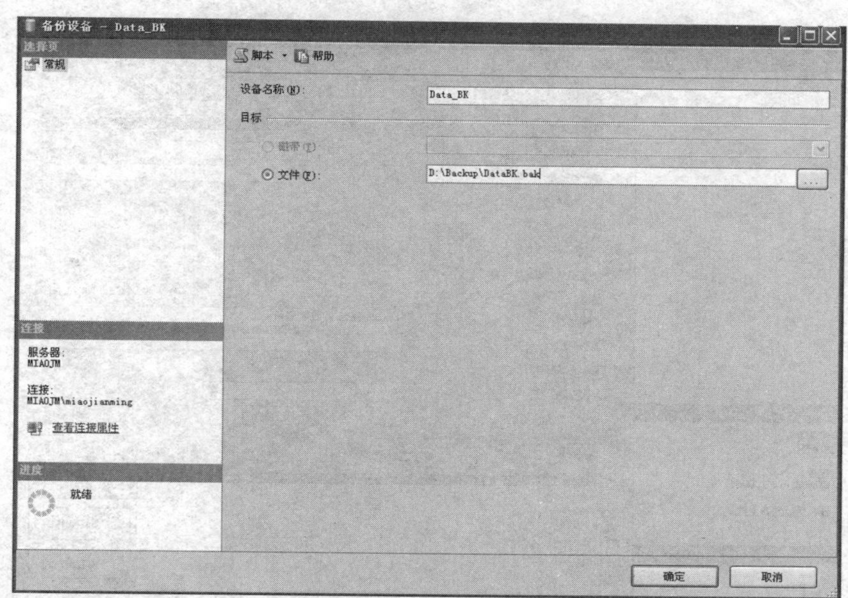

图 11-2　【备份设备】对话框

和文件名。

(4) 单击【确定】按钮，创建指定的备份设备，并关闭【备份设备】对话框。从【备份设备】节点中可以看到所创建的备份设备。

备份设备创建之后，在相应的文件夹中并没有生成该文件。只有在实际执行了备份操作并在备份设备存储了备份内容之后，该文件才会产生。

如果希望所创建的备份设备反复使用或让系统自动地定期备份数据库，则应该采用永久性的备份文件。

2. 临时性的备份文件

除了创建永久性的备份文件或备份设备之外，还可以创建临时性的备份文件。在执行数据库备份操作过程中产生的备份文件称为临时性的备份文件。临时性的备份文件不需要预先建立，在备份时直接创建并使用。关于这方面的操作请参见 11.1.5 节。

如果不打算反复使用该备份文件，或者只是用于测试，则可以创建临时性的备份文件。

11.1.5　备份方法

可以在 SQL Server Management Studio 中备份数据库，也可以使用 T-SQL 的备份语句(Backup 语句)备份数据库。

下面介绍在 SQL Server Management Studio 的对象资源管理器中进行备份的方法，具体步骤如下。

(1) 在对象资源管理器中，展开【数据库】节点，在要进行备份的数据库名上右击，在弹出的快捷菜单中选择【任务】|【备份】命令，弹出【备份数据库】对话框，如图 11-3 所示。

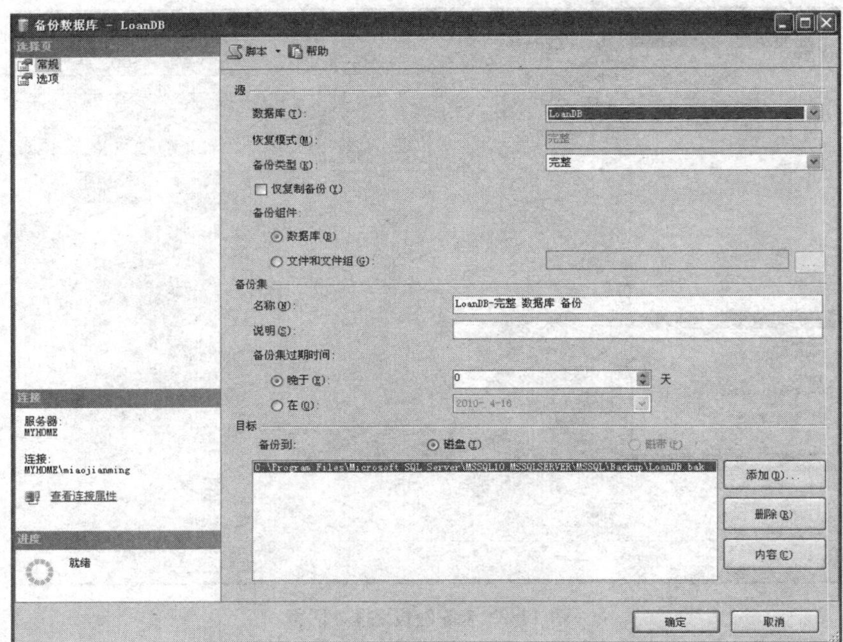

图 11-3 【备份数据库】对话框

(2) 该对话框有两个选项页，即【常规】页和【选项】页。【常规】页分成源、备份集和目标三个区域。

- 【源】区域用于选择欲备份数据库的名称、备份类型和备份组件。在【数据库】下拉列表框中选择要备份的数据库名称；从【备份类型】下拉列表框中选择备份方法，包括完整备份、差异备份和事务日志备份；从【备份组件】中选择是“数据库”备份还是“文件和文件组”备份。选择【仅复制备份】复选框，表示该备份类型为仅复制备份，它不影响整个备份序列。仅复制备份不能用基础备份，也不影响现存的差异备份。
- 【备份集】区域用于指定备份集名称、备份集的过期时间。【名称】文本框用于输入备份名称；【说明】文本框用于输入描述性信息；备份集过期时间的设置有两种方式：一种是指定还有多少天过期；另一种是指定明确的过期日期。
- 【目标】区域用于指定备份的介质。【添加】按钮可以添加备份设备或文件；【删除】按钮可以删除已经选中的备份设备或文件；【内容】按钮可以查看已经选中的备份设备或文件中的内容。单击【添加】按钮，打开【选择备份目标】对话框，如图 11-4 所示。
- 在如图 11-4 所示的对话框中选择要存储备份内容的备份设备或文件。如果选择【文件名】单选按钮，表示采用临时性的备份文件存储备份内容。这时，可以在【文件名】单选按钮下面的文本框中输入备份文件的位置和文件名。如果选择【备份设备】单选按钮，表示采用永久性的备份文件。可以在【备份设备】单选按钮下面的下拉列表框中选择已经创建的备份设备。

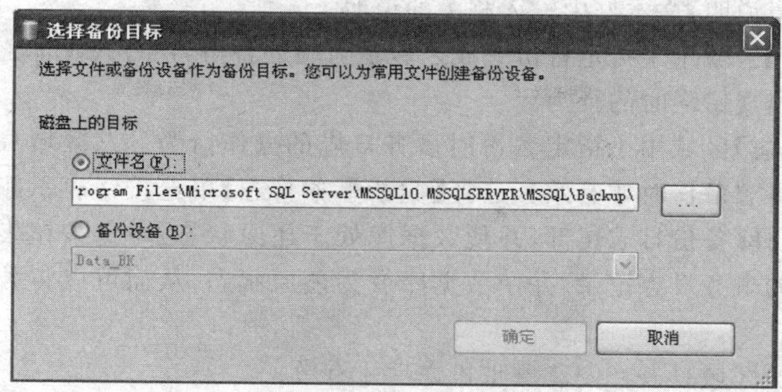

图 11-4　【选择备份目标】对话框

(3) 单击【备份数据库】对话框中的【选项】页，显示选项页中的内容，如图 11-5 所示。【选项】页分成覆盖媒体、可靠性、事务日志、磁带机和压缩五个区域。

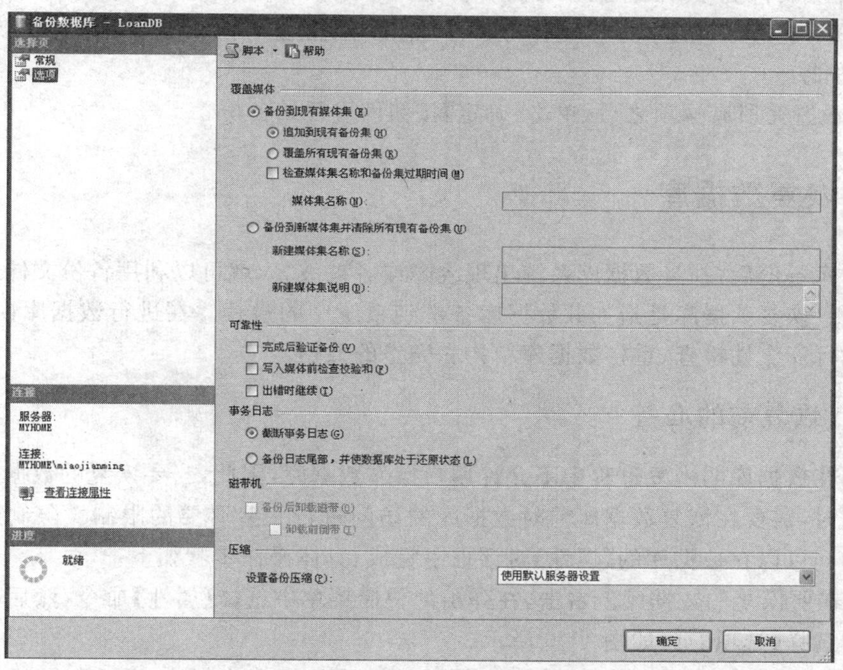

图 11-5　设置备份数据库

- 【覆盖媒体】区域用于指定备份时涉及覆盖现有备份集的问题。选择【追加到现有备份集】单选按钮表示这次备份的内容将附加到备份集原有内容之后，即仍然保留原有的备份内容。选择【覆盖所有现有备份集】单选按钮表示这次备份的内容将覆盖备份集原有内容，即不保留原有的备份内容。选择【检查媒体集名称和备份集过期时间】复选框，可以指定是否对现有媒体集的过期时间进行检查。选择【备份到新媒体集并清除所有现有备份集】单选按钮表示清除所有的备份集，并将内容备份到新媒体集，可以在【新建媒体集名称】文本框中输入媒体集名称，在【新建媒体集说明】文本框中输入相关的说明。

- 【可靠性】区域用于指定备份完成之后是否验证备份,在写入媒体之前是否检查校验以及出现错误时的行为。
- 【事务日志】区域用于指定备份时事务日志的操作行为。该区域只有在备份类型为事务日志备份时才有效。选择【截断事务日志】单选按钮表示删除无用的日志部分;选择【备份日志尾部,并使数据库处于还原状态】单选按钮表示备份所有尚未备份的事务日志记录,并使数据库变为还原状态,从而可以将数据恢复到故障发生点。
- 【磁带机】区域只有在安装磁带机之后才有效。
- 【压缩】区域用于指定备份文件是否压缩。单击【设置备份压缩】下拉列表框,有"使用默认服务器设置"、"压缩备份"和"不压缩备份"三个选项。默认情况下,数据库在执行备份的时候,是不采用压缩备份的。可以选择压缩备份让原有的备份文件更小,节省服务器的备份空间。需要注意的是:压缩备份与未压缩备份不能存储在同一个媒体集中。备份压缩是 SQL Server 2008 系统新增的功能。

(4) 设置完所有选项之后,单击【确定】按钮即可开始备份。

11.2 恢复数据库

数据库备份后,一旦数据库系统出现故障或者被破坏,就可以利用备份文件进行数据库的恢复。恢复数据库是指加载数据库备份到系统中的过程。在进行数据库恢复时,系统自动执行安全性检查、重构数据库结构和完整的数据。

11.2.1 恢复前的准备

由于在数据库的恢复过程中不允许用户操作数据库,因此,当要恢复的数据库还处在可用状态时,需要在恢复数据库前对数据库的访问进行一些必要的限制。限制用户对数据库的访问可以在数据库的【属性】对话框中完成,具体操作步骤如下。

(1) 在要恢复的数据库上右击,在弹出的快捷菜单中选择【属性】命令,然后在弹出的对话框中选择【选项】页,如图 11-6 所示。

(2) 在如图 11-6 所示的对话框中,【限制访问】下拉列表框有三个选项:"MULTI_USER"(多用户)、"SINGLE_USER"(单用户)和"RESTRICTED_USER"(受限制用户)。其中,"MULTI_USER"表示多个用户可以同时操作数据库;"SINGLE_USER"表示只允许一个用户操作数据库;"RESTRICTED_USER"表示只有系统管理员(sysadmin)、数据库拥有者(db_owner)和数据库创建者(dbcreator)这些角色中的成员才可以访问数据库。这里选择单用户或受限制用户来限制用户对数据库的访问。

在恢复过程中,除了要限制用户对数据库的访问外,如果数据库的日志没有损坏,还可以在恢复之前对数据库进行一次日志备份(在日志备份中,需要单击【选项】页中的【事务日志】区域的【备份日志尾部,并使数据库处于还原状态】单选按钮),这样就可以将数据

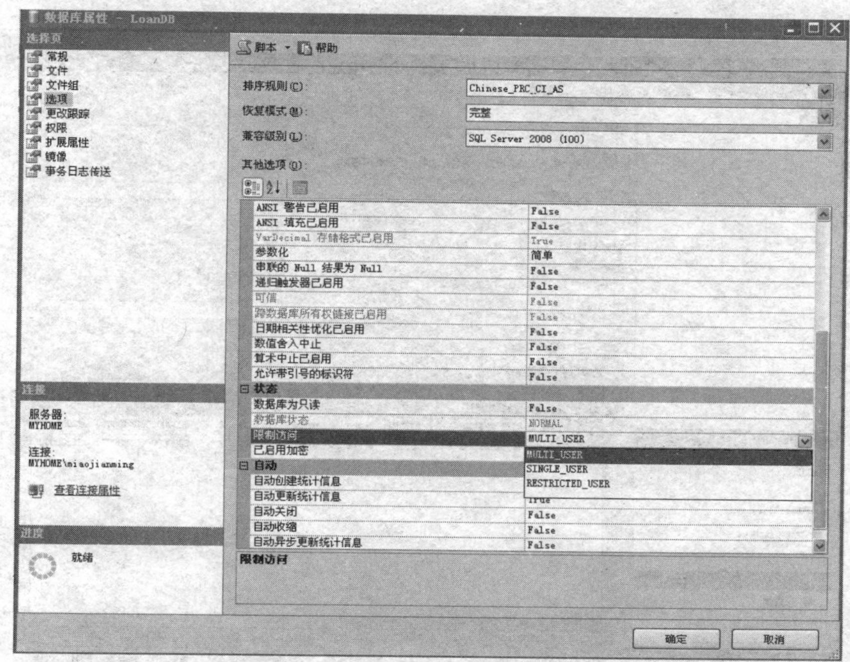

图 11-6　数据库属性设置

恢复到故障发生点，使数据的损失减到最小。

11.2.2　恢复的顺序

数据库的备份是按照一定的顺序完成的，在恢复时也需要严格遵守一定的顺序。恢复数据库的顺序为：

(1) 恢复最近的完整备份。因为最近的完整备份记录了数据库最近的全部信息。

(2) 恢复完整备份之后最近的差异数据库备份(如果有的话)。因为差异备份记录了上次完整备份之后对数据库所做的全部修改，因此只需要恢复最近的差异数据库备份。

(3) 按照日志备份的先后顺序恢复自最近的完整备份或差异备份之后的所有日志备份。因为日志备份记录的是自上次日志备份之后新的日志内容，所以需要按照备份的顺序恢复自最近的完整备份或差异备份之后所进行的全部日志备份。

11.2.3　用 SQL Server Management Studio 实现恢复

恢复数据库的方法有两个：一个是用 SQL Server Management Studio 工具；另一个是用 T-SQL 语句。下面只介绍使用 SQL Server Management Studio 提供的恢复数据库的方法。

在 SQL Server Management Studio 的对象资源管理器中恢复数据库的具体步骤如下。

(1) 在对象资源管理器中，展开【数据库】节点，在要恢复的数据库名上右击，在弹出的快捷菜单中选择【任务】|【还原】|【数据库】命令，弹出【还原数据库】对话框，如图 11-7

所示。

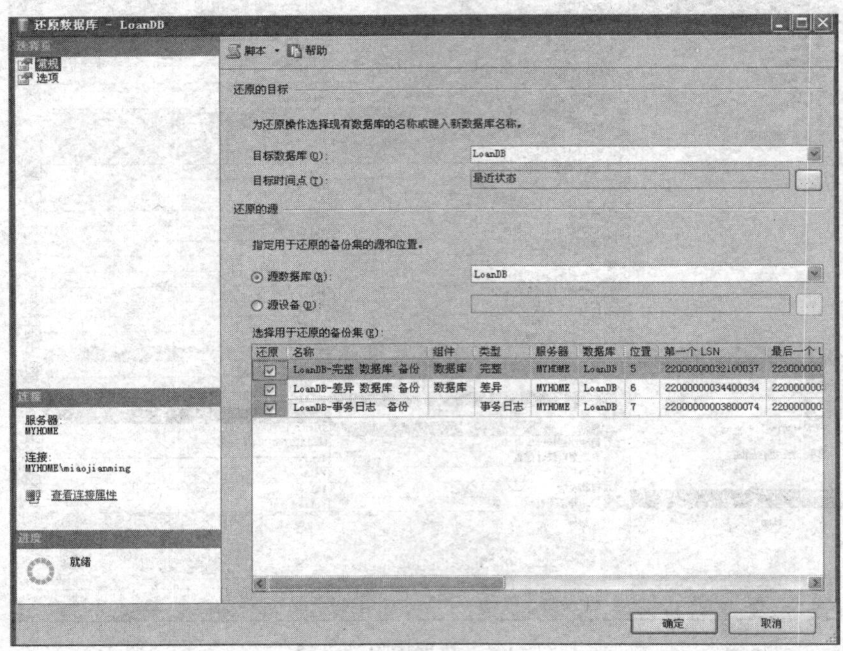

图 11-7 【还原数据库】对话框

(2) 该对话框有两个选择页,即【常规】页和【选项】页。【常规】页分为【还原的目标】和【还原的源】两个区域。

- 【还原的目标】区域用于选择要恢复的数据库和设置恢复的目标时间点。在【目标数据库】下拉列表框中选择要恢复的数据库,也可以在此输入新的数据库名。单击【目标时间点】右边的按钮,弹出如图 11-8 所示的【时点还原】窗口,在该窗口中选择恢复到最近状态或者到某一个具体的时间点(如果要恢复到指定的时间点需要进行日志备份)。

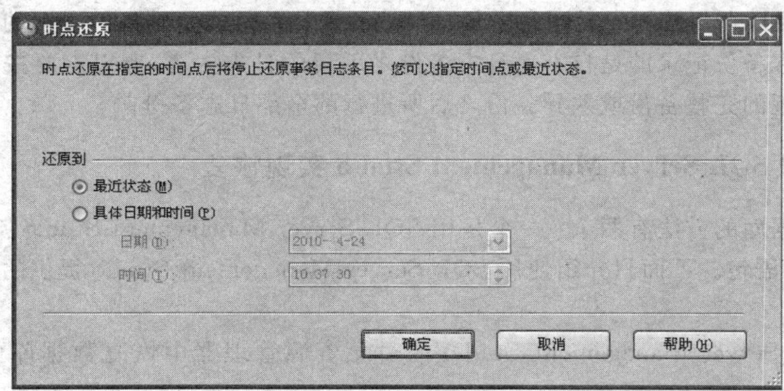

图 11-8 【时点还原】对话框

- 【还原的源】区域用于指定恢复的备份集和位置。选择【源数据库】单选按钮后，选定所备份的数据库，在【选择用于还原的备份集】中就会列出该数据库的全部备份情况。在【还原】列下面的方框中用绿色对钩表示要进行哪些恢复。框中列出的顺序就是数据库的恢复顺序。
- 选择【源设备】单选按钮，单击其右边的按钮，弹出如图 11-9 所示的【指定备份】窗口。在【备份媒体】下拉列表框中选择恢复操作用到的是文件还是备份设备，单击【添加】按钮，在弹出的窗口中指定备份文件或者备份设备。然后单击【确定】按钮，回到如图 11-9 所示的窗口，此时【备份位置】文本框中显示了所选择的备份文件的路径和文件名或者是备份设备的逻辑名称。

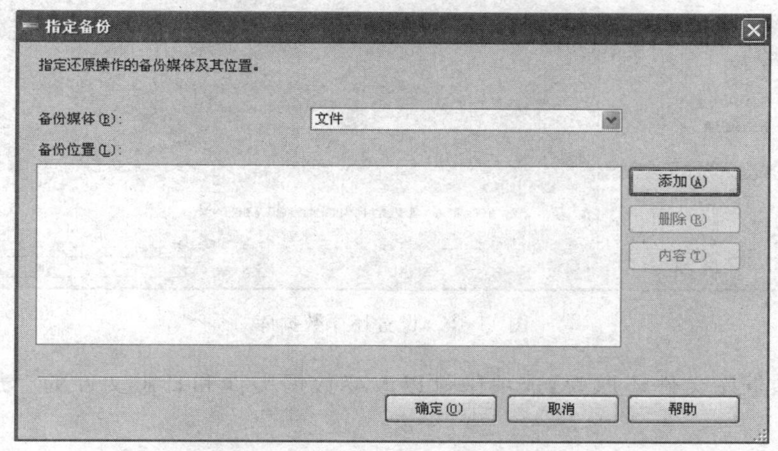

图 11-9　【指定备份】对话框

- 在如图 11-9 所示的窗口中，单击【确定】按钮，回到如图 11-7 所示的窗口，此时这个窗口中的【选择用于还原的备份集】就会显示指定的备份文件或者备份设备里的备份内容。在【还原】列下面的方框中选择要恢复数据库的哪些备份，例如是恢复完整备份还是差异备份。在选择时要注意恢复的顺序。

(3) 单击【还原数据库】对话框中的【选项】页，显示选项页中的内容，如图 11-10 所示。【选项】页分为【还原选项】和【恢复状态】两个区域。

【还原选项】区域用于指定还原的行为，有 4 个复选按钮。

- 【覆盖现有数据库】选项表示根据指定的备份内容覆盖现有的数据库。如果没有指定这个选项，系统在还原时将进行安全检查以防止意外地重写其他数据库。
- 【保留复制设置】选项表示当还原某个配置为复制的数据库时，指定保留数据复制设置。
- 【还原每个备份之前进行提示】选项表示在还原每个备份之前将弹出对话框，询问用户是否进行下一个还原，选择“是”就进行下一个还原，选择“否”就不执行下一个还原操作，关闭还原对话框，使数据库处于正在还原状态。
- 【限制访问还原的数据库】选项表示只有 sysadmin、db_owner 和 dbcreator 角色的成员才可以访问新近还原的数据库。

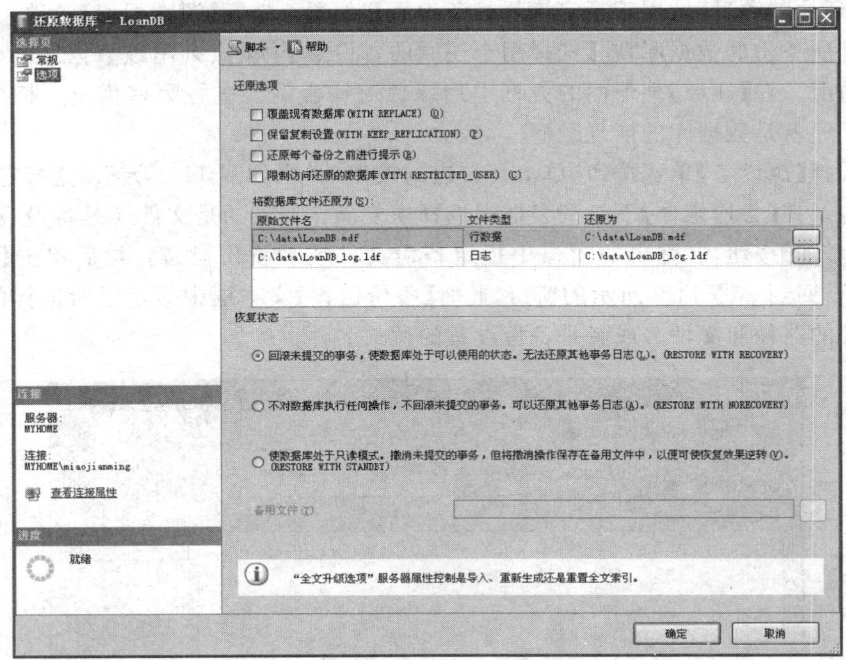

图 11-10　设置还原数据库

在【将数据库文件还原为】选项中可以改变数据文件和日志文件的存放位置和文件名。

【恢复状态】区域用于指定恢复完成的状态，共有三个单选按钮。

- 【回滚未提交的事务，使数据库处于可以使用的状态。无法还原其他事务日志】选项表示数据库的恢复已经完成，可以对数据库进行操作了。
- 【不对数据库执行任何操作，不回滚未提交的事务。可以还原其他事务日志】选项表示数据库还处于还原状态，用户不能操作该数据库，可以继续执行恢复操作。
- 【使数据库处于只读模式。撤消未提交的事务，但将撤消操作保存在备份文件中，以便可使恢复效果逆转】选项通过指定一个撤消文件，从而可以取消还原效果。

(4) 所有设置完成之后，在如图 11-7 所示的窗口中单击【确定】按钮开始恢复数据库，恢复成功后弹出一个提示窗口，在此提示窗口中单击【确定】按钮，关闭窗口。

习题

1. 创建永久性备份设备 backup1 和 backup2，两个备份设备均存放在默认路径下。按顺序完成下列备份操作：

(1) 将 LoanDB 数据库完全备份到 backup1 上；

(2) 对 LoanDB 数据库中的贷款表中的数据进行一些修改，然后将 LoanDB 数据库差异备份到 backup2 上；

(3) 在贷款表中插入一行新的记录，然后将 LoanDB 数据库差异备份到 backup2 上；

(4) 在贷款表中插入一行新的记录，然后将 LoanDB 数据库日志备份到 backup2 上；

(5) 在贷款表中删除一行记录，然后将 LoanDB 数据库日志备份到文件上(d:\file1.bak)；

(6) 在贷款表中删除一行记录。

2. 对 LoanDB 数据库进行恢复。恢复顺序是什么样的？如果在恢复之前对数据库进行尾日志备份，则恢复完成后，第 1 题第(6)步删除的记录在数据库中是否存在？如果在恢复之前不再对数据库进行尾日志备份，则恢复完成后，第 1 题第(6)步删除的记录在数据库中是否存在？

3. 将第 1 题做的备份恢复到一个新的数据库中。

4. 在低版本的 SQL Server 中备份的数据能否恢复到高版本的 SQL Server 中？在高版本的 SQL Server 中备份的数据能否恢复到低版本的 SQL Server 中？

第 12 章　数 据 传 输

在使用数据时，有时需要将不同数据来源的数据进行相互传输，使之能利用其他数据源上的数据。本章主要介绍微软的数据访问技术以及在 SQL Server 中实现数据的导入与导出的方法。

12.1　微软的数据访问技术概述

在数据库出现的早期，开发人员只需要了解正在使用的数据库产品的详尽知识。但数据库产品和技术发展很快，从关系数据库到非关系数据存储区(如电子邮件和文件系统)，数据访问技术必须始终追随技术的飞速变化。

微软提供了各种各样的数据访问技术，这些数据访问模型自成一套体系，从最初的 ODBC 到现在最新的 ADO. NET，经历了 DAO、RDO、OLE DB、ADO 等过程。ODBC (Open Data Base Connectivity)是第一个使用 SQL 访问不同关系数据库的数据访问技术。DAO(Data Access Objects)和 RDO (Remote Data Objects)将面向对象的接口引入 ODBC 和 OLE DB，分别用于处理 Access 和大型数据库。OLE DB(Object Linking and Embedding Data Base)是一组为 Windows 应用程序开发人员设计的 COM (Component Object Model)组件，使数据的访问更容易。ADO(ActiveX Data Objects)是一个用于存取数据源的 COM 组件，被设计来继承微软早期的数据访问对象层，包括 RDO 和 DAO。ADO. NET(Active Data Objects for the . NET Framework)是. NET 框架下 ADO 的最新发展产物，它遵循更加通用的原则，并不专门面向数据库。

本节将介绍几种常用的数据访问技术。

12.1.1　ODBC

ODBC 是微软倡导的、被广泛接受的数据库访问编程接口(API)。

12.1.1.1　ODBC 概述

在最基本的数据库设计类型中，应用程序仅依赖一个数据库。在这样简单的设置中，应用程序开发人员可以直接针对数据库系统的接口进行编程。此方法虽然提供了一种快速而有效的数据访问方式，但当企业发展、开发人员需要扩展应用程序时，它却经常成为阻碍发展的一个大问题。单数据库的方法还意味着，每个现有的应用程序都必须有不同的版本以支持各个数据库。随着业务的变化、发展和合并，应用程序必须访问运行于不同平台的多种数据库。为了解决这些问题，微软公司开发了 ODBC。

ODBC 使用 SQL 作为访问数据的标准。ODBC 技术为访问异类的 SQL 数据库提供了一个共同的接口。这一接口提供了最大限度的互操作性：一个应用程序可以通过共同的一组代码访问不同的 SQL 数据库管理系统（DBMS）。基于 ODBC 的应用程序对数据库的操作不依赖任何 DBMS，所有的数据库操作由对应的 DBMS 的 ODBC 驱动程序完成。也就是说，不论是 FoxPro、Access、MYSQL 还是 Oracle 数据库，均可用 ODBC API 进行访问。由此可见，ODBC 的最大优点是能以统一的方式处理所有的数据库。

如图 12-1 所示，一个完整的 ODBC 由下列几个部件组成。

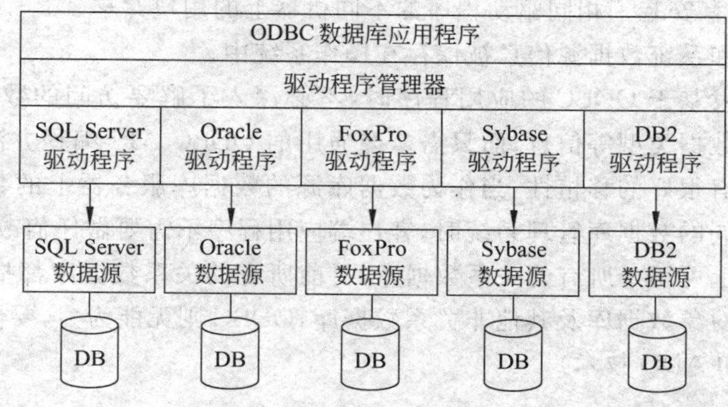

图 12-1　ODBC 的体系结构

(1) ODBC 数据库应用程序

应用程序的主要任务包括：建立与数据源的连接、向数据源发送 SQL 请求、接收并处理请求的结果、断开与数据源的连接等。

(2) 驱动程序管理器

驱动程序管理器是 Windows 下的一个应用程序，在 Windows 环境下的控制面板上显示为“ODBC”图标。如果没有这个图标，说明没有安装 ODBC 驱动程序管理器。该软件可以从 Windows 操作系统、Microsoft VC++、Microsoft VB 等软件中获得。驱动程序管理器的主要作用是装载 ODBC 驱动程序、管理数据源、检查 ODBC 参数的合法性等。

(3) DBMS 驱动程序

ODBC 应用程序不能直接存取数据库，它将所要执行的操作提交给数据库驱动程序，通过驱动程序实现对数据源的各种操作，数据库操作结果也通过驱动程序返回给应用程序。

(4) 数据源

数据源(Data Source Name，DSN)是指任何一种可以通过 ODBC 连接的数据库管理系统，包括要访问的数据库和数据库的运行平台。数据源名掩盖了数据库服务器或数据库文件之间的差别，通过定义多个数据源，每个数据源指向一个服务器名，即可在应用程序中实现同时访问多个 DBMS 的目的。

数据源是驱动程序与 DBMS 连接的桥梁，数据源不是 DBS(数据库系统)，而是用于表达一个 ODBC 驱动程序和 DBMS 特殊连接的命名。在连接中，用数据源名来代表用户名、服务器名、所连接的数据库名等，可以将数据源名看成是与一个具体数据库建立的连接。

数据源分为以下三类。

- 用户数据源：用户创建的数据源，称为“用户数据源”。此时只有创建者才能使用，并且只能在所定义的机器上运行。任何用户都不能使用其他用户创建的用户数据源。
- 系统数据源：可用于当前机器上的所有用户。
- 文件数据源：将用户定义的数据源信息保存到一个文件中，此文件可以被复制，并可被所有安装了相同驱动程序的不同机器上的用户共享。

用户数据源和系统数据源信息被保存在操作系统中。

开发者在开发基于 ODBC 的应用程序时，不必深入了解要访问的数据库系统，比如其支持的操作和数据类型等信息，而只需掌握通用的 ODBC API 编程方法。基于 ODBC 的应用程序也具有很好的移植性，当作为数据库源的数据库服务器上的数据库管理系统升级或转换到不同的数据库管理系统时，客户端应用程序不需要做任何改变。

ODBC 基本上可用于所有的关系数据库，目前所有的关系数据库都提供了 ODBC 驱动程序。而对于对象数据库及其他非关系数据库，ODBC 则无能为力，要借助其他访问方式(如 OLE DB 和 ADO 技术)。

12.1.1.2 创建 ODBC 数据源

下面通过 Windows 的控制面板为 SQL Server 中的 LoanDB 数据库建立一个系统 ODBC 数据源，具体步骤如下。

(1) 单击【开始】|【控制面板】|【管理工具】|【数据源(ODBC)】按钮，打开如图 12-2 所示的【ODBC 数据源管理器】窗口。

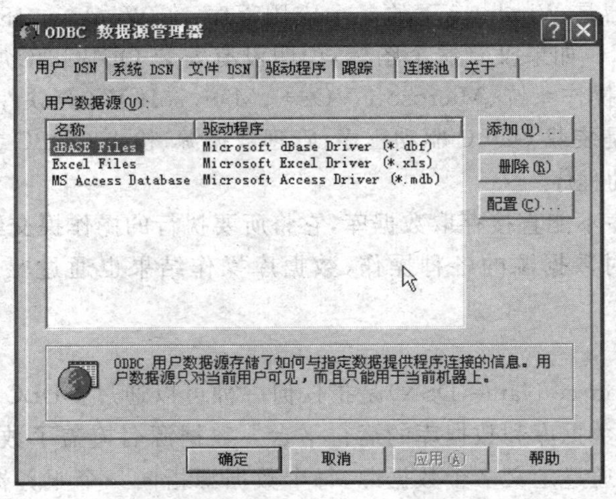

图 12-2 【ODBC 数据源管理器】窗口

(2) 通过【ODBC 数据源管理器】窗口中的【用户 DSN】、【系统 DSN】和【文件 DSN】标签，可以分别建立用户数据源、系统数据源和文件数据源。这里选择【系统 DSN】标签页，然后单击【添加】按钮，弹出如图 12-3 所示的【创建新数据源】窗口。

图 12-3　【创建新数据源】窗口

(3)【创建新数据源】窗口显示了本机所有的数据源驱动程序。选择要连接的数据库管理系统的驱动程序。如果连接到 SQL Server 2000 数据库，则选择“SQL Server”驱动程序；如果连接到 SQL Server 2005，则选择“SQL Native Client”驱动程序；如果连接到 SQL Server 2008 ，则选择“SQL Server Native Client 10. 0”驱动程序。本书案例使用的是 SQL Server 2008，所以这里选择“SQL Server Native Client 10. 0”，单击【完成】按钮，弹出如图 12-4 所示的对话框。

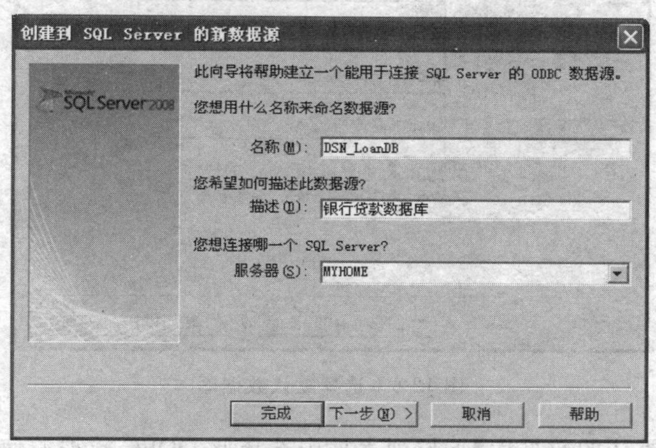

图 12-4　命名并选择服务器

(4) 在【名称】文本框中为数据源取一个名字，这里命名为“DSN_LoanDB”；在【描述】文本框中填写关于此数据源的一些说明信息，这里为“银行贷款数据库”；在【服务器】下拉列表框中指定要连接的数据库所在的服务器的名字，这里选择“(Local)”或“MYHOME”。(Local)代表本地机，与 MYHOME 等价。设置完毕后单击【下一步】按钮，弹出如图 12-5 所示的对话框。

(5) 选择 SQL Server 应该如何验证登录 ID。如果选择的是【集成 Windows 身份验证】方式，表示要使用当前登录到 Windows 的用户作为连接到数据库服务器的登录账户。

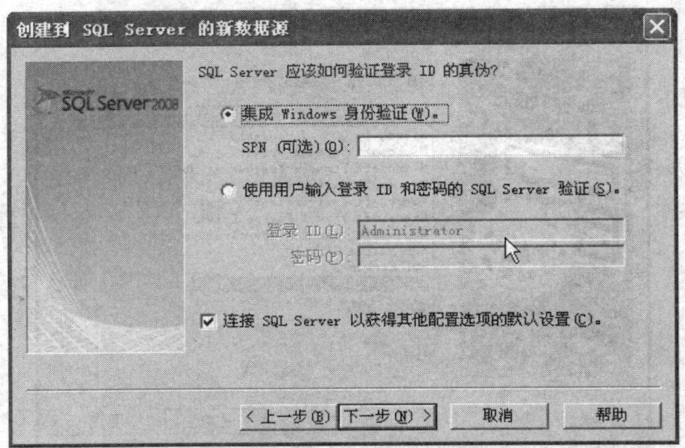

图 12-5　选择连接方式

如果选择的是【使用用户输入登录 ID 和密码的 SQL Server 验证】,则下面的【登录 ID】和【密码】均为可用状态。不管选用哪种方式,这些用户必须是数据库服务器的合法用户。这里选择【集成 Windows 身份验证】。设置完成后单击【下一步】按钮,弹出如图 12-6 所示的对话框。

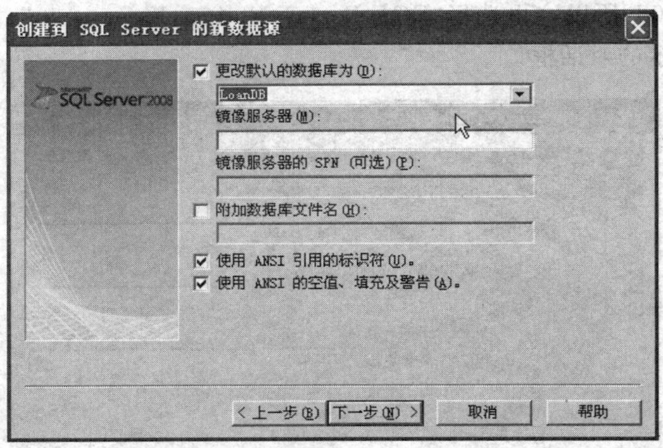

图 12-6　选择默认数据库

(6) 在【更改默认的数据库】下拉列表框中选择此 ODBC 数据源使用的默认数据库(也可以在以后使用 ODBC 数据源时再指定数据库),这里指定“LoanDB”数据库。其他选项均选择默认值。设置好之后,单击【下一步】按钮,弹出如图 12-7 所示的对话框。

(7) 在此对话框中,可指定用于 SQL Server 消息的语言、字符设置转换和 SQL Server 驱动程序是否应当使用区域设置。还可以控制运行时间较长的查询和驱动程序统计设置的记录。这里使用默认值,直接单击【完成】按钮,弹出如图 12-8 所示的窗口。

(8) 如图 12-8 所示的窗口显示了所定义的 ODBC 数据源的描述信息,单击【测试数据源】按钮可测试所建立的数据源是否成功,若成功,将弹出一个提示测试成功的窗口,否

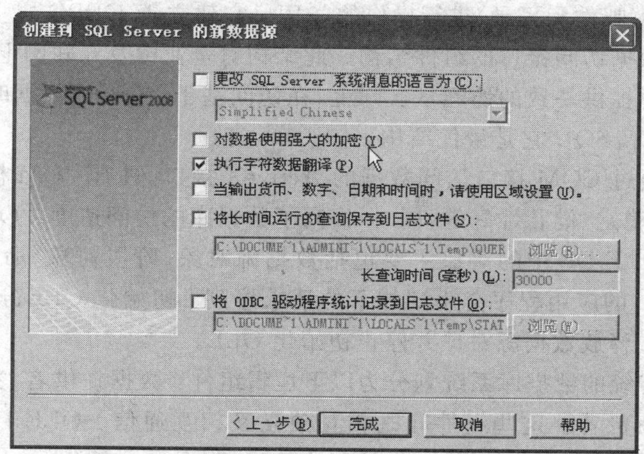

图 12-7　其他选项

则，会出现测试失败的提示信息。若测试成功，可单击【确定】按钮，建立 ODBC 数据源。建立好的 ODBC 数据源会列在【ODBC 数据源管理器】窗口中，单击【确定】按钮关闭【ODBC 数据源管理器】窗口。

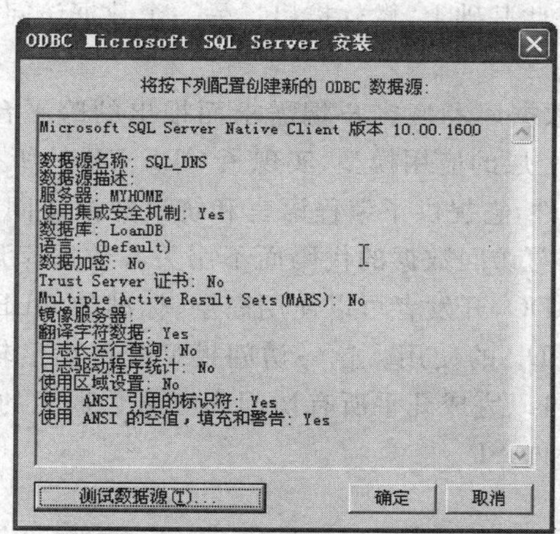

图 12-8　ODBC 数据源建立后的描述信息

与其他类型数据源建立 ODBC 连接的过程与此类似，只是连接不同类型的数据源时所提供的参数会有所不同。

12.1.2　OLE DB

多年以来，ODBC 已成为访问客户端/服务器数据库的标准。ODBC 提供了基于标准的接口，接口要求 SQL 处理功能，并被优化用于基于 SQL 的方法。那么，如何访问不使用 SQL 的非关系数据源(例如，不按照关系存储数据的 Microsoft Exchange Server)中的数据呢？

OLE DB 就是为解决该问题应运而生的。OLE DB 是一个针对 SQL 数据源和非

SQL 数据源(例如,邮件和目录)进行操作的 API。它建立于 ODBC 之上,并将此技术扩展为提供更高级数据访问接口的组件结构。此结构对企业中及互联网上的 SQL、非 SQL 和非结构化数据源提供一致的访问。实际上,在访问基于 SQL 的数据时,OLE DB 仍使用 ODBC,因为对于 SQL 它是最优结构。

OLE DB 是通过 COM 接口访问数据的 ActiveX 接口,具有 COM 模型的所有优点,如接口灵活、系统稳定、健壮性好等,同时,提高了数据库的访问速度。OLE DB 是一组读写数据的方法。OLE DB 中的对象主要包括数据源对象、阶段对象、命令对象和行组对象。使用 OLE DB 的应用程序会用到如下的请求序列:初始化 OLE、连接到数据源、发出命令、处理结果、释放数据源对象并停止初始化 OLE。

OLE DB 将传统的数据库系统划分为以下逻辑组件:数据提供者、数据服务提供者、业务组件和数据消费者。这些组件间既相互独立又相互通信。OLE DB 的特点是效率高,可以访问各种不同类型的数据源,但编程比较麻烦。

12.1.3 ADO

OLE DB 为 C 和 C++ 及用其他包含 C 样式函数调用的语言提供绑定。有一些语言(如 VB 和 VBScript)不提供指针数据类型(地址变量),不能使用 C 样式绑定,就不能直接通过 OLE DB 调用。在此基础上,微软推出了另一个数据访问对象模型 ADO(ActiveX Data Objects)。

ADO 是为适应网络数据库和瘦客户端需求而推出的跨平台远程数据库访问技术。ADO 是建立在 OLE DB 上层的应用模型,实现了 OLE DB 的所有功能。ADO 是一个用于存取数据源的 COM 组件,它提供了编程语言和统一数据访问方式 OLE DB 的一个中间层。它允许开发人员编写访问数据的代码而不用关心数据库是如何实现的,只需关心到数据库的连接。通过 ADO,开发者可以使用高层、标准的 OLE DB 编程模型开发应用程序,从而简化了对 OLE DB 的使用。这一访问模型既可满足较小的简单工作站进程,也可满足大型网络程序,可以完成几乎所有访问和更新数据源的动作。很多开发工具都支持这个对象,比如 VB 和 ASP。

12.1.4 ADO.NET

在开始设计.NET 框架时,微软就以此为契机重新设计了数据访问模型。微软没有进一步扩展 ADO,而是决定设计一个新的数据访问框架。微软根据其成功的 ADO 对象模型经验设计了 ADO.NET。ADO.NET 满足了 ADO 无法满足的重要需求:提供了断开的数据访问模型,这对 Web 环境至关重要;提供了与 XML 的紧密集成;还提供了与.NET框架的无缝集成(例如,兼容基类库类型系统)。

ADO.NET 是微软公司 ADO 的下代产品。基于国际互联网联盟 W3C 标准的程序设计模型,可用于创建分布式的、数据共享的应用程序。具有高级的应用程序编程接口,面向支持对数据进行断开连接访问的、松耦合、n 层、基于互联网的应用程序,是 Microsoft.NET Framework 的核心组件。ADO.NET 遵循更通用的原则,不专门面向数据库,集合了所有允许数据处理的类。这些类具有典型的数据库功能(如索引、排序和视图)的数据容器对象。

ADO. NET 是为. NET 框架而创建的，它提供对 Microsoft SQL Server、Oracle 等数据源以及通过 OLE DB 和 XML 公开的数据源的一致访问。应用程序可以使用 ADO. NET 来连接这些数据源，并检索、操作和更新数据。

在实际应用中，选择哪一种数据访问技术，在很大程度上依赖于用户应用程序的具体情况，如性能、规模、数据源的类型、访问速度、编程效率、是否需要进行底层的控制维护以及程序开发人员技能等方面的要求。ADO. NET 在未来的数据访问技术中将成为主流技术并在. NET 环境下占据统治地位。而微软的数据访问技术也将从面向组件技术发展为. NET 下的面向类、接口和对象。

12.2　SQL Server 数据导入和导出

SQL Server 数据导入和导出功能是将数据从源复制到目标。实现导入和导出功能的方法有多种，这里仅介绍使用 SQL Server 导入和导出向导来实现的方法。

12.2.1　SQL Server 支持的数据源

在 SQL Server 2008 中，SQL Server Management Studio 的数据导入和导出功能支持的外部数据源较多，有些是新增的。这些数据源可以分为以下 3 类：

- . NET Framework Data Provider 提供的访问方式，如 . NET Framework 为 ODBC、Oracle、SQL Server 提供了访问。安装. NET Framework 以后，即可使用这些访问方式。
- OLE DB Provider 提供的访问方式，如 OLE DB Provider 为 Analysis Services、Data Minding Services、Oracle、SQL Sever 等提供了访问。安装 Visual Studio 等工具以后，即可使用这些访问方式。
- 特定应用系统的驱动，如 Microsoft Excel 就是安装 Microsoft Excel 之后自带的。

使用 SQL Server 2008 导入和导出向导可以在 SQL Server 之间，或者 SQL Server 与 OLE DB、ODBC 数据源，甚至是 SQL Server 与文本文件之间进行数据的导入和导出操作。

数据的导入是指从其他数据源里把数据复制到 SQL Server 数据库中，数据的导出是指从 SQL Server 数据库中把数据复制到其他数据源中。其他数据源可以是 SQL Server、Access、通过 OLE DB 或 ODBC 来访问的数据源、纯文本文件等。无论是导入数据还是导出数据，使用 SQL Server 的导入和导出向导都需要以下几个步骤：

- 选择数据源。
- 选择目标。
- 指定要传输的数据。可以选择数据库里的某些表或视图，也可以用一个 T-SQL 查询语句来指定要传输的数据。
- 指定是立即执行还是保存 SSIS 包以便日后使用。

12.2.2 SQL Server 数据导出

利用 SQL Server 数据导入和导出向导可以将 SQL Server 数据库中的数据导出到各种关系型数据库、Excel 和文本文件中。

12.2.2.1 将 SQL Server 数据库中的数据导出到 SQL Server 的另一个数据库

下面将数据库 LoanDB 中三张表的数据导出到当前服务器实例下的另一个数据库中,具体操作步骤如下。

(1) 在【对象资源管理器】中展开【数据库】节点,右击源数据库(即要从中导出数据的数据库),本例是"LoanDB",在弹出的快捷菜单中选择【任务】|【导出数据】命令,如图 12-9 所示。打开【SQL Server 导入导出向导】起始页,单击【下一步】按钮。

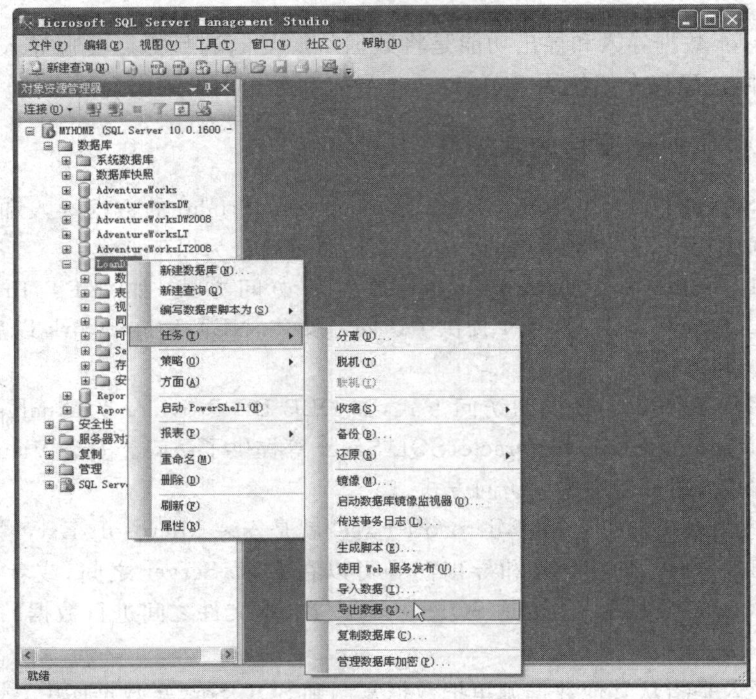

图 12-9 在快捷菜单中选择【导出数据】命令

(2) 弹出【选择数据源】对话框,选择要从中复制数据的源,如图 12-10 所示。该对话框中各项含义及设置如下:

- 【数据源】下拉列表框:选择数据源的驱动类型。由于本例是从 SQL Server 2008 数据库中导出数据,所以选择"SQL Server Native Client 10.0"或"Microsoft OLE DB Provider for SQL Server"。
- 【服务器名称】下拉列表框:选择 SQL Server 服务器实例名,本例为"MYHOME"(或"(Local)"),若要连接的服务器实例名不在下拉列表框中,可以直接在此输入实例名。

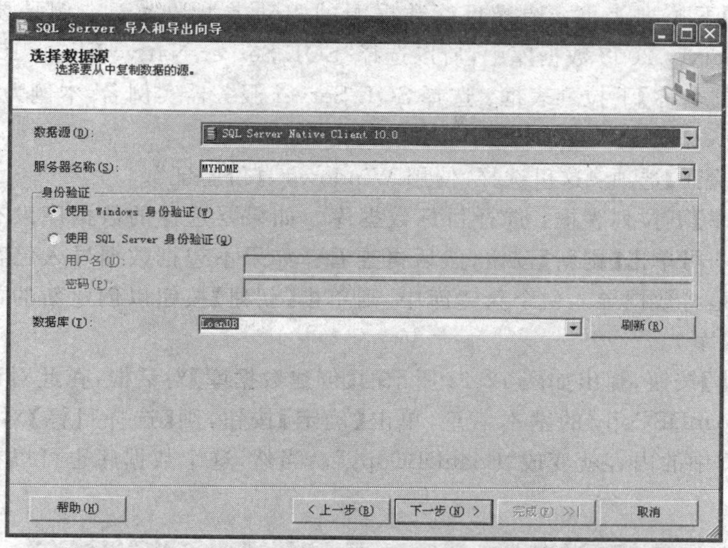

图 12-10　【选择数据源】对话框

- 【身份验证】选项：这里选择“使用 Windows 身份验证”。如果 SQL Server 实例的身份验证模式是混合模式，则在【身份验证】选项中也可以选择“使用 SQL Server 身份验证”。
- 【数据库】下拉列表框：选择数据源所在的数据库。如果要选择的数据库没有列在下拉列表框中，可单击【刷新】按钮，然后再查看。本例选择已经存在的数据库“LoanDB”。设置完数据源后，单击【下一步】按钮。

(3) 弹出【选择目标】对话框，指定要将数据复制到何处，如图 12-11 所示。该对话框中各项含义及设置如下：

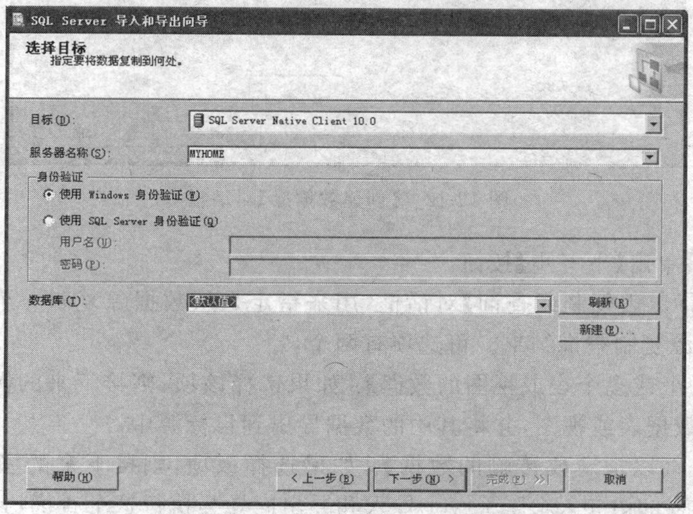

图 12-11　【选择目标】对话框

- 【目标】下拉列表框：选择目标数据源的驱动类型。由于本例是要将数据导入SQL Server 2008数据库中，所以选择“SQL Server Native Client 10.0”。
- 【服务器名称】下拉列表框：选择SQL Server服务器实例名，本例为“MYHOME”(或“(Local)”)。
- 【身份验证】选项：这里选择“使用Windows身份验证”。
- 【数据库】下拉列表框：选择目标数据库。如果要选择的数据库没有列在下拉列表框中，可单击【刷新】按钮，然后再查看。如果不想把数据导入已存在的数据库中，而是将数据导入一个新建库中，则单击【新建】按钮以创建新的数据库作为目标数据库。

单击【新建】按钮，弹出如图12-12所示的【创建数据库】对话框，在此对话框中设置所建新数据库LoanDBCopy的基本信息，单击【确定】按钮，则【选择目标】对话框的【数据库】下拉列表框中的内容就变成“LoanDBCopy”。当然，这个数据库也可以在导出数据之前创建。

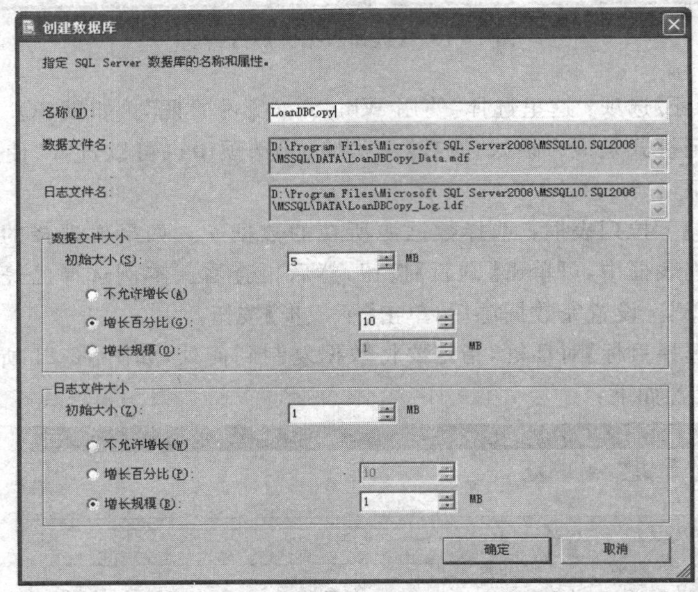

图12-12 【创建数据库】对话框

设置完毕后单击【下一步】按钮。

(4) 弹出【指定表复制或查询】对话框，用来指定是从数据源复制一个或多个表和视图，还是从数据源复制查询结果。可选项有两个。

- 【复制一个或多个表或视图的数据】：如果选择该项，则接下来的操作是选择一个或多个数据表或视图，并将其中的数据导出到目标源中；
- 【编写查询以指定要传输的数据】：如果选择该项，则接下来的操作是输入一个T-SQL查询语句，SQL Server导入和导出向导会执行这个查询语句，然后将结果导出到目标源中。

在本例中选择【复制一个或多个表或视图的数据】单选按钮，如图 12-13 所示。然后单击【下一步】按钮。

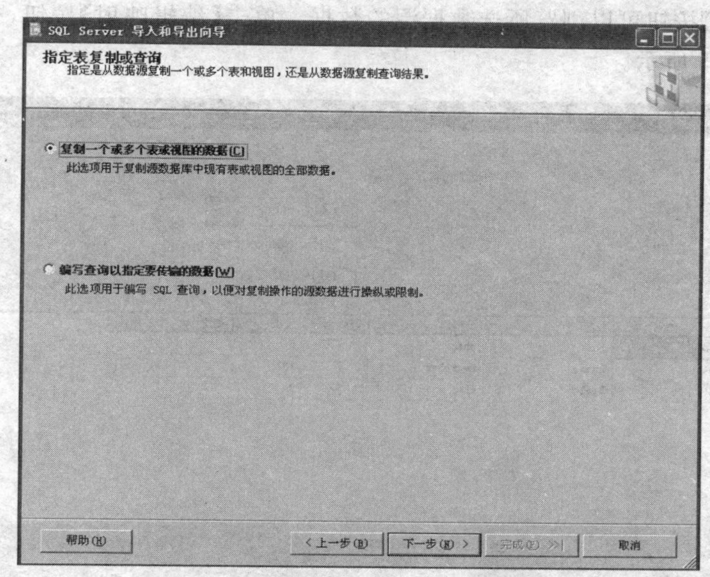

图 12-13　【指定表复制或查询】对话框

(5) 弹出【选择源表和源视图】对话框，选择一个或多个要复制的表和视图，如图 12-14 所示。

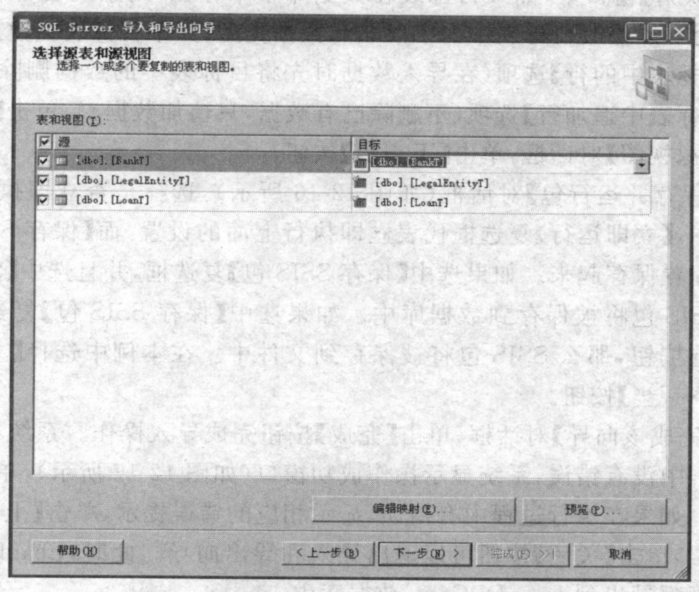

图 12-14　【选择源表和源视图】对话框

- 【源】复选框：选择源表和源视图。在选项前面的复选框中打钩，表示要导入该数据。这里三张表都选上。

- 【目标】下拉列表框：指定目标表，可从下拉列表框中选择目标表，也可以直接输入目标表的表名。下拉列表框中显示的是目标数据库中已经存在的表。

单击【预览】按钮可以浏览所选数据源的数据。单击【编辑映射】按钮，打开【列映射】窗口，如图 12-15 所示。

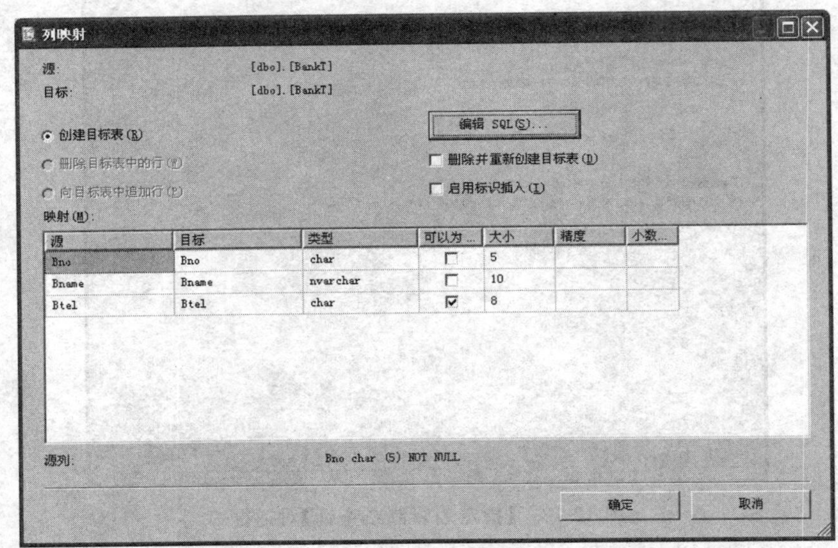

图 12-15 【列映射】窗口

(6) 在【列映射】窗口中，如果目标表在数据库中不存在，则系统会自动选中“创建目标表”选项，此时可以修改目标表中的字段名和数据类型；如果目标表在数据库中存在，可以选择【删除目标表中的行】选项(在导入数据时先将目标表中的数据删除后再导入)，也可以选择【向目标表中追加行】选项(不删除已有数据，只追加数据)。单击【确定】按钮，返回【选择源表和源视图】对话框，单击【下一步】按钮。

(7) 弹出【保存并运行包】对话框(如图 12-16 所示)，选择是否立即执行上面设置的导入操作。其中，【立即运行】复选框代表立即执行上面的设置，而【保存 SSIS 包】复选框将会把上面的配置保存起来。如果选中【保存 SSIS 包】复选框，并且选中【SQL Server】单选按钮，那么 SSIS 包将被保存到数据库中。如果选中【保存 SSIS 包】复选框，并且选中【文件系统】单选按钮，那么 SSIS 包将被保存到文件中。在本例中选择【立即运行】复选框，然后单击【下一步】按钮。

(8) 弹出【完成该向导】对话框，单击【完成】按钮完成导入操作。系统显示执行过程，如果在执行过程中没有错误，系统显示操作成功窗口(如图 12-17 所示)，单击【关闭】按钮完成数据导入。如果在执行过程中有错误，显示相应的错误提示，单击【上一步】按钮可以更改前面的设置，单击【关闭】按钮可以退出导入和导出向导。此时，LoanDB 数据库中的三张表及其数据都导出到 LoanDBCopy 数据库中。

12.2.2.2 将 SQL Server 数据库中的数据导出到 Excel 文件

下面将 MYHOME 服务器中的 LoanDB 数据库里的三张表(BankT、LegalEntityT

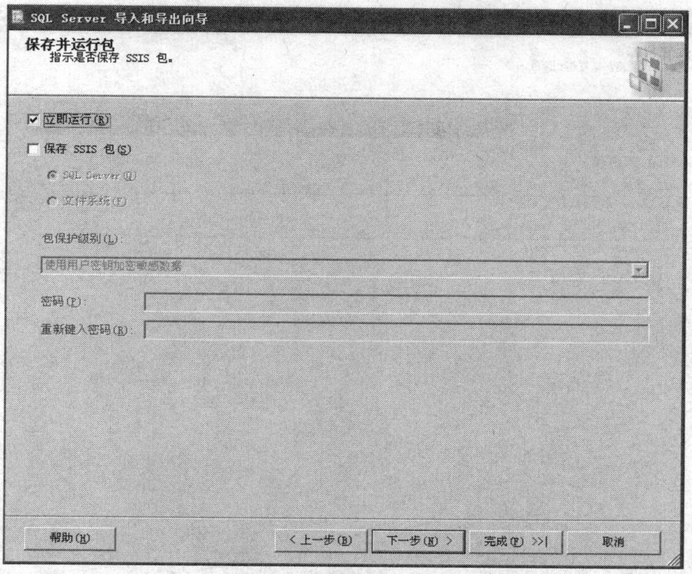

图 12-16　【保存并运行包】对话框

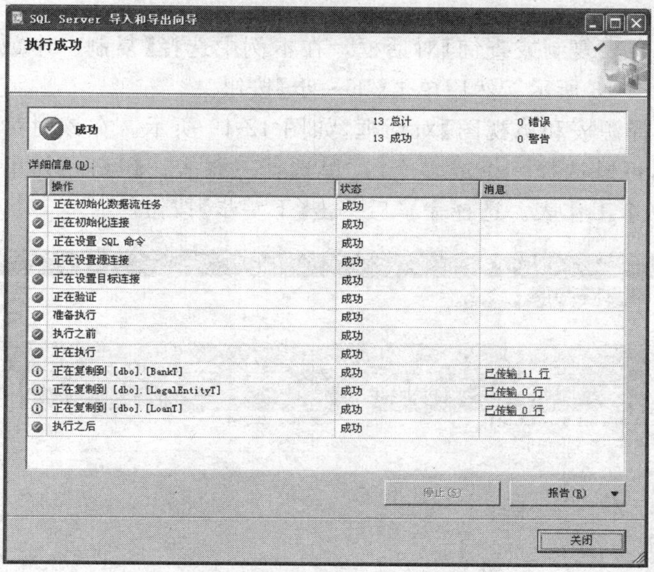

图 12-17　执行成功

和 LoanT)导出到 Excel 中,保存在 C:\data 路径下。具体的操作步骤如下。

(1) 操作同 12.2.2.1 节的第(1)~(2)步。

(2) 弹出【选择目标】对话框。在【目标】下拉列表框里选择“Microsoft Excel”选项。单击【浏览】按钮,设置 Excel 文件存放的路径和文件名(该文件可以是已经存在的,也可以是未创建的)。在【Excel 版本】下拉列表框里选择 Excel 版本,本例设置情况如图 12-18 所示。然后单击【下一步】按钮。

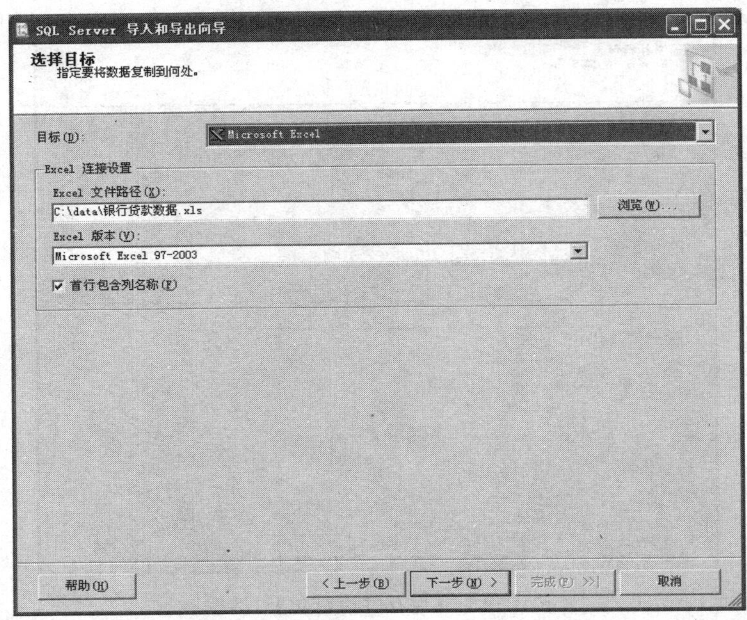

图 12-18 【选择目标】对话框

(3) 弹出【指定表复制或查询】对话框。在本例中选择【复制一个或多个表或视图的数据】选项,如图 12-13 所示。然后单击【下一步】按钮。

(4) 弹出【选择源表和源视图】对话框,如图 12-19 所示。在该对话框里选择要导出的数据表或视图,可以选择一个或多个,这里选择三张表。【目标】列里的三项分别对应 Excel 文件中的三个工作表。选择完毕后单击【下一步】按钮。

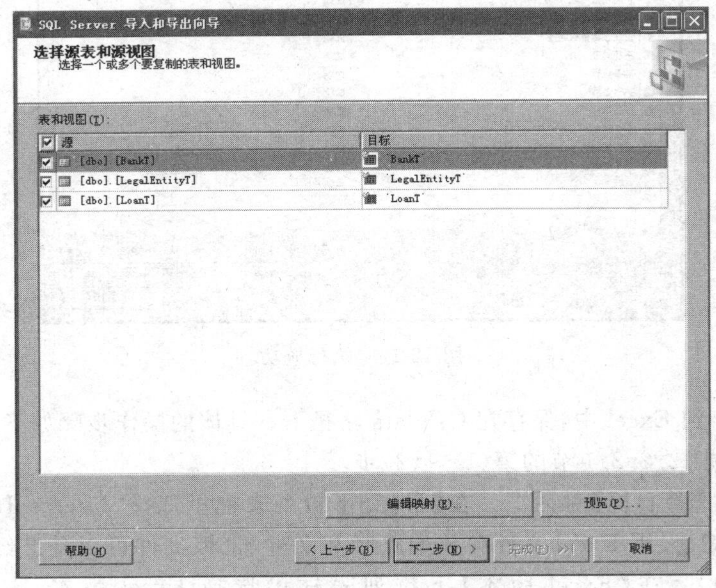

图 12-19 【选择源表和源视图】对话框

(5) 由于数据类型需要转换,会弹出【查看数据类型映射】对话框,单击【下一步】按钮。

(6) 后续操作同 12.2.2.1 节的第(7)~(8)步。

生成的 Excel 文件内容如图 12-20 所示。

Bno	Bname	Btel
B1100	工商银行北京分行	010-4573
B111A	工商银行北京A支行	010-3489
B111B	工商银行北京B支行	
B111C	工商银行北京C支行	010-5729
B1210	工商银行上海分行	021-5639
B121A	工商银行上海A支行	021-8759
B2100	交通银行北京分行	010-6829
B211A	交通银行北京A支行	010-9045
B211B	交通银行北京B支行	
B3200	建设银行上海分行	021-6739
B321A	建设银行上海A支行	021-9035

(a) "银行表" 数据信息

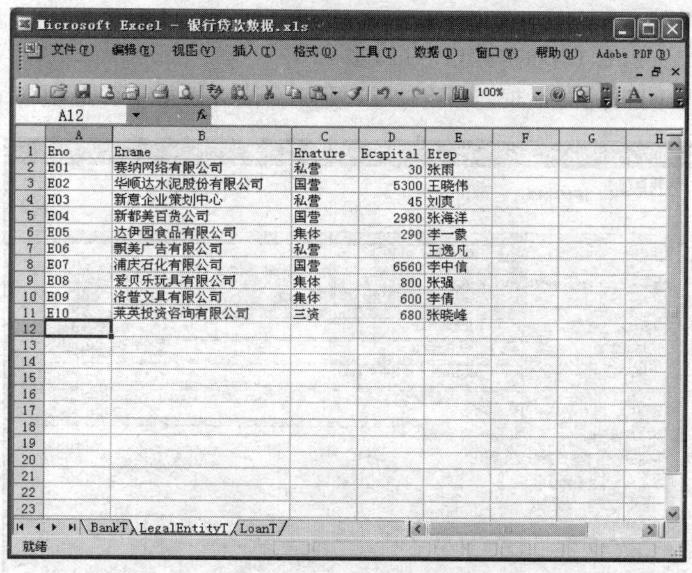

Eno	Ename	Enature	Ecapital	Erep
E01	赛纳网络有限公司	私营	30	张雨
E02	华顺达水泥股份有限公司	国营	5300	王晓伟
E03	新意企业策划中心	私营	45	刘爽
E04	新都美百货公司	国营	2980	张海洋
E05	达伊园食品有限公司	集体	290	李一蒙
E06	飘美广告有限公司	私营		王逸凡
E07	浦庆石化有限公司	国营	6560	李中信
E08	爱贝乐玩具有限公司	集体	800	张强
E09	洛普文具有限公司	集体	600	李倩
E10	莱英投资咨询有限公司	三资	680	张晓峰

(b) "法人表" 数据信息

图 12-20 "银行贷款数据.xls"文件的内容

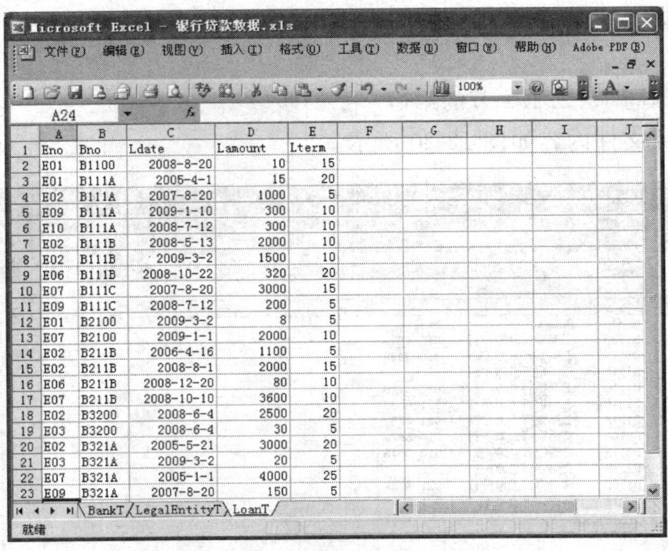

	A	B	C	D	E
1	Eno	Bno	Ldate	Lamount	Lterm
2	E01	B1100	2008-8-20	10	15
3	E01	B111A	2005-4-1	15	20
4	E02	B111A	2007-8-20	1000	5
5	E09	B111A	2009-1-10	300	10
6	E10	B111A	2008-7-12	300	10
7	E02	B111B	2008-5-13	2000	10
8	E02	B111B	2009-3-2	1500	10
9	E06	B111B	2008-10-22	320	20
10	E07	B111C	2007-8-20	3000	15
11	E09	B111C	2008-7-12	200	5
12	E01	B2100	2009-3-2	8	5
13	E07	B2100	2009-1-1	2000	10
14	E02	B211B	2006-4-16	1100	5
15	E02	B211B	2008-8-1	2000	15
16	E06	B211B	2008-12-20	80	10
17	E07	B211B	2008-10-10	3600	10
18	E02	B3200	2008-6-4	2500	20
19	E03	B3200	2008-6-4	30	5
20	E02	B321A	2005-5-21	3000	20
21	E03	B321A	2009-3-2	20	5
22	E07	B321A	2005-1-1	4000	25
23	E09	B321A	2007-8-20	150	5

(c) “贷款表”数据信息

图 12-20 (续)

12.2.2.3 将 SQL Server 数据库中的数据导出到文本文件

下面将 LoanDB 数据库中的表 LoanT 导出到文本文件中,保存在 C:\data 路径下。具体的操作步骤如下。

(1) 操作同 12.2.2.1 节的第(1)~(2)步。

(2) 弹出【选择目标】对话框,如图 12-21 所示。该对话框中各选项含义及设置如下。

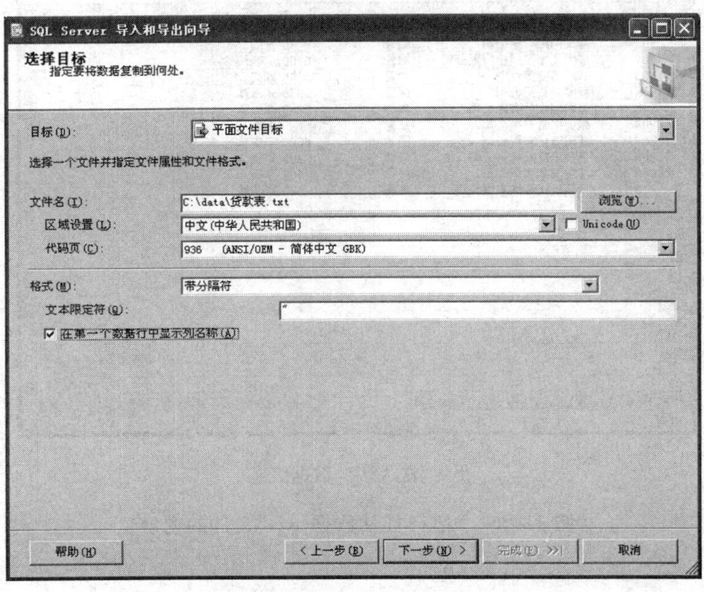

图 12-21 【选择目标】对话框

- 【目标】下拉列表框：选择“平面文件目标”。
- 【文件名】文本框：输入“C:\data\贷款表.txt”(该文件可以是已经存在的，也可以是未创建的)。按【默认】选项。
- 【区域设置】下拉列表框：指定定义字符排序顺序以及日期和时间格式的区域设置 ID (LCID)。按【默认】选项。
- 【Unicode】复选框：指示是否使用 Unicode。如果使用 Unicode，则不必指定代码页。这里不选。
- 【代码页】下拉列表框：指定所需使用的语言的代码页。
- 【格式】下拉列表框：指示是否使用带分隔符、固定宽度或右边未对齐的格式。各选项说明见表 12-1。

表 12-1 【格式】下拉列表框各选项说明

值	说 明
带分隔符	各列之间由在“列”页上指定的分隔符隔开
固定宽度	列的宽度固定
右边未对齐	在右边未对齐的文件中，除最后一列之外的每一列的宽度都固定，而最后一列由行分隔符进行分隔

这里选择“带分隔符”。

- 【文本限定符】文本框：输入要使用的文本限定符。如果不输入任何符号，则文本没有限定符。这里输入双引号。
- 【在第一个数据行中显示列名称】复选框：指示是否希望在第一个数据行中显示列名称。这里选择该复选框。

然后单击【下一步】按钮。

(3) 弹出【指定表复制或查询】对话框。在本例中选择【复制一个或多个表或视图的数据】选项，如图 12-13 所示。然后单击【下一步】按钮。

(4) 弹出【配置平面文件目标】对话框，如图12-22所示。该对话框中各选项含义及

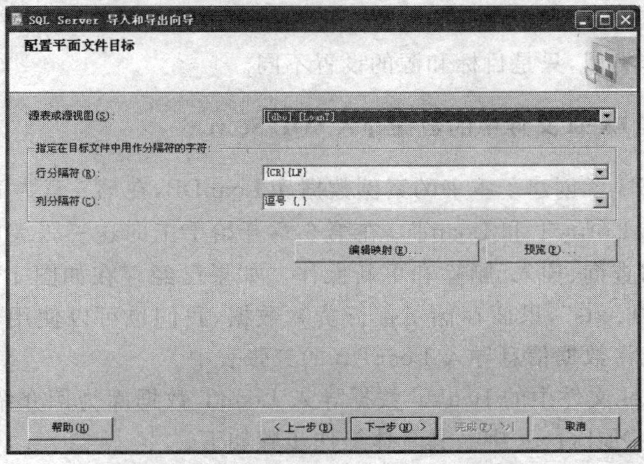

图 12-22 【配置平面文件目标】对话框

设置如下：

- 【源表或源视图】下拉列表框：选择要将数据源中的哪张表的数据导出到文本文件。这里选择“LoanT”。
- 【行分隔符】下拉列表框：从行分隔符的列表中进行选择，也可以自己定义分隔符。本例按【默认】选项。下拉列表框中各选项说明见表 12-2。

表 12-2 【行分隔符】下拉列表框各选项说明

值	说　明	值	说　明
{CR}{LF}	行由回车符和换行符的组合分隔	冒号 {:}	行由冒号分隔
{CR}	行由回车符分隔	逗号 {,}	行由逗号分隔
{LF}	行由换行符分隔	制表符 {t}	行由制表符分隔
分号 {;}	行由分号分隔	竖线 {|}	行由竖线分隔

- 【列分隔符】下拉列表框：从列分隔符的列表中进行选择，也可以自己定义分隔符。本例按【默认】选项。下拉列表框中各选项说明见表 12-3。

表 12-3 【列分隔符】下拉列表框各选项说明

值	说　明	值	说　明
{CR}{LF}	列由回车符和换行符的组合分隔	冒号 {:}	列由冒号分隔
{CR}	列由回车符分隔	逗号 {,}	列由逗号分隔
{LF}	列由换行符分隔	制表符 {t}	列由制表符分隔
分号 {;}	列由分号分隔	竖线 {|}	列由竖线分隔

设置完毕后单击【下一步】按钮。

(5) 后续操作同 12.2.2.1 节的第(7)～(8)步。

12.2.3 SQL Server 数据导入

利用 SQL Server 数据导入和导出向导可以将各种关系型数据库、Excel 和文本文件中的数据导入 SQL Server 数据库中。将其他数据源的数据导入 SQL Server 中的操作过程与数据导出操作类似，只是目标和源的设置不同。

12.2.3.1 将 Excel 文件中的数据导入 SQL Server

我们曾经在第 3 章创建了本书的案例数据库 LoanDB，在第 5 章为 LoanDB 创建了三张表(BankT、LegalEntityT 和 LoanT)，在第 6 章开始手工向这三张表中插入了数据，然后对其进行相应的查询、插入、删除和更新操作。如果已经存在如图 12-20 所示的 Excel 文件“银行贷款数据.xls”，里面存储了银行贷款数据，我们也可以使用 SQL Server 的数据导入和导出功能将数据信息导入 LoanDB 的三张表中。

下面以将 Excel 文件中的 BankT 数据导入 LoanT 数据库为例介绍如何将 Excel 文件中的数据导入 SQL Server 中。其具体操作步骤如下。

(1) 在【对象资源管理器】中展开【数据库】节点，右击目标数据库(即要向其中导入数

据的数据库)，本例是"LoanDB"，在弹出的快捷菜单中选择【任务】|【导入数据】命令，如图 12-23 所示。打开【SQL Server 导入和导出向导】起始页，单击【下一步】按钮。

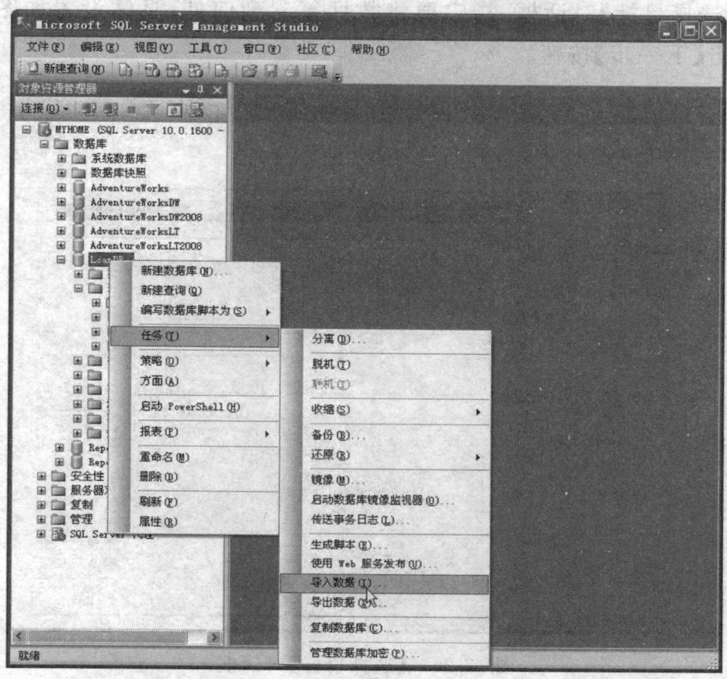

图 12-23　在快捷菜单中选择【导入数据】命令

(2) 弹出【选择数据源】对话框，选择要从中复制数据的源，如图 12-24 所示。单击【数据源】下拉列表框，选择"Microsoft Excel"。单击【浏览】按钮，选择 Excel 文件所在的路径和文件名。单击【Excel 版本】下拉列表框，选择 Excel 文件的版本。如果 Excel 文件

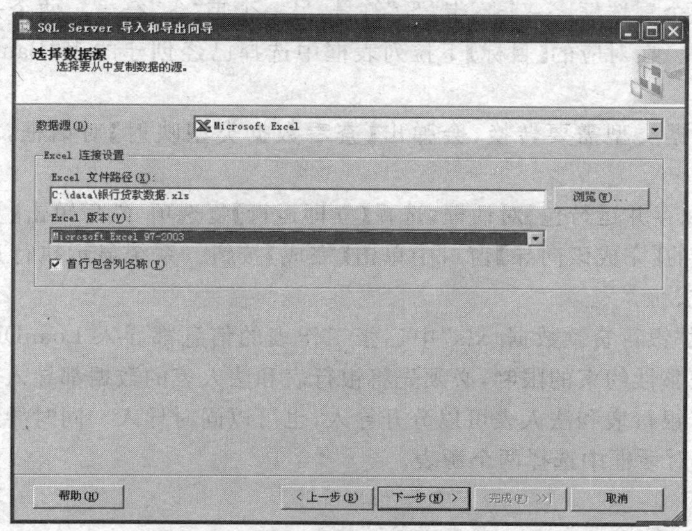

图 12-24　【选择数据源】对话框

中的首行包含列名称,则在【首行包含列名称】选项前打钩(√),否则不打钩。设置完数据源后,单击【下一步】按钮。

(3) 弹出【选择目标】对话框,指定要将数据复制到何处,具体设置如图 12-25 所示。设置完毕后单击【下一步】按钮。

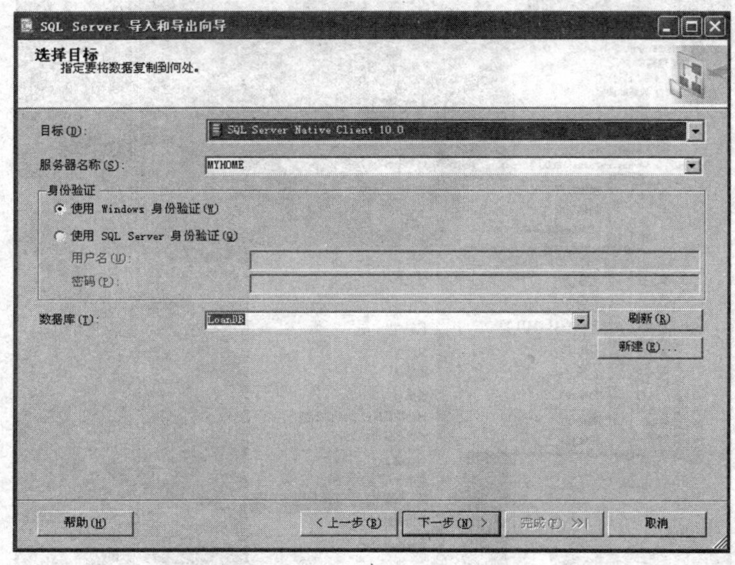

图 12-25 【选择目标】对话框

(4) 在【指定表复制或查询】对话框中选择【复制一个或多个表或视图的数据】单选按钮,单击【下一步】按钮。

(5) 弹出【选择源表和源视图】对话框,选择一个或多个要复制的表和视图,如图 12-26 所示。在【源】复选框中选择"BankT"。需要说明的是,Excel 中的每个工作表会在此处产生两个复选框:一个不带"$"符号;另一个带"$"符号。两个是完全等价,选择哪一个都可以。在对应的【目标】下拉列表框中选择已经创建的表"BankT"。单击【下一步】按钮。

(6) 由于数据类型需要转换,会弹出【查看数据类型映射】对话框,单击【下一步】按钮。

(7) 弹出【保存并运行包】对话框,选择【立即运行】复选项,然后单击【下一步】按钮。

(8) 在弹出的【完成该向导】窗口中单击【完成】按钮。系统显示执行过程,导出完成后,单击【关闭】按钮。

如果是要把"银行贷款数据.xls"中三张工作表的信息都导入 LoanDB 中,请注意导入顺序。根据完整性约束的限制,必须先将银行表和法人表的数据都导入数据库中后,才能导入贷款表。银行表和法人表可以分开导入,也可以同时导入。同时导入时,只需在如图 12-26 所示的对话框中选择两个源表。

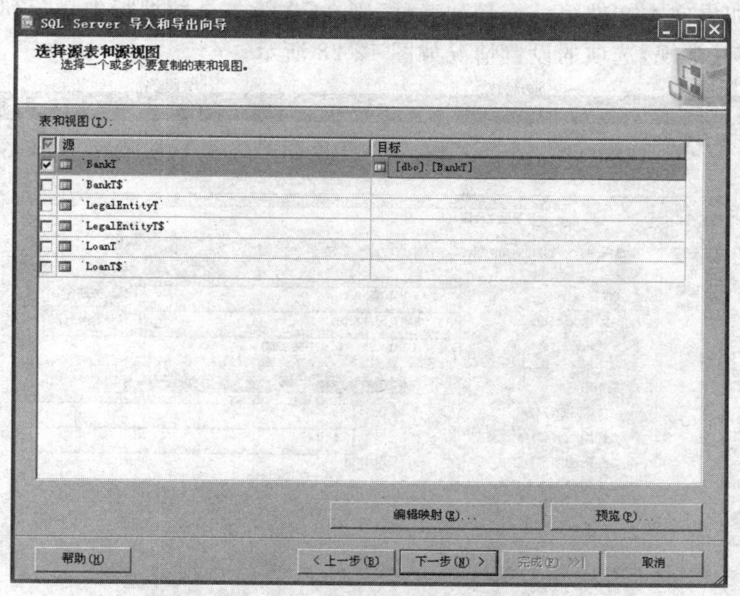

图 12-26　【选择源表和源视图】对话框

12.2.3.2　将文本文件中的数据导入 SQL Server

将文本文件中的数据导入 SQL Server 的操作步骤与将 Excel 文件中的数据导入 SQL Server 的操作步骤相同，只是有关数据源的设置不同。

接下来要将“C:\data\贷款表.txt”文件中的数据导入 SQL Server 数据库中。贷款表.txt 文件内容如图 12-27 所示，具体操作步骤如下。

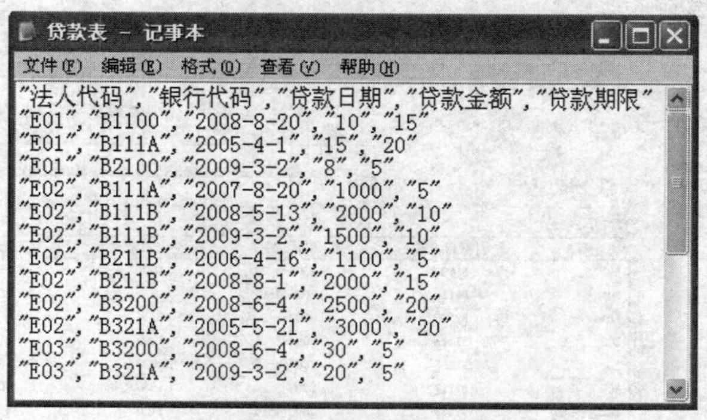

图 12-27　贷款表.txt 中的数据及其格式

(1) 启动 SQL Server 导入向导，单击【下一步】按钮后，弹出【选择数据源】对话框，在【数据源】下拉列表框中选择“平面数据源”选项。单击【浏览】按钮选择文本文件所在的路径和文件名。在【格式】下拉列表框中选择文件格式，本例选择“带分隔符”。在【文本限定符】文本框中输入有关文本限定符，本例输入“"”。在【标题行分隔符】下拉列表框中输入或选择文本文件标题行所用的分隔符。在【要跳过的标题行数】中输入要跳过的行数，本例选择“0”。如果文本文件第一行是列名称,则在【在第一个数据行中显示列名称】选项前打钩(√),本例【常规】选项的设置情况如图 12-28 所示。

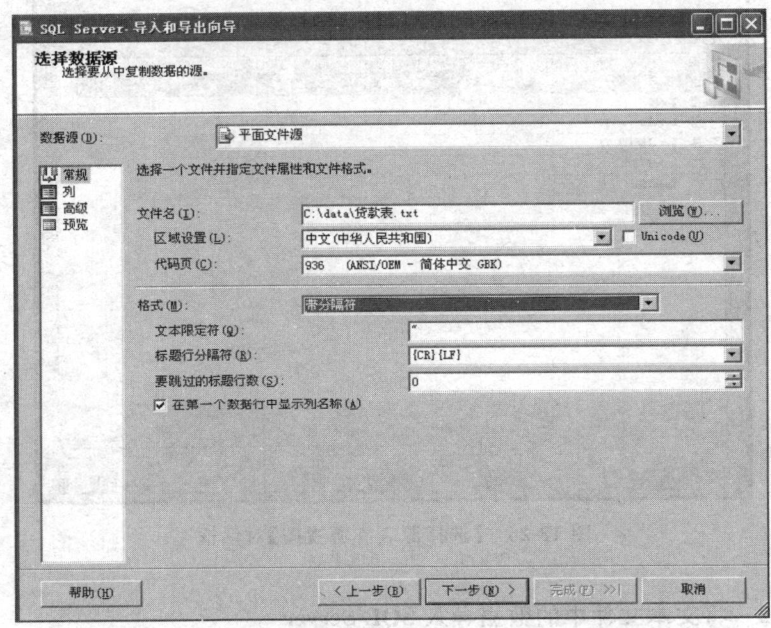

图 12-28 数据源为文本文件时,【常规】选项的设置

(2) 单击左边选项框中的【列】选项,打开如图 12-29 所示的窗口。在【行分隔符】下拉列表框中输入或选择文本文件所用的行分隔符,本例选择“{CR}{LF}”。在【列分隔

图 12-29 数据源为文本文件时,【列】选项的设置

符】下拉列表框中输入或选择文本文件所用的列分隔符，本例选择“逗号{,}”。修改设置后，单击【刷新】按钮，如果设置正确，在【预览行 2-23：】列表中就会显示分隔正确的数据，否则就不能显示数据或所分隔的数据是错误的。单击【重置列】按钮刷新列标题。

(3) 单击左边选项框中的【高级】选项，打开如图 12-30 所示的窗口。选择列后，右边就会显示该列的属性。可以在列属性中修改列名、数据类型等。

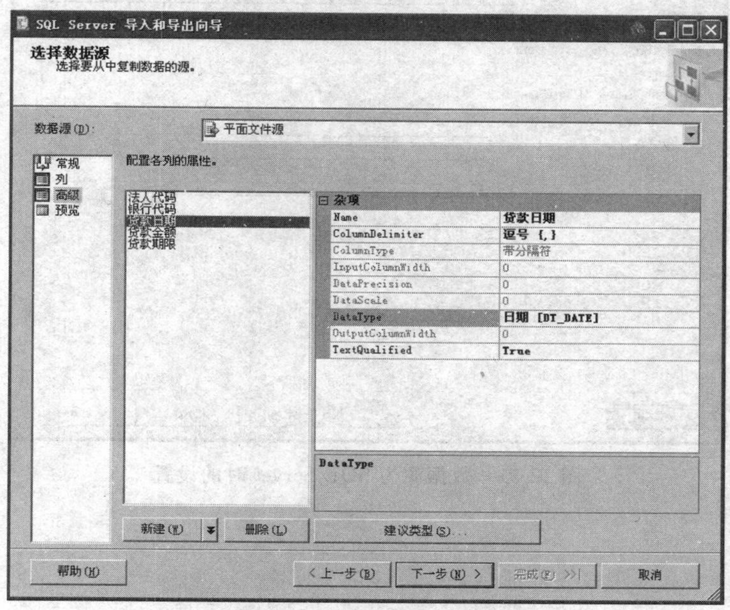

图 12-30　数据源为文本文件时，【高级】选项的设置

(4) 单击【下一步】按钮，弹出【选择目标】对话框。后面的操作步骤与将 Excel 数据导入 SQL Server 的操作步骤一样，在此不再一一赘述。

12.2.3.3　将关系型数据库中的数据导入 SQL Server

利用 SQL Server 数据导入向导，将关系型数据库中的数据导入 SQL Server 的操作步骤如下。

(1) 启动 SQL Server 导入向导，单击【下一步】按钮后，弹出【选择数据源】对话框，在【数据源】下拉列表框中选择关系数据库所对应的驱动程序：

- 如果要将 Access 数据库中的数据导入 SQL Server，则在【数据源】下拉列表框中选择“Microsoft Access”。
- 如果要将 Oracle 数据库中的数据导入 SQL Server，则在【数据源】下拉列表框中选择“Microsoft OLE DB Provider for Oracle”。
- 如果要将 SQL Server 数据库中的数据导入另一个 SQL Server 中，则在【数据源】下拉列表框中选择“Microsoft OLE DB Provider for SQL Server”或“SQL Server Native Client 10.0”。

(2)【数据源】的选项不同，其设置也不同。假设 Test 是已经创建的用户数据库，本例选择将 SQL Server 的 Test 数据库中的数据导入 SQL Server 的 LoanDB 数据库中。其数据源的设置如图 12-31 所示。后面的操作步骤与前面介绍的相同,不再一一赘述。

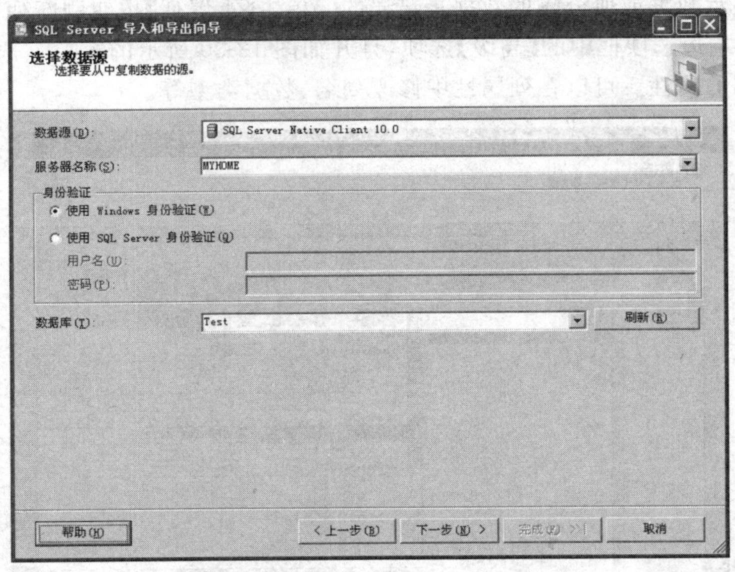

图 12-31 数据源为 SQL Server 时的设置

习题

1. 简述微软的数据访问技术。
2. 建立与 LoanDB 数据库连接的 ODBC 数据源。
3. 现要将 S1 服务器上的 DB1 数据库中的 T1 表中的数据导入 S2 服务器的 DB2 数据库的 T2 表中,假设 T2 表已经建立。数据源使用 U1 用户,数据目的地使用 U2 用户,请问 U1 和 U2 至少具备哪些权限?
4. 利用导入和导出向导实现如下操作。将 LoanDb 数据库中 2009 年 1 月 1 日以前的贷款信息导出到一个文本文件/Excel 文件中,要求列出法人名称、银行名称、贷款日期和贷款金额。再将该文本文件/Excel 文件的数据导入 LoanDB 数据库中的一个新表中。
5. 总结将文本文件中的数据导入 SQL Server 中的要点。
6. 总结将 Excel 中的数据导入 SQL Server 中的要点。
7. 总结同一 SQL Server 之间和不同版本 SQL Server 之间采集数据的方法。

第 13 章　Access 2010 数据库及表的基本操作

Access 是微软公司推出的 Office 办公系列软件的主要组件之一，它为用户提供了一个数据库管理工具和数据库应用程序的开发环境。Access 是一个功能强大的数据库管理系统，在许多企事业单位的日常数据管理中得到广泛的应用。

本章从 Access 的使用基础出发，主要介绍数据库、表的创建方法，字段的属性设置，外部数据的获取以及表的数据操作，如数据的查找、替换、排序和筛选等。

13.1　Access 2010 概述

微软公司自 20 世纪 90 年代初推出 Access 1.0 以来，又先后推出了 Access 1.1、Access 2.0、Access 7.0、Access 97、Access 2000、Access 2003、Access 2007、Access 2010、Access 2013 等版本，其功能也越来越强大，而操作则更加简单方便。随着版本的一次次升级，Access 现已成为世界上最流行的桌面数据库管理系统。

本书的第 13～15 章都以 Access 2010 中文版为介绍背景，在不特殊说明的情况下，Access 指的是 Access 2010 中文版。

13.1.1　Access 2010 的特点

Access 2010 是一个面向对象、采用事件驱动的关系数据库，它提供了强大的数据处理、统计分析能力，可以帮助用户组织和共享资源，快速地开发数据库应用程序，适用于中小型数据库管理。它主要具有以下特点：

(1) Access 使用了与 Windows 完全一致的界面风格，具有与 Word、Excel 等应用程序统一的操作界面，易学易用，便于用户的使用和开发工作。

(2) Access 采用单一的存储文件。一个 Access 数据库文件包含了该数据库中全部的数据对象。而在大型关系数据库中，每个数据库一般都由多个不同的文件组成。

(3) Access 提供了许多可视化工具，如向导、生成器、设计器等，用户可以很方便、快捷地生成表、查询、窗体和报表等对象，大大地提高了工作效率。另外，Access 还提供了宏和模块对象，便于用户整合更复杂的逻辑以创建功能强大的、更完善的数据库应用系统。

(4) Access 提供了与其他数据库的接口，既可以通过 ODBC(开放式数据库连接)与其他大型数据库交换数据，还可以对诸如文本、Excel、XML、HTML 等多种格式的数据进行访问，从而达到数据共享的目的。

(5) Access 能够处理多种数据类型。Access 支持对结构化数据和非结构化数据的存储和管理。采用 OLE 技术支持对象的嵌入与链接，可以方便地创建和编辑声音、图像和视频等多媒体对象。

(6) 通过使用 Access 全新的 Web 数据库和 Access Services,用户可开发基于浏览器的应用程序,并将其发布到 SharePoint,以便通过 Intranet 或 Internet 访问该应用程序、数据或表格。从而使用户能更容易地访问和管理自己的数据。

(7) Access 能够管理多种数据库对象,具有较强的数据组织、用户管理、安全检查等功能。

13.1.2 Access 2010 的启动与退出

1. Access 2010 的启动

Access 2010 是 Microsoft office 2010 套装软件之一。通过执行 Microsoft Office 2010 安装盘上的 setup. exe 文件来启动安装过程,然后按照系统提示,逐步进行操作就可以完成 Access 2010 的安装。用户通常可以通过以下三种方法启动 Access 2010。

(1) 使用【开始】菜单启动 Access 2010

单击【开始】|【所有程序】|【Microsoft Office】|【Microsoft Office Access 2010】菜单,即可启动 Access 2010。

(2) 使用快捷方式启动 Access 2010

如果在 Windows 桌面上有 Access 2010 的快捷图标,则双击此图标就可以启动 Access 2010。如果桌面上没有 Access 2010 的快捷图标,则需要创建此快捷图标,才能使用快捷方式启动 Access 2010。

(3) 使用已有的数据库文件启动 Access 2010

如果进入 Access 2010 是为了打开一个已有的数据库,那么只需要双击要打开的数据库文件就可以启动 Access 2010,同时打开这个数据库。

使用第(1)和(2)种方法,屏幕显示 Access 2010 的启动窗口,也称作 Microsoft Office Backstage 视图,如图 13-1 所示。使用第(3)种方法,即双击 Access 数据库文件后,进入的界面是 Access 2010 主窗口,如图 13-3 所示。

2. Access 2010 启动窗口简介

Access 2010 的启动窗口提供了创建数据库的导航。从图 13-1 中可以看出该窗口主要分成三个部分:在窗口的左边列出了最近使用的 Access 数据库,可以打开数据库和退出 Access;窗口的中间是模板区,除了可以使用当前系统里所有的样本模板或联机搜索 Access 数据库模板并下载使用之外,还可以通过【空数据库】和【空白 Web 数据库】2 个选项从头创建 Access 数据库;窗口的右边用来指定所建数据库的存储路径和文件名。

(1)【文件】选项卡

【文件】选项卡里包含了对数据库文件进行各种操作及对数据库进行设置的命令。通过这些命令能够完成新建、打开、保存和关闭数据库以及退出 Access 等操作。

(2) 快速访问工具栏

快速访问工具栏里的命令始终可见,单击这些命令即可完成相应操作。默认的快速访问工具栏包括“保存”、“恢复”和“撤消”命令。

为了操作方便,可将经常使用的命令添加到快速访问工具栏,具体方法如下。

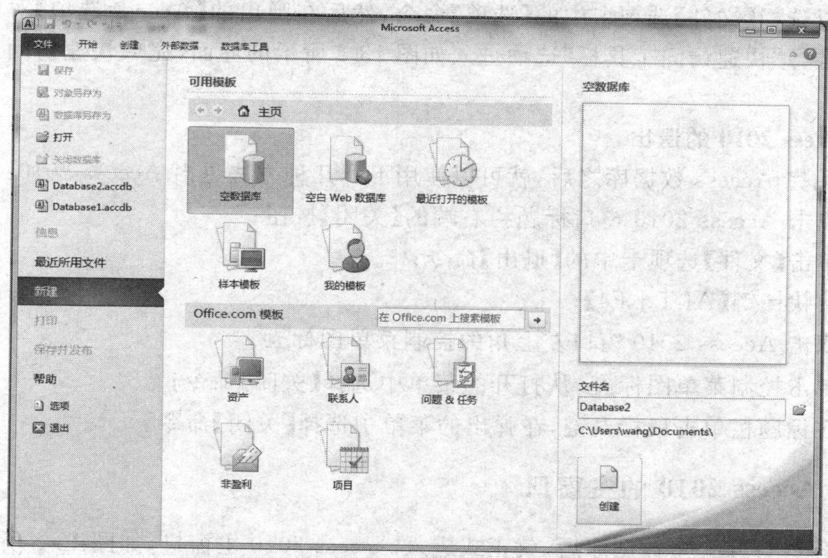

图 13-1　Access 2010 启动窗口

- 单击快速访问工具栏右侧的下拉箭头，将弹出【自定义快速访问工具栏】菜单。
- 选择【其他命令】菜单项，弹出【Access 选项】对话框中的【自定义快速访问工具栏】界面，如图 13-2 所示。

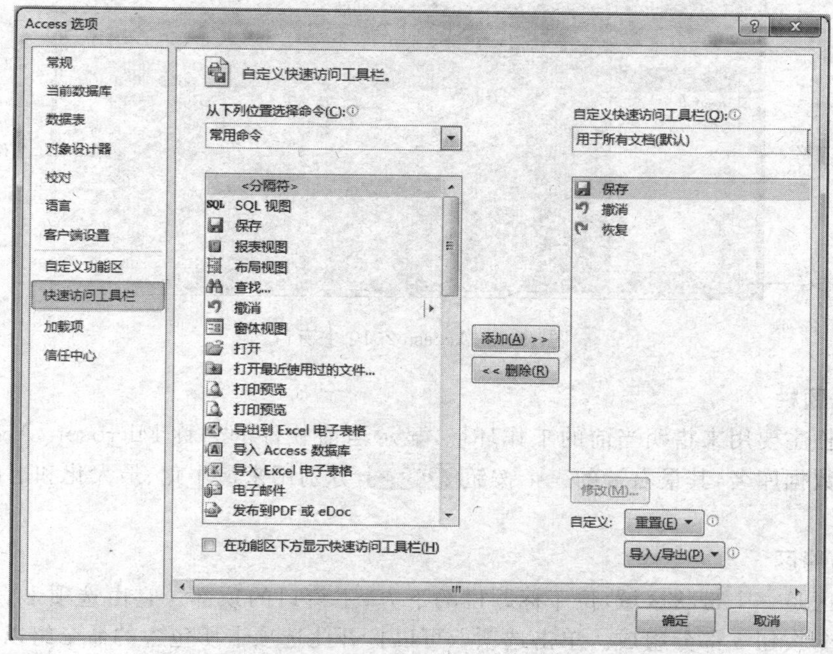

图 13-2　【自定义快速访问工具栏】设置界面

- 选择要添加或删除的命令，完成后单击【确定】按钮。

也可以选择【文件】选项卡中的【选项】命令,然后在弹出的【Access 选项】对话框的左侧窗格中选择"快速访问工具栏"选项进入如图 13-2 所示的界面,完成快速访问工具栏的自定义。

3. Access 2010 的退出

当使用完 Access 数据库之后,就可以使用下列几种方法退出 Access 2010:

(1) 单击 Access 2010 窗口标题栏右端的【关闭】按钮;

(2) 单击【文件】选项卡中的【退出】命令;

(3) 按快捷键【ALT+F4】;

(4) 双击 Access 2010 窗口左上角的控制菜单图标A;

(5) 单击控制菜单图标A,从打开的菜单中选择【关闭】命令;

(6) 在标题栏单击鼠标右键,在弹出的菜单中选择【关闭】命令。

13.1.3 Access 2010 的主窗口

当新建或打开一个数据库后,就正式进入 Access 2010 主窗口,如图 13-3 所示。主窗口主要由标题栏、功能区、工作区、导航窗格和状态栏等组成。

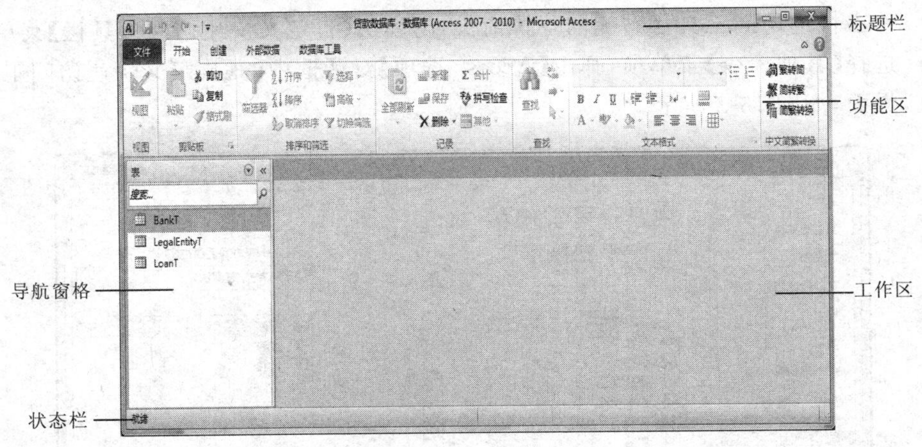

图 13-3 Access 2010 主窗口

1. 标题栏

标题栏主要用来指明当前的工作环境,显示当前软件的名称 Microsoft Access 和当前打开的数据库名,其最右端的三个按钮,分别用来最小化、最大化和退出 Access 系统。

2. 功能区

功能区是一个带状区域,位于标题栏的下方,主窗口的顶部。它由选项卡、命令组和各组的命令按钮 3 部分组成。单击选项卡可以打开此选项卡所包含的命令组以及各组相应的命令按钮,这样就能更快速地查找到相关命令,大大方便了用户的使用。例如,如果要创建一个窗体,可以在【创建】选项卡下找到各种创建窗体的方法。

在 Access 2010 的【功能区】中,常规的选项卡包括【文件】、【开始】、【创建】、【外部数据】和【数据库工具】。除此之外，还有上下文选项卡，即根据用户正在操作的对象或正在执行的任务而在常规选项卡旁边显示的选项卡。例如，双击一个表对象，会出现【表格工具】下的【字段】选项卡和【表】选项卡。

(1) 显示或隐藏功能区

单击功能区右端的 按钮，使功能区最小化，仅显示功能区上的选项卡名称，这样就可以扩大显示区域。单击功能区右端的 按钮或单击某个选项卡就可以展开功能区，显示该选项卡下的命令组和命令按钮。

(2) 自定义功能区

Access 2010 允许用户自定义选项卡和自定义组来包含经常使用的命令以方便操作，进行个性化设置。

自定义功能区的操作步骤如下：

- 单击【文件】功能区中的【选项】按钮，打开【Access 选项】对话框，如图 13-4 所示。
- 单击【Access 选项】对话框左侧的【自定义功能区】选项，打开【自定义功能区】，就可以新建选项卡和新建组，添加所需要的命令。

图 13-4　自定义功能区界面

3. 导航窗格

导航窗格实现对当前数据库的所有对象的管理和对相关对象的组织。单击导航窗格右上方的 按钮，显示组织选项列表，用户可从中进行选择，也可自定义组织方案。单击【导航窗格】右上角的 « 按钮（"百叶窗开/关"按钮），将隐藏导航窗格。如果要想再显示导航窗格，则再次单击【导航窗格】上面的 » 按钮。

4. 状态栏

状态栏位于窗口的底部,显示当前操作的相关信息,帮助用户了解当前操作状态。在状态栏的右侧还包含用于切换视图的按钮。

5. 工作区

工作区是指窗口中除标题栏、功能区、导航窗格和状态栏以外的空间,主要用来创建或编辑当前数据库对象。

13.1.4 Access 2010 数据库对象

作为一个数据库管理系统,Access 是通过数据库对象来进行信息管理的。Access 2010 共有 6 种数据库对象,分别是表、查询、窗体、报表、宏和模块。

下面简要介绍 Access 中各对象的功能。

1. 表

一个数据库所包含的信息内容,都是以表的形式来表示和存储的。表是数据库中其他对象的数据源。在开发数据库应用系统时,设计人员首先需要分析应用系统的需求,并根据分析的结果建立适应于系统要求的表结构。

表是特定主题的数据的集合,如贷款表、法人表等。表以行、列格式组织数据,表中一行称为一条记录,一列称为一个字段。在一个数据库中,通常存储着多个表,这些表之间通过有相同内容的字段建立关联,在 Access 中称为关系,表之间的关系有一对一、一对多和多对多关系。Access 数据库管理系统就是通过表之间的关联来减少数据冗余和实现多表操作的。

2. 查询

查询是数据库的核心操作。利用查询可以按照不同的方式查看、更新和分析数据,也可以将查询对象作为窗体、报表的数据源。查询的目的就是根据指定的条件对数据表或其他查询进行检索,筛选出符合条件的记录,构成一个新的数据集合,从而方便用户对数据库进行查看和分析。Access 中的查询包括选择查询、参数查询、交叉表查询和操作查询等。

查询可以建立在表的基础上,也可以建立在其他查询的基础上。查询到的数据记录的集合称为查询的结果集,结果集的形式与表对象的运行形式几乎完全相同,但它只是表对象中数据的某种抽取与显示,本身并不包含任何数据,在数据库中只记录查询的方式即规则。

3. 报表

报表用于将选定的数据信息以格式化方式显示或打印出来。用户可以在一个表和查询或多个表和多个查询的基础上创建一个报表。报表不仅可以将数据库中的数据分析、处理结果打印出来,而且可以对要输出的数据进行汇总统计,还可以用图表来显示数据。

在 Access 数据库中,报表对象允许用户不用编程,仅通过可视化的直观操作就可以轻松地设计出各种精美的报表。

4. 窗体

窗体类似于在 Windows 环境下的应用程序窗口,是一种用于数据的输入、显示和应用程序的执行控制的数据对象，是应用程序与用户在屏幕上进行交流的特定窗口。

窗体通过各种控件来显示相关信息。窗体中的文本框、组合框和按钮等统称为控件，控件的外观、名称等都可以在窗体设计器中设置。在窗体中还可以运行宏和模块，以实现更为复杂的功能。窗体也能进行打印。

窗体的数据源可以是表、查询或 SQL 语句。在一个完整的数据库应用系统中，用户往往是通过窗体对数据库中的数据进行各种操作，而不是直接对表或查询对象等进行操作。

5. 宏

宏是由一个或多个操作组成的集合，其中每个操作实现特定的功能，例如打开某个表、打印某个报表等。这些操作都是系统预定义好的，用户不能自己创建。利用宏，可以不编写任何代码，就能自动完成对数据库的一系列操作。

宏可以是包含一个操作序列的基本宏，也可以是由多个子宏组成的宏组。一个操作执行与否还可以使用一个条件表达式进行控制，即通过 If 操作来设置条件，宏将根据条件结果的真假进行不同的操作。

宏是重复性工作最理想的解决办法。例如，可设置某个宏，在用户单击某个命令按钮时运行该宏，打开某个窗体。

宏可以单独使用，也可以在对象的事件里调用。用户还可以将宏转换为模块。

6. 模块

模块是用 VBA(Visual Basic for Applications)程序语言编写的程序集合。模块有两个基本类型：类模块和标准模块。类模块与某个窗体或报表相关联，标准模块存放供其他 Access 数据库对象使用的公共过程(子程序和函数)。

模块可以与窗体、报表等对象结合使用，完成宏等无法实现的复杂功能，开发各种各样的面向对象的数据库应用系统。

在 Access 各对象中，表是数据库的核心和基础，它存放数据库中的全部数据。窗体、查询和报表都从表中获取数据，满足用户的某一特定需求，例如，汇总统计、打印、检索等。宏和模块主要完成控制功能，用户可以在窗体和报表中直接或间接地调用宏或模块，完成复杂的数据库管理工作并使得数据库管理工作自动化。

在 Access 2007 以前的版本里还有一种数据访问页对象，它是一种特殊的 Web 页，可独立于 Access 数据库文件之外的对象。Access 2007 及其以后的版本将不再支持数据访问页对象。

13.2　创建和管理 Access 数据库

在 Access 2010 中，数据库是相关对象的集合，包括表、查询、窗体、报表、宏和模块等对象，都集中存储在一个扩展名为 .accdb 的数据库文件里。由于 Access 是把一个应用系统的所有对象都存放在一个数据库中，所以创建数据库是开发数据库应用系统的第一步，然后再根据设计要求在数据库中添加数据表，并建立表之间的关系。在此基础上，逐步创建查询、窗体和报表等其他对象，最后形成一个完整的数据库应用系统。

13.2.1 创建数据库

Access 2010 提供了两类数据库的创建,即 Web 数据库和传统数据库,本小节只介绍传统数据库的创建。建立数据库的方法主要有下面两种:

- 创建空数据库,然后再添加表、窗体、查询和报表等对象。
- 使用模板创建数据库。在创建数据库的同时,可以为所选的数据库类型创建所需的表、窗体和报表等。

1. 创建空数据库

空数据库是指没有任何对象的数据库,建好之后,再根据实际需求来添加表、查询和窗体等对象。这是创建数据库最灵活的方法。利用这种方法,可以创建出用户需要的各种数据库,但需要分别定义各数据库对象。

创建一个空数据库的步骤如下:

(1) 启动 Access 2010,打开如图 13-1 所示的 Access 启动窗口。

(2) 在打开的窗口中单击左侧的【新建】按钮,然后再单击【可用模板】区域中的【空数据库】按钮。

(3) 在右侧的【文件名】文本框中输入新建数据库的名称,这里输入"贷款管理",默认扩展名为". accdb"。如果想改变数据库的存储位置,可单击浏览按钮选择数据库保存位置。最后单击【创建】按钮即可完成数据库的创建。

新建"贷款管理"数据库是一个空白数据库,如图 13-5 所示,没有任何对象。在后面章节中,我们将根据需要来添加各种数据库对象。

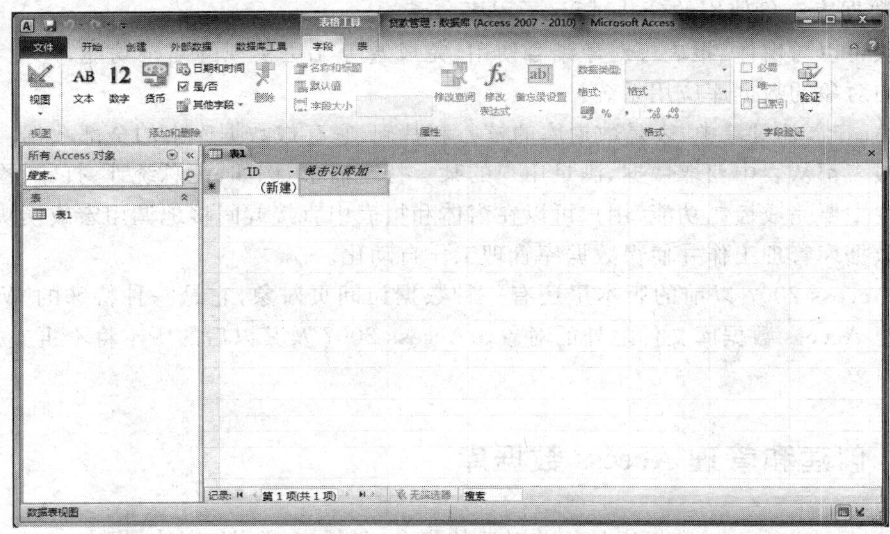

图 13-5 空数据库主窗口

2. 使用模板创建数据库

Access 模板是预先设计好的数据库,它包含了特定数据库应用系统所需的所有表、窗体和报表。

使用模板创建数据库就是利用 Access 提供的本机模板或联机模板，快速地建立一个数据库。该方法在创建数据库的同时也创建了相关的表、窗体、查询和报表等数据库对象。在此基础上，用户再根据实际需求，进行一些修改就可以构建一个完整的数据库应用系统。

在使用模板创建数据库时，可以选择通过样本模板、我的模板、最近打开的模板以及 Office. com 模板等多种方式创建。下面简要介绍使用样本模板创建数据库的步骤。

(1) 启动 Access 2010，打开如图 13-1 所示的 Access 启动窗口。

(2) 在【可用模板】区域单击【样本模板】按钮，从列出的 12 个模板中选择需要的模板，如图 13-6 所示。

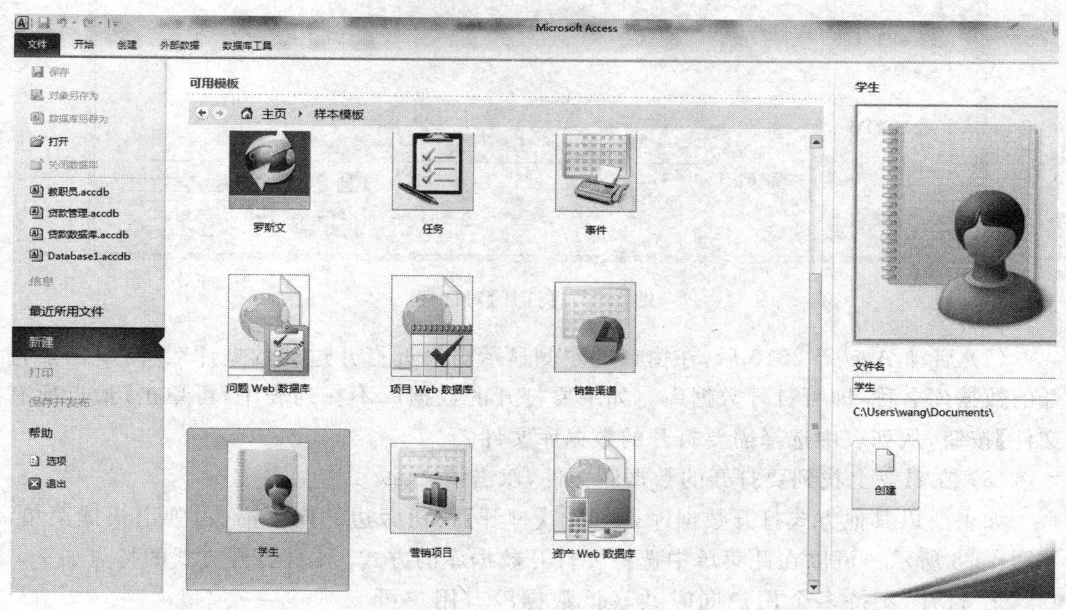

图 13-6　Access 模板数据库

(3) 在窗口右侧的【文件名】文本框中，更改数据库的名称和设置数据库的存储位置。

(4) 单击【创建】按钮，完成数据库的创建。

13.2.2　数据库的基本操作

数据库创建好后就可以使用和维护数据库了。下面介绍几个有关数据库的基本操作。

1. 打开数据库

所谓打开数据库是指将存储在外存储器中的数据库文件装入计算机系统的内存中，以便对数据库进行各种操作。打开数据库通常有以下几种方法：

(1) 启动 Access 2010 后，选择【文件】选项卡中的【打开】命令，弹出【打开】对话框，如图 13-7 所示。选择数据库所存放的位置(文件夹)和要打开的数据库文件，单击【打开】按钮，即可打开数据库。

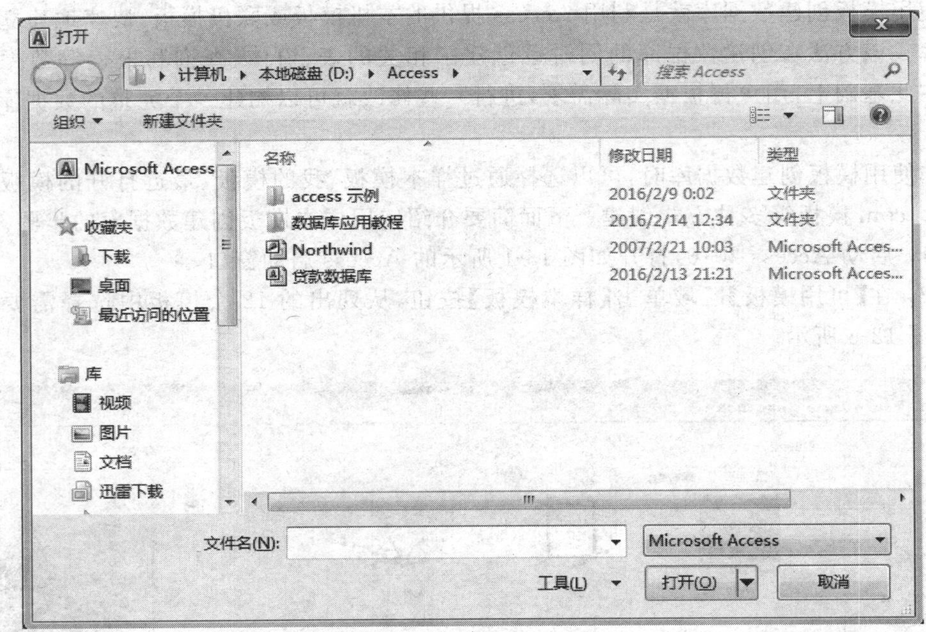

图 13-7 【打开】对话框

(2) 启动 Access 2010 后,在窗口的左侧显示出最近打开过的数据库名称,单击要打开的数据库名称,即可打开数据库。如果要打开的数据库不在列表中,可单击【最近所有文件】按钮,从列表中选择需要打开的数据库文件。

(3) 在磁盘上找到要打开的数据库文件,双击该文件。

如果要以其他方式打开数据库,则单击【打开】按钮旁边的向下箭头,弹出快捷菜单,如图 13-8 所示。可以在此菜单中选择要打开数据库的方式。4 种打开方式的特点如下。

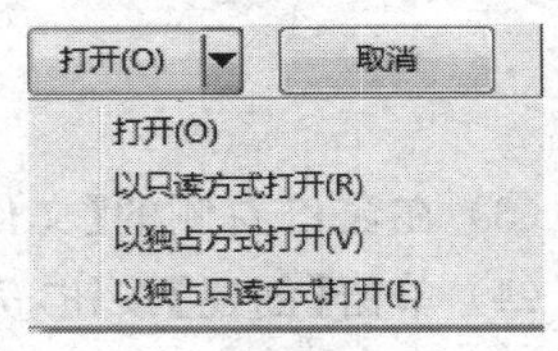

图 13-8 数据库的打开方式

- 打开:支持多个用户同时共享该数据库。用户可以创建、编辑数据库对象和读写数据。
- 以只读方式打开:此方式只能查看数据库对象和检索数据,不能编辑数据库对象,也不能更新数据。
- 以独占方式打开:此方式只允许单用户使用该数据库,禁止其他用户再打开该数据库。
- 以独占只读方式打开:具有只读和独占两种方式的属性,即不允许其他用户再打开数据库,该数据库里的对象和数据只能浏览,不能编辑。

2. 转换数据库文件格式

在 Access 2010 中,新建的数据库默认采用的是 Access 2007—2010 文件格式,如果希望将现有 Access 数据库转换为模板、Access 2002—2003 文件格式等其他文件类型,则可以单击【文件】选项卡中的【保存并发布】命令,在右侧【数据库另存为】列表中选择相关命令按钮来实现,如图 13-9 所示。

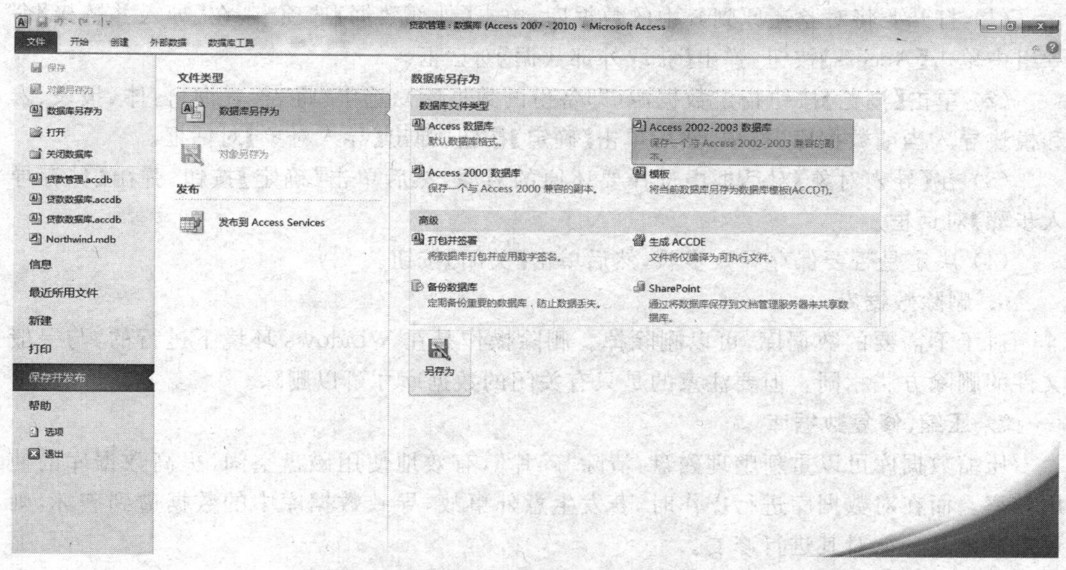

图 13-9　【保存并发布】界面

3. 关闭数据库

数据库操作结束后，就可以关闭数据库，释放内存空间。关闭数据库的方法主要有两种：

(1) 在数据库窗口下，选择【文件】选项卡中的【关闭数据库】命令，这只是关闭数据库，没有退出 Access。

(2) 单击窗口右上角的【关闭】按钮，即可关闭数据库。

4. 复制、移动、备份数据库

数据库的复制和移动操作是在 Windows 环境下进行的，与一般文件的复制、移动方法相同。

如果要备份数据库，可将数据库文件复制到指定存放的位置。在 Access 中，也能完成对数据库的备份。操作步骤是：

(1) 打开要备份的数据库，选择【文件】选项卡中的【保存并发布】命令，打开如图 13-9 所示的界面。

(2) 在窗口右侧【数据库另存为】列表中双击【备份数据库】按钮，弹出【另存为】对话框。

(3) 在【另存为】对话框中，系统自动赋予了备份数据库的文件名，即当前数据库名称加备份日期。指定数据库存放位置后单击【保存】按钮。

5. 还原数据库

对数据库进行备份后，可以还原数据库。既可以还原整个数据库，也可以有选择地还原数据库中的对象。

用备份的数据库文件替换目标数据库，就完成了整个数据库的还原。如果要还原部分数据库对象，可按下列操作步骤。

(1) 打开要将对象还原到其中的数据库,单击【外部数据】选项卡,在【导入并链接】命令组中单击【Access】按钮,弹出【获取外部数据】对话框。

(2) 单击【浏览】按钮指定数据源(即备份的数据库),选中"将表、查询、窗体、报表、宏和模块导入当前数据库"选项,然后单击【确定】按钮,弹出【导入对象】对话框。

(3) 在【导入对象】对话框中选择要还原的对象,然后单击【确定】按钮,弹出【保存导入步骤】对话框。

(4) 决定是否要保存导入步骤,然后单击【关闭】按钮。

6. 删除数据库

对于不需要的数据库,可以删除掉。删除操作是在Windows环境下进行的,与一般文件的删除方法相同。但要注意的是只有关闭的数据库才可以删除。

7. 压缩、修复数据库

压缩数据库可以重新整理磁盘,清除"碎片",有效地使用磁盘空间,提高数据库的使用效率。而在对数据库进行操作时,若发生意外事故,导致数据库中的数据遭到破坏,则可通过修复功能对其进行修复。

压缩和修复数据库的方法是:打开数据库,单击【数据库工具】选项卡,在【工具】命令组中单击【压缩和修复数据库】按钮。

8. 设置数据库密码

Access提供了对数据库的安全管理,其中一种简便的方法是给数据库设置密码。设置数据库密码的操作过程如下:

(1) 在打开数据库时,选择"以独占方式打开"。

(2) 在数据库主窗口下,选择【文件】选项卡中的【信息】命令,单击【用密码进行加密】按钮。

(3) 在弹出的【设置数据库密码】对话框中,输入密码和验证密码。单击【确定】按钮。

13.3 创建表对象

表是用来存储数据的地方,是整个数据库的基础。其他的数据库对象,如查询、窗体和报表等都是建立在表的基础上并使用的。创建空数据库之后,就可以在数据库中创建表对象。表由表结构和表的记录两部分组成。通常,把表名、表的字段、字段的数据类型、字段的属性设置、表的主关键字的定义视为表结构的定义;而把对表中记录的操作视为表的数据操作。

Access 2010提供了下面4种视图。

- 数据表视图:用于显示表的各记录值。既可以添加、删除和搜索数据,也可以删除、添加字段。
- 表设计视图:用于创建、修改和显示表结构,不显示表的数据。
- 数据透视表视图:用于汇总并分析数据表或窗体中数据的视图。可以通过拖动字段和项,或通过显示和隐藏字段的下拉列表中的项,来查看不同级别的详细信息或指定布局。

- 数据透视图视图：用于显示数据表或窗体中数据的图形分析的视图。可以通过拖动字段和项，或通过显示和隐藏字段的下拉列表中的项，来查看不同级别的详细信息或指定布局。

13.3.1　创建表的方法

Access 2010 根据用户的不同需要，提供多种创建表的方法。

(1) 使用模板创建表。Access 提供了若干示例表，用户可以利用这些示例表来创建新表，不仅快捷方便，而且不容易出错。

(2) 通过输入数据创建表。这是建表最简单的方式。用户在数据表视图下指定字段名和数据类型来创建一个新表。

(3) 使用设计器创建表。利用表设计视图，用户既可以创建新表，还可以对现有的表结构进行修改。

(4) 通过导入/链接创建表。利用导入工具，可以将外部数据源的数据复制到 Access 数据库中，形成新表，也可以将外部数据添加到与之有着相匹配字段的现有表中。通过链接使用户可以直接使用外部数据源的数据，而这些数据本身并没有存储在当前数据库中。

这 4 种创建表的方式各有各的优点，适用于不同的情况。

下面以使用设计器创建表为例来创建表。

1. 在设计视图中创建表的一般过程

(1) 启动设计视图

在数据库主窗口中，单击【创建】选项卡，在【表】命令组里单击【表设计】按钮，打开表的设计视图。

(2) 定义表的字段

在表的设计视图中定义表的各个字段，主要包括字段名称、字段的数据类型和说明，如图 13-10 所示。字段名称和数据类型是必须输入的，说明是可选项，其作用是对字段的注释，帮助用户了解该字段的含义和用途。在数据表视图或窗体中，当光标移到该字段时，其说明的内容将在窗口底部的状态栏中显示出来。

(3) 设置字段属性

在表的设计视图下方是【字段属性】栏，包含【常规】和【查阅】两个选项卡。【常规】选项卡用来设置字段的大小、标题和格式等。【查阅】选项卡显示在数据表视图或相关窗体中该字段所用的控件。关于字段属性的设置将在 13.3.2 节介绍。

(4) 定义主键

尽管主键不是表中必须定义的，但应该根据实际应用来定义主键，保证每条记录不会完全重复。

(5) 保存表文件

单击快速访问工具栏中的【保存】按钮，在弹出的【另存为】对话框中输入表的名称，输入名称后单击【确定】按钮，完成表的创建工作。

2. 字段的命名规则

表中的一列称为一个字段，而每一个字段均具有唯一的名字，称为字段名称。字段名

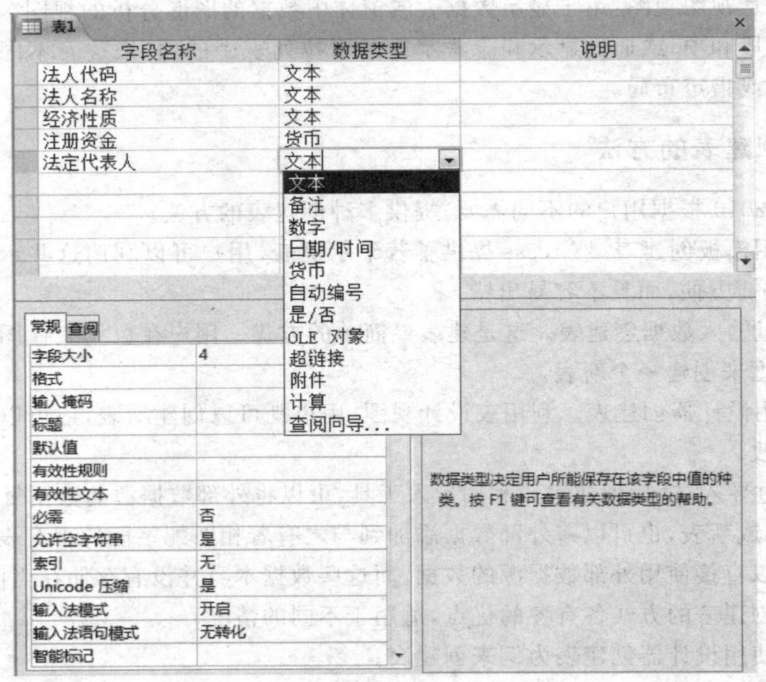

图 13-10　表的设计视图

称的长短要适当：太短，不足以标识一个字段；太长，不但不易记忆，而且不易被引用。字段的命名规则如下：

- 字段名最多可达 64 个字符长，在 Access 中一个汉字当作一个字符看待。
- 字段名可以包含字母、汉字、数字和空格，以及除小数点(.)、感叹号(!)、方括号([和])、西文单引号('和')、西文双引号("和")以外的所有特殊字符。
- 字段名不能以空格开头，也不能包含控制字符(ASCII 值从 0～31 的字符)。
- 字段名尽量不要与 Access 内置函数或者属性名称相同。

字段的命名规则也适用于对 Access 的数据库对象(如窗体、报表等)和控件(如按钮、文本框等)的命名规则，只是控件名称的长度最多可达 255 个字符。

3. 字段的数据类型

由于数据有不同的类型，因此，用于存放数据的字段也要有不同的类型。在设计表时必须根据字段的内容选择相应的数据类型。Access 提供了 12 种数据类型。关于数据类型的说明参见表 13-1。

表 13-1　Access 的 12 种数据类型

数据类型	用　途	长　度
文本	存储由汉字、英文字母、文本型数字组成的数据，如地址、电话号码和邮编等。	最长为 255 个字符
备注	存储长度较长的文本和文本型数字，如备忘录、简历等。	最长为 65 535 个字符

续表

数据类型	用途	长度
数字	存储可用来进行算术计算的数字数据，如年龄、数量等。具体的数字类型可由“字段大小”属性进一步定义。	长度为 1、2、4 或 8 个字节，与“字段大小”的属性定义有关
日期/时间	存储日期和时间数据，如出生日期、参加工作日期等。	8 个字节
货币	存储货币值，如工资、金额等。使用货币数据类型可以避免计算时四舍五入引起的计算误差。系统自动将货币字段的数据精确到小数点前 15 位及小数点后 4 位。	8 个字节
自动编号	在添加记录时自动插入的唯一顺序（每次递增 1）或随机编号。一个表只能有一个自动编号型字段，该字段中的顺序号永久与记录相连，不能人工指定或更改自动编号型字段中的数值。删除表中含有自动编号字段的记录以后，系统将不再使用已被删除的自动编号字段中的数值。	4 个字节
是/否	存储逻辑数据。这种类型只包含两种值中的一种，如 Yes/No、True/False、On/Off。	1 位
OLE 对象	可以将其他使用 OLE 协议程序创建的对象（如 Word 文档、Excel 电子表格、图像、声音或其他二进制数据）链接或嵌入 Access 表中。OLE 对象必须在窗体或报表中用控件来显示。不能对 OLE 对象型字段进行排序、索引或分组。	最大可为 1 GB
超链接	保存超链接地址。可以是某个 UNC 路径或 URL，如电子邮件、网页等。	数据类型三部分中的每部分最多含 2048 个字符
附件	与电子邮件的附件类似，可以将图像、文档、电子表格等文件和与之相关的记录存储在一起。使用附件可以将多种类型的文件存储在单个字段之中。与 OLE 对象型相比，附件型有着更大的灵活性，可以更高效地使用存储空间。	
计算	用于计算的结果。计算时必须引用同一张表的其他字段。	
查阅向导	用来创建一个“查阅”字段，允许用户使用组合框或列表框从另一个表或值列表中选择值。选择该类型后，将打开向导以进行定义。	与用于执行查阅的主键字段大小相同，通常为 4 个字节

要想进一步了解如何决定表中字段的数据类型，单击表设计窗口中的“数据类型”列，然后按 F1 键，打开帮助的 DataType 属性来查看。

4. 设置主键

能唯一标识表中每条记录的字段或字段集称为候选关键字。一个表可以有多个候选关键字，选定其中一个作为主关键字，也称为主键。指定了表的主键之后，Access 将不允许在主键字段中输入重复值或 NULL 值。

(1) 主键的作用

- 保证表中的所有记录都能够被唯一识别；
- 保持记录按主键值的顺序排序；

- 提高查询和排序的速度;
- 可用来将表和另一个表中的外键相关联,实现参照完整性约束。

(2) 主键的类型

在 Access 2010 中可以设置3种主键,即自动编号、单字段及多字段主键。

- "自动编号"主键:将数据类型为自动编号的字段指定为表的主键是创建主键的最简单的方法。如果在保存新建的表之前未设置主键,则 Access 会询问是否要创建主键,如果回答为"是",Access 将创建一个数据类型为"自动编号"的主键。
- 单字段主键:如果有一个字段的值永不重复,也不为空值,例如法人编号或银行编号,则可以将该字段指定为主键。
- 多字段主键:在不能保证任何单字段包含唯一值时,可以将两个或更多的字段指定为主键。

(3) 设定和删除主键的方法

在表设计器中设置主键的步骤如下。

- 在表设计视图中,单击字段名称左边的字段选择器,选择要作为主键的字段。如果是多字段主键,在单击字段选择器的同时按住 Ctrl 键可以同时选择多个字段。
- 单击【表格工具/设计】选项卡中的【工具】命令组里的【主键】按钮,或者右击,在弹出的快捷菜单中选择【主键】命令,则在选定字段的左边显示钥匙标记。

如果要删除主键,只要重复上面两步操作即可。

例 13-1 在表的设计视图下,建立贷款管理数据库所需的三张表:银行表、法人表和贷款表。这三张表的结构见表 13-2。

表 13-2 贷款管理数据库下的表结构

表 名	字段名称	数据类型	字段大小	说 明
银行表	银行代码	文本	5	主键
	银行名称	文本	10	
	电话	文本	8	
法人表	法人代码	文本	3	主键
	法人名称	文本	15	
	经济性质	文本	2	
	注册资金	货币		
	法定代表人	文本	4	
贷款表	法人代码	文本	3	主键,为引用法人表的"法人代码"的外部关键字
	银行代码	文本	5	主键,为引用银行表的"银行代码"的外部关键字
	贷款日期	日期/时间		主键
	贷款金额	货币		
	贷款期限	数字	整型	

创建以上三张表的具体步骤如下：

(1) 打开贷款管理数据库，单击【创建】选项卡，在【表】命令组里单击【表设计】按钮，打开表的设计视图。

(2) 在表的设计视图下，输入字段名称，选择数据类型，设置字段大小，具体设置参见表 13-2 中的表结构。

(3) 设置主键，每张表对应的主键字段分别是：银行表(银行代码)、法人表(法人代码)和贷款表(法人代码＋银行代码＋贷款日期)。

(4) 单击快速访问工具栏中的【保存】按钮，在弹出的【另存为】对话框中，输入表的名称，如银行表，然后单击【确定】按钮。

重复以上步骤，依次创建银行表、法人表和贷款表，并定义主键。

13.3.2　字段的属性设置

在表的设计视图中，除了要在视图的上方窗格中定义字段名称、数据类型等基本属性之外，通常还需要在视图的下方窗格中设置字段的其他属性，以进一步完善表的设计，保证数据使用的安全和方便。

在 Access 表中，一个字段通常有多个属性项，不同数据类型的字段，其属性项不完全相同。系统为各种数据类型的各项属性设定了默认值。

要想设置某个字段的属性，需要打开该字段所在表的设计视图，在窗口的上方选定该字段，然后在窗口下方的“字段属性”窗格中对该字段的属性进行设置。下面介绍字段的属性。

1. 字段大小

只有当字段数据类型设置为文本型、数字型和自动编号类型时，这个字段的“字段大小”属性才是可设置的，其他类型的字段大小都是固定的。

(1) 文本型：表示字段的长度，最多为 255 个字符。

(2) 自动编号型：可设置为长整型和同步复制 ID(全球的唯一标识符，为 16 个字节)，系统默认值为长整型。

(3) 数字型：表示数字的精度或范围。其值从字段大小属性的下拉列表框中选择，默认值为长整型。数字型字段大小的可设置值如表 13-3 所示。

表 13-3　数字型字段大小的设置

设　置	取 值 范 围	小数位数	所占字节数
字节	0～225 之间的整数	无	1 个字节
整型	-2^{15} ～ $2^{15}-1$ 之间的整数	无	2 个字节
长整型	-2^{31} ～ $2^{31}-1$ 之间的整数	无	4 个字节
单精度型	-3.4×10^{38} ～ 3.4×10^{38}	7	4 个字节
双精度型	-1.8×10^{308} ～ 1.8×10^{308}	15	8 个字节

2. 格式

【格式】属性决定了数据的显示和打印方式，它只改变数据的显示方式，不会影响数据的存储方式。除了附件、OLE 对象类型以外，其他的数据类型都可以设置格式，不同数据类型的字段有着不同的【格式】属性，具体参见表 13-4 至表 13-6。

表 13-4 文本/备注型字段的预定义格式

设 置	说 明
@	要求文本字符(不足规定长度，自动在数据前补空格，右对齐)
&	不要求文本字符
＜	使所有字母变为小写显示
＞	使所有字母变为大写显示

表 13-5 日期/时间型字段的预定义格式

设 置	说 明
常规日期	(默认值)如果数值只是一个日期，则不显示时间；如果数值只是一个时间，则不显示日期。示例：2010-01-10 15:20:00
长日期	与 Windows【控制面板】中的【区域和语言选项】对话框中的“长日期”设置相同。示例：2010 年 1 月 10 日
中日期	示例：10-01-10
短日期	与 Windows【控制面板】中的【区域和语言选项】对话框中的“短日期”设置相同。示例：2010-01-10
长时间	与 Windows【控制面板】中的【区域和语言选项】对话框中的“时间”设置相同。示例：15:20:00
中时间	示例：下午 3:20
短时间	示例：15:20

表 13-6 数字/货币型字段的预定义格式

设置	说明
常规数字	(默认值)以输入的方式显示数字
货币	与 Windows【控制面板】中的【区域和语言选项】对话框中的“货币”设置相同。示例：￥3,456.79
欧元	示例：€ 3,456.79
固定	显示至少一位数字。示例：3456.79
标准	使用千位分隔符。示例：3,456.79
百分比	将数值乘以 100 并附加一个百分号(%)。示例：12.30%
科学计数	使用标准的科学记数法。示例：3.46E+03

例 13-2 设置“银行表”中的“电话”字段(文本型,字段大小为 8)的格式,如表 13-7 所示。

表 13-7 设置“电话”字段的格式

格式	输入的数据	显示的数据
&&&&&&&&.	1234	1234
	12345678	12345678
@@@@@@@@	1234	1234
	12345678	12345678
(@@@)@@@@@	1234	( ) 1234
	12345678	(123)45678

例 13-3 设置“法人表”中的“注册资金”字段(货币型)的格式,如表 13-8 所示。

表 13-8 设置“注册资金”字段的格式

格式	输入的数据	显示的数据
货币	1200	￥1,200.00
标准	1200	1,200.00
固定	1200	1200.00
#\万	1200	1200 万

例 13-4 设置“贷款表”中的“贷款日期”字段(日期/时间型)的格式,如表 13-9 所示。

表 13-9 设置“贷款日期”字段的格式

格式	输入的数据	显示的数据
长日期	2010-2-10	2010 年 2 月 10 日
中日期	2010-2-10	10-02-10
yyyy/mm/dd	2010-2-10	2010/02/10

3. 输入掩码

“输入掩码”属性用于为文本型、数字型、货币型和日期/时间型字段设置输入数据时的格式。利用“输入掩码”可防止非法数据输入表中。Access 为文本和日期/时间型字段提供了输入掩码向导。

“输入掩码”属性由三部分组成,各部分之间用分号(;)分隔。输入掩码的定义格式为:格式符号;0(或 1);["符号串"]。其中第一部分是用输入掩码字符定义数据的输入格式,输入掩码字符如表 13-10 所示。第二部分设置数据的存储方式,如果为 0,则按显示的格式存放;如果为 1,则只存放数据。第三部分用来定义一个标明输入位置的符号,默认情况下使用下划线。第一部分是必需的,后两部分可以省略。

表 13-10　输入掩码字符的含义

字　符	字符含义
0	必须输入一位数字 0～9,不允许输入加号(＋)或减号(－)。 例如,掩码:(000)00000,输入:(010)12345。
9	可以输入一位数字 0～9 或空格,不允许输入加号(＋)或减号(－)。 例如,掩码:(999)99999,输入:(　)1234。
#	可以输入数字、空格、加号(＋)或减号(－)。 例如,掩码:####,输入:2＋15。
L	必须输入一个英文字母,大小写均可。 例如,掩码:LLLL,输入:Abcd。
?	只能输入英文字母或空格,字母大小写均可。 例如,掩码:????,输入:a　d。
A	必须输入英文字母或数字,字母大小写均可。 例如,掩码:(000)AAA,输入:(010)5cd。
a	可以输入英文字母、数字或空格,字母大小写均可。 例如,掩码:aaaa,输入:5 bc。
&	必须输入一个字符或空格。 例如,掩码:&&&&,输入:$6Y$。
C	可以输入一个字符或空格。 例如,掩码:CCCC,输入:$5A%。
. , : ; － /	句点、逗号、冒号、分号、减号、正斜线,用来设置小数点、千位、日期时间分隔符。
\	将后面所有字符按原样显示(如\abc,只显示 abc)。
密码	以*号显示输入的字符。

4. 有效性规则和有效性文本

"有效性规则"属性可以防止非法数据的输入。当输入的数据违反了"有效性规则"的设定值时,系统将给用户显示"有效性文本"设置的提示信息,并将光标停留在该字段上,直到输入的数据符合有效性规则为止。

有效性规则要用 Access 2010 表达式来描述,表达式的具体书写方法将在第 14 章介绍。

例 13-5　要求"法人表"中的经济性质字段只能取"国营"、"私营"、"集体"或"三资"这 4 个值。当输入的值不在此范围内时,则显示"输入值只能是国营、私营、集体或三资"的提示信息。

操作过程如下:

(1) 打开"法人表"设计视图;

(2) 单击"经济性质"字段;

(3) 在"有效性规则"属性输入框输入"In ('国营','私营','集体','三资')",在"有效性文本"属性输入框输入"输入值只能是国营、私营、集体或三资",如图 13-11 所示。

在 Access 中,不仅可以为一个字段设置有效性规则,还可以同时为多个字段设置有效性规则,这种规则成为表的有效性规则。

常规	查阅
字段大小	2
格式	
输入掩码	
标题	
默认值	
有效性规则	In ('国营','私营','集体','三资')
有效性文本	输入值只能是国营、私营、集体或三资
必需	否

图 13-11　经济性质字段的"有效性规则"和"有效性文本"属性

例 13-6　要求"法人表"中的法人代码字段必须以"E"开头，注册资金必须是正数。

设置的方法如下：

(1) 打开"法人表"设计视图；

(2) 单击【表格工具/设计】选项卡，在【显示/隐藏】命令组中单击【属性表】按钮，打开【属性表】窗口；

(3) 在打开的【属性表】窗口中设置有效性规则和有效性文本属性，如图 13-12 所示。

属性表

所选内容的类型：表属性

常规	
断开连接时为只读	否
子数据表展开	否
子数据表高度	0cm
方向	从左到右
说明	
默认视图	数据表
有效性规则	[法人代码] Like "E*" And [注册资金]>=0
有效性文本	法人代码必须以 "E" 开头，注册资金必须为正数！
筛选	

图 13-12　设置表的有效性规则

5. 标题

字段的标题是对字段名更具体的描述，用于替换在数据表视图、报表或窗体中显示相应的字段名。例如，为了操作方便，通常给字段命名为英文名称或汉语拼音的缩写，但又要在显示时显示中文字段名或对某字段的字段名进行更详细的显示，因此通过"标题"属性进行设置。

如果字段没有设置标题，则系统默认字段名即为字段的显示标题。需要注意的是，标题仅改变列的显示名称，不会改变字段名称。在窗体、报表等对象引用该字段时仍需使用字段名。

6. 必需

用于设置这个字段是否允许空着，不输入数据。当设置成"是"时，表示必须填写本字段，即不允许本字段的数据为空。当设置成"否"时，表示可以不必填写本字段，即允许本字段的数据为空。

7. 默认值

"默认值"是在插入新记录时自动添加到字段中的值。使用默认值的目的是简化输入。默认值的数据类型应该与该字段的数据类型一致。

8. 索引

索引可以加快数据的查询、排序及分组操作。不能建立索引的字段类型有OLE对象型、附件型和计算型。

(1) 索引的分类

按照功能,可以将索引分成以下三种。

- 主索引:Access自动将主键设置为主索引,即主键就是主索引。主索引的值不能重复,也不能为空值。一个表只能创建一个主索引。
- 唯一索引:该索引字段的值不能重复。在Access中,可以创建多个唯一索引。
- 普通索引:该索引字段的值可以重复。可以创建多个普通索引。

按照字段数分类,可将索引分成单字段索引和多字段索引两类。多字段索引是指为多个字段复合创建的索引,如“贷款表”中定义索引字段是“法人代码+银行代码+贷款日期”。

(2) 索引的创建

在表设计视图和索引窗口中都可以创建索引。通常,对单个字段的索引,其设置方法可在表设计视图的字段常规属性栏中进行。即通过设定需建索引字段的“索引”属性值,来实现字段索引的建立。“索引”属性有三种取值:

- 无:字段没有索引。
- 有(有重复):建立索引,而且索引字段的值允许重复。
- 有(无重复):建立索引,而且索引字段的值必须唯一,不允许重复。

多字段的索引,可以直接在索引对话框中建立。

例13-7 为“法人表”建立多字段的普通索引,索引字段是“经济性质+注册资金”。

建立索引的步骤如下:

- 打开“法人表”设计视图。
- 单击【表格工具/设计】选项卡,在【显示/隐藏】命令组中单击【索引】按钮,弹出【索引】对话框。
- 在【索引名称】列中,输入所需要的索引名称;在【字段名称】列中,通过下拉式列表框选择索引字段,如经济性质和注册资金;在【排序次序】列中,选定排序次序,如图13-13所示。

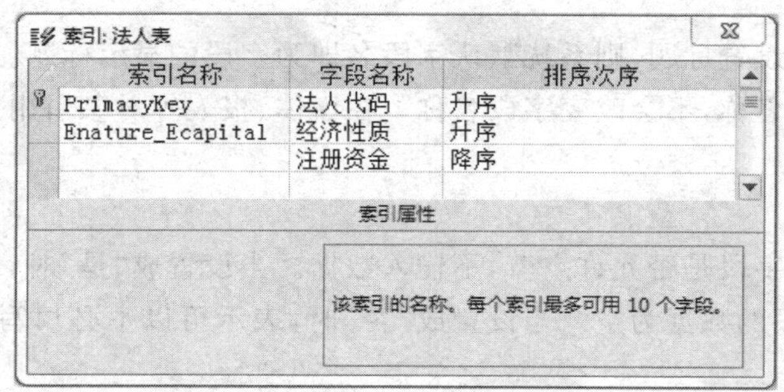

图13-13 为“法人表”建立多字段的普通索引示例

· 关闭【索引】对话框，保存操作。

9. 小数位数

对数字/货币型数据类型，可设定“小数位数”属性。该设置只影响数据的显示方式，不影响所存储数值的精度。

10. 允许空字符串

用于文本型字段，设置是否允许输入空字符串(字符串长度为 0)。

13.3.3　输入和编辑数据

表结构建立好之后就可以在数据表视图中添加、修改和删除记录。打开数据表视图的方法主要有以下三种。

(1) 在导航窗格中，双击要打开的表。

(2) 在导航窗格中，右键单击要打开的表，在弹出的快捷菜单中选择【打开】命令 打开(O)。

(3) 如果表处于设计视图状态下，单击【表格工具/设计】选项卡，在【视图】命令组中单击【视图】按钮。

选择上面任意一种方法，都可以打开如图 13-14 所示的数据表视图。

(1) 添加记录

以数据表视图方式打开表时，表的最末端有一空白行，其行选定器上有一个“*”符号，如图 13-14 所示，可以在此行中向各个字段添加数据。

银行表

	银行代码	银行名称	电话	单击以添加
	B1100	工商银行北京分行	010-4573	
	B111A	工商银行北京A支行	010-3489	
	B111B	工商银行北京B支行		
	B111C	工商银行北京C支行	010-5729	
	B1210	工商银行上海支行	021-5639	
	B121A	工商银行上海A支行	021-8759	
	B2100	交通银行北京分行	010-6829	
	B211A	交通银行北京A支行	010-9045	
	B211B	交通银行北京B支行		
	B3200	建设银行上海分行	021-6739	
	B321A	建设银行上海A分行	021-9035	
*				

图 13-14　数据表视图

不同类型的字段，输入数据的方法有所不同。像文本型、数字型等常规类型的字段值可以在数据表视图中直接输入。自动编号型和计算型的字段值由系统自动生成，用户不能修改。在录入 OLE 对象型数据时，需单击鼠标右键，在打开的快捷菜单中选择【插入对象】命令，在弹出的对话框中选择要插入的对象。在录入附件型数据时，双击表中的附件型字段，打开【附件】对话框。在该对话框中可以添加、管理和编辑附件，附件添加成功后，附件型字段列中会显示附件的个数。对于备注型字段，由于它包含的数据量一般都比较大，而表中字段列的数据输入空间有限，可以使用 Shift＋F2 组合键打开【缩放】对话框，在该对话框中输入和编辑数据。

(2) 修改记录

除了自动编号型和计算型的数据不能修改之外,其他类型的数据都可以在数据表视图中修改。在修改记录之前,需找到要修改的记录。如果表中存储了大量的数据,可以使用数据表视图窗口底部的导航按钮,如图13-15所示,以便快速定位记录。

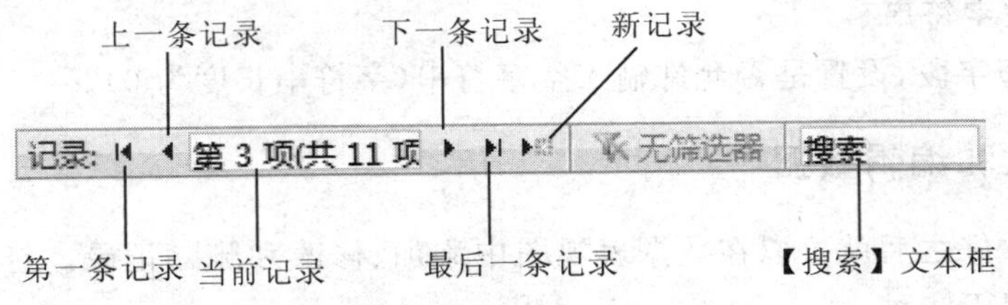

图13-15 记录的导航按钮

(3) 删除记录

在数据表视图中,选择要删除的记录,按Delete键可以实现所选记录的删除。需要注意的是:被删除的记录是不能再恢复的。

13.4 获取外部数据和导出数据

在Access中,通过数据的导入、链接和导出,可以与其他数据源共享数据,这包括从外部数据源获取数据,或者将Access中的数据输出到其他格式的文件。Access 2010可以访问的数据源包括各种关系型数据库、文本文件、XML、HTML文档和Excel等。

13.4.1 获取外部数据

Access提供了两种方法来获取外部数据源的数据。

(1) 导入:将外部数据导入当前数据库。导入的数据一旦操作完毕就与外部数据源无关。

(2) 链接:数据仍保存在外部,以当前格式使用但不导入。链接的数据只在当前数据库中形成一个链接表对象,其内容随着数据源的变化而变化。

1. 导入与链接

导入与链接的本质不同,导入是把整个数据"复制"过来,而链接只是去"使用"它,所以导入过程较慢,但操作较快;而链接则相反,它的过程快,但以后的操作较慢。

导入与链接的操作过程几乎相同,但在Access的导航窗格中,导入表与链接表的图标却不一样。导入形成的数据表对象就如同在Access表设计视图中新建的数据表对象一样,是一个与外部数据源没有任何联系的Access表对象,所以使用的是表图标▦;而链接表由于与数据源有关,所以其图标会随着数据源的不同而不同。

何时该应用何种获取外部数据的方式,需根据具体应用需求而定。使用导入、链接的原则如下:

- 如果外部数据太大,根本不可能导入,或者导入进来之后,硬盘就没有缓冲的空间了,这种情况下只能使用链接。

- 如果外部数据很小，而且不会经常改变，那可以使用导入。如果内容常常变更，那么即使文件很小也应该使用链接，这样比较方便。
- 如果数据不需要和其他用户共享，则可以使用导入，否则就应该使用链接。
- 如果很重视操作速度，希望得到最佳的使用效率，那么应该使用导入。

下面以导入数据为例说明获取外部数据的操作过程。

2. 导入文本文件的数据

例 13-8　将文本文件"贷款表. TXT"导入 Access 数据库。

导入文本的操作步骤如下。

(1) 单击【外部数据】选项卡，在【导入并链接】命令组中单击【文本文件】按钮，在弹出的【获取外部数据-文本文件】对话框中指定数据源和数据的存储方式，如图 13-16 所示。

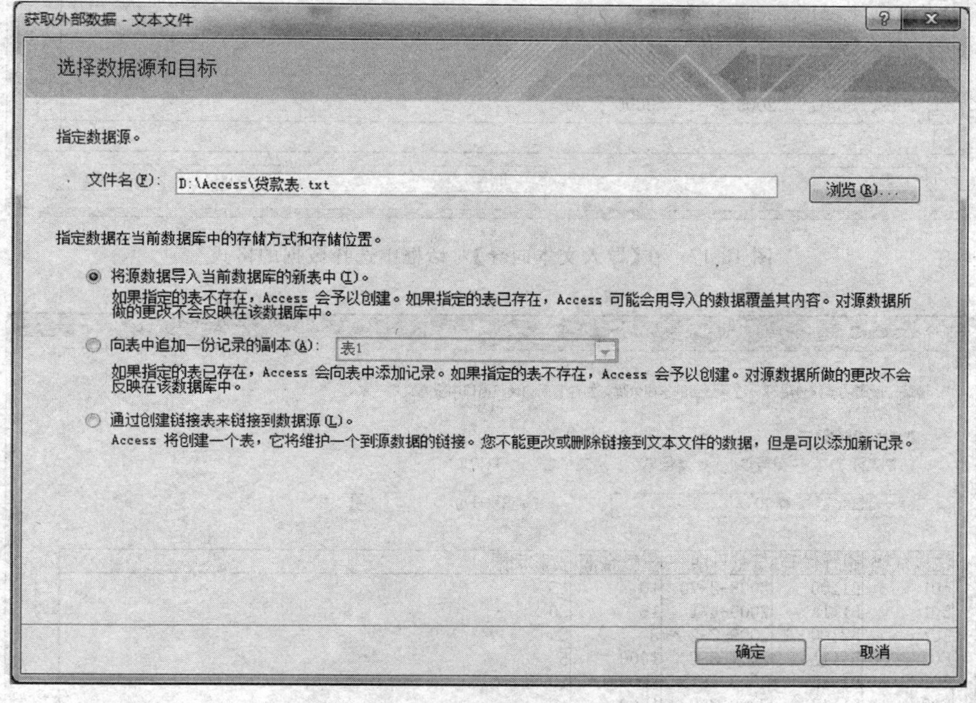

图 13-16　【获取外部数据-文本文件】对话框

(2) 单击【浏览】按钮选择要导入的文件，在指定数据存储方式时，由于是将数据导入当前数据库的新表中，所以选择第一个选项。单击【确认】按钮，打开【导入文本向导】第一个对话框，如图 13-17 所示。选择数据是"带分隔符"还是"固定宽度"，这里选择"带分隔符"选项。可以单击【高级】按钮，在打开的窗口中设置文本文件的格式和字符集等。单击【下一步】按钮。

(3) 在如图 13-18 所示的【导入文本向导】第二个对话框中，选择字段分隔符、文本识别符。如果第一行数据是字段名称，则勾选"第一行包含字段名称"复选框。然后单击【下一步】按钮。

(4) 在【导入文本向导】第三个对话框中，对导入的每一个字段信息进行必要的更改

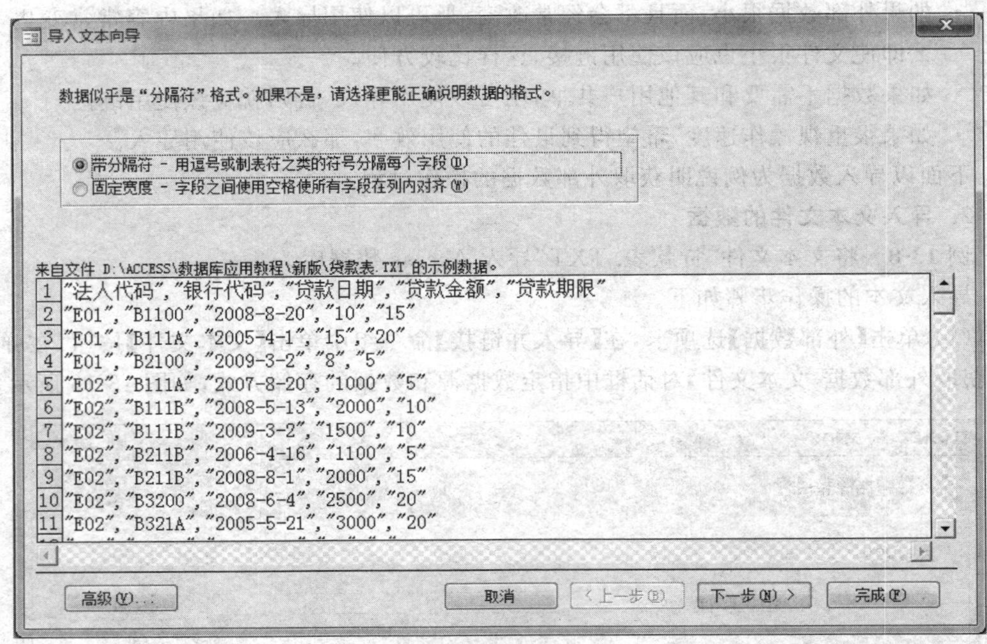

图 13-17　在【导入文本向导】对话框中选择数据的格式

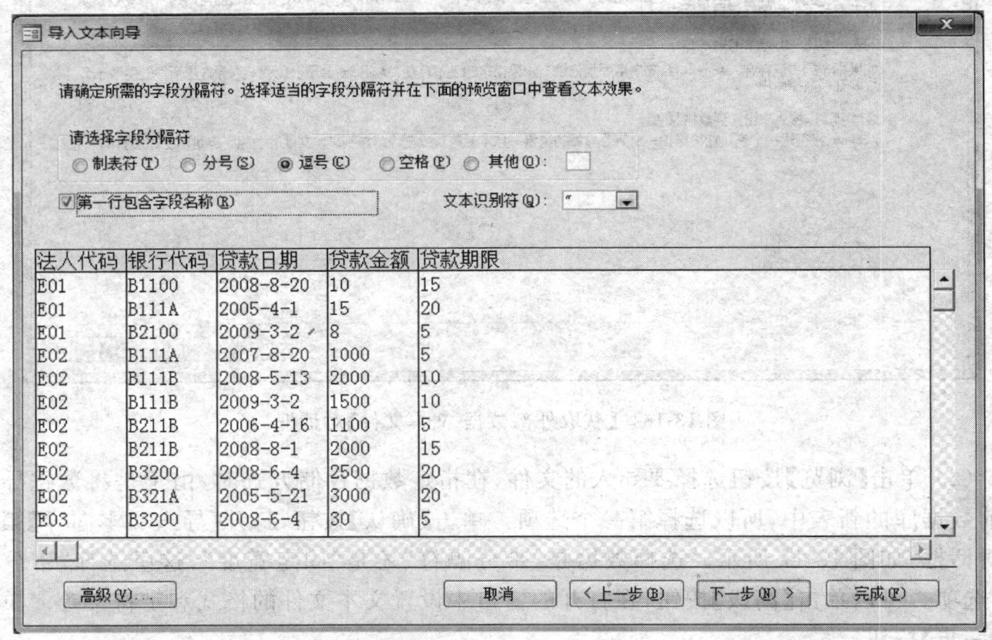

图 13-18　在【导入文本向导】对话框中设置文件的格式

(包括字段名、数据类型、索引、是否跳过该字段等),单击【下一步】按钮。

(5) 在如图 13-19 所示的【导入文本向导】第四个对话框中,为表定义主键。由于贷款表的主键由多个字段构成，所以这里选择“不要主键”(先暂时不设置主键，导入数据后通过表设计视图再设置主键)，单击【下一步】按钮。

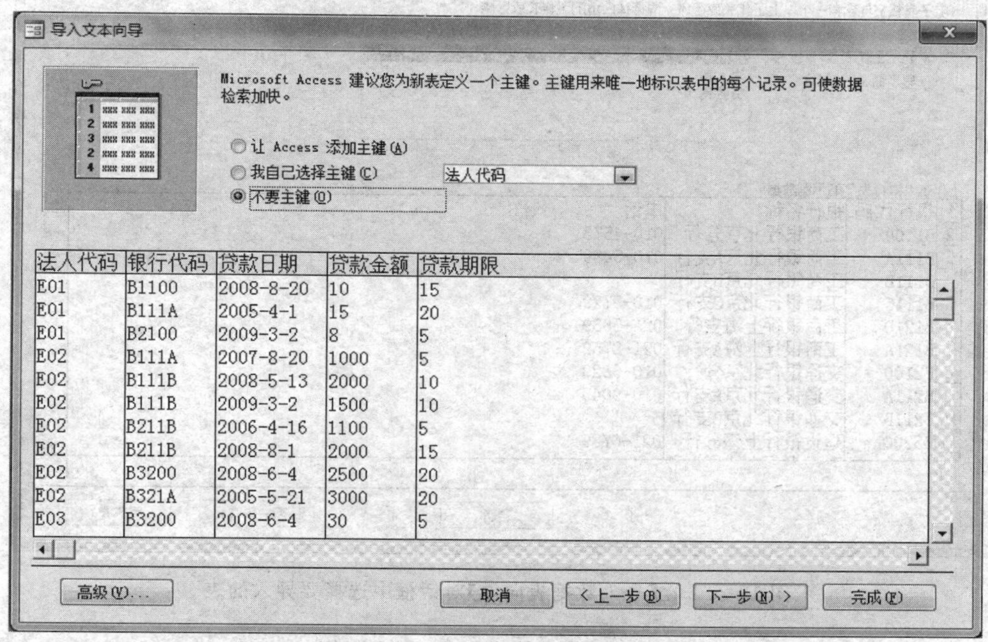

图 13-19　在【导入文本向导】对话框中定义主键

(6) 在【导入文本向导】第五个对话框的【导入表】文本框中输入导入表名称，这里输入“贷款表”。

(7) 单击【完成】按钮，弹出【导入文本向导】第六个对话框，决定是否要保存这些导入步骤。如果要保存导入步骤，则勾选“保存导入步骤”复选框。单击【关闭】按钮，完成文本数据的导入。

3. 导入 Excel 文件的数据

例 13-9　将“贷款数据.xls”文件中的银行表导入 Access 数据库。

导入 Excel 数据的操作步骤与导入文本文件的过程类似，操作过程如下。

(1) 单击【外部数据】选项卡，在【导入并链接】命令组中单击【Excel】按钮，打开【获取外部数据-Excel 电子表格】对话框，在对话框中指定数据源和数据的存储方式。这里仍然选择将数据导入当前数据库的新表中。单击【确定】按钮。

(2) 在打开如图 13-20 所示的【导入数据表向导】第一个对话框中，选择需要导入的工作表(如银行表)，单击【下一步】按钮。

(3) 在【导入数据表向导】第二个对话框中，如果第一行数据是字段名称，则选中“第一行包含列标题”复选框，然后单击【下一步】按钮。

(4) 在【导入数据表向导】第三个对话框中，对字段信息进行必要的更改，单击【下一步】按钮。

(5) 在【导入数据表向导】第四个对话框中，为表定义主键，这里选择“我自己选择主

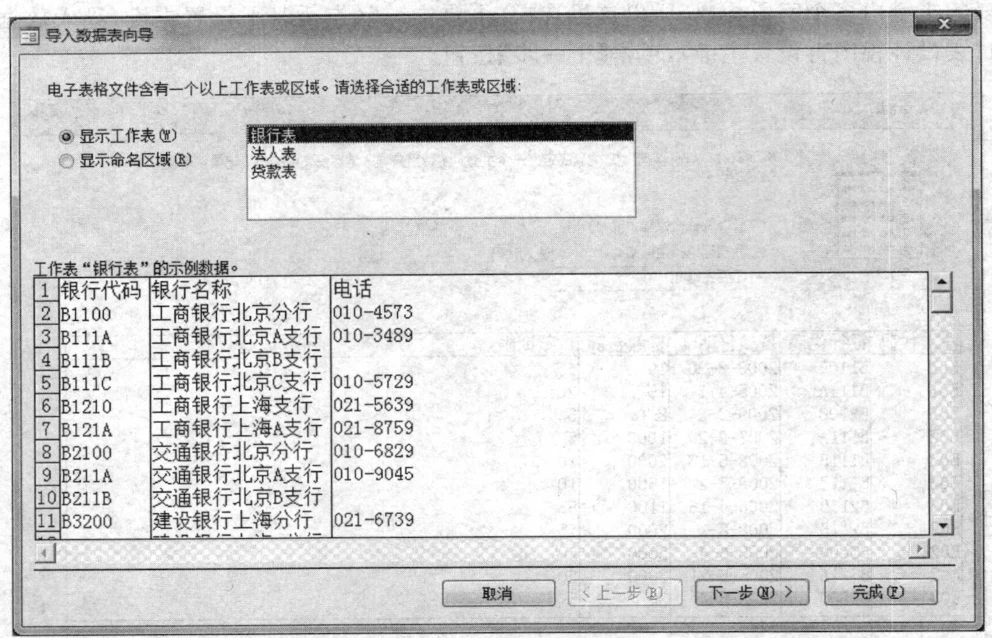

图 13-20 在【导入数据表向导】对话框中选择要导入的表

键”,并从下拉列表框中选择“银行代码”,单击【下一步】按钮。

(6) 在【导入数据表向导】第五个对话框的【导入表】文本框中输入导入表名称,这里输入“银行表”。

(7) 单击【完成】按钮,弹出【导入文本向导】第六个对话框,决定是否要保存这些导入步骤。如果要保存导入步骤,则勾选“保存导入步骤”复选框。单击【关闭】按钮,完成Excel数据的导入。

4. 通过ODBC导入关系型数据库中的数据

例13-10 将SQL Server数据库中的“法人表”导入Access数据库。SQL Server的版本是SQL Server 2008 R2版本,SQL Server服务器实例名为“MYHOME”,数据库名为“LoanDB”。

通过ODBC导入数据的操作步骤如下。

(1) 单击【外部数据】选项卡,在【导入并链接】命令组中单击【ODBC数据库】按钮,打开如图13-21所示的【获取外部数据-ODBC数据库】对话框,在对话框中指定数据的存储方式。本例选择将数据导入当前数据库的新表中。单击【确定】按钮,打开【选择数据源】对话框。

(2) 如果ODBC数据源已经配置好,则只需选择所需数据源,单击【确定】按钮,否则需要单击【新建】按钮,通过向导创建一个新数据源。本例由于没有已经配置好的数据源,所以在此选择【新建】按钮,弹出【创建新数据源】对话框,如图13-22所示。

(3) 在如图13-22所示的窗口中选择要连接的数据库管理系统的驱动程序。由于本例要连接的SQL Server版本是SQL Server 2008 R2,所以选择“SQL Server Native

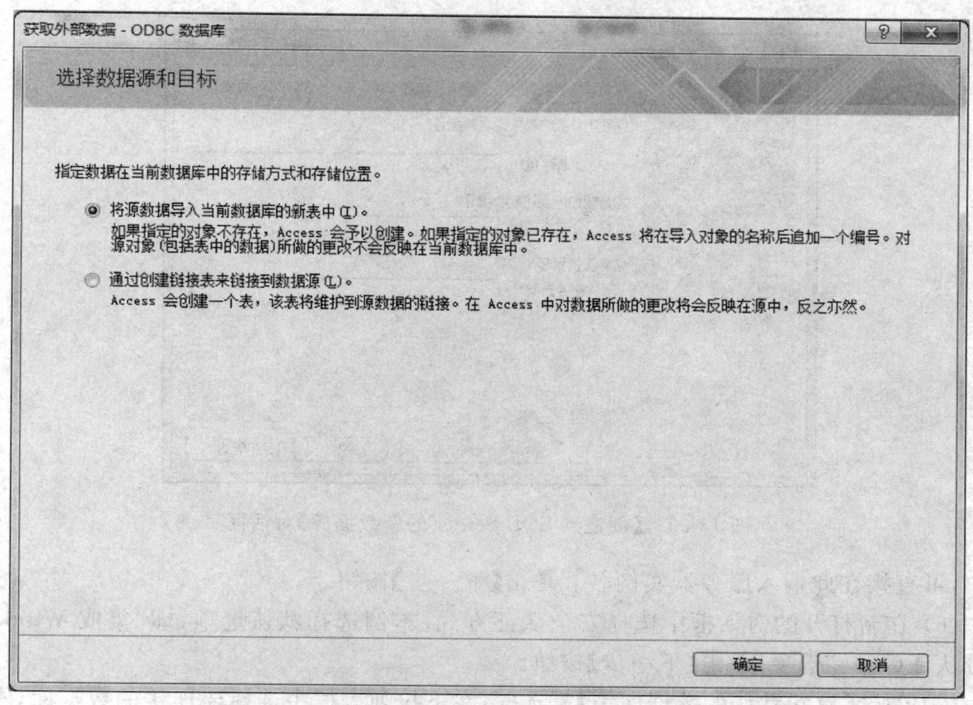

图 13-21　【获取外部数据-ODBC 数据库】对话框

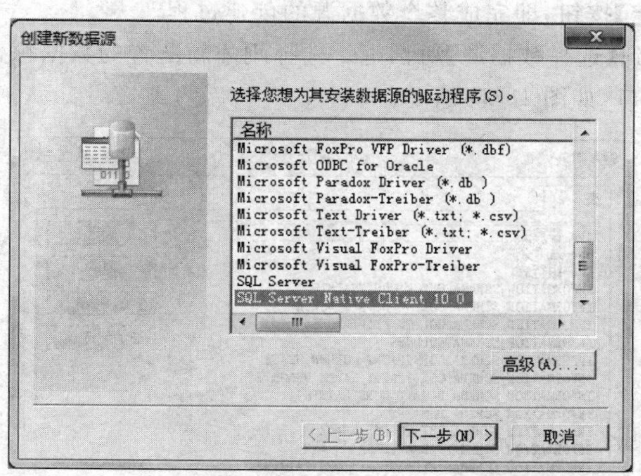

图 13-22　选择数据源的驱动程序

Client 10．0”，单击【下一步】按钮。

(4) 在打开的对话框中输入数据源的名称(如 sql)。名称可以自由决定，但不能与其他的 DSN 同名。单击【浏览】按钮可以指定数据源的保存位置。单击【下一步】按钮，然后再单击【完成】按钮，打开【创建到 SQL Server 的新数据源】对话框，如图 13-23 所示。

(5) 在如图 13-23 所示的对话框中，单击【服务器】下拉列表框，选择要连接的 SQL Server 服务器实例名，本例为“MYHOME”。如果要连接的服务器实例名不在下拉列表

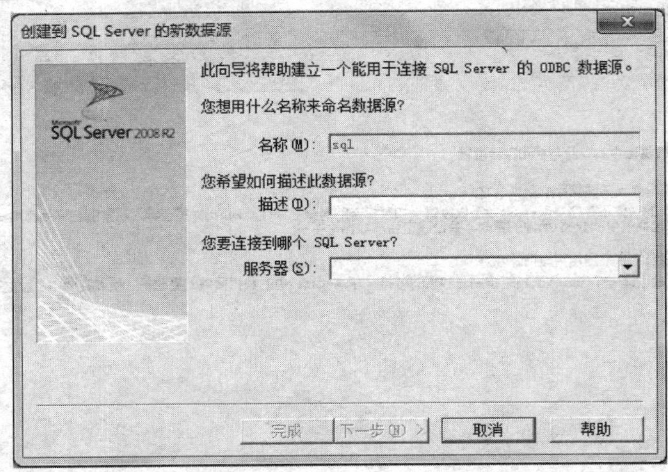

图 13-23 【创建到 SQL Server 的新数据源】对话框

框中,可直接在此输入服务器实例名。单击【下一步】按钮。

(6) 在新打开的对话框中选择安全认证方式,本例选择默认选项,即"集成 Windows 身份认证(W)。"选项,单击【下一步】按钮。

(7) 勾选【更新默认的数据库为】复选框,在下拉列表框中选择要连接的数据库,本例选择"LoanDB",单击【下一步】按钮,在接下来的对话框中单击【完成】按钮。在弹出的新对话框中单击【确定】按钮,即完成整个数据源的创建过程。

(8) 系统返回到【选择数据源】对话框。选择刚才新配置的数据源,单击【确定】按钮,弹出【导入对象】窗口,如图 13-24 所示。

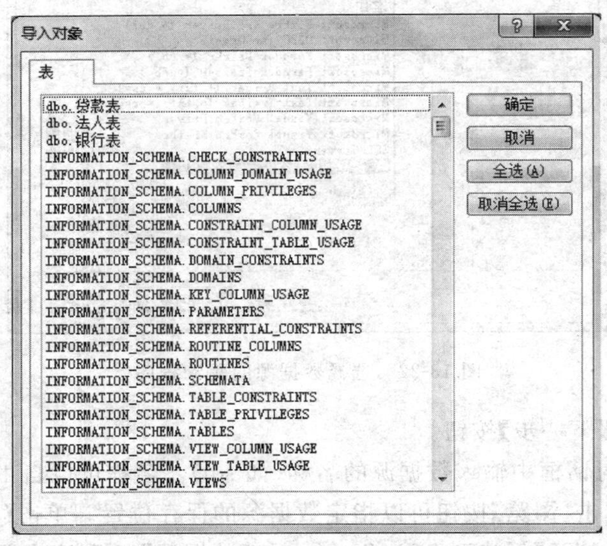

图 13-24 通过 ODBC 导入数据

(9) 选择要导入的表,本例选择"法人表",单击【确定】按钮,系统就会将选择的表导入 Access 数据库中。

13.4.2　导出数据

数据的导出是将 Access 数据库中的数据输出到其他 Access 数据库或其他格式的文件中(如 Excel 文件、文本文件等),也可导出到其他关系型数据库中(如 SQL Server)。导出数据的主要步骤如下。

(1) 选中要导出数据的表,右击,在弹出的快捷菜单中选择【导出】命令,再选择要导出的目标类型。

(2) 所选择的目标类型不同,系统出现的对话框也不相同。可以根据向导,完成导出操作。

13.5　表的基本操作

对表的基本操作包括修改表结构,设置表的外观,对整个表进行复制、删除和重命名等。

13.5.1　修改表结构

对表结构的修改也就是对字段进行添加、修改和删除等操作。修改表结构通常是在表设计视图中进行的。

1. 添加字段

在表中添加一个新字段不会影响其他字段和现有数据。添加字段的步骤如下。

(1) 用表设计视图打开需要添加字段的表。

(2) 将光标移动到要插入新字段的位置,单击【表格工具/设计】选项卡,在【工具】命令组中单击【插入行】按钮,或者右击,在弹出的快捷菜单中选择【插入行】命令。

(3) 在新行的"字段名称"列中输入新字段名称,确定新字段数据类型,设置字段属性。

2. 修改字段

修改字段包括修改字段的名称、数据类型、说明和属性等。可以在表设计视图中完成字段的修改操作。

3. 删除字段

对于不需要的字段,可以将其删除,具体步骤如下。

(1) 用表设计视图打开需要删除字段的表。

(2) 将光标移到要删除字段的行上;如果要选择一组连续的字段,可将鼠标指针拖过所选字段的字段选定器;如果要选择一组不连续的字段,可先选中要删除的某一个字段的字段选定器,然后按下 Ctrl 键不放,再单击每一个要删除字段的字段选定器。

(3) 单击【表格工具/设计】选项卡,在【工具】命令组中单击【删除行】按钮,或者右击,在弹出的快捷菜单中选择【删除行】命令。

13.5.2 复制、删除和重命名表

表的复制、删除和重命名操作都是在导航窗格中进行的。可以在【开始】选项卡里选取相应命令按钮。其中,剪切、复制、粘贴、删除、重命名都可以使用快捷键,它们分别是Ctrl+X、Ctrl+C、Ctrl+V、Delete、F2。

1. 复制表

在复制表时,既可以只复制结构,也可以结构和数据一起复制,还可以将数据追加到已有的表中。通过执行【复制】和【粘贴】命令,出现【粘贴表方式】对话框,做选择后完成表的复制。

2. 删除表

在导航窗格中,选中要删除的表,按【Delete】键。

3. 重命名表

在导航窗格中,选中要重命名的表,右击,在弹出的快捷菜单中选择【重命名】命令,输入新的表名,确定即可。

13.5.3 调整表的外观

在数据表视图中,可以通过改变表的外观和显示方式使得表看上去更清楚、美观。调整数据表外观的操作包括:改变字体和颜色、设置数据表格式、调整字段显示宽度和高度、改变字段显示顺序、隐藏列和冻结列等。这些操作可以利用【开始】选项卡中的【记录】命令组和【文本格式】命令组里的相关命令来完成。

1. 设置数据表格式

在数据表视图中,可以通过设置数据表格式改变数据表的显示效果。设置数据表格式的操作步骤如下。

(1) 用数据表视图打开要设置格式的表。

(2) 单击【开始】选项卡,在【文本格式】命令组中单击【设置数据表格式】按钮,打开【设置数据表格式】对话框,如图13-25所示。

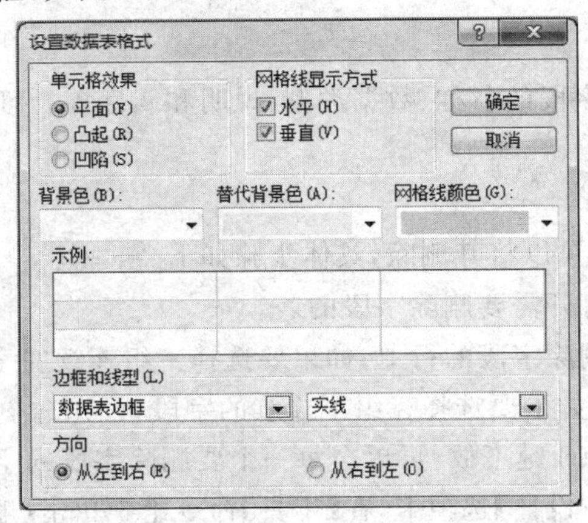

图13-25 【设置数据表格式】对话框

(3) 在该对话框中,根据需要进行设置。例如,将网格线颜色改为黑色,将单元格的显示效果改为“凸起”,去掉网格线等。

(4) 设置完成后,单击【确定】按钮即可生效。

2. 改变字体和颜色

用数据表视图打开需要设置的表,在【开始】选项卡中的【文本格式】命令组里单击相关命令按钮即可设置字体、字号和颜色等。

3. 调整字段显示宽度和高度

用数据表视图打开需要设置的表之后,调整行显示高度的方法有以下两种。

(1) 使用快捷菜单。选定记录,右击记录左边的控制按钮,弹出快捷菜单,选择【行高】命令,在打开的【行高】对话框中设置字段的显示高度。

(2) 直接拖动鼠标。将鼠标指针放在表中任意两行选定器之间,当鼠标指针变为分割形状时,按住鼠标左键不放,拖动鼠标上、下移动,调整到所需高度后,松开鼠标左键。这时整个表的行高都调整为指定的高度。

调整字段显示宽度的方法也有以下两种。

(1) 使用快捷菜单。打开表的数据表视图,选定字段,右击字段名称,在弹出的快捷菜单中选择【字段宽度】命令,进入【列宽】对话框中设置字段的显示宽度。

(2) 直接拖动鼠标。打开表的数据表视图,将鼠标指针移到字段标题的左右边界,拖动鼠标可以直接改变列宽。

4. 改变字段显示顺序

在数据表视图中改变字段显示顺序,并不影响表结构中的字段位置。改变字段显示顺序的方法是:将鼠标指针定位在需要移动的字段列的字段标题上,鼠标指针会变成一个粗体黑色下箭头,左击,此时要移动的字段列被选中。释放鼠标后,再按住鼠标左键拖到合适的位置,这样选定字段列的位置就改变了。

使用此方法,可以移动一个或所选的多个字段。

5. 隐藏列

在数据表视图中,为了便于查看表中主要数据,可以将某些字段列暂时隐藏起来,需要时再将其显示出来。

例 13-11　将“法人表”中的“注册资金”字段列隐藏起来。

用数据表视图打开“法人表”。

具体操作步骤如下。

选择“注册资金”列,单击【开始】选项卡,在【记录】命令组中单击【其他】按钮,弹出快捷菜单,选择【隐藏字段】命令。这时,Access 将选定的列隐藏起来。

如果希望将隐藏的列重新显示出来,可在【记录】命令组中单击【其他】按钮,在弹出的快捷菜单中选择【取消隐藏字段】命令,然后在打开的【取消隐藏列】对话框中勾选要显示列的复选框,单击【关闭】按钮。

其实,【取消隐藏列】对话框也可用来隐藏指定的列。只要将需要隐藏的列的复选框中的“√”符号去掉即可。

6. 冻结列

对于那些字段比较多的数据表,由于表过宽,在数据表视图中,有些关键的字段值会因为水平滚动后无法看到而影响了数据的查看。此时,可以利用 Access 提供的冻结列功能来解决这个问题。

在数据表视图中,冻结某个或某几个字段列后,无论怎样水平滚动窗口,这些字段总是可见的,并且总是显示在窗口的最左边。

例 13-12 冻结"法人表"中的"法人名称"列。

具体操作步骤如下。

(1) 用数据表视图打开"法人表"。

(2) 选择"法人名称"列,单击【开始】选项卡,在【记录】命令组中单击【其他】按钮,弹出快捷菜单,选择【冻结字段】命令。此时可以看到"法人名称"字段列显示在窗口的最左边。

取消冻结列的方法是在【记录】命令组中单击【其他】按钮,在弹出的快捷菜单中选择【取消对所有列的冻结】命令。不管冻结了多少列,都一起解除。在解除冻结后,这些列不会自动回到原位置,需要手工移动这些列。

13.6 建立表间关系

在实际应用中,一个数据库通常含有多个表,以存储不同类型的数据。表与表之间并不是孤立的,而是存在一定的联系。在 Access 中,通过在表之间建立关系将存储在不同表中的数据联系起来,形成一个有机的整体,供用户使用。

通常一旦两张表使用了共同的字段,就应该为这两张表建立一个关系,通过表间关系即可指出一个表中的数据与另一个表中的数据的相关联的方式。

1. 关系的类型

按照相关字段的记录在两张表(A 表和 B 表)之间的匹配情况,表之间的关系有三种:一对一关系、一对多关系和多对多关系。

(1) 一对一关系。在一对一关系中,A 表中的每一条记录仅能与 B 表中的一条记录匹配,反之亦然。

(2) 一对多关系。在一对多关系中,A 表中的一条记录能与 B 表中的一条或多条记录匹配,但是 B 表中的每一条记录仅能与 A 表中的一条记录匹配。

(3) 多对多关系。在多对多关系中,A 表中的一条记录能与 B 表中的多条记录匹配,反之亦然。当出现这种关系类型时,通常将多对多关系分解成两个一对多关系,然后再进行处理。

在 Access 2010 中,创建关系的类型取决于表中相关字段的定义。如果关联的两个表中的字段都是主键或无重复值的索引字段,则创建的关系是一对一关系。如果关联的两个表中只有一个表的字段是主键或无重复值的索引字段,则创建的关系是一对多关系。通常把"一"方的表称为主表,"多"方的表称为子表(相关表)。

2. 参照完整性约束

在定义表间关系时，应设定一些准则来保证数据的正确性和有效性。参照完整性就是在对数据进行添加、修改和删除操作时，系统通过参照引用相关联的另一个表中的数据来约束对当前表的操作，以确保相关表中数据的相容性和有效性。

(1) 实施参照完整性的条件

在符合下列全部条件时，用户可以设置参照完整性：

- 主表中的匹配字段必须是主键或具有唯一索引。
- 相关表中外部字段的值必须是主表的主键字段中已有的值。
- 两个表中相关联的字段应有相同的数据类型，或是符合匹配要求的不同类型。例如：自动编号字段和数字型字段的【字段大小】属性设置相同时，这两种类型的字段就可以相关联。如果两个相关联的字段都是数字型字段，在实施参照完整性时，还要求【字段大小】属性相同。
- 两个表必须属于同一个 Access 数据库。不能对数据库中的其他格式的链接表设置参照完整性。

(2) 参照完整性规则

实施参照完整性后，对数据的操作限制主要表现在以下两个方面：

- 在将记录添加到相关表之前，主表中必须已经存在了匹配的记录。
- 在没有实施级联更新和级联删除的情况下，不能更改主表中被引用的主键值和删除主表中被引用的记录。

(3) 级联更新和级联删除

对实施参照完整性的关系，可以选择是否级联更新相关字段和级联删除相关记录。

如果选择了级联更新，则更改主表中的主键值时，子表中对应的值也将自动被更改。如果选择了级联删除，则删除主表中的某条记录时，子表中所有对应记录也将自动被删除。

3. 建立关系

在建立表之间的关系之前，必须关闭所有打开的表，不能在已打开的表之间创建或修改关系。具体步骤如下。

(1) 在【数据库工具】选项卡中的【关系】命令组里单击【关系】按钮，如果数据库未定义任何关系，则在打开【关系】窗口的同时自动显示【显示表】对话框，如图 13-26 所示。如果已建立关系，则直接显示【关系】窗口。

(2) 在【显示表】对话框中双击需要建立关系的表或选择需要建立关系的表，单击【添加】按钮。全部表添加完毕后，单击【关闭】按钮，进入【关系】窗口，如图 13-27 所示。

如果要删除【关系】窗口中的表，只需选定该表，然后按【Delete】键即可。

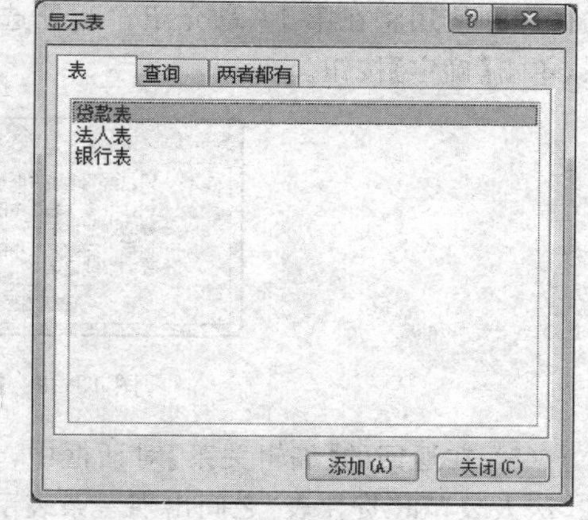

图 13-26　【显示表】对话框

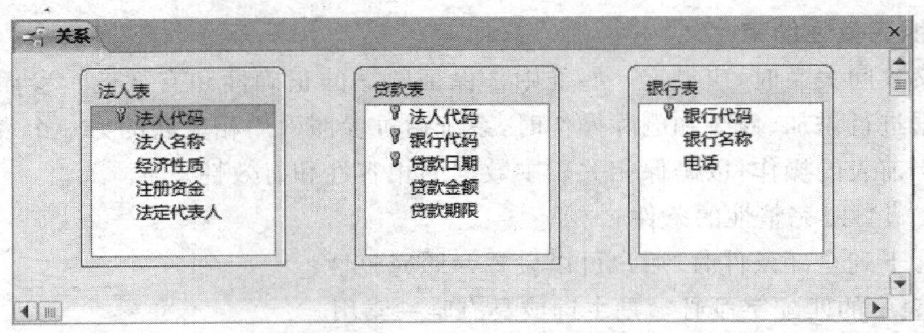

图 13-27　添加了表的【关系】窗口

(3) 在【关系】窗口中,建立关系。具体方法是:选定"法人表"中的"法人代码"字段,然后按住鼠标左键并拖动到"贷款表"中的"法人代码"字段上,出现如图 13-28 所示的【编辑关系】对话框。对话框中显示出两个表的建立关系的字段名称(必要时可以修改),在字段列表框的下方列出了三个复选框。如果勾选【实施参照完整性】复选框,则两个表之间就建立了参照完整性约束。在实施参照完整性的基础之上,可以勾选【级联删除相关记录】和【级联更新相关字段】两个复选框,实现级联删除和级联更新的功能。这里将这三个复选框都选择上。

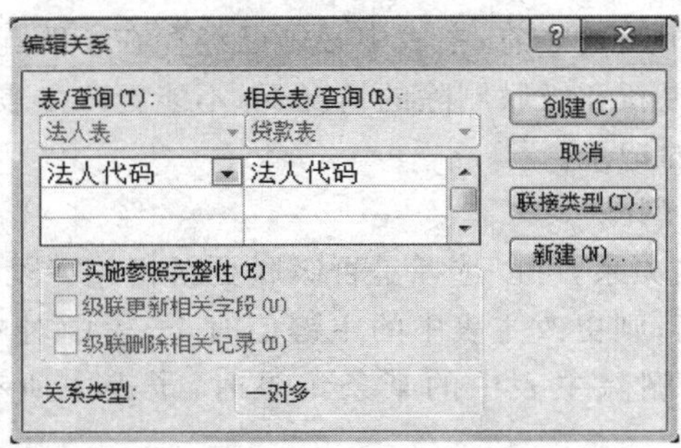

图 13-28　【编辑关系】对话框

(4) 单击【联接类型】按钮,弹出【联接属性】对话框,如图 13-29 所示。关于联接类型的概念和使用将在第 14 章介绍。此处选择默认选项 1,以内部联接的方式建立表间关系,单击【确定】按钮。

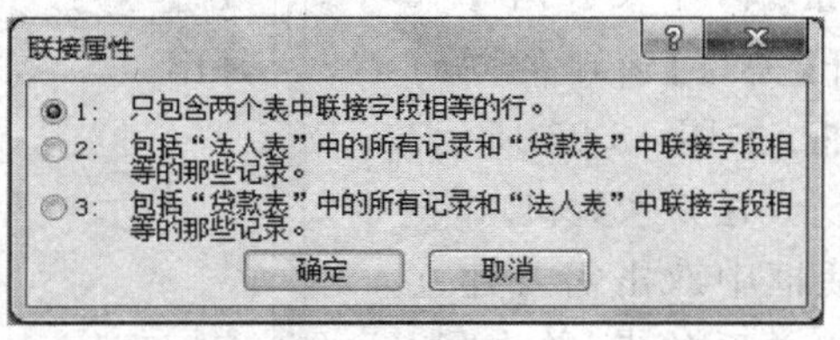

图 13-29　【联接属性】对话框

(5) 在返回的【编辑关系】对话框中,单击【创建】按钮,完成两表间关系的创建过程。在"法人表"和"贷款表"之间出现一条表示关系的连线。有"1"标记的是主表,有"∞"标记的是子表。

(6) 用同样的方法,建立"银行表"和"贷款表"之间的关系,如图 13-30 所示。

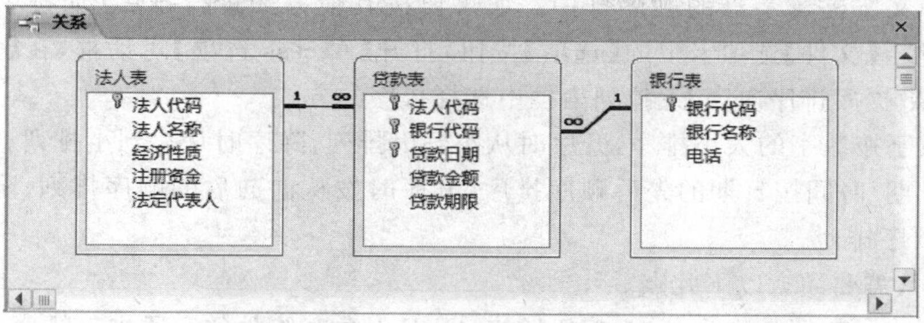

图 13-30　"贷款管理"数据库的关系图

(7) 关闭【关系】对话框,此时会询问是否保存布局,单击【是】按钮,完成"贷款管理"表间关系的定义。

如果无法建立参照完整性关系,则需要检查相关字段的数据类型和字段大小是否相同、相关表的数据是否有问题、是否定义主键等。

4. 编辑现有关系

如果要修改已经建立的关系,则可以打开该数据库的【关系】窗口。如果要编辑的表的关系没有显示出来,则在【关系工具/设计】选项卡中的【关系】命令组里单击【所有关系】按钮,将所建立的全部关系都显示出来。双击要编辑关系的关系连线,弹出如图 13-28 所示的【编辑关系】对话框,进行修改。

5. 添加关系

如果要添加新的关系,则可以打开该数据库的【关系】窗口。在【关系工具/设计】选项卡中的【关系】命令组里单击【显示表】按钮;或者在窗口的空白处右击,在弹出的快捷菜单中选择【显示表】命令,然后在弹出的【显示表】对话框中添加需要建立关系的表,按上面介绍的方法添加新的关系。

6. 删除关系

在【关系】窗口中,选中要删除的关系线(单击关系线,如果该线变粗表示被选中),然后按键盘上的 Delete 键;或者右击,从弹出的快捷菜单中选择【删除】命令。

13.7　表的数据操作

数据表建好后,通常会根据实际需求,对表中数据进行排序、筛选、查找和替换等操作。

13.7.1　记录排序

排序是按事先给定的一个或多个字段值的内容,以特定顺序对记录集进行重新排序。排序的依据可以是字母顺序、数字大小、日期或特定条件。排序的方式有升序和降序。

1. 排序规则

针对不同的字段类型,排序规则有所不同,具体规则如下。

(1) 英文按字母顺序排序,大、小写视为相同,升序时按 A 到 Z 排列,降序时按 Z 到

A排列。

(2) 中文按拼音字母的顺序排序。如果要按其他方式进行排序(如按中文笔画排序),则应单击【文件】选项卡中的【选项】按钮,打开【Access 选项】对话框,在【常规】选项中的【新建数据库排序次序】下拉列表框中选择排序的方式。

(3) 数字按数字的大小排序,升序时从小到大排列,降序时从大到小排列。

(4) 日期/时间按日期的先后顺序排序,升序时按从前向后的顺序排列,降序时按从后向前的顺序排列。

排序时,需要注意以下几点。

(1) 不能对数据类型为备注、超级链接、OLE 对象和附件的字段进行排序。

(2) 如果按升序排序的字段的值有空值(NULL),则含空值的记录将排列在最前面;降序排列时,含空值的记录将排在最后。

(3) 对于取值为数字的文本型字段,Access 将其值视为字符串。所以,在排序时是按照 ASCII 码值的大小排列,而不是按照数值本身的大小排列。例如,文本字符串"7"、"25"、"112"按升序排列时,排序的结果将是"112"、"25"、"7"。

2. 一个或多个相邻字段按相同方式排序

对一个或多个相邻字段采用相同排序方式进行排序时,首先用数据表视图打开所需表,然后选择要排序的字段,在【开始】选项卡的【排序和筛选】命令组中单击【升序】按钮 A↓ 或者【降序】按钮 Z↓,实现升序或降序操作。

3. 多个字段按不同方式排序

对多个字段采用不同排序方式进行排序时,需要用【高级筛选/排序】命令来实现。

例 13-13 先按贷款日期降序,再按贷款期限升序显示贷款信息。

具体操作步骤如下。

(1) 用数据表视图打开"贷款表"。

(2) 在【开始】选项卡的【排序和筛选】命令组中单击【高级】按钮,在弹出的快捷菜单中选择【高级筛选/排序】命令,打开【筛选】窗口。

(3) 在筛选窗口中选择要排序的字段和排序方式,如图 13-31 所示。

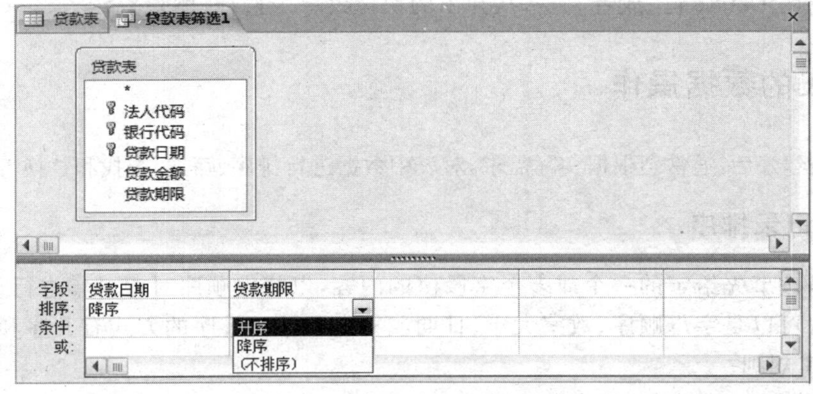

图 13-31 设置排序字段

（4）在【开始】选项卡的【排序和筛选】命令组中单击【切换筛选】按钮；或者在单击【高级】按钮后弹出的快捷菜单中选择【应用筛选/排序】命令，则数据表按照指定的顺序显示记录。

在指定排序之后，可以在【开始】选项卡的【排序和筛选】命令组中单击【取消排序】按钮取消所设置的排序顺序，恢复原来记录的顺序。

13.7.2　筛选记录

筛选是把表中满足条件的记录显示出来，把不满足条件的记录暂时隐藏。Access 提供了多种筛选方法。

1. 按选定内容筛选

“按选定内容筛选”是一种最简单的筛选方法，通过选定字段的值筛选出与选定的内容相匹配的记录。使用这种方法可以很容易地找到包含某字段值的记录。

例 13-14　在贷款表中利用“按选定内容筛选”方法筛选出银行代码是“B11”开头的贷款信息。

操作步骤如下。

（1）用数据表视图打开“贷款表”。

（2）在“银行代码”列上找到“B11”的值并选中。

（3）在【开始】选项卡的【排序和筛选】命令组中单击【选择】按钮，选择【开头是“B11”】命令；或者右击，在弹出的快捷菜单中选择【开头是“B11”】命令。显示满足条件的记录。

在【开始】选项卡的【排序和筛选】命令组中单击【切换筛选】按钮，记录即可还原。

2. 按窗体筛选

“按窗体筛选”可以选出那些满足在窗体中给定条件的记录（一次可设置多个筛选规则）。

例 13-15　在贷款表中利用“按窗体筛选”方法筛选出贷款期限为 10～50 年的所有贷款信息。

操作步骤如下。

（1）用数据表视图打开“贷款表”。

（2）在【开始】选项卡的【排序和筛选】命令组中单击【高级】按钮，在弹出的快捷菜单中选择【按窗体筛选】命令，打开【贷款表：按窗体筛选】窗口。

（3）在窗口中输入条件，如图 13-32 所示。可以根据实际需求，对多个字段设置条件。如果所选择的多个字段有“或”关系时，单击窗口的底部 或 选项卡，输入“或”的条件。

（4）在【开始】选项卡的【排序和筛选】命令组中单击【切换筛选】按钮，显示满足条件的记录。

在【开始】选项卡的【排序和筛选】命令组中单击【切换筛选】按钮，记录即可还原。

3. 高级筛选/排序

“高级筛选/排序”可以根据复杂的条件对数据进行筛选和排序。

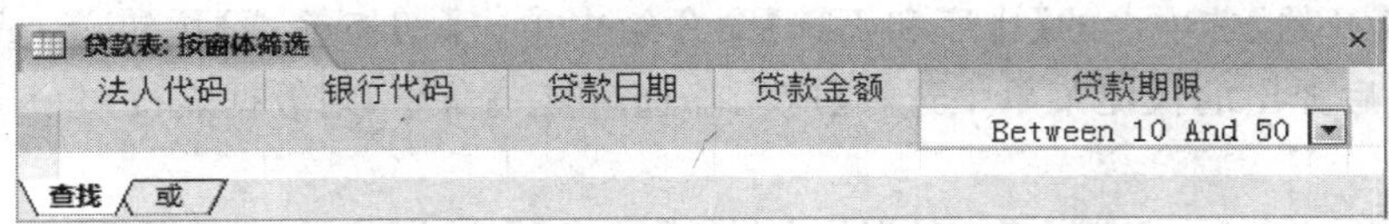

图 13-32 【按窗体筛选】窗口

例 13-16 在贷款表中筛选出 2009 年的贷款记录,要求按贷款金额降序排序。

操作步骤如下。

(1) 用数据表视图打开“贷款表”。

(2) 在【开始】选项卡的【排序和筛选】命令组中单击【高级】按钮,在弹出的快捷菜单中选择【高级筛选/排序】命令,打开【贷款表筛选】窗口。

(3) 在【字段】行选择涉及的字段,在【条件】行输入相应字段的筛选条件。

(4) 在【排序】行指定相应字段的排序方式。所有设置如图 13-33 所示。

(5) 在【开始】选项卡的【排序和筛选】命令组中单击【切换筛选】按钮,显示满足条件的记录。

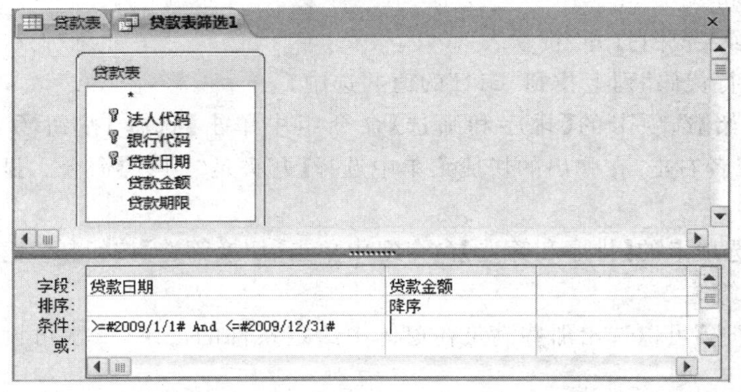

图 13-33 在【贷款表筛选】窗口中设置筛选条件和排序方式

13.7.3 查找和替换数据

1. 查找数据

如果要查找表中的某个数据值,则可以使用 Access 2010 提供的查找功能。操作步骤如下。

(1) 用数据表视图打开需要操作的表。如果是查找某一字段中的数据,则先将光标移到该字段上。

(2) 在【开始】选项卡的【查找】命令组中单击【查找】按钮,打开【查找和替换】对话框,如图 13-34 所示。

(3) 在【查找和替换】对话框中,输入查找内容,确定查找范围、匹配方式、搜索方向和是否区分大小写。

(4) 单击【查找下一个】按钮,开始查找,Access 将反相显示找到的数据。连续单击

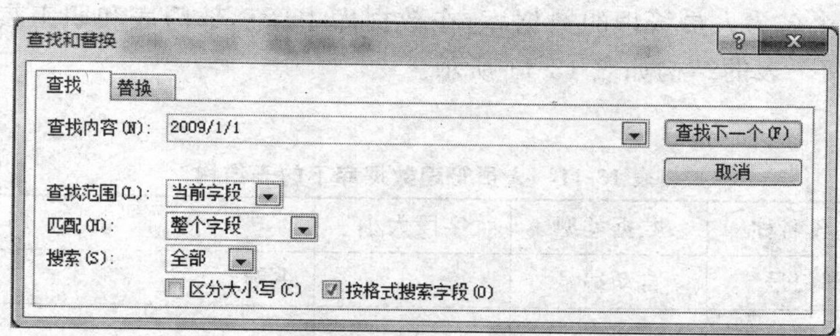

图 13-34　【查找和替换】对话框中的【查找】选项

【查找下一个】按钮,可以将全部指定的内容查找出来。

(5) 单击【取消】按钮或窗口关闭按钮,结束查找。

2. 替换数据

当需要批量修改表中内容时,可以使用替换功能。操作步骤如下。

(1) 用数据表视图打开需要操作的表。如果是替换某一字段中的数据,则先将光标移到该字段上。

(2) 在【开始】选项卡的【查找】命令组中单击【查找】按钮,打开【查找和替换】对话框,如图 13-35 所示。

(3) 在【查找和替换】对话框中,单击【替换】选项卡,如图 13-35 所示。

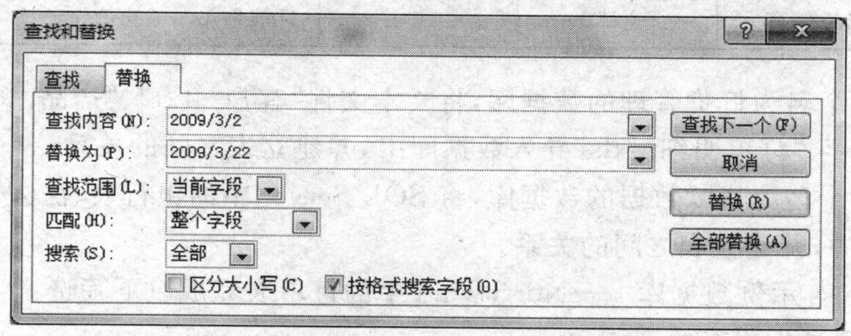

图 13-35　【查找和替换】对话框中的【替换】选项

(4) 单击【查找下一个】按钮,开始查找,找到的数据反相显示。单击【替换】按钮,则替换数据;如果想全部替换,则单击【全部替换】按钮;如果只查找而不替换,则单击【查找下一个】按钮。

(5) 替换完之后,单击【取消】按钮。

习题

1. Access 2010 包含哪些数据库对象?
2. 如何创建 Access 数据库?
3. Access 2010 提供了哪些数据类型?
4. 在 Access 数据库中实施参照完整性的条件是什么?

5. 创建一个名为人员管理的数据库，在数据库中新建部门表和职工表，并建立表之间的关系。这两个表的结构如表13-11所示。

表13-11 人员管理数据库下的表结构

表　名	字段名称	数据类型	字段大小	说　明
部门表	部门号	自动编号		主键
	部门名称	文本	30	
	负责人	数字	长整型	外键，引用职工表的"职工编号"
职工表	职工编号	自动编号		主键
	姓名	文本	20	
	出生日期	日期/时间		
	职称	文本	20	
	部门号	数字	长整型	外键，引用部门表的"部门号"
	工资	货币		
	调入日期	日期/时间		小于当前系统日期
	家庭地址	文本	50	
	邮政编码	文本	6	只能取0～9的值

6. 创建一个名为订货管理的数据库，将文本文件"客户．txt"、"产品．txt"以及excel文件"订单．xls"、"订单明细．xls"导入数据库中，并建立表之间的关系。

7. 创建一个名为贷款数据的数据库，将SQL Server中的银行表、法人表和贷款数据表导入数据库中，并建立表之间的关系。

8. 对Access示例数据库——Northwind中的订单表完成以下筛选：

(1) 查询雇员为赵军的订单；

(2) 查询到货日期为1996年8月的订单；

(3) 查询运货商是"联邦货运"，客户为"永大企业"的订单；

(4) 查询雇员为王伟或郑建杰的订单；

(5) 查询运货费大于100元，客户为"正人资源"的订单。

第 14 章　查询的创建与应用

使用 Access 的最终目的是通过对数据库中的数据进行各种分析和处理，提取出有用的信息。虽然可以通过上一章讲到的排序和筛选等操作来查找表中的数据，但当表中的数据较多而且复杂时，它们的功能是远远不够的，这就需要使用数据库中的一个非常重要的对象——查询，通过查询能够将多个表中的数据抽取出来，供用户查看、统计、分析和使用。本章主要介绍查询的概念和作用、查询的准则以及各种查询对象的创建方法和步骤。

14.1　查询概述

查询是 Access 进行数据处理和分析的工具。利用查询，不仅可以按照多种方式来查看、更新和分析数据，还可以把查询对象作为数据源供查询、窗体和报表对象来使用。

14.1.1　查询的功能和类型

查询是按照一定的条件从一张或多张表中检索需要的数据，并可以对检索出的数据进行统计和更新等操作。

Access 2010 为查询对象提供了可视化工具，利用该工具可以方便、快捷地创建查询，定义要查询的内容和准则，Access 根据定义的内容和准则从表中搜索出符合条件的记录，并构成一个动态的数据集合。这个数据集实际上并不存在，每次运行查询时，Access 便从指定的表中读取数据，查询的结果会随着表中数据的改变而改变。

一个 Access 查询对象实质上是一条 SQL 语句，可以借助 Access 提供的查询设计视图生成相应的 SQL 语句，从而增加了设计的便利性，减少了编写 SQL 语句过程中可能出现的错误。

1. 查询的功能

在 Access 中，利用查询可以实现以下几种功能。

(1) 借助查询设计视图和系统向导，用户可以通过设置查询条件、选择字段、建立计算字段和排序等操作，以多种方式查看、统计和分析数据。

(2) 为了从一张或多张表中选择符合条件的数据显示在窗体、报表中，用户可以先创建一个查询，然后将该查询的结果作为这些对象的数据源。

(3) 利用操作查询不仅可以添加、修改和删除表中的记录，还可以利用现有表的数据生成一张新表。

(4) 通过一些特殊形式的查询(如交叉表查询)，可以使用户更方便地比较、分析数据。

2. 查询的类型

在Access 2010中,常见的查询类型主要有5种:选择查询、参数查询、交叉表查询、操作查询和SQL查询。

(1) 选择查询

选择查询是最常用的查询类型。它从一张或多张表中根据指定的条件,检索数据并显示结果。也可以使用选择查询对记录进行分组,实现汇总、统计的功能。例如,查询2010年以前的所有贷款信息、统计每个法人总的贷款金额等。

(2) 参数查询

参数查询是一种根据用户输入的参数值来检索数据。例如,可以创建一个参数查询,检索出某个银行的所有贷款记录。执行参数查询时,屏幕会出现一个要求输入参数值的对话框,Access根据输入的值来执行查询,显示结果。因此,参数查询可以提高查询的灵活性。

将参数查询作为窗体和报表的数据源有利于使用和管理。例如,用户不必为每个银行创建一个该银行的详细贷款记录报表,而是创建一个以银行名称为参数的查询对象,让该参数查询作为某银行贷款记录报表的数据源。在打印报表时,Access将显示对话框询问要打印的银行,在输入银行名称后,Access便可打印出相应银行的贷款记录报表。

(3) 交叉表查询

交叉表查询能够根据行、列字段进行分组和汇总,汇总计算的结果显示在行与列交叉的单元格中。例如,统计每个银行每年的贷款总金额。此时,可以将“银行名称”作为交叉表的行标题,“贷款日期的年份”作为交叉表的列标题,统计的总金额显示在交叉表行与列交汇的单元格中。

(4) 操作查询

操作查询是对符合条件的记录进行添加、修改和删除等操作。包括下列查询。

- 生成表查询:利用一张或多张表中的全部或部分数据建立新表。
- 删除查询:从一张或多张表中删除符合条件的记录。
- 更新查询:对一张或多张表中的一组记录进行修改。
- 追加查询:将一张或多张表中的记录追加到已有的表中。

(5) SQL查询

SQL查询是使用SQL语句创建的查询。利用SQL查询,可以创建联合查询、传递查询、数据定义查询和子查询等。

14.1.2 查询视图

Access 2010的每个查询对象主要有3个视图:数据表视图、设计视图和SQL视图。其中,数据表视图用来显示查询的结果;设计视图是查询对象的设计窗口,在设计视图中,可以新建和修改查询对象的结构;SQL视图用来显示与设计视图等效的SQL语句。此外,还有数据透视表视图和数据透视图视图,它们以表和图表的方式来显示查询结果。

打开一个查询以后,查询视图间的切换有以下两种方式。

(1) 直接单击状态栏右边的视图图标按钮就可以进入相应的查询视图。

(2) 在【开始】选项卡的【视图】命令组中单击【视图】下拉按钮，从弹出的下拉菜单中选择相应的视图。

14.1.3　查询准则

在实际应用中，往往需要指定一定的条件来进行查询。例如，查找 2009 年的贷款记录。这种带条件的查询需要通过设置查询准则来实现。准则是指在查询中用来限制检索记录的条件表达式，它是算术运算符、逻辑运算符、常量、字段值和函数等的组合。通过准则可以过滤掉很多不需要的数据，让用户看到想要看到的数据。

了解准则的组成，掌握其书写方法非常重要。下面介绍查询准则中常用的运算符、函数和表达式。

1. 运算符

运算符是构成查询准则的基本元素。Access 提供了算术运算符、文本运算符、关系运算符、逻辑运算符和特殊运算符等。这些运算符及含义见表 14-1 至表 14-5。

表 14-1　算术运算符及含义

运算符	说　明
+	两数相加。
-	两数相减。
*	两数相乘。
/	两数相除。例如：17/2=8.5。
%	取模，返回一个除法运算的整数余数。例如：12%5=2。

表 14-2　文本运算符及含义

运算符	说　明
+	连接两个字符串。要求“+”号两端是字符型，连接后得到新字符串。 例如：“Hello”+“World”的结果为“Helloworld”。
&	不论两边的操作数是字符串还是数字，都按字符串连起来，得到新字符串。 例如：“Hello”&52&“World”的结果为“Hello52world”。

表 14-3　关系运算符及含义

运算符	说　明	运算符	说　明
>	大于	>=	大于等于
<	小于	<=	小于等于
=	等于	<>	不等于

表 14-4　逻辑运算符及含义

运算符	格　式	说　明
And	＜表达式 1＞ And ＜表达式 2＞	当 And 连接的表达式都为真时,整个表达式为真;否则为假。
Or	＜表达式 1＞ Or ＜表达式 2＞	当 Or 连接的表达式有一个为真时,整个表达式为真;否则为假。
Not	Not ＜表达式＞	当 Not 连接的表达式为真时,整个表达式为假;否则为真。

注意:Access 系统用 True 或－1 表示"真",用 False 或 0 表示"假"。

表 14-5　特殊运算符及含义

运算符	说　明
Between…And…	指定数据范围,用 And 连接起始数据和终止数据。 例如,Between 10 And 20 ,等价于＞＝10 And ＜＝20。
In	指定一个值列表作为查询的匹配条件,不支持通配符。
Like	为文本字段设置查询模式,支持通配符。其中通配符包括: • ＊ :表示任意字符(0 或多个字符); • ?:表示任意一个字符; • ＃ :表示任意一个数字; •[字符表]:字符表中的单一字符; •[! 字符表]:不在字符表中的单一字符。 例如:Like"s[a－d]＃＃"表示以字母 s 开头,后面跟 a～d 之间的 1 个字母和 2 个数字的字符串。Like"File???"表示以 File 开头,后 3 位为任意的字符串。
IS	与 Null 一起使用。IS Null 查找为空的数据,IS Not Null 查找非空的数据。

2. 函数

Access 提供了大量的内置函数,也称为标准函数或函数,如算术函数、字符函数、日期/时间函数和统计函数等。这些函数为更好地构造查询条件提供了极大的便利,也为更准确地进行汇总统计、实现数据处理提供了有效的方法。

表 14-6 列出了部分数值型函数的格式和功能。

表 14-6　部分数值型函数的格式和功能

函　数	说　明	举　例
Abs(number)	取绝对值。	Abs(－10) 返回 10
Int(number)	将数字向下取整到最接近的整数。	Int(10．8) 返回 10 Int(－10．8) 返回－11
Sgn(number)	返回数字的正负符号(正数返回 1,负数返回－1,0 值返回 0)。	Sgn(－10) 返回－1

表 14-7 列出了部分字符型函数的格式和功能。

表 14-7　部分字符型函数的格式和功能

函　　数	说　　明	举　　例
Left(string, length)	从 string 左边的第 1 个字符开始，截取长度为 length 个的字符。	Left("Hello",2) 返回"He"
Right(string, length)	从 string 右边的第 1 个字符开始，截取长度为 length 个的字符。	Right("Hello",2) 返回"lo"
Mid(string,start[, length])	从 string 中的第 start 个字符开始，截取长度为 length 个的字符。length 可以省略，若省略则表示从第 start 个字符开始直到最后一个字符为止。	Mid("Hello",2,2) 返回"el"
Len(string)	返回字符串的长度。	Len("Hello")返回 5 Len("中国")返回 2
InStr ([start,] string1, string2[, compare])	查询子串在字符串中的位置。	Instr("abc","a")返回 1 Instr("abc","f")返回 0
LTrim(string)	返回去掉起始空格的字符串。	LTrim ("　abc　") 返回 "abc"
RTrim(string)	返回截断所有尾随空格后的字符串。	RTrim ("　abc　") 返回 "abc"
Trim(string)	返回去掉起始空格和尾随空格后的字符串。	Trim("　abc　")返回"abc"

表 14-8 列出了部分日期/时间型函数的格式和功能。

表 14-8　部分日期/时间型函数的格式和功能

函　　数	说　　明	举　　例
Date()	返回当前系统日期。	
Now()	返回当前系统时间(完整时间，包括年月日时分秒)。	
Year(date)	返回给定日期的年份。	Year(#2009-5-1#) 返回 2009
Month(date)	返回给定日期的月份，其值为 1 到 12 之间的整数。	Month(#2009-5-1#) 返回 5
Day(date)	返回给定日期是哪一天，其值为 1 到 31 之间的整数。	Day(#2009-5-1#) 返回 1
DateAdd(interval, number, date)	将指定日期加上某个时间间隔。其中，interval 的设定值包括：yyyy(年)、q(季)、m(月)、d(日)、w(工作日)，ww(周)，h(时)，n(分)，s(秒)等。	DateAdd("d",30,Date())将当前日期加上 30 天
DateDiff (interval, date1,date2)	判断两个日期之间的间隔。其中，interval 的取值参见 DateAdd 函数中的说明。	DateDiff("d","2009-5-1","2009-6-1")返回 31
DatePart(interval, date)	返回给定日期的指定部分。其中，interval 的取值参见 DateAdd 函数中的说明。	DatePart ("yyyy","2009-5-1") 返回 2009

表 14-9 列出了部分转换和程序流程函数的格式及功能。

表 14-9 部分转换和程序流程函数的格式及功能

函数	说明	举例
Nz(variant [, valueifnull])	如果 variant 的值不为 Null,则 Nz 函数将返回 variant 的值。如果 variant 的值为 Null,则 Nz 函数返回指定值。	Nz([age],0),当[age]值为 Null 时,返回 0
Val(string)	返回作为适当类型的数值的字符串中包含的数字。	Val("12.34")返回 12.34
Str(number)	将数字转换为字符串。	Str(459)返回"459"
IIf(expr,truepart, falsepart)	根据表达式返回特定的值。如果该表达式为 True,则 IIf 返回某一个值;如果为 False,则 IIf 返回另一个值。	IIF(2＞1,"T","F")返回"T"

3. 表达式

表达式是运算符、常量、字段值、函数以及字段名和属性等的任意组合,能够计算出一个结果。通过在查询对象中添加条件表达式来限制显示结果。条件表达式写在 Access 设计视图中的【条件】行或【或】行的位置上。有关条件表达式的写法请参见后面的示例。

14.2 选择查询

选择查询是一种从一个或多个表中将满足条件的数据选择出来,并显示在数据表视图中的数据库对象。它可以作为其他数据库对象的记录源,随时根据需要使用。

一般情况下,创建选择查询的方法有两种:使用向导和设计视图。使用向导操作比较简单,用户只需要在向导的提示下选择要使用的记录源及要包含在查询中的字段,但对于有条件的查询则无法实现。使用设计视图,操作比较灵活,用户可以设置各种条件、完成明细或汇总统计的查询。

创建了选择查询后,可以运行它以查看结果。运行选择查询很简单,只需用数据表视图打开它。

14.2.1 用查询向导创建选择查询

利用 Access 提供的【简单查询向导】,可以快速地建立一个基于单表或多表的查询。

例 14-1 查询贷款的详细信息,显示法人名称、银行名称、贷款日期和贷款金额。

操作步骤如下。

(1) 单击【创建】选项卡,在【查询】命令组中单击【查询向导】按钮,在弹出的【新建查询】对话框中选择【简单查询向导】后,单击【确定】按钮,打开【简单查询向导】对话框,如图 14-1 所示。

(2) 在【表/查询】下拉列表框中,选择"法人表",然后双击"法人名称"字段,把它添加到【选定字段】框中。

(3) 重复上一步,将"银行表"中的"银行名称"字段,"贷款表"中的"贷款日期"和"贷款金额"字段添加到【选定字段】框中。单击【下一步】按钮。

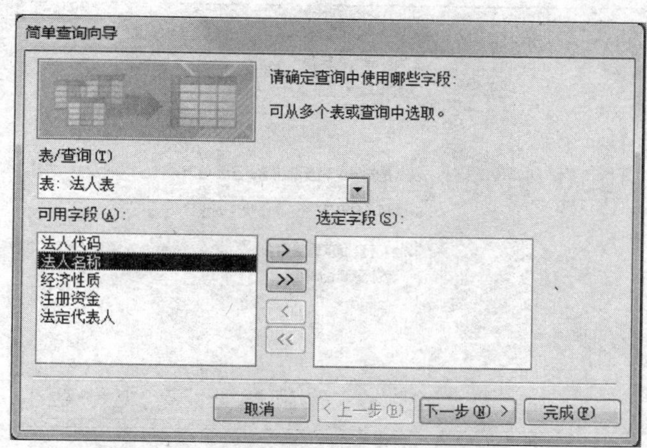

图 14-1　选择表/查询和字段

(4) 在如图 14-2 所示的对话框中选择查询方式。如果选择【明细(显示每个记录的每个字段)】选项,则查看详细信息;如果选择【汇总】选项,则可以对记录进行各种统计。本例选择明细查询方式。单击【下一步】按钮。

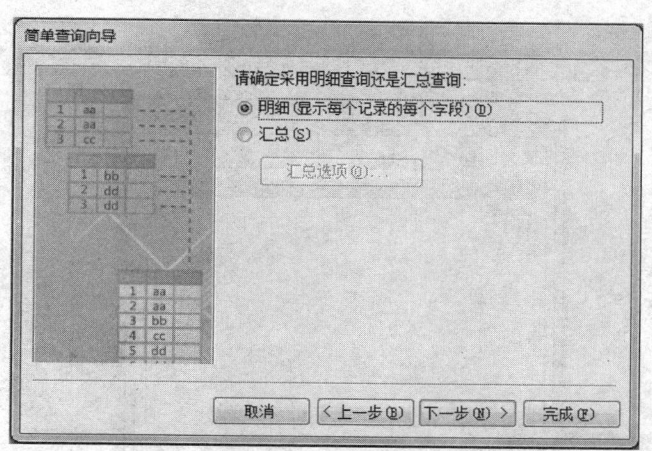

图 14-2　选择查询方式

(5) 在如图 14-3 所示的对话框中,输入查询名称——“贷款信息查询”,单击【完成】按钮。

此时,Access 执行查询,将查询结果显示在屏幕上。

14.2.2　用设计视图创建选择查询

对于比较简单的查询,可以用向导来建立。但对于有条件的查询,则需要在设计视图中创建查询。由于在设计视图上,用户可以设置各种条件、添加自定义计算字段、进行各种统计等,所以,通常用设计视图来建立比较复杂的查询。

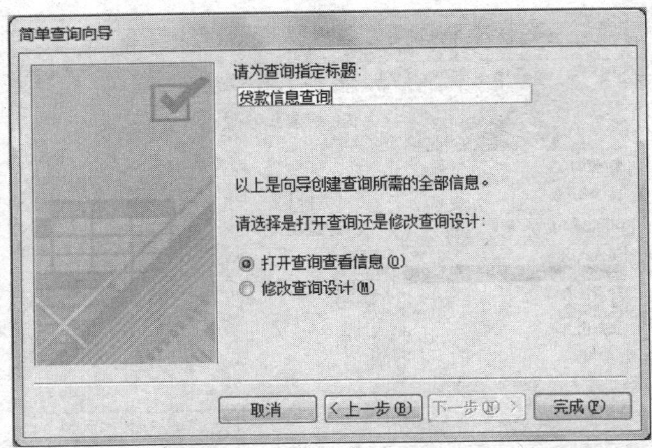

图 14-3　输入查询名称

1. 用设计视图创建查询的基本过程

(1) 启动设计视图

单击【创建】选项卡,在【查询】命令组中单击【查询设计】按钮,打开【显示表】窗口,如图 14-4 所示。

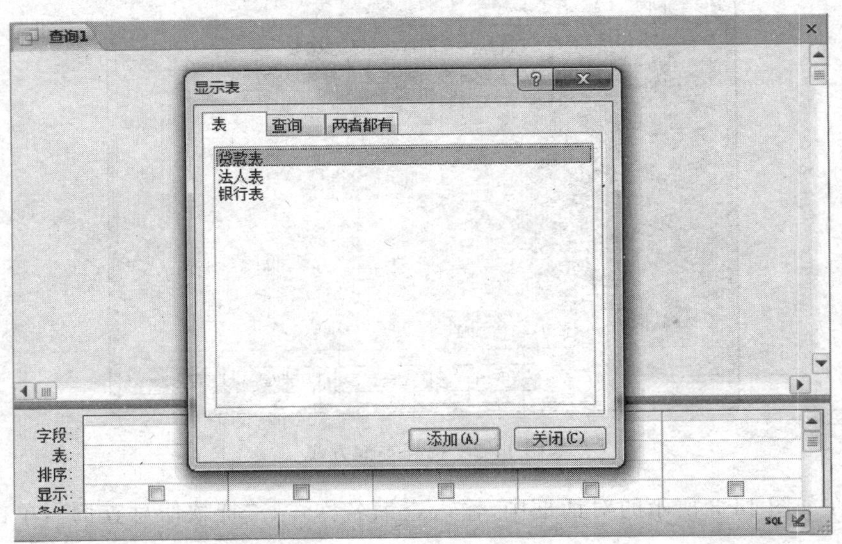

图 14-4　【显示表】窗口

(2) 选择记录源

在如图 14-4 所示的窗口中,双击所需要的表或者已有的查询,作为查询的记录源(记录源可以是单表,也可以多表)。记录源选择完之后,单击【关闭】按钮关闭【显示表】窗口,打开查询的设计视图窗口,如图 14-5 所示。

(3) 选择需要显示的字段,设置查询条件

查询的设计视图由两部分组成:上部分用来显示查询要使用的表或查询。下部分是

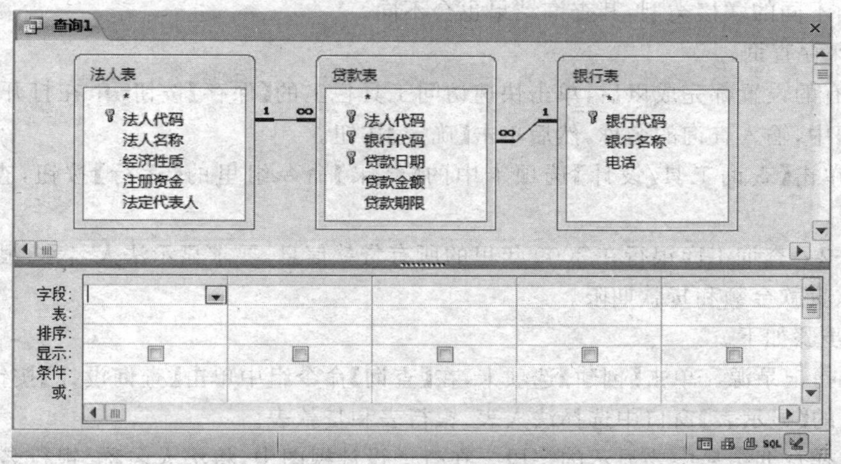

图 14-5　查询设计视图

设计网格，用来指定要显示的字段、查询条件和是否排序等。具体说明如下。

- 字段：设置需要显示或者作为条件的字段(可以是表达式)。
- 表：选定字段的来源。
- 排序：确定是否排序以及排序的方式。
- 显示：确定在查询结果中是否显示该字段或表达式的值。如果在显示行有“√”符号，则表明要显示该字段的内容；否则不显示。
- 条件：指定查询条件。
- 或：指定逻辑“或”关系的限制条件。

(4) 根据查询的需要决定是否修改联接类型

如果查询是基于两个以上的表或查询，可以在查询的设计视图中，双击表或查询之间的连线，打开【联接属性】对话框，如图 14-6 所示。在该对话框中，可以修改查询的联接类型。

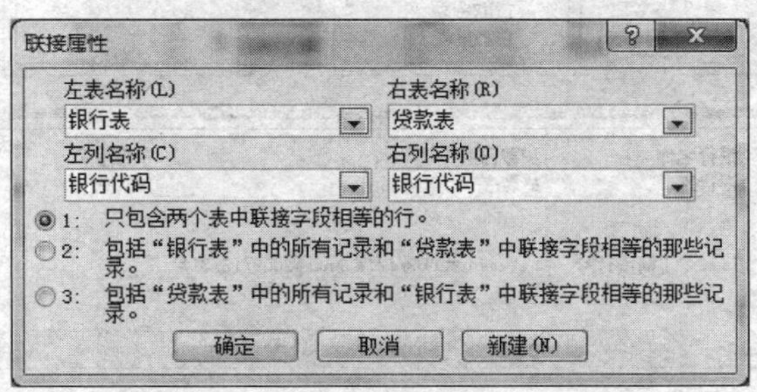

图 14-6　设置联接类型

如果选择的是第一种联接类型，表明这是一个内联接查询，即查询结果只返回联接字段的值相等的记录，不包括没有匹配上的记录。如果选择的是第二种或者第三种联接类型，则这是一个外联接查询，查询结果中可以包含没有匹配上的记录。因此，在相同的查询条件下,不同的联接类型,其查询结果也会不同。

(5) 保存查询

当所有的设置都完成以后,单击快速访问工具栏上的【保存】按钮,在打开的【另存为】对话框中,输入查询的名称,然后单击【确定】按钮。

可以单击【查询工具/设计】选项卡中的【结果】命令组里的【运行】按钮,查看查询结果。

例 14-2 查询工商银行在 2009 年里的所有贷款信息,要求显示法人名称、银行名称、贷款日期、贷款金额和贷款期限。

操作步骤如下。

- 选择记录源。单击【创建】选项卡,在【查询】命令组中单击【查询设计】按钮。在弹出的【显示表】窗口中选择法人表、银行表和贷款表。
- 选择查询结果中要显示的字段。在查询设计视图中,将法人名称、银行名称、贷款日期、贷款金额和贷款期限字段添加到设计网格中的【字段】行上。
- 添加查询条件。在【银行名称】字段列的【条件】行单元格中输入条件表达式:Like "工商银行*"。在【贷款日期】字段列的【条件】行单元格中输入条件表达式:Between #2009/1/1# And #2009/12/31#,如图 14-7 所示。
- 保存查询。单击快速访问工具栏上的【保存】按钮,在弹出的【另存为】对话框中,输入查询名称——"工商银行在 2009 年的贷款信息查询",然后单击【确定】按钮。
- 查看查询结果。单击【查询工具/设计】选项卡,在【结果】命令组中单击【运行】按钮,显示查询结果。

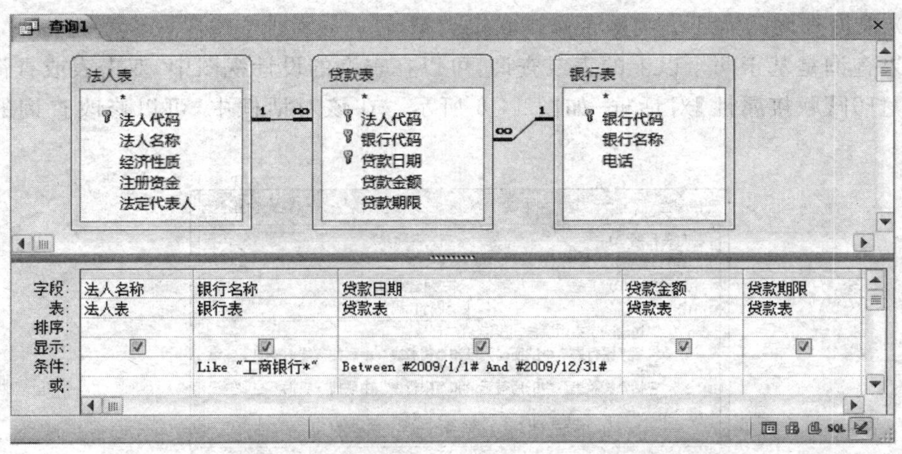

图 14-7 在查询设计视图中添加要显示的字段和查询条件

2. 添加自定义计算字段

所谓的自定义计算,指的是使用一个或多个字段中的数据在每个记录上执行数值、日期和文本计算。

在 Access 2010 中,可以在表对象和查询对象里添加计算字段。在表里创建一个计算字段的方法是将该字段的数据类型指定为“计算”，然后输入一个表达式以计算该计算列的值，表达式在引用字段时只能引用本表的字段，而在查询对象里添加计算字段就没有这个限制，用户可以直接在查询的设计网格中创建新的计算字段。

例 14-3 查询每笔贷款还需要还多少年，要求显示的字段有：法人名称、银行名称、贷款日期、贷款期限和还需要还款的年限。显示结果按照法人名称的升序排列。

操作步骤如下：

- 选择记录源。单击【创建】选项卡，在【查询】命令组中单击【查询设计】按钮。在弹出的【显示表】窗口中选择法人表、银行表和贷款表。
- 选择查询结果中要显示的字段。在查询设计视图中，将法人名称、银行名称、贷款日期和贷款期限字段添加到设计网格中的【字段】行上。
- 添加计算字段和查询条件。在【字段】行的空列处输入表达式：贷款期限－(Year(Date())－Year(贷款日期))，字段标题取名为“还需还款的年限”，并在该列的【条件】行单元格中输入条件表达式：>＝0，如图 14-8 所示。
- 指定排序。在【法人名称】字段列的【排序】行中选择升序。
- 保存查询，运行查询，查看结果。

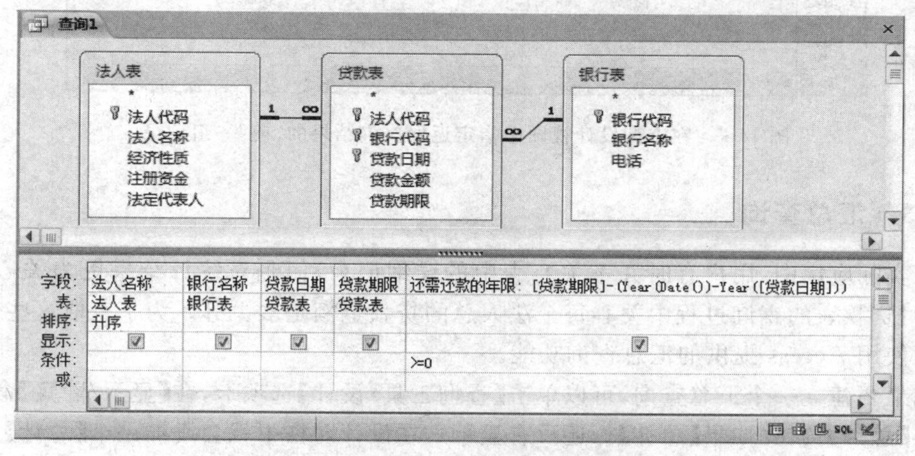

图 14-8 在查询设计视图中添加计算字段

3. 指定查询返回的记录数

在查询设计视图中，可以通过设置【查询工具/设计】选项卡中的【查询设置】命令组里的【上限值】的内容来指定只返回查询结果的“前”一组记录。在【上限值】下拉列表框中直接输入数字表示返回多少条记录。如果加百分号(%)，则表示按指定的百分比返回结果。

例 14-4 查询贷款金额最大的前 10 条贷款记录。

操作步骤如下：

- 选择记录源。用查询设计的方式创建查询，在【显示表】窗口中选择贷款表。
- 选择查询结果中要显示的字段。在查询设计视图中，双击贷款表中的“*”，表示要显示贷款表中的所有字段。
- 指定查询返回的记录数。单击【查询工具/设计】选项卡，在【查询设置】命令组上的【上限值】中输入10,如图14-9所示。

- 指定排序。双击贷款表中的"贷款金额"字段,在该字段列的【排序】行中选择降序,并将【显示】行中的钩(√)去掉表示该列的值不显示。
- 保存查询,运行查询,查看结果。

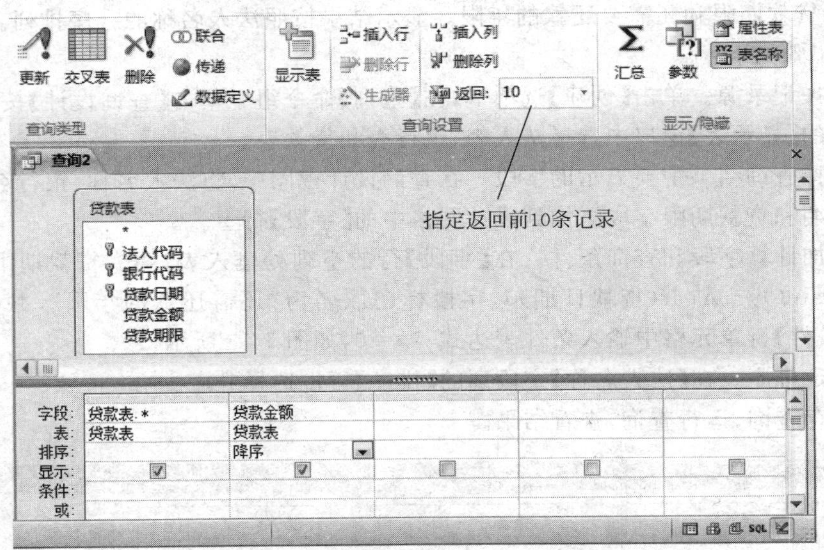

图14-9 在查询设计视图中指定返回查询结果的"前"一组记录

14.2.3 汇总查询

在实际应用中,用户有时并不关心表中的详细记录,而是对统计结果更为关心。例如,在对贷款表的查询过程中关心每个法人总的贷款金额是多少等。为了获取这些信息,就需要使用Access提供的汇总查询功能。

如果要建立一个汇总查询,可以单击【查询工具/设计】选项卡,在【显示/隐藏】命令组中单击【总计】按钮(如果【总计】行还没有显示),在设计网格中就会增加一个【总计】行,通过在【总计】行设置相应的操作实现对记录的分组,计算一个或多个字段的统计值。所有计算结果只是显示,并不实际存储在表中。

【总计】行的单元格中共有12个选项,表14-10给出了其中8个选项的名称和含义。

表14-10 【总计】行中的选项说明

选项名	说明	选项名	说明
Group By	按指定字段或表达式进行分组	最大值	返回指定字段的最大值
合计	返回指定字段值的总和	最小值	返回指定字段的最小值
平均值	返回指定字段的平均值	Expression	包含聚合函数的计算字段
计数	返回字段值的个数,不包括空值	Where	指定查询的限制条件

例14-5 查询2007—2009年间,每个银行的贷款总金额,要求显示银行名称和贷款

总金额。

操作步骤如下。

(1) 选择记录源。用查询设计的方式创建查询，在【显示表】窗口中选择贷款表和银行表。

(2) 指定分组依据和统计值。在查询设计视图中，单击【查询工具/设计】选项卡，在【显示/隐藏】命令组里单击【总计】按钮。在设计视图的上半部分，双击“银行名称”和“贷款金额”字段。系统自动将这两个字段的【总计】行单元格设置成“Group By”，单击“贷款金额”字段的【总计】行单元格，这时它右边将显示一个下拉按钮，单击该按钮，从下拉列表框中选择“合计”选项。对【贷款金额】列增加一个标题——“总的贷款金额”。

(3) 指定查询条件。在设计网格的【字段】行上新增加一列，输入：Year(贷款日期)，在该列的【总计】行单元格中选择“Where”选项，在该列的【条件】行单元格中输入：Between 2007 And 2009，如图 14-10 所示。

(4) 保存查询。可以运行查询，查看结果。

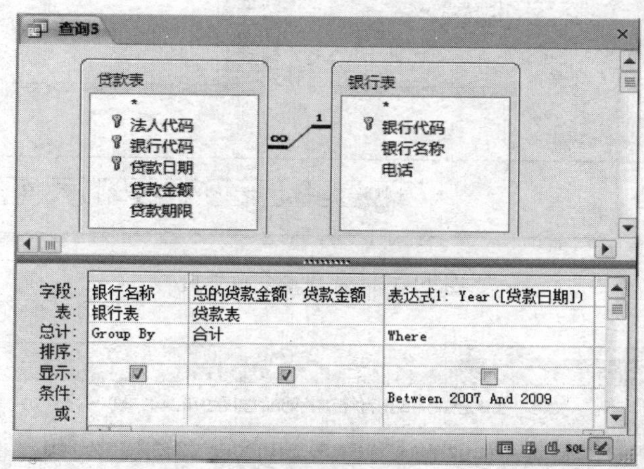

图 14-10　汇总查询示例

14.2.4　查找重复项和不匹配项查询

有时需要在表中查找是否有重复值的记录，有时还需要在表中查找与指定内容不匹配的记录，所有这些查询要求都可以通过使用查找重复项查询或不匹配项查询来实现。

1. 查找重复项查询

在 Access 中，可以通过【查找重复项查询向导】在表中查找内容相同的记录，用于确定表中是否有重复的记录。例如，可以搜索法人代码字段中的重复值来确定同一个法人是否有多笔贷款。

例 14-6　查询法人中有多笔贷款的贷款记录。

此查询属于查找重复项的查询，可以用向导来实现。操作步骤如下。

(1) 单击【创建】选项卡，在【查询】命令组中单击【查询向导】按钮，在弹出的【新建查询】对话框中选择【查找重复项查询向导】后，单击【确定】按钮。

(2) 在【查找重复项查询向导】对话框中,选择"贷款表"选项,单击【下一步】按钮。

(3) 在【可用字段】列表框中选择包含重复信息的一个或多个字段。这里选择"法人代码"字段,如图14-11所示。单击【下一步】按钮,弹出如图14-12所示的对话框。

(4) 选择查询中要显示的除了重复字段以外的其他字段。这里选择所有字段,单击【下一步】按钮。

(5) 在新弹出的对话框中指定查询名称和选择是查看结果,还是在设计视图中修改查询的定义。如果选择的是【查看结果】选项,单击【完成】按钮后,查询结果就会显示出来。

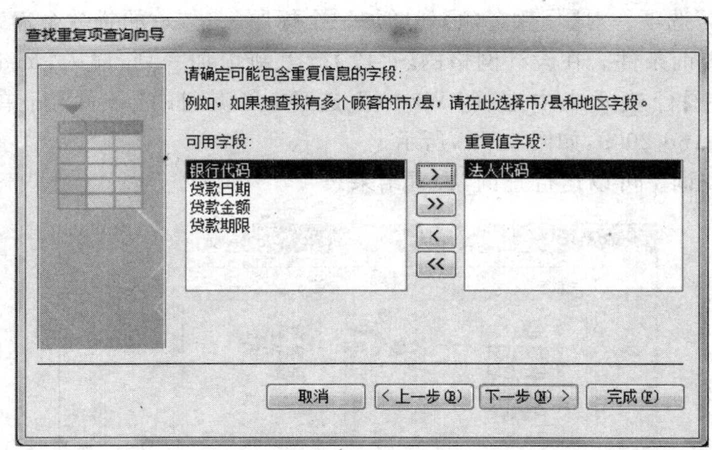

图14-11 选择重复值字段

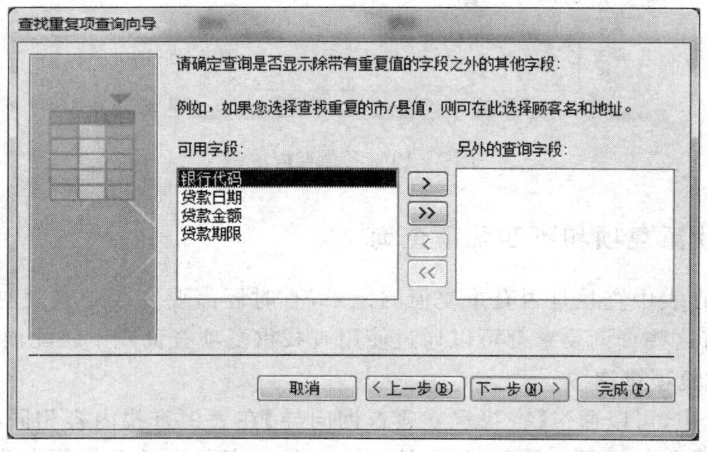

图14-12 选择除了重复字段以外还需要显示的其他字段

2. 查找不匹配项查询

在Access中,可以使用【查找不匹配项查询向导】,查找两个表或查询中不相匹配的记录。例如,可以查找没有订单的客户。

例14-7 查询没有贷款的法人信息

此查询属于查找不匹配项的查询，可以用查询向导来实现。操作步骤如下。

(1) 单击【创建】选项卡，在【查询】命令组中单击【查询向导】按钮，在弹出的【新建查询】对话框中选择【查找不匹配项查询向导】后，单击【确定】按钮。

(2) 在【查找不匹配项查询向导】对话框中，选择查询结果中要显示的没有匹配项的记录所在的表或查询。这里选择“法人表”选项，单击【下一步】按钮。

(3) 在新弹出的对话框中选择包含相关记录的表或查询。这里选择“贷款表”选项，单击【下一步】按钮，弹出如图 14-13 所示的对话框。

(4) 选择两个表或查询的联接字段。这里选择“法人代码”，单击【下一步】按钮。

(5) 在新弹出的对话框中选择查询结果要显示的字段。这里选择法人表中的所有字段，单击【下一步】按钮。

(6) 在新弹出的对话框中指定查询名称和选择是查看结果，还是在设计视图中修改查询的定义。如果选择的是查看结果，单击【完成】按钮后，查询结果就会显示出来。

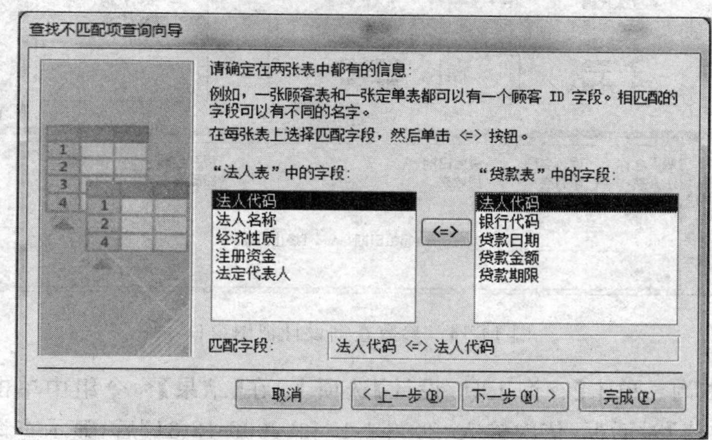

图 14-13　选择两个表的联接字段

14.3　参数查询

此处所说的参数特指查询准则中使用的变量，参数查询对象则是指本查询对象所使用的参数需赋值方能运行的查询。

参数查询的特点是每次运行时，都会弹出【输入参数值】对话框，要求用户输入参数，并把输入项作为查询的条件。

创建参数查询的步骤与前面介绍的用设计视图创建查询的过程基本相同，只是需要在设计视图的【条件】单元格中添加参数，参数用方括号括起，如：“[请输入姓名]”。方括号中的内容即为查询运行时出现在【输入参数值】对话框中的提示文本。尽管提示的文本可以包含字段名，但不能与字段名完全相同(因为字段也是用方括号来表示的)。

用户可以建立一个参数提示的单参数查询，也可以建立多个参数提示的多参数查询。如果是多个参数，方括号里的内容不能重复。

例 14-8 根据输入的两个日期,检索处于这两个日期之间的所有贷款记录。要求显示法人名称、银行名称、贷款日期、贷款金额和贷款期限。

操作步骤如下。

(1) 选择记录源。打开查询设计视图,将"法人表"、"贷款表"和"银行表"添加到查询设计视图上半部分的窗口中。

(2) 添加要显示的字段。将"法人名称"、"银行名称"、"贷款日期"、"贷款金额"和"贷款期限"字段添加到设计视图的【字段】行上。

(3) 设置条件。在【贷款日期】的【条件】单元格中,输入:Between [起始日期] And [终止日期],如图 14-14 所示。

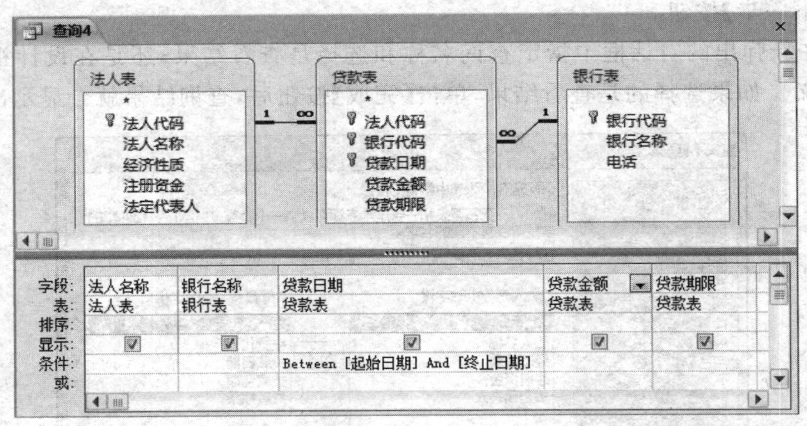

图 14-14 参数查询设计视图窗口

(4) 运行查询。单击【查询工具/设计】选项卡,在【结果】命令组中单击【运行】按钮,弹出【输入参数值】对话框,依次输入"2008-1-1"和"2009-12-31"后,显示查询结果。

(5) 保存查询。单击快速访问工具栏上的【保存】按钮,弹出【另存为】对话框,在【查询名称】文本框中输入"某段时间内的贷款信息",然后单击【确定】按钮。

14.4 交叉表查询

虽然在前面介绍的查询对象中,可以根据需要检索出满足条件的记录,也可以在查询中执行计算,但这些并不能很好地解决数据管理工作中遇到的所有问题。例如,利用汇总统计功能,创建了一个"每个银行每年的贷款总金额"查询。在运行该查询时,由于每个银行每年有多笔贷款,所以在【银行名称】和【贷款年份】字段列中会出现重复的值。为了使查询后生成的数据显示更清晰、准确,结构更紧凑、合理,可以创建另一种查询对象,即交叉表查询。

交叉表查询从水平和垂直两个方向同时对数据进行分组,使数据的显示更加紧凑。它为用户提供了非常清楚的汇总数据,这样可以更加方便地分析数据。

建立交叉表查询至少要指定 3 个字段:一是放在交叉表最左端的行标题,它将某一字段的分组数据放入指定的行中；二是放在交叉表最上面的列标题，它将某一字段的分组数据放入指定的列中；三是放在交叉表行与列交叉位置上的字段(被称为值)，需要为该字段指定一个统计项，如计数、平均值和总计等。在交叉表查询中，行标题可以有多个，列标题和值有且仅有一个。

建立交叉表查询的方法有两种：使用“交叉表查询向导”和使用查询设计。

14.4.1　使用“交叉表查询向导”创建查询

使用“交叉表查询向导”创建查询时，使用的字段必须属于同一张表或查询。如果所使用的字段不在同一张表或查询里，则需要先创建一个查询，把它们放在一起。

例 14-9　创建一个交叉表查询对象，统计每个银行各种贷款年限的贷款笔数。

操作步骤如下。

(1) 单击【创建】选项卡，在【查询】命令组中单击【查询向导】按钮，在弹出的【新建查询】对话框中双击【交叉表查询向导】选项，打开【交叉表查询向导】对话框。

(2) 选择所需的表或查询。这里选择“贷款表”选项，然后单击【下一步】按钮，弹出如图 14-15 所示的对话框。

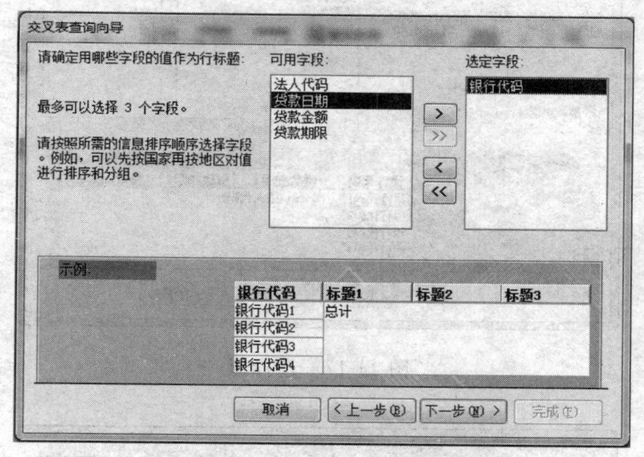

图 14-15　选择行标题

(3) 在如图 14-15 所示的对话框中选择行标题。行标题可以有多个，这里选择“银行代码”字段作为行标题。单击【下一步】按钮，弹出如图 14-16 所示的对话框。

(4) 在如图 14-16 所示的对话框中选择列标题。列标题只能有一个，这里选择“贷款期限”字段作为列标题。单击【下一步】按钮，弹出如图 14-17 所示的对话框。

(5) 在如图 14-17 所示的对话框中选择值。值只能有一个，对作为值的字段要选择进行哪种统计，统计操作包括合计、最大值、最小值和计数等。这里选择对“法人代码”字段进行计数。单击【下一步】按钮，弹出如图 14-18 所示的对话框。

(6) 在如图 14-18 所示的对话框中输入查询对象的名称。这里输入“每个银行贷款年限交叉表”，然后单击【完成】按钮。系统建立交叉表查询，其运行结果如图 14-19 所示。

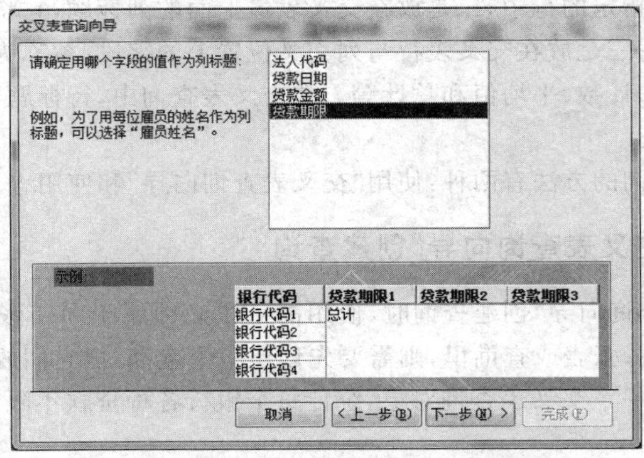

图 14-16　选择列标题

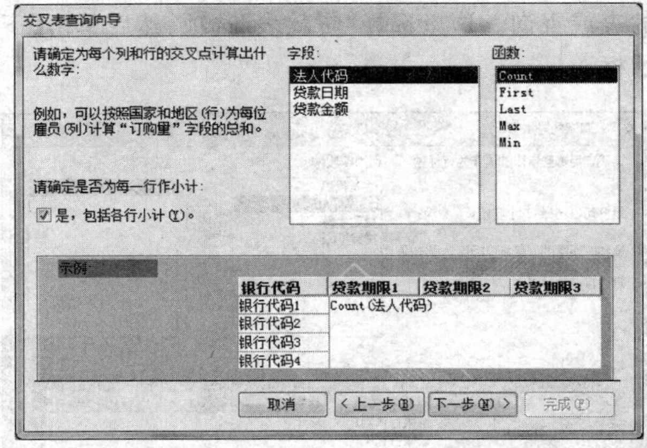

图 14-17　选择值

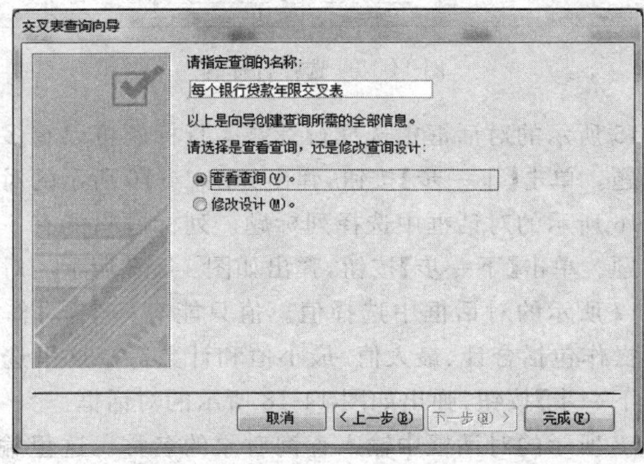

图 14-18　输入查询名称

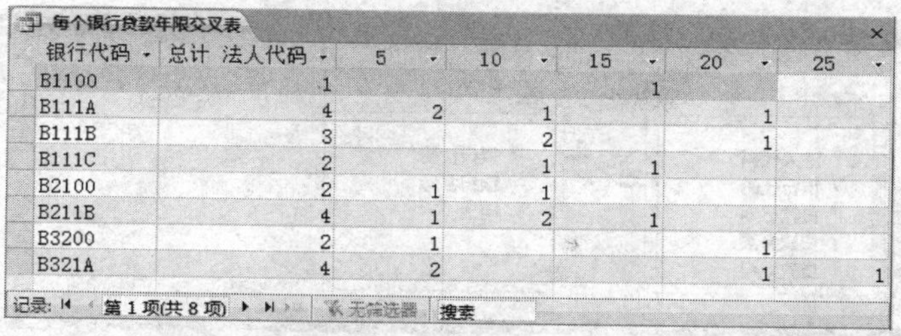

每个银行贷款年限交叉表

银行代码	总计 法人代码	5	10	15	20	25
B1100	1			1		
B111A	4	2	1		1	
B111B	3		2		1	
B111C	2		1	1		
B2100	2	1	1			
B211B	4	1	2	1		
B3200	2	1			1	
B321A	4	2			1	1

记录: 第 1 项(共 8 项)　无筛选器　搜索

图 14-19　“每个银行各种贷款年限的贷款笔数”查询的运行结果

从图 14-19 中可以看出，在其左侧显示了银行代码，上面显示了贷款年限，行、列交叉处显示了每个银行每种贷款年限的贷款次数。

14.4.2　使用查询设计创建交叉表查询

如果所用到的字段存在于多个表或查询中，或者需要创建有条件的交叉表查询，则可以直接使用查询设计来创建交叉表查询对象。

例 14-10　建立一个交叉表查询对象，检索贷款期限为 10 年的每个银行每年贷款总金额，要求每行显示合计值。

具体操作步骤如下。

(1) 添加记录源。单击【创建】选项卡，在【查询】命令组中单击【查询设计】按钮，在弹出的【显示表】窗口中选择银行表和贷款表。单击【关闭】按钮，进入查询设计视图。

(2) 选择交叉表查询类型。在查询设计视图中，单击【查询工具/设计】选项卡，在【查询类型】命令组中单击【交叉表】按钮。

(3) 设置行标题、列标题和值。将“银行名称”、“贷款金额”字段和表达式“Year(贷款日期)”添加到设计视图的【字段】行上。在“银行名称”字段的【交叉表】行单元格中选择“行标题”；在“Year(贷款日期)”字段的【交叉表】行单元格中选择“列标题”；在“贷款金额”字段的【总计】行单元格中选择“合计”选项，在该字段的【交叉表】行单元格中选择“值”。

(4) 设置查询条件。在空白字段单元格中添加【贷款期限】字段，在该字段的【总计】行单元格中选择“Where”，在【条件】行单元格中输入：10。

(5) 添加计算每个银行总的贷款金额字段。在空白字段单元格中添加自定义字段名称“贷款总金额”，用于在交叉表中作为字段名显示。“贷款金额”仍作为计算字段，在该字段的【总计】行单元格中选择“合计”选项，在【交叉表】行单元格中选择“行标题”。设计好的交叉表查询设计视图如图 14-20 所示。

(6) 运行查询。单击【查询工具/设计】选项卡，在【结果】命令组中单击【运行】按钮，其显示结果如图 14-21 所示。

(7) 保存查询。单击快速访问工具栏上的【保存】按钮，保存所建查询。

从图 14-21 中可以看出，在其左侧显示了银行名称，上面显示了贷款年份，行、列交叉处显示了每个银行每年贷款的总金额。这说明“银行名称”字段为行标题，“贷款年份”为列标题，值是对“贷款金额”进行总计。该查询涉及“贷款表”和“银行表”。

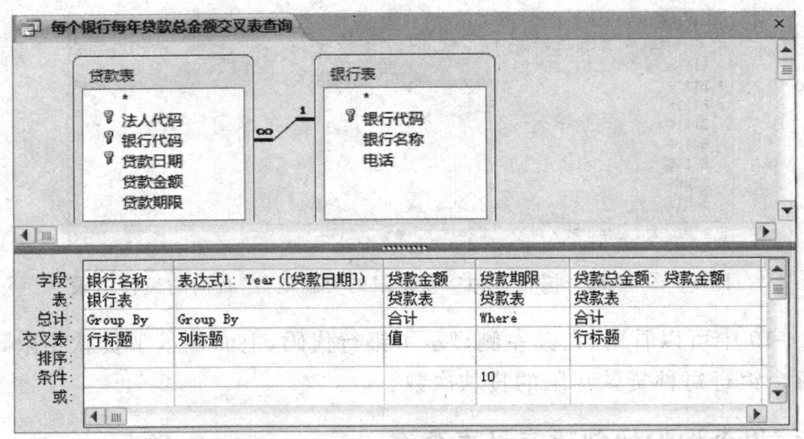

图 14-20 “每个银行每年贷款总金额”交叉表查询设计视图

每个银行每年贷款总金额交叉表查询

银行名称	贷款总金额	2008	2009
工商银行北京A支行	¥300.00	¥300.00	
工商银行北京B支行	¥3,500.00	¥2,000.00	¥1,500.00
工商银行北京C支行	¥300.00		¥300.00
交通银行北京B支行	¥3,680.00	¥3,680.00	
交通银行北京分行	¥2,000.00		¥2,000.00

记录: 第 1 项(共 5 项) 无筛选器 搜索

图 14-21 “每个银行每年贷款总金额”交叉表查询运行结果

例 14-11 建立一个带参数的交叉表查询对象，检索在某年里每个银行每个月贷款笔数，要求每行显示合计值。

操作步骤如下。

(1) 添加记录源。单击【创建】选项卡，在【查询】命令组中单击【查询设计】按钮，在弹出的【显示表】窗口中选择“银行表”和“贷款表”。单击【关闭】按钮，进入查询设计视图。

(2) 选择交叉表查询类型。在查询设计视图中，单击【查询工具/设计】选项卡，在【查询类型】命令组中单击【交叉表】按钮。

(3) 设置行标题、列标题和值。将“银行名称”、“银行代码”字段和表达式“Month([贷款日期])”添加到设计视图的【字段】行上。在“银行名称”字段的【交叉表】行单元格中选择“行标题”；在“Month([贷款日期])”字段的【交叉表】行单元格中选择“列标题”；在“银行代码”字段的【总计】行单元格中选择“计数”选项，在该字段的【交叉表】行单元格中选择“值”。

(4) 设置查询条件。在空白字段单元格中添加计算字段：“Year([贷款日期])”，在该字段的【总计】行单元格中选择“Where”，在【条件】行单元格中输入：[输入贷款年份]，注意，一定要加方括号([])，以表明这是一个参数。由于在交叉表查询对象中，设置的参数需要申明，所以，单击【查询工具/设计】选项卡中的【显示/隐藏】命令组里的【参数】按钮，屏幕弹出【查询参数】对话框，输入参数名称“输入贷款年份”和数据类型“整型”，如图 14-22 所示。

(5) 添加计算每个银行总的贷款笔数字段。在空白字段单元格中添加自定义字段名称“总贷款笔数”，用于在交叉表中作为字段名显示。“银行代码”仍作为计算字段，在该字段的【总计】行单元格中选择“计数”选项，在【交叉表】行单元格中选择“行标题”。设计好的交叉表查询设计视图如图 14-23 所示。

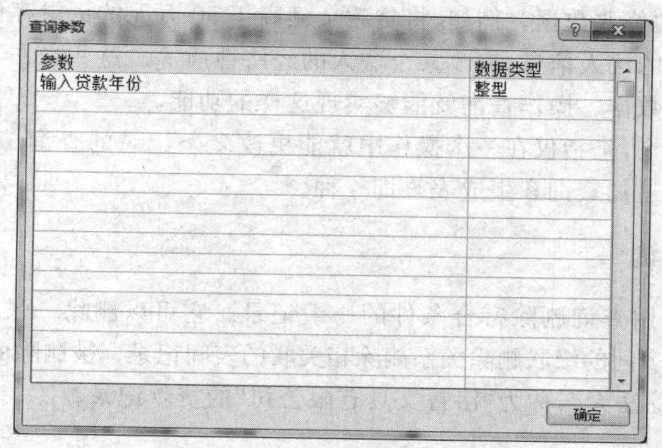

图 14-22　设置查询参数

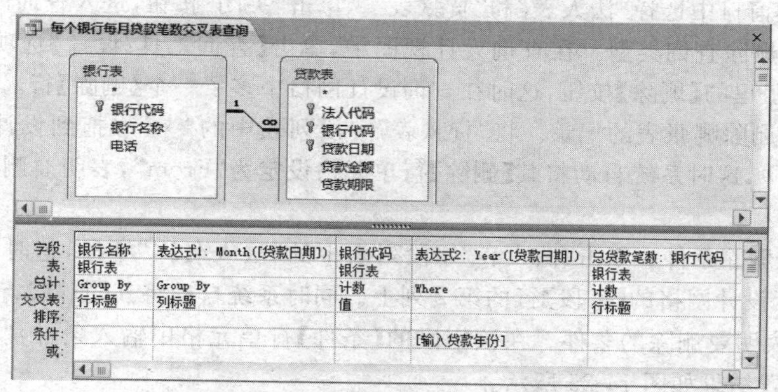

图 14-23　“每个银行每月贷款笔数”交叉表查询设计视图

(6) 运行查询。单击【查询工具/设计】选项卡，在【结果】命令组中单击【运行】按钮，弹出【输入参数值】对话框，输入参数值，这里输入:2009，其显示结果如图 14-24 所示。

(7) 保存查询。单击快速访问工具栏上的【保存】按钮，保存所建查询。

每个银行每月贷款笔数交叉表查询

银行名称	总贷款笔数	1	3
工商银行北京B支行	1		1
工商银行北京C支行	1	1	
建设银行上海A分行	1		1
交通银行北京分行	2	1	1

记录: 第 1 项(共 4 项)　无筛选器　搜索

图 14-24　“每个银行每月贷款笔数”交叉表查询运行结果

14.5 操作查询

前面介绍的查询只是检索记录,对表中的数据不做任何修改,但在使用数据库的过程中,常常需要大量地修改数据。例如,将贷款金额高于50万元的记录存储到一个新表中,删除没有贷款记录的法人信息,修改某个法人的经济性质等。这些操作不仅要检索记录,而且要修改表中的数据。操作查询就能够实现这样的功能。

所谓的操作查询,是指仅在一个操作中就能更改多条记录的查询。操作查询包括删除查询、更新查询、追加查询和生成表查询4种。

14.5.1 删除查询

删除查询是利用查询删除符合条件的一组记录。它可以删除一张表内的记录,也可以在多张表内利用表间的级联删除关系删除相关联的表间记录。被删除的记录无法恢复。

例 14-12 删除法人名称为"洛普文具有限公司"的贷款记录。

操作步骤如下。

(1) 添加记录源。单击【创建】选项卡,在【查询】命令组中单击【查询设计】按钮,在弹出的【显示表】窗口中选择"法人表"和"贷款表"。单击"关闭"按钮,进入查询设计视图。

(2) 选择删除查询类型。在查询设计视图中,单击【查询工具/设计】选项卡中的【查询类型】命令组里的【删除】按钮,这时在查询设计网格中多了一个【删除】行。

(3) 指定删除哪张表的记录。将"贷款表"字段列表中的"*"号拖到设计网格的【字段】行单元格中,这时系统自动将其【删除】行单元格设定为"From",表明要删除贷款表的记录。

(4) 指定删除条件。双击"法人表"字段列表中的"法人名称"字段,这时"法人名称"字段被放到了设计网格的【字段】行的第2列上。同时系统自动将其【删除】行单元格设定为"Where",表明要删除的条件。在该字段的【条件】行单元格中输入条件:"洛普文具有限公司"。设置结果如图14-25所示。

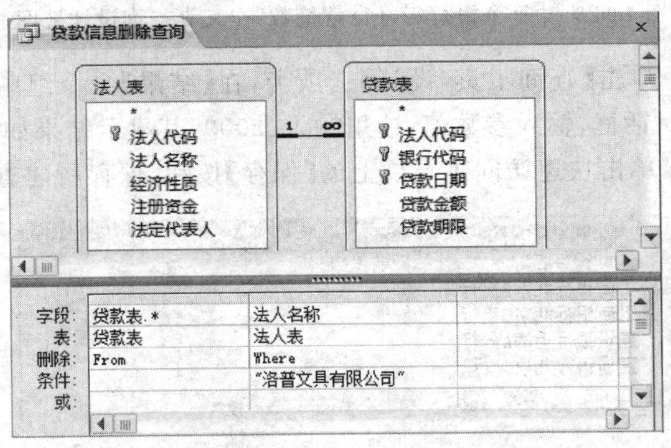

图 14-25 删除查询设计视图

(5) 执行删除操作。在查询设计视图中,单击【查询工具/设计】选项卡,在【结果】命令组中单击【运行】按钮,屏幕上显示一个提示框,单击【是】按钮,Access 将删除满足条件的记录;单击【否】按钮,则不删除记录。这里单击【是】按钮。

(6) 单击快速访问工具栏上的【保存】按钮,保存所建查询。

在导航窗格中双击【贷款表】,在打开的数据表视图里就可以看到法人名称为“洛普文具有限公司”的贷款记录已被删除。

观察删除查询的 SQL 语句,可以看到,一个删除查询对象实质对应一条 DELETE 语句。

删除查询每次删除整个记录,而不是指定字段中的数据。如果只删除指定字段中的数据,可以使用更新查询将该值改为空值。

14.5.2　更新查询

更新查询就是利用查询对一张或多张表中的一组记录进行批量更改。例如,现需要给某一类法人增加贷款金额,如果在数据表视图中采用逐条更新,既费时费力,又不能保证没有遗漏。设计一个更新查询可以很方便地完成这样的操作。

例 14-13　将经济性质为国营的法人贷款金额提高 10%。

操作步骤如下。

(1) 添加记录源。单击【创建】选项卡,在【查询】命令组中单击【查询设计】按钮,在弹出的【显示表】窗口中选择“法人表”和“贷款表”。单击【关闭】按钮,进入查询设计视图。

(2) 选择更新查询类型。在查询设计视图中,单击【查询工具/设计】选项卡中的【查询类型】命令组里的【更新】按钮,这时在查询设计网格中多了一个【更新到】行。

(3) 指定需要更新的字段。双击“贷款表”字段列表中的“贷款金额”字段,这时“贷款金额”字段被放到了设计网格的【字段】行的第 1 列上。在该字段的【更新到】行单元格中输入表达式:[贷款金额]*1.1。注意:字段名一定要加方括号([])。

(4) 指定更新条件。双击“法人表”字段列表中的“经济性质”字段,这时“经济性质”字段被放到了设计网格的【字段】行的第 2 列上。在该字段的【条件】行单元格中输入条件:“国营”。设置结果如图 14-26 所示。

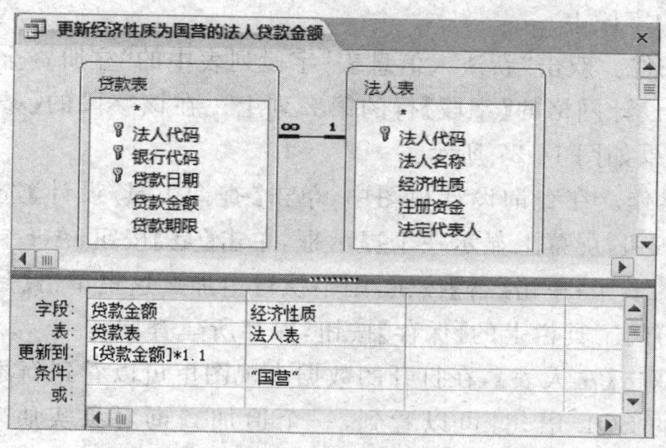

图 14-26　更新查询设计视图

(5) 执行更新操作。在查询设计视图中,单击【查询工具/设计】选项卡,在【结果】命令组中单击【运行】按钮,屏幕上显示一个提示框,单击【是】按钮,Access 将更新满足条件的指定字段的值;单击【否】按钮,则不更新表中记录。这里单击【是】按钮。

(6) 单击快速访问工具栏上的【保存】按钮,保存所建查询。

在导航窗格中双击【贷款表】,在打开的数据表视图里可以看到法人经济性质为国营的贷款金额的值已被修改。

观察更新查询的 SQL 语句,可以看到,一个更新查询对象实质对应一条 UPDATE 语句。

14.5.3 追加查询

追加查询就是利用查询将一张或多张表中的一组记录添加到另一张表的尾部。例如,有一个包含新法人信息的表,利用追加查询可将有关新法人的数据添加到原有"法人表"中,不必手动输入这些内容。

追加查询以查询设计视图中添加的表为源表,以在【追加】对话框中选定的表为目标表。当源表和目标表的表结构不完全相同时,在追加查询中需要指定相互匹配的字段。

例 14-14 在"贷款管理"数据库中,有一个"新法人信息表"(表结构与"法人表"结构相同),将"新法人信息表"中注册资金高于 2000 万元的记录添加到"法人表"中。

操作步骤如下。

(1) 添加源表。单击【创建】选项卡,在【查询】命令组中单击【查询设计】按钮,在弹出的【显示表】窗口中选择"新法人信息表"。单击【关闭】按钮,进入查询设计视图。

(2) 选择追加查询类型。在查询设计视图中,单击【查询工具/设计】选项卡中的【查询类型】命令组里的【追加】按钮,屏幕弹出【追加】对话框,在【表名称】下拉列表框中选择"法人表",关闭对话框后,在查询设计网格中多了一个【追加到】行。

(3) 指定对应字段。由于两个表的结构相同,所以双击"新法人信息表"字段列表中的"*"字段,这时"新法人信息表.*"字段被放到了设计网格的【字段】行的第 1 列上。在该字段的【追加到】行单元格中自动设定为"法人表.*",表明"新法人信息表"中的记录将添加到"法人表"相应的字段上。

(4) 指定追加条件。双击"新法人信息表"字段列表中的"注册资金"字段,这时"注册资金"字段被放到了设计网格的【字段】行的第 2 列上。在该字段的【条件】行单元格中输入:>2000。设置结果如图 14-27 所示。

(5) 执行追加操作。在查询设计视图中,单击【查询工具/设计】选项卡,在【结果】命令组中单击【运行】按钮,屏幕上显示一个提示框,单击【是】按钮,Access 将符合条件的一组记录追加到指定的表中;单击【否】按钮,则不执行追加。这里单击【是】按钮。

(6) 单击快速访问工具栏上的【保存】按钮,保存所建查询。

在导航窗格中双击【法人表】,在打开的数据表视图里可以看到新添加的记录。

观察追加查询的 SQL 语句,可以看到,一个追加查询对象实质对应一条 INSERT 语句。

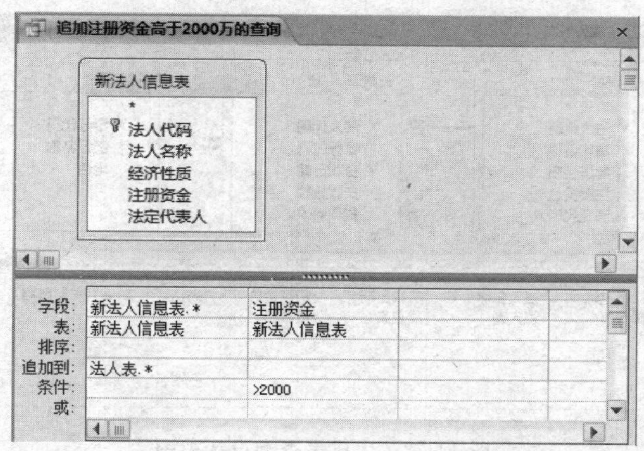

图 14-27　追加查询的设计视图

14.5.4　生成表查询

生成表查询可以根据一张或多张表，或查询中的全部或部分数据来创建新表。这种由表产生查询，再由查询来生成表的方法，使得数据的组织更加灵活，使用更加方便。

例 14-15　将 2008 年的贷款信息保存到名为"2008 年贷款信息表"的新表中，新表结构为：银行名称、法人名称、贷款日期和贷款金额。

操作步骤如下。

(1) 添加记录源。单击【创建】选项卡，在【查询】命令组中单击【查询设计】按钮，在弹出的【显示表】窗口中选择"法人表"、"银行表"和"贷款表"。单击【关闭】按钮，进入查询设计视图。

(2) 选择生成表查询类型。在查询设计视图中，单击【查询工具/设计】选项卡中的【查询类型】命令组里的【生成表】按钮，屏幕弹出【生成表】对话框，在【表名称】下拉列表框中输入"2008 年贷款信息表"，单击【确定】按钮，关闭对话框。

(3) 指定新表字段。双击"银行表"字段列表中的"银行名称"字段，"法人表"字段列表中的"法人名称"字段，"贷款表"字段列表中的"贷款日期"和"贷款金额"字段后，这 4 个字段被放到了设计网格的【字段】行上。

(4) 指定条件。在空的【字段】行单元格中输入："Year([贷款日期])"。在该字段的【条件】行单元格中输入：2008。设置结果如图 14-28 所示。

(5) 执行生成新表操作。在查询设计视图中，单击【查询工具/设计】选项卡，在【结果】命令组中单击【运行】按钮，屏幕上显示一个提示框，单击【是】按钮，Access 将创建"2008 年贷款信息表"；单击【否】按钮，则不生成新表。这里单击【是】按钮。

(6) 单击快速访问工具栏上的【保存】按钮，保存所建查询。

在导航窗格中可以看到新创建的"2008 年贷款信息表"。

观察生成表查询的 SQL 语句，可以看到，一个生成表查询对象实质对应一条 SELECT...INTO 语句。

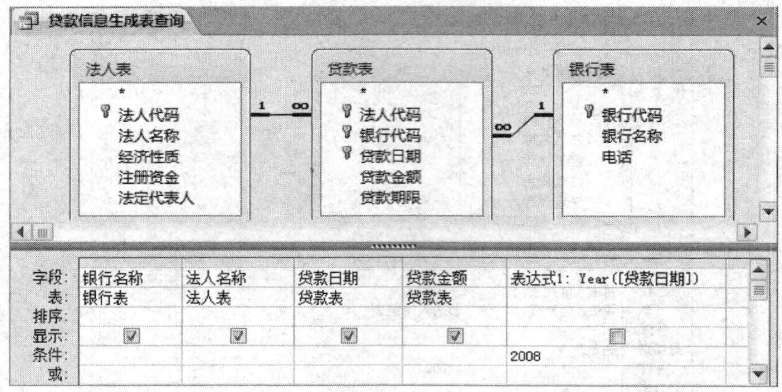

图 14-28　生成表查询设计视图

习题

1. Access 查询对象的功能是什么?

2. 在 Access 2010 中,常见的查询类型有哪几种?

3. Access 2010 包含哪些操作查询对象?

4. 针对第 13 章所创建的人员管理数据库,通过创建选择查询对象,完成如下查询:

(1) 查询 2000—2012 年间调入的职工信息;

(2) 查询职工表中姓"王"的职工信息;

(3) 查询姓名中含有"光"的职工信息;

(4) 查询职称不是工程师、高级工程师的职工姓名和所在部门;

(5) 查询工资最高的前 10 名职工的信息;

(6) 查询年龄最大的职工信息;

(7) 查询年龄超过 60 岁的职工信息;

(8) 查询"信息中心"负责人的信息;

(9) 按部门分组查询每个部门的工资总数;

(10) 查询工资高于 5000 元的每个部门的职工人数。

5. 创建一个参数查询对象,运行查询后屏幕先后两次显示"输入参数值"对话框,要求分别输入两个日期,输入日期后查询的数据表视图可显示第一个日期之前出生或者第二个日期之后出生的职工编号、姓名和出生日期。

6. 创建一个交叉表查询对象。以部门名称作为行标题,职称作为列标题,行、列交叉点显示每个部门每种职称的平均工资。

7. 创建一个带参数的交叉表查询对象。运行查询后分别询问起始调入日期和终止调入日期,用户回答后,以部门名称作为行标题,调入日期的年份作为列标题,行、列交叉点显示每个部门每年调入的职工人数。

8. 针对第 13 章所创建的人员管理数据库,通过创建操作查询对象,完成如下操作:

（1）删除 1955 年以前出生的职工信息；

（2）将部门名称为“人事部”的所有职工的工资增加 1000 元；

（3）从职工备份表中将 1955 年以前出生的职工信息追加到职工表中；

（4）从部门、职工表中选出部门名称为“信息中心”并且职称为“高级工程师”的职工姓名、出生日期、职称、部门名称和工资的记录，生成一个新表。

第 15 章　报 表 对 象

报表是 Access 2010 的一个对象。它可以将数据库中的数据按照指定的格式显示或打印出来，帮助用户以更好的方式表示数据。本章主要介绍报表的作用、结构和组成，建立报表的各种方法，以及如何对报表中的数据进行分组、排序、汇总和计算等操作。

15.1　报表概述

报表作为 Access 2010 数据库的一个重要组成部分，不仅可以对数据进行比较、汇总和小计，还具有如下功能：

- 报表的格式多种多样。在报表中可以包含子报表和图表数据，可以将表中的数据打印成标签、清单、订单和信封等，从而使所制作的报表更易于阅读和理解。
- 在报表中可以嵌入图片、图像来美化报表的外观。
- 通过对页眉和页脚内容的设置，可以在报表每页的顶部和底部打印一些标识性的信息。可以对报表的控件设置格式，如字体、字号和颜色等，实现对数据的格式化输出。
- 可以创建图表式报表，通过图表和图形来帮助说明数据的含义。

报表同查询一样，本身不存储数据，它的数据来源于基表、查询和 SQL 语句，只是在运行的时候将信息收集起来。

需要注意的是，报表只能查看数据，不能通过报表添加、修改或删除数据库中的数据。

15.1.1　报表的类型

报表的常见类型共有五种，分别为纵栏式报表、表格式报表、分组汇总报表、标签式报表和图表式报表。

1. 纵栏式报表

在纵栏式报表中，每条记录的各个字段从上到下纵向排列。这种格式的报表适合记录较少、字段较多的情况，纵栏式的贷款信息报表如图 15-1 所示。

贷款信息报表

银行名称	工商银行北京分行
法人名称	赛纳网络有限公司
贷款日期	2008年8月20日
贷款金额	¥10.00
贷款期限	15

图 15-1　纵栏式的贷款信息报表

2. 表格式报表

在表格式报表中，每条记录的各个字段从左到右横向排列，一条记录的内容显示在同一行，多条记录从上到下显示。这种格式的报表适合记录较多、字段较少的情况，表格式的贷款信息表如图 15-2 所示。

贷款信息报表

银行名称	法人名称	贷款日期	贷款金额	贷款期限
工商银行北京分行	赛纳网络有限公司	2008年8月20日	¥10.00	15
工商银行北京A支行	赛纳网络有限公司	2005年4月1日	¥15.00	20
交通银行北京分行	赛纳网络有限公司	2009年3月2日	¥8.00	5
工商银行北京A支行	华顺达水泥股份有限公司	2007年8月20日	¥1,100.00	5
工商银行北京B支行	华顺达水泥股份有限公司	2008年5月13日	¥2,200.00	10

图 15-2　表格式的贷款信息报表

3. 分组汇总报表

在分组汇总报表中，不仅可以显示明细信息，还可以显示汇总或分组计算的结果。这种报表适合明细和汇总统计信息同时都要查看的情况。对贷款信息进行分组统计的报表如图 15-3 所示。

按银行名称分组显示的贷款信息报表

银行名称	法人名称	贷款日期	贷款金额	贷款期限
工商银行北京分行				
	赛纳网络有限公司	2008年8月20日	¥10.00	15
组合计			¥10.00	
工商银行北京A支行				
	赛纳网络有限公司	2005年4月1日	¥15.00	20
	莱英投资咨询有限公司	2008年7月12日	¥300.00	10
	华顺达水泥股份有限公司	2007年8月20日	¥1,100.00	5
组合计			¥1,415.00	

图 15-3　按银行名称分组显示的贷款信息报表

4. 标签式报表

标签式报表将每条记录中的数据按照标签的形式输出。报表中每个小标签内的内容类型都是一样的，一页中可显示多个标签。这种类型的报表通常用于显示或打印信封、名片和证件等。标签式的银行信息报表如图 15-4 所示。

B321A 建设银行上海A支行 021-9035	B121A 工商银行上海A支行 021-8759
B3200 建设银行上海分行 021-6739	B1210 工商银行上海分行 021-5639

图 15-4　标签式的银行信息报表

5. 图表式报表

图表式报表以图形的方式显示表中的数据或统计结果。用图的方式来展示数据,更加直观和一目了然,适于比较、归纳和分析数据。Access 2010 没有提供图表向导功能,但可以使用【图表】控件来创建图表式报表。图表式的每年贷款情况统计报表如图 15-5 所示。

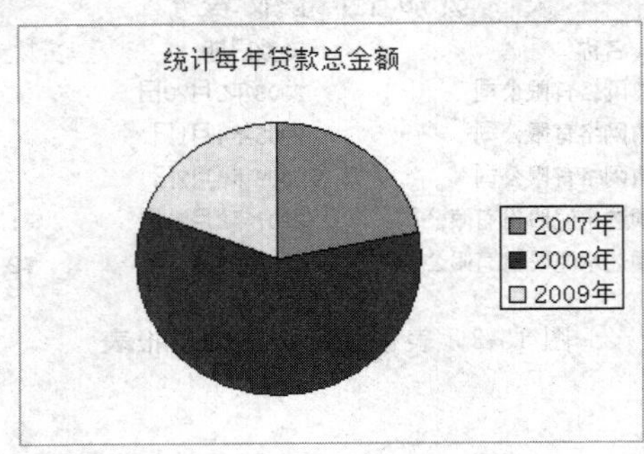

图 15-5 图表式的每年贷款情况统计报表

15.1.2 报表的视图

报表与 Access 的其他对象一样,也具有不同的视图。报表有 4 种视图:报表视图、设计视图、打印预览视图和布局视图。

1. 报表视图

报表视图是报表的显示视图,用于查看报表的设计结果。在报表视图中可以对报表内容进行筛选和查找操作。

2. 设计视图

报表的设计视图用于创建报表或编辑已有报表的结构。用户可以根据需要在报表设计视图中添加控件、设置控件的各种属性和美化报表等。

该视图窗口被分为多个区段,每个区段被称为节,每个节在页面上和报表中具有特定的目的并可以按照预定的次序打印。通过放置控件(如标签和文本框),用户可以确定每个节中信息的显示位置,如图 15-6 所示。

报表通常有 5 个节,它们分别是报表页眉、报表页脚、页面页眉、主体及页面页脚,后 3 个节为默认节。如果在报表中要显示分组信息,则还有组页眉和组页脚。Access 2010 最多允许有 10 对组页眉/页脚。

(1) 报表页眉

报表页眉中的内容显示在整个报表的首页开始位置,而且仅显示一次。可以使用报表页眉显示公司徽标、报表标题或打印日期等。

(2) 页面页眉

页面页眉的内容显示在报表每一页的顶部,主要用来显示列标题等信息。如图 15-6 所示,页面页眉中的“银行名称”、“法人名称”、“贷款日期”、“贷款金额”和“贷款期限”等字段标题将显示在报表的每一页。

(3) 组页眉

组页眉的内容显示在新记录组的开头，用它显示整个组的信息。组页眉的名称会随着分组的字段名称而定。如图 15-6 所示，报表按照银行名称分组显示记录。

(4) 主体

主体包含报表的主要数据，用来显示报表记录源中的每一条记录的详细信息。所有字段数据通过文本框或其他控件绑定显示，重复显示绑定对象的数据。如图 15-6 所示，主体节包含 4 个绑定文本框，用来显示"法人名称"、"贷款日期"、"贷款金额"和"贷款期限"4 个字段的值。

(5) 组页脚

组页脚出现在每组记录的结尾处，可以用它来显示诸如小计等内容，从而使报表更加易于阅读。如图 15-6 所示，显示银行详细贷款记录后，给出该银行总的贷款金额。

(6) 页面页脚

页面页脚的内容显示在每一页的底部，主要用来显示页码、制表人员、审核人员或打印日期等相关信息。

(7) 报表页脚

报表页脚的内容只显示在报表的最后一页末尾，该节数据位于末页的页面页脚之前，主要用来显示整个报表的汇总、统计信息。如图 15-6 所示，报表页脚显示总的贷款金额。

图 15-6　报表的设计视图

3. 打印预览视图

打印预览视图主要用于查看报表的实际打印效果，显示报表的全部数据，并可按不同的缩放比例对报表进行浏览，对页面进行设置，将数据导出到 Excel 文件、文本文件和 PDF 文件。

4. 布局视图

布局视图的界面与报表视图很相像，但是在该视图下可以设置报表布局，根据实际数据调整列宽和位置,添加分组级别和汇总选项等。

打开一个报表以后,各种报表视图之间的切换有以下3种方式。

(1) 直接单击状态栏右边的视图图标按钮就可以进入相应的报表视图。

(2) 单击【开始】选项卡,在【视图】命令组中单击【视图】下拉按钮,从弹出的下拉菜单中选择相应的视图。

(3) 在任意一个视图的空白处右击,在弹出的快捷菜单中选择所需的视图。

15.2 创建报表

Access 2010 提供了5种创建报表的方法:快速创建报表、使用设计视图创建报表、创建空报表、使用向导创建报表和创建标签报表。其中,"快速创建报表"是根据当前选择的表或查询对象自动创建一张报表;"使用设计视图创建报表"是打开报表设计视图,通过手动布局,添加控件并设置控件属性建立一张报表;"创建空报表"是先创建一个空白报表,然后通过将选定的数据表字段添加到报表中完成报表的创建;"使用向导创建报表"是通过向导的提示功能,选择报表上显示哪些字段,报表的样式和布局等,即可创建报表;"创建标签报表"是利用标签向导创建一组类似名片或证件格式的特殊报表。

创建报表的这几种方法经常配合使用,即先通过"快速创建报表"或"使用向导创建报表"等方法自动生成报表,然后通过设计视图进行编辑、装饰等,直到创建出符合用户需求的报表。

在创建报表时,主要使用如图15-7所示的5种报表工具:【报表】、【报表设计】、【空报表】、【报表向导】和【标签】。

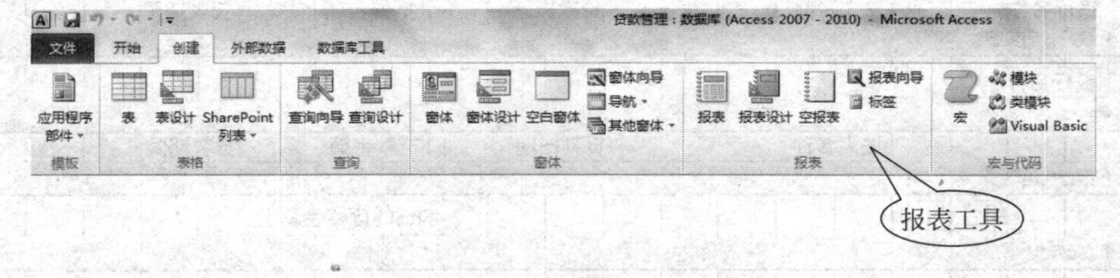

图15-7 创建报表的工具

15.2.1 快速创建报表和空报表

"快速创建报表"是创建报表最快捷的方法。该方法将包含所选表或查询中的所有字段,并继承数据源的属性。

例15-1 在"贷款管理"数据库中,以贷款表为数据源,快速建立一张报表。

操作步骤如下。

(1) 在导航窗格中选择【贷款表】,作为报表数据源。

(2) 单击【创建】选项卡,在【报表】命令组中单击【报表】按钮,屏幕显示系统自动生成的报表,如图15-8所示。

(3) 单击快速访问工具栏上的【保存】按钮，保存所创建的报表。

贷款表

贷款表　2016年3月5日 0:18:38

法人代码	银行代码	贷款日期	贷款金额	贷款期限
E07	B321A	2005/1/1	¥4,400.00	25
E07	B211B	2008/10/10	¥3,960.00	10
E02	B321A	2005/5/21	¥3,300.00	20
E07	B111C	2007/8/20	¥3,300.00	15

图 15-8　利用"快速创建报表"的方法创建的贷款信息报表

单击【创建】选项卡下的【报表】命令组中的【空报表】按钮可以快速建立一个空白报表，并在右侧出现【字段列表】窗口。从【字段列表】窗口里选择需要的字段(可从多张表中选择)，添加到空白报表，最后生成一张满意的报表。"创建空报表"的数据源只能是表。

15.2.2　使用向导创建报表

使用向导可以创建多种类型的报表。在创建报表时，数据源可以是一张或多张表(或查询)。如果利用向导为基于多张表或查询的数据源创建报表，前提条件是多张表或查询之间必须预先建立好关系。

在利用向导创建报表的过程中，用户不仅可以选择数据源、字段和布局方式，还可以创建分组和对数据进行排序、汇总的报表。

例 15-2　创建如图 15-3 所示的对贷款信息进行分组统计的报表。

操作步骤如下。

(1) 单击【创建】选项卡，在【报表】命令组中单击【报表向导】按钮，弹出【报表向导】对话框。在【表/查询】下拉列表框中选择报表所需的表或查询，从【可用字段】下拉列表框中选择需要显示的字段。单击【〉】按钮将选中的字段添加到【选定字段】列表中；单击【》】按钮将添加所有字段；单击【〈】按钮将从【选定字段】列表中移出选中的字段；单击【《】按钮将从【选定字段】列表中移出所有字段。这里选择"银行表"中的"银行名称"字段，"法人表"中的"法人名称"字段和"贷款表"中的"贷款日期"、"贷款金额"、"贷款年限"字段，如图 15-9 所示。单击【下一步】按钮。

(2) 如果数据源是基于多个表或查询，则弹出【请确定查看数据的方式】对话框。在该对话框里，如果通过主表(如银行表)查看数据，则按照主表的主关键字分组，例如，选择"通过银行表"查看数据，那么属于某个银行的所有贷款记录都会列在这个银行信息的下面，相当于一个子报表；如果通过相关表(如贷款表)查看数据，则所有数据以平铺的方式输出。这里选择"通过贷款表"查看数据。

(3) 选择是否添加分组级别。分组只是为了让生成的报表的层次更清楚。如果不需要分组，则直接单击【下一步】按钮。这里按"银行名称"分组，这样就可以将不同银行的贷款信息分开，把属于同一银行的所有贷款信息显示在一起，如图 15-10 所示。单击【分组选项】按钮,打开【分组间隔】对话框,可以设置分组字段的分组间隔,如图 15-11 所示。分组间隔会随着分组字段的数据类型的不同而不一样,分组间隔的默认值为“普通”。设置好分组字段后,单击【下一步】按钮。

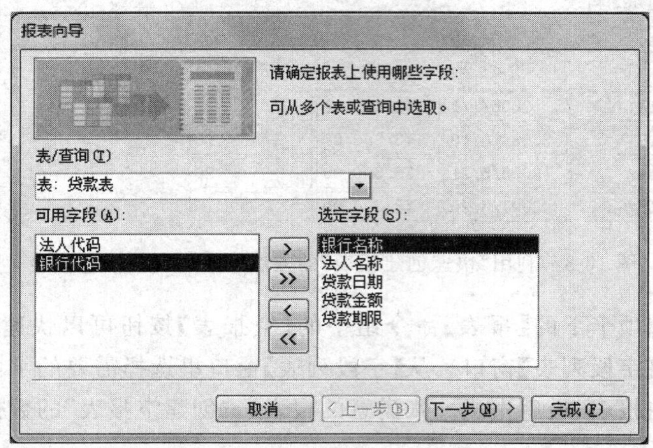

图 15-9 选择数据源和需要显示的字段

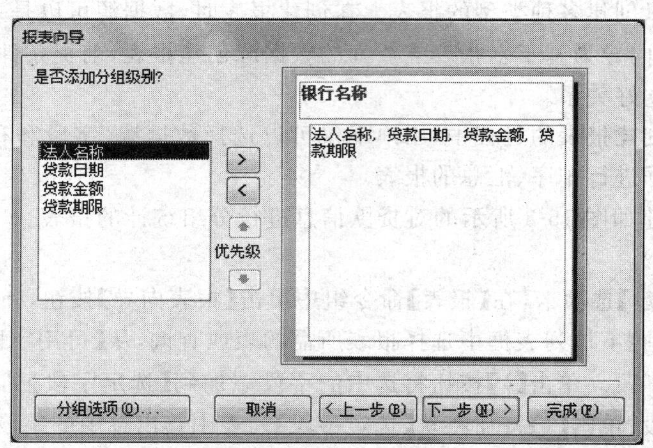

图 15-10 选择分组级别和分组依据

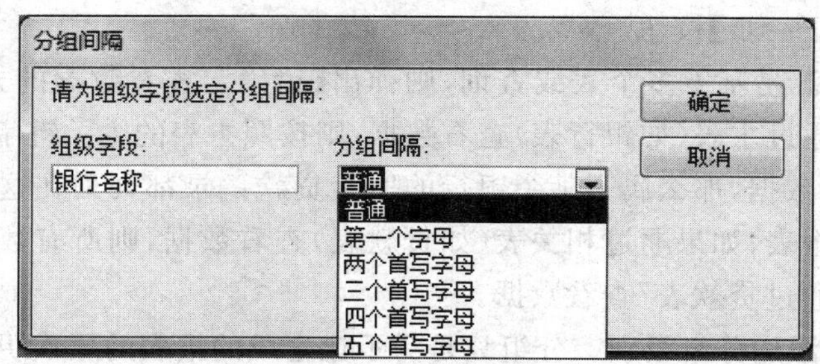

图 15-11 设置分组间隔

(4) 确定排序和汇总信息。可以按一个或多个字段对记录进行排序，这里设置法人名称的降序，如图 15-12 所示。对于分组报表来说，如果所选字段中包含数值类型的字段，则在图 15-12 中会有一个【汇总选项】按钮，如果没有数值类型的字段，则不会出现【汇总选项】按钮。单击【汇总选项】按钮，弹出【汇总选项】对话框，可以对数值型字段进行汇总、取平均值等计算，如图 15-13 所示。这里对贷款金额求合计。设置完排序和汇总信息后，单击【下一步】按钮。

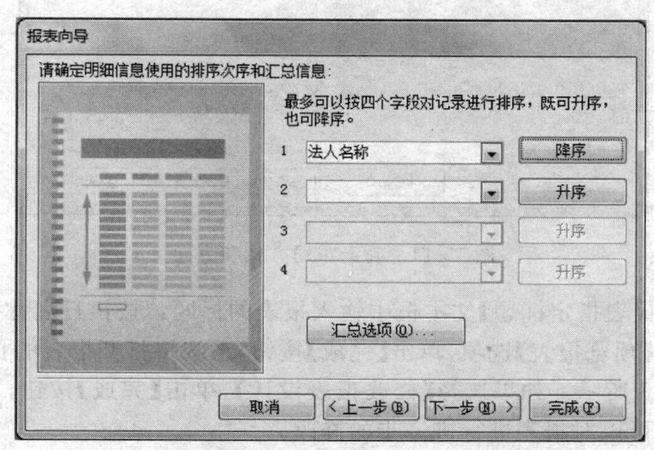

图 15-12　设置排序和汇总信息

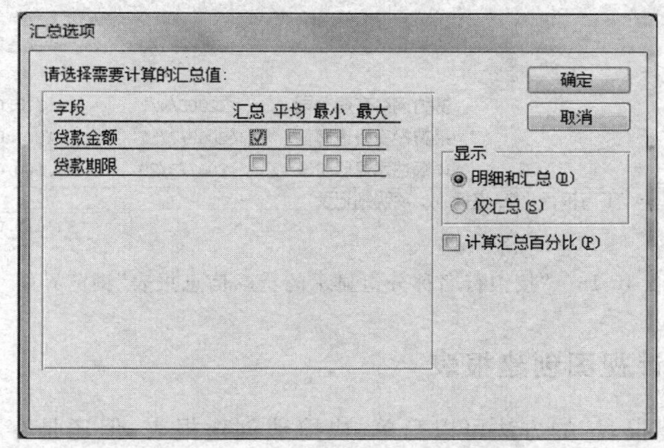

图 15-13　设置需要计算的汇总值

(5) 确定报表的布局方式和方向。根据第(3)步中是否添加分组级别，分别对应两种布局情况。

- 不分组。【布局】选项组有三种设置数据布局的方式:【纵栏式】、【表格式】和【两段对齐】。
- 添加分组级别。【布局】选项组有三种设置数据布局的方式:【递阶】、【块】和【大纲】，如图 15-14 所示。

这里按照默认设置,单击【下一步】按钮。

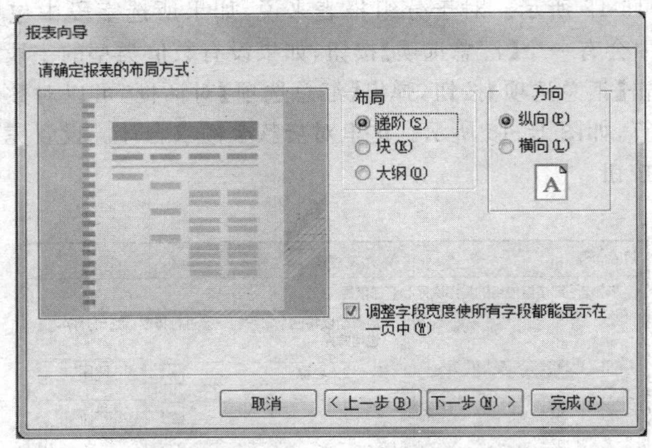

图 15-14 确定布局方式和方向

(6) 在【请为报表指定标题】文本框中输入报表的标题:“按银行名称分组显示的贷款信息报表”。选择【预览报表】选项,单击【完成】按钮,系统将打开报表的打印预览视图,显示数据,如图 15-15 所示。如果选择【修改报表设计】,单击【完成】按钮,系统将打开报表的设计视图,用户可以对报表进行进一步的修改。

按银行名称分组显示的贷款信息报表

银行名称	法人名称	贷款日期	贷款金额	贷款期限
工商银行北京A支行				
	赛纳网络有限公司	2005/4/1	¥15.00	20
	莱英投资咨询有限	2008/7/12	¥300.00	10
	华顺达水泥股份有	2007/8/20	¥1,100.00	5
汇总 '银行名称' = 工商银行北京A支行 (3 项明细记录)				
合计			¥1,415.00	

图 15-15 “按银行名称分组显示的贷款信息报表”浏览界面

15.2.3 使用设计视图创建报表

虽然“快速创建报表”的方法可以简单、快捷地创建报表,但还是存在一定的局限性,不够灵活。利用报表的设计视图,既可以创建新的报表,又可以修改已有报表的设计。

1. 控件

进入报表的设计视图后,新增了【报表设计工具】选项,其中包括【设计】、【排列】、【格式】和【页面设置】4 个选项卡,各个选项卡里都有很多报表设计命令。在【报表设计工具/设计】选项卡的【控件】命令组中,包含了如标签、文本框、按钮等控件,用于显示数据、执行操作和美化报表。表 15-1 列出了常用控件及其说明。

表 15-1 常用控件及其说明

按钮	名称	说明
	选择对象	用于选定某一控件，以对其进行移动、改变大小、编辑等操作。
Aa	标签	用于显示一些固定的文本信息。通常用于显示字段的标题、说明等描述性文本。
ab|	文本框	用于输入、编辑和显示文本。通常作为文本、数字、货币、日期、备注等类型字段的绑定控件。
XXXX	命令按钮	用于执行命令。
	图像	用于在报表中显示静态图片，美化报表。
	选项卡控件	显示属于同一内容的不同对象的属性。
	子窗体/子报表	加载另一个子窗体/子报表。
	图表	可以使用图表控件来嵌入所需的图表，该图表用来显示窗体或报表中的 Access 数据。
	插入分页符	用来指定分页位置。
	超链接	用于实现超级链接的功能。
	矩形	在报表中添加矩形，将相关的数据组织在一起，突出某些数据的显示效果。
	直线	绘制直线，增强报表的显示效果。

2. 创建报表的基本步骤

使用设计视图创建报表的基本步骤是：首先打开报表设计视图，然后为报表指定记录源，添加所需要的控件，并将这些控件放置到合适的位置上，编辑报表完成对报表的设计。

例 15-3 利用报表的设计视图，创建法人信息报表。

操作步骤如下。

(1) 单击【创建】选项卡，在【报表】命令组中单击【报表设计】按钮，进入报表设计视图。

(2) 添加报表标题。右键单击【设计视图】网格区，在弹出的快捷菜单中选择【报表页眉/页脚】命令，添加报表的页眉和页脚。单击【页眉/页脚】命令组中的【标题】按钮，添加报表的标题并输入文本“法人基本信息”。

(3) 在报表中添加控件。单击【报表设计工具/设计】选项卡，在【工具】命令组中单击【添加现有字段】按钮，打开【字段列表】窗口。在【字段列表】窗口里由于没有可添加到当前视图中的字段，所以单击“显示所有表”，展开【法人表】，如图 15-16 所示。将法人表的所有字段拖放到报表的主体节中。

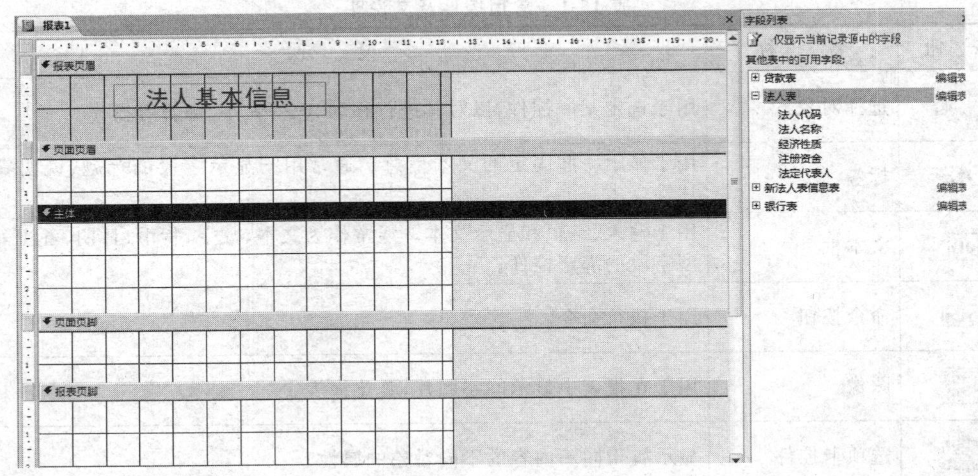

图 15-16　在【字段列表】窗口中选择【法人表】

(4) 添加页码。单击【页眉/页脚】命令组中的【页码】按钮,打开如图 15-17 所示的窗口,在【格式】选项中选择"第 N 页,共 M 页",在【位置】选项中选择"页面底端(页脚)",单击【确定】按钮。

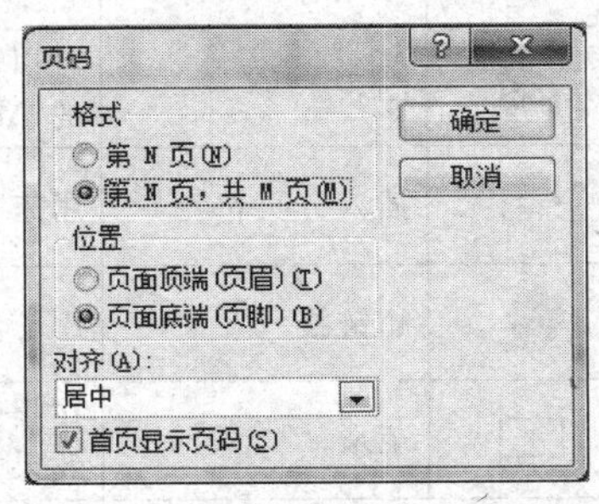

图 15-17　设置页码

(5) 添加日期和时间。单击【页眉/页脚】命令组中的【日期和时间】按钮,打开如图 15-18 所示的窗口,选择【包含日期】和【包含时间】选项,并确定日期和时间的格式,单击【确定】按钮。"法人信息"报表的设计视图如图 15-19所示。

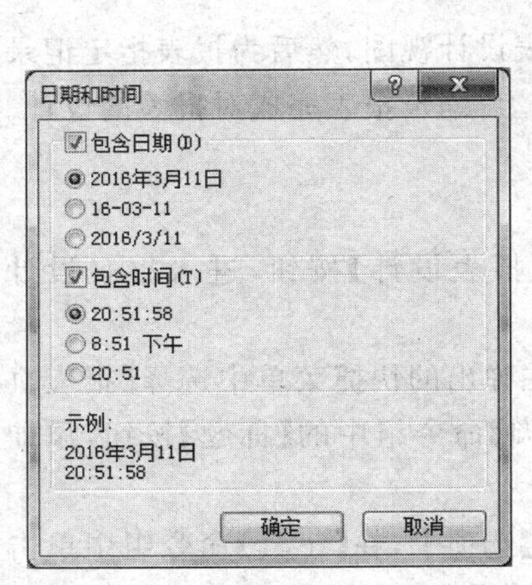

图 15-18　设置日期和时间

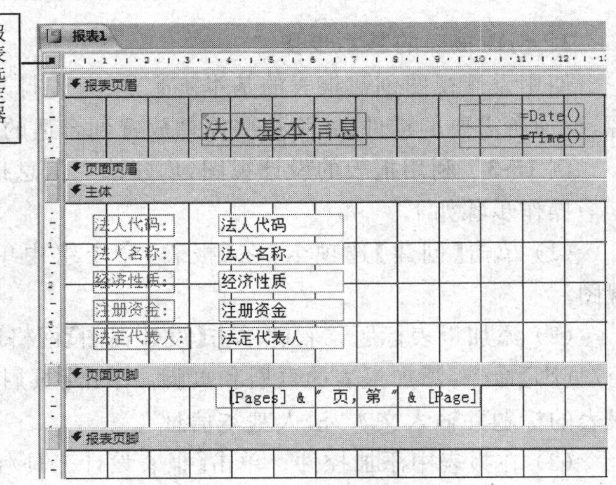

图 15-19　"法人信息"报表设计视图

(6) 保存报表。打印浏览界面如图 15-20 所示。

法人基本信息　2016年3月11日 21:20:09

法人代码: E01
法人名称: 赛纳网络有限公司
经济性质: 私营
注册资金: ¥30.00
法定代表人: 张雨

法人代码: E02
法人名称: 华顺达水泥股份有限公司
经济性质: 国营
注册资金: ¥5,300.00
法定代表人: 王晓伟

图 15-20　"法人信息"报表浏览界面

15.3　编辑报表

可以在设计视图中修改已经存在的报表，如给报表添加控件、设置属性、调整报表各部分的大小、更改报表格式等。

15.3.1　调整报表的布局和格式

1. 设置报表的属性

在报表的属性窗口中，可以设置或修改报表的记录源、报表的格式等。设置报表属性的操作步骤如下。

(1) 右键单击报表左上端的【报表选定器】(如图 15-19 所标注的)，在出现的快捷菜单中选择【属性】，或双击报表左上端的【报表选定器】，打开如图 15-21 所示的【报表属性】窗口。

(2) 在【报表属性】窗口中共有 5 个选项页，选定某个选项页，就可以设置相关的属性。

(3) 单击窗口右上角的【关闭】按钮，关闭【报表属性】窗口。

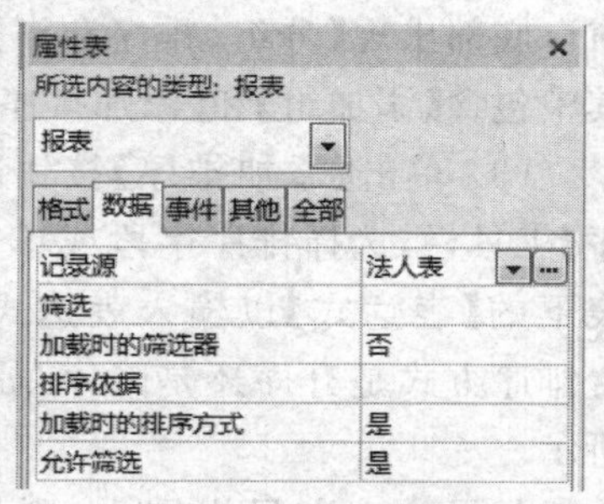

图 15-21　报表属性窗口

2. 移动、编辑控件

如果要改变控件的位置，首先单击需要操作的控件，然后移动鼠标到该控件的边框处，会出现黑色的十字箭头，按住鼠标左键拖动到新的位置即可。

如果要改变控件的大小，可在选中该控件后，移动鼠标的箭头到控件的边框线，鼠标变成双向箭头标志，拖动边框的右边缘或左边缘，可以改变控件的宽度；拖动边框的上边缘或下边缘，可以改变控件的高度。

选中控件后,单击【报表设计工具/格式】选项卡,可对控件的边框颜色、字体、字号和字体颜色等进行设置。

除此之外,还可以通过控件属性窗口来设置控件来源、控件名称、控件格式。设置控件属性的操作步骤如下。

(1) 右键单击需要设置的控件,在弹出的快捷菜单中选择【属性】命令,或双击需要设置的控件,打开如图 15-22 所示的【控件属性】窗口。

(2) 在【控件属性】窗口中共有 5 个选项页,选定某个选项页,就可以设置相关的属性。

(3) 单击窗口右上角的【关闭】按钮,关闭【控件属性】窗口。

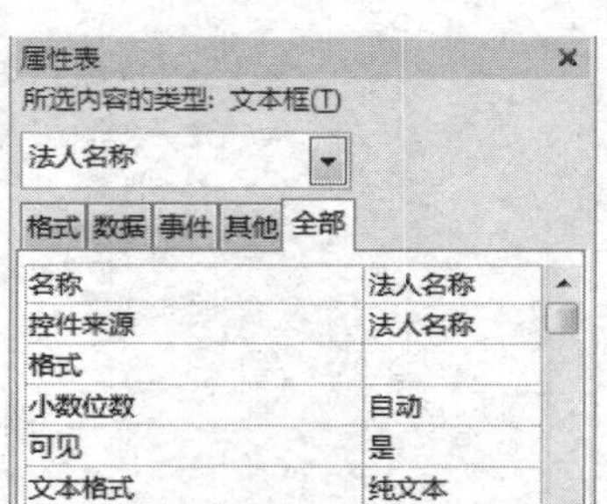

图 15-22 控件属性窗口

3. 调整报表中控件的大小、对齐方式

选中需要调整的控件(可以多个),单击【报表设计工具/排列】选项卡,在【调整大小和排序】命令组中单击相应按钮可对控件的大小、间隔、对齐方式等进行设置。

15.3.2 排序和分组

排序和分组是报表中经常会用到的功能。排序可以使数据按照一定的顺序显示;分组可以将数据归类,便于组内数据的统计汇总。

前面介绍利用报表向导可以很容易地对报表中的记录进行分组和排序,但这样生成的报表最多只能按照 4 个字段排序,而且不能按照字段的表达式排序。下面介绍使用【分组、排序和汇总】窗口对记录进行排序和分组。

1. 排序

排序是指将报表中的记录按照指定的次序显示。对记录进行排序的步骤如下。

(1) 在设计视图或布局视图中打开需要设置的报表。

(2) 单击【设计】选项卡上的【分组和汇总】命令组中的【排序和分组】按钮,在窗口底部出现【分组、排序和汇总】窗口,其中包含【添加组】和【添加排序】按钮。

(3) 单击【添加排序】按钮,打开【排序】工具栏,选择排序字段或单击字段列表下的【表达式】以输入表达式,然后设置排序方式是升序还是降序,如图 15-23 所示。

如果位于布局视图中,则报表内容将立即更改为显示了排序后的效果。

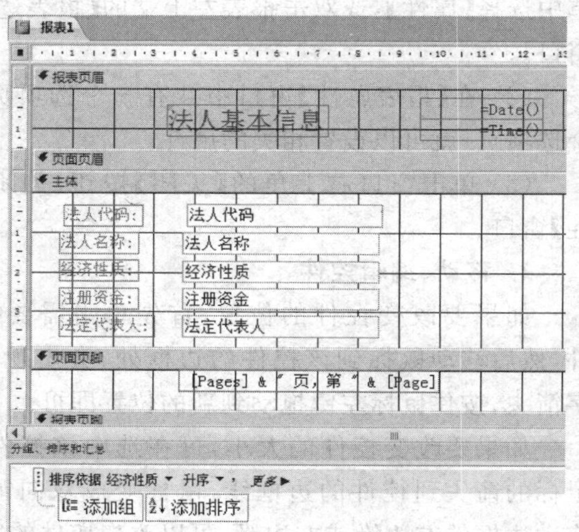

图 15-23 设置报表的排序依据

2. 分组

所谓分组,是指按某个字段值进行归类,将字段值相同的记录分在一组之中。在 Access 报表中通过分组可以显示明细和汇总数据。添加分组的步骤如下。

(1) 在如图 15-23 所示的窗口中单击【添加组】按钮，则在【分组、排序和汇总】窗口中将添加一个新行，并显示可用字段的列表。

(2) 选择分组字段或单击字段列表下的【表达式】以输入分组表达式。

(3) 在分组选项中选择分组形式，该选项内容取决于分组字段的数据类型。

(4) 在【汇总】列表选项中设置汇总方式和类型：指定按哪个字段进行汇总以及如何对字段进行统计计算，选择是否在报表的组页眉、组页脚、报表页脚显示汇总值，如图 15-24所示。

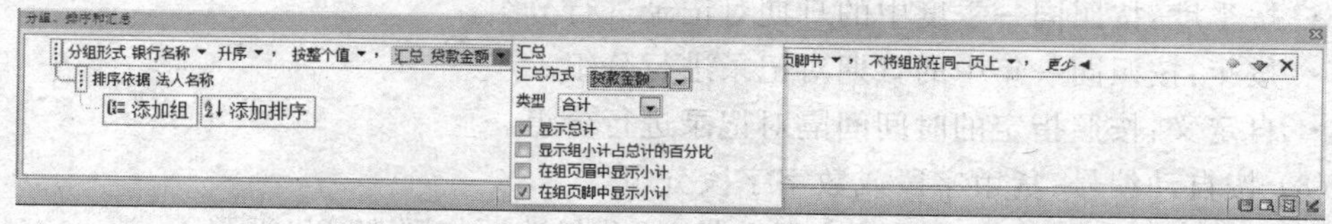

图 15-24　设置报表的汇总方式和类型

(5) 设置是否有组页眉和组页脚。选择"有页眉节"(或"有页脚节")时，在报表的设计视图中就会显示该组的页眉(或页脚)。

(6) 指定组的全部内容是否在同一页中显示和打印。

如果位于布局视图中，则报表内容将立即更改为显示了分组后的效果。

3. 分组形式

分组字段的不同数据类型将有不同的分组选项，具体如下。

(1) 按文本字段分组

按文本字段分组时，分组选项如图 15-25 所示。

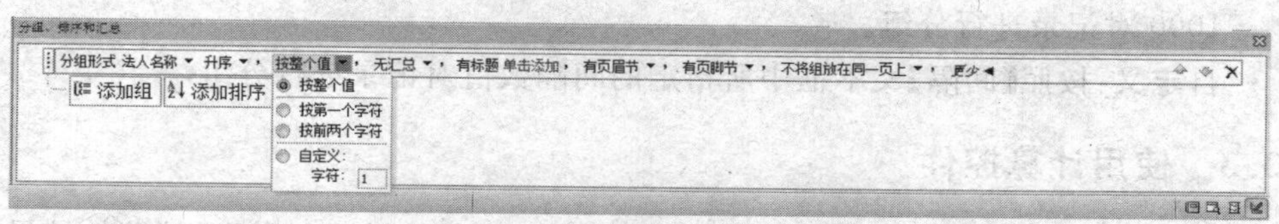

图 15-25　设置报表的分组形式

分组选项含义如下。

- 按整个值：按照字段或表达式相同的值对记录进行分组。
- 按第一个字符：按照字段或表达式中第一个字符相同的值对记录进行分组。
- 按前两个字符：按照字段或表达式中前两个字符相同的值对记录进行分组。
- 自定义：按照【字符】文本框中所指定的前几个字符相同的值对记录进行分组。

(2) 按日期/时间字段分组

按日期/时间字段分组时，分组选项如图 15-26 所示。

分组选项含义如下。

- 按整个值：按照字段或表达式相同的值对记录进行分组。
- 按日：按照同一天的日期对记录进行分组。

图 15-26　按日期/时间字段分组的分组选项

- 按周:按照同一周中的日期对记录进行分组。
- 按月:按照同一月份中的日期对记录进行分组。
- 按季度:按照同一季度中的日期对记录进行分组。
- 按年:按照同一年中的日期对记录进行分组。
- 自定义:按照指定的时间间隔对记录进行分组。

(3) 按自动编号、货币字段或数字字段分组

按自动编号、货币字段或数字字段分组时,分组选项如图 15-27 所示。

图 15-27　按自动编号、货币字段或数字字段分组的分组选项

分组选项含义如下。

- 按整个值:按照字段或表达式相同的值对记录进行分组。
- 按 5 条、按 10 条、按 100 条、按 1000 条:按照字段或表达式间隔值为 5、10、100、1000 对记录进行分组。
- 自定义:按照【间隔】文本框中所指定的间隔数值对记录进行分组。

15.3.3　使用计算控件

有时,需要在报表的设计视图或布局视图中添加计算控件,用于显示计算的结果。添加计算控件的方法如下。

(1) 打开需要添加计算控件的报表的设计视图或布局视图,单击【控件】命令组中的【文本框】按钮。

(2) 在报表上,单击要放置控件的位置并拖动鼠标调整控件大小,然后直接在控件中输入表达式即可。(在这里,也可以使用任何有【控件来源】属性的控件,但是,一般都使用文本框控件。)

需要注意的是,在输入表达式时,首先要输入"="符号,表示该控件是一个计算控件。也可以使用表达式生成器创建计算控件,其操作步骤如下。

- 右击要设置的【文本框】控件,在弹出的快捷菜单中选择【属性】命令。
- 打开属性对话框中的【数据】选项页,并单击【控件来源】。单击表达式生成器按钮 [...],弹出【表达式生成器】窗口,如图 15-28 所示。

- 单击"＝"按钮，根据需要选择函数、字段和计算按钮，产生相应的表达式。
- 单击【确定】，完成计算控件表达式的设置。

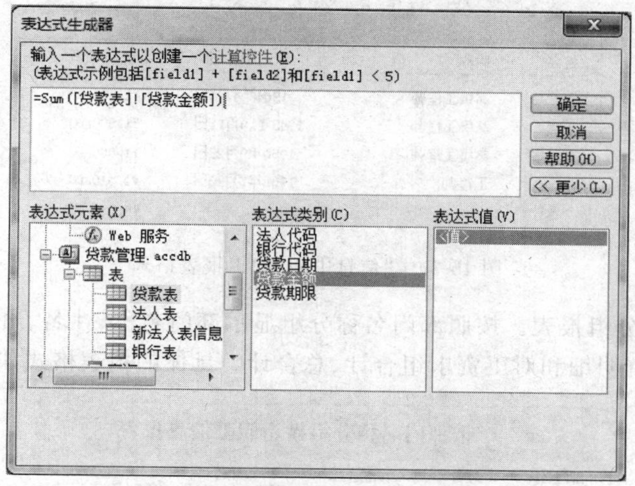

图 15-28　【表达式生成器】窗口

15.3.4　预览及打印报表

1. 预览报表

打开报表的打印预览视图可以在屏幕上查看报表打印后的外观和全部数据。在【打印预览】视图中，可以使用工具栏上的按钮在单页、双页或多页方式之间切换，也可以改变报表的显示比例，将报表数据输出到指定类型文件中。

预览报表的方法主要有以下几种。

(1) 在导航窗格中选定报表对象，单击【文件】选项卡中的【打印】按钮，在打开的【打印】窗口中选择【打印预览】命令。

(2) 右击导航窗格中要预览的报表对象，在弹出的快捷菜单中选择【打印预览】命令。

(3) 如果已经进入其他报表视图，可以单击【视图】命令组中的【视图】下拉按钮，从弹出的下拉菜单中选择【打印预览】命令。

2. 打印报表

打印报表的最简单方法是右击导航窗格中要打印的报表对象，在弹出的快捷菜单中选择【打印】命令，直接将报表发送到打印机上。但在打印之前，有时需要对页面和打印机进行设置。

习题

1. Access 报表对象的功能是什么？
2. 在 Access 2010 中，创建报表的方法有哪些？
3. 创建一张职工信息报表。显示部门名称为"信息中心"的职工姓名、职称、出生日期和工资。最后要求对工资求总合计。具体的报表格式如图15-29所示。

"信息中心"职工报表

姓名	职称	出生日期	工资
王一平	高级工程师	1964年4月8日	¥1,520.00
丁雨	高级工程师	1948年10月11日	¥1,600.00
郑玉华	高级工程师	1950年9月28日	¥1,600.00
张小	工程师	1968年7月20日	¥1,510.00
合计:			¥6,230.00

图15-29 "信息中心"职工报表格式

4. 创建一张分组报表。按照部门名称分组显示部门名称、姓名、出生日期、职称和工资。在显示时要有明细和对工资求组合计、总合计。具体的报表格式如图15-30所示。

按部门名称分组显示职工信息报表

部门名称	姓名	出生日期	职称	工资
人事部				
	付晓光	1960年3月1日	高级工程师	¥1,810.00
	丁力	1970年5月6日	工程师	¥1,330.00
		部门工资合计:		¥3,140.00
信息中心				
	张小	1968年7月20日	工程师	¥1,510.00
	郑玉华	1950年9月28日	高级工程师	¥1,600.00
	丁雨	1948年10月11日	高级工程师	¥1,600.00
	王一平	1964年4月8日	高级工程师	¥1,520.00
		部门工资合计:		¥6,230.00
		总计:		**¥9,370.00**

图15-30 按部门分组显示职工信息报表的格式

5. 创建一张分组报表。按照调入日期的年份降序分组显示部门名称、职工姓名、职称和工资。具体的报表格式如图15-31所示。

按照调入日期的年份分组显示报表

调入年份	部门名称	姓名	职称	调入日期	工资
1998					
	信息中心	王一平	高级工程师	1998年3月2日	¥1,520.00
1997					
	开发公司	李光	高级工程师	1997年3月20日	¥1,620.00
	信息中心	张小	工程师	1997年10月11日	¥1,510.00
1995					
	开发公司	王兰	高级工程师	1995年10月1日	¥1,800.00

图15-31 按照调入日期的年份分组显示职工信息报表的格式

第 16 章　Oracle 数据库基础

本章主要以 Oracle 11g for Windows 为平台，介绍 Oracle 数据库的体系结构、常用的 Oracle 管理工具、网络连接配置、数据导入与导出等，目的是让审计人员能够轻松叩开 Oracle 数据库的大门，为今后深入的学习和应用打下良好的基础。

16.1　Oracle 数据库概述

Oracle 数据库是 Oracle 公司出品的十分优秀的 DBMS。当前 Oracle DBMS 及相关的产品几乎在全世界各个工业领域都有应用。无论是大型企业中的数据仓库应用，还是中小型的联机事务处理业务，都可以找到成功使用 Oracle 数据库系统的典范。

16.1.1　Oracle 数据库的新特性

Oracle Database 11g 是 Oracle 公司在 2007 年 7 月推出的版本，它在 10g 的基础上新增加了 400 多项特性，使 Oracle 数据库变得更加可靠、安全、易于使用和高性能。其主要新特性如下。

1. 网格计算数据库

Oracle 10g/11g 中的 g 代表网格计算。Oracle 数据库作为第一个为企业级网格计算而设计的数据库，为应用和管理信息提供了最灵活的、成本最低的方式。例如，通过 Oracle 网格计算，可以在几个互联的数据库服务器网格上运行不同的应用。当处理需求增加时，数据库管理系统能够自动为应用提供更多的服务器支持。网格计算使用最高端的负载管理机制，使得应用能够共享多个服务器上的资源，从而提高数据处理能力，减少对硬件资源的需求，节省企业成本。

2. 真正应用集群(Real Application Clusters，RAC)

通过 CPU 共享和存储设备共享实现多节点之间的无缝集群，用户提交的每一项任务被自动分配给集群中的多台机器执行，用户不必通过冗余的硬件来满足高可靠性要求。

3. 自动存储管理 (Automatic Storage Management，ASM)

为 Oracle 数据库提供全面的存储管理，不需要文件系统和大容量磁盘管理。ASM 自动向所有磁盘分布数据，以最小的管理成本提供最高的 I/O 吞吐率。

4. Oracle 资源管理器

使用 Oracle 资源管理器，可以为不同的会话分配不同的数据库资源。这些资源主要包括 CPU 时间、并行运行的会话数、会话最长未响应时间等。

5. 闪回技术

Oracle 11g 提供了闪回表(Flashback Table)、闪回删除(Flashback Drop)、闪回版本

查询(Flashback Version Query)、闪回事务查询(Flashback Transaction Query)、闪回数据库(Flashback Database)和闪回数据归档(Flashback Data Archive)等技术。利用Oracle闪回技术,可以不依赖数据备份,实现数据的迅速恢复。

6. 数据泵(Data Pump)技术

使用数据泵中的Data Pump工具,可以对数据或数据库元数据执行不同形式的逻辑备份和逻辑恢复,实现表空间迁移等。

7. 其他新特性

Oracle 11g还提供了其他一些新特性,如大表空间、自适应游标共享、异构平台间传输表空间、自动统计信息收集、强化在线重定义、简化共享服务器配置、加强会话跟踪、SGA区动态管理、表数据的透明加密、增加分区数量等。

16.1.2 Oracle 11g的安装

为了使Oracle 11g数据库系统可以安装在多种平台上,Oracle提供了Oracle Universal Installer(Oracle通用安装工具,OUI),它是基于Java技术的图形界面安装工具,利用它可以完成在不同操作系统平台上不同类型、不同版本的Oracle数据库软件的安装。无论是Windows操作系统、Sun Solaris还是HP UNIX都可以通过使用OUI以标准化的方式来完成安装任务。下面以Oracle Database 11g发行版2在Windows环境下的安装为例,简要介绍Oracle 11g的安装过程。

首先找到可执行安装文件setup.exe,双击该文件进行安装。安装的主要步骤如下。

1. 配置安全更新

在这一步可将自己的电子邮件地址填写进去(也可以不填写)。取消【我希望通过My Oracle Support接受安全更新(W)】选项,单击【下一步】按钮,如图16-1所示。

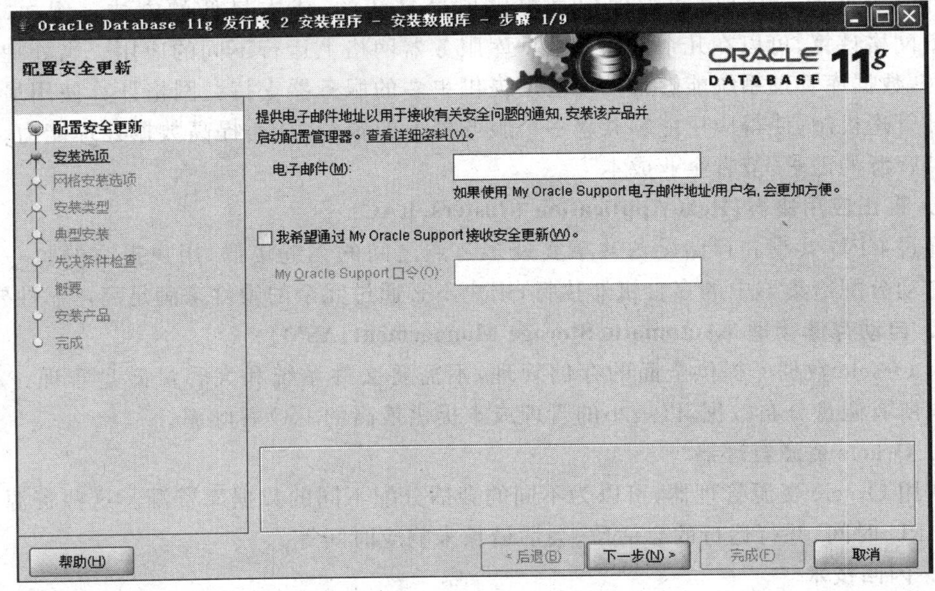

图16-1　配置安全更新

2. 安装选项

这一步共有 3 个选项，可以直接选择默认的“创建和配置数据库”，该选项安装完数据库管理软件后，系统会自动创建一个数据库实例，如图 16-2 所示。

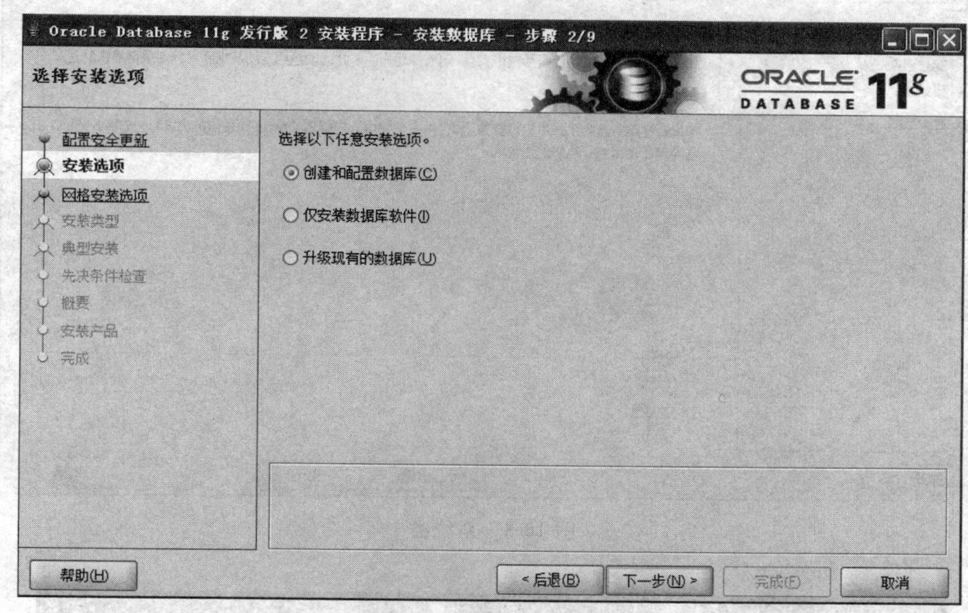

图 16-2 安装选项

3. 系统类

如果安装到的计算机是个人笔记本或个人使用的计算机，则选择“桌面类”选项；如果要在服务器类系统中进行安装，则选择“服务器类”选项，该选项可以使用更多的高级配置选项，如图 16-3 所示。这里选择“桌面类”选项。

4. 典型安装

这一步骤非常重要。如图 16-4 所示，在该窗口可以设置 Oracle 基目录、数据库文件位置、数据库版本、字符集、全局数据库名和密码。建议只需要将 Oracle 基目录进行更新，目录路径不要含有中文或其他特殊字符。全局数据库名必须唯一，可以使用默认数据库名，即 orcl。输入的密码如果不满足 Oracle 建议的标准(Oracle 建议的密码规则比较复杂，必须是大写字母加小写字母加数字，而且必须是 8 位以上)，会有提示警告，可以不用管它，但必须牢记输入的密码。

单击【下一步】按钮后，如果所输入的密码不满足 Oracle 建议的标准，会弹出一个对话框进行提示，可单击【是(Y)】按钮继续进行安装。

5. 先决条件检查

安装程序会检查当前环境是否满足 Oracle 的安装要求，确保当前的软硬件环境满足此 Oracle 版本的最低安装和配置要求。满足所有最低要求后，就可以单击【下一步】按钮继续安装。

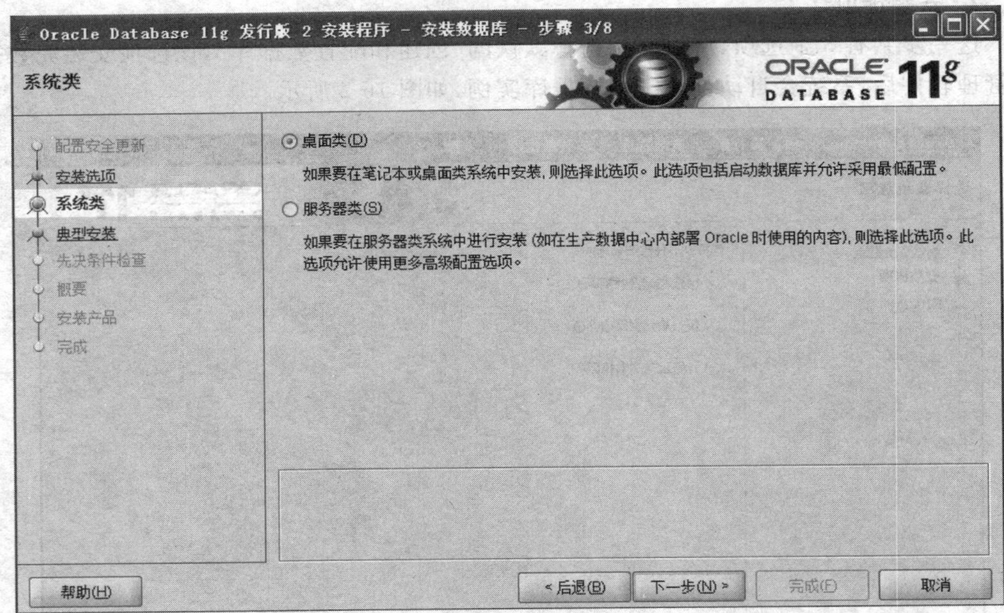

图 16-3　系统类

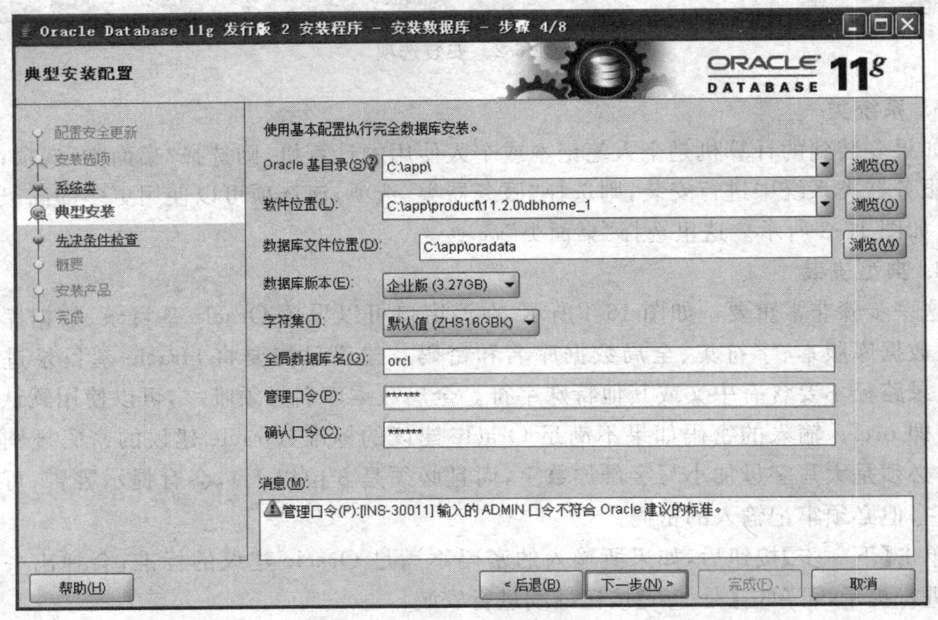

图 16-4　典型安装

6. 概要

概要界面会显示安装前的一些相关选择配置信息。这些信息可以保存为一个文件，也可以不保存,直接单击【完成】按钮开始产品安装。

Oracle Database 11g 安装完毕后，弹出一个【Database Configuration Assistant】对话框，该对话框显示 Oracle 11g 数据库的信息。

数据库创建之后，Oracle 数据库自带了许多账户，如 SYS、SYSTEM 和 SCOTT 等。默认情况下，除了 SYS、SYSTEM、DBSNMP、SYSMAN 和 MGMT_VIEW 等 5 个账户可用以外，其他账户都处于锁定状态，不可用。此时在【Database Configuration Assistant】对话框中单击【口令管理】按钮，打开【口令管理】对话框，在该对话框中可以对 Oracle 中的账户进行锁定或者解锁操作。

安装完成之后，可以选择 Oracle 程序组里的【应用程序开发】|【SQL Developer】或【SQL Plus】测试 Oracle 数据库是否可用。

16.1.3　Oracle 服务管理

Oracle Database 11g 安装成功后，选择【控制面板】|【管理工具】|【服务】命令，打开【服务】窗口，在该窗口中可以查看 Oracle 服务信息，如图 16-5 所示。

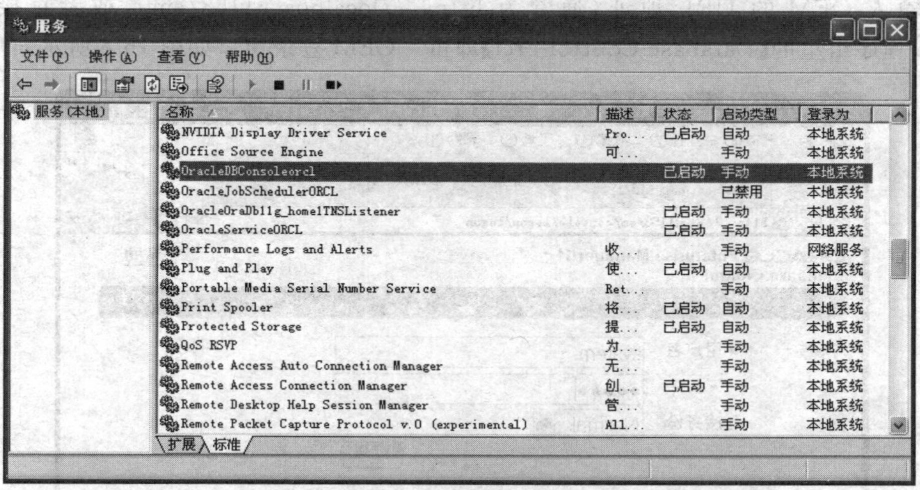

图 16-5　【服务】窗口

Oracle 服务主要有如下几种。

- OracleDBConsole＜SID＞：OEM 控制台的服务进程。其中＜SID＞是创建该数据库实例时为其配置的实例名。
- Oracle＜ORACLE_HOME_NAME＞TNSListener：监听程序的服务进程，客户端要想连接到数据库，必须启动该服务。其中＜ORACLE_HOME_NAME＞表示 Oracle 的主目录。
- OracleService＜SID＞：Oracle 数据库实例的服务进程。此服务必须启动，否则 Oracle 根本无法使用。

16.1.4　Oracle 11g 的管理和开发工具

安装 Oracle 产品后，可以使用下面介绍的工具来完成 Oracle 数据库的管理和开发。

1. 企业管理器(Oracle Enterprise Manager,OEM)

OEM是一个基于Java框架开发的集成化管理工具,采用Web应用方式实现对Oracle运行环境的完全管理,包括对数据库、监听器、主机、应用服务器、HTTP服务器、Web应用等的管理。DBA可以从任何可以访问Web应用的位置通过OEM对数据库及其他服务进行各种管理和监控操作。

OEM具有以下功能:

- 实现对Oracle运行环境的完全管理,包括Oracle数据库、Oracle应用服务器、HTTP服务器等的管理;
- 实现对单个Oracle数据库的本地管理,包括系统监控、性能诊断与优化、系统维护、对象管理、存储管理、安全管理、作业管理、数据备份与恢复、数据移植等;
- 实现对多个Oracle数据库的集中管理;
- 检查与管理目标计算机系统软硬件配置。

成功安装完Oracle后,OEM也就安装完毕,使用Oracle 11g OEM时只需要启动浏览器,输入OEM的URL地址(通常为https://localhost:1158/em),或者直接选择Oracle程序组里的【Database Control-orcl】即可。OEM登录窗口如图16-6所示。

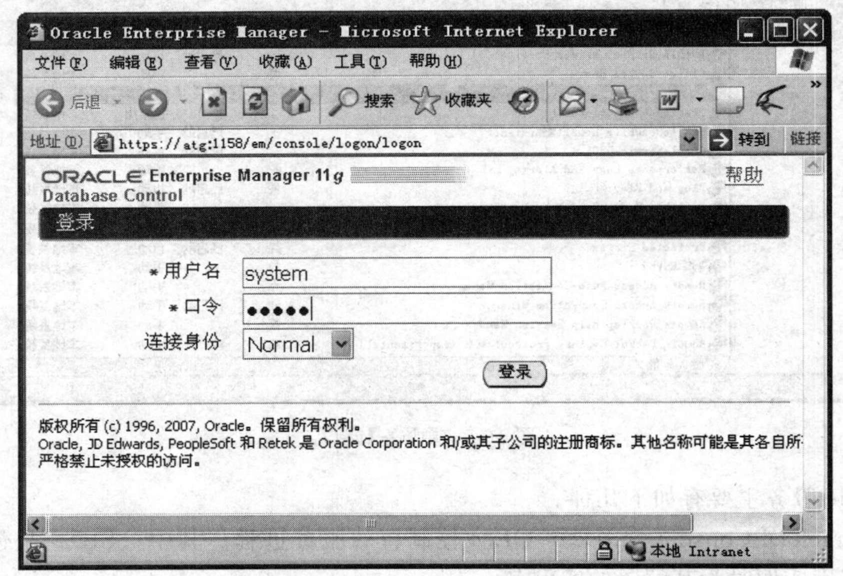

图16-6 OEM登录窗口

需要注意的是,在Oracle Database 11g发行版2中,用于访问OEM的URL使用HTTPS(而不是HTTP)协议,以启用安全连接。OEM控制台的URL格式为https://hostname:portnumber/em,其中:

- hostname为主机名或主机IP地址。
- portnumber为OracleDBConsole＜SID＞服务的端口号。在计算机上创建的第一个数据库所使用的默认端口号为1158。如果在同一主机上有多个数据库,就需要确定端口号，这时可以查看 portlist. int 文件。portlist. int 文件列出了一些 Oracle DB 应用程序的端口。该文件位于<ORACLE_HOME>\install 目录。

2. Database Configuration Assistant(DBCA)

DBCA 是 Oracle 提供的一个具有图形化用户界面的工具，DBA 通过它可以快速、直观地创建数据库。DBCA 中内置了几种典型数据的模板，通过使用数据库模板，用户只需要做很少的操作就能够完成数据库创建工作。

选择 Oracle 程序组里的【配置和移植工具】|【Database Configuration Assistant】，打开【Database Configuration Assistant】对话框的欢迎界面，按照提示向导，可以创建数据库、删除数据库、配置现有数据库中的数据库选项以及管理数据库模板，如图 16-7 所示。

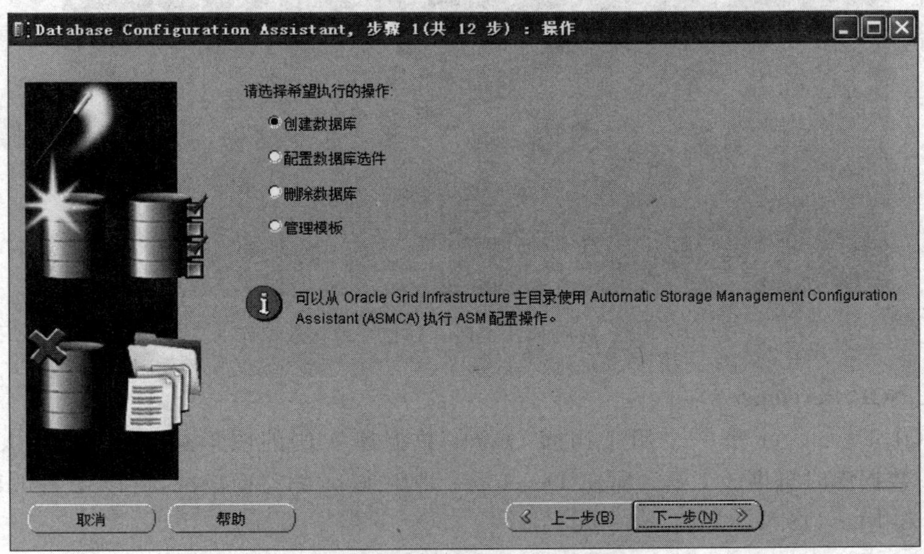

图 16-7　DBCA 的操作界面

3. SQL * Plus

SQL * Plus 工具是随 Oracle 数据库服务器或客户端的安装而自动进行安装的管理与开发工具。SQL * Plus 作为 Oracle 客户端工具，可以建立位于相同服务器上的数据库连接，或者建立位于网络中不同服务器上的数据库连接。SQL * Plus 工具主要用于数据查询和数据处理。利用 SQL * Plus 可以将 SQL 与 Oracle 专有的 PL/SQL 结合起来进行数据查询和处理。

SQL * Plus 具有以下功能：

- 启动/停止数据库实例；
- 连接数据库，输入、编辑、运行、存储、检索、保存 SQL 命令和 PL/SQL 块；
- 执行数据库管理；
- 显示表的结构；

• 格式化、计算、存储和显示查询结果。

选择 Oracle 程序组里的【应用程序开发】|【SQL * Plus】，打开【SQL * Plus】窗口，显示登录界面。根据提示输入相应的用户名和口令后可以连接到默认数据库，如图 16-8 所示。

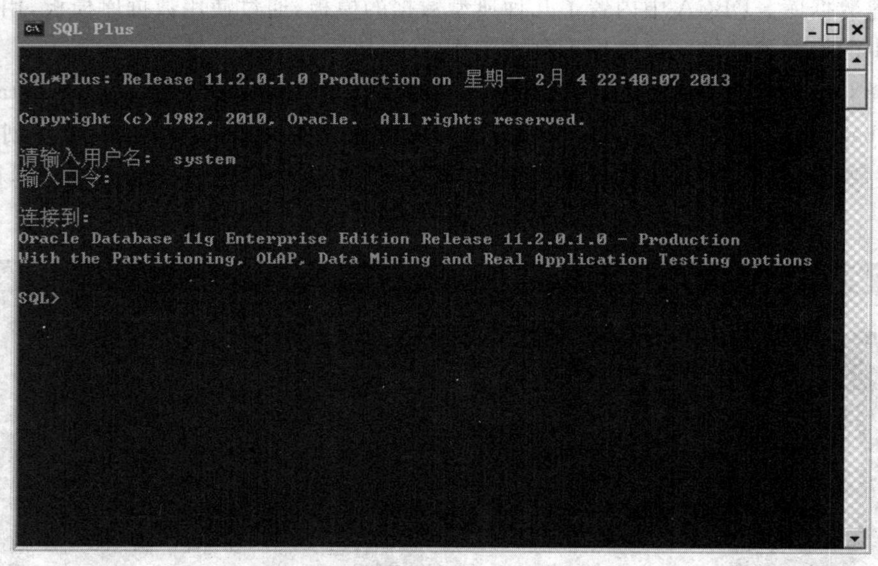

图 16-8　利用 SQL * Plus 连接到默认数据库

4. SQL Developer

SQL Developer 是一个用于访问 Oracle 数据库实例的图形化工具，在默认安装 Oracle 数据库时提供该工具。SQL Developer 是用 Java 编写而成的，可以在 Windows、Linux 和 Mac OS X 上运行。

SQL Developer 可以提高工作效率并简化数据库开发任务，具有以下功能：

• 提供数据库对象、用户、角色和权限等可视化管理；
• 可以运行 SQL 语句和 SQL 脚本、编辑和调试 PL/SQL 语句；
• 提供数据迁移功能，可以将 Microsoft Access、Microsoft SQL Server 和 MySQL 数据库迁移到 Oracle；
• 支持数据的导入和导出；
• 支持数据库对象的导出；
• 可以创建、执行和保存报表。

使用 SQL Developer 管理数据库对象，首先要连接数据库。可以选择 Oracle 程序组里的【应用程序开发】|【SQL Developer】，打开【SQL Developer】窗口。在连接选项卡中双击已有连接或新建数据库连接。如果是新建一个数据库连接，需要输入连接名、用户名、口令和数据库的 SID 等。单击【测试】按钮可测试连接是否成功。如果连接成功，要保存该连接，然后单击【连接】按钮，打开连接。与数据库建立连接后，就可以对数据库进行管理、查询操作，如图 16-9 所示。

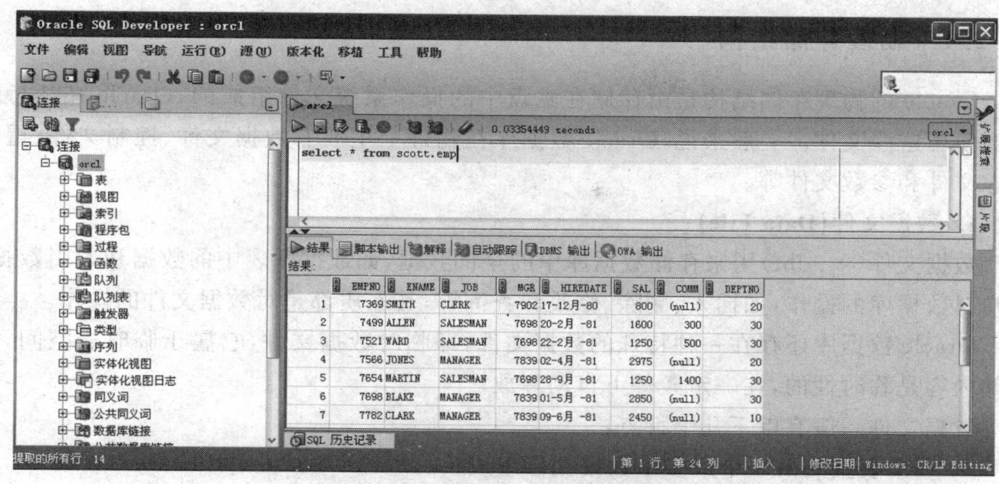

图 16-9 SQL Developer 的操作界面

16.2 Oracle 数据库的体系结构

数据库的体系结构是从某一角度来分析数据库的组成和工作过程，以及数据库如何管理和组织数据。因此，这部分内容对全面深入地掌握 Oracle 数据库系统是至关重要的。Oracle 数据库的体系结构如图 16-10 所示。

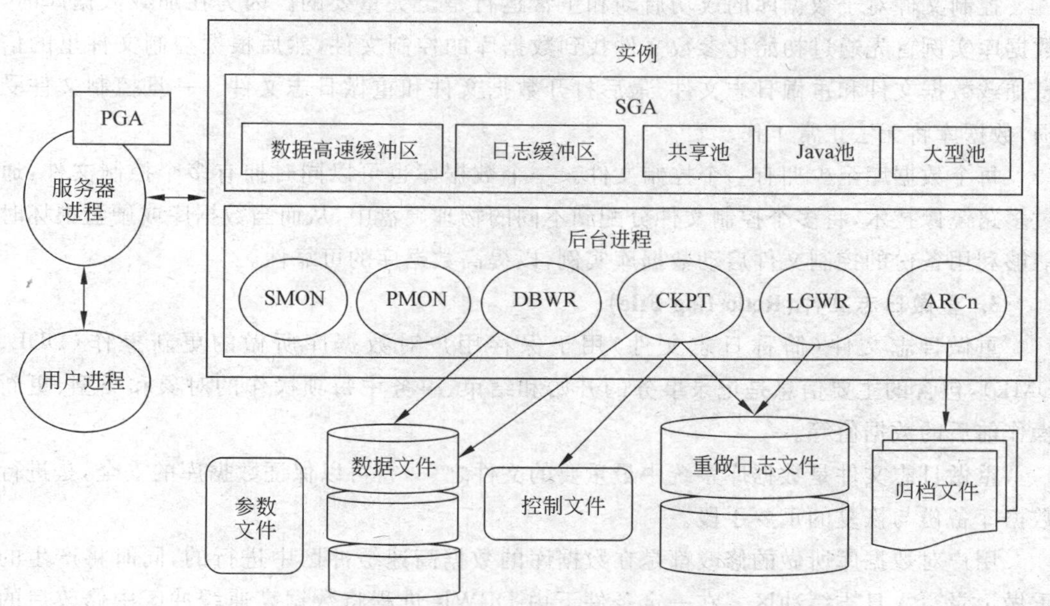

图 16-10 Oracle 数据库的体系结构

16.2.1 物理存储结构

Oracle的物理存储结构是由存储在磁盘中的操作系统文件组成的，Oracle在运行时需要使用这些文件。一般来说，Oracle数据库在物理上主要有数据文件、控制文件、重做日志文件和参数文件等。

1. 数据文件(Data File)

数据文件(*.dbf)用来存储数据库中的全部数据，如数据库表中的数据和索引数据。用户对数据库的操作，如插入、删除、修改和查询等，其本质都是对数据文件的操作。

Oracle数据库还存在一种特殊的数据文件，即临时数据文件，它属于临时表空间，其存储内容是临时性的，在一定条件下自动释放。

数据文件一般有以下几个特点：

- 一个表空间由一个或多个数据文件组成；
- 一个数据文件只能从属于一个表空间；
- 数据文件可以通过设置自动扩展参数，实现自动扩展的功能。

要想了解数据文件的相关信息，可以查询数据字典dba_data_files和v$datafile等。

2. 控制文件(Control File)

控制文件(*.ctl)是一个很小的二进制文件，存放了数据库中数据文件和日志文件的信息。在创建数据库时，Oracle会自动创建控制文件。在数据库运行期间，控制文件始终在不断更新，以便记录数据文件和重做日志文件的变化。

控制文件对于数据库的成功启动和正常运行是至关重要的。因为在加载数据库时，数据库实例首先通过初始化参数文件找到数据库的控制文件，然后根据控制文件里的信息加载数据文件和重做日志文件，最后打开数据文件和重做日志文件。一旦控制文件受损，数据库将无法正常工作。

每个数据库至少拥有一个控制文件。一个数据库也可以同时拥有多个控制文件，通过多路镜像技术，将多个控制文件分配到不同的物理硬盘中，从而当数据库或硬盘损坏时能够利用备份的控制文件启动数据库实例，以提高数据库的可靠性。

3. 重做日志文件(Redo Log File)

重做日志文件(简称日志文件)用于保存用户对数据库所做的更新操作(DDL、DML)，包含的主要信息是记录事务的开始和结束、事务中每项操作的对象和类型、更新操作前后的数据值等。

重做日志文件是数据库系统中最重要的文件之一，它可以保证数据库的安全，是进行数据库备份与恢复的重要手段。

用户对数据库所做的修改都是在数据库的数据高速缓冲区中进行的，同时将产生的重做记录写入日志缓冲区。在一定条件下由DBWR进程将数据高速缓冲区中修改后的结果成批写回数据文件中，而日志缓冲区中的重做记录由LGWR进程周期性地写入重做日志文件。

每个数据库至少需要两个重做日志文件，采用循环写的方式进行工作。当一个重做日志文件写满后，后台进程 LGWR 就会移到下一个日志文件，称为日志切换，同时信息会写到控制文件中。当所有日志文件都写满后，系统将重新切换到第一个日志文件。重做日志文件的工作过程如图 16-11 所示。

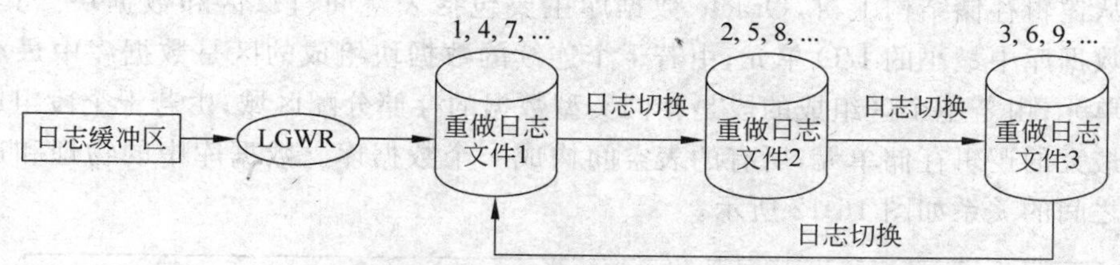

图 16-11　重做日志文件的工作过程

发生日志切换时，重做日志文件中已有的日志信息是否被覆盖，取决于数据库的运行模式。

数据库的运行模式分为归档模式和非归档模式两种。如果数据库采用的是归档模式，则在进行日志切换时，重做日志文件中已有的日志信息会先被 Oracle 的后台进程 ARCn 写入归档文件中，然后再被新内容覆盖；如果数据库采用的是非归档模式，则重做日志文件中已有的日志信息将被直接覆盖。

为了确保重做日志文件的安全，在实际应用中，通常采用重做日志文件组。同一个组里的日志文件(称为成员)相互镜像，都存放相同的日志信息。一般将同一组的成员文件分散在不同的磁盘上，这样可以保证当一个磁盘出现故障后，还有其他日志文件提供日志信息，从而提高了系统的可靠性。

4. 参数文件

参数文件用于记录 Oracle 数据库的基本参数信息，主要包括数据库名和控制文件所在路径等。参数文件分为文本参数文件(Parameter File，PFILE)和服务器参数文件(Server Parameter File，SPFILE)。PFILE 为可编辑的纯文本，而 SPFILE 是不可编辑的二进制文件。这两个参数文件之间可以相互转换。

(1) 文本参数文件(PFILE)

文本参数文件的命名方式为 init＜sid＞. ora，存放在客户端。要想永久修改某个初始化参数，只能通过编辑该文件才生效。

(2) 服务器参数文件(SPFILE)

服务器参数文件的命名方式为 spfile＜sid＞. ora，存放在服务器端，可以确保同一个数据库的多个实例有相同的初始化参数设置。

在启动数据库时，寻找初始化参数文件的顺序如下：

- 首先检查是否使用 PFILE 参数指定参数文件；
- 如果没有，则在默认位置寻找默认名称的服务器参数文件；
- 如果没有找到默认的服务器参数文件，则在默认位置寻找默认名称的文本参数文件。

16.2.2 逻辑存储结构

逻辑存储结构主要描述 Oracle 数据库内部数据的组织和管理方式，与操作系统没有关系。从逻辑存储结构上讲，Oracle 数据库主要包括表空间、段、区和数据块。其中，数据块是数据库中最小的 I/O 单元；由若干个连续的数据块组成的区是数据库中最小的存储分配单元；由若干个区组成的段是相同类型数据的存储分配区域；由若干个段组成的表空间是最大的逻辑存储单元，所有的表空间构成一个数据库。数据库中的物理和逻辑存储结构之间的关系如图 16-12 所示。

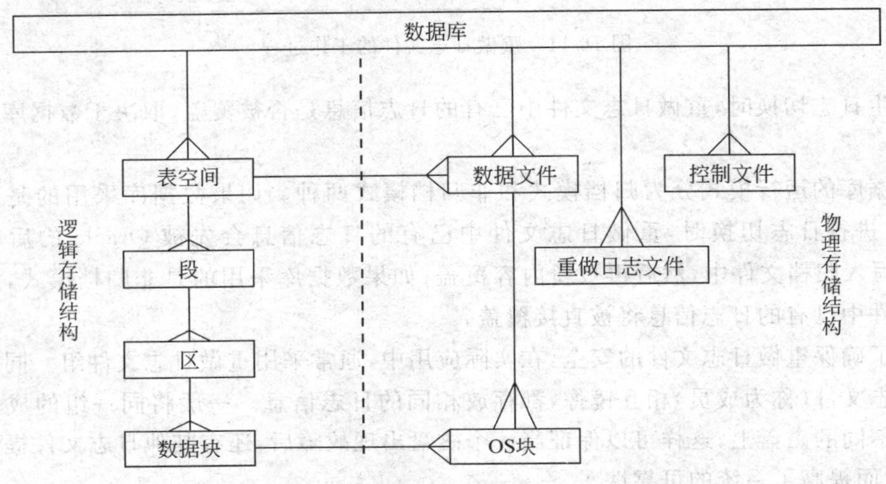

图 16-12　物理存储结构与逻辑存储结构之间的关系

1. 表空间(Tablespace)

一个数据库由一个或多个表空间构成，不同表空间用于存放不同应用的数据，表空间大小决定了数据库的大小。

用户在数据库中建立的所有内容都被存储在表空间中，例如用户在创建表时，可以指定表空间来存储该表，如果用户没有指定表空间，则 Oracle 会将用户创建的表存放到默认表空间中。

Oracle 使用表空间将相关的逻辑结构组合在一起，表空间在物理上与数据文件相对应，每一个表空间都由一个或多个数据文件组成，一个数据文件只能属于一个表空间。

Oracle 数据库表空间分为系统表空间和非系统表空间两大类。

(1) 系统表空间

系统表空间包括 SYSTEM 表空间和 SYSAUX 表空间，它们是在数据库创建时自动创建的。SYSTEM 表空间主要存储：

- 数据库的数据字典，包括数据库对象的定义，如表、视图、索引和同义词等；
- PL/SQL 程序的源代码和解释代码，包括存储过程、函数、包、触发器等。

SYSAUX 表空间主要用于存储数据库组件等信息，以减小 SYSTEM 表空间的负荷。

在通常情况下，不允许删除、重命名系统表空间。

(2) 非系统表空间

Oracle 数据库包含多个非系统表空间，主要有下面几种。

- 基本表空间(用户使用的永久性表空间)：用于存储用户的永久性数据；
- 临时表空间：用于存储排序或汇总过程中产生的临时数据；
- 大文件表空间：一个表空间只包含一个大数据文件，用于存储大型数据；
- 撤销表空间：用于存储事务的撤销数据，在数据恢复时使用；
- 非标准数据块表空间：用于创建表空间中的数据块大小与标准数据块大小不同的表空间。

表 16-1 列出了 Oracle 数据库自动创建的表空间。

表 16-1 Oracle 数据库自动创建的表空间

表空间	说 明
system	系统表空间。用于存储系统的数据字典、系统的管理信息等。
sysaux	辅助系统表空间。用于减少系统表空间的负荷，提高系统的作业效率。该表空间由 Oracle 系统内部自动维护，一般不用于存储用户数据。
temp	临时表空间。用于存储临时的数据，例如存储排序时产生的临时数据。一般情况下，数据库中的所有用户都使用 temp 作为默认的临时表空间。
undotbs1	撤销表空间。用于在自动撤销管理方式下存储撤销信息。在撤销表空间中，除了回退段以外，不能建立任何其他类型的段。所以，用户不可以在撤销表空间中创建任何数据库对象。
users	用户表空间。用于存储永久性用户对象和私有信息。

2. 段(Segment)

段是由一个或多个区组成的逻辑存储单元。数据库模式对象在逻辑上是以段来占据表空间的大小。段是表空间的组成单位，代表特定数据类型的数据存储结构。根据存储对象类型的不同，分为数据段、索引段、临时段和回退段 4 类。

(1) 数据段

数据段用于存储表或簇的数据。如果用户创建一个表，系统就会自动在表所在的表空间中创建一个数据段(数据段的名称与表名相同)。如果用户创建的是分区表，则系统为每个分区建立一个独立的数据段。

(2) 索引段

索引段用于存储索引信息。如果用户创建一个索引，系统就会为该索引创建一个索引段(索引段的名称与索引的名称相同)。如果创建的是分区索引，则系统为每个分区索引建立一个独立的索引段。

(3) 临时段

临时段用于存储临时信息和中间结果。排序或汇总时产生的临时数据都存储在临时段中，该段由系统根据需要自动创建，并在排序或汇总结束时自动释放。

(4) 回退段

回退段用于存储当前未提交事务所修改的数据之前的值。通常一个事务只能使用一个回退段存放它的回退信息,但一个回退段可以存放多个事务的回退信息。回退段可以动态创建和撤销。

3. 区(Extent)

区是磁盘空间分配的最小单位,由一个或多个数据块组成。

当创建一个数据库对象时,Oracle为对象分配若干个区,以构成一个段来为对象提供初始的存储空间。当段中已分配的区都写满后,Oracle会为段分配一个新区,以容纳更多的数据。

一个或多个区组成一个段,所以段的大小由区的个数决定。不过,一个数据段可以包含的区的个数并不是无限制的,它由如下两个参数决定:

- minextents:定义段初始分配的区的个数,也就是段最少可分配的区的个数。
- maxextents:定义一个段最多可以分配的区的个数。

4. 数据块(Block)

数据块(也可以简称为块)是用来管理存储空间的最基本单位,也是最小的逻辑存储单位。Oracle数据库在进行输入输出操作时,都是以块为单位进行逻辑读写操作的。

块的默认大小由初始化参数db_block_size指定,数据库创建完成之后,该参数值无法再修改。

16.2.3 内存结构

Oracle内存结构是影响数据库性能的主要因素之一,它使用服务器的物理内存来保存Oracle数据库运行期间所需要的数据、连接的会话信息和可执行的程序代码等。根据内存区域所使用的范围不同,分为系统全局区(System Global Area,SGA)和程序全局区(Program Global Area,PGA)。

1. 系统全局区(SGA)

SGA是由Oracle分配的共享内存结构,包含一个数据库实例共享的数据和控制信息。如果多个用户同时连接到同一个数据库实例,则SGA区中的数据可被多个用户共享,所以SGA又被称为共享全局区(Shared Global Area)。用户对数据库的各种操作主要在SGA中进行。在数据库实例启动时,SGA的内存被自动分配;当数据库实例关闭时,SGA被释放。SGA主要包含如下内存结构。

(1) 数据高速缓冲区(Database Buffer Cache)

数据高速缓冲区存储从数据文件中读取的数据,供所有用户共享。应用程序要访问的数据必须从磁盘的数据文件读到数据高速缓冲区中处理;在数据高速缓冲区中被修改后的数据由数据写入进程(DBWR)写到硬盘的数据文件中永久保存。

数据高速缓冲区的大小由参数DB_CACHE_SIZE决定。

(2) 共享池(Shared Pool)

共享池用于缓存最近执行过的SQL语句、PL/SQL程序和数据字典信息,它是对SQL语句、PL/SQL程序进行语法分析、编译、执行的区域。

共享池的大小由参数SHARED_POOL_SIZE决定。

(3) 日志缓冲区(Log Cache)

日志缓冲区用于存储用户对数据库进行修改操作时生成的重做记录。为了提高工作效率,重做记录并不是直接写入重做日志文件中,而是首先被服务器进程写入日志缓冲区中,在一定条件下,再由日志写入进程(LGWR)把日志缓冲区的内容写入重做日志文件中做永久性保存。在归档模式下,当重做日志切换时,由归档进程(ARCn)将重做日志文件的内容写入归档文件中。

日志缓冲区的大小由参数 LOG_BUFFER 决定。

(4) Java 池(Java Pool)

Java 池提供对 Java 程序设计的支持,用于存储 Java 代码、Java 语句的语法分析表、Java 语句的执行方案,进行 Java 程序开发。

Java 池的大小由参数 JAVA_POOL_SIZE 决定。该区域通常不小于 20MB,以便安装 Java 虚拟机。

(5) 大型池(Large Pool)

大型池用于提供一个大的缓冲区供 Oracle 多线程服务器、服务器 I/O 进程、数据库备份与恢复操作等使用,它是一个可选的内存配置项。

大型池的大小由参数 LARGE_POOL_SIZE 决定。

2. 程序全局区(PGA)

PGA 是保存特定服务进程的数据和控制信息的内存结构,这个内存结构是非共享的,只有服务进程本身才能够访问它自己的 PGA 区。每个服务进程都有自己的 PGA 区,各个服务进程 PGA 区的总和即为实例的 PGA 区的大小。

程序全局区的大小由参数 PGA_AGGREGATE_TARGET 决定。

16.2.4 进程结构

Oracle 数据库启动时,会启动多个 Oracle 后台进程,后台进程是用于执行特定任务的可执行代码块,在系统启动后异步地为所有数据库用户执行不同的任务。

通过查询数据字典 v$bgprocess,可以了解数据库中启动的后台进程信息。

Oracle 后台进程主要包括下列进程。

(1) DBWR(Database Writer,数据库写入)进程

DBWR 进程负责把数据高速缓冲区中已经被修改过的数据("脏"缓存块)成批写入数据文件中永久保存,同时使数据高速缓冲区有更多的空闲缓存块,保证服务器进程将所需要的数据从数据文件读取到数据高速缓冲区中,提高缓存命中率。

(2) LGWR(Log Writer,日志写入)进程

LGWR 进程用于将日志缓冲区中的内容写入磁盘的重做日志文件中。该进程将日志信息同步地写入在线日志文件组的多个日志成员文件里。如果日志文件组中的某个成员文件被删除或者不可使用,则 LGWR 进程可以将日志信息写入该组的其他文件中,从而不影响数据库正常运行,但会在警告日志文件中记录错误。

(3) CKPT(Check Point,检查点或检验点)进程

一般在发生日志切换时自动产生 CKPT 进程,用于缩短实例恢复所需的时间。在检

查点期间,CKPT 进程更新控制文件与数据文件的标题,从而反映最近成功的 SCN (System Change Number,系统更改号)。

(4) SMON(System Monitor,系统监控)进程

SMON 进程用于在数据库实例出现故障或系统崩溃时,通过将联机重做日志文件中的条目应用于数据文件,执行崩溃恢复。

SMON 进程一般用于定期合并字典管理的表空间中的空闲空间,此外,它还用于在系统重新启动期间清理所有表空间中的临时段。

(5) PMON(Process Monitor,进程监控)进程

PMON 进程用于在用户进程出现故障时执行进程恢复操作,负责清理内存存储区和释放该进程所使用的资源。

PMON 进程周期性检查调度进程和服务器进程的状态,如果发现进程已死,则重新启动它。PMON 进程被有规律地唤醒,检查是否需要使用,或者其他进程发现需要时也可以调用此进程。

(6) ARCn(Archive Process,归档)进程

ARCn 进程是 Oracle 实例中可选的几种进程之一,用于将写满的重做日志文件复制到归档日志文件中,防止重做日志文件组中的日志信息由于重做日志文件组的循环使用而被覆盖。这里的 n 代表单个的进程。

只有在数据库开启了归档模式之后才会启动 ARCn 进程。在 Oracle 数据库实例中,允许启动的 ARCn 进程的个数由参数 log_archive_max_ processes 决定。

(7) RECO(Recovery,恢复)进程

RECO 进程存在于分布式数据库系统中,用于自动解决在分布式数据库中出现的事务故障。

当一个数据库服务器的 RECO 进程试图与一个远程服务器建立通信时,如果远程服务器不可用或者无法建立网络连接,则 RECO 进程将自动在一个时间间隔之后再次连接。

16.2.5 数据字典

数据字典是 Oracle 数据库的重要组成部分,提供了与数据库结构、数据库对象空间分配和数据库用户等有关的信息。Oracle 数据库管理系统通过数据字典获取对象信息和安全信息,而用户和 DBA 则用数据字典来查询数据库信息。

Oracle 的数据字典是在数据库创建的过程中创建的,它由一系列表和视图构成,这些表和视图对于所有的用户(包括 DBA)都是只读的,只有 Oracle 系统才可以对数据字典进行管理与维护。

Oracle 数据字典的所有者为 sys 用户,而数据字典表和数据字典视图都被保存在 system 表空间中。

Oracle 数据字典主要有表 16-2 所列出的几种视图类型。

表 16-2 Oracle 数据字典的视图类型

视图类型	说明
USER 视图	以 user_为前缀,用来记录用户拥有的对象信息。例如 user_tables 视图,它记录了用户创建的表信息
ALL 视图	以 all_为前缀,用来记录用户拥有的对象信息及被授权访问的对象信息。例如 all_tables 视图,它记录用户可以访问的所有表信息
DBA 视图	以 dba_为前缀,用来记录数据库实例的所有对象信息。例如 dba_tables 视图,通过它可以访问所有用户的表信息
V$ 视图	以 v$ 为前缀,用于访问实例内存结构不断变化的状态信息。例如 v$ instance 视图,它记录当前实例的信息

16.3 Oracle 的网络连接配置和数据迁移

本节主要介绍 Oracle 的网络连接配置以及利用 SQL Server 的导入工具将 Oracle 中的表导入 SQL Server 数据库。

16.3.1 Oracle 的网络连接配置

在 Oracle 产品安装完成后,客户端为了与数据库服务器连接实现数据访问,必须进行网络连接配置。Oracle 网络配置分为服务器端配置和客户端配置两种。配置的结果由配置文件来保存。

Oracle Net Configuration Assistant 是 Oracle 提供的用于配置基本网络组件的工具,可以进行监听程序配置、命名方法配置、本地网络服务名配置和目录使用配置等网络组件的配置。

1. 配置监听程序(LISTENER)

安装 Oracle 数据库服务器时会自动建立默认监听器。监听器接收来自客户端的初始请求,然后将它交给服务器进行处理,一旦客户端与服务器的连接已经建立,客户端和服务器就可以直接通信,不再需要监听器的参与。系统默认安装的监听服务为 Oracle＜ORACLE_HOME_NAME＞TNSListener。

在同一台服务器上可以配置多个监听器,但监听的端口号不能相同。不同的监听器可以监听对同一个数据库的请求,同一个监听器也可以监听对不同数据库的请求。监听器的配置信息保存在 listener. ora 配置文件里,如图 16-13 所示。

可以通过 Oracle 程序组里的 Net Configuration Assistant 工具来添加、修改和删除监听器。监听器的设置主要包括主机、端口和使用的通信协议,通常采用的协议是 TCP/IP,默认端口为 1521。

2. 配置本地网络服务名

由于客户端和服务器可能使用不同的操作系统平台和不同的网络通信协议,所以客户端连接服务器就需要提供必要的参数(如要连接的服务器名称、端口号、使用的通信协议等)。对于普通用户,这些参数不便于理解和记忆,这就需要网络配置。通过网络配置,

```
# listener.ora Network Configuration File: C:\app\wang\product\11.2.0\dbhome_1\network\admin\listener.ora
# Generated by Oracle configuration tools.

SID_LIST_LISTENER =
  (SID_LIST =
    (SID_DESC =
      (SID_NAME = CLRExtProc)
      (ORACLE_HOME = C:\app\wang\product\11.2.0\dbhome_1)
      (PROGRAM = extproc)
      (ENVS = "EXTPROC_DLLS=ONLY:C:\app\wang\product\11.2.0\dbhome_1\bin\oraclr11.dll")
    )
  )

LISTENER =
  (DESCRIPTION_LIST =
    (DESCRIPTION =
      (ADDRESS = (PROTOCOL = IPC)(KEY = EXTPROC1521))
      (ADDRESS = (PROTOCOL = TCP)(HOST = WANG)(PORT = 1521))
    )
  )
```

图 16-13　监听程序的配置文件(listener.ora)

可以把网络服务名同配置联系起来,配置完成以后就可以使用该网络服务名进行数据库的连接,使连接过程得到简化。

安装 Oracle 数据库产品时,系统会自动在服务器端为数据库配置相应的网络服务名,默认网络服务名与实例标识(SID)相同。为了便于访问同一台服务器上的多个 Oracle 数据库,应该为新数据库配置相应的网络服务名。所配置的信息保存在名为 tnsnames.ora 的配置文件里。

配置网络服务器名也可以使用 Net Configuration Assistant 或 Net Manager 工具来完成。下面通过实例创建一个新的网络服务器名,用其连接 simdb 数据库,主机名为 wang,端口号为 1521。

利用 Net Configuration Assistant,创建本地网络服务器名的主要步骤如下。

(1) 选择 Oracle 程序组里的【配置和移植工具】|【Net Configuration Assistant】,打开【Oracle Net Configuration Assistant】欢迎界面,如图 16-14 所示。选中"本地网络服务名配置"后,单击【下一步】按钮。

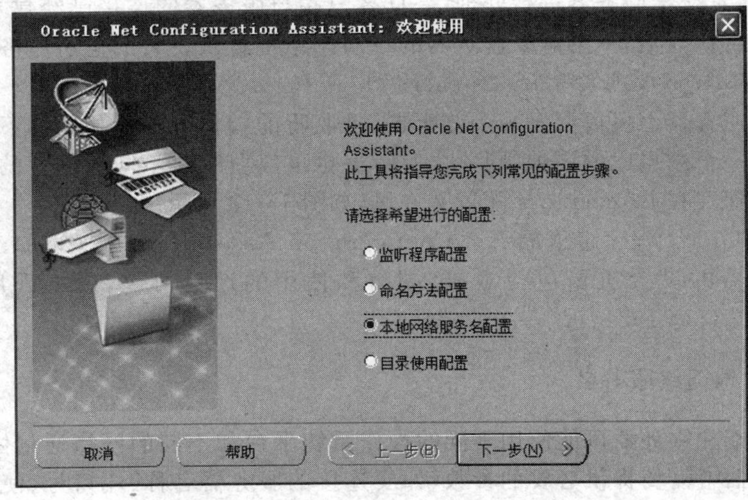

图 16-14　【Oracle Net Configuration Assistant】欢迎界面

(2) 在对话框中选择“添加”,如图 16-15 所示。单击【下一步】按钮。

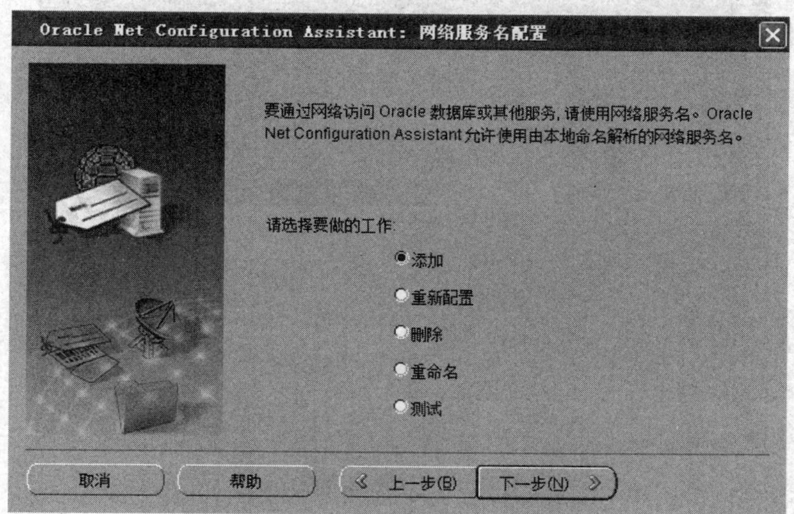

图 16-15　选择要做的工作

(3) 在对话框中输入要访问的数据库服务名,比如:simdb,如图 16-16 所示。单击【下一步】按钮。

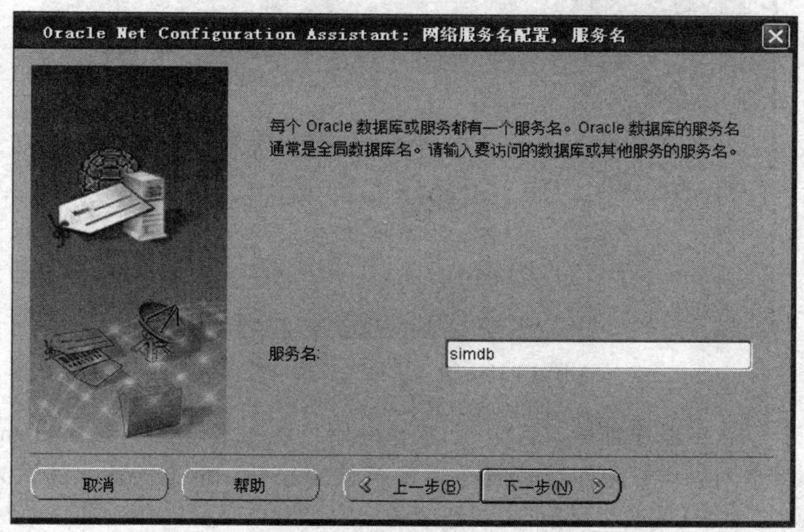

图 16-16　输入服务名

(4) 选择通信协议(应该与监听器的配置一致),通常选择“TCP”,如图 16-17 所示。单击【下一步】按钮。

(5) 在对话框中输入 Oracle 数据库所在的服务器名或 IP 地址,并选择正确的端口号,Oracle 数据库的 TCP/IP 标准端口号是 1521,如图 16-18 所示。单击【下一步】按钮。

(6) 选择“是,进行测试”或“不,不进行测试”,建议进行测试。

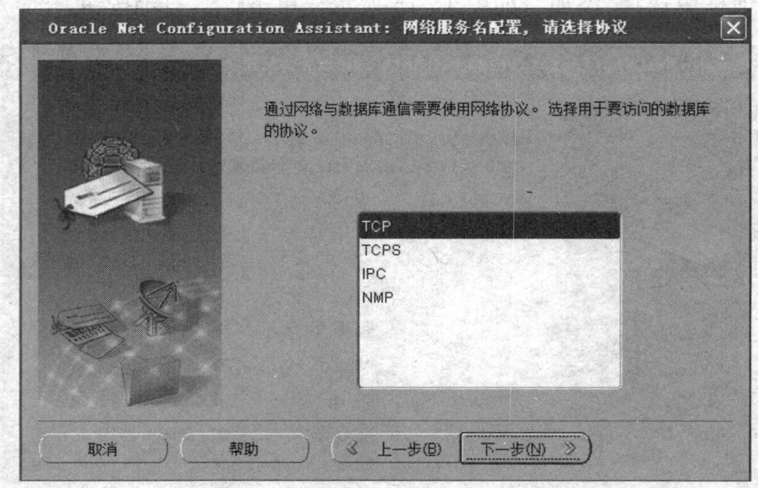

图 16-17 选择网络协议

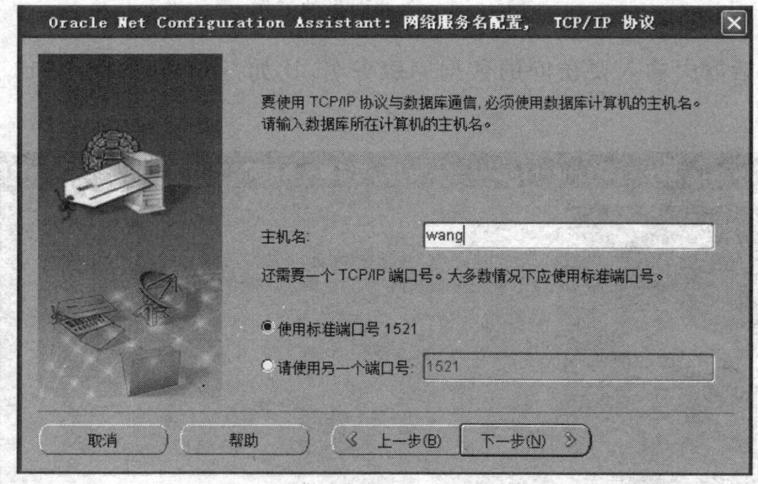

图 16-18 输入主机名和端口号

(7) 对于 Oracle 9i 早期版本，Oracle 默认的用户名和密码是 system/manager，对于 10g 或 11g 版本，由于在安装的时候必须重新认定密码，所以会显示测试未成功，如图 16-19 所示。单击【更改登录】可更改登录的用户名和口令。

(8) 如果出现连接成功信息，说明配置是正确的，否则需要检查监听器或重新配置。测试成功之后，单击【下一步】按钮。在新对话框中输入网络服务名，完成本地网络服务名配置后，在 tnsnames.ora 文件中存储了这些配置信息，如图 16-20 所示。

16.3.2 Oracle 与 SQL Server 之间的数据迁移

利用 SQL Server 的导入和导出工具以及前面配置的本地网络服务名，可以实现 Oracle 与 SQL Server 之间的数据迁移。

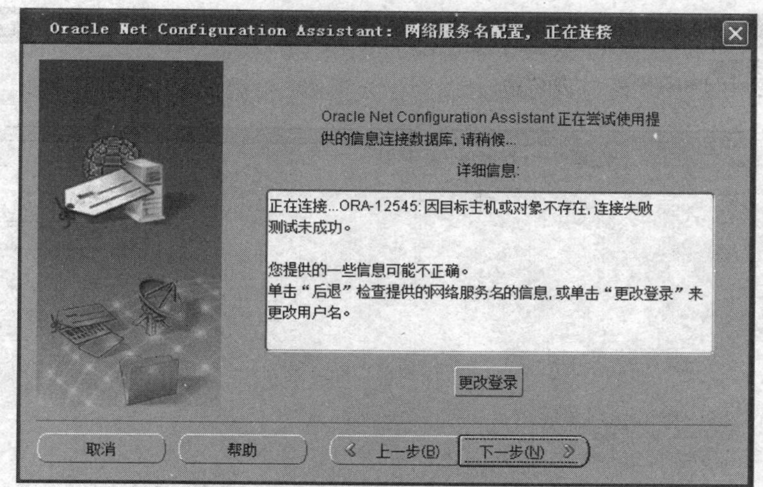

图 16-19　显示测试结果

```
tnsnames.ora - 记事本
文件(F)  编辑(E)  格式(O)  查看(V)  帮助(H)
# tnsnames.ora Network Configuration File: C:\app\wang\product\11.2.0\dbhome_1\network\admin\tnsnames.ora
# Generated by Oracle configuration tools.

SIMDB =
  (DESCRIPTION =
    (ADDRESS_LIST =
      (ADDRESS = (PROTOCOL = TCP)(HOST = wang)(PORT = 1521))
    )
    (CONNECT_DATA =
      (SERVICE_NAME = simdb)
    )
  )

ORACLR_CONNECTION_DATA =
  (DESCRIPTION =
    (ADDRESS_LIST =
      (ADDRESS = (PROTOCOL = IPC)(KEY = EXTPROC1521))
    )
    (CONNECT_DATA =
      (SID = CLRExtProc)
      (PRESENTATION = RO)
    )
  )

ORCL =
  (DESCRIPTION =
    (ADDRESS = (PROTOCOL = TCP)(HOST = localhost)(PORT = 1521))
    (CONNECT_DATA =
      (SERVER = DEDICATED)
      (SERVICE_NAME = orcl)
    )
  )
```

图 16-20　tnsnames. ora 配置文件

下面以将 Oracle 数据库里的数据导入 SQL Server 数据库为例，介绍主要的操作步骤。

(1) 启动 SQL Server 的导入和导出数据工具，打开 SQL Server 导入和导出向导，在数据源列表框中选择"Oracle Provider for OLE DB"选项，如图 16-21 所示。单击【属性】按钮，打开【数据链接属性】窗口。

(2) 在【数据链接属性】窗口中，输入数据源(要访问的 Oracle 数据库，即前面配置的本地网络服务名，例如 simdb、Oracle 用户名和密码)。可以单击【测试连接】按钮测试能否成功连接 Oracle 数据库，如图 16-22 所示。单击【确定】按钮返回。

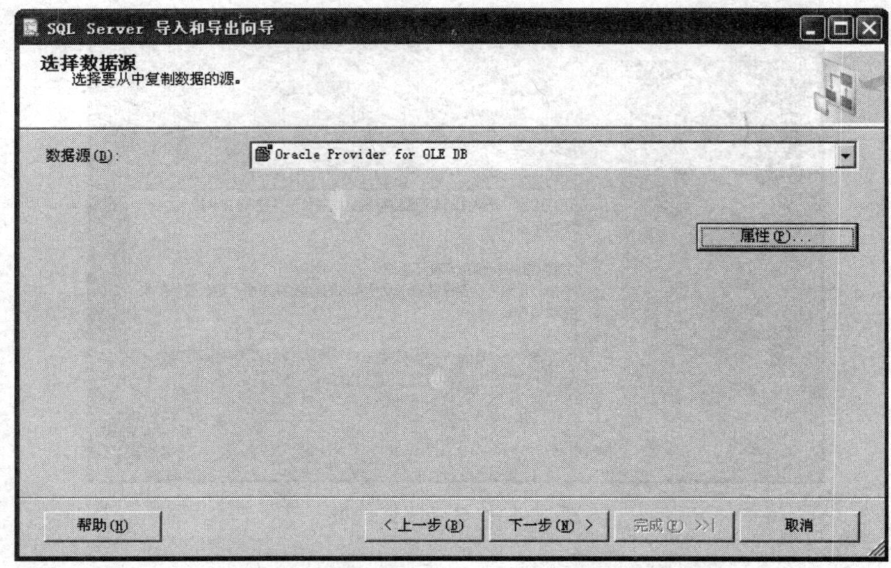

图 16-21　选择数据源

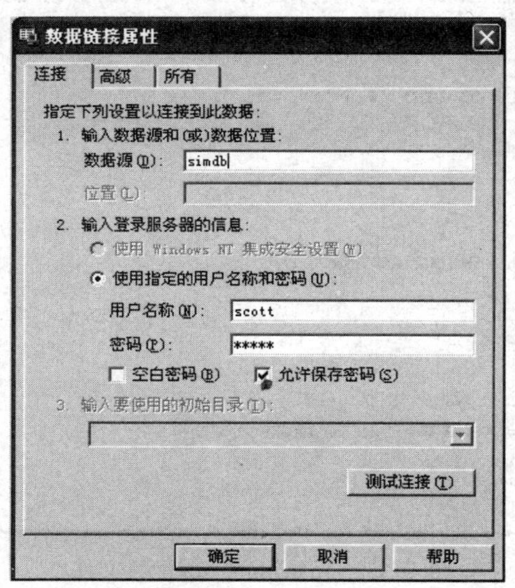

图 16-22　设置数据链接属性

(3) 单击【下一步】按钮，选择目标。这里选择 SQL Server 数据库为目标，如图 16-23 所示。

(4) 单击【下一步】按钮，指定表复制或查询。这里选择第一项【复制一个或多个表或视图的数据】。

(5) 单击【下一步】按钮，选择源表和源视图。勾选要导入的表，如图 16-24 所示。由于 Oracle 和 SQL Server 的数据类型不完全相同，所以要单击【编辑映射】按钮，修改数据类型。

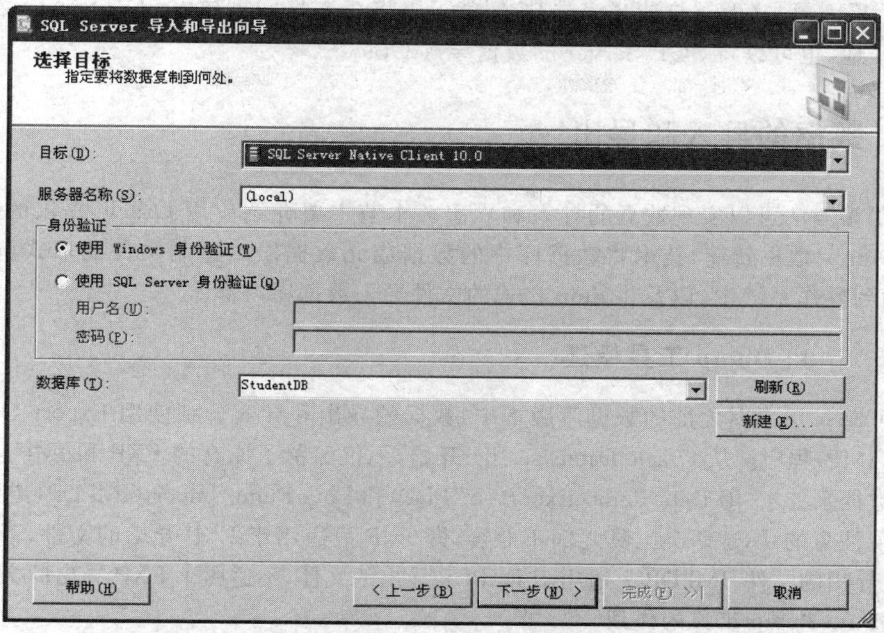

图 16-23　选择目标

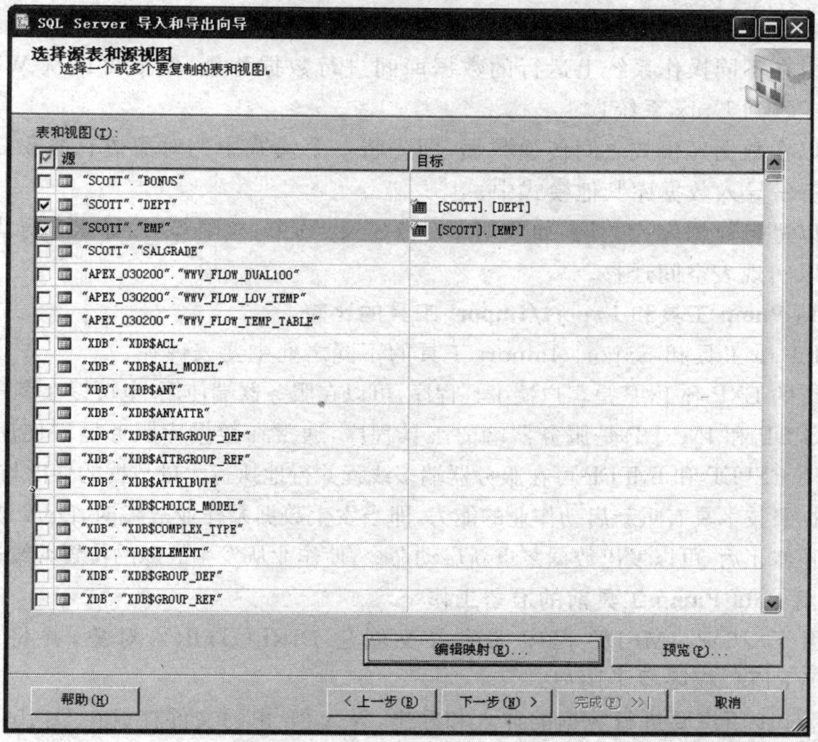

图 16-24　选择源表和源视图

(6) 后面单击【下一步】和【完成】按钮就可以将Oracle数据导入SQL Server数据库。同样地,也可以将SQL Server的数据导入Oracle。

16.4 数据的导入和导出

有很多方法可以实现数据的导入和导出。本节主要介绍应用Oracle提供的数据泵(Data Dump,数据转储)技术将数据库中的数据或元数据以二进制文件的形式(dmp格式)存储到操作系统中,以及将dmp格式的文件导入数据库内部。

16.4.1 Data Dump 工具概述

在Oracle 9i及其之前的数据库版本中,数据的导出和导入分别使用Export (EXP)和Import (IMP)程序。从Oracle Database 10g开始,不仅保留了原有的EXP和IMP工具,还推出了数据泵技术,即Data Pump Export(EXPDP)和Data Pump Import(IMPDP)工具。

需要注意的是,这两类工具之间不兼容,即IMP只适用于EXP导出的文件,不适用于EXPDP导出的文件;IMPDP只适用于EXPDP导出的文件,不适用于EXP导出的文件。

1. Data Pump 工具的作用

Data Pump工具的作用如下:

- 可以在不同版本的数据库间进行数据移植,可以从Oracle数据库的低版本移植到高版本;
- 可以在不同操作系统上运行的数据库间进行数据移植,例如可以从Windows系统迁移到Unix系统;
- 可以在数据库模式之间传递数据,即先将一个模式中的对象进行备份,然后再将该备份导入数据库其他模式中;
- 可以进行数据库元数据(如数据库对象定义、约束、权限等)的导入和导出;
- 可以实现表空间迁移。

2. Data Pump 工具和 Export/Import 工具的比较

Data Pump工具和Export/Import工具的不同之处主要表现在:

- 传统的EXP和IMP是客户端工具程序,可以在服务器端使用,也可以在客户端使用;
- EXPDP和IMPDP是服务器端的工具程序,通常在数据库服务器端使用;
- 利用EXPDP和IMPDP可在服务器端多线程并行地执行大量数据的导出与导入操作;
- 数据泵技术具有重新启动作业的能力,即当发生数据泵作业故障时,DBA或用户进行干预修正后,可以发出数据泵重新启动命令,使作业从发生故障的位置继续进行。

3. 使用 Data Pump 工具前的准备工作

在使用EXPDP、IMPDP程序之前需要创建DIRECTORY对象,并将该对象的READ和WRITE权限授予用户。

例如,scott用户要进行数据的导入和导出,导入/导出的文件存放在D:\backup文件夹里。这需要DBA在数据库中创建一个目录对象(如目录对象名为mydir),然后将该目录上的READ和WRITE权限授予scott。具体的命令如下:

```
CREATE DIRECTORY mydir AS 'D:\backup';
GRANT READ,WRITE ON DIRECTORY mydir TO scott;
```

如果用户要导出或导入非同名模式的对象，还需要具有 EXP_FULL_DATABASE 和 IMP_FULL_DATABASE 权限。

例如，下列命令将授予 scott 用户拥有 EXP_FULL_DATABASE 和 IMP_FULL_DATABASE 权限：

```
GRANT EXP_FULL_DATABASE, IMP_FULL_DATABASE TO scott;
```

16.4.2　使用 EXPDP 导出数据

EXPDP 可以将数据库里的元数据或数据导出到转储文件中。Oracle 提供了 5 种导出模式，如表 16-3 所示。

表 16-3　Oracle 提供的 5 种导出模式

导出模式	使用的参数	说　明
Full(全库)	FULL	导出整个数据库
Schema(模式)	SCHEMAS	导出一个或多个用户模式中的数据和元数据
Table(表)	TABLES	导出指定的表、分区及其依赖对象
Tablespace(表空间)	TABLESPACES	导出一个或多个表空间中的数据和元数据
Transportable Tablespace(传输表空间)	TRANSPORT_TABLESPACES	导出一个或多个表空间中对象的元数据

通过在命令提示符窗口中输入 EXPDP HELP＝Y 命令，可以查看 EXPDP 的帮助信息，从中可以看到如何调用 EXPDP 导出数据，如图 16-25 所示。

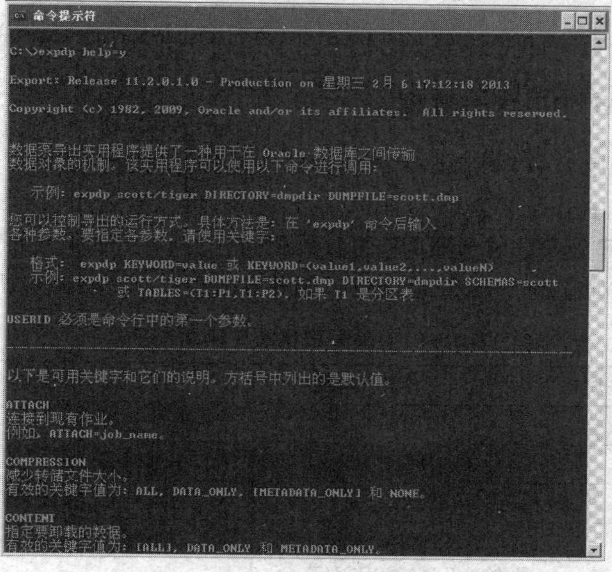

图 16-25　输入 EXPDP HELP＝Y 命令后所显示的帮助信息

1. 导出数据库

使用EXPDP命令时指定了FULL＝y,将导出整个数据库的所有对象,包括数据库元数据和数据。

例16-1 将当前数据库中的所有对象全部导出到目录对象mydir指定的目录中,文件名为expfull.dmp,不写日志文件。导出语句如下:

```
C:\>expdp system/manager DIRECTORY=mydir DUMPFILE=expfull.dmp FULL=y
NOLOGFILE=Y
```

2. 导出指定的模式

使用EXPDP命令时指定SCHEMAS参数,为该参数指定一个或多个用户模式名,将导出指定模式中的所有对象信息。

例16-2 导出scott模式下的所有对象及其数据。导出语句如下:

```
C:\>expdp scott/tiger DIRECTORY=mydir DUMPFILE=dumpscott.dmp SCHEMAS=scott
```

3. 导出表

使用EXPDP命令时指定TABLES参数,为该参数指定一个或多个表名称,将导出指定的表信息。

例16-3 导出scott模式下的emp表和dept表,导出操作启动3个进程。导出语句如下:

```
C:\>expdp scott/tiger DIRECTORY=mydir DUMPFILE=dumptab.dmp TABLES=emp,dept
PARALLEL=3
```

4. 导出表空间

使用EXPDP命令时指定TABLESPACES参数,为该参数指定一个或多个表空间名,将导出指定表空间中的所有对象信息。

例16-4 导出USERS表空间中的所有对象及其数据。导出语句如下:

```
C:\>expdp system/manager DIRECTORY=mydir DUMPFILE=dumpusers.dmp TABLESPACES=users
```

16.4.3 使用IMPDP导出数据

要导入一个使用EXPDP命令生成的转储文件,需要使用IMPDP命令。在操作系统的命令提示符窗口中输入IMPDP HELP＝Y命令,可以查看IMPDP程序的使用、参数等介绍。其中,大部分参数与EXPDP的参数相同。

与EXPDP相对应的,Oracle也提供了5种导入模式,如表16-4所示。

表16-4 Oracle提供的5种导入模式

导入模式	使用的参数	说明
Full(全库)	FULL	导入整个数据库
Schema(模式)	SCHEMAS	导入一个或多个用户模式中的数据和元数据
Table(表)	TABLES	导入指定的表、分区及其依赖对象
Tablespace(表空间)	TABLESPACES	导入一个或多个表空间中的数据和元数据
Transportable Tablespace(传输表空间)	TRANSPORT_TABLESPACES	导入一个或多个表空间中对象的元数据

在 IMPDP 命令执行导入时，使用 DIRECTORY 参数可以指定导入文件所对应的目录对象；使用 DUMPFILE 参数指定所要导入的文件，该文件必须是使用 EXPDP 命令导出的。在所使用的命令中，如果没有指定导入模式，Oracle 将试图加载整个转储文件。

例 16-5　利用例 16-3 产生的转储文件 dumptab.dmp，将导出的 scott 模式下的 emp 表和 dept 表数据导入。具体语句如下：

```
C:\> impdp scott/tiger DIRECTORY= mydir DUMPFILE= dumptab.dmp TABLES= emp,dept
TABLE_EXISTS_ACTION= replace
```

如果要将导出的一个模式（如 scott）中的内容导入另一个模式（如 wang）中，必须使用 REMAP_SCHEMA 参数。

例 16-6　利用例 16-2 产生的转储文件 dumpscott.dmp，将该文件里的内容导入 wang 模式中。具体语句如下：

```
C:\> impdp system/manager DIRECTORY=mydir DUMPFILE=dumpscott.dmp remap_schema=
scott:wang
```

除了通过命令行方式导入、导出数据以外，还可以利用 OEM（Oracle Enterprise Manager）完成数据的导出与导入。需要注意的是在进行数据库的导出与导入操作之前，也需要先创建目录对象，并将目录对象的读、写权限授予执行导出和导入操作的数据库用户。然后就可以通过 OEM 的可视化向导完成数据导入和导出操作。感兴趣的读者可以查看相关资料，在此不再一一赘述。

习题

1. Oracle 提供了哪些管理工具？
2. 在使用 OEM 之前，在数据库服务器端需要启动哪些服务？
3. 简述 Oracle 数据库体系结构的组成。
4. 说明 Oracle 数据文件、重做日志文件、控制文件的作用。
5. 简述 Oracle 数据库逻辑结构的组成和相互关系。
6. Oracle 数据库的后台进程有哪些？其功能是什么？
7. 使用 EXPDP 命令导出 users 表空间中的所有内容。
8. 使用 EXPDP 命令导出 scott 模式下的 emp 表。
9. 删除 scott 模式下的 emp 表，然后利用第 8 题中的导出文件恢复该表。

第 17 章　神通数据库

神通数据库是天津神舟通用数据技术有限公司研制的大型通用关系型数据库产品，目前广泛应用于国防、政府、航天、航空、兵器、船舶、电信、电力等行业。为了便于审计人员学习和使用神通数据库，本章首先简要介绍神通数据库的特点、常用管理工具和体系结构，然后对神通数据库语言、数据管理方面的内容进行重点介绍。

17.1　神通数据库概述

神通数据库是神舟通用公司多年的大型数据库领域研发积累和深厚的航天信息化建设经验的集中体现，在国产数据库中居于领先水平。神通数据库系统功能完善、性能稳定，可广泛应用于各类企事业单位、政府机关的信息化建设。

17.1.1　神通数据库的特点

神通数据库作为企业级大型、通用对象关系型数据库管理系统，具备游标、视图、序列、触发器、存储过程等基本功能以及计划缓存、结果集缓存、全文检索、物化视图、层次查询、分析函数等高级功能。该产品具有丰富的图形界面管理工具，用户可以简单有效地对系统进行运行维护和管理工作。

神通数据库管理系统具有如下特点。

(1) 通用的数据库管理系统

神通数据库管理系统支持 Windows、Linux 以及 Solaris 等多种主流操作系统平台，运用 Java 技术定制各种数据库管理工具，具有很好的跨平台支持能力；系统采用成熟的关系数据模型作为核心的数据模型，支持 SQL，可在各行业中广泛应用。

(2) 支持多种应用结构

神通数据库支持包括集中式结构、客户/服务器结构、Web 浏览器/Web 应用服务器/数据库服务器多层结构等多种应用体系结构，能满足 Internet/Intranet 环境下的各种应用要求。

(3) 海量数据管理能力

神通数据库实现了可扩展的逻辑和物理双层存储结构管理，因此具有管理海量数据存储的能力。神通数据库支持的数据库最大容量达到 TB 级别，支持的单表最大容量也达到 TB 级别，同时支持的单个大对象的最大容量达到 4GB，并实现了对数据库内表数目的无限制支持和表中记录数目的无限制支持。

(4) 7×24 不间断的稳定运行能力

通过完善的备份恢复机制以及对系统资源的自适应和自管理，神通数据库可以长期稳定、高效地运行，并通过各种管理工具实现在线的数据修复能力，以保证数据的一致性和正确性。

(5) 完备的数据处理能力

神通数据库实现完整的查询优化策略，支持高效的查询执行方案，具备稳定高效的数据处理能力。同时支持大对象数据管理；支持图形、图像、声音、文字、视频等多媒体数据管理；实现复杂对象数据和关系数据的统一管理；并支持用户自定义数据类型的扩展。

(6) 多层次的数据库安全机制

神通数据库实现了可靠的用户身份认证，支持自主存取控制和安全的网络连接，并提供对 DBA、普通用户、数据对象和特定数据操作的各种安全审计。神通数据库还对数据的存放和传输提供了多种加密机制以满足不同应用的要求。

(7) 完备的数据备份恢复机制

神通数据库提供完备的日志和故障恢复机制，支持容错机制，通过实现数据库及日志数据的完整备份、增量备份和联机备份，确保系统在出现系统崩溃、服务器掉电、存储介质错误等各种软硬件故障的时候实现数据恢复。

(8) 完整的应用开发接口

神通数据库支持 ODBC、JDBC 和 OLEDB 等数据库访问接口，并针对主要应用开发工具提供高性能的直接数据接口；支持嵌入式 SQL、可编程存储过程和触发器。

(9) 丰富的数据库管理工具

神通数据库提供各种基于 GUI 的交互式智能管理工具，包括系统安装和卸载、DBA 工具、交互式 SQL、性能监测与调整以及作业自动调度等，并提供与 ORACLE、SQL Server、DB2 等主要大型商用数据库管理系统以及 EXCEL、TXT、ODBC 数据源等标准格式之间的数据迁移工具。

17.1.2　常用管理工具

为了便于管理，神通数据库配备了很多图形化工具。这些工具分别用来做不同的管理工作。一般而言，对数据库的管理可以分为下面四类。

(1) 人机交互，可增、删、改、查数据库对象。神通数据库对应的工具有：DBA 管理工具、SQL 交互式工具。

(2) 配置数据库系统、分析数据库的状态。神通数据库对应的工具有：参数配置工具、数据库配置工具、性能检测工具。

(3) 独立审计数据库中的各种操作。神通数据库对应的工具有审计工具。

(4) 备份恢复数据库。神通数据库对应的工具有数据库维护工具。

虽然这些工具中的大部分功能都是不同的，然而为了方便，有些工具中也会出现重复的功能。而从本质上讲，这些图形化工具的大多数功能都可以用命令进行等价操作。

1. DBA 管理工具

DBA 管理工具为数据库管理员提供了一个跨平台的图形化管理工具。通过集中式多服务器管理的方式，能对各数据库服务器上的数据库对象(如表、视图、序列、索引、触发器、存储过程、用户、角色和权限等)提供相应的可视化管理，同时支持针对数据库服务器的存储和数据库复制的管理。DBA 管理工具的主界面如图 17-1 所示。

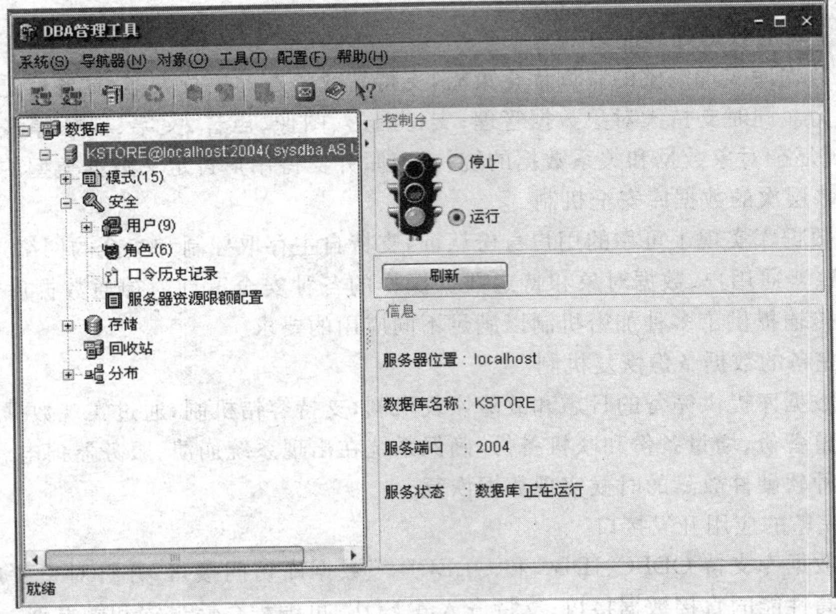

图 17-1　DBA 管理工具

2. SQL 交互工具

SQL 交互工具是一种专用于交互式执行 SQL 语句和脚本的工具，它为用户提供了一个图形化界面来使用 SQL 语言、操作数据库对象和更新数据。SQL 交互工具的功能主要包括两个方面：一是创建和执行 SQL 脚本；二是查看和使用数据库中的相关对象。

SQL 交互工具主界面如图 17-2 所示。

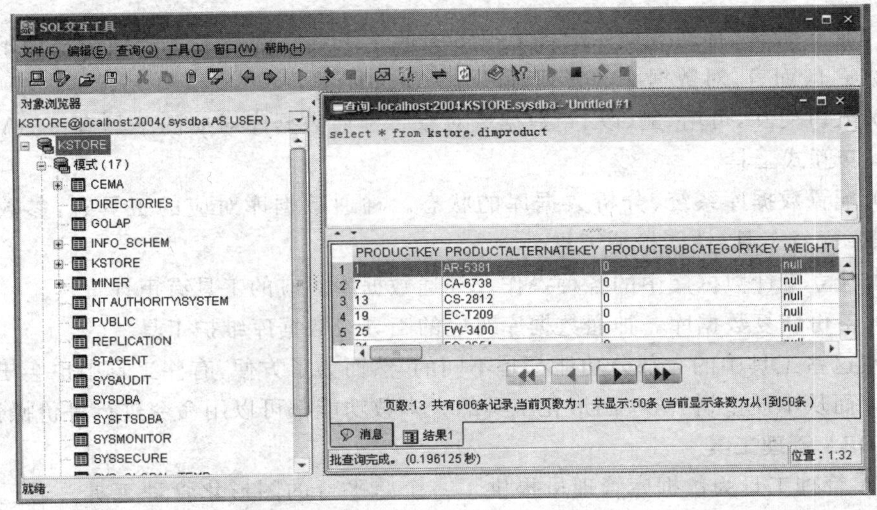

图 17-2　SQL 交互工具

3. 参数配置工具

参数配置工具能够方便地让用户直接配置数据库产品的关键参数，从而更好地适应不同的软硬件平台环境，该工具提供了以下三种参数设置方式。

- 当前配置：显示数据库系统运行时的参数并可对其进行设置。
- 智能配置：根据当前服务器状况，智能地指导用户进行参数配置。
- 高级配置：将参数按功能分组，为用户提供灵活的参数配置方式。

系统参数高级配置界面如图 17-3 所示。

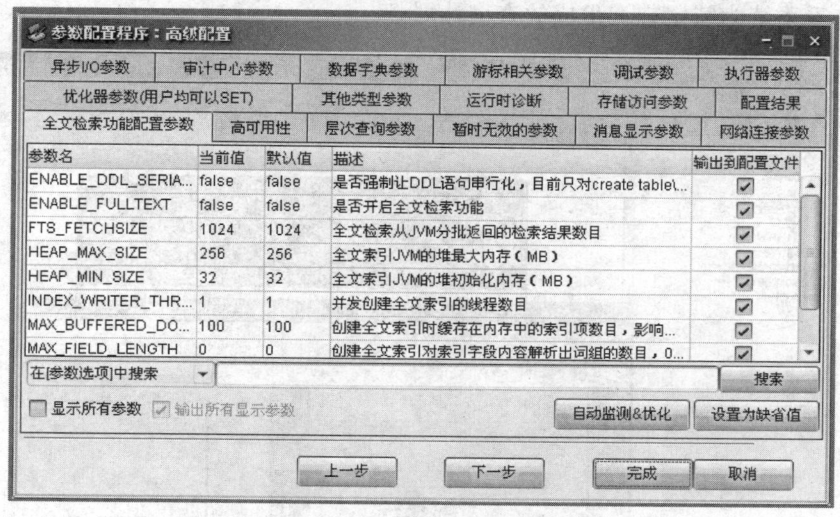

图 17-3　系统参数高级配置

由于参数配置工具中列出了大量的参数，为了从这堆参数中找到需要配置的参数，可以使用查找功能。参数配置工具提供了以下两种查找方式。

- 在参数选项中搜索：当选择该选项时，将从各参数的参数名中搜索指定参数。
- 在描述中搜索：当选择该选项时，将从各参数的描述中搜索指定参数。

4. 数据库配置工具

数据库配置工具提供了图形化操作界面，数据库管理员（DBA）通过它可以快速、直观地完成数据库创建和删除工作。

5. 数据库维护工具

数据库维护工具主要包括以下两个功能。

- 物理备份和恢复：对整个神通数据库执行物理备份和恢复操作，备份数据将存放在服务器端用户指定的文件夹中，支持完全备份和增量备份。
- 作业调度：支持调度任务和调度计划，以执行经常重复和可调度的任务。

6. 性能监测工具

性能监测工具（见图 17-4）被用来查看系统状态，统计和跟踪系统的运行情况，通常被用来分析系统性能。该工具主要包括以下功能。

- 数据库运行监控：提供会话、SQL 执行、系统缓存、系统 I/O、事务与锁、内存等方面的数据库运行状态和性能信息。

- 性能数据跟踪与统计:对重要的表征数据库性能的数据进行采样跟踪和统计,所监测的数据可以实时配置和控制。
- SQL 跟踪统计:提供对 SQL 语句的跟踪与统计功能,用户可以选择要跟踪和统计的 SQL 语句的规则和数量。
- 图形化显示执行计划:为每个查询生成一个查询计划。为匹配查询结构和数据属性,选择正确的计划对性能有关键性的影响。使用图形化的执行计划可以直观地查看系统为特定查询生成的查询计划。

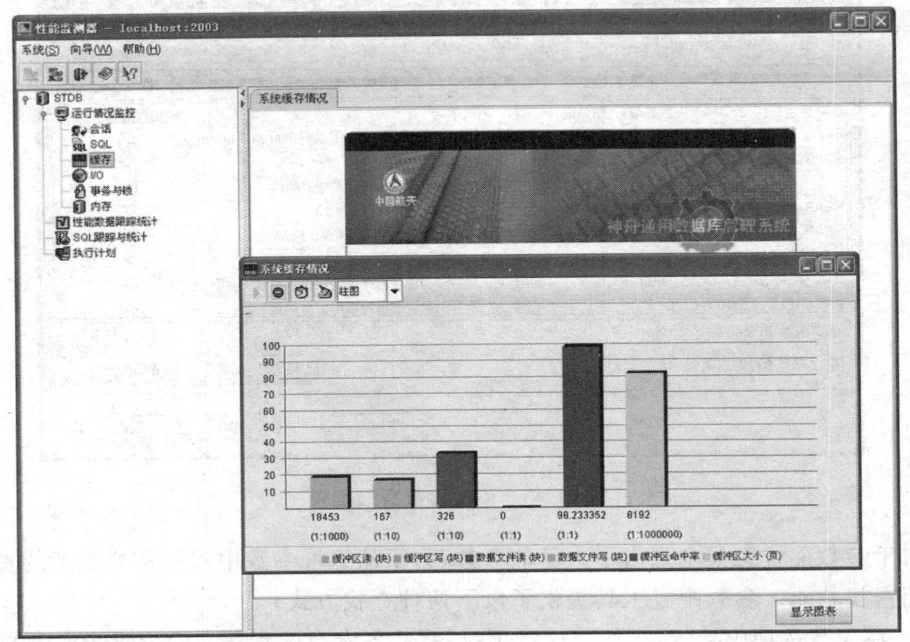

图 17-4　性能监测工具

7. 数据迁移工具

数据迁移工具是前台管理工具集合中的一个实用工具,主要用于神通数据库与其他各种异构数据源(如各种关系数据库、Excel 文件、文本文件)之间的数据迁移、转换以及合并。该工具为用户提供了图形化的界面,采用向导提示的方式帮助用户进行数据的转换和迁移。数据迁移工具支持的数据源包括 Oracle、Microsoft SQL Server、DB2、Mysql、Excel、文本文件和其他支持 ODBC 的数据源。

17.2　神通数据库的体系结构

神通数据库的体系结构如图 17-5 所示。从图 17-5 可以看出每个神通数据库服务器通常由一个神通数据库和一个神通数据库实例组成。数据库是一组存放在磁盘上的文件(主要指数据文件、日志文件和控制文件),它是数据库物理存储结构的主体,这些文件无须依赖数据库实例而存在;而数据库实例是存取和控制数据库的软件机制,是用来访问数据库文件集的全部内存结构以及运行例程的集合。

数据库实例通常部署于独立的服务器上,多个客户端应用通过网络,基于某种数据库访问接口(如 ODBC/JDBC/.NET 等)与数据库服务器进行交互。客户端应用可以基于多线程或多进程架构,在绝大多数配置下,客户端应用并不直接存取数据库,而必须通过与该数据库相关联的数据库实例建立连接后,由后者中的某个线程负责完成其所需的全部操作(服务器代理模式)。神通数据库实例主要包括网络监听线程、服务器线程、后台线程和内存结构 4 个部分。

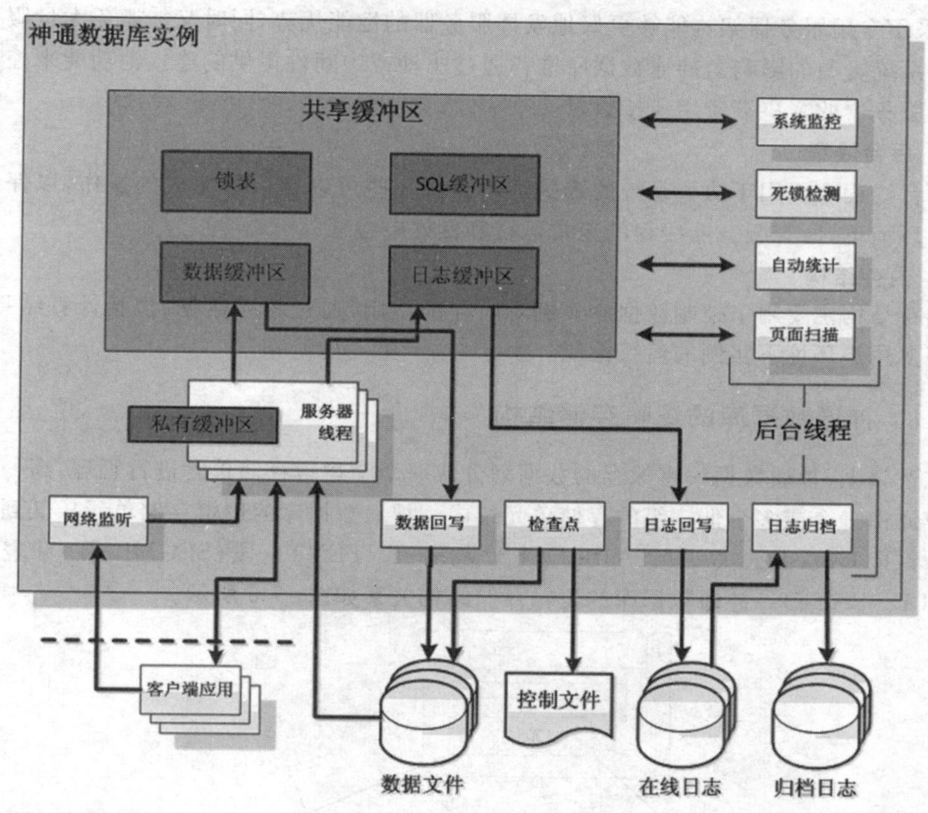

图 17-5　神通数据库体系结构

1. 网络监听线程

网络监听线程用于建立客户端应用与数据库实例的连接。每个网络监听线程都与特定的网络协议(如 TCP/IP 等)绑定,每个数据库实例运行时通常只会有一个网络监听线程。网络监听线程运行在实例启动后,就一直运行在特定的网络端口上,并等待客户端应用的连接,通过设置不同的监听端口和启动目录,用户可以在同一台服务器上同时运行多个神通数据库实例。

在客户端应用需要连接数据库实例时,它会向监听端口发出连接请求,网络监听线程发现该请求后,会建立物理的网络连接(如基于 Socket 等),同时在数据库实例中自动创建一个服务器线程，并将连接的控制权移交该服务器线程，由后者完成对客户端的后续响应。

2. 服务器线程

服务器线程相当于一个系统代理，用于处理来自特定的客户端应用的全部请求，包括初始连接的身份认证，后续的各种 SQL 查询、事务控制、系统管理操作等。服务器线程在客户端应用建立连接后被自动创建，并在客户端应用结束连接后自动关闭。

每个服务器线程都会唯一对应一个客户端应用连接，这种架构通常被称为专用服务器架构，与之对应的是共享服务器架构，即实例只创建少量的服务器例程，来共同为所有的客户端应用服务。在多线程架构下，由于线程的资源占用和系统切换都远优于传统的进程，采用专用服务器架构能够更好地发挥服务器的性能优势，同时又能避免大量服务器例程对系统资源的影响。神通数据库推荐通过驱动或中间件提供的连接池功能来控制同时访问服务器的客户端应用连接数目。

3. 后台线程

后台线程主要用于执行系统的维护工作以及一些可以在后台完成的操作，以保证在多用户环境下，所有服务器线程的正常运行和良好响应。

4. 内存结构

内存结构主要用于控制数据库实例对内存的使用，通过缓存数据、包括计算结果等，来提高多用户环境下实例的运行性能。

17.2.1 神通数据库的逻辑存储结构

在逻辑上，神通数据库将保存的数据划分成一个个逻辑存储单元进行管理，高一级的存储单元由一个或多个低一级的存储单元组成。神通数据库的逻辑存储单元从低到高依次为：行(ROW)、数据块(DATA BLOCK)、范围(EXTENT)、段(SEGMENT)和表空间(TABLE SPACE)。神通数据库的逻辑存储结构关系如图 17-6 所示。

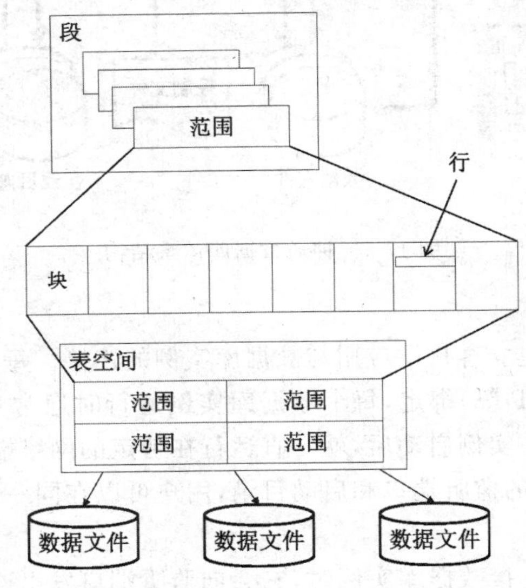

图 17-6 神通数据库的逻辑存储结构关系

1. 行

行是逻辑对象(表或者索引)的一行数据在物理上的映射。行本身是一个不定长结构,占据着数据块上的一段外存空间,因此它并不是一个直接可操作的存储单元。行本身负责管理其中属性的存取,但对属性的操作实质上都转化成为对行内容的更改。因此从逻辑上看,行是存储的最小结构。

行根据所在对象的类型又可以分为数据行和索引行,其中,数据行是存放在表中的,而索引行是存放在索引中的。对于数据行来说,其行与行之间没有逻辑关系,每一行数据都存储着相同类型的属性内容,数据行在插入后产生全局唯一的行号,这个行号在行的生命周期内是不可改变的。

索引行由数据和指针两部分构成,数据部分存储了索引所有的键值属性,而指针部分总是一个 8 字节的物理地址。其中,存放在索引非叶页面上的索引行的指针是指向自己的子页面,而存放在叶页面上的索引行的指针是指向自己数据行所在的行号。索引行之间有逻辑关系,即索引中的行必然是有序排列的,这样可以支持对索引的二分查找。

行存放在块上,在神通数据库中,一个数据块的初始空闲空间长度等于块总长度减去块头长度减去数据头长度,约为 8100 个字节,也就是说,普通表的单行物理长度不能超过这个阈值。但神通数据库在存储时对数据进行了行级压缩,行的物理长度往往小于其逻辑长度,因此实际上诸如包含 varchar(10000)这样大属性的表也可以被创建。但如果行的物理长度确实超过了块所能容纳的最大长度,则数据库会报"关系中行长度超过最大限制"错误。

索引由于需要支持查找,它的行的最大长度被限制在 900 个字节。也就是说,神通数据库索引的扇出系数最小可以达到 8100/900＝9。

2. 数据块

数据块也称页面,是神通数据库用来管理存储空间的最基本单元,也是最小的定长逻辑存储单元。在神通数据库中,一个数据块被固定为 8K 字节的长度,神通数据库在进行外存读写操作时,都是以块为单位进行逻辑读写操作的。

3. 范围

范围也称为区,是由一系列物理上连续的数据块所构成的存储结构,在神通数据库中,每个范围被固定为 8 个连续的物理页面。范围是神通数据库空间分配的最小单元,当一个段中的所有空间被使用完后,系统将自动为该段分配一个新的范围。系统以范围而不是块作为分配基本单元的目的是保持数据在物理上的连续性,同时降低空间管理的代价。

4. 段

在神通数据库中,段是逻辑对象在物理上的映射,是一个独立的逻辑存储结构。在物理上,段由一个或多个不连续的区组成。

当用户在神通数据库中执行以下操作时,会创建一个独立的段:

- 创建一张表;
- 创建一个索引;
- 创建一张带有大对象属性的表。

一个段可以是一张表、一个索引和一个大对象属性。我们把大对象属性存放在专门的段里,是因为大对象属性往往体积很大,要跨越多个块,对它们的处理逻辑和普通数据属性差别很大。

5. 表空间

表空间是在神通数据库中用户可以使用的最大的逻辑存储结构,用户在数据库中建立的所有对象必须被存放在某个表空间中,对象也不可跨越表空间。可以看出,神通数据库使用表空间将相关的逻辑结构组合在一起,并与物理数据文件形成对应。在物理上,每一个表空间是由一个或多个数据文件组成的,一个数据文件只能属于一个表空间;而在逻辑上,每一个段也都只能属于一个表空间。表空间是逻辑与物理的统一。所以存储空间在物理上表现为数据文件,而在逻辑上表现为表空间。

神通数据库在创建好之后会包含下面3个表空间。

- SYSTEM:这个是神通数据库系统表空间,也是系统默认的表空间。所有的系统表被建立在这个表空间下,其对应的文件名默认为“数据库名01.dbf”。例如建立一个数据库XC,则会在数据库的odbs文件夹下建立xc01.dbf数据文件。
- AUDIT:神通数据库审计表空间。其中存放的是与神通数据库审计相关的系统表,其对应的数据文件名默认为“数据库名AUX01.dbf”。
- TEMP:神通数据库临时表空间。这是一个比较特殊的表空间,当数据库在运行中产生临时表时,会存放在这个表空间下。在临时表的生命周期结束后,神通数据库会自动回收其所占用的空间,临时表空间对应的数据文件名默认为“数据库名TMP01.dbf”。

用户也可以通过CREATE TABLESPACE语句来创建表空间、ALTER TABLESPACE语句来维护表空间以及DROP TABLESPACE语句来删除表空间。

例17-1 创建一个名为test的表空间,对应的数据文件名为test01.dbf,大小为50M,存放在D:\ShenTong\OSCAR\odbs文件夹下。

```
CREATE TABLESPACE test DATAFILE 'D:\ShenTong\OSCAR\odbs\test01.dbf' SIZE 50M;
```

例17-2 将test的表空间增加了一个新的数据文件test02.dbf,大小为100M。

```
ALTER TABLESPACE test ADD DATAFILE 'D:\ShenTong\OSCAR\odbs\test02.dbf'
SIZE 100M;
```

需要注意的是,用户并不能手动删除表空间中的数据文件。这是因为根据表空间的分配策略,一个对象在表空间中往往是分散在不同的数据文件中,删除一个数据文件会破坏对象的整体结构,使得整个表空间无法正常运作。

例17-3 删除test表空间。

```
DROP TABLESPACE test;
```

在删除表空间前,必须确保该表空间中的对象已经被删除,否则神通数据库会报“TABLESPACE有对象不能删除”的错误。当表空间被删除后,该表空间中所有的数据文件都被自动删除。

17.2.2 神通数据库的物理存储结构

神通数据库的物理存储结构如图 17-7 所示，它由存储在磁盘中的操作系统文件组成，神通数据库在运行时需要使用这些文件。

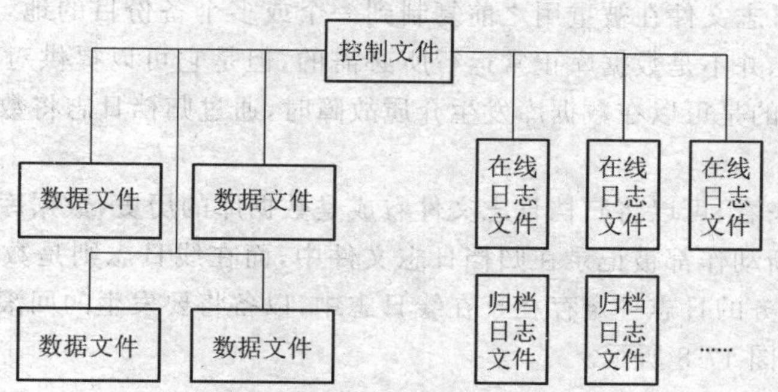

图 17-7 神通数据库的物理存储结构

神通数据库的控制文件、数据文件和日志文件均可以在创建数据库时指定位置，并在运行过程中进行更改。如果不指定，则默认控制文件创建在神通数据库安装目录的 admin 文件夹下，默认数据文件和日志文件创建在神通数据库安装目录的“odbs\数据库名”目录下。

1. 数据文件

数据文件用来存储神通数据库所有的逻辑对象结构和数据内容。每个数据库在创建时至少要指定一个数据文件，并且至少要有 20M 用于存放数据字典内容。目前，神通数据库可以支持的最大数据文件不超过 2^{45} 字节，即 32TB。

在数据库运行过程中，可以通过创建表空间或者在已有表空间中增加文件的方式来增加数据文件的个数。神通数据库目前只能以表空间为单位来删减数据文件，数据文件一旦删除，其中的数据不可再恢复。

数据文件有四个重要的配置参数，分别是初始大小、自动增长开关、递增值和最大值。其中，初始大小规定了数据文件创建时的大小，自动增长开关控制着数据文件是否可以自动扩展，递增值规定了数据文件在需要扩展时的步长，而最大值规定了数据文件大小的上限。

例 17-4 创建一个名为 xc1 的数据库，初始有一个数据文件 xc1.dbf，初始值为 100MB，自动增长，递增值为 10MB，而最大值是 150MB。

```
backend> CREATE DATABASE xc1 DATAFILE 'D:\ShenTong\OSCAR\odbs\xc1\xc1.dbf' SIZE
100M AUTOEXTEND ON NEXT 10M MAX 150M;
```

神通数据库的数据文件统计信息可以在 V_SYS_DATAFILE_INFO 视图中查看。

2. 重做日志文件

重做日志文件中存放的是对数据库的更新操作所产生的日志信息。数据库的日志文件独立于所有表空间，也独立于任何数据文件。重做日志文件又分为在线重做日志文件和归档重做日志文件，其中，在线重做日志文件在数据库运行期间不断记录对数据库的更新,在线重做日志一般至少有两个,它们通过循环的方式被重复使用,每个在线日志文件也被称作日志文件组。在线重做日志的功能主要有:

- 当数据库发生故障时,提供实例恢复,将数据库恢复到崩溃点的一致性状态;
- 当事务发生回退时,提供回退所必需的回退日志。

将在线重做日志文件在被重用之前复制到一个或多个备份目的地,就形成了归档日志文件。归档日志并不是数据库正常运行所必需的,但是它可以提供对历史数据的统计查询功能,更重要的是可以在数据库发生介质故障时,通过归档日志将数据库恢复到某个一致性状态。

从整体角度来看,可以将归档日志文件看成是数据库的历史,数据库从建立之初到当前状态的所有更新动作都被记录在归档日志文件中,而在线日志则是数据库正在发生的历史,所有活跃事务的日志一定存在于在线日志中,以备将要发生的回滚。它们在时间上是连续的关系,如图 17-8 所示。

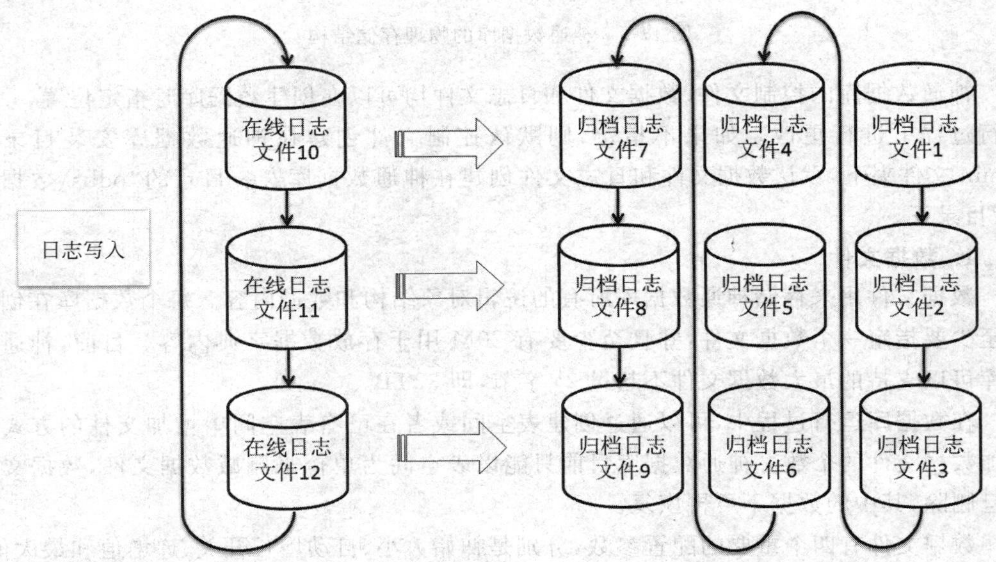

图 17-8 在线日志与归档日志

神通数据库具有两种运行模式:归档日志模式和非归档日志模式。在非归档日志模式下,数据库不会执行归档操作,所有在系统 restart LSN 之前的日志都可以被重复使用。在这种情况下历史日志信息会被丢失。在非归档模式下由于避免了读写日志文件的开销,数据库在性能上有一定提高。

在非归档模式下,数据库只能进行实例故障恢复,但是不能进行介质故障增量恢复,因为数据库的归档日志序列被破坏。此外,在非归档模式下也不能进行联机表空间的文件备份。因此,如果一个数据库运行在非归档模式下,DBA 应该按照一定的时间间隔对数据库做完全备份,以防止数据库介质故障。

DBA 可以通过切换运行模式将数据库在归档模式和非归档模式之间进行切换。如下命令指定了数据库的归档路径,并将数据库切换到归档模式运行:

```
SYSDBA@ XC> ALTER DATABASE ARCHIVELOG 'D:\ShenTong\OSCAR\arch\';
```

神通数据库启用单独的日志归档线程对在线日志进行归档。归档的过程是把在线日志文件中的非在线日志记录分段复制到归档目标所在地,并将数据库的 archieve LSN 设置为归档后的 LSN 值。归档后的文件的命名格式由神通数据库的配置参数 LOG_ARCHIVE_FORMAT 决定;日志归档线程两次启动之间的间隔由参数 LOG_ARCHIVE_INTERVAL 决定(默认的这个间隔值是 6 秒)。

神通数据库的在线日志文件信息可以在 V_SYS_LOGGROUP_INFO 和 V_SYS_LOGMEMBER_INFO 视图中查看。

3. 控制文件

控制文件是神通数据库的总入口。每一个数据库在创建之初,都会产生全局唯一的控制文件。控制文件的默认命名为"数据库名.ctrl",它是一个小型的二进制文件,记录着数据库的物理存储结构。其中包括下列重要信息:

- 数据库名称;
- 数据文件和在线重做日志文件的信息和物理位置;
- 数据库创建时间;
- 当前数据库启动日志序号(Start LSN);
- 当前数据库归档日志版本号信息(Current LVN)。

由于控制文件极其重要,因此数据库管理员应该养成为数据库定期备份控制文件的习惯,这个备份可以通过数据库备份工具,也可以通过操作系统的文件操作进行。

17.2.3 神通数据库的内存结构

内存结构主要用于控制数据库实例对内存的使用,通过缓存数据、包括计算结果等,来提高多用户环境下实例的运行性能。神通数据库中的内存结构主要包括数据缓冲区、日志缓冲区、锁表、SQL 缓冲区和私有缓冲区。其中私有缓冲区是每个服务器线程在运行过程中动态创建的私有内存,而其余所有内存结构则在系统启动时就创建,并在运行过程中被整个实例共享。

1. 数据缓冲区

数据缓冲区用于对数据文件中的数据进行缓存,只有当特定的数据位于数据缓冲区中时,数据库实例才能对其进行访问。在神通数据库中,数据缓冲区的作用是保证用户经常访问的数据总是位于内存中,包括当数据已经在数据缓冲区中时,再次访问不必从磁盘上重新读取;同时,当数据发生修改时也不必立即写回磁盘。数据缓冲区有效地屏蔽了慢速磁盘 I/O(相对于处理器)对系统性能的影响。

数据缓冲区的大小对实例性能非常重要,用户可通过设置配置参数 BUF_DATA_BUFFER_PAGES 来调整数据缓冲区的大小(默认初始为 64MB)。

2. 日志缓冲区

日志缓冲区是存放日志记录的专用缓冲区,用于减少日志文件上的 I/O 次数,并保证写入串行,从而提高系统的运行性能。各服务器线程在运行过程中,基于事务语义会不断地更新产生操作的日志记录,日志记录包含 REDO/UNDO 部分,用于支持后续的各种系统恢复操作。事务产生的日志记录会被连续地复制到日志缓冲区中,日志缓冲区在实例启动时被一次性分配出来,其在内存中完全连续,并采用循环使用的方式,即当日志缓冲区写满后,下一日志记录会自动从日志缓冲区的首地址开始继续复制。

在特定条件下(如WAL、事务提交、日志缓冲区满等),系统会要求将当前日志缓冲区中的一组日志记录写回日志文件,这将通过专门的后台线程(日志回写线程)完成,写入是顺序的,以充分地提高I/O性能,更早的日志记录总是先于以后生成的日志记录被写回日志文件。当日志记录被成功地写回后,其在数据缓冲区中相应的内存区域才可以被循环利用。

3. 锁表

锁表用于存放当前系统中所有活跃事务所持有的锁信息,锁是事务在并发访问时保持数据库一致性的同步机制。任何操作在存取数据以前,必须先获得该数据上的锁,根据操作(查询、更新)的不同,锁可以有多种模式;根据事务隔离级别的不同,特定事务持有的多个锁会在事务(或语句)结束时自动释放;系统通过锁之间的冲突关系来维护数据的逻辑一致性。

每个锁资源会占据一定的内存空间,用户可以通过修改配置参数LOCK_TOTAL_LOCKS的值来设置锁表最多允许存放的锁数目(默认为200000)。

4. SQL缓冲区

SQL缓冲区用于存放所有与SQL语句执行相关的内存结构,包括数据字典缓存、关系缓存、执行计划缓存、结果集缓存和存储过程缓存等。

- 数据字典缓存:SQL查询在执行过程中需要频繁地访问数据字典,以获得要操作的对象的模式信息。数据字典缓存用于缓存经常使用的系统表的记录信息,以加快数据字典的访问速度。数据字典缓存中的每一条目对应于某张系统表中的一条记录,用户可以通过配置参数MAX_CAT_CACHE_TUPLES(默认为50000)来限制数据字典缓存的最大条目数。
- 关系缓存:关系缓存与数据字典缓存非常类似,它将常用的相关关系结构的主要信息(包括表,以及之上的所有索引、序列、视图等)构造成统一的内存结构并缓存起来,用来提高查询查找基本关系的性能。用户可以通过配置参数MAX_REL_CACHE_RELATIONS(默认为5000)来限制关系缓存中允许缓存的最大关系数。
- 执行计划缓存:执行计划缓存用于避免相同查询的重复优化。当系统被设置成缓存执行计划时,服务器线程会在第一次执行可优化的语句时,对该语句进行必要的分析,来判断该语句的计划是否应当被缓存。在后续的执行中,如果通过匹配SQL语句,系统发现某语句的计划在之前已经被缓存,则无须为该语句重新生成计划,从而提升了实例的运行性能。
- 结果集缓存:结果集缓存是一种能够提高数据库响应速度的重要查询优化技术。结果集缓存把查询结果或者查询的中间结果存储在内存中,用户在进行查询操作时,可以通过直接匹配的方法,从内存中获取所需要的数据,避免了直接访问大量的原始基表以及耗时的连接操作,从而有效地提高了查询的执行效率。匹配SQL语句时,对大小写、空格是不敏感的,但与执行计划缓存不同,结果集缓存对数字常量是敏感的。因为数字常量的不同，会导致查询结果的变化。

- 存储过程缓存：存储过程缓存将编译完成的存储过程缓存起来，再次执行同一个存储过程、函数和包时不需要进行重复的编译工作，从而提高存储过程的执行效率。

5. 私有缓冲区

私有缓冲区是由数据库实例中每个线程自行创建并管理，并且只有该线程可以访问的内存结构。私有缓冲区包括会话缓存、执行状态缓存和排序缓存。

- 会话缓存：会话缓存在连接建立后被服务器线程创建，并根据需要进行扩展。在会话缓存中存放了所有线程私有的全局信息。
- 执行状态缓存：执行状态缓存是执行器内部的缓存策略。执行器在执行计划时，通常可以分成 3 步：打开一个查询句柄；循环地返回满足查询条件的下一条记录；关闭查询句柄。其中打开查询句柄需要进行一系列的计算和操作（如分配内存、绑定参数等）。通过执行状态缓存，系统可以实现打开查询句柄操作中的内存和计算结果的复用，从而显著提高查询的执行效率。
- 排序缓存：排序缓存用于在排序操作中为数据提供缓存。

17.2.4 后台线程结构

后台线程主要用于执行系统的维护工作及一些可以在后台完成的操作，以保证在多用户环境下所有服务器线程的正常运行和良好响应。例如，服务器线程会根据应用需要修改数据缓冲区中的部分数据，这些修改并不会立即写回磁盘，而是由一个独立的后台线程（数据回写线程）来完成，这种设计使得服务器线程可以不必等待回写结束而立即去处理应用的下一个请求，系统的吞吐率得以提高；而后台线程会保证这些页面总会在合适的时间被写回，相应的内存页面在写回后将被释放，从而避免将来数据缓冲区因为可用页面不足而阻塞服务器线程的运行。

每个后台线程都被设计成只执行一项特定的简单任务，在系统正常运行时，每个后台线程都会定期地自动被唤醒，以检查是否有新的任务需要完成；服务器线程也可以在发起一个任务请求之后显式地唤醒相应的后台线程来处理，这通常发生在服务器线程必须确认该请求被处理之后才能继续执行，例如，事务提交以前必须确认相应的日志已经被写回磁盘。在许多时候，多个后台线程会一起协同工作，例如，日志回写线程负责定期将日志从日志缓冲区中写回日志文件中，当某个日志文件写满后，日志回写线程会显式地唤醒日志归档线程来完成对该日志文件的归档操作。

神通数据库实例中的后台线程包括系统监控线程、数据扫描线程、数据回写线程、日志回写线程、检查点线程、死锁检测线程、日志归档线程和自动统计线程等。除此之外，实例中通常还会包含其他一些后台线程，这些线程对用户不可见，主要用于内部调试和计时的目的。

1. 系统监控线程

系统监控线程是神通数据库实例中所有线程的父线程，它负责创建所有的后台线程和网络监听线程。系统监控线程会定期检查实例中所有线程（包括服务器线程）的运行状态。当发现有线程异常终止后，系统监控线程会释放这些线程所占用的资源，并尝试恢复失败的线程。

2. 数据扫描线程

数据扫描线程用于在当前数据缓冲区中可用的内存页面不足时，扫描并回收那些不经常使用的页面，避免服务器线程后续的操作因为找不到可用的页面而挂起。数据扫描线程每5秒被唤醒一次，当服务器线程发现找不到可用的页面时，也会自动唤醒数据扫描线程。

3. 数据回写线程

数据回写线程与数据扫描线程协同工作，共同完成将不经常使用的且已经被更新的数据页面写回数据文件。数据回写线程定期检查当前回写请求队列中的各异步回写请求的执行状态，如果发现存在已经完成的回写请求，则将相应的内存页面标识为未被更新，并尝试回收该页面，在特定数据页面上的回写请求完成之前，该页面不允许被再次更新。

数据回写线程每5秒被唤醒一次，如果数据扫描线程发起一个回写请求，系统也会自动唤醒数据回写线程。

4. 日志回写线程

日志回写线程每隔一段时间(由配置参数 LOG_FLUSH_INTERVAL 设定，默认为3秒)被唤醒，检查当前日志缓冲区中是否有尚未被写回日志文件的日志，如果有，将其写回。另外，当发生下列事件之一时，服务器线程也会自动唤醒日志回写线程：

- 事务提交；
- 包含未提交的更新的数据页面回写(WAL)；
- 当前日志缓冲区使用率超过25%；
- 发生检查点或日志切换。

日志成功回写后，其在日志缓冲区中的空间就可以被循环利用。大多数时候，服务器线程发出的各种日志回写请求只是要求将日志回写到特定的位置。为了提高响应速度，日志回写线程每次最多只回写连续128KB的日志，在每次回写结束后，唤醒所有正在等待回写结束，同时所需回写位置之前的日志已经全部被写回的服务器线程。

5. 检查点线程

检查点线程根据用户的设置，定期自动地产生一个检查点事件。检查点事件是指数据库系统定期将数据缓冲区中已经被更新，但是长时间不被写回磁盘的页面强制写回磁盘的过程。检查点能够减少系统在发生实例故障之后需要恢复的数据量，从而有效地控制实例恢复的时间；同时，由于日志只有在其对应的数据修改被写回磁盘之后，其空间才能够被重用，检查点也能够控制在线日志文件的大小，避免不必要的磁盘空间浪费。

6. 死锁检测线程

死锁检测线程用于发现并消除系统中可能存在的死锁，死锁通常发生于多个服务器线程间相互等待时，这种等待无法通过服务器线程自身来解除，如果死锁频繁发生，系统性能会受到一定影响。

死锁检测线程每隔一段时间被唤醒，它首先根据当前所有的等待关系构造等待图，然后在等待图中进行搜索，如果发现环，则表明发生了死锁；除定期被唤醒外，如果某个服务器线程长时间无法获得资源，它也会主动去唤醒死锁检测线程。

7. 日志归档线程

在归档模式下，日志归档线程定期被唤醒，检查当前日志空间中是否有可用的日志文件可以被归档，可归档的日志文件必须同时满足两个条件：一是当前数据库处于归档模式；二是该日志文件未被归档且不是当前活跃的日志文件(即日志回写线程正在写入的日志文件)。如果有可归档的日志文件，日志归档线程将其复制到预先设定的文件目录中，并将其状态设置为已归档。在归档模式下，只有归档后的日志文件才可以被重用，因此日志归档过程可以避免在线日志空间过大。

8. 自动统计线程

如果确定需要建立统计信息，自动统计线程将完成统计过程，并将新生成的统计信息，每隔 2 小时，同步到数据字典中。统计信息的建立方式有两种：完全统计和采样统计。完全统计更加精确，但是与采样统计相比也更为耗时。为避免对系统正常访问造成影响，自动统计线程只使用采样统计，完全统计只在用户手动生成统计信息时显式指定。

神通数据库支持两种类型的采样统计方法：基于行的采样统计和基于页面的采样统计。前者的精确程度更高，而后者采样开销更小，比较适合对统计信息的准确性要求不高，同时数据量非常大的应用场合。用户可以通过设置配置参数 ENABLE_AUTO_STAT_PAGELEVEL_SAMPLE 来启用或关闭基于页面的采样统计。

统计信息的建立是一个相对比较耗时的过程，如果应用长时间处于满负荷运行状态，自动统计线程可能无法完全在系统空闲时工作，其对系统的性能会有一定的影响(特别是对那些更新非常频繁的应用，为获得最佳执行计划，需要更加频繁地更新统计信息)。因此在某些场合下，例如查询非常简单以至于不需要统计信息即可获得最佳执行计划，或者执行计划一般不随数据的更新而变化从而只需要定期执行手动更新统计信息即可时，可以选择关闭自动统计线程来进一步优化系统性能。用户可以通过设置配置参数 ENABLE_AUTO_STAT 的值来打开或关闭自动统计线程。

17.2.5　数据字典

数据字典在物理上是一些特殊的表，它们提供了对整个数据库逻辑信息的描述。数据字典在数据库建立之初创建，并永久存储在 SYSTEM 表空间和 AUDIT 表空间中。数据字典提供了如下信息：

- 数据库中逻辑对象的定义，如表的定义、属性类型、索引的定义等；
- 每个逻辑存储结构的空间使用情况；
- 数据库动态性能统计；
- 数据库用户与权限管理；
- 数据库审计信息。

在神通数据库中，数据字典可以有如下三种存储类型。

- 基本表：数据字典基本表以和普通表一样的格式存储在外存上，也使用相同的访问接口，但不能像普通表一样被 DDL 语句直接操纵。在神通数据库中，所有的基本表都是以 sys_开头。
- 系统视图：系统视图是建立在基本表上的、以更清晰的格式展现出系统信息的视图。视图都以 v_sys_开头。

· 内存化数据结构:有一些数据字典信息没有物化成普通表,而是通过查询一些内存化的数据结构来得到数据库信息。这类信息往往是一些数据库运行过程中的统计信息,在数据库关闭重启后不再有效,这类数据字典很少,都是以 v_sys_开头的一些视图。

由于数据字典内存放了数据库的核心信息,因此只有系统管理员具备查看所有数据字典的权限,普通用户角色不具备访问数据字典的权限,而审计管理员角色只可以访问与其相关的,即 AUDIT 表空间下相关数据字典的信息。

任何用户都不具备手动修改数据字典的权限,数据字典只有在进行 DDL 语句操作时,由神通数据库系统对它进行相应的更新,来维持整个系统的一致性。

17.3 神通数据库操作

创建数据库及其对象,使用 SQL 语言对数据库进行操作和查询是数据库应用基础。

17.3.1 创建数据库

数据库的创建方法有两种:使用数据库配置工具和手工命令方式。下面以通过数据库配置工具为例介绍数据库的创建方法。

数据库配置工具是一个具有图形化界面的工具,用户可以在界面信息的提示下,一步一步地完成数据库的创建工作。数据库配置工具会在神通数据库服务器的安装过程中自动启动,也可以在需要进行数据库维护的时候使用链接文件夹的【数据库配置工具】快速启动。

使用数据库配置工具创建数据库的步骤如下。

(1) 启动【数据库配置工具】,打开如图 17-9 所示的界面。

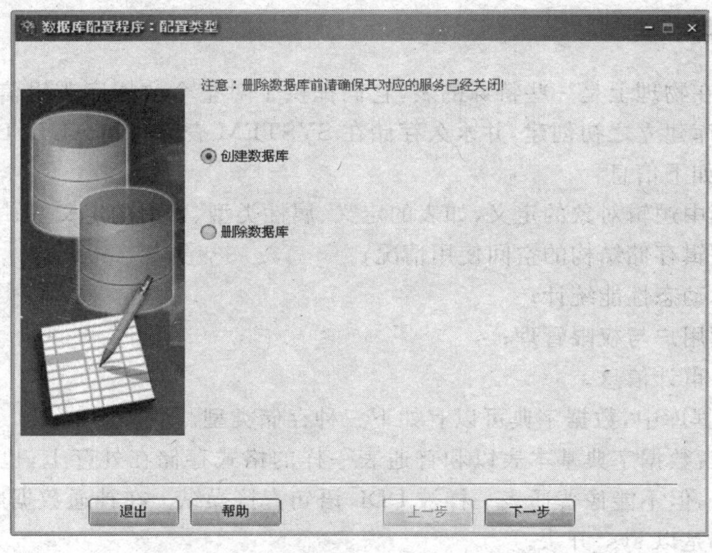

图 17-9 【数据库配置程序:配置类型】窗口

（2）选择【创建数据库】，单击【下一步】按钮进入创建数据库界面，如图 17-10 所示。在图 17-10 中，各选项的含义如下。

① 数据库名：用户必须填写要创建的数据库的名称，而且不能与已经存在的数据库名称相同，默认数据库名为 OSRDB。如果要使用含有小写字母或特殊字符的数据库名，请在数据库名的两边添加双引号。

② 端口号：端口是该数据库实例运行时所占用的端口，默认端口为 2003。

③ 注册为服务：表示是否把该数据库实例注册为服务，默认选中“注册为服务”。如果选中“兼容 Oracle 模式”，则表示兼容 Oracle 数据库的行为。

④ 加密算法：选择加密存储后可以选择加密算法。目前神通数据库支持的加密算法包括 DES、DES3、AES128、AES192、AES256、RC4。

⑤ 库字符集：选择需要的数据库字符集。目前神通数据库支持的数据库字符集包括 ASCII、UTF8、GBK、BIG5、GB18030 等。

⑥ 控制文件：在控制文件框中，控制文件名与数据库名默认是一致的，用户可以手动设置控制文件的路径和文件名。

⑦ 归档日志：默认不使用。如果勾选了“使用归档日志”，那么用户必须为归档日志选择一个路径，默认数据库安装目录的 arch 文件夹。

⑧ 数据库模板：在数据库模板下拉列表框中，用户可以根据不同的数据库模板来进行数据库参数的配置。

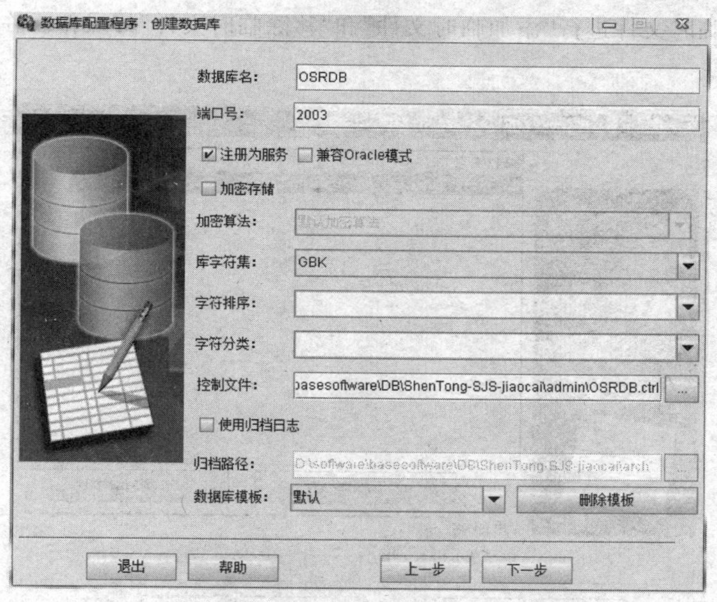

图 17-10 【数据库配置程序：创建数据库】窗口

（3）完成各选项的设置之后，单击【下一步】按钮进入日志文件配置界面，如图 17-11 所示。在图 17-11 中，配置向导会根据用户所选的数据库模板列出相应的日志文件，用户可以基于表格中的日志文件进行“添加日志文件”和“移除日志文件”等操作。日志文件的大小应不小于10M。

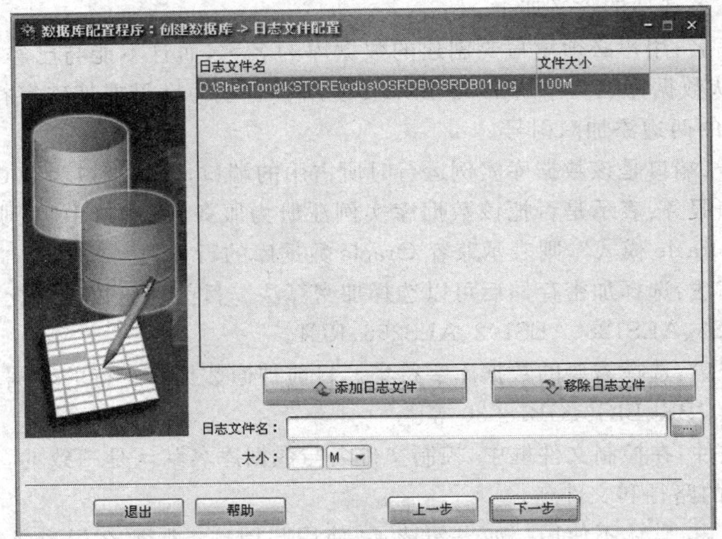

图 17-11 【数据库配置程序：创建数据库－＞日志文件配置】窗口

(4) 完成数据库日志文件的配置之后，单击【下一步】按钮进入临时文件配置界面，如图17-12所示。配置向导会根据用户所选的数据库模板列出相应的临时文件，用户可以基于表格中的临时文件进行"添加临时文件"和"移除临时文件"等操作。临时文件的大小应不小于10M。

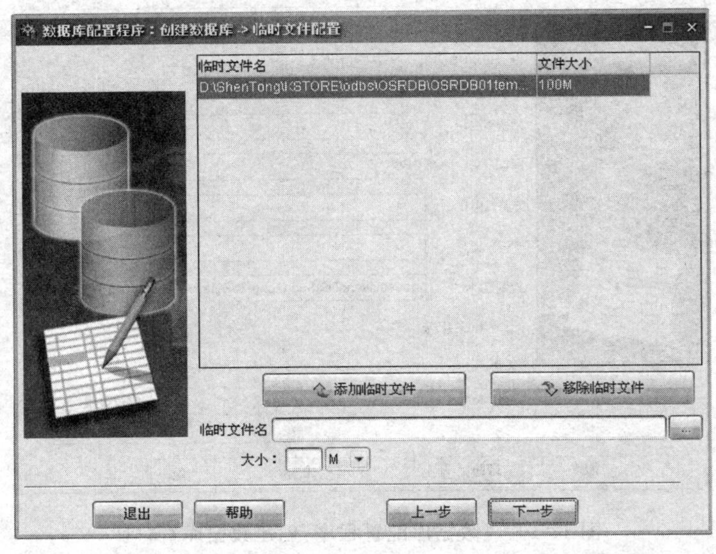

图 17-12 【数据库配置程序：创建数据库－＞临时文件配置】窗口

(5) 完成数据库临时文件的配置后，单击【下一步】按钮进入审计文件配置界面，如图17-13所示。进入界面后，配置向导会根据用户所选的数据库模板列出相应的审计文件。

与日志文件不同，审计文件可以指定是否允许自动增长，选中自动增长时可以设定自动增长的步长（增量）。审计文件的大小应不小于 10M。

图 17-13　【数据库配置程序：创建数据库－＞审计文件配置】窗口

（6）完成数据库审计文件的配置后，单击【下一步】按钮进入数据文件配置界面，如图 17-14 所示。进入界面后，配置向导会根据用户所选的数据库模板列出相应的数据文件。同样，数据文件可以指定是否允许自动增长，选中自动增长时可以设定自动增长的步长（增量）。数据文件的大小应不小于 20M。

图 17-14　【数据库配置程序：创建数据库－＞数据文件配置】窗口

（7）数据文件设置完成后，单击【创建】按钮即可创建数据库。数据库创建成功后，配置工具会有创建数据库成功的相应提示。

17.3.2 建立表

表是数据库中非常重要的对象,用来存储数据库中的数据和体现数据之间的联系。在神通数据库中,可以通过SQL语句和DBA工具来创建表。下面介绍通过SQL语句创建表的方法。

建立表的命令是CREATE TABLE,基本格式如下:

```
CREATE TABLE table_name
(column_name data_type [DEFAULT expression]
  [[CONSTRAINT constraint_name ] constraint_def ]
[, …, n]
[CONSTRAINT table_constraint][, …, n])
[TABLESPACE tablespace_name]
[AS QUERY]
```

其中:

- table_name:表名。
- column_name:列名,可以有多个列,多个列之间用逗号(,)隔开。一个表中的列名必须唯一。
- data_type:列的数据类型。表17-1列出了神通数据库提供的常用数据类型及概要说明。
- DEFAULT expression:列的默认值。在添加数据时,如果没有给该列指定数据,则该列将取默认值。
- CONSTRAINT constraint_name:指定列级约束。如果省略,神通数据库将自动为约束建立默认的约束名。
- constraint_def:为列指定约束。如PRIMARY KEY、UNIQUE、FOREIGN KEY和CHECK约束等。
- CONSTRAINT table_constraint:定义表级约束。
- TABLESPACE tablespace_name:为表指定存储表空间。如果没有指定,则存储在默认表空间里。
- AS QUERY:从SELECT语句中创建表。

表17-1 常用的数据类型

数据类型		说明
字符类型	CHAR(n)	定长字符串,n的取值范围为1~8000个字节
	VARCHAR2(n)	变长字符串,n的取值范围为1~8000个字节
数字类型	TINYINT,SMALLINT,INT,BIGINT	存储整型数据
	DECIMAL, NUMERIC, REAL, DOUBLE PRESISION,FLOAT	存储实数型数据

数据类型		说　明
日期类型	DATE	定义日期型数据
	TIME	定义时间型数据
	TIMESTAMP	定义时间戳型数据,是 DATE 数据类型的扩展,允许存储小数形式的秒值
LOB 类型	CLOB	字符大对象,用于存储大数据量的字符数据,最大容量为 4G
	BLOB	二进制大对象,用于存储大数据量的二进制数据,最大容量为 4G
二进制类型	BINARY(n)	定长的二进制字串,n 的取值范围为 1～8000 个字节
	VARBINARY(n)	变长的二进制字串,n 的取值范围为 1～8000 个字节

使用 CREATE TABLE 语句创建 BankT(银行表)、LegalEntityT(法人表)和 LoanT(贷款表)的代码如下:

```
--创建银行表
CREATE TABLE BankT(
Bno char(5) PRIMARY KEY,
Bname varchar2(30) NOT NULL,
Btel char(8));
--创建法人表
CREATE TABLE LegalEntityT(
Eno char(3) PRIMARY KEY,
Ename varchar2(30) UNIQUE,
Enature char(4) CHECK(Enature in('国营','私营','集体','三资')) DEFAULT '国营',
Ecapital int,
Erep char(8)
);
--创建贷款表
CREATE TABLE LoanT(
Eno char(3),
Bno char(5),
Ldate date DEFAULT SYSDATE,
Lamount int,
Lterm smallint,
PRIMARY KEY(Eno,Bno,Ldate),
FOREIGN KEY(Bno) REFERENCES BankT(Bno),
FOREIGN KEY(Eno) REFERENCES LegalEntityT(Eno));
```

创建一张名为 LoanT_bak 的新表,复制 LoanT(贷款表)表结构和数据的代码如下:

```
CREATE TABLE LoanT_bak AS SELECT *  FROM LoanT
```

17.3.3 数据操作

数据操作是指对数据库中的数据进行插入、修改和删除操作。这些操作能否成功,不仅取决于语法是否正确,还取决于是否符合数据完整性约束。

1. 插入操作

SQL 的插入语句是 INSERT ,其基本语法格式如下:

```
INSERT INTO table_name[(column_1, column_2, ...)]
VALUES { (value_1, value_2, ...)|SELECT query }
```

其中:

- table_name:指出表名;
- column_1, column_2:给出插入操作所涉及列的列名;
- value_1, value_2:给出对应列的值;
- SELECT query:SELECT 查询语句,通过该语句可以将查询语句返回的结果添加到表中。

插入元组时,所有的值必须满足完整性约束条件,否则报错。Value_1 必须和 column_1 的字段类型匹配,如果不匹配就自动将 value_1 转化为 column_1 的类型,如果不能转换则报错;table_name 后面的 column 和 values 后面的 value 个数和类型都要匹配,如果 table_name 后面的字段个数少于原有表的字段个数,则系统默认将这些字段有默认值的置为默认值,没有指定默认值的置为空值。

例 17-5 在 BankT 表中采用指定列名和省略列名各插入一条记录。

```
INSERT INTO BankT(Bno,Bname,Btel) VALUES('B0100','建设银行','1234567');
INSERT INTO BankT VALUES('B0101','华夏银行北京分行',NULL);
```

在神通数据库中可以把一个查询结果一次性插入表中,与 CREATE TABLE...AS SELECT...语句不同的是目标表必须存在。例如,数据库已经存在一个与 LegalEntityT 表结构一致的 LegalEntityT_Bak 表,现要将 LegalEntityT 表中经济性质为“国营”的法人信息插入 LegalEntityT_Bak 表,相应代码如下:

```
INSERT INTO LegalEntityT_Bak SELECT *  FROM LegalEntityT WHERE Enature= '国营'
```

2. 更新操作

SQL 更新记录的语句是 UPDATE,其基本语法格式如下:

```
UPDATE table_name
SET column_name =  expression [ ,...,n ] [ WHERE search_condition ]
```

其中:

- table_name:要更新数据的表名;
- column_name:要更新的列名;
- expression:更新后的数据值;
- search_condition:指定更新哪些记录,即用逻辑表达式 search_condition 指定更

新条件，没有指定条件则更新全部记录。

下面用几个例子来说明更新操作。

例 17-6　将所有贷款信息的贷款年限延长 5 年。

```
UPDATE LoanT SET Lterm= Lterm+ 5;
```

例 17-7　将所有贷款信息的贷款年限延长 5 年，贷款金额增加 50 万元。

```
UPDATE LoanT SET Lterm= Lterm+ 5,Lamount= Lamount+ 50;
```

例 17-8　将法定代表人为“张三”的贷款年限减少 2 年。

```
UPDATE LoanT SET Lterm= Lterm- 2
WHERE Eno IN (SELECT Eno FROM LegalEntityT WHERE Erep= '张三');
```

3. 删除操作

常用的删除命令是 DELETE 和 TRUNCATE。两者的区别如下。

(1) 通过 TRUNCATE 命令可以将表中数据永久删除，不能回滚；而使用 DELETE 语句删除的记录在提交之前是可以用 ROLLBACK 命令回滚的。

(2) DELETE 命令可以含 WHERE 子句，从而删除部分数据；而 TRUNCATE 命令只能删除表中的全部数据。

(3) 当表的数据比较多时，如果要删除表中的所有数据，用 TRUNCATE 命令要比 DELETE 速度快。

DELETE 语句的基本格式如下：

```
DELETE [ FROM ] table_name
    [WHERE search_condition ]
```

其中：

- table_name：指出要删除记录的表；
- search_condition：指出删除记录的条件，没有指定条件则删除全部记录。

TRUNCATE 语句的语法格式如下：

```
TRUNCATE [TABLE] table_name;
```

下面用几个例子来说明删除操作。

例 17-9　删除所有的贷款记录。

```
DELETE FROM LoanT;
```

例 17-10　删除 2010 年 1 月 1 日之前的贷款记录。

```
DELETE FROM LoanT
WHERE EXTRACT(year from ldate)< 2010;
```

例 17-11　永久删除贷款表的所有记录。

```
TRUNCATE TABLE LoanT;
```

17.3.4 数据查询

SQL 的核心是查询。SQL 的查询命令也称作 SQL SELECT 命令，该命令使用非常灵活。

SELECT 命令的基本形式由 SELECT-FROM-WHERE 组成，其中 SELECT 指出查询的结果，FROM 指出从哪里查询，WHERE 指出查询的条件。SELECT 命令的基本格式如下：

```
SELECT [ ALL | DISTINCT ] {*|select_list}
FROM < table_source>
[WHERE < search_condition> ]
[GROUP BY < group_by_expression> [HAVING < search_condition> ]]
[ORDER BY < order_expression> [ASC | DESC ]]
```

其中常用短语：

- SELECT 短语：描述查询结果；
- FROM 短语：说明查询基于哪个(些)表或视图；
- WHERE 短语：说明查询条件；
- GROUP BY 短语：说明查询分组，与之配套的 HAVING 短语说明分组条件；
- ORDER BY 短语：说明查询结果的排序方式。

1. 简单查询

在 SELECT 短语中，关键字 ALL 和 DISTINCT 说明是保留查询的全部记录(默认)，还是去掉重复记录。星号“*”表示表中的所有列，select_list 指定要查询的数据，它可以是表中的列名列表，也可以是合法的表达式列表(表达式可以是表中的列名、常量、计算表达式或函数等)，另外还可以为查询列指定别名。

例 17-12 查询所有法人的法人代码、法人名称、经济性质和注册资金。

```
SELECT Eno,Ename,Enature,Ecapital
FROM LegalEntityT
```

例 17-13 查询贷款金额在 1000 万元和 3000 万元之间的贷款信息。

```
SELECT *  FROM LoanT
WHERE Lamount BETWEEN 1000 AND 3000
```

例 17-14 查询 2010 年以后(含)贷款且贷款期限是 20 年的法人代码。

```
SELECT DISTINCT Eno
FROM LoanT
WHERE EXTRACT(year from Ldate)> = 2010 AND Lterm= 20
```

例 17-15 查询法定代表人姓“王”，且姓名是 2 个字的法人信息。

```
SELECT * FROM LegalEntityT
WHERE Erep LIKE '王_'
```

例 17-16 查询法人代码、银行代码和已经贷款的年份数。

```
SELECT Eno,Bno, TIMESTAMPDIFF('year',Ldate,sysdate) year_loan
FROM LoanT
```

例 17-17 查询注册资金最高的前 10 名法人信息。

```
SELECT TOP 10 *  FROM LegalEntityT ORDER BY Ecapital DESC
```

2. 连接查询

当查询涉及多个表,特别是当查询结果的数据涉及多个表时需要使用连接查询。连接查询的写法可以用 JOIN...ON 的方式,也可以用 FROM table1,table2,... WHERE 的方式。在 FROM 短语中使用 JOIN 连接的基本语法格式如下:

```
SELECT < select_list>
FROM < table_name>  JOIN < table_name>  ON < joined_condition>
     [JOIN < table_name>  ON < joined_condition> , n]
[WHERE < search_condition> ]
```

其中 JOIN 说明连接查询,ON 给出连接条件,而 WHERE 是查询条件。

(1) 内连接

内连接[(inner) join],是最常用的连接,可分为等值连接、自然连接和非等值连接。等值连接是指在多个表进行连接运算时只返回连接字段相等的行;自然连接是一种特殊的等值连接,它要求多个表有相同的属性字段,然后条件为相同的属性字段值相等,最后再将表中重复的属性字段去掉,即自然连接为去掉重复属性的等值连接;非等值连接是在连接条件中使用除等号(=)以外的其他比较运算符(例如,!<、!>、<>、>、<、>=、<=等)所构成的连接。

例 17-18 查询法人代码、法人名称、法定代表人、贷款日期和贷款金额。

```
SELECT LegalEntityT.Eno ,Ename, Erep,Ldate,Lamount
FROM LegalEntityT JOIN Loant ON LegalEntityT.Eno= LoanT.Eno;
```

也可以使用自然连接,等价语句如下:

```
SELECT LegalEntityT.Eno ,Ename, Erep,Ldate,Lamount
FROM LegalEntityT NATURAL JOIN Loant;
```

例 17-19 查询银行名称、法人名称、贷款日期和贷款金额。

```
SELECT Bname,Ename,Ldate,Lamount
FROM LegalEntityT JOIN Loant ON LegalEntityT.Eno= LoanT.Eno
JOIN BankT ON BankT.Bno = LoanT.Bno
```

(2) 外连接

内连接只选择两表中匹配的行,实际应用中会根据需要把源表中的所有数据保留下来,这就是外连接。外连接可以看作对内连接的扩充,根据保留数据表的位置可分为左(外)连接、右(外)连接和全(外)连接。

左(外)连接[left (outer) join],包含左边表的全部行(不管右边的表中是否存在与它们匹配的行)以及右边表中全部匹配的行。右(外)连接[right (outer) join],包含右边表的全部行(不管左边的表中是否存在与之匹配的行)及左边表中全部匹配的行。全(外)连接[full (outer) join],是选出两个表的全部行,不管另外一张表中是否存在匹配的行。可以看作是两表左连接和右连接的并集消除重复行的结果。

例 17-20 查询银行名称、银行电话、法人代码、贷款日期和贷款金额,要求包含所有银行信息。

```
SELECT Bname,Btel,Eno,Ldate,Lamount
FROM Loant RIGHT JOIN BankT ON BankT.Bno = LoanT.Bno
```

例 17-21 查询经济性质为私营的没有贷款的法人代码和法人名称。

```
SELECT le.Eno,Ename
FROM LegalEntityT le LEFT JOIN Loant l ON le.Eno= l.Eno
WHERE (l.Eno is null) and (Enature= '私营')
```

3. 分组与汇总查询

SELECT 查询既可以直接对查询结果进行汇总计算,也可以对查询结果进行分组计算。在查询中完成计算的函数称为聚合函数。

常用的聚合函数有 COUNT(计数)、AVG(求平均值)、MIN(求最小值)、MAX(求最大值)和 SUM(求和)。聚合函数是对初始的查询结果进行计算然后得到最终的查询结果,所以聚合函数可以用在:

- SELECT 子句的 select_list 中;
- 限定 GROUP BY 分组的 HAVING 子句中。

例 17-22 查询在所有银行名称是以"工商银行"开头的贷款信息中的最高贷款金额、最低贷款金额和总的贷款金额。

```
SELECT MAX(lamount) 最高贷款金额,MIN(lamount) 最低贷款金额,SUM(lamount) 总的贷款
金额
From Loant JOIN BankT ON BankT.Bno = LoanT.Bno
WHERE Bname like '工商银行% '
```

例 17-23 查询每个法人的法人代码和贷款总次数,要求查询结果按贷款总次数的降序排列。

```
SELECT Eno,COUNT(*) 贷款总次数
FROM LoanT
GROUP BY Eno
ORDER BY COUNT(*) DESC
```

例 17-24 查询贷款总金额超过 5000 万元的法人的总贷款金额和贷款次数。

```
SELECT Eno,SUM(Lamount) 总贷款金额,COUNT(* ) 贷款次数
FROM LoanT
```

```
GROUP BY Eno
HAVING SUM(Lamount)> 5000
```

4. 嵌套查询

SELECT 语句的查询结果是一个集合，它可以直接用于其他查询，通常把这种查询称作嵌套查询。嵌套查询有很多种，如普通的嵌套查询和内、外层互相关的嵌套查询。

例 17-25　查询在银行“交通银行北京 A 支行”贷款，且贷款金额高于此银行的平均贷款金额的法人代码、贷款日期、贷款金额和贷款期限。

```
SELECT Eno,Ldate,Lamount,Lterm
FROM LoanT L JOIN BankT B ON L.Bno= B.Bno
WHERE Bname= '交通银行北京 A 支行' AND
      Lamount> (SELECT AVG(Lamount)
                FROM LoanT L JOIN BankT B ON L.Bno= B.Bno
                WHERE Bname= '交通银行北京 A 支行')
```

例 17-26　查询在“工商银行北京 A 支行”贷过款的法人代码和法人名称。

```
SELECT Eno,Ename FROM LegalEntityT
WHERE Eno IN (SELECT Eno FROM LoanT
              WHERE Bno IN (SELECT Bno FROM BankT
                            WHERE Bname= '工商银行北京 A 支行'))
```

例 17-27　查询每个银行贷款金额最高的贷款信息(法人代码、银行代码、贷款日期、贷款金额和贷款期限)。

```
SELECT Eno,Bno,Ldate,Lamount,Lterm
FROM LoanT Lout
WHERE Lamount= (SELECT MAX(Lamount)
                FROM LoanT Lin WHERE Lin.Bno= Lout.Bno)
```

例 17-28　查询有哪些法人从来没有贷过款。

```
SELECT * FROM LegalEntityT
WHERE NOT EXISTS (SELECT * FROM LoanT
                  WHERE LoanT.Eno= LegalEntityT.Eno)
```

或：

```
SELECT * FROM LegalEntityT
WHERE Eno NOT IN (SELECT Eno FROM LoanT)
```

5. 集合运算

集合运算符将两个查询结果组合成单个结果，神通数据库中支持的集合操作符如表 17-2所示。

表17-2　神通数据库支持的集合操作符

操作符	结果
UNION	查询结果求并集,去掉重复的行
UNION ALL	查询结果求并集,保留重复的行
INTERSECT	查询结果求交集,去掉重复的行
INTERSECT ALL	查询结果求交集,保留重复的行
EXCEPT	查询结果求差集,去掉重复的行
EXCEPT ALL	查询结果求差集,保留重复的行

例17-29　查询经济性质为"国营"和"私营"的法人名称、贷款银行名称、贷款日期和贷款金额,结果按贷款日期的升序、贷款金额的降序显示。

```
SELECT Ename,Bname,Ldate,Lamount
FROM BankT B JOIN LoanT L ON B.Bno= L.Bno
     JOIN LegalEntityT LE ON LE.Eno= L.Eno
WHERE Enature= '国营'
UNION
SELECT Ename,Bname,Ldate,Lamount
FROM BankT B JOIN LoanT L ON B.Bno= L.Bno
     JOIN LegalEntityT LE ON LE.Eno= L.Eno
WHERE Enature= '私营'
ORDER BY Ldate,Lamount DESC
```

例17-30　查询既在工商银行贷过款,又在交通银行贷过款的法人代码。

```
SELECT Eno
FROM LoanT WHERE Bno IN (SELECT Bno FROM BankT WHERE Bname LIKE '工商银行% ')
INTERSECT
SELECT Eno
FROM LoanT WHERE Bno IN (SELECT Bno FROM BankT WHERE Bname LIKE '交通银行% ')
```

17.3.5　视图

视图是用SELECT查询定义的,从一个或多个表或视图中提取出来的数据的一种表现形式。在神通数据库的数据字典中只保存视图的定义,而不重复存储数据,因此视图是一个"虚"表。当对视图进行操作时,系统根据视图定义动态生成数据。

从关系或用户的观点来看视图也是表,所以视图一经定义可以像表一样进行查询和操作。一般通过视图进行查询没有任何限制,而通过视图进行数据修改会受到表的数据完整性约束的限制,因为通过视图完成的任何修改最终都要落实到派生出视图的表上。

建立视图的命令是CREATE VIEW,基本语法格式如下:

```
CREATE VIEW view_name [ (column [ ,...,n ] ) ]
```

```
AS select_statement
```

其中 select_statement 是定义视图的 SELECT 语句，该语句决定了视图中的内容。

例 17-31　定义一个国营视图，该视图中的数据源自法人表中经济性质为“国营”的记录。

```
CREATE VIEW 国营 AS
SELECT *  FROM LegalEntityT
WHERE Enature= '国营'
```

视图创建成功之后，就可以执行如下的查询语句：

```
SELECT *  FROM 国营
```

与它等价的执行语句是：

```
SELECT *  FROM LegalEntityT WHERE Enature= '国营'
```

如下语句对国营视图进行操作，将法人名称为“新都美百货公司”，并且经济性质是“国营”的联系人修改为“张海”：

```
UPDATE 国营 SET Erep = '张海'
WHERE Ename = '新都美百货公司'
```

该语句成功执行后将把法人表中相应记录的联系人字段值修改为“张海”。

例 17-32　定义一个“v_hx_Loan”视图，该视图为在银行名称含“华夏”的银行贷过款的法人代码、银行代码、贷款日期和贷款金额。

```
CREATE VIEW v_hx_Loan (eno,bno,Ldate,Lamount)
AS
SELECT eno,B.bno,Ldate,Lamount
FROM LoanT L JOIN Bankt B on B.Bno= L.Bno
WHERE Bname like '% 华夏% '
```

通过视图的使用可以提高数据安全性、隐藏数据的复杂性、简化查询语句和保存复杂查询等。

17.3.6　索引

索引是用于存放表中每一条记录所在位置的一种对象，其主要目的是加快数据的检索速度和进行完整性检查。

在一个表上是否建立索引，不会对表的使用方式产生任何影响，但是在表中的某些字段上建立索引，能够快速定位数据，减少查询时的硬盘 I/O 操作。需要注意的是索引一旦创建，将由神通数据库管理系统自动进行管理和维护。

索引的优点主要如下：

- 大大加快数据的检索速度，显著减少查询中分组和排序的时间；
- 创建唯一性索引，可以保证数据库表中每一行数据的唯一性；

- 通过使用索引,可以在查询的过程中使用优化隐藏器,提高系统的性能。

索引的缺点主要表现在以下两个方面:

- 创建索引和维护索引都要耗费时间,这种时间随着数据量的增加而增加;
- 每一个索引都要占一定的物理空间,当对表中的数据进行增加、修改和删除时,数据库需要花费额外的开销来维护索引,这样就会降低数据的维护速度。

1. 索引的存储

神通数据库的索引和表一样,不仅需要在数据字典中保存索引的定义,还需要在表空间中为它分配实际的存储空间。当创建索引时,神通数据库会自动在系统默认的表空间中或指定的表空间中创建索引段,并为索引数据提供存储空间。与创建表一样,创建索引时也可以指定存储参数,如 INIT、NEXT、PCTFREE、PCTUSED 等。如果创建索引时没有指定上面的存储参数,那么索引将继承所在表空间的默认存储参数设置。

神通数据库的索引结构采用的是比较常用的 B 树结构,B 树索引是一个典型的树结构,其主要包含的组件如下。

- 根节点(Root node):一个 B 树索引只有一个根节点,它实际就是位于树的最顶端的分支节点。
- 分支节点(Branch node):包含的条目指向索引里其他的分支节点或者是叶子节点。
- 叶子节点(Leaf node):包含的条目直接指向表的数据行。

图 17-15 描述了 B 树的索引结构,其中,B 表示分支节点,而 L 表示叶子节点。

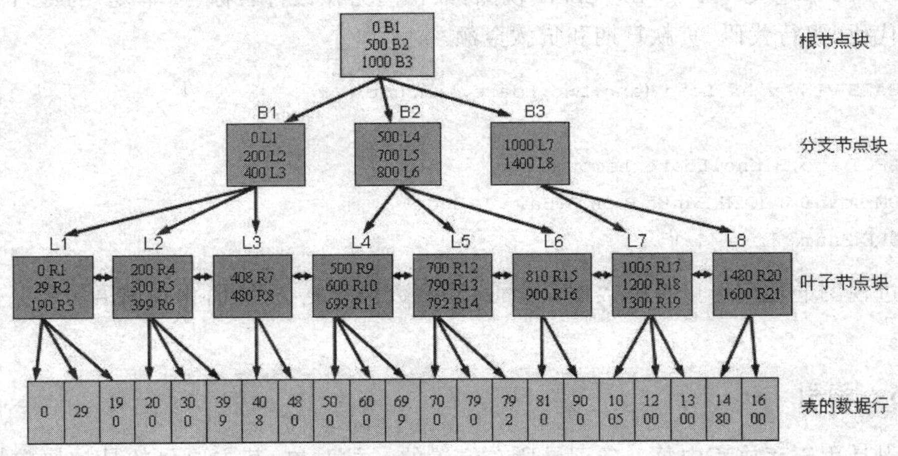

图 17-15　B 树索引结构

2. 索引的分类

在神通数据库中可以创建多种类型的索引,以适应实际应用的需求。神通数据库常用的索引类型有 B 树索引和函数索引。

(1) B 树索引

B 树索引是神通数据库管理系统中最常用的一种索引。在使用 CREATE INDEX 语句创建索引时，默认方式下创建的索引就是 B 树索引。B 树索引使用 B 树算法来创建索引结构。在 B 树的叶节点中存储索引字段的值与 ROWID。神通数据库管理系统中的 B 树索引有以下特点：

- B 树索引中的所有叶子节点都具有相同的深度，因此无论哪种类型的查询都具有基本上相同的查询速度；
- B 树索引能够使用多种查询条件，包括使用等号运算符号的精确查找、包含等号运算的范围查找、使用“LIKE”等运算符的模糊匹配。

(2) 函数索引

在神通数据库关系系统中不仅能够直接对表中的字段创建索引，还可以对包含有字段的函数或表达式创建索引，这种索引称为“函数索引”。神通数据库管理系统的函数索引也是通过 B 树算法实现的。

在函数索引的表达式中可以使用各种算术运算符、用户自定义函数、系统函数。当查询语句的查询条件里包含函数时，如果没有创建相应的函数索引，则在执行该查询语句时会进行全表扫描，而不会进行索引扫描。

(3) 复合索引

在神通数据库管理系统中不但可以创建只包含一个字段的索引，也可以创建同时包含表中多个字段的索引，这种包含多个表中多个字段的索引称为“复合索引”。由于创建复合索引时字段的顺序会对索引的使用产生很大的影响，所以创建复合索引的字段顺序一定要按照常用的查询字段的先后顺序来创建。

3. 创建索引

索引可以自动创建，也可以手工创建。在表中定义 PRIMARY KEY 或 UNIQUE 约束时，神通数据库管理系统会自动为主键字段或唯一约束字段创建唯一索引，用户不需要手工地为这些字段创建唯一索引。

用户可以在任何时候为表创建索引。手工创建索引的基本语法格式如下：

```
CREATE [UNIQUE] INDEX [schema.] index_name
ON table_name ([column_name [ ASC | DESC ], ...]
[TABLESPACE tablespace_name];
```

其中：

- UNIQUE：表示建立唯一索引。默认创建的是非唯一索引。
- ASC | DESC：用于指定索引值的排列顺序，ASC 为升序排列，DESC 为降序排列，默认值为 ASC。
- TABLESPACE：为索引指定存储表空间。

例 17-33　为银行表(Bankt)的银行名称(Bname)字段创建一个名为 Bname_index 的唯一索引，存储在 SYSTEM 表空间。

```
CREATE UNIQUE INDEX Bname_index ON Bankt (Bname) TABLESPACE SYSTEM;
```

例 17-34　为法人表(LegalEntityT)的经济性质(Enature)字段创建一个名为 Enature _index 的非唯一索引。

```
CREATE INDEX Enature_index ON LegalEntityT(Enature) INIT 10M NEXT 10M FILL 80;
```

例 17-35 为银行表(Bankt)的银行名称(Bname)字段创建一个名为 Bname_Sub_index 的函数索引。

```
CREATE INDEX Bname_Sub_index ON Bankt ((SUBSTR(Bname,1,4)));
```

例 17-36 为银行表(Bankt)的银行名称(Bname)字段和电话(Btel)创建一个复合索引。

```
CREATE INDEX Bname_Btel_index ON Bankt (Bname,Btel);
```

4. 管理索引

(1) 合并索引

当应用系统所发出的查询都包含多个列但是这些列却分别建立了不同的索引,例如,Col1 和 Col2 总是同时访问,而在这两个属性上分别建立了索引,这个时候就必须考虑合并索引。可以对合并后的索引重新指定存储参数和表空间,如果不指定,使用默认的存储参数和表空间。

例如,先分别在 Bankt 表的 Bname 字段和 Btel 字段上分别建立索引,然后再合并这两个索引,可以执行下面的语句:

```
CREATE INDEX Bname_idx ON Bankt (Bname);
CREATE INDEX Btel_idx ON Bankt (Btel);
```

合并索引语句如下:

```
CREATE INDEX MERGE_Idx ON Bankt FROM Bname_idx, Btel_idx;
```

(2) 重建索引

神通数据库管理系统提供了 REBUILD 子句来重建索引,可以消除索引因长时间的 DML 操作而导致的索引数据不连续的问题,把索引中的数据重建到连续的存储空间中,还可以通过该子句来修改存储空间的参数。

表重建的语法是 ALTER INDX index_name REBUILD …。例如,只对 Bankt 表上的索引 MERGE_Idx 进行重建而不修改存储空间的参数,则可以执行如下语句:

```
ALTER INDEX MERGE_Idx REBUILD;
```

不但重建索引 MERGE_Idx,而且修改索引 MERGE_Idx 的段初始大小为 2M,段的增长步长大小为 10M,填充系数 FILL 为 90,可以执行如下语句:

```
ALTER INDEX MERGE_Idx REBUILD INIT 2M NEXT 10M FILL 90;
```

(3) 删除索引

如果某些情况下用户不再需要某些索引,就可以考虑把这些索引删除,以节省存储空间,方便数据库的管理和维护。用户只能删除自己模式中的表上的索引。如果要删除其他模式中的表上的索引,则必须拥有该表上删除索引的权限。

在神通数据库中删除索引的语法是:

```
DROP INDEX index_name;
```

例如，删除 Bankt 表上的索引 MERGE_Idx，可以执行如下语句：

```
DROP INDEX MERGE_Idx;
```

17.4　安全管理

安全性是数据库最重要的基本特征之一。神通数据库在数据库的安全性方面提供了许多特性，本节将主要介绍如何管理用户和权限。

17.4.1　神通数据库的安全管理机制

数据库管理系统通常通过用户标识(用户名)来识别用户身份，以管理和决定一个用户在数据库中的操作权限。神通数据库在安全管理方面采用了多种方法来保证数据库安全。

1. 数据库用户管理机制

为连接到神通数据库服务器必须提供有效的用户名和口令。数据库用户管理是数据库安全管理的核心内容之一，神通数据库提供了一套有效管理数据库用户的机制。在数据库系统中只有系统管理员可以创建、修改和删除数据库用户。

数据库系统中的用户分为系统管理员、系统安全员、系统审计员三类，任何用户都只能属于其中一类。神通数据库三权分立的特点在于保证系统中自主访问控制、强制访问控制、审计三者的管理工作相互独立、互不干涉。其相互关系如图 17-16 所示。

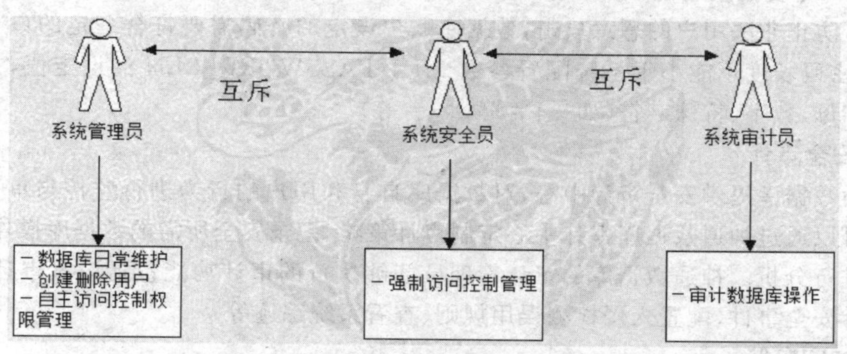

图 17-16　三权分立

2. 用户身份认证

用户在进行连接请求的过程中，需要对其提供的登录 ID 的有效性进行验证，以控制该客户端应用程序对数据库内各对象资源的访问权限，这一过程称为身份验证。

神通数据库提供多种客户端认证方式，包括操作系统认证和 MD5 密码认证。所使用的方法可以通过基于（客户端）主机、数据库和用户的方式进行选择。

(1) 操作系统认证

当用户通过 Windows 或 Linux 用户账户进行连接时，该用户的操作系统身份信息将传送到数据库服务端,这些信息包括域名、用户名、域用户组名。数据库服务器获得该信息,并通过检测系统表中是否存在该用户账号或者所属的组账号信息来进行用户身份的验证。

(2) MD5 密码验证

当用户用指定的登录名和密码进行连接时,神通数据库通过检查是否已经设置了神通数据库登录账户,以及指定的密码是否与系统表中记录的密码匹配来进行身份认证。缺省时,如果没有明确地设置口令,存储的口令是 NULL 并且该用户的口令认证总会失败。

3. 数据安全

数据安全包括在对象层上控制访问和使用数据库的机制。神通数据库实现数据安全的方法主要通过权限管理(系统权限和对象权限)、角色或者视图。

4. 口令安全机制

口令安全机制包括账户锁定、口令到期机制、口令历史和口令复杂度验证等。

(1) 账户锁定

数据库管理员可以设置允许失败登录的次数,当用户身份验证失败的次数超过系统规定的最大值时,用户将被锁定,禁止再次登录。

(2) 口令到期机制

口令到期机制制定了用户使用某一口令的时间约束,当用户口令的使用时间超过系统配置参数 PASSWD_VALID_DAYS 规定的值时,用户登录将被禁止。

(3) 口令历史

使用口令历史机制,将禁止用户设置重复的密码。即当用户更改密码时重复设置了以前使用过的密码,则用户更改密码操作失败,需要重新设置新的密码。

(4) 口令复杂度验证

为了防止非法用户的恶意攻击,数据库账户设定的密码需要符合一定的口令复杂度要求,即密码长度不能小于系统配置参数 MIN_PASSWORD_LEN 的设定值,并且密码应包含字母、数字、特殊字符(如~!#$%^+=等)。

5. 安全审计

神通数据库提供安全审计中心,对数据库自身和用户的行为进行监控与审计。审计管理员可以通过神通数据库审计中心定制审计策略,记录安全所需的数据库操作信息,并对信息进行分析。神通数据库的审计管理员能够执行的审计功能包括设置审计入口点、定制审计安全事件、配置入侵检测误用规则、查看系统踪迹等。

6. 加密存储

神通数据库提供了两种加密存储方式:手动加密和透明加密。

手动加密方式为用户提供了密钥管理、加密、解密函数。用户通过对指定数据进行加密存储,实施“密钥—加密模式—填充模式”组合的加密模式,得到一系列密文。数据会以密文形式存储在数据库中。对同样的数据使用不同的密钥或加密类型,将得到不同的密文。

在读取时,对数据密文进行解密读取,只有使用正确的密钥及加密算法类型(即对该数据加密时采用的类型)才能够得到数据明文。

透明加密是仅由用户进行必要的加密初始化,由数据库自动完成工作密钥生成、数据加解密等操作的功能。透明加密提供了整个数据库加密的解决方案,应用透明加密之后,数据库的数据文件和日志文件处于加密状态。这有效地防止了物理媒体(如磁盘)被盗而引起的机密数据泄露。数据库管理员可以选择多种加密算法来加密数据,且无须更改现有的应用程序。换言之,应用程序可以使用同一语法将数据插入应用程序表中,并且数据库在将信息写入磁盘之前将自动对数据进行加密。随后的选择操作将透明地解密数据,因此应用程序将继续正常地运行。

17.4.2　用户管理

用户在访问神通数据库的过程中必须提供一个数据库账号,只有具有合法身份的用户才可以登录数据库并进行相关的操作。

在神通数据库中,创建任何数据库用户的时候都要有用户的基本属性,这些基本属性主要包括如下几种。

- 鉴别方式:每个用户登录数据库系统的时候都要进行身份鉴别,身份鉴别可以通过操作系统进行,也可以通过数据库进行。用户身份鉴别方式包括口令鉴别和外部鉴别等。
- 表空间:在创建用户的时候可以指定用户默认使用的表空间,如果没有指定默认表空间,其缺省值为 SYSTEM。如果操作时需要使用临时表空间,神通数据库将会在临时表空间为用户分配存储空间。
- 口令期限:可以对用户的口令设置有效期(如 3 个月、半年或者是某一天)。如果没有设置,则用户口令永远有效。
- 用户状态:神通数据库中每个用户都有两种状态:锁定和未锁定。当某一用户处于锁定状态时,他将无法登录数据库。

1. 创建用户

创建用户的命令是 CREATE USER,执行该语句的用户必须具有 CREATE USER 权限,其基本的语法如下:

```
CREATE USER username [ [WITH]
{ PASSWORD 'password' | ROLE rolename [, ...]
  | DEFAULT TABLESPACE tablespace_name
  | VALID UNTIL 'abstime'
  } [...n]]
```

其中:

- username:新创建的用户名。
- password:新用户的口令。
- tablespace_name:新建用户的默认表空间,缺省值为 SYSTEM。
- abstime:新用户口令有效期。省略该参数时,用户口令永远有效。

例 17-37　创建一个用户名为 wang,密码为 admin@123 的用户。

```
CREATE USER wang WITH PASSWORD 'admin@ 123';
```

例 17-38　创建一个用户名为 li,密码为 admin＃123 的用户,其账号在 2016 年 12 月

31日23点59分59秒后失效。

```
CREATE USER li WITH PASSWORD 'admin# 123' VALID UNTIL '2016-12-31 23:59:59';
```

2. 修改用户

对创建好的用户可以使用ALTER USER语句进行修改,包括口令、缺省表空间、口令有效期等。ALTER USER语句的语法如下:

```
ALTER USER username [[WITH]
{PASSWORD 'password' | DEFAULT TABLESPACE tablespace_name
| VALID UNTIL 'abstime'
}|[ LOCK | UNLOCK]]
```

其中:

- username:需要修改信息的用户名;
- password:用户修改的新口令;
- tablespace_name:用户默认的表空间名,缺省值为SYSTEM;
- abstime:用户口令有效期;
- LOCK:锁定用户,不让用户登录;
- UNLOCK:解除用户的锁定。

需要注意的是ALTER USER无法改变用户所属角色。必须使用GRANT/REVOKE ROLE改变用户角色信息。只有DBA才可以改变其他用户信息,普通用户只能修改自己的口令。

例17-39 修改用户li的状态为LOCK状态。

```
ALTER USER li LOCK;
```

3. 删除用户

对于不再需要的用户,可以用DROP USER将其从数据库系统中删除。DROP USER语句的语法如下:

```
DROP USER username [,...] [CASCADE | RESTRICT]
```

其中:

- username:要删除的用户名;
- CASCADE:强制删除用户,并连同用户所拥有的模式和其他对象一起删除;
- RESTRICT:只有用户所拥有的模式和其他对象上没有依赖时才会删除用户,默认是RESTRICT。

17.4.3 权限管理

在神通数据库中为用户提供了两种权限类型:对系统的权限和对系统中各个对象的权限。

对系统的权限是指对整个神通数据库系统的操作权限,如创建用户、创建模式、开始/结束审计或查看审计踪迹等。

系统中的各个对象包括：表、列、视图、函数、存储过程、模式、序列。对象的创建者拥有该对象上的任何权限，同时也具有将这些权限赋予其他用户的权限。同时，系统管理员有拥有这些对象上的相同权限和将这些权限授予其他用户的权限。数据库对象权限明细参见表 17-3。

表 17-3　数据库对象权限明细表

对　象	权　限
表	INSERT,SELECT,UPDATE,DELETE,REFERENCES,TRIGGER
视图	INSERT,SELECT,UPDATE,DELETE
列	SELECT,UPDATE,REFERENCES
模式	CREATE
序列	UPDATE,SELECT
过程	EXECUTE
语言	USAGE

1. 授予权限

通过 GRANT 语句可以把对系统的权限授给用户。下面的语句授予用户 wang 在 myschema 模式上的 create 权限：

```
GRANT CREATE ON SCHEMA myschema TO wang;
```

用 GRANT 还可以把对象的权限授予某个用户，在 GRANT 关键字后面指定对象权限的名称，在 ON 关键字后面加上指定对象的名称，最后在 TO 关键字后面指定接受权限的用户。

下面的语句把 BankT 表上的 SELECT 权限授予 wang 用户：

```
GRANT SELECT ON BankT TO wang;
```

我们可以同时将对象的多个权限一次授予用户：

```
GRANT SELECT,UPDATE,DELETE ON BankT TO wang;
```

还可以用 GRANT 语句将权限同时授予多个用户：

```
GRANT SELECT,UPDATE,DELETE ON BankT TO zhang,li;
```

2. 收回权限

使用 REVOKE 语句可以收回已经授予用户（或角色）的系统权限和对象权限。REVOKE 收回权限的语法是：

```
REVOKE [GRANT OPTION FOR] privileges ON privilege_target FROM {username | ROLE
rolename}[,...,n];
```

若使用 GRANT OPTION FOR 子句，则只撤销用户的授权权限，不收回用户在对象上获得的权限；若不使用 GRANT OPTION FOR 子句，则撤销授予用户的指定权限，同时也撤销用户的授权权限。

下面的语句将收回用户 wang 在 BankT 表上的查询权限：

```
REVOKE SELECT ON BankT FROM wang;
```

17.4.4 角色管理

神通数据库支持角色的概念。所谓角色就是一组权限的集合，目的在于简化对权限的管理。神通数据库的角色分为自定义角色和预定义角色两种。

1. 预定义角色

预定义角色是在数据库系统安装后系统自动创建的角色。在神通数据库中预定义了 SYSDBA、AUDIT 和 PUBLIC 三个角色。

- SYSDBA：SYSDBA 是预定义的管理员角色，拥有该角色的用户可以在数据库中完成除了与审计相关操作之外的任何事情。
- AUDIT：AUDIT 是预定义的安全管理员角色，用于监控管理员所进行的操作。
- PUBLIC：PUBLIC 是一种特殊的角色，即代表全体用户。任何一个用户都属于这个角色，用户无须显式地被加入这个角色中，也不可能被剥夺这个角色的身份。

2. 自定义角色

当系统预定义角色不能满足实际要求时，用户可以根据业务需要自行创建角色，然后为角色授权，最后再将角色分配给用户。

(1) 创建角色

用户可以用 CREATE ROLE 语句来创建角色，执行该语句的用户必须具有 CREATE ROLE 权限，其语法格式如下：

```
CREATE ROLE rolename;
```

新创建的角色没有任何权限，因此，在创建角色之后，通常需要给角色赋予权限。下面的语句将创建一个名为 role1 的角色：

```
CREATE ROLE role1;
```

(2) 删除角色

当不需要一个角色的时候用户可以用 DROP ROLE 语句来删除一个角色。执行该语句的用户必须具有 DROP ROLE 权限，其语法格式如下：

```
DROP ROLE rolename;
```

需要注意的是不能删除系统内建的 SYSDBA 和 AUDIT 这两个角色。

(3) 将角色授予用户

用 GRANT 关键字后面指定角色名称，在 TO 关键字后面指定要授权的用户，这样就可以把角色授予用户了。

下面的语句把 role1 角色授予 wang 用户：

```
GRANT ROLE role1 to USER wang;
```

要注意的是我们不能同时把权限和角色授予用户。例如，下面的语句就是想把角色 role1 和 CREATE 权限同时授予用户 wang：

```
GRANT ROLE role1, CREATE ON SCHEMA myschema TO USER wang;
```

上面的这个写法是错误的，正确的语句是：

```
GRANT ROLE role1 TO USER wang;
GRANT CREATE ON SCHEMA myschema TO wang;
```

(4) 收回角色

可以用 REVOKE 语句收回之前授予用户的角色，其语法格式如下：

```
REVOKE ROLE rolename FROM USER username[,…,n];
```

被收回角色的用户将不再具有角色权限。下面的示例将收回 wang 用户所拥有的 role1 角色：

```
REVOKE ROLE role1 FROM USER wang;
```

执行 REVOKE 语句的用户必须是被 REVOKE 用户的授权者、超级用户或者数据库对象的所有者。

17.4.5　数据资源访问控制

数据库访问控制包括很多部分，主要分为服务器资源访问控制(包括内存使用大小限额、磁盘使用大小限额、用户使用的磁盘大小限额以及并发连接数限额等)、客户端登录控制、安全登录验证、数据访问加密等功能。

1. 内存使用限制

数据库系统通常对内存的使用比较多，在服务器的内存不足的情况下，应该限制服务器使用的内存大小，这不但可以让数据库服务器和 Web 服务器同机运行在一台服务器上，还可以控制数据库服务器使用的内存大小。

神通数据库对内存的控制主要分为：排序内存、数据缓冲区内存、日志读缓冲区内存以及日志写缓冲区内存等。这些参数的修改都可以通过“系统参数配置工具”修改。默认情况下，各参数的描述见表 17-4。

表 17-4　默认情况下各参数的详细描述

参数名称	描　述	缺省值	最小值	最大值
SORT_MEM	执行器排序最大内存(单位 KB)	4096	8	0x7FFFFFFF
BUF_DATA_BUFFER_PAGES	数据缓冲区页数(以 8192 个字节为单位)	8192	64	0x1000000
LOG_READ_BUFFER_PAGES	日志读缓冲区页数(以 512 个字节为单位)	0x400	0x20	0x1000000
LOG_WRITE_BUFFER_PAGES	日志写缓冲区页数(以 512 个字节为单位)	0x1000	0x20	0x1000000

2. 磁盘使用大小限额

神通数据库支持对磁盘空间使用大小的控制,具体方法可以借助表空间来实现,一个表空间中可以有多个数据文件,这多个数据文件可以在同一个磁盘上,也可以在不同的磁盘上。通过这种方式可以控制每个表空间对每个磁盘的使用,合理安排每个表空间上的文件在各个磁盘上的分布,以提高I/O的使用。

如果想限制某个磁盘的空间使用最大值,可以将一个限制了最大值的文件放在此磁盘上。

3. 用户使用的磁盘大小限额

神通数据库的每个用户默认都有一个表空间,如果在建立用户的时候将默认表空间指定为一个限制了大小的表空间并且让该用户只拥有该表空间,该用户使用的磁盘空间就有了大小限制。一个用户必须有且只有一个默认的表空间。

如果想限制一个用户对磁盘的使用大小,可以给用户指定一个默认表空间,而且让其独占此表空间。

例如,建立用户USER1,可以为USER1单独建立一个表空间,如图17-17所示。

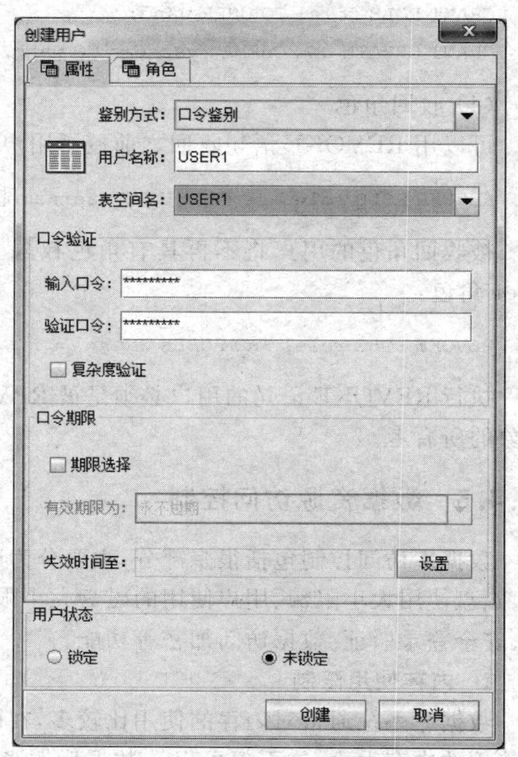

图17-17 设置用户单独拥有的默认表空间

4. 并发连接数限额

神通数据库对连接数的限制都是针对数据库实例的,每个数据库实例默认可以有MAX_CONNECTIONS个连接,其中SUPERUSER_RESERVED_CONNECTIONS个预留给超级用户管理使用,默认情况下:MAX_CONNECTIONS为128,SUPERUSER_RESERVED_CONNECTIONS为2。

17.5 数据库的备份与恢复

数据库的备份与恢复,是保障数据安全和迁移数据的主要方式。根据备份数据的格式,可将备份分为物理备份和逻辑备份。

17.5.1 物理备份与恢复

物理备份是指数据的完整备份,不改变数据的存储形式,有压缩的可选项。从备份的数据量以及时间点,可分为完全备份、差异备份和增量备份。

- 完全备份：只备份所有数据文件中所使用过的数据块，即表的高水位以下所有数据块(所使用过的数据块，不管现在是否为空)。
- 差异备份：备份上一次完全备份之后至今，所有新使用的数据块。
- 增量备份：备份上一次备份(包括完全备份、差异备份和增量备份)至今，所有新使用的数据块。

1. 物理备份

可以利用数据库维护工具实现数据库的物理备份和恢复，物理备份的步骤如下。

(1) 启动数据库维护工具，单击按钮，打开如图 17-18 所示的窗口，添加要备份的数据库实例。

(2) 输入服务器的主机名或 IP、数据库端口号和数据库名(SID)，单击【确定】按钮，登录数据库。

(3) 登录后，在数据库节点处单击鼠标右键，选择连接命令，如图 17-19 所示。

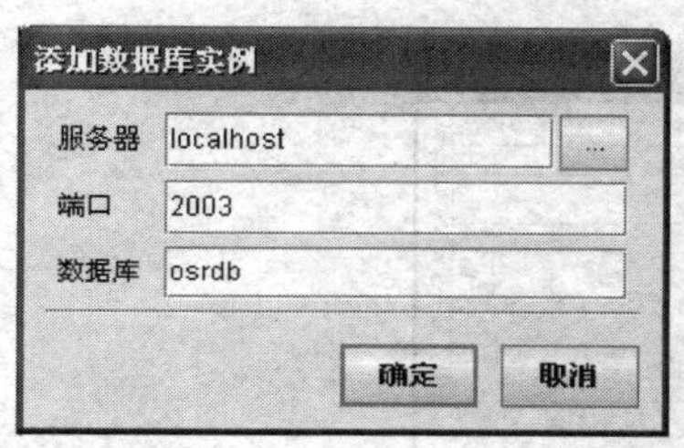

图 17-18　添加数据库实例

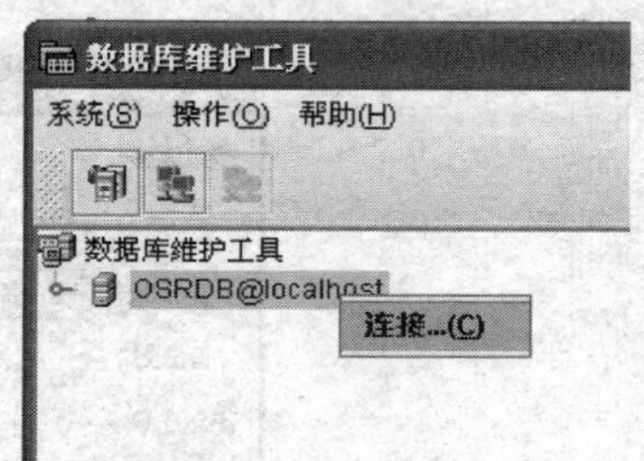

图 17-19　数据库维护工具

(4) 在身份鉴别方式处选择“操作系统身份鉴别”，如图 17-20 所示。

图 17-20　选择身份鉴别方式

(5) 在“物理备份与恢复”中，单击鼠标右键，选择“物理备份数据库”命令，如图 17-21 所示。

(6) 在如图 17-22 所示的窗口中，设置备份模式和备份文件。

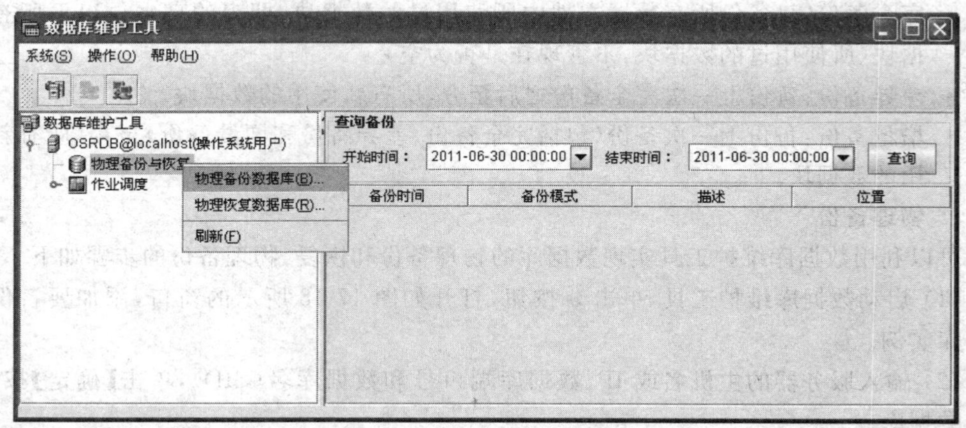

图 17-21 选择“物理备份数据库”

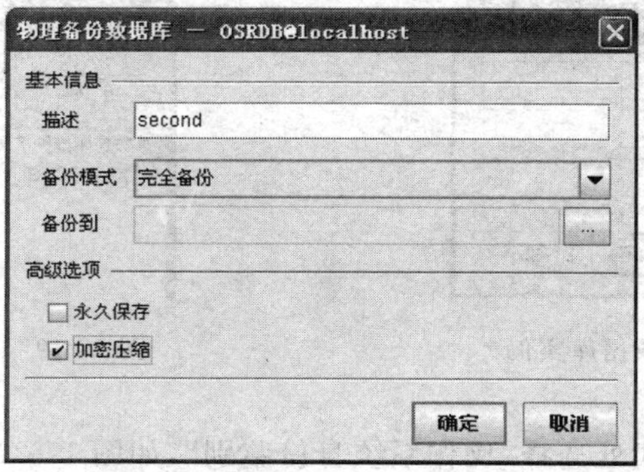

图 17-22 选择备份类型和目标文件

- 备份模式:可以选择进行完全备份、增量备份或者差异备份。对于首次备份的数据库,备份模式选项不可用,只能是“完全备份”。而当之前已做过备份时,备份模式选项才可用。
- 备份到:指定要保存的备份路径和文件名。

(7) 单击【确定】按钮,完成数据库的物理备份。

备份完成后可将备份出来的文件保存好,以备今后恢复使用。

2. 物理恢复

当数据库出现故障时可以利用之前所做的物理备份文件完成数据库的恢复。对于完全备份的恢复,可以在空库或无库的状态下,进行完全备份的恢复,恢复到备份时的状态;对于差异备份的恢复,需要先进行差异备份之前的完全备份的恢复,再进行差异备份的恢复;对于增量备份的恢复,需要先完成增量备份之前的一系列备份的恢复,再进行增量备份的恢复。后两种备份文件,在恢复时,需注意逻辑上的合理性。

数据库的物理恢复也可以利用数据库维护工具来完成,其操作步骤与备份类似,只是在如图 17-21 所示的窗口中,选择“物理恢复数据库”命令,其他的操作按照系统向导,进行相应设置即可。

17.5.2 逻辑备份与恢复

逻辑备份是指将数据抽取为 SQL 语句的形式，备份的灵活度较高，可单独备份单张表、数张表或某些表空间。

神通数据库提供了全库级别、模式级别和表级别 3 种逻辑备份。

- 全库级别：使用命令格式 level＝full 进行全库备份和恢复，此时将备份目标数据库中的所有定义与数据。可选择只备份/只恢复定义或者完全备份/恢复。
- 模式级别：使用命令格式 level＝schema，schema＝(value1，value2，…)进行目标设置，完成指定模式的备份和恢复。
- 表级别：使用命令格式 level＝table，table＝(value1，value2，…)进行目标设置，完成指定表的备份和恢复。

1. 逻辑备份

逻辑备份的命令是 osrexp，该命令有很多参数。在操作系统提示符下输 osrexp-help 可以显示逻辑备份工具的帮助信息。

下面的命令将完成全库级别的逻辑备份：

```
osrexp -usysdba/szoscar55 -hlocalhost -p2003 -dosrdb level= full file= d:\full.
osr log= d:\bk.log
```

下面的命令将完成模式级别的逻辑备份：

```
osrexp -usysdba/szoscar55 -hlocalhost -p2003 -dosrdb level= schema file= d:\
schemabak.osr log= d:\bk.log mode= entirety ignore= false schema= (sysdba,
public)
```

下面的命令将完成表级别的逻辑备份：

```
osrexp -usysdba/szoscar55 -hlocalhost -p2003 -dosrdb level= table file= c:\
loanbak.osr log= c:\bk.log mode= entirety ignore= false table= (bankt, loant)
view= false procedure= false sequence= false constraint= true trigger= true
index= true
```

2. 逻辑恢复

逻辑恢复的命令是 osrimp。恢复的级别具有向下兼容的特性，即全库(FULL)级别的备份文件能够在模式(SCHEMA)级别、表(TABLE)级别下还原；模式级别的备份文件能够在表级别下还原。

下面的命令将完成全库级别的逻辑恢复：

```
osrimp -usysdba/szoscar55 -hlocalhost -p2003 -dosrdb level= full.osr file= d:\
full.osr log= d:\loan.log
```

下面的命令将完成模式级别的逻辑恢复：

```
osrimp -usysdba/szoscar55 -hlocalhost -p2003 -dosrdb level= schema.osr file= d:\
```

```
schemabak.osr log= d:\loan.log mode= entirety ignore= true schema= (sysdba,
public)
```

下面的命令将完成表级别的逻辑恢复：

```
osrimp -usysdba/szoscar55 -hlocalhost -p2003 -dosrdb level= table file= d:\
loanbak.osr log= d:\loan.log mode= entirety ignore= true recreateschema= false
view= false procedure= false sequence= true recreateotherobject= false table=
table= (bankt, loant) recreatetable= true constraint= true deletetabledata=
true trigger= true index= true
```

(recreatetable＝true 后面的 trigger＝true index＝true 才有效)

习题

1. 神通数据库有哪些管理工具?
2. 简述神通数据库中行、数据块、范围、段和表空间之间的关系。
3. 简述神通数据库中数据文件、重做日志文件和控制文件的基本功能。
4. 简述神通数据库中系统监控线程、数据扫描线程、数据回写线程和日志回写线程的基本功能。
5. 什么是视图? 视图有什么用途?
6. 如果要经常执行类似如下的查询：

```
SELECT Bname,Btel FROM Bankt WHERE SUBSTR(Bname,1,2)= '工商'
```

应该为 Bankt 表创建什么索引? 如何创建?

7. 神通数据库在安全管理方面采用了哪些方法来保证数据库安全?
8. 简述用户与角色、权限与角色之间的关系。
9. 神通数据库提供了哪 3 种逻辑备份?

参 考 文 献

[1] 王珊,萨师煊. 数据库系统概论:第 4 版[M]. 北京:高等教育出版社,2006.

[2] 何玉洁. 数据库基础及应用技术:第 2 版[M]. 北京:清华大学出版社,2004.

[3] 崔巍. 数据库系统及应用:第 2 版[M]. 北京:高等教育出版社,2003.

[4] 崔巍,王晓波,车蕾. 数据库应用与设计[M]. 北京:清华大学出版社,2009.

[5] S. K. Singh. 数据库系统概念、设计及应用[M]. 何玉洁,王晓波,车蕾,等,译. 北京:机械工业出版社. 2010.

[6] Microsoft. SQL Server 2008 联机手册. 2008.

[7] 刘亚军,高莉莎. 数据库基础及应用[M]. 北京:清华大学出版社,2009.

[8] 胡燕. 数据库技术及应用[M]. 北京:清华大学出版社,2005.

[9] 刘奎,付青,张权. SQL Server 2008 从入门到精通[M]. 北京:化学工业出版社,2009.

[10] 吴戈,朱勇,赵婉芳. SQL Server 2008 学习笔记:日常维护、深入管理、性能优化[M]. 北京:人民邮电出版社,2009.

[11] William R. Stanek 著. SQL Server 2008 管理员必备指南[M]. 贾洪峰,译. 北京:清华大学出版社,2009.

[12] 刘智勇,刘径舟. SQL Server 2008 宝典[M]. 北京:电子工业出版社,2010.

[13] 闪四清. SQL Server 实用简明教程:第三版[M]. 北京:清华大学出版社,2008.

[14] 朱德利. SQL Server 2005 数据库管理与应用高手修炼指南[M]. 北京:电子工业出版社,2007.

[15] 张蒲生. 数据库应用技术 SQL Server 2005 提高篇[M]. 北京:机械工业出版社,2008.

[16] 沈宏,曹福凯,孙晋. Access 2010 数据库应用教程[M]. 北京:清华大学出版社,2015.

[17] 施兴家,王秉宏. Access 2010 数据库应用基础教程[M]. 北京:清华大学出版社,2013.

[18] 刘卫国. 数据库技术与应用——Access 2010[M]. 北京:清华大学出版社,2014.

[19] 杨少敏,王红敏. Oracle 11g 数据库应用简明教程[M]. 北京:清华大学出版社,2010.

[20] 孙风栋,王澜,等. Oracle 数据库应用技术[M]. 北京:清华大学出版社,2013.

[21] 何清法,王澍丰,等. 国产神通数据库教程[M]. 西安:西安交通大学出版社,2012.

质检5